U0377634

纺织服装类“十四五”部委级规划教材

尚装服装讲堂

服装立体裁剪 Ⅲ

拓展创意款式立裁

Draping

The Complete Course

崔学礼　刘刚　刘莉莉　著

東華大學 出版社 · 上海

图书在版编目（CIP）数据

尚装服装讲堂. 服装立体裁剪. Ⅲ, 拓展创意款式立裁 / 崔学礼, 刘刚, 刘莉莉著. -- 上海 : 东华大学出版社, 2025. 1. -- ISBN 978-7-5669-2451-3

Ⅰ. TS941

中国国家版本馆CIP数据核字第2024YZ7478号

责任编辑　谢　未
装帧设计　彭利平

尚装服装讲堂・服装立体裁剪Ⅲ

SHANGZHUANG FUZHUANG JIANGTANG FUZHUANG LITI CAIJIAN Ⅲ

著　　者：崔学礼　刘刚　刘莉莉
出　　版：东华大学出版社
（上海市延安西路1882号　邮政编码：200051）
出版社网址：dhupress.dhu.edu.cn
天猫旗舰店：http://dhdx.tmall.com
营销中心：021-62193056　62373056　62379558
印　　刷：上海万卷印刷股份有限公司
开　　本：889mm×1194mm　1/16
印　　张：19.5
字　　数：475千字
版　　次：2025年1月第1版
印　　次：2025年1月第1次印刷
书　　号：ISBN 978-7-5669-2451-3
定　　价：119.00元

作者简介

崔学礼

毕业于天津美术学院服装设计专业，从事服装设计与制版工作20余年，曾任国内多个一线服装品牌设计总监、技术总监，同时受聘于多所高校，担任服装设计研究生企业导师。曾担任第一届全国技能大赛天津总教练和第二届全国技能大赛时装技术（世赛选拔）项目裁判员，主创“尚装服装讲堂”，面向社会和高校师生进行服装设计和制版教学，广受好评，崔学礼老师及其团队倾注十余年的时间对专业教学资源进行整理，出版了尚装服装讲堂服装制版、立体裁剪、工艺制作系列书籍。

刘刚

毕业于北京服装学院服装设计专业，从事服装制版技术工作十多年，擅长服装立体裁剪，曾工作服务于国内知名设计师品牌PariChen、一线设计师品牌Decoster(德诗)等服装公司，曾担任第二届全国技能大赛时装技术（世赛选拔）项目天津赛区教练。

刘莉莉

毕业于北京服装学院，获得服装设计艺术硕士学位，研究方向为服装设计与管理，现任国内某知名电商品牌服装制版师。热衷于服装结构与文化的研究，发表专业论文《20世纪50—60年代西方女装大衣结构变化与文化成因初探》。

本书介绍：

本书是《尚装服装讲堂•服装立体裁剪Ⅰ》(修订版)《尚装服装讲堂•服装立体裁剪Ⅱ》的姊妹篇，它适用于服装专业学生、行业从业者自学使用及院校教师作为基础教材使用。

本书在款式选择上注重廓型、手法、材料的多样性，对于非普通成衣款式的立裁进行了详细讲解，书中对于无法用文字与图片详细表述的较复杂内容配有“二维码”，读者可扫码免费观看视频讲解，书中所使用的人台与真人相比为1:2比例，读者若使用1:1人台制作可与书中流程、手法完全相同，建议读者阅读此书并跟随学习时使用与书中相同或近似的材料制作，尽量避免因面料特性所产生的差异。

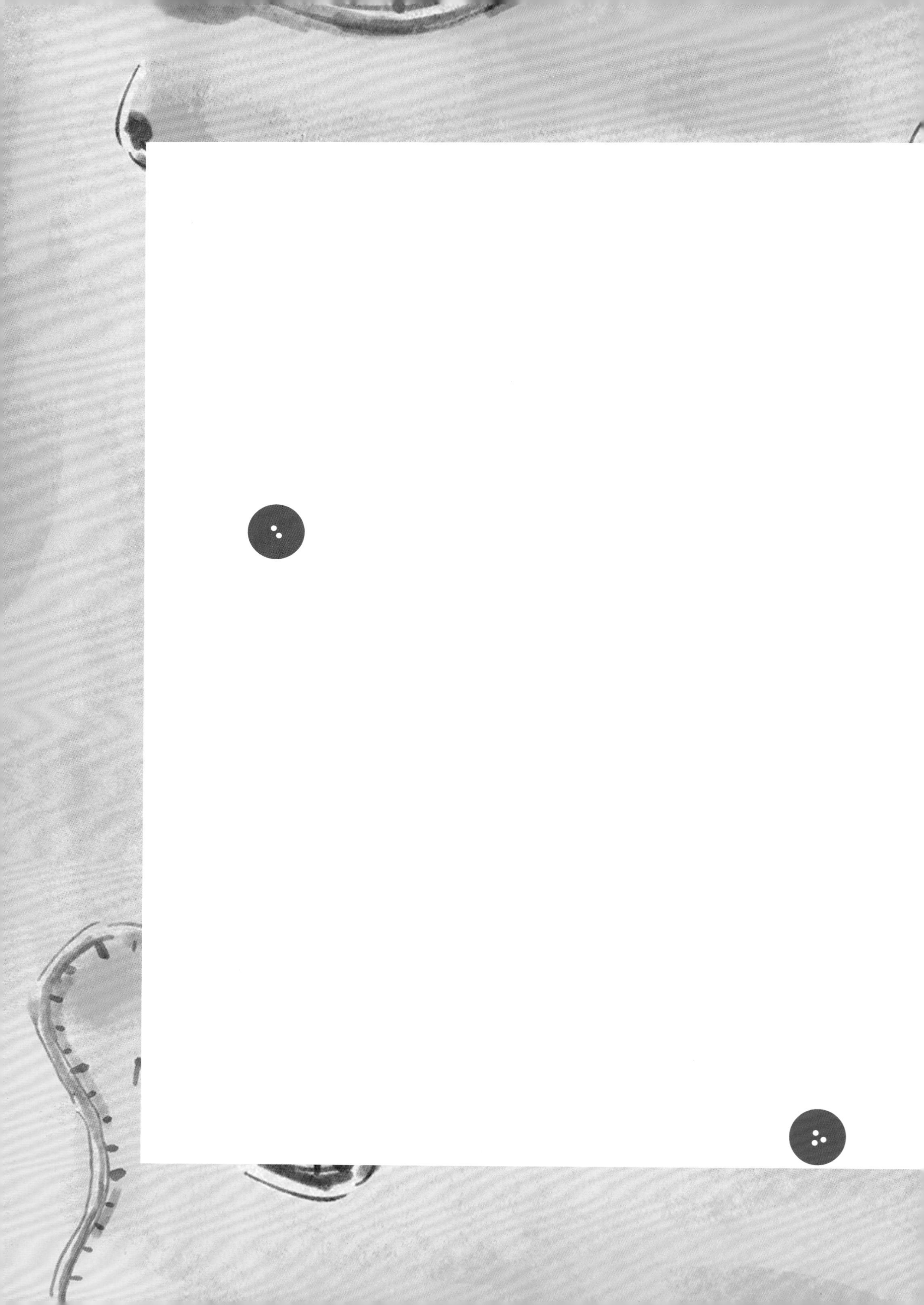

目录

Draping
The Complete Course

折纸几何造型上衣

款式描述

前衣身大波浪叠褶，后衣身大廓型平衡，前、后衣身连立领，侧颈区域拼接小立领，合体圆装袖。

练习重点

- 外形轮廓的造型把控。
- 四方几何布片的款式演变。
- 非常规款式立裁技巧和操作思路。

材料准备

- 人台（不限定号型）。
- 宽0.3cm纯棉织带。
- 专业立裁针、剪刀。
- 纯棉坯布。
- 马克笔（或4B铅笔）、三色圆珠笔。
- 推版尺、多功能尺、皮尺。

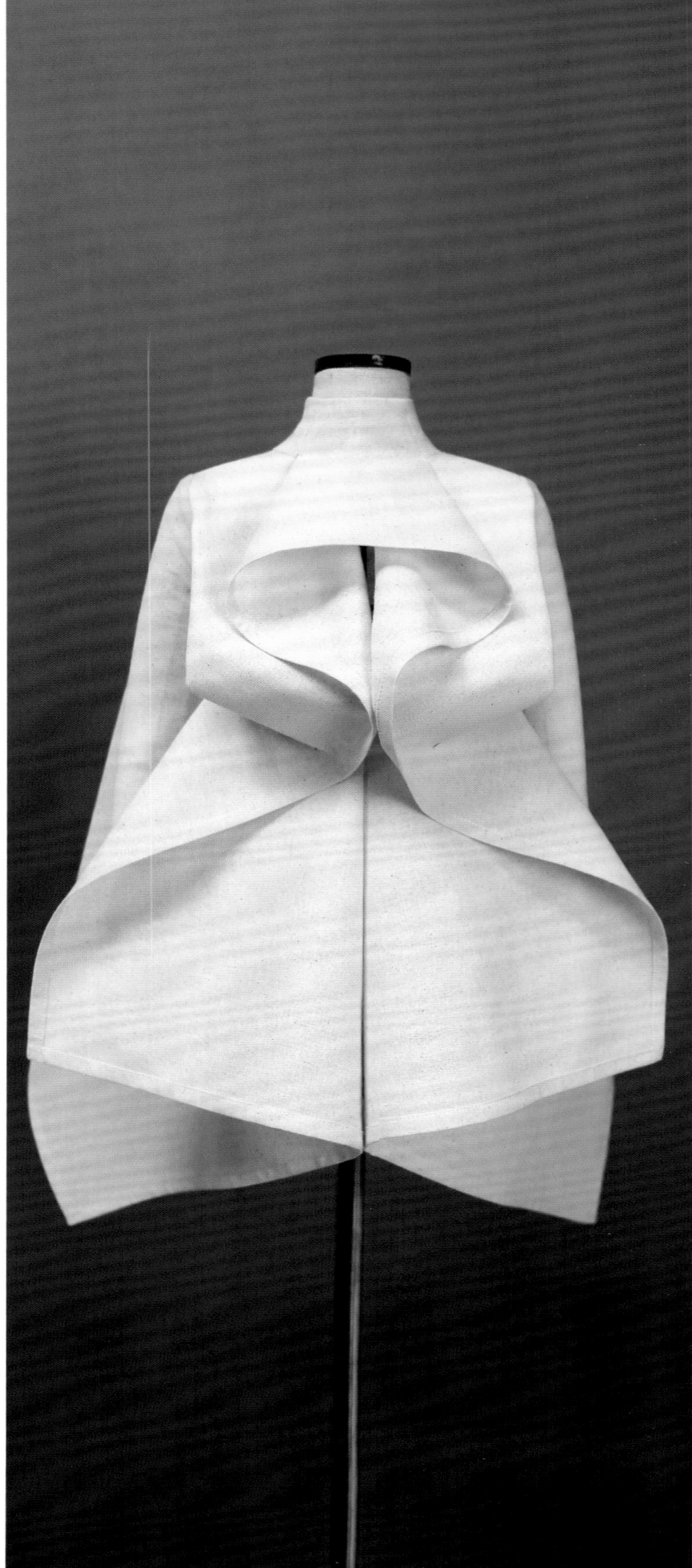

画布指示图

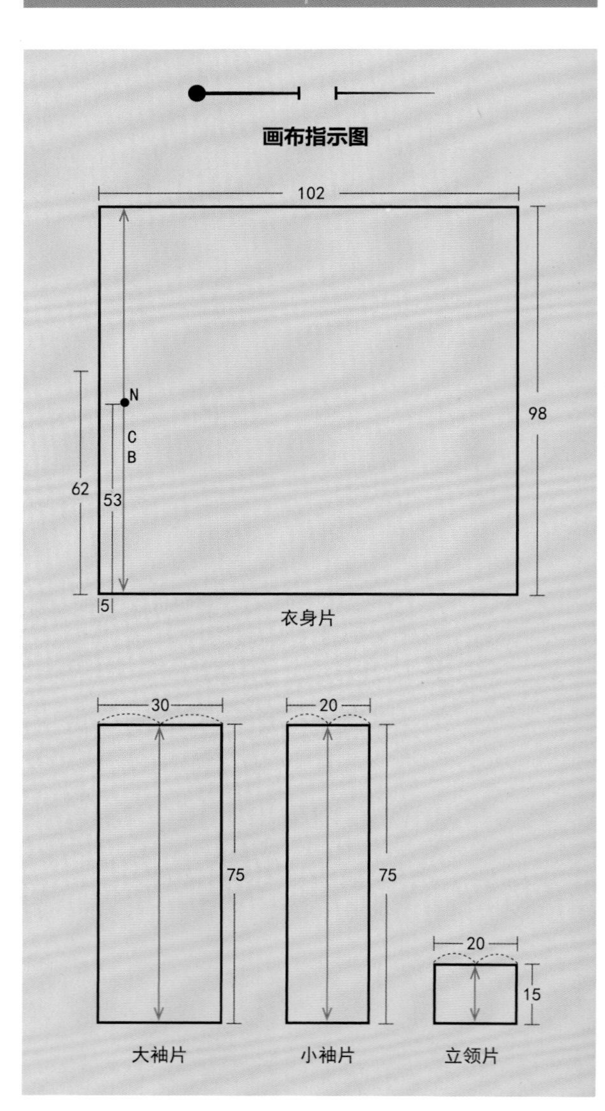

- **人台准备**

完成人台基础标线，并装配立裁用手臂。

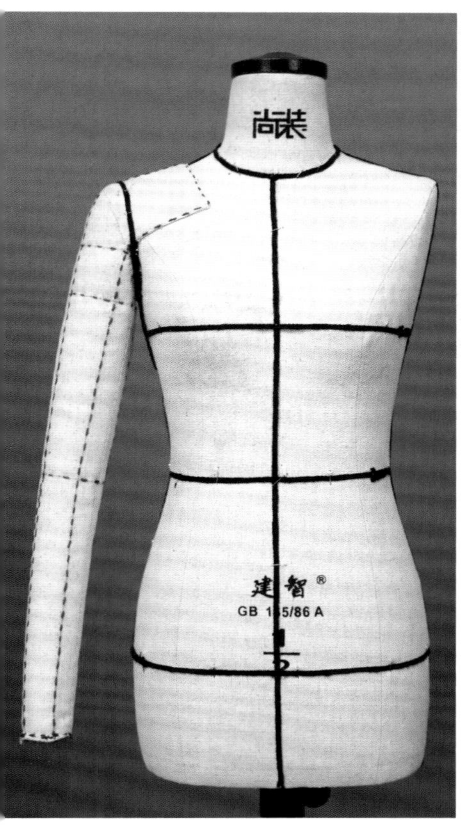

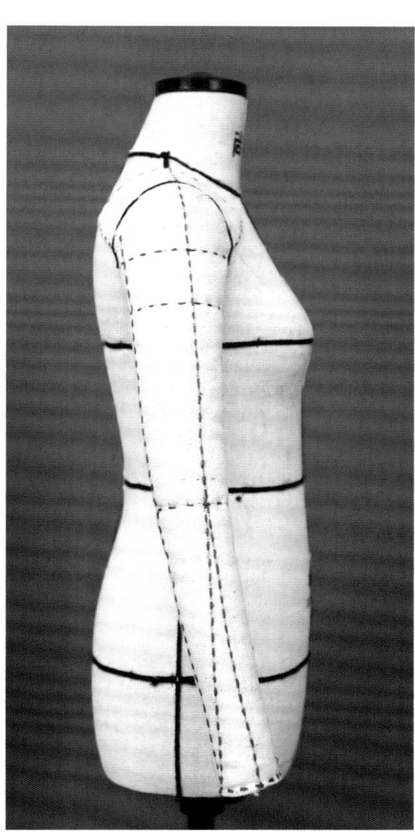
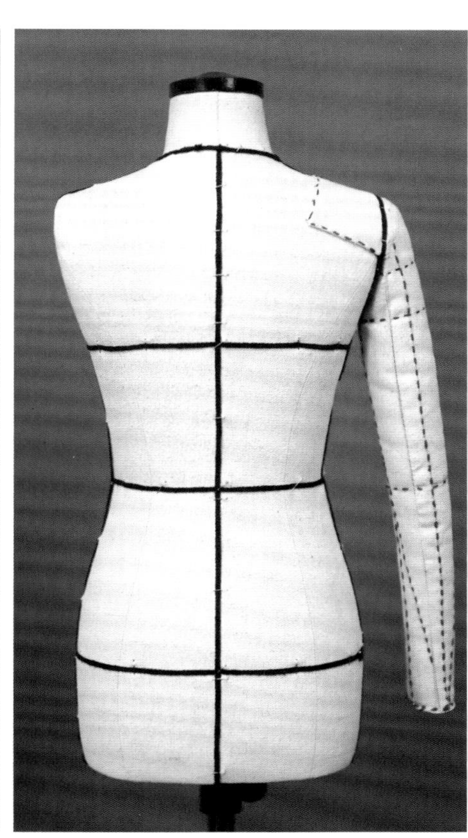

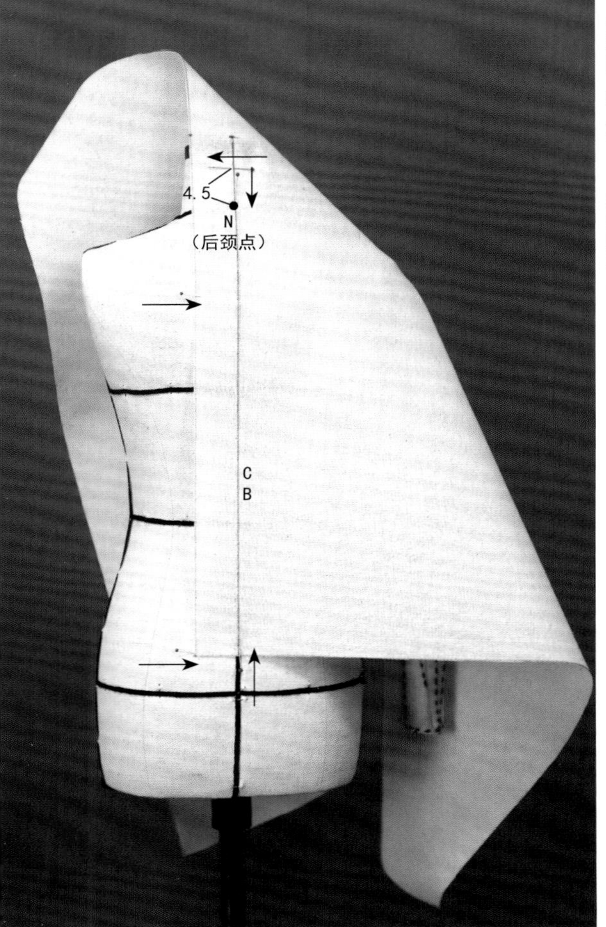

- **款式制作**

1

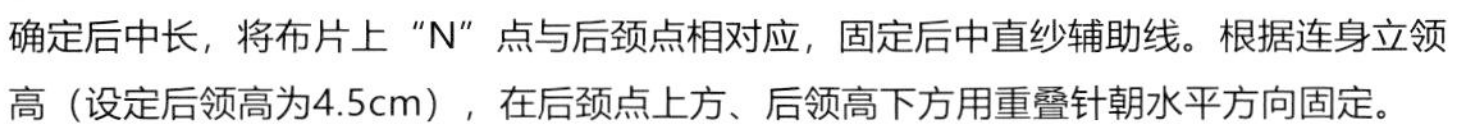

确定后中长，将布片上“N”点与后颈点相对应，固定后中直纱辅助线。根据连身立领高（设定后领高为4.5cm），在后颈点上方、后领高下方用重叠针朝水平方向固定。

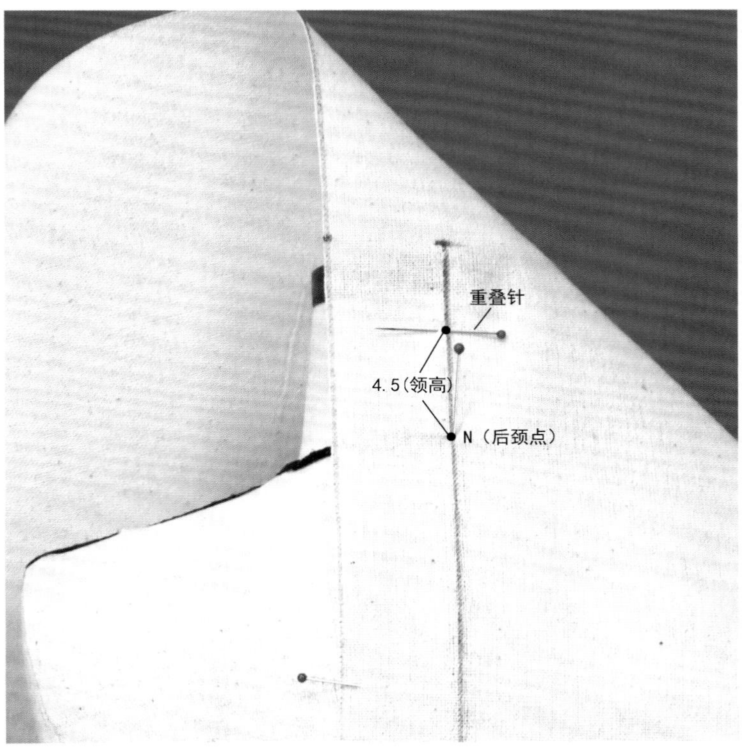

2

如图所示，根据款式设定的连身立领形状，预留缝边剪出后连身立领造型，垂直颈根围打剪口至侧颈点，肩部保持适当松弛，用大头针在侧颈点和肩端点固定。

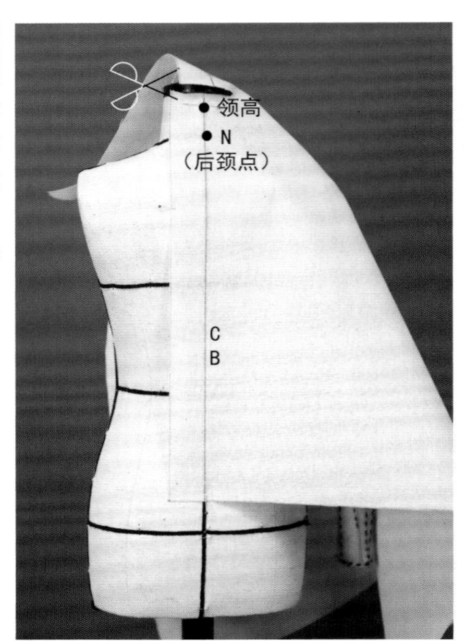

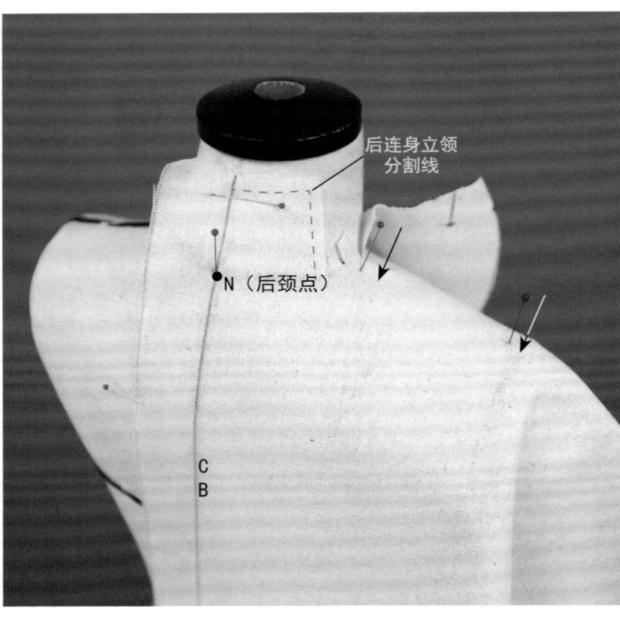

3

沿人台标示肩线预留1cm缝边剪开布片至肩端点。

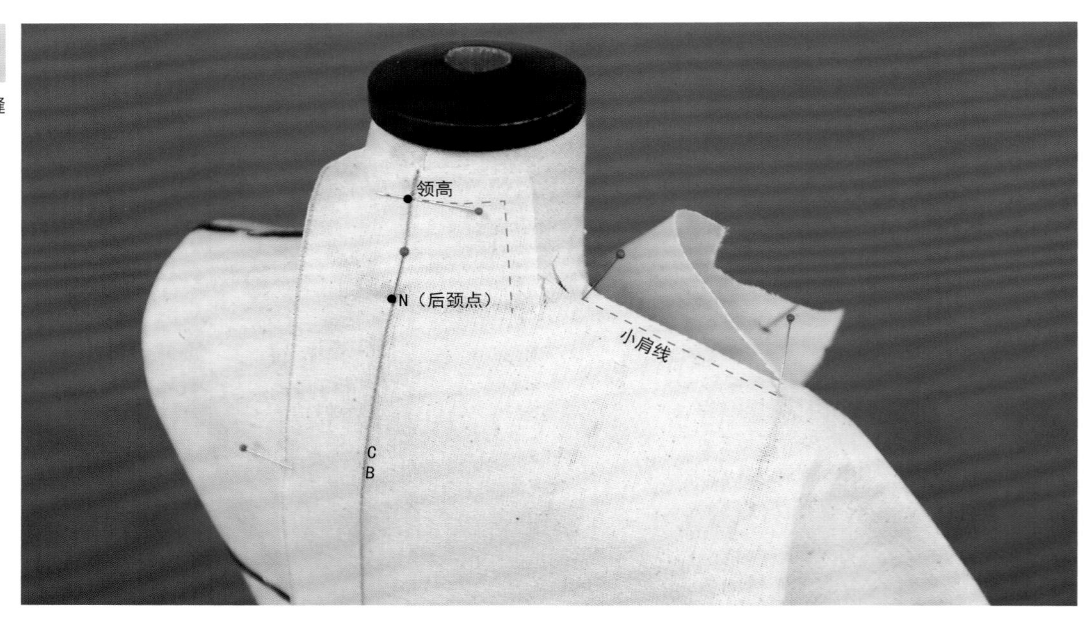

4 调整后片轮廓造型，固定在侧颈点、肩端点的点针可根据造型调整松针，确认后再次固定，标记出后袖窿拐点，对后领口线、颈侧领圈、小肩线进行描点

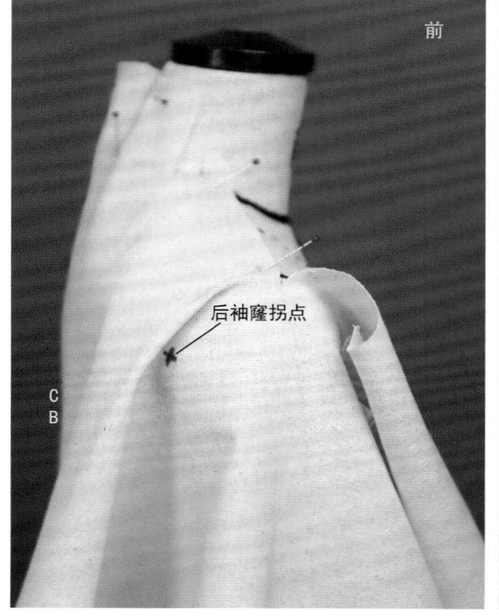

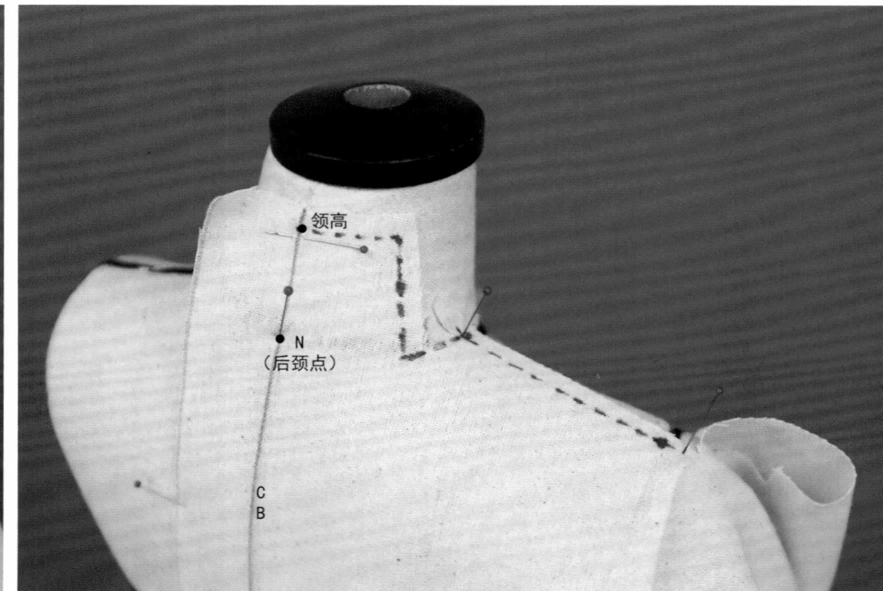

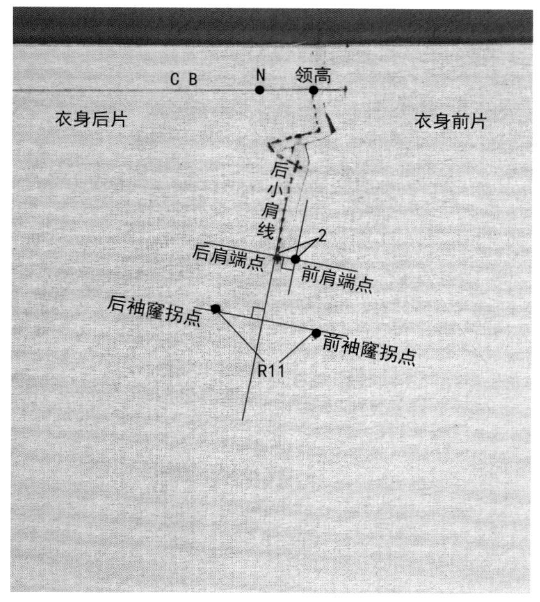

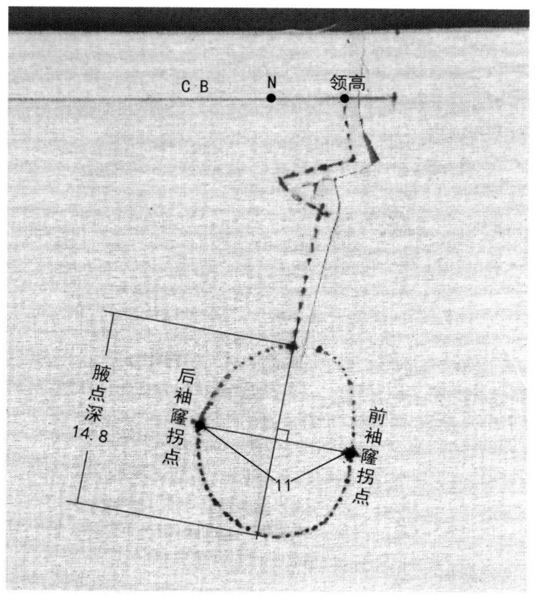

5

将裁片取下并铺平，在前衣身片向距后小肩线2cm处作其平行线，与过后肩端点的垂线交点为前肩端点，过后袖窿拐点作小肩延长线的垂直线，量取袖宽R11cm并确定前袖窿拐点。根据袖窿宽R11cm得出袖肥，袖肥 = 11（R）×1.41(可调)×2=31cm，平面制版损耗1cm左右，实际袖肥为30cm，由于此款为非正常肩斜，可用窿门宽推算出立体袖窿深尺寸得到腋点深的置，11(R)/0.618×5/6=14.8cm，肩端点前后袖窿拐点，结合腋点深、袖窿底弯朝前的水滴形状绘出袖窿圈，并量取袖窿尺寸留作后用。

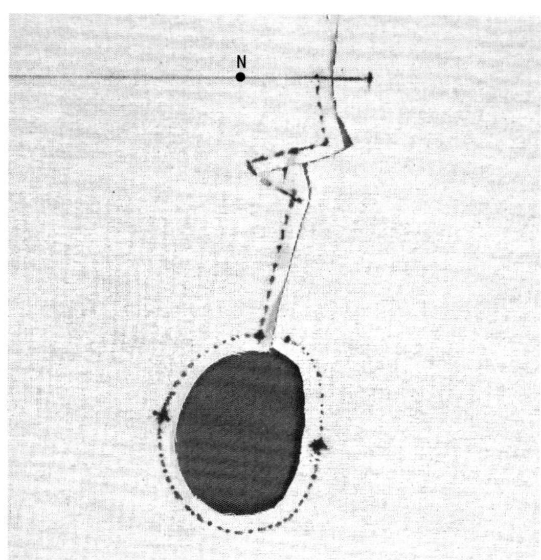

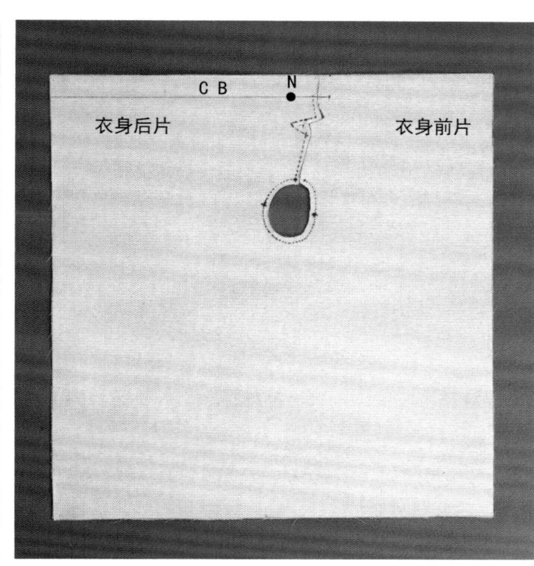

6

预留缝边，剪去袖窿圈多余的布料。

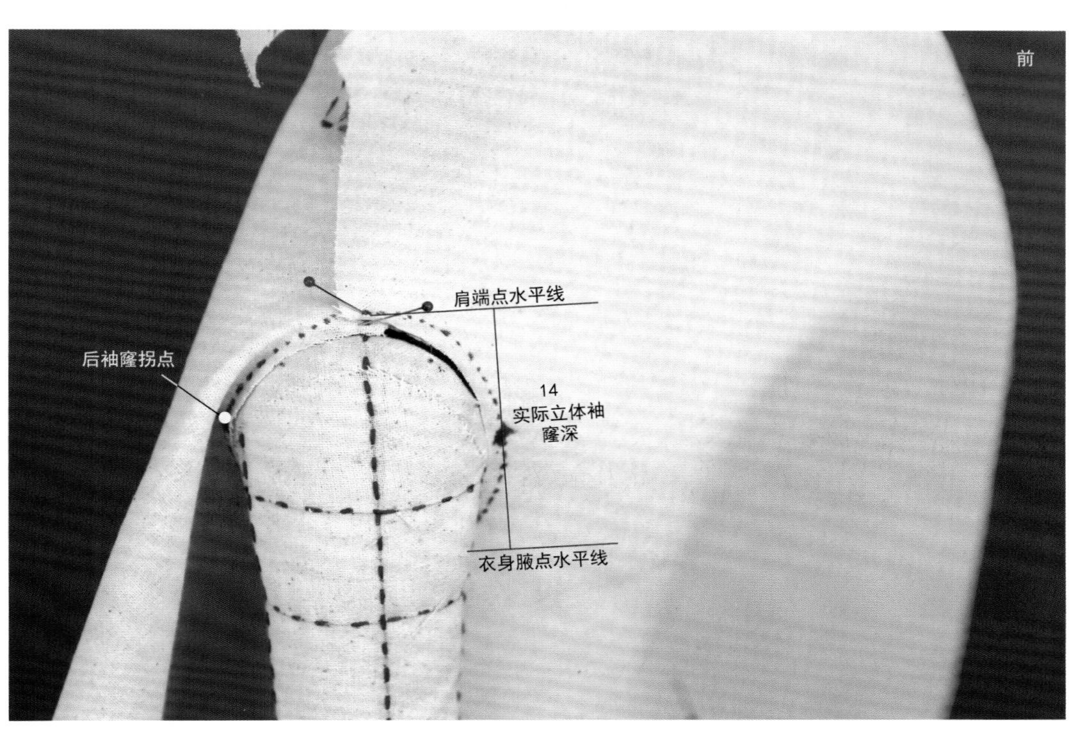

7

重新固定布片的后中线、肩线，将衣身侧面的布片放至手臂下，前、后肩端点用大头针固定，并量取实际的立体袖窿深，得到尺寸14cm，作为平面绘制袖子的SH袖山高尺寸。

8 前侧身布保持适当的空量，将多余量推往前中方向，大头针针尖朝上，用点针或者重叠针固定前中线腰节点区域及以下部位。

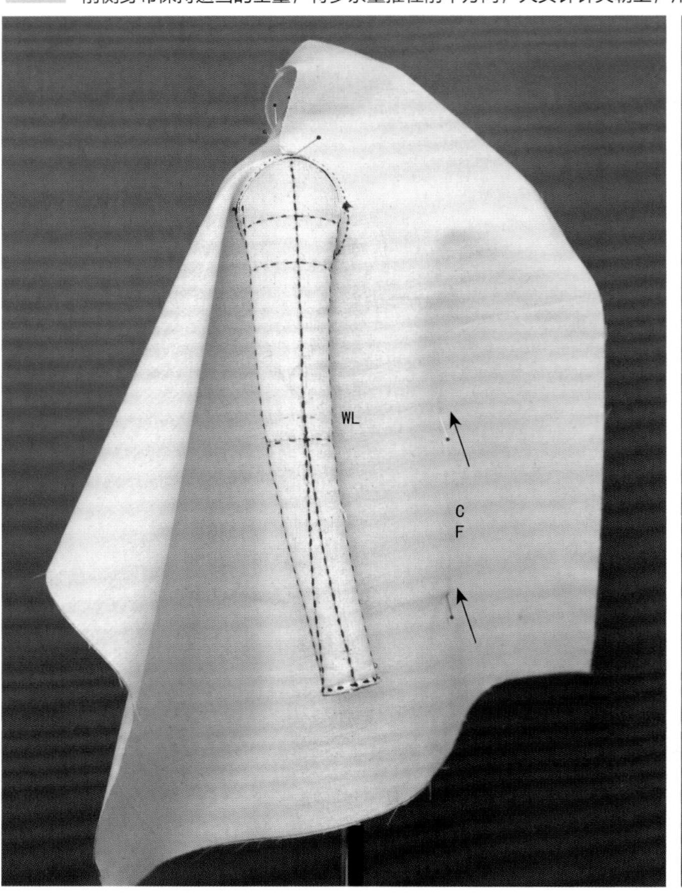

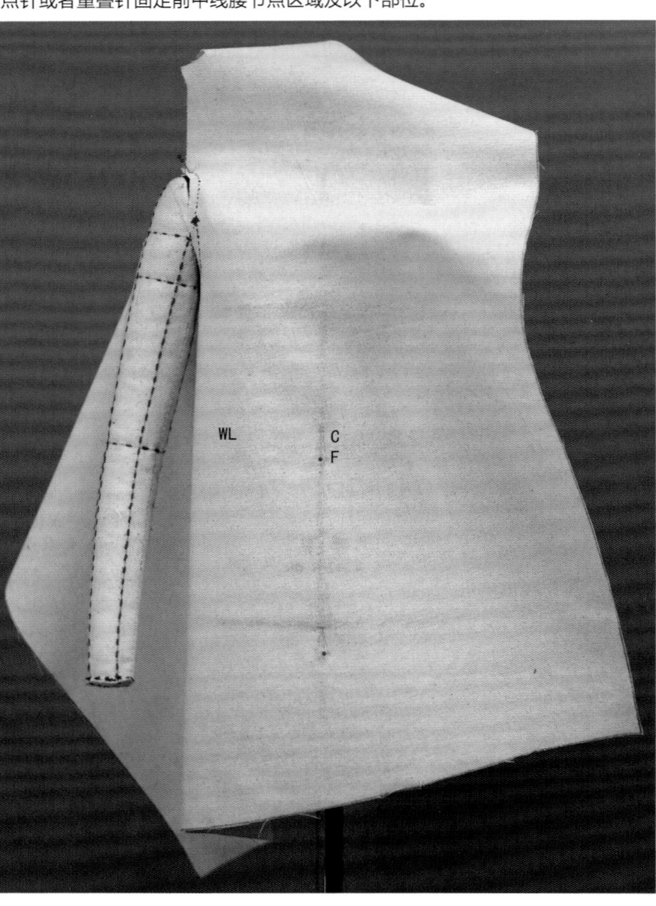

9 如图所示，捏出胸下的波浪褶造型，通过对波浪褶上、下折叠布片的错位调节，使前中的褶裥转折线在松针的情况下也能稳定在前中区域。错位点确定后，用别针将波浪褶与衣身片固定。

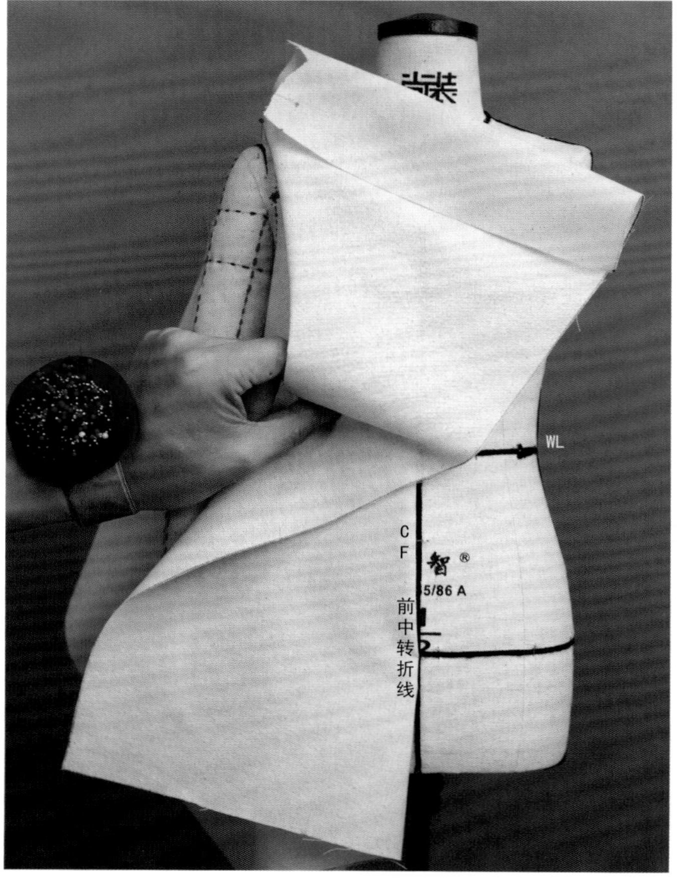

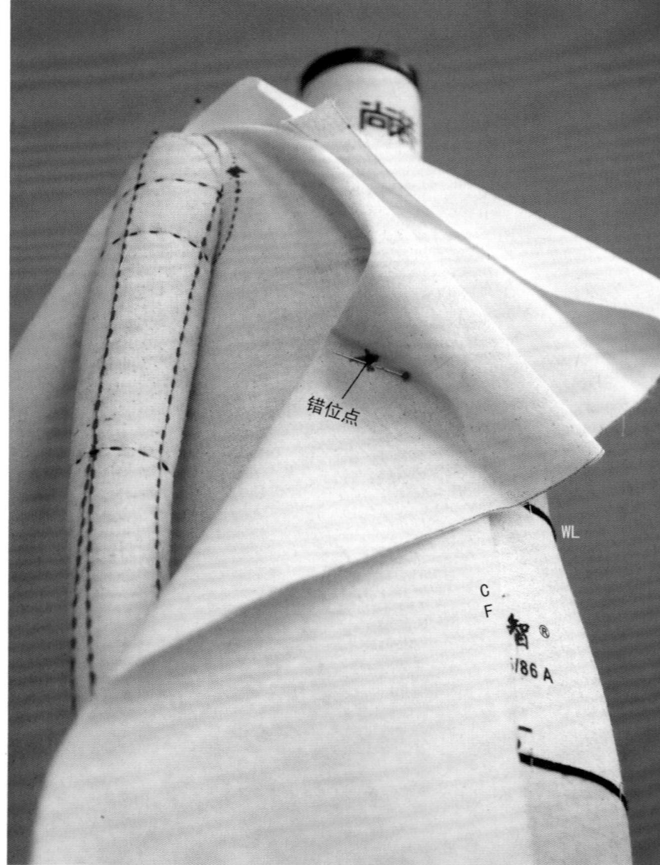

10 理顺上半身布片，前后肩线假缝固定，将侧颈领口剪至预判位置A点（前连身立领分割线与领口线交点）。

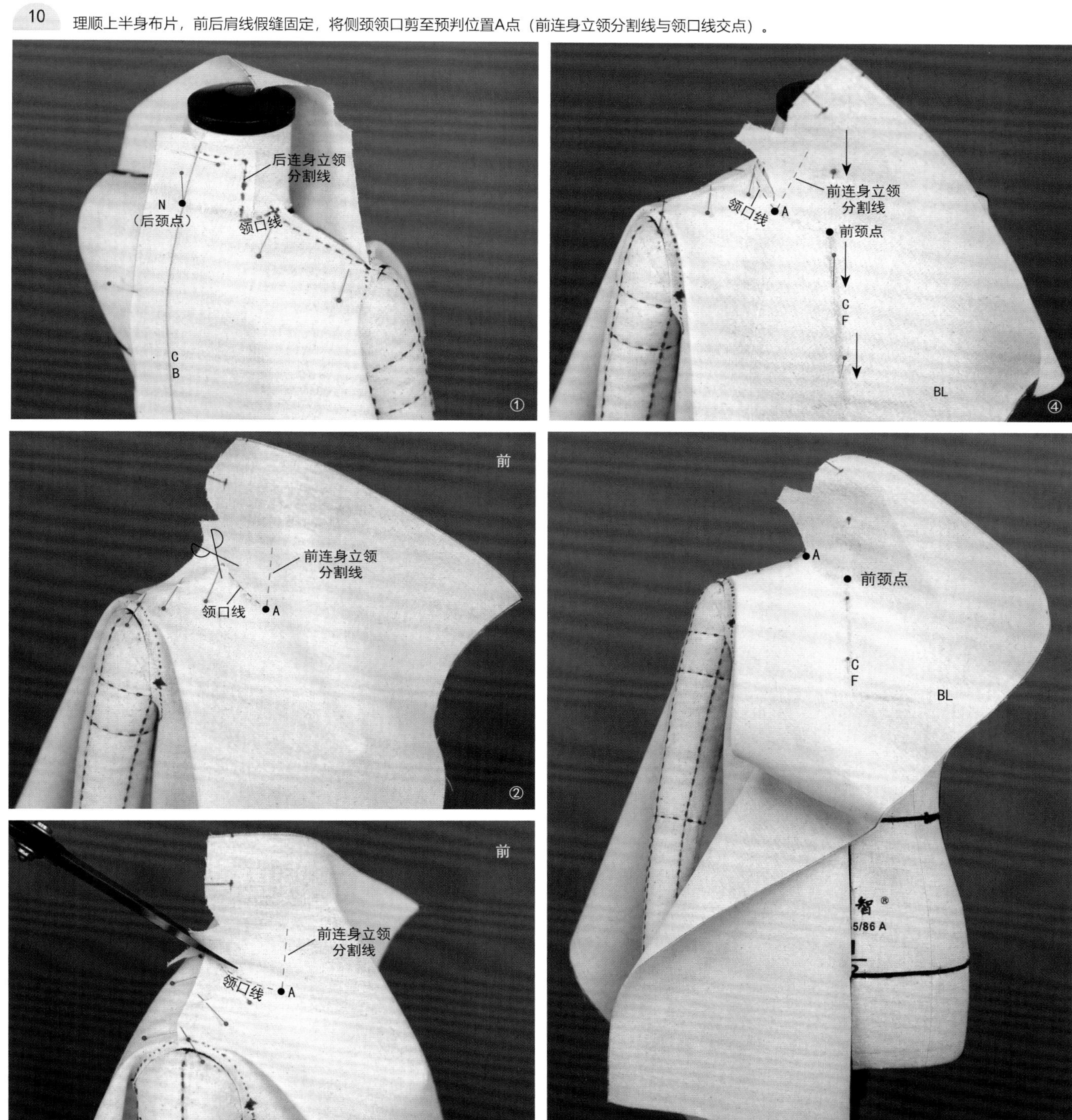

11 用大头针沿前中线固定，作为波浪褶的里层转折线，将前中线左侧布片折叠并将直纱布边作为前中连折线，用重叠针固定。

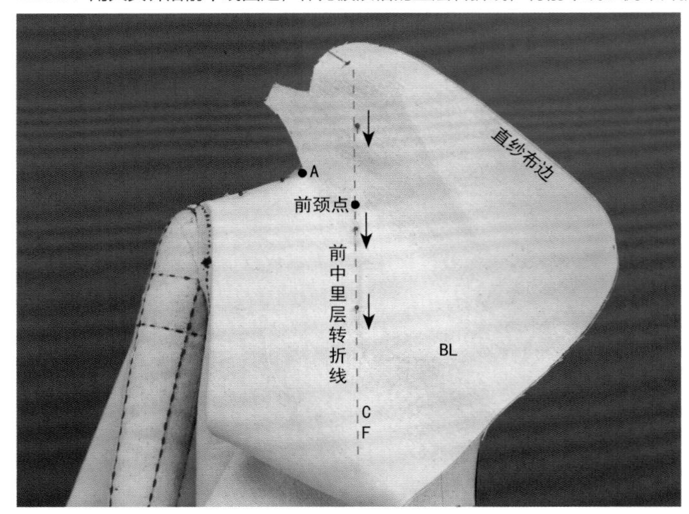

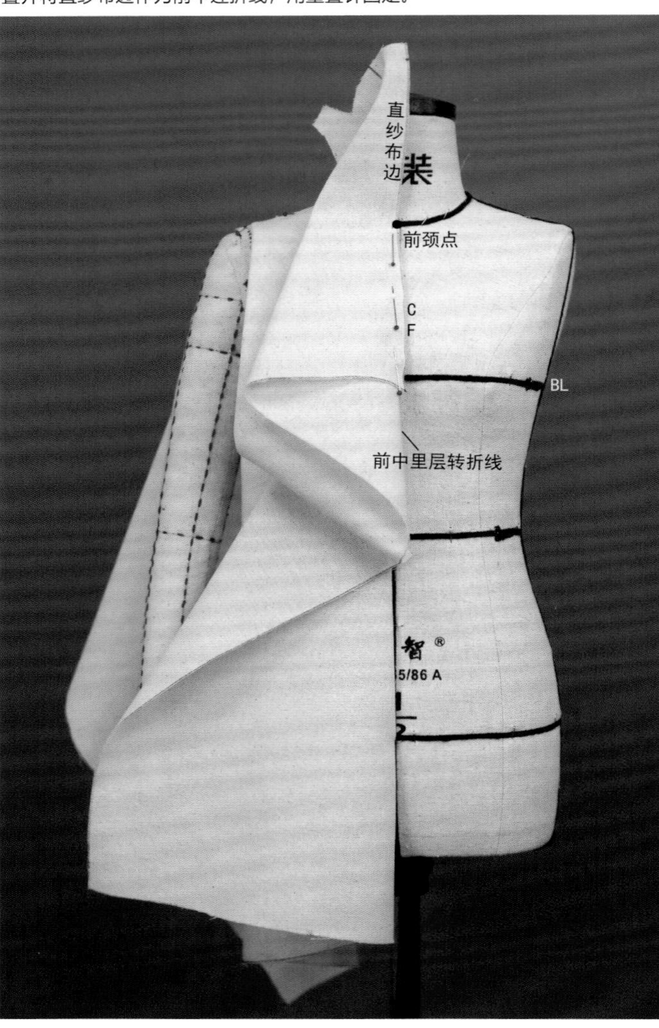

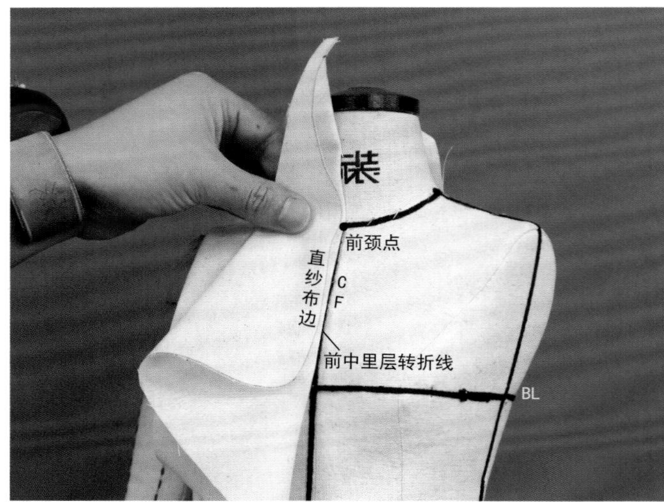

12

在连立领折边处用折叠针固定，领口预留缝边，修剪掉多余的布边。

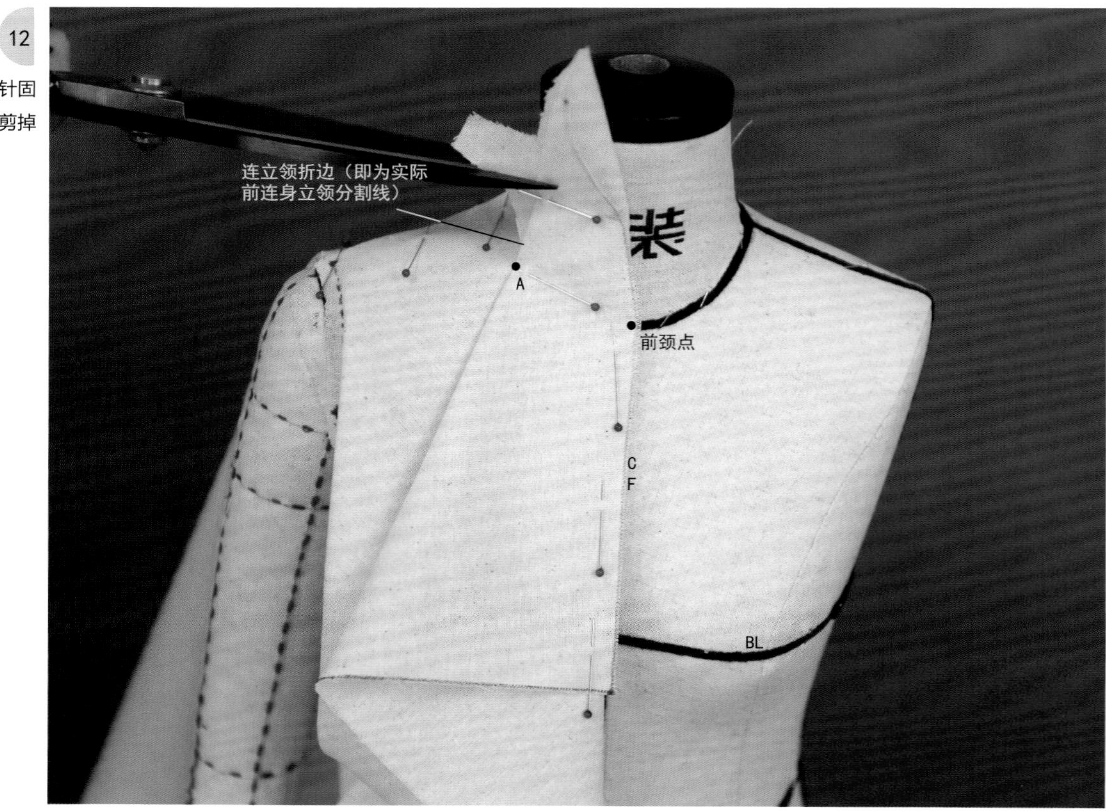

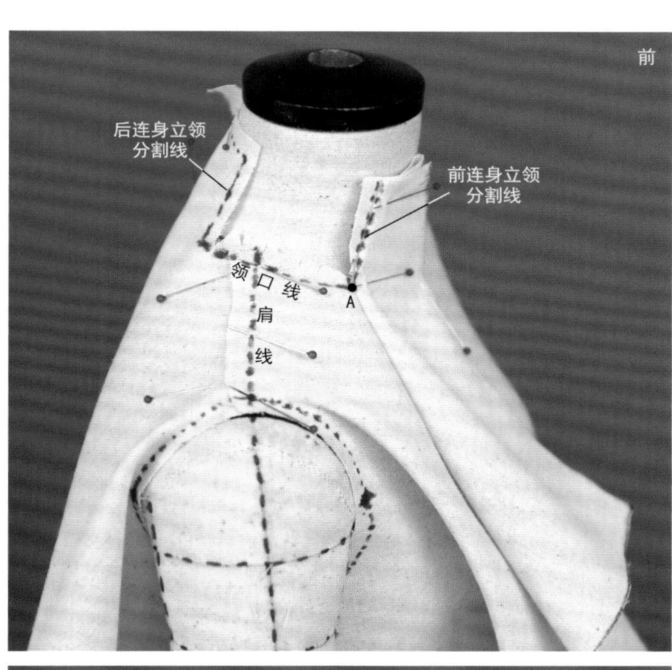

13

如图所示对领口进行描点，侧颈点肩线和领口线交点处，别针固定小立领基础布片，打剪口使布片平伏，调整小立领片与脖颈角度和空间量，每别缝一针，打一剪口理顺小立领片，确定造型后定出前领高连顺领上口线，对领底线、前后领分割线描点并清剪余布。

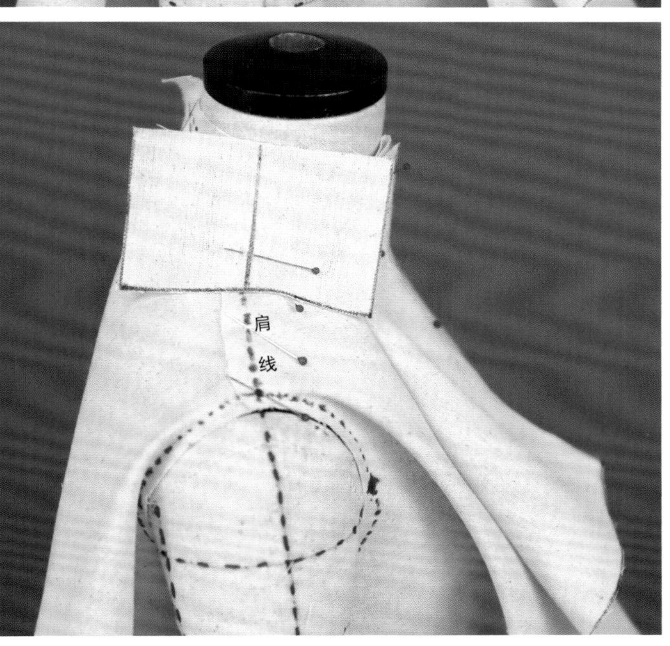

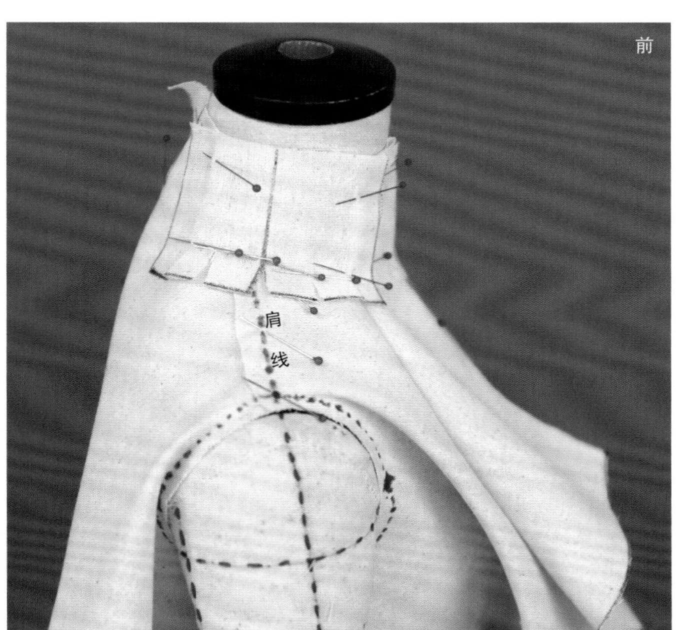

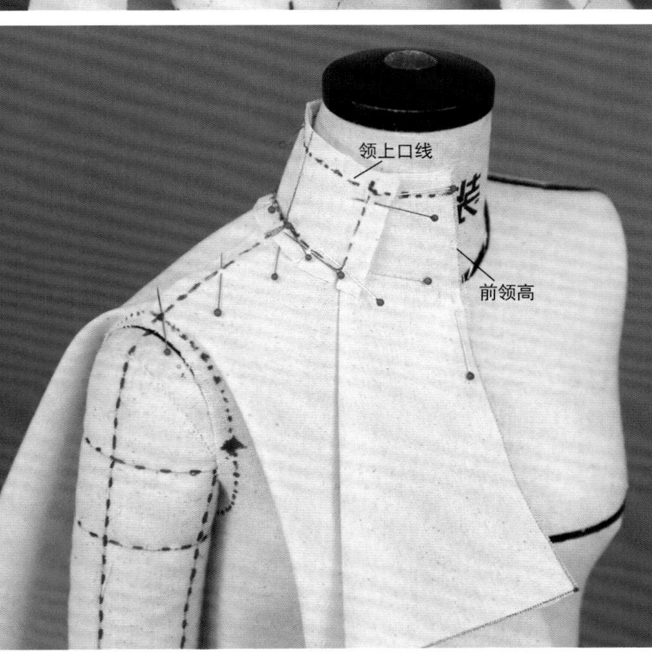

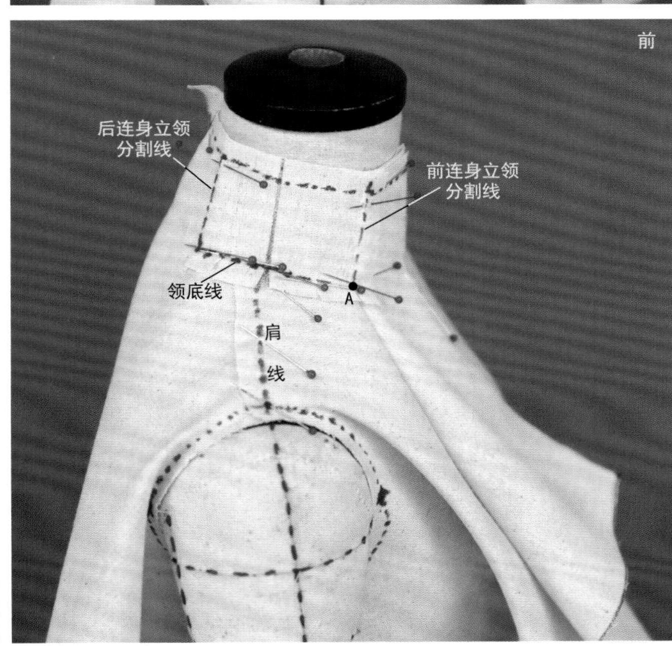

14 配袖：由第 5 和第 7 步骤已知前袖肥31cm，袖山高SH＝14cm，设定袖口21cm，袖长58cm，平面绘制合体偏紧身两片袖。

号	型	袖长	袖肥	袖山高	袖口肥
165	86	58	2(1.41R)≈31	14	21

SW/4+1 SW/4+1
SH
SW/4-1 SW/4+1
腋点致腰侧点的长度
58
臂长(WL至HL的长度)22+5
后转折直线
袖中直线
前转折直线
SW+1 SW-1

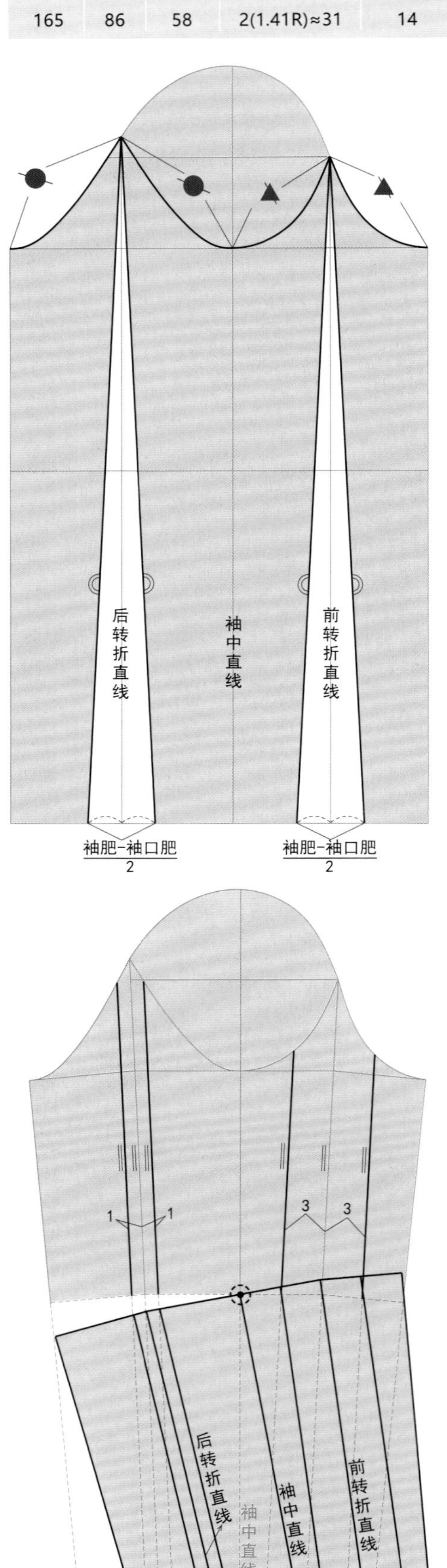

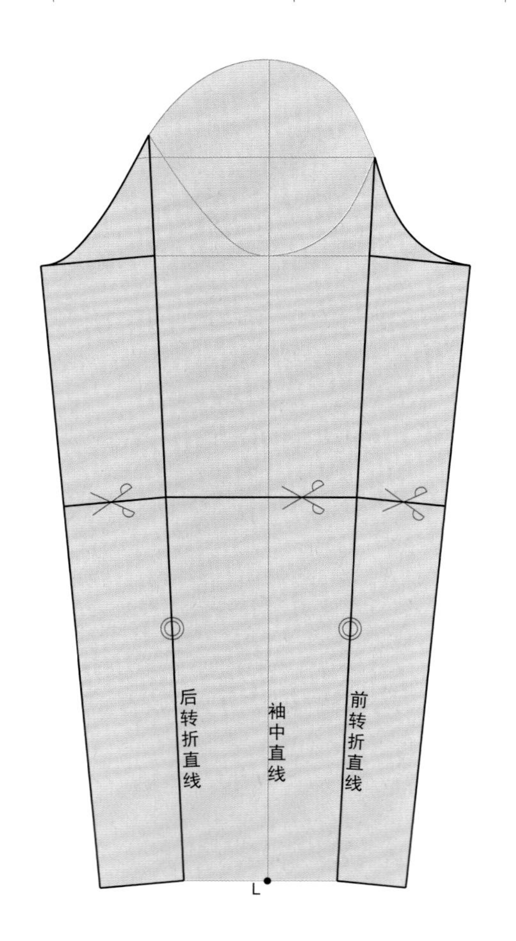

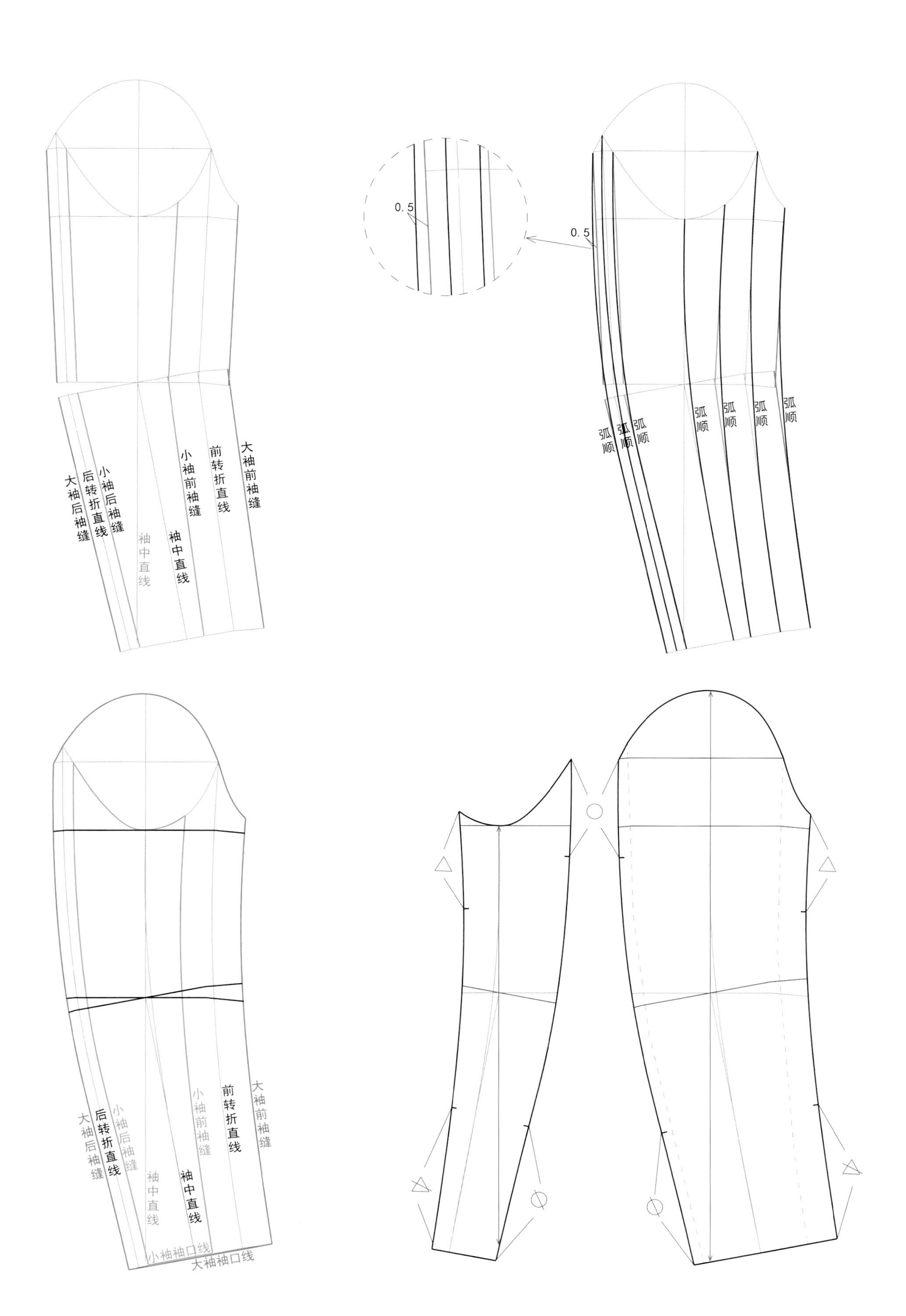
0.5
0.5
大袖后袖缝
后转折直线
小袖后袖缝
袖中直线
袖中直线
小袖前袖缝
前转折直线
大袖前袖缝
弧顺
弧顺
弧顺
弧顺
弧顺
弧顺
弧顺
大袖后袖缝
后转折直线
小袖后袖缝
袖中直线
袖中直线
小袖前袖缝
前转折直线
大袖前袖缝
小袖袖口线
大袖袖口线

15

根据平面绘制出两片袖，裁剪出袖片，将袖子与衣身袖窿装配假缝。

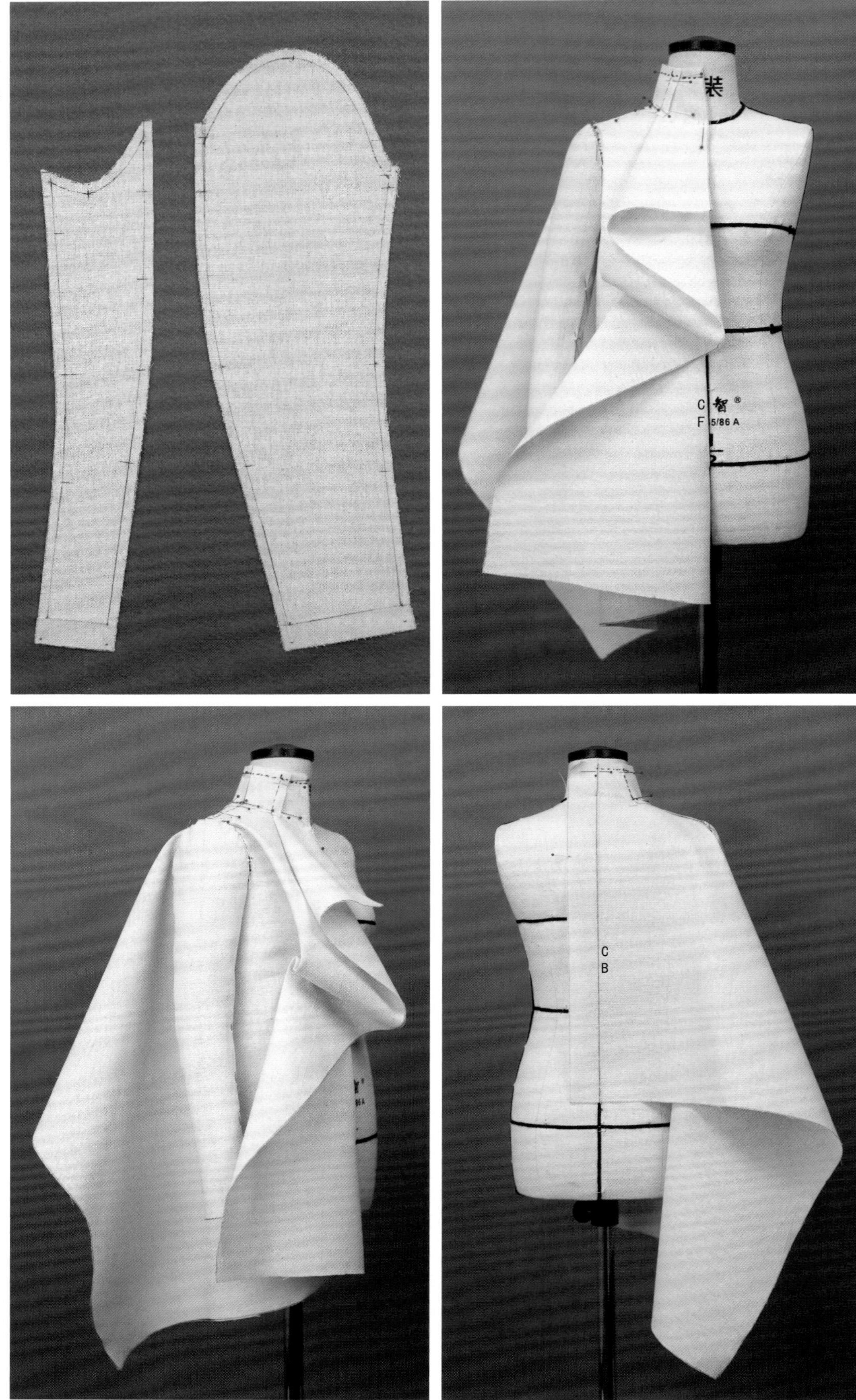

16

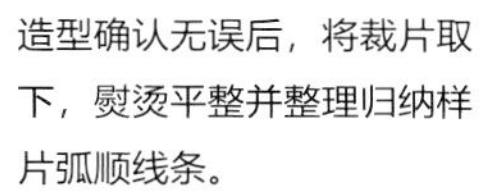

造型确认无误后，将裁片取下，熨烫平整并整理归纳样片弧顺线条。

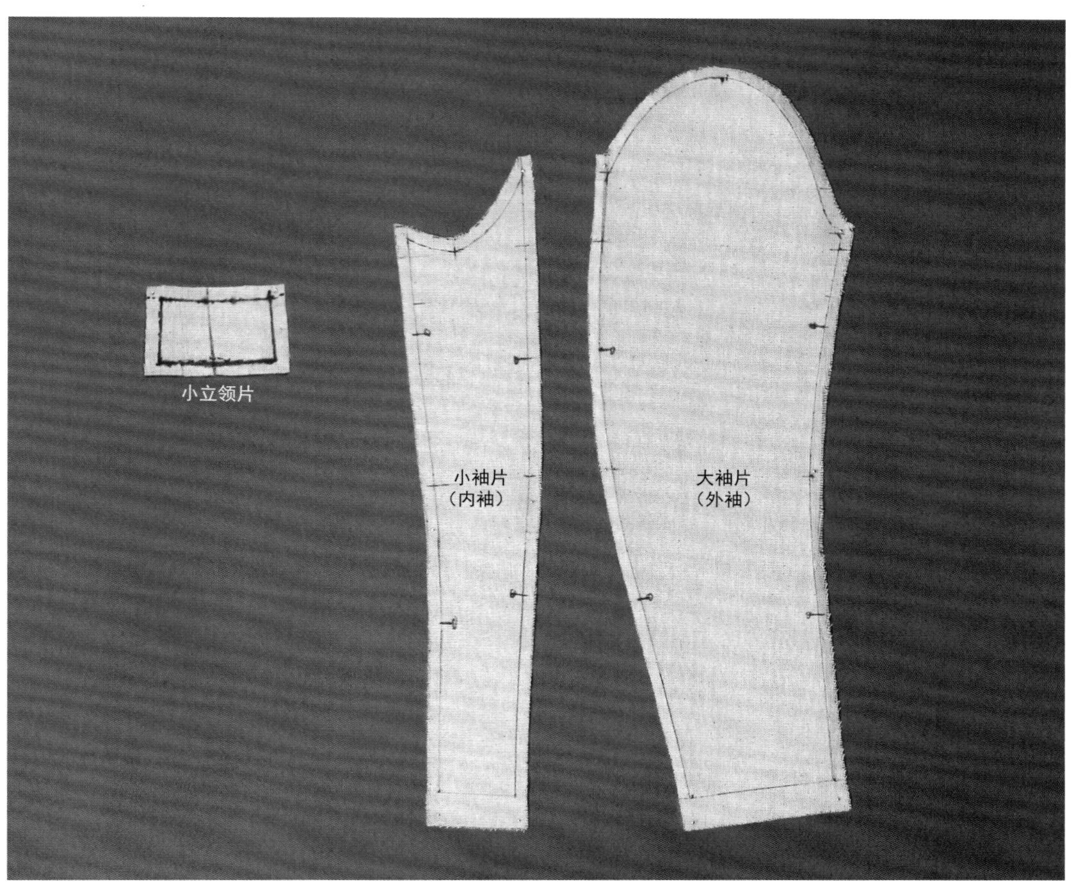

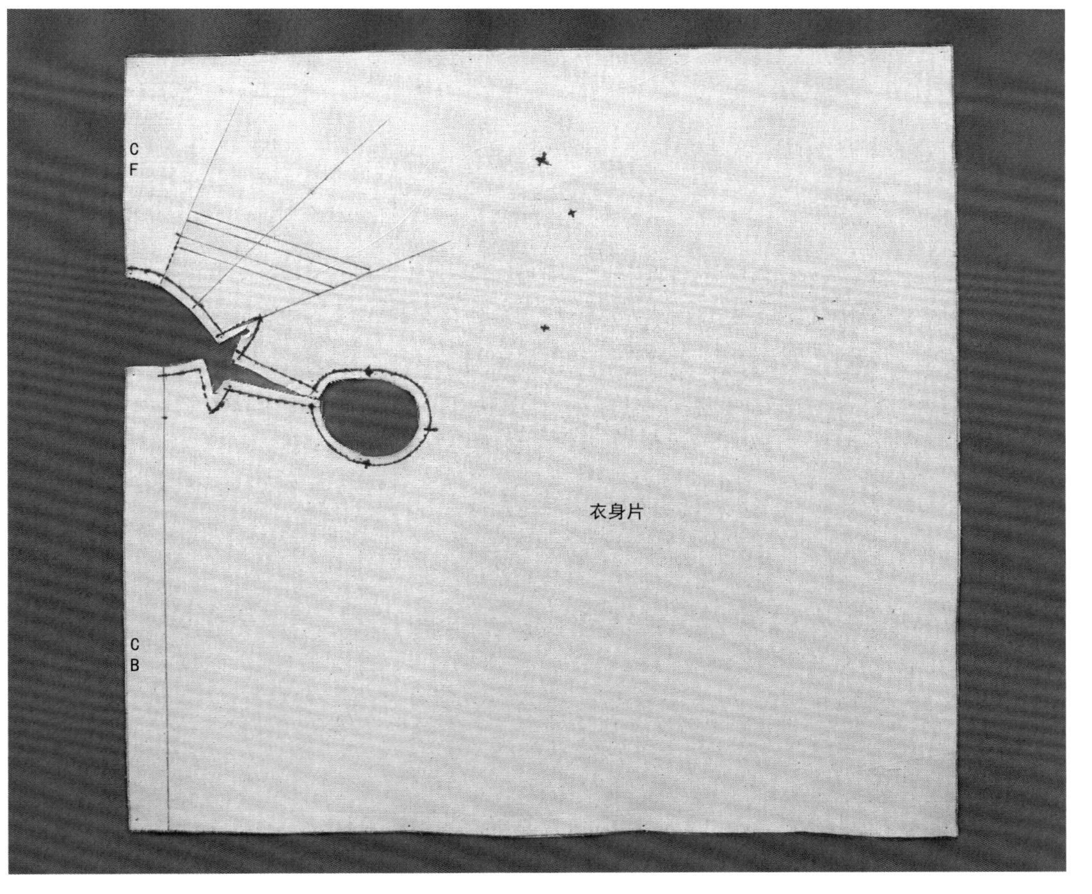

完 成 图

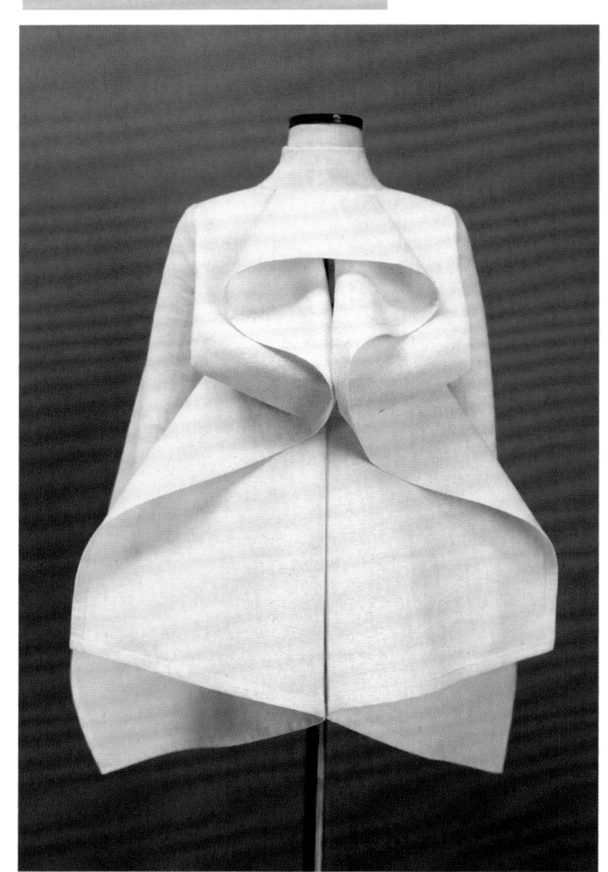

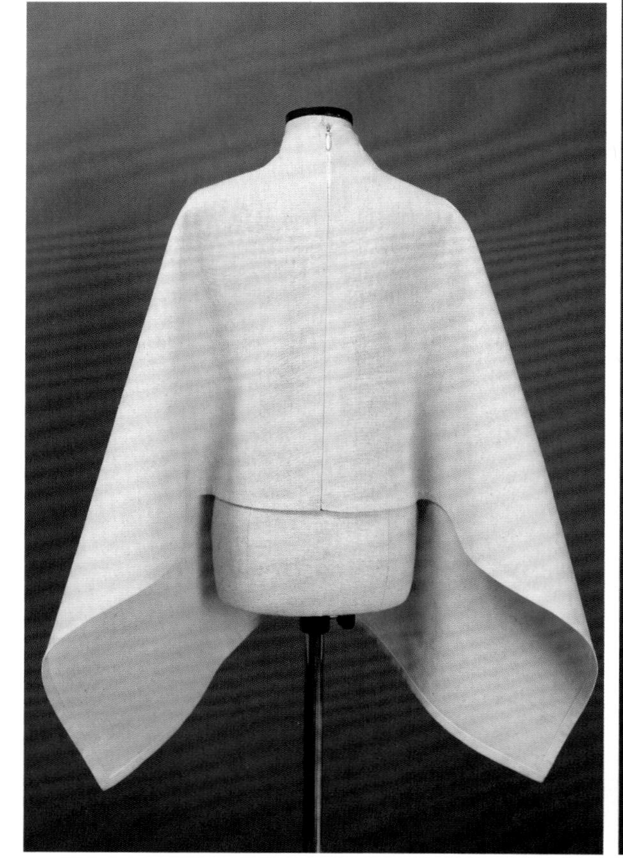

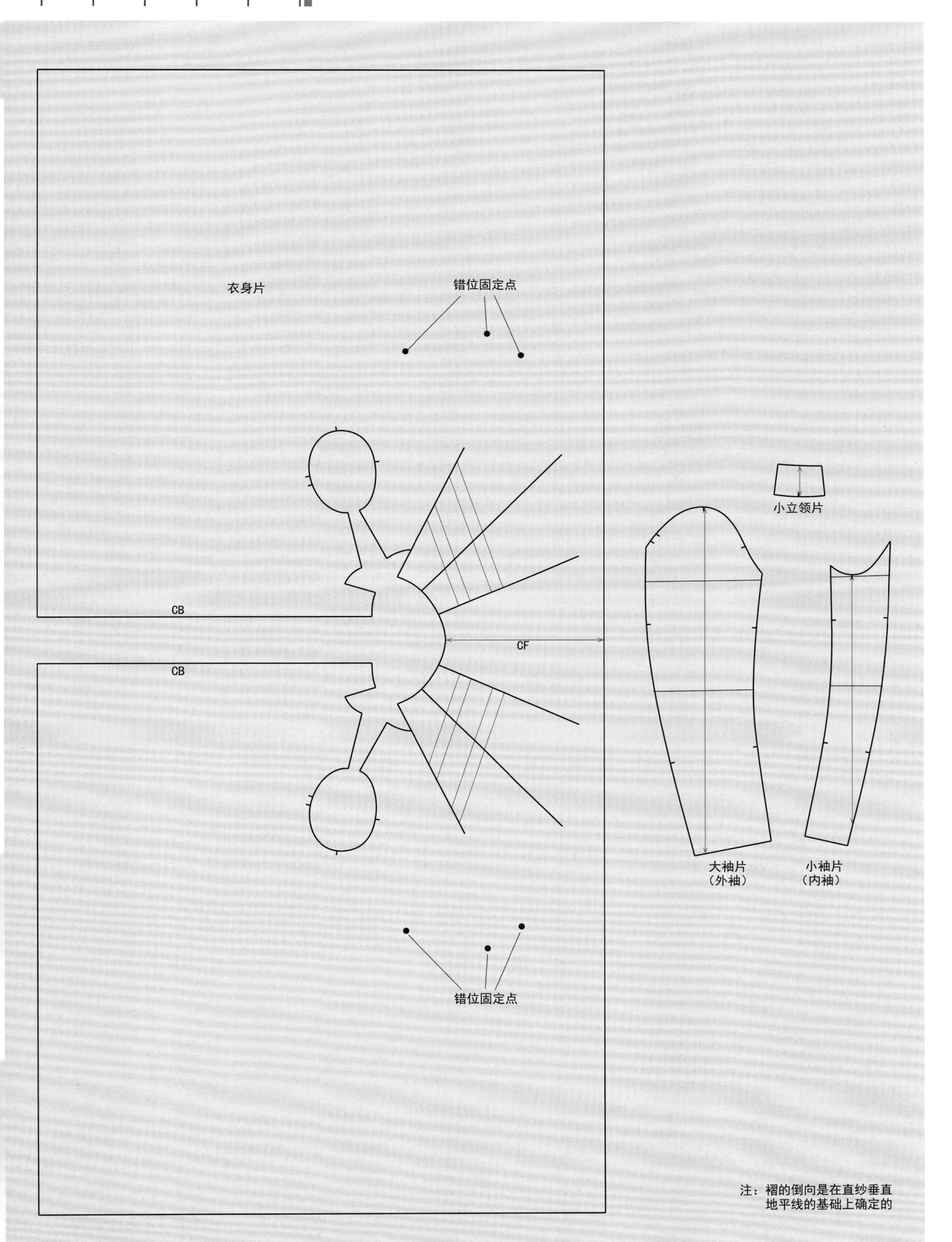
衣身片
错位固定点
CB
CF
CB
错位固定点
小立领片
大袖片
（外袖）
小袖片
（内袖）
注：褶的倒向是在直纱垂直
地平线的基础上确定的

Draping

The Complete Course

款式描述

金字塔廓型，连衣领，无袖，波浪大摆裙；后面衣身沿腰线上、下分离，与内层衬裙交相呼应，形成开放性的局部造型。

练习重点

- 掌握A型衣身展量的控制手法。
- 练习衣身长度的测定方法。

材料准备

- 人台（不限定号型）。
- 宽0.3cm纯棉织带。
- 专业立裁大头针、剪刀。
- 纯棉坯布。
- 马克笔（或4B铅笔）、三色圆珠笔。
- 推版尺、多功能尺、1m长的直尺、皮尺。

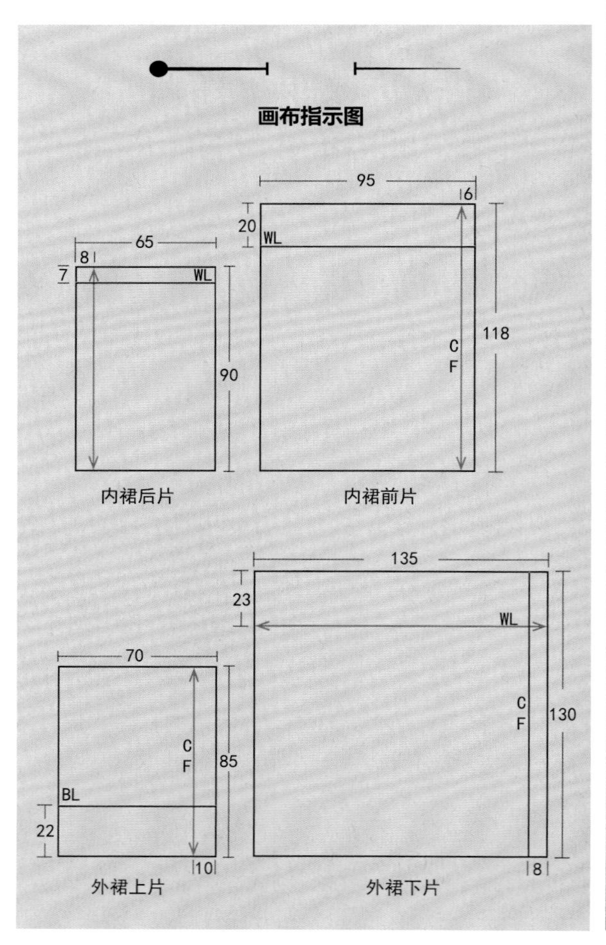

- **人台准备**

完成人台基础标线，并装配立裁用手臂。

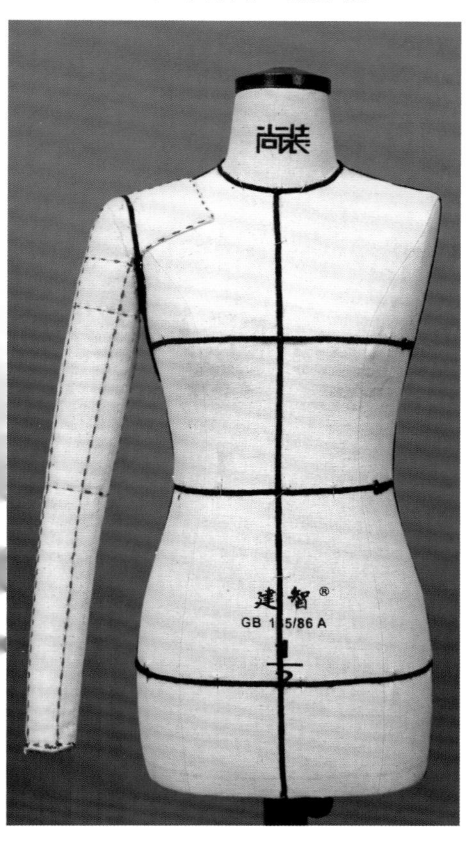

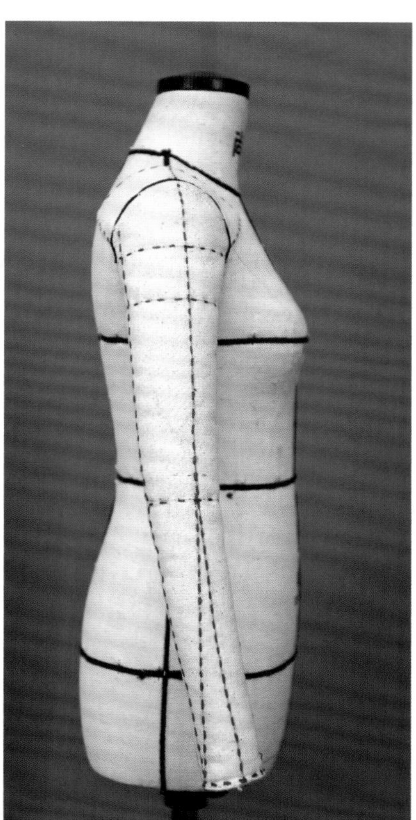

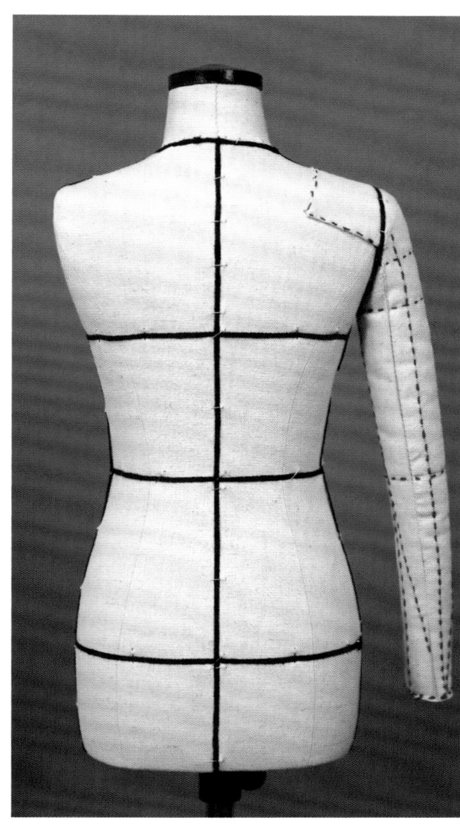

- **款式制作**

1 内裙后片制作：将基础布片后中丝道线、腰围线与人台标线相对应，在后中线与人台腰围线、臀围线交点位置分别下针固定，用大头针水平指向后中方向固定布边。

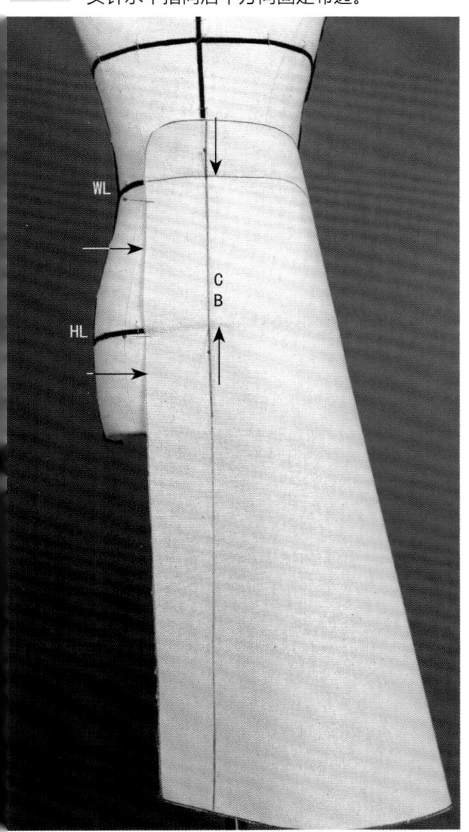

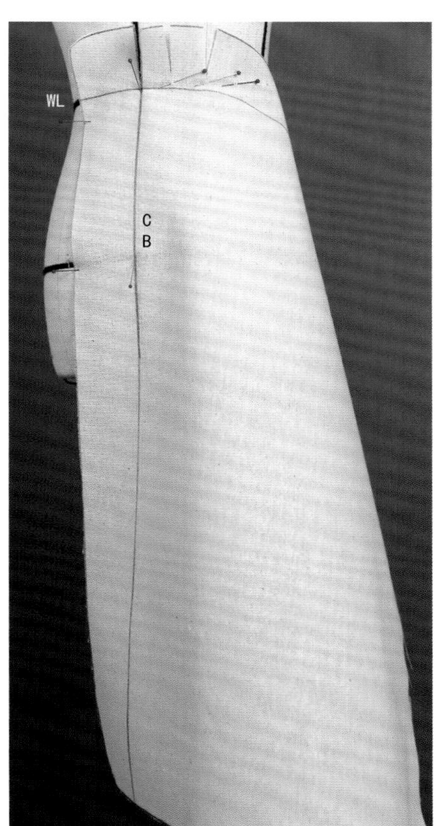

2 从后腰中点开始均匀地打剪口至侧腰节点，每别一针、打一剪口，根据裙摆造型逐渐放出摆量，对腰围线、侧缝线进行描点，臀围线以下侧缝线垂直于地面。

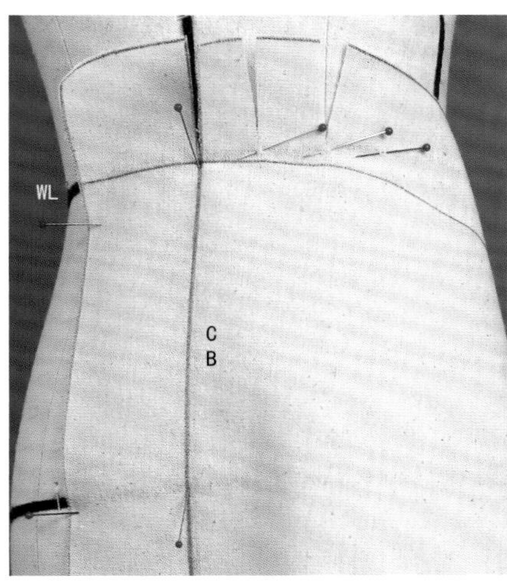

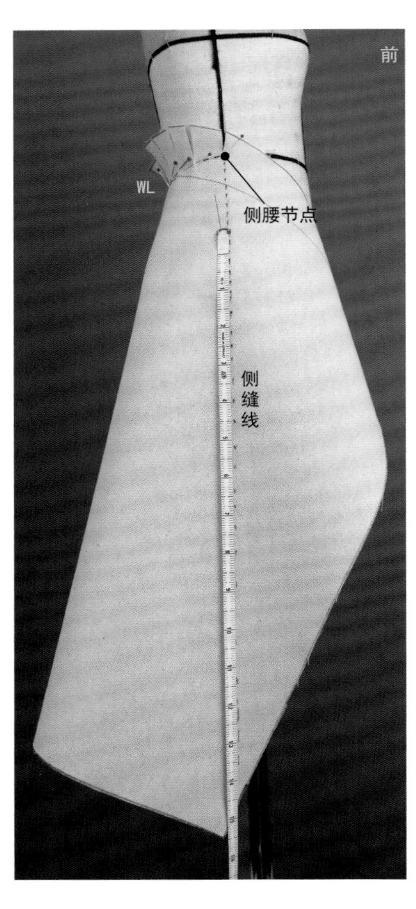

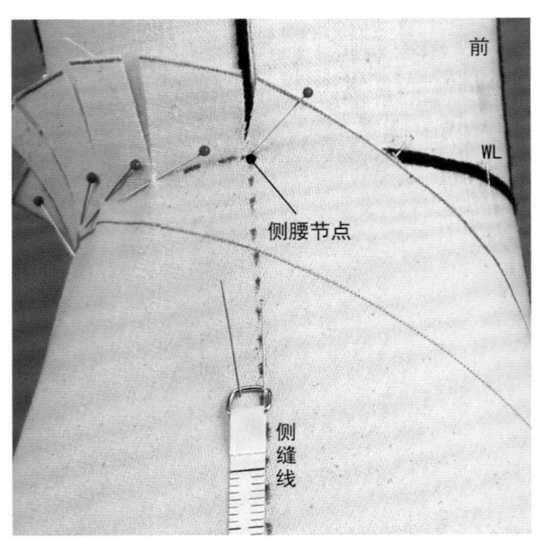

3

确定裙长，绘制出裙底摆边缘线并修剪掉多余的布料。

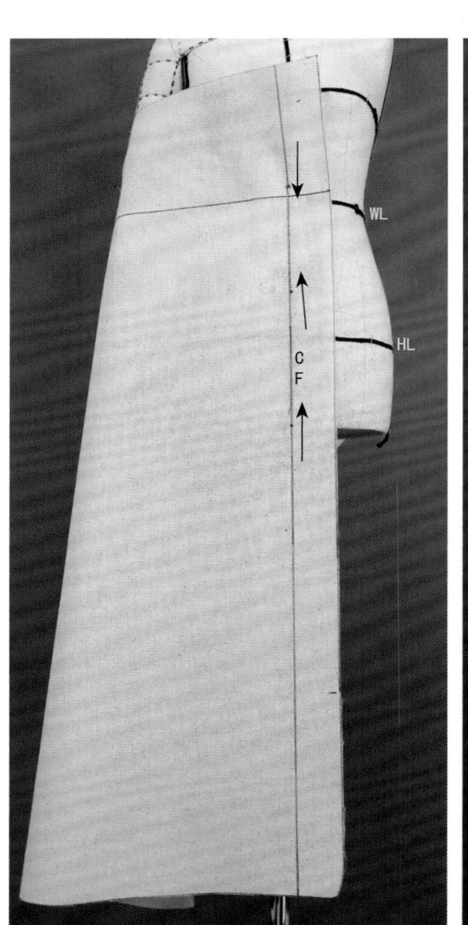

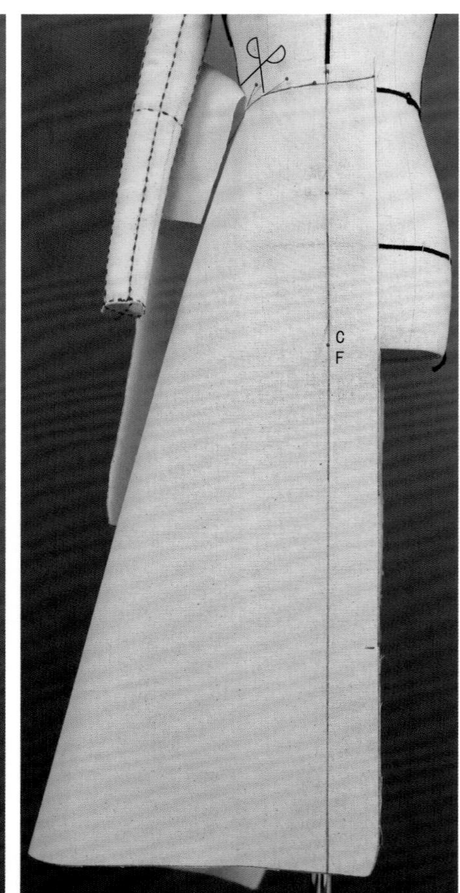

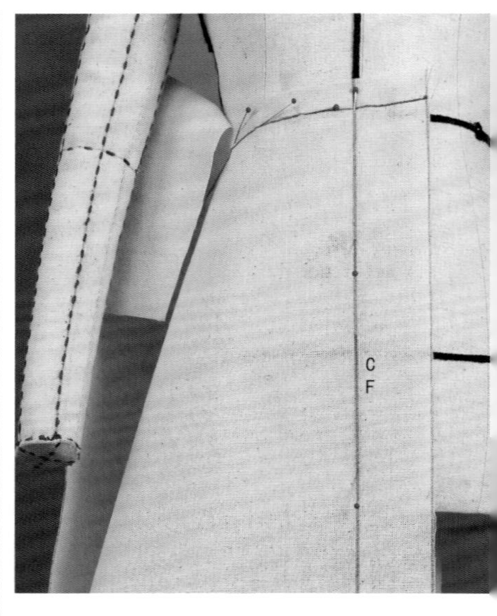

4

内裙前片制作：将基础布片前中线，腰围辅助线与人台标线相对应，点针固定前中线。腰省全部转化为下摆量，腰围线到腹围线区域坯布贴合人台，沿腰围线从前中向侧缝线方向均匀地打剪口，并用重叠针固定布片和人台表布，衣身摆量尽量往小做，摆量主要放于侧身位置，与外层侧身位的大波浪褶相呼应，并起到一定的支撑作用。预留缝边量，剪掉多余布料。

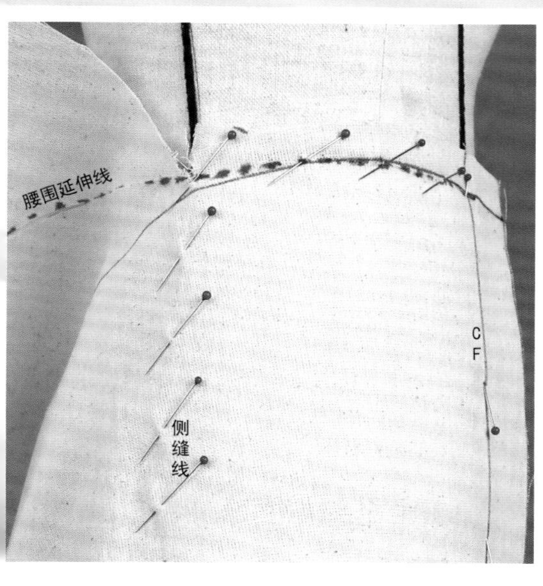

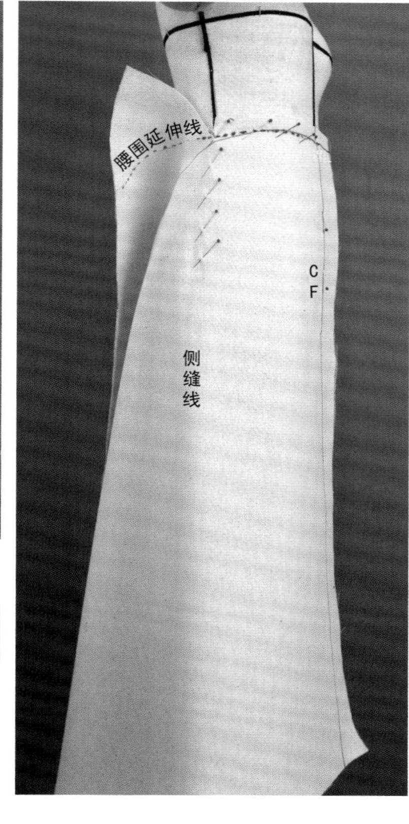

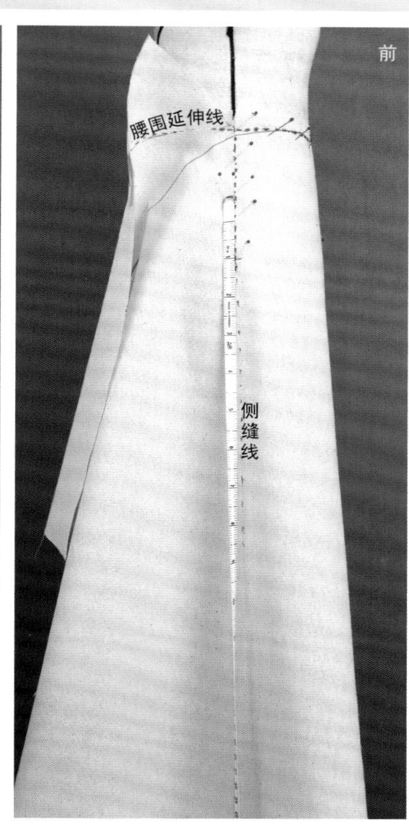

5

在侧缝线处前裙片覆盖后裙片，沿后片侧缝线用重叠针固定上、下布片至膝围区域，膝围线以下为活页衩，左边侧缝可做侧门襟开合。对前片侧缝线进行描点，臀围线以下侧缝线垂直于地面。

6 调整后侧裙摆造型，绘制并修剪出腰围延伸线，修剪出裙摆底边，注意前、后裙摆造型的高低落差关系。

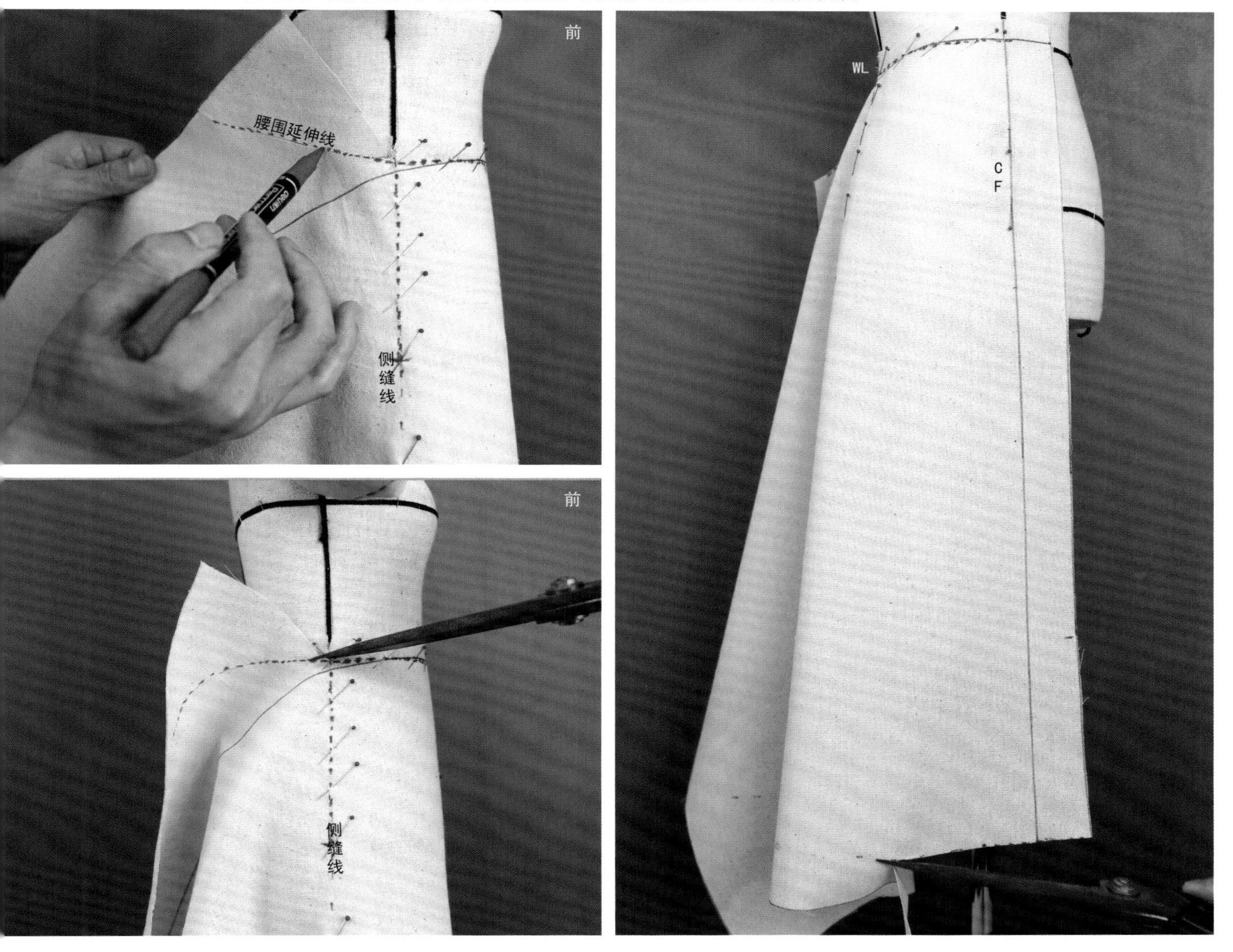

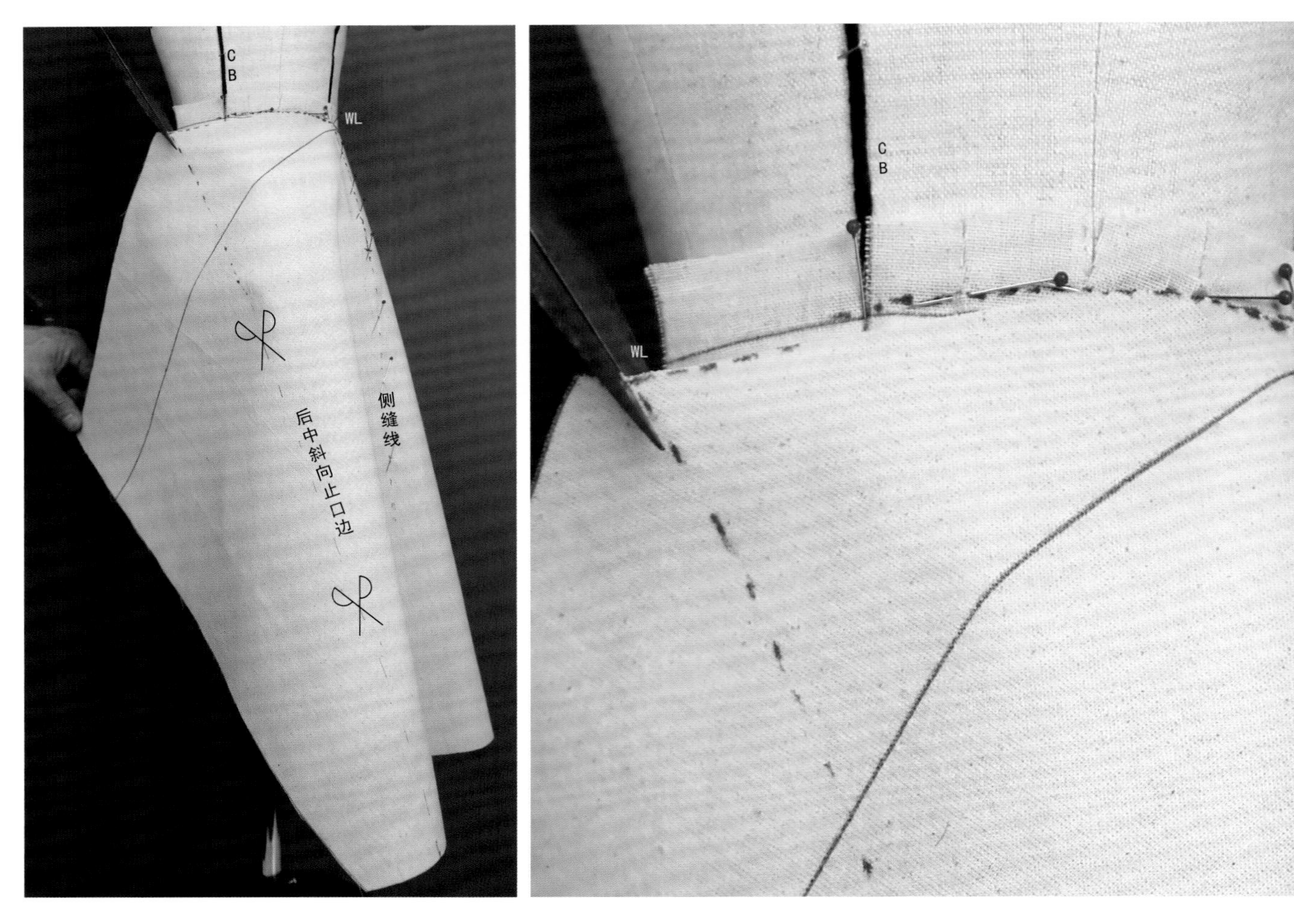

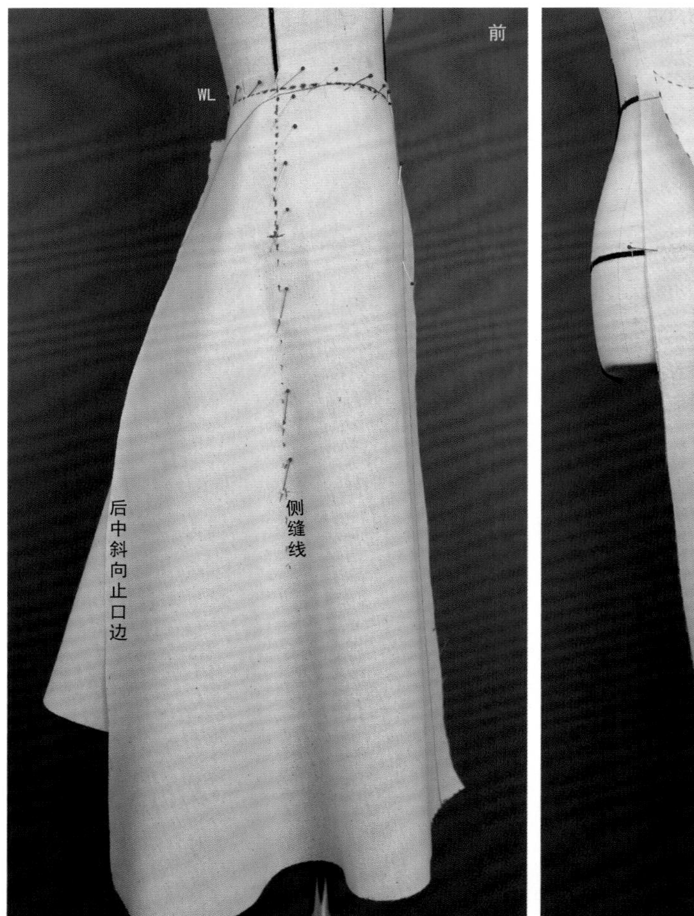

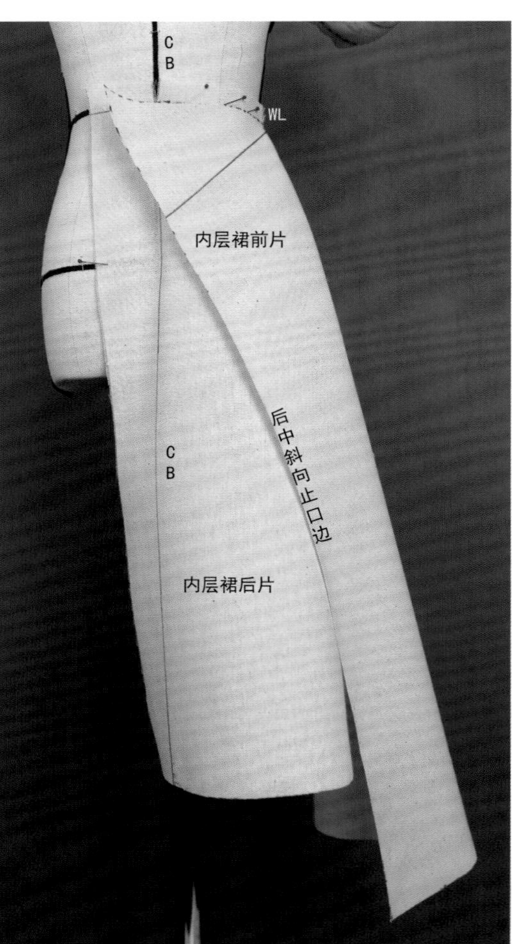

7

描绘出裙摆后中斜向止口边造型，修剪掉多余布料。

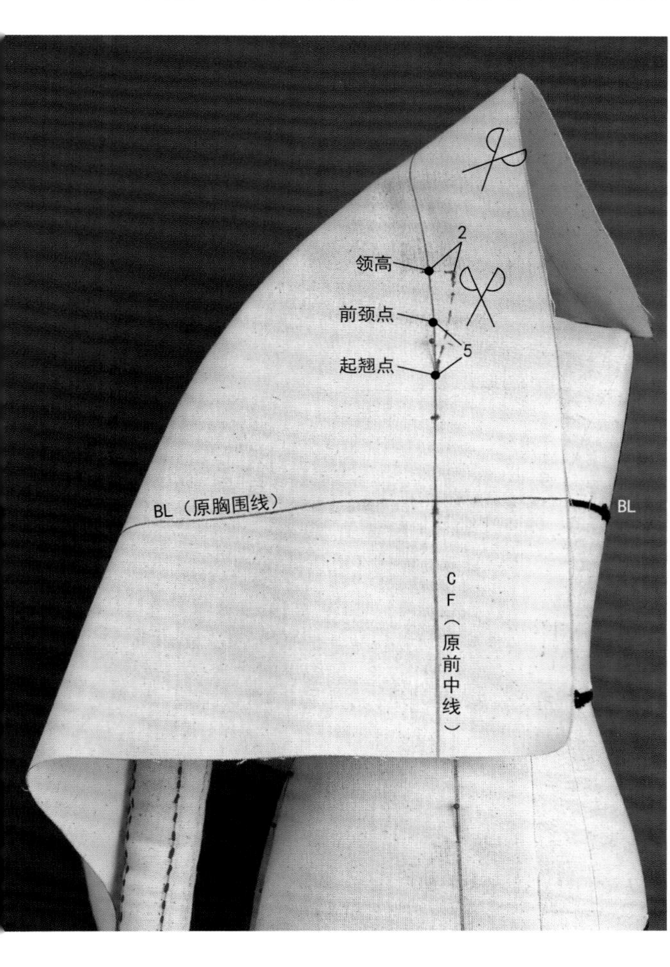

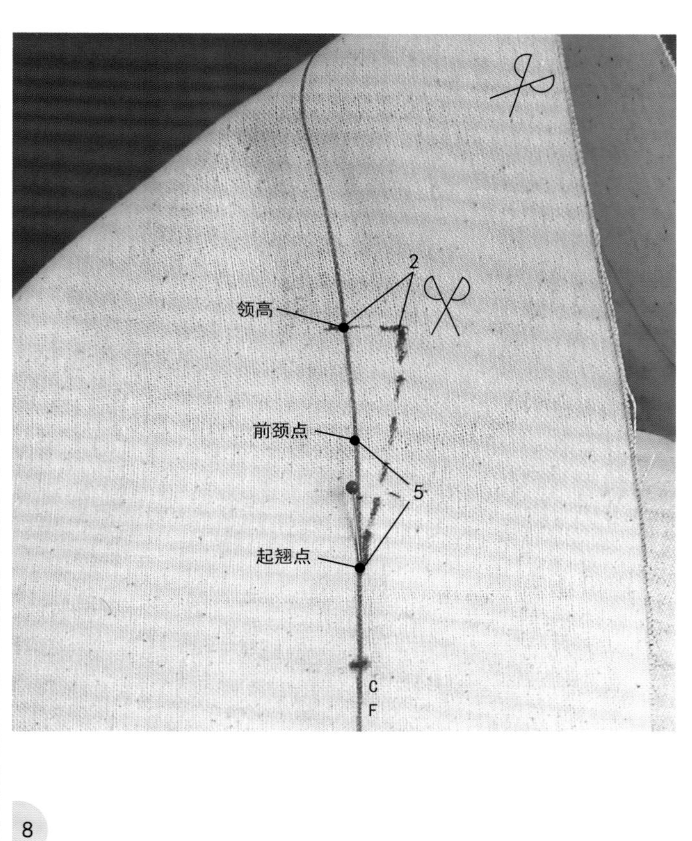

8

外裙上片制作：将基础布片前中线、胸围线与人台标线相对应，用点针在前颈点以下5㎝处固定，作为领口起翘点，绘制出领外口起翘为2㎝的前中线。

9

将布片往前中右侧轻轻拉动，使原前中线在胸围线上向右偏移3㎝，顺势抚平、贴合前中区域胸围线以下布片，对实际前中线进行描点，预留缝边并剪掉前中线处多余的布料。把向右偏移胸围线的适度量推至前领圈作为领口松量，理顺并抚平胸围线以上的坯布，用大头针固定肩端点。

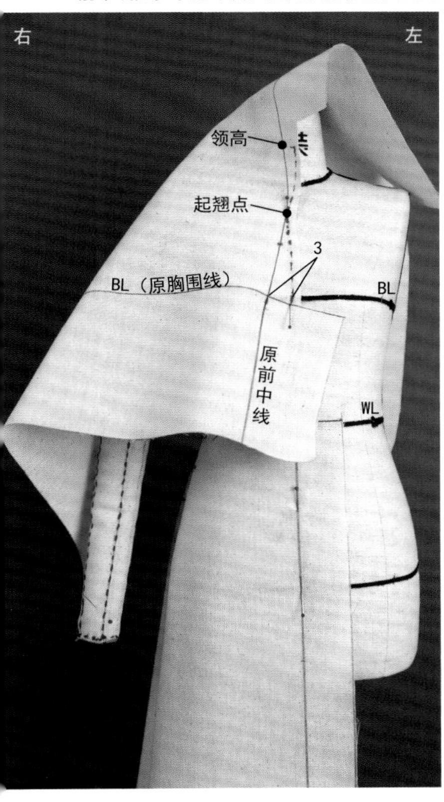

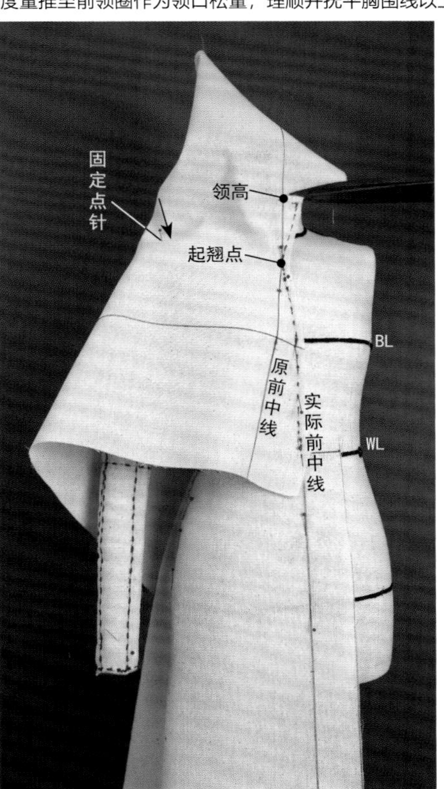

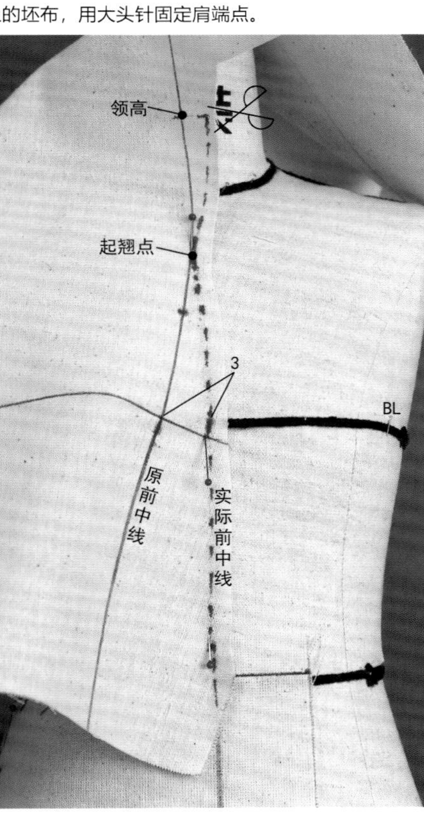

10

先修剪出到侧颈区域的领外口线造型，利用斜丝特性，拔开领口侧颈区域布料，可取下固定肩端点的大头针，重新理顺领子形态和胸围线以上的坯布，再次固定肩端点，继续剪出领口延伸线。

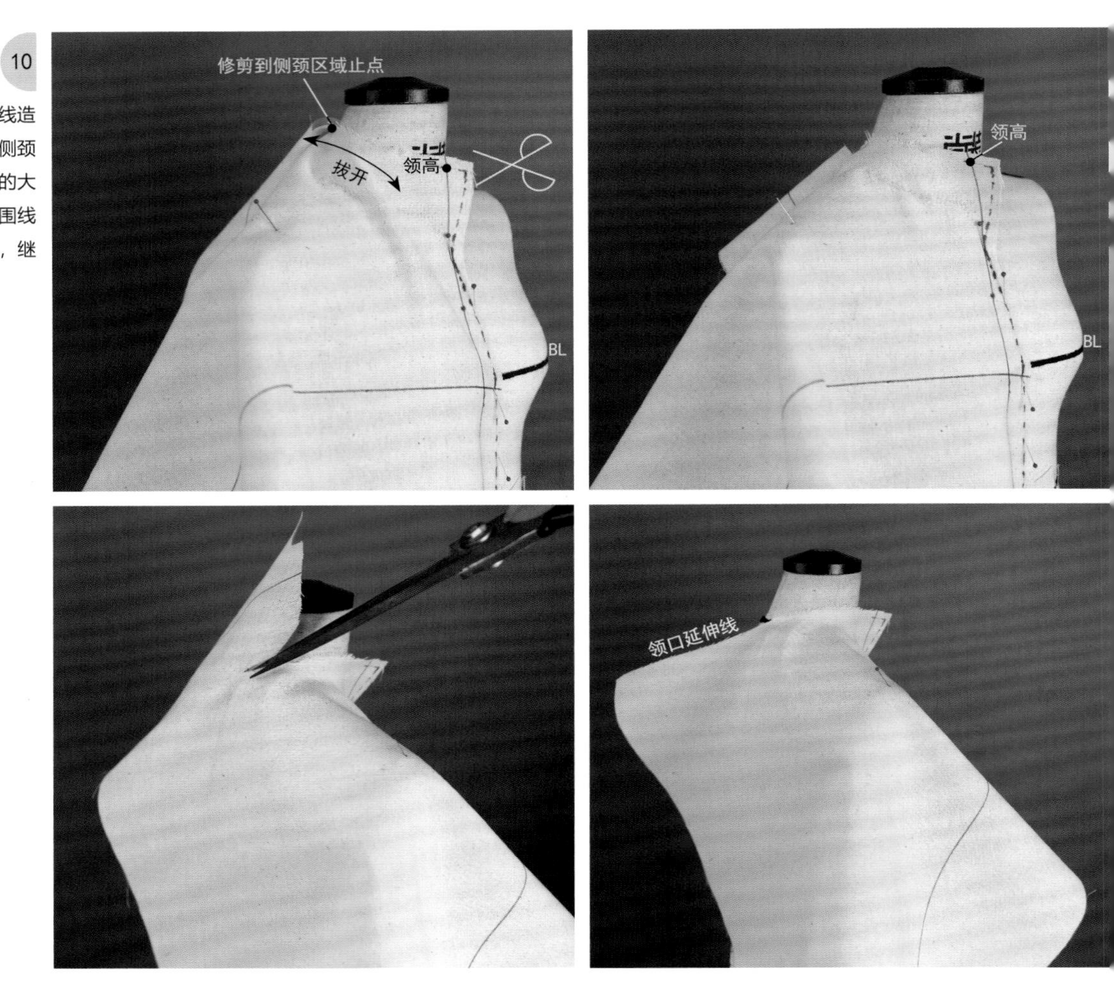

11 抚平胸围下坯布使之贴合人台，用重叠针固定布料至前侧身分割线处，沿腰围线描点，捏合胸省，描绘出侧身分割线至肩端点。

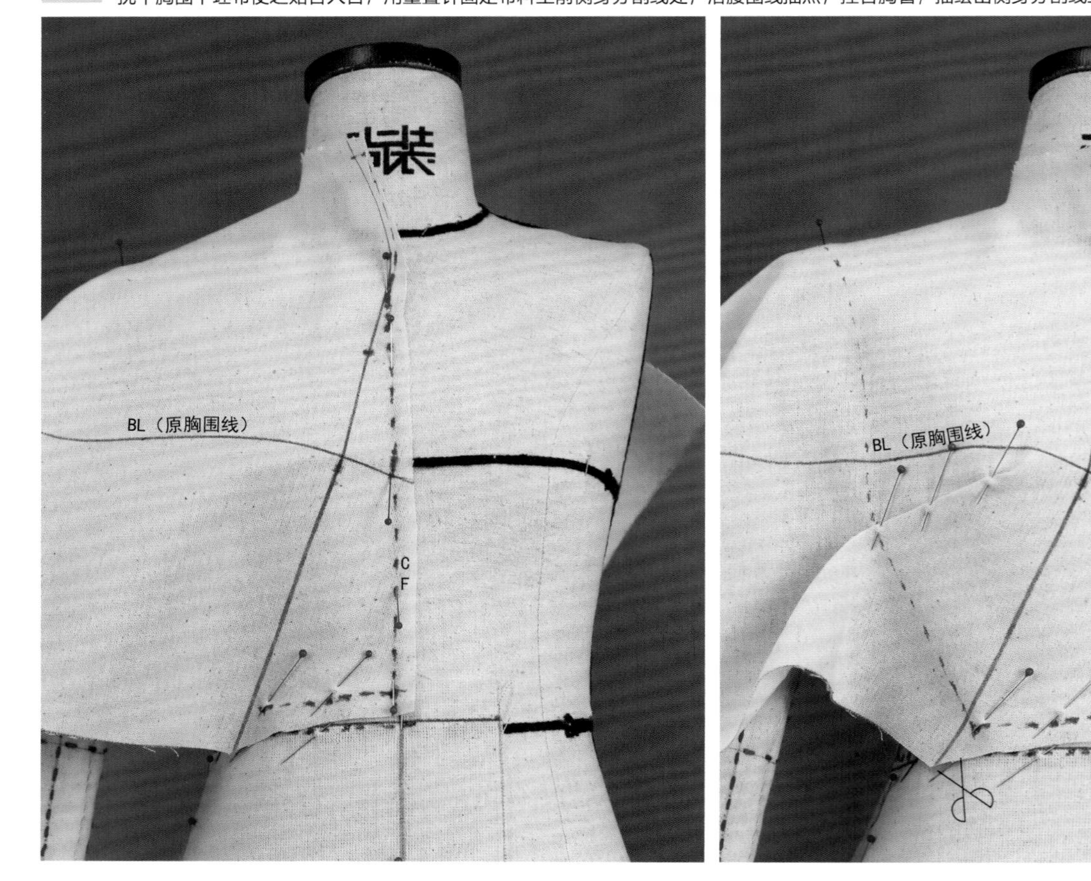

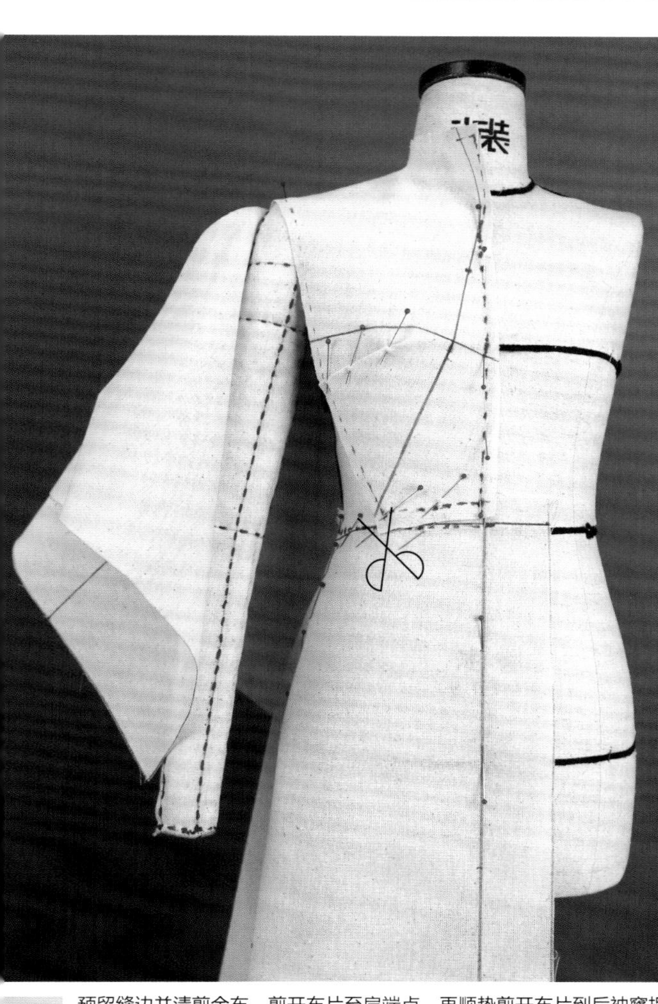

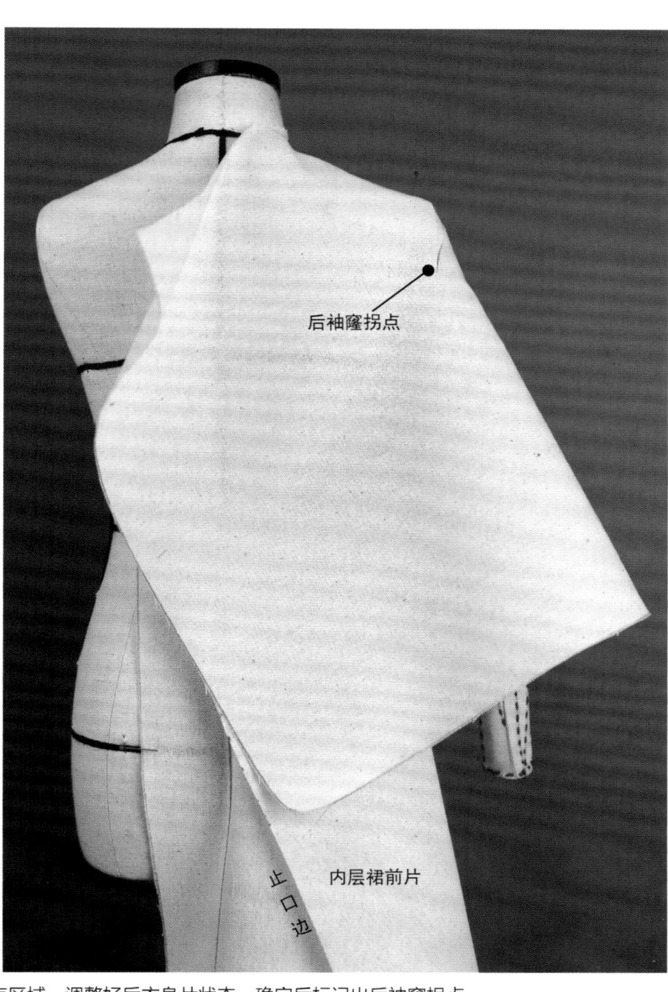

12 预留缝边并清剪余布，剪开布片至肩端点，再顺势剪开布片到后袖窿拐点区域，调整好后衣身片状态，确定后标记出后袖窿拐点。

13 将后衣身布片放置于手臂下，根据前片拼合点位置，粗略调整后片造型形态，大致找出后片拼合点，修剪掉后拐点与拼合点连线外多余的布料。

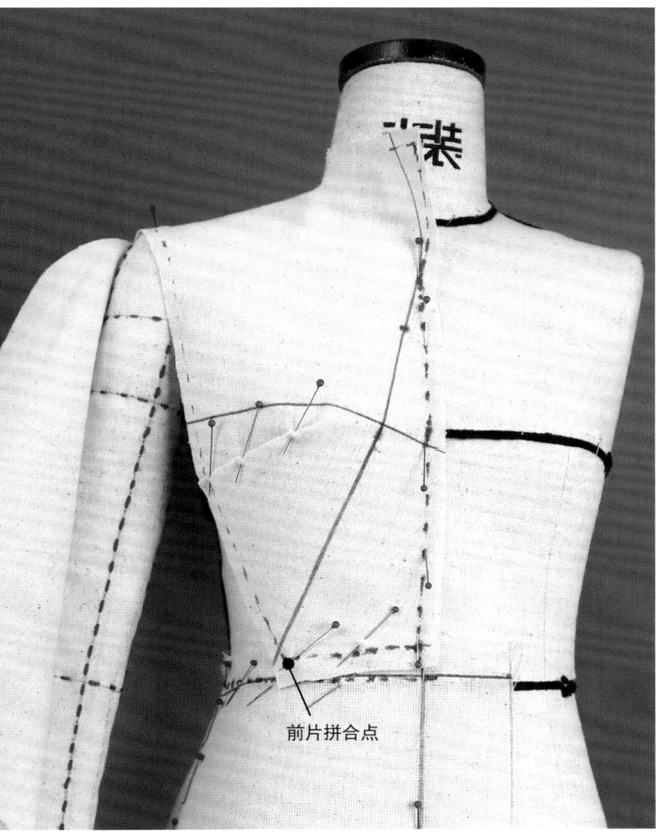

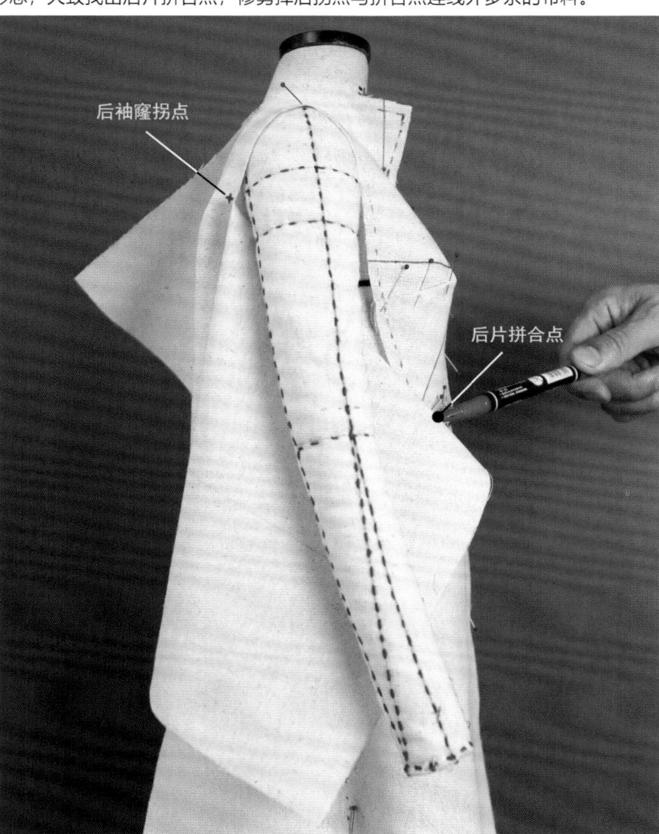

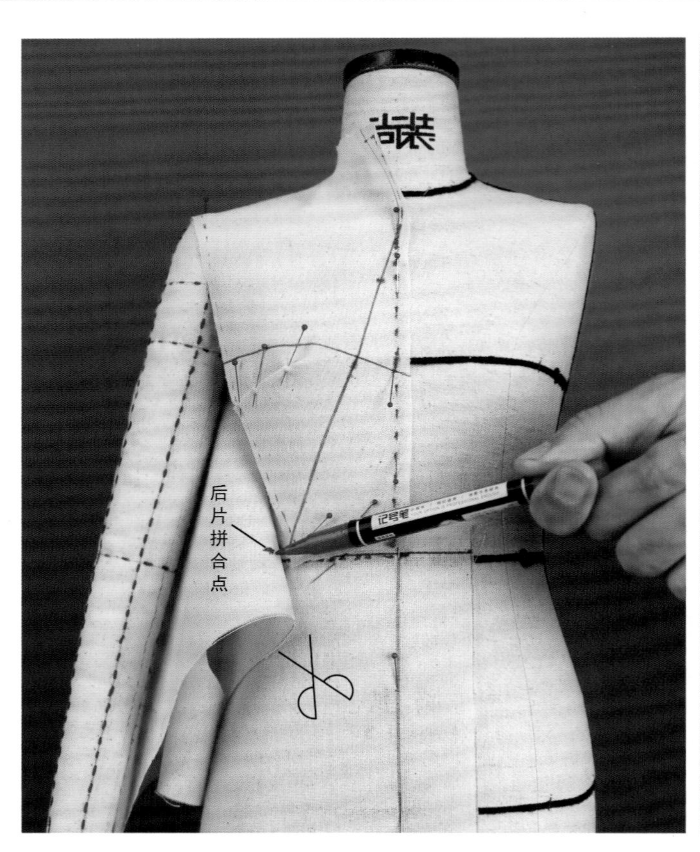

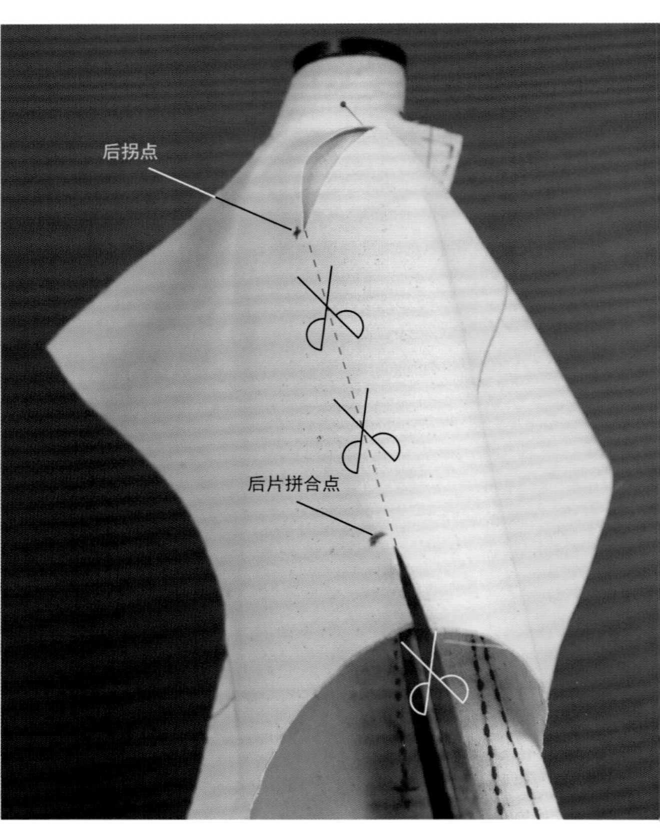

14 在后袖窿拐点区域由布边缘向此点打剪口，抚平肩部以下坯布使其贴合人台，用点针固定后中布片。根据后片造型把握后片转折面的空间感，布片顺势绕至前侧，再次确定拼合点的位置，并用重叠针固定前、后片。

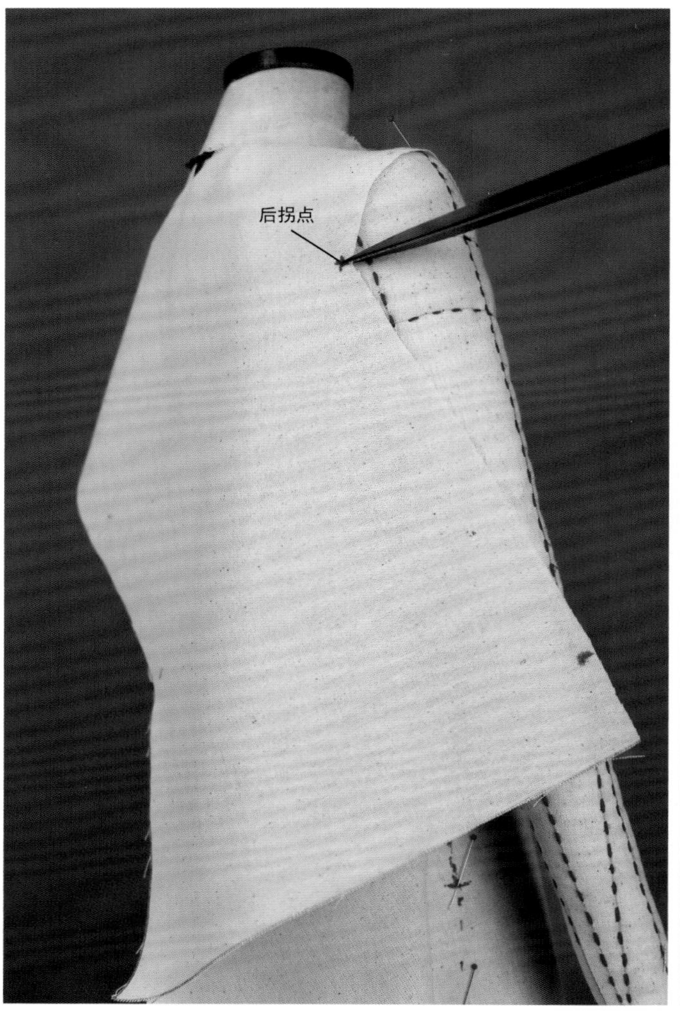

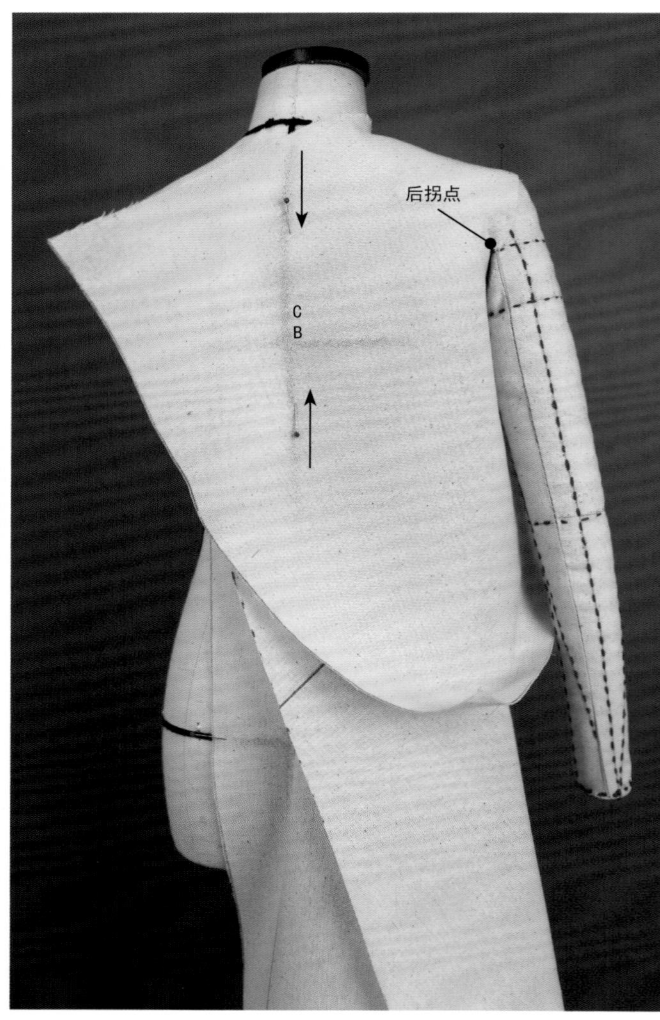

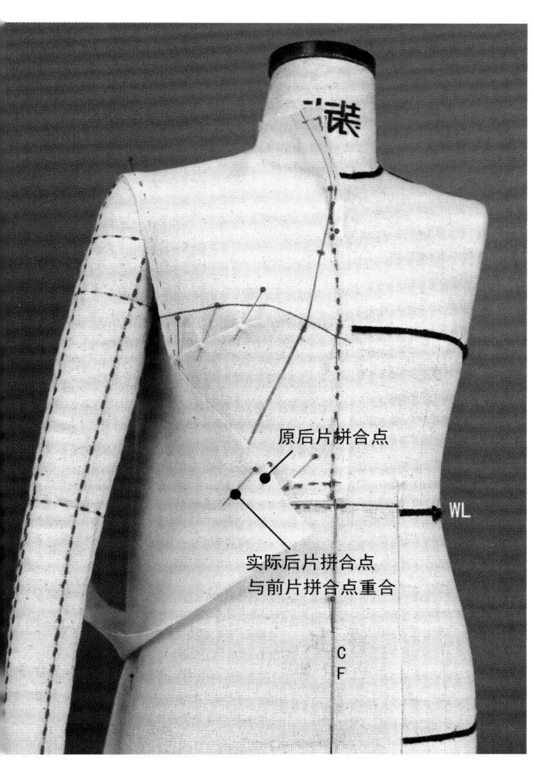

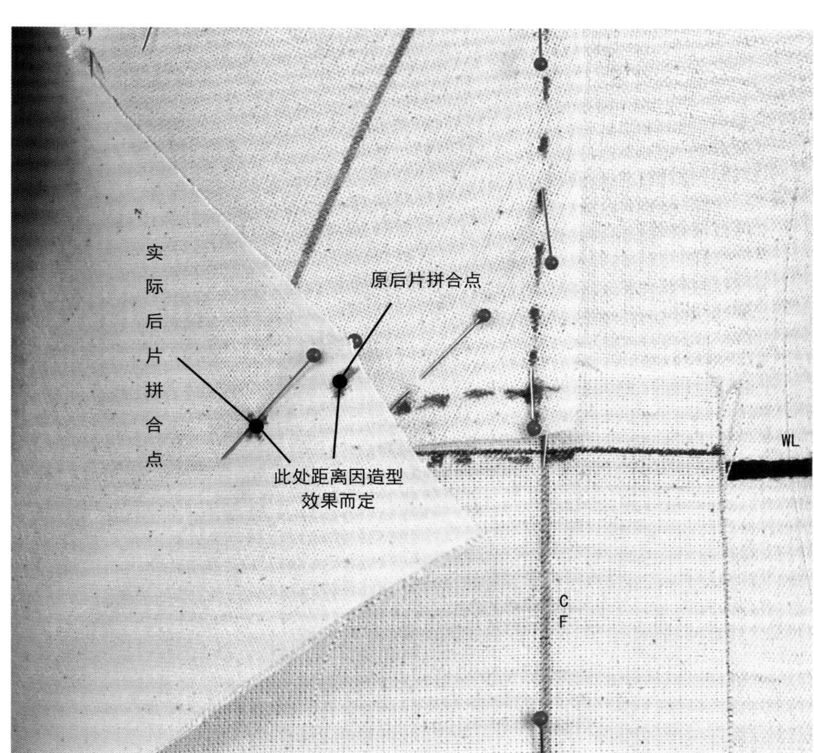

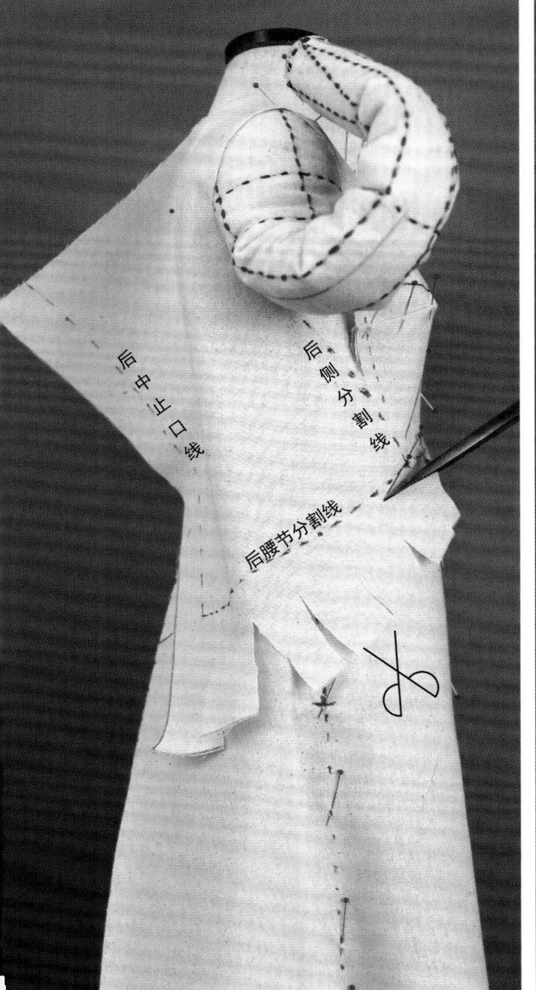

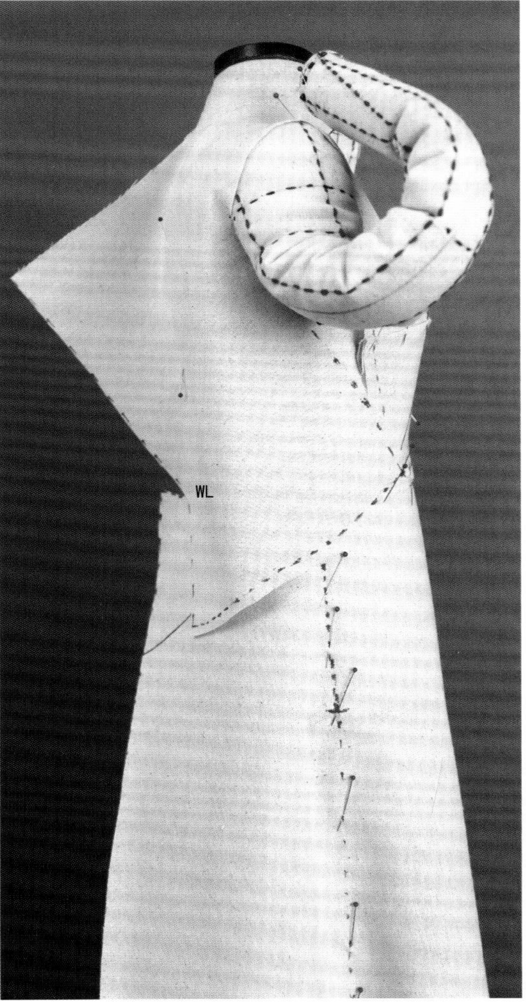

15

打剪口使后腰节处坯布平顺，根据造型描绘出后中止口线、后腰节分割线、后侧分割线，预留缝边并清剪余布。

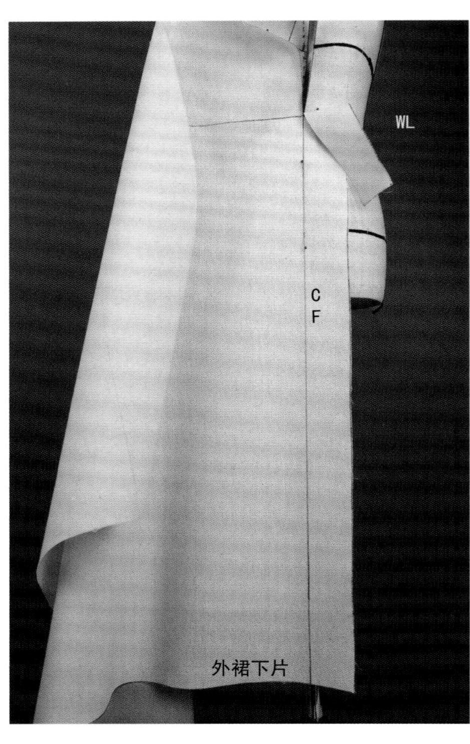

16

将外裙下片基础布片的前中线、腰围辅助线与人台标线相对应，在前中线上用大头针固定。由前中线位置垂直向下打剪口至腰围线，修剪余布。

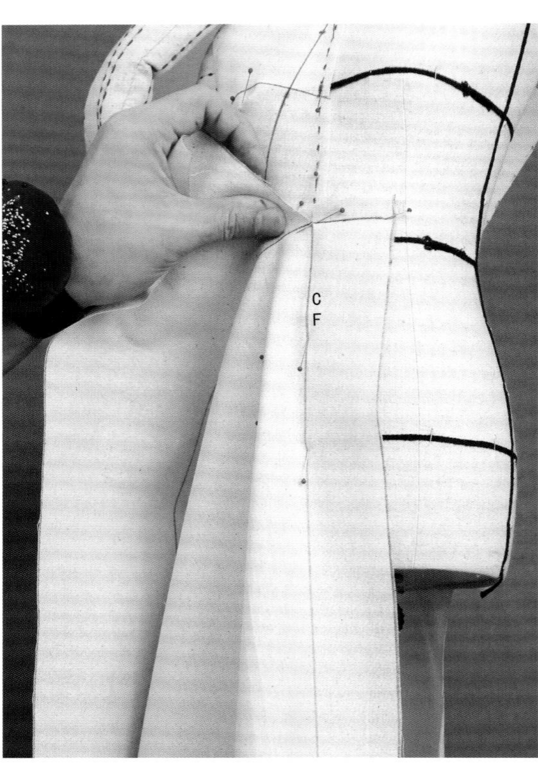

17

在靠近前中的臀围区域放出6~8㎝的活褶量，褶量确定后用大头针固定。将布片向上轻提，使活褶在腰围线下方区域形成空鼓面，并在腰围线上用重叠针固定外裙下片与衣身上片，预留缝边并清剪余布。

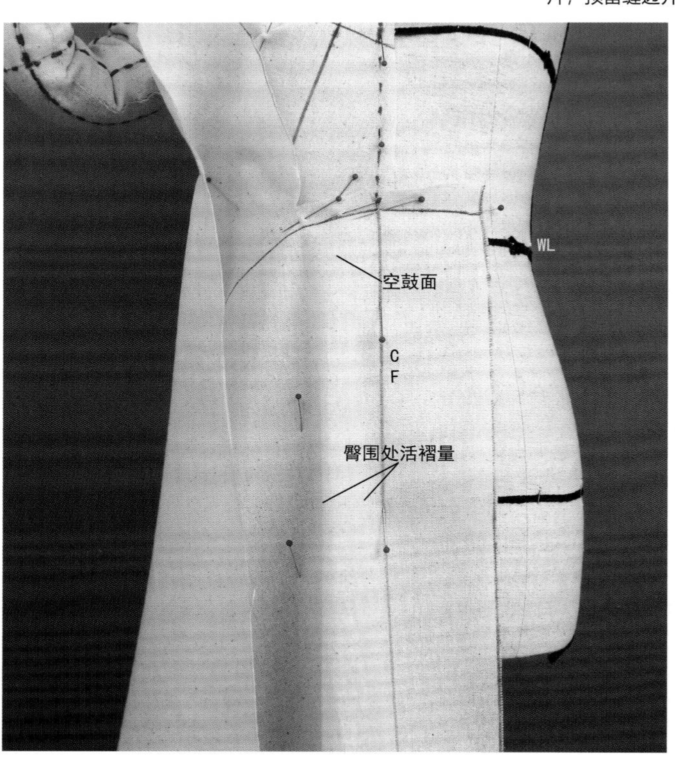

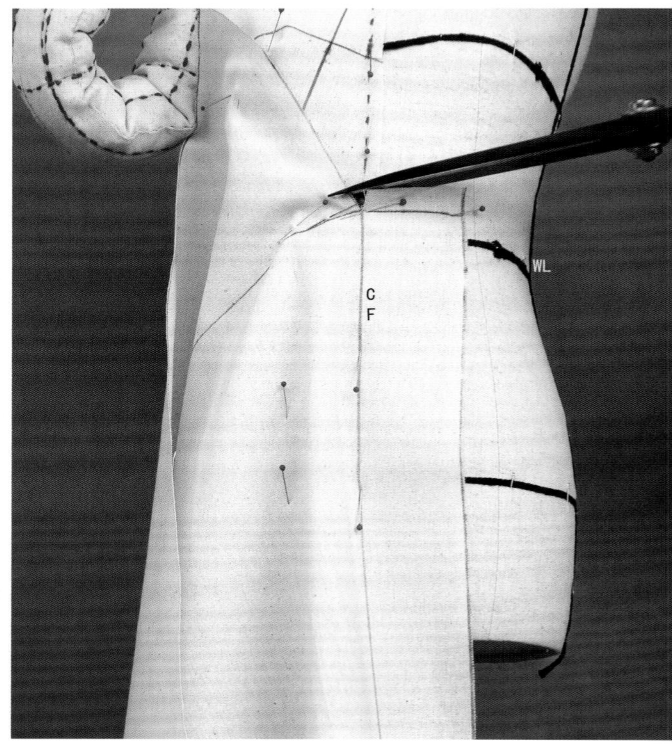

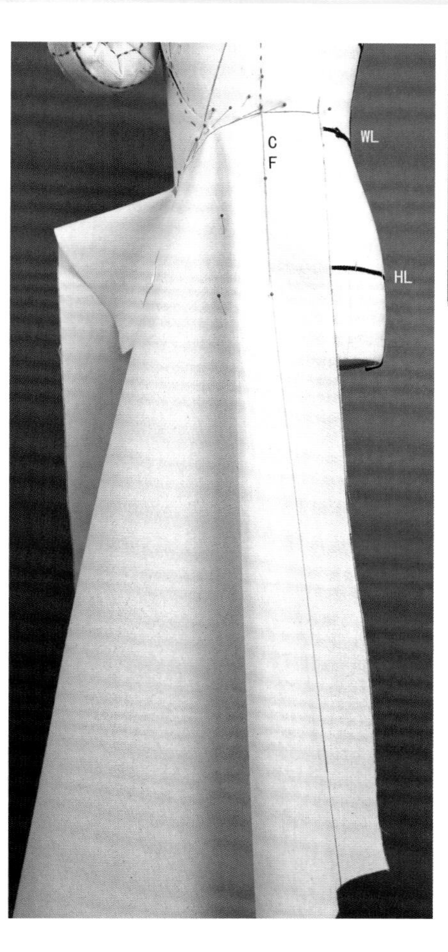

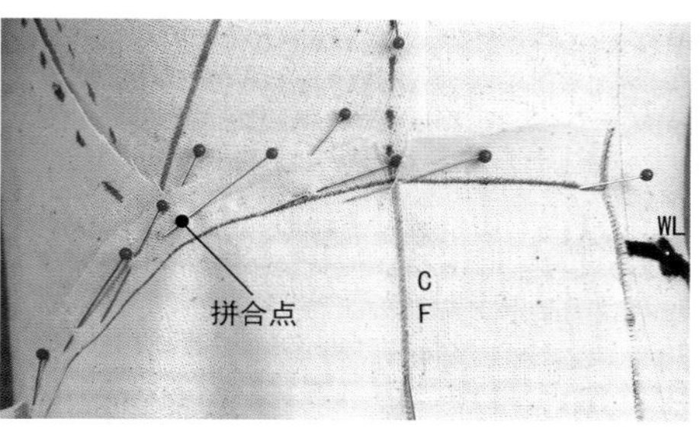

18

继续别针至衣身前、后片在腰围线上的拼合点，此点是展剪出大波浪褶的起点，沿腰节剖断线每别一针便打一剪口，根据大波浪褶的造型，展剪量逐渐加大。在展剪的过程中，注意调整人台至所定裙长更长的高度并修剪掉底摆处多余布料，使底摆距地面高出一段距离，避免布料垂地影响下摆造型判断。

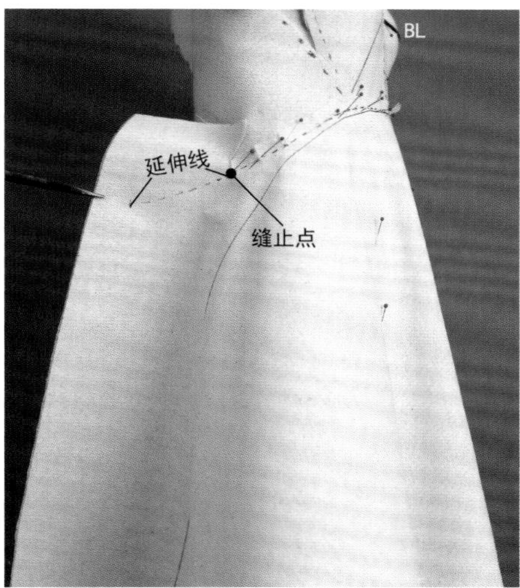

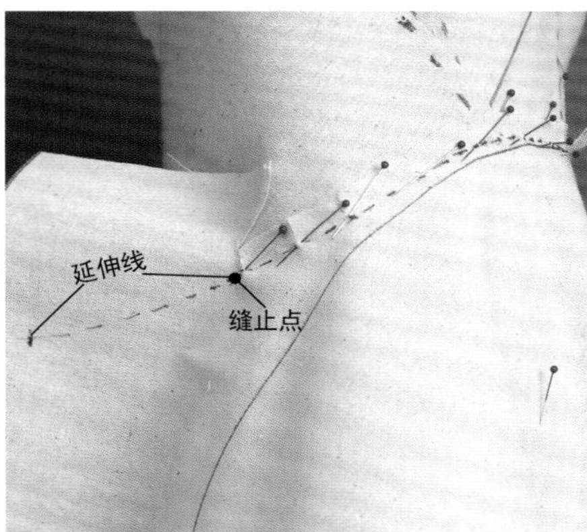

19　用重叠针固定至腰围线上预设的缝止点，对外裙片的腰围线进行描点，并顺着腰围线绘制其延伸线，修剪掉多余布料。

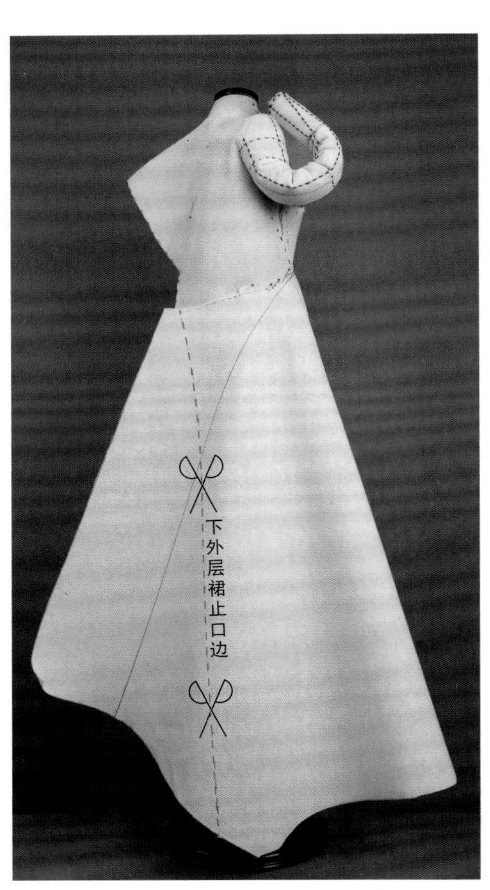

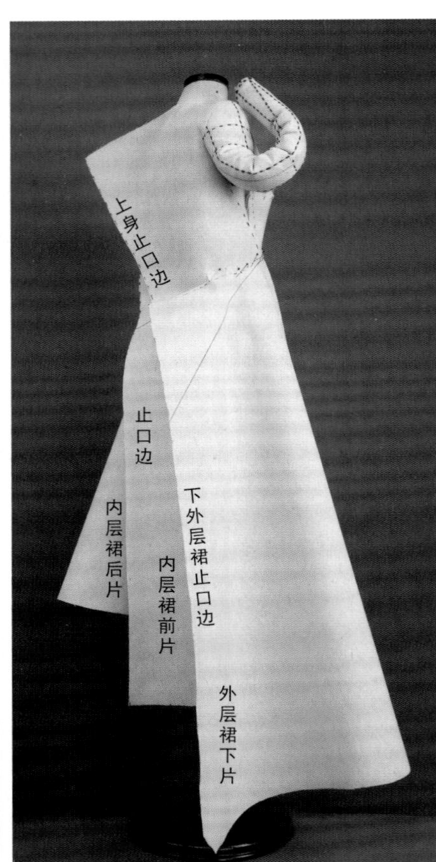

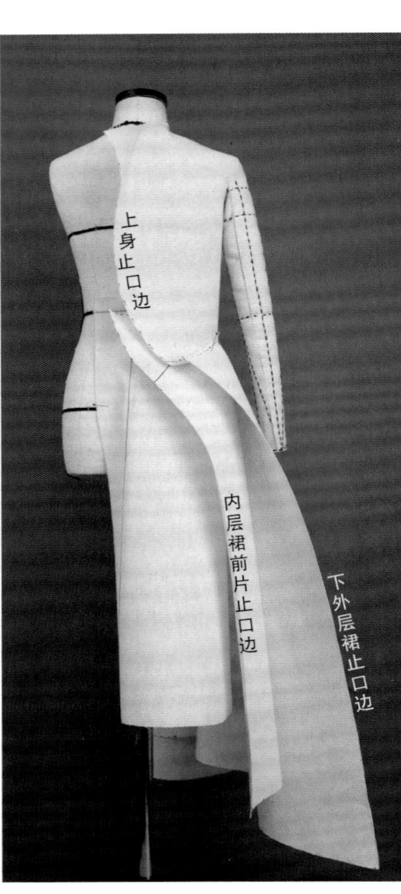

20 确定外裙下片后中止口边的造型并描点，注意各局部结构对后背整体造型的塑造：衣身上片与外裙下片的腰围延伸线长度相等；上、下片后中止口边自然衔接的视觉延伸效果；外层裙片与内层裙片重叠错落的空间关系。

21

确定裙长，对底摆边描点，清剪底摆余布。

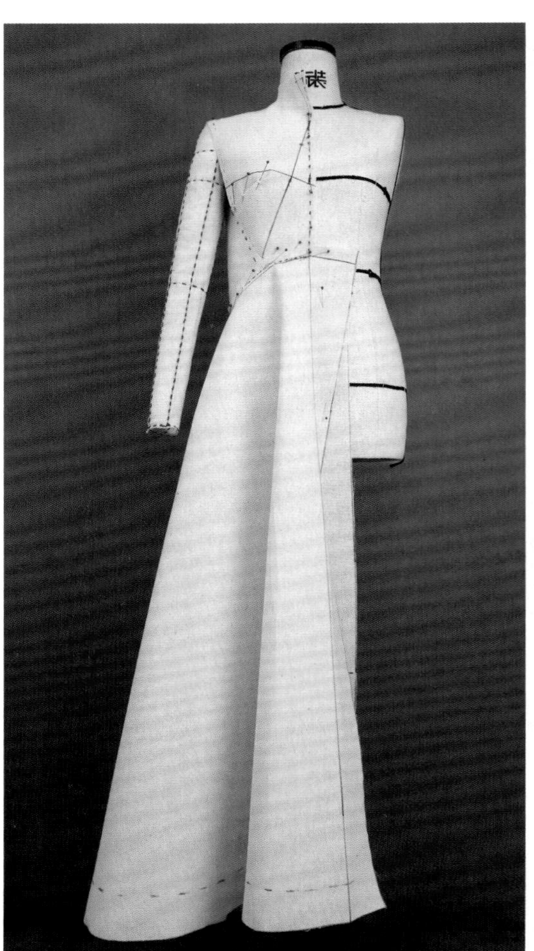

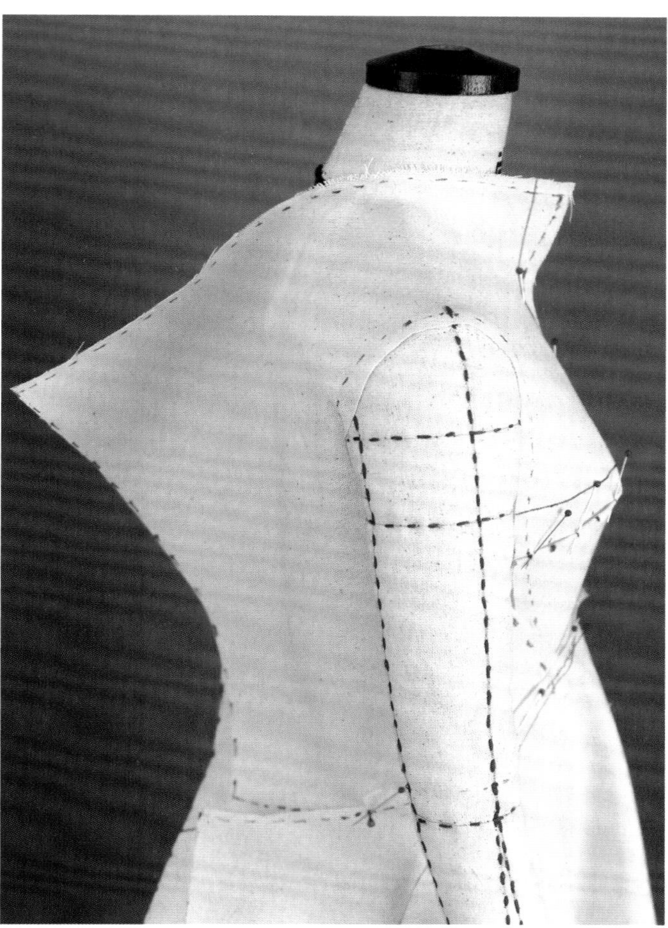

22

对领外口线，胸省、肩端点、拼合点、缝止点等进行描点，对位标记。并检查标记是否完整。

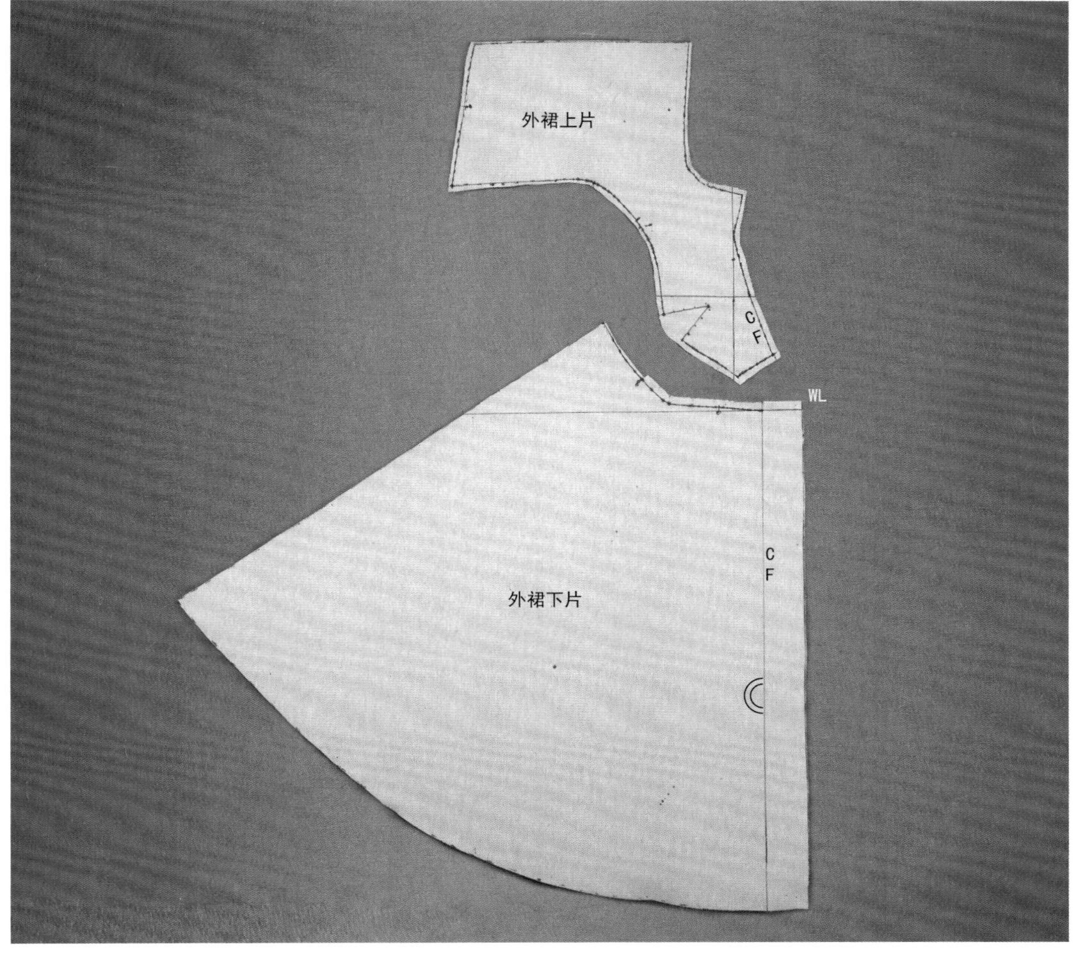

23

裁片整理：

将布片熨烫平整，整理归纳结构线条，复核拼合部位尺寸，对位标记。

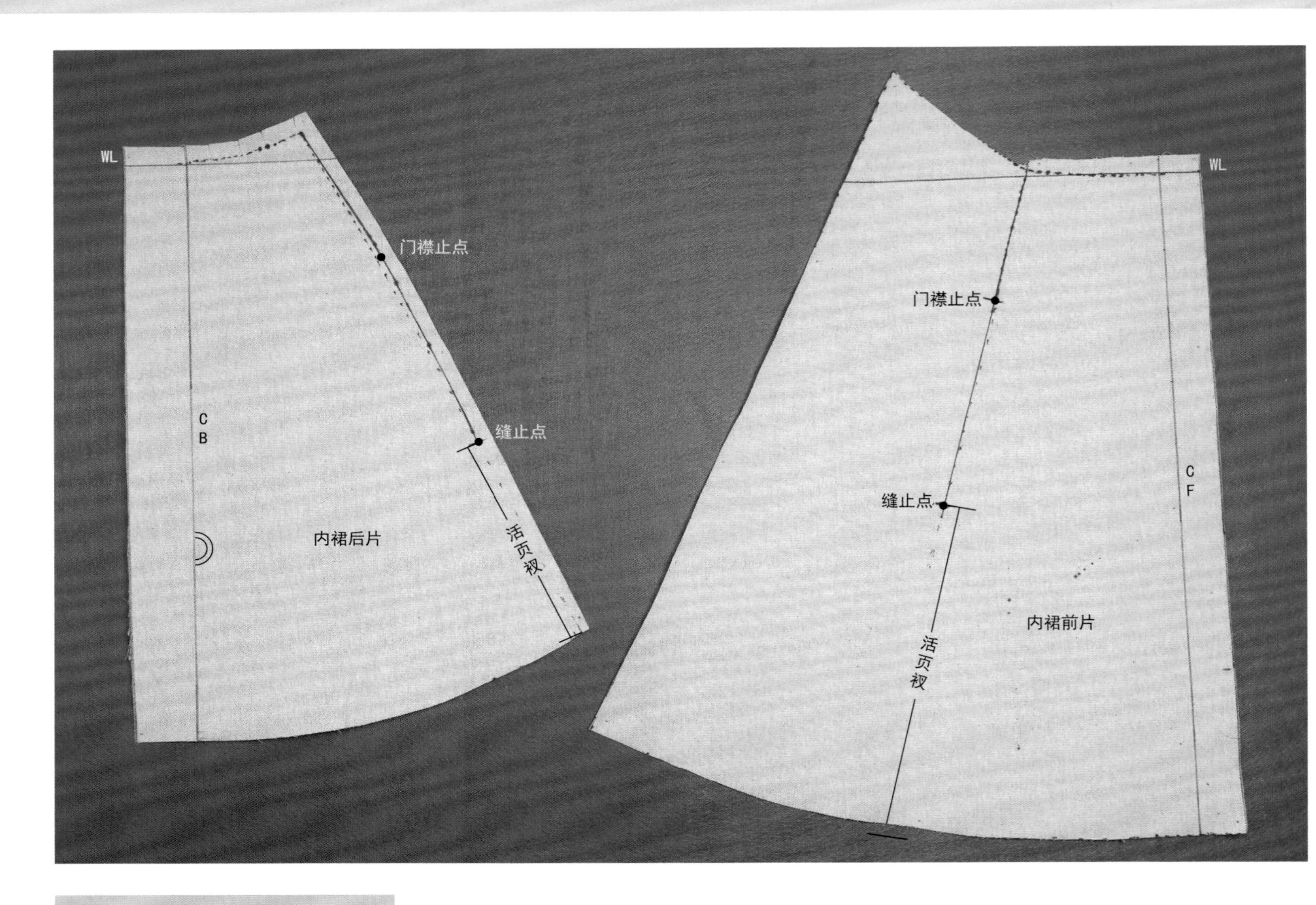

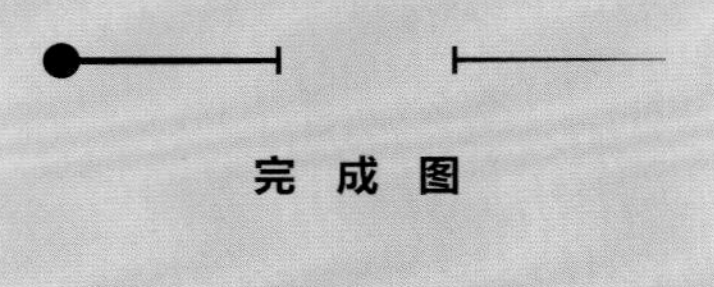

完 成 图

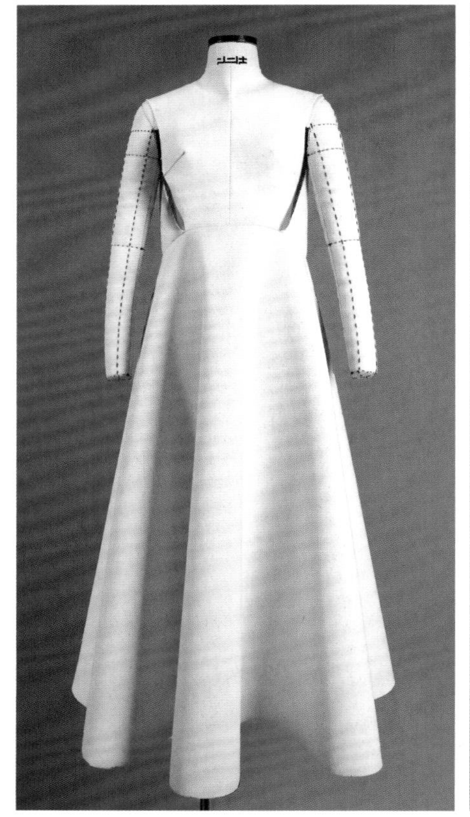

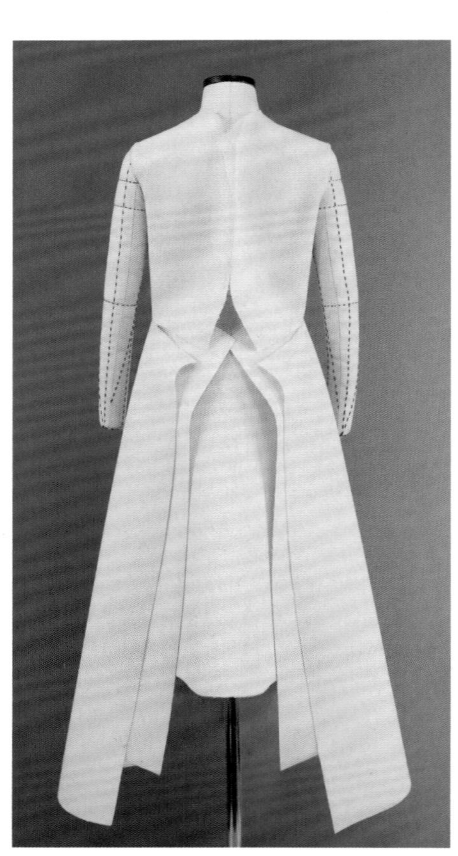

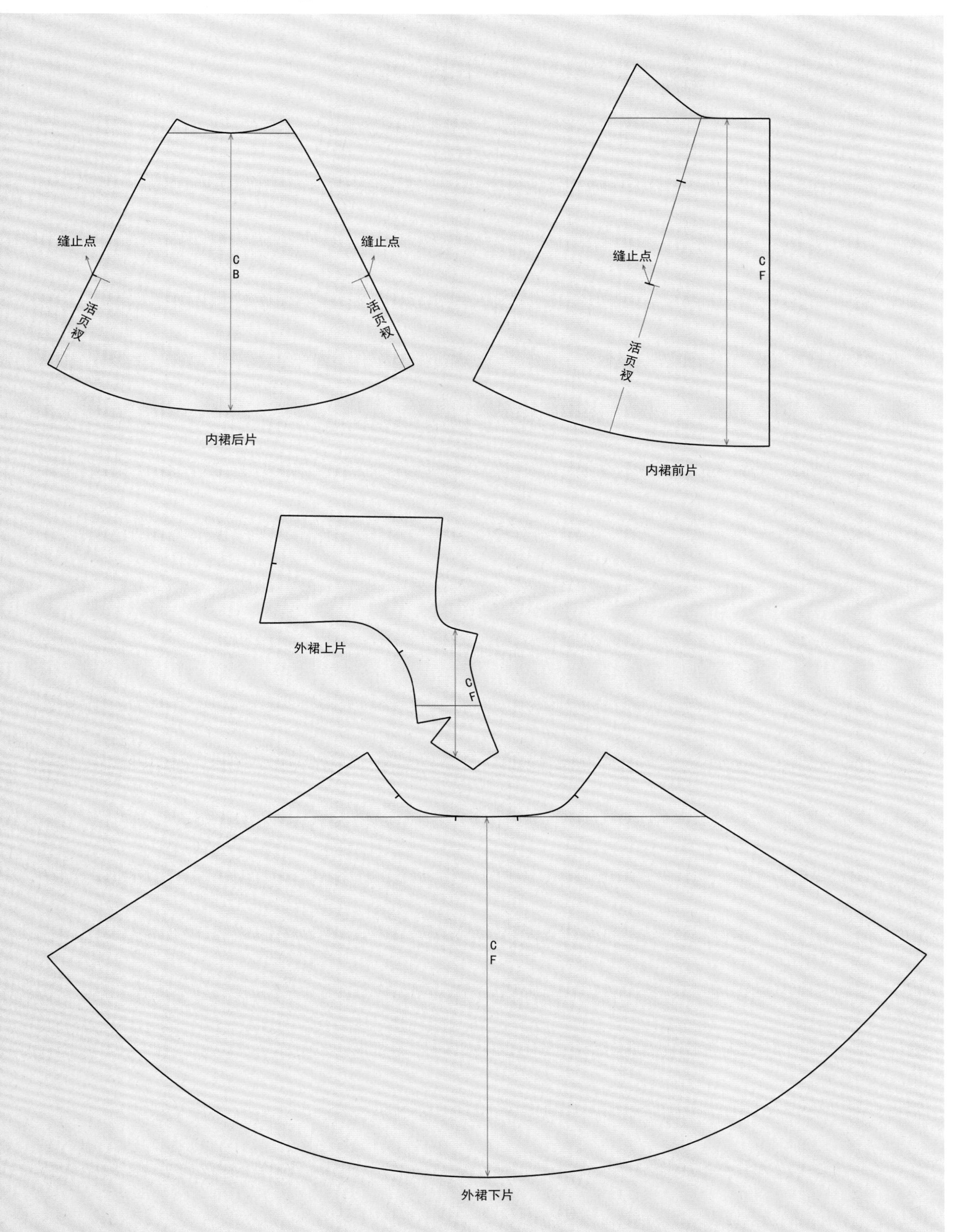
缝止点
缝止点
C
B
活页衩
活页衩
内裙后片
缝止点
C
F
活页衩
内裙前片
外裙上片
C
F
C
F
外裙下片

Draping

The Complete Course

蝴蝶结胸衣

款式描述

衣身为紧身胸衣，胸部横向破缝，无侧缝分割，后中断缝；外层在胸前做成蝴蝶结造型装饰，与衣身在侧缝处固定。

练习重点

- 胸部横向分割式紧身胸衣的立裁方法

材料准备

- 人台（不限定号型）。
- 宽0.3cm纯棉织带。
- 专业立裁针、剪刀。
- 纯棉坯布。
- 马克笔（或4B铅笔）、三色圆珠笔。
- 推版尺、多功能尺、皮尺。

画布指示图

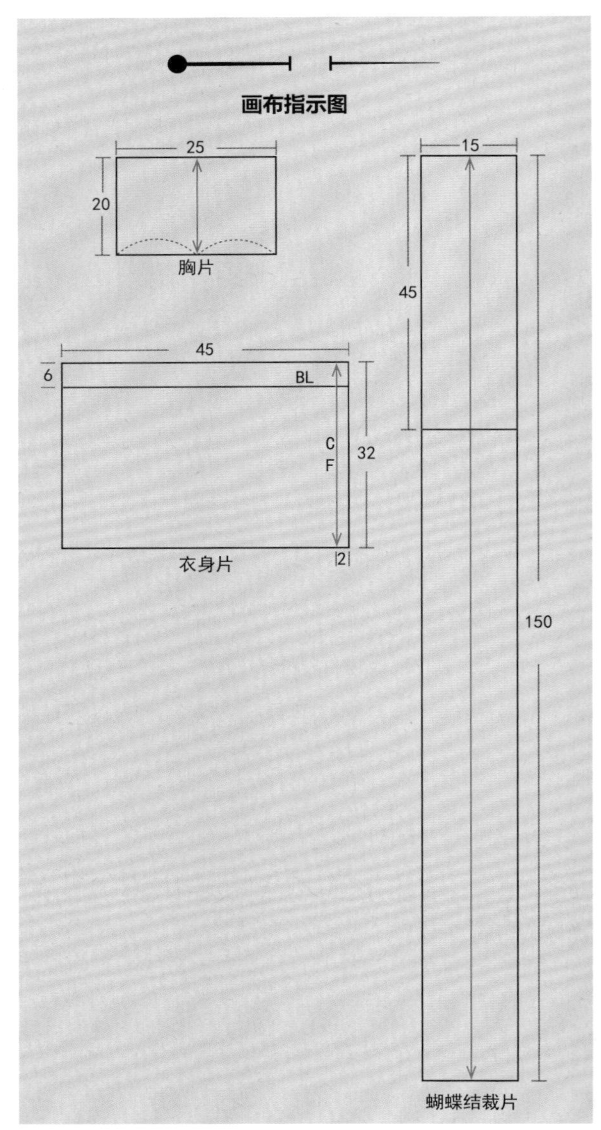

- **人台准备**

此款需装配立裁用手臂，需要标线的部位：紧身胸衣的胸部造型分割线，上口线，腰围线，前、后中线。

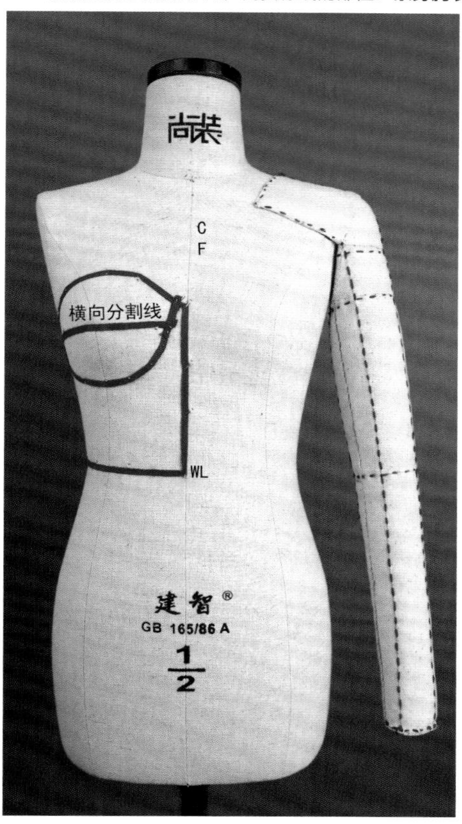

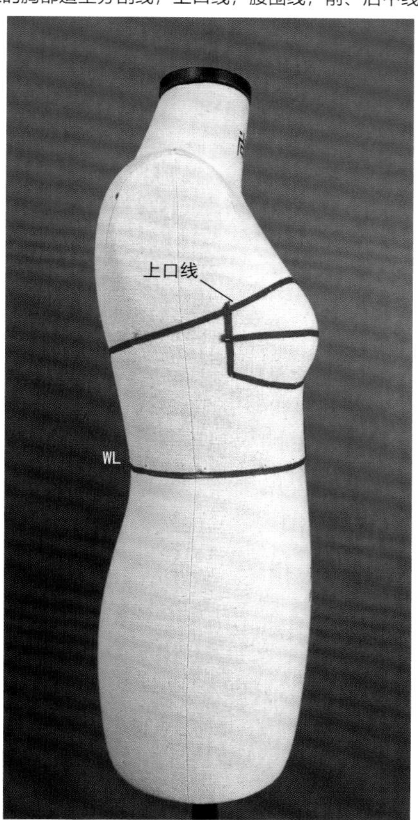

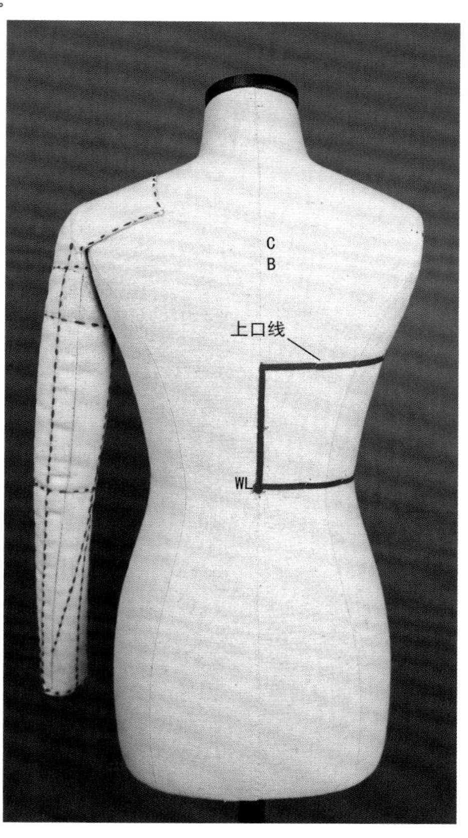

- **款式制作**

1 衣身片：将基础布的胸围、前中辅助线与人台标线相对应，在前中线上端用大头针朝下固定布片，并用点针固定前中丝道线，针尖水平指向侧缝。

2 预留1.5cm缝边，沿着胸下分割线进行修剪至胸高点正下方，并垂直于分割线均匀地打剪口，使布片平顺贴合人台。

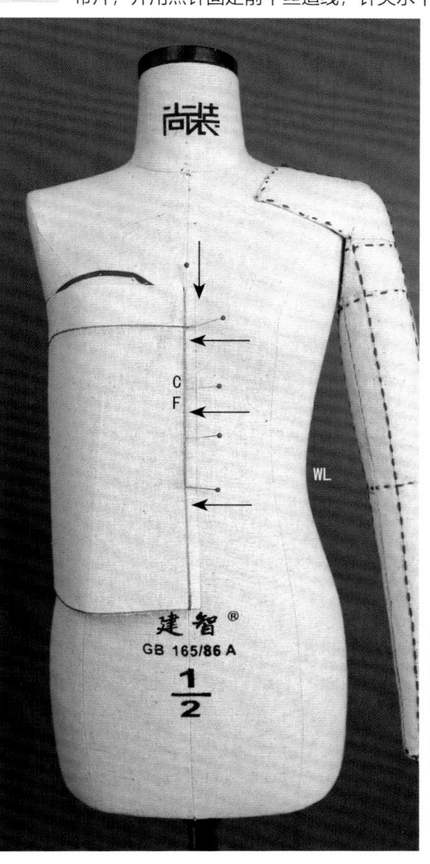

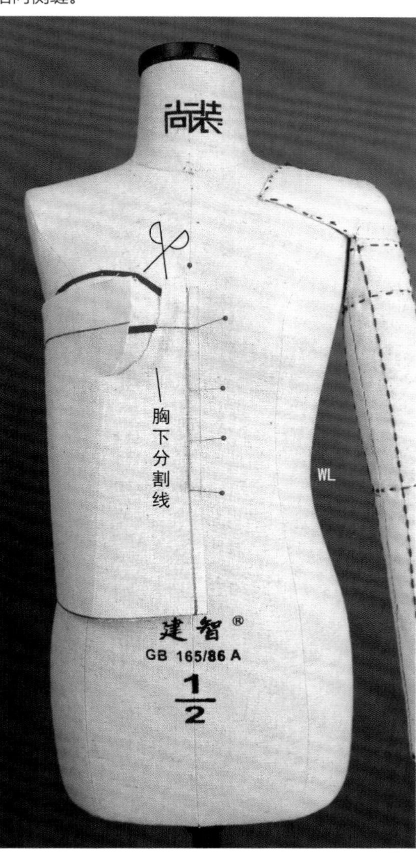

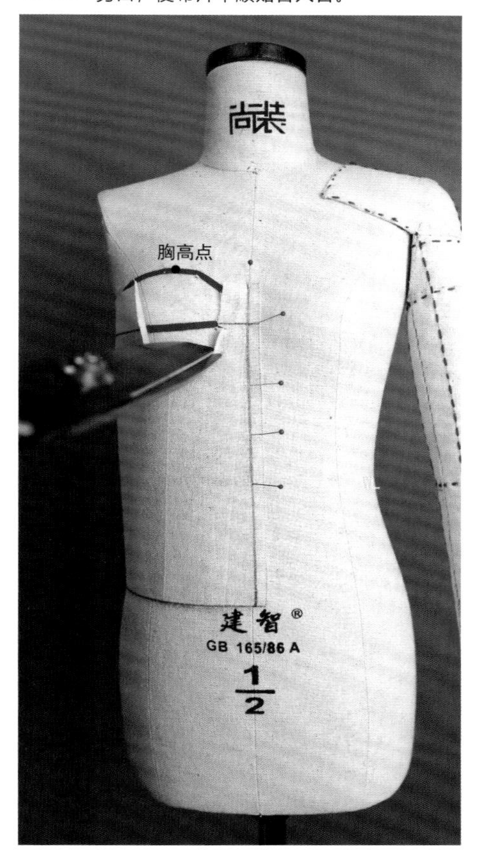

3 从布边垂直地打剪口至腰围线，抚平布片贴合人台，在胸高点下方用点针的针尖相对固定两针。

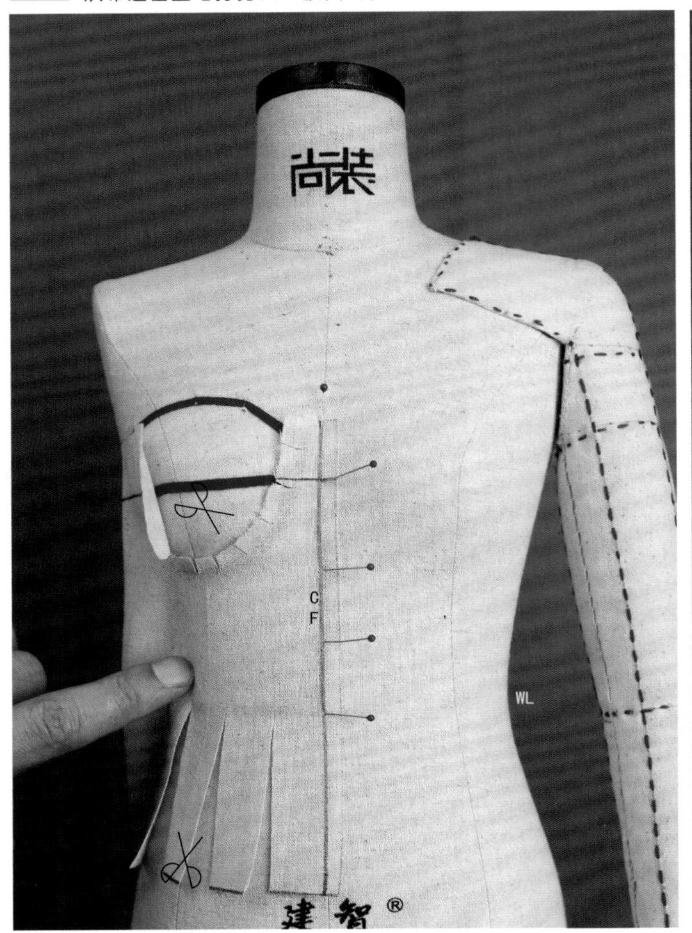

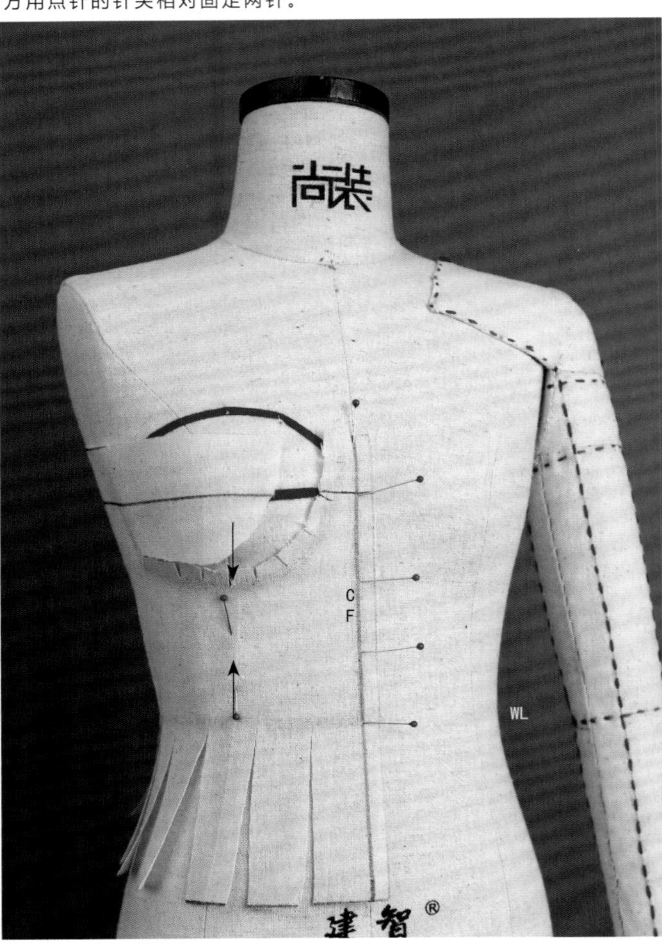

4 沿着胸下分割线继续修剪，边修剪边打剪口，同步对腰围线处坯布进行操作至侧缝线，并用点针固定侧缝线，预留缝边，清剪余布。

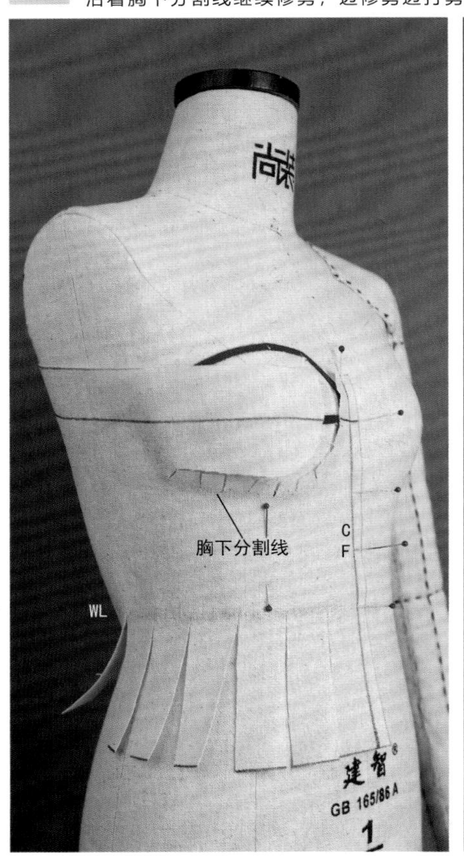

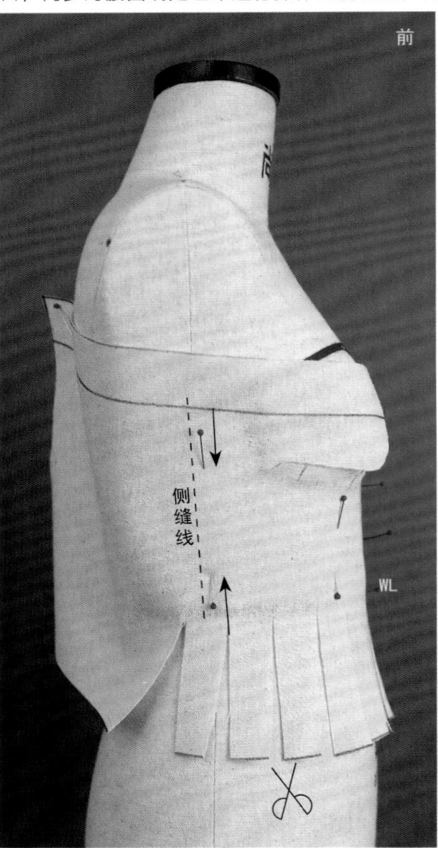

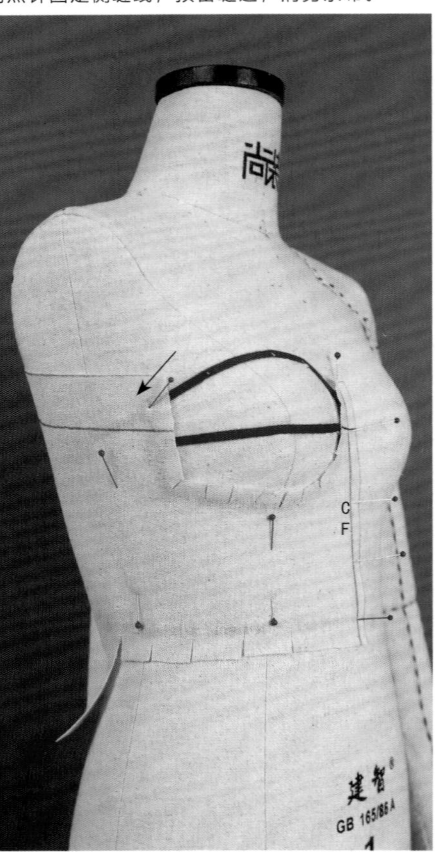

5 沿着上口线粗略地修剪掉多余布片，继续向腰围线打剪口使布片平顺自然地贴合人台，用点针固定后中线，预留缝边并清剪余布。

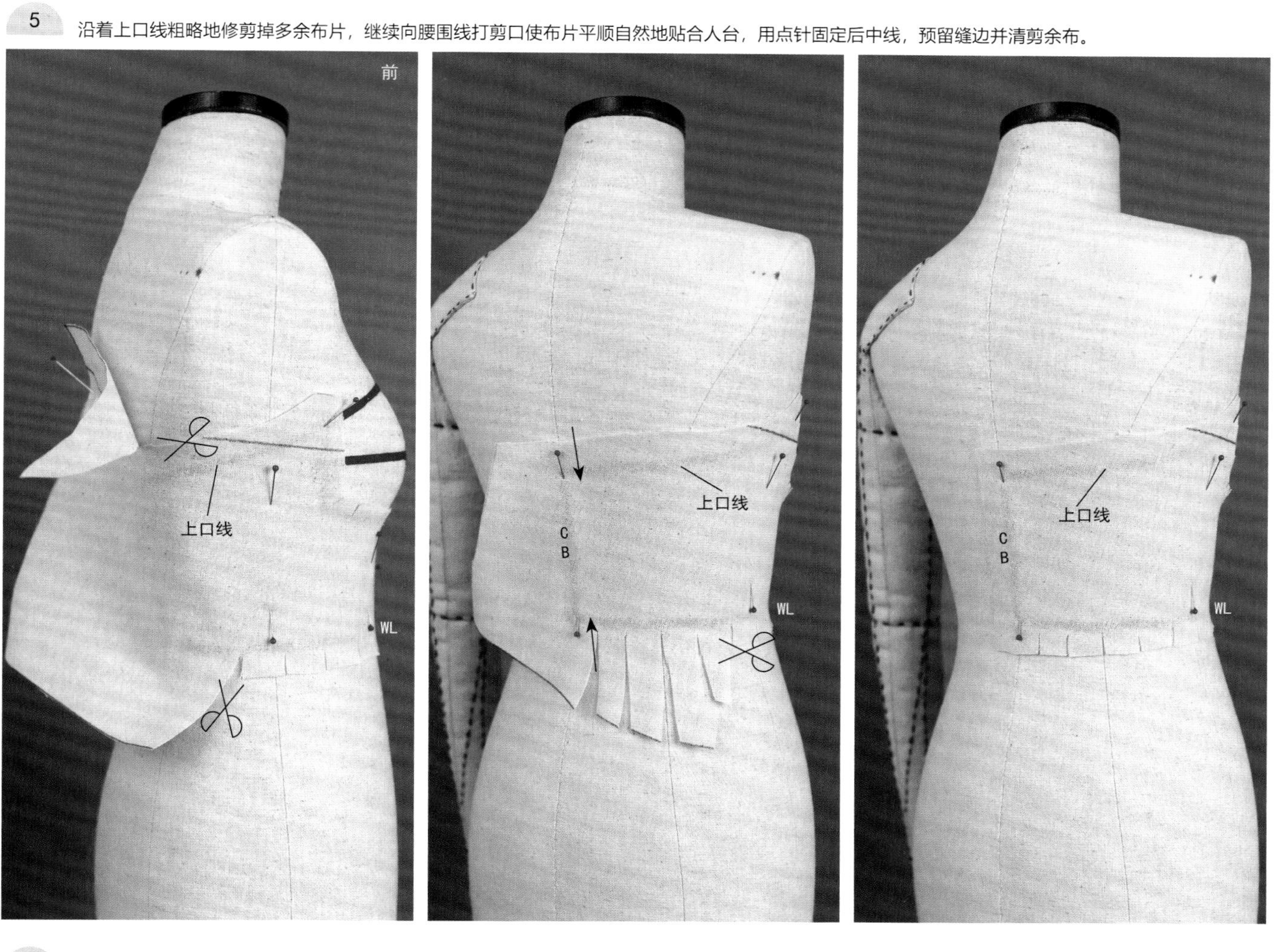

6 确定造型后对胸下片分割线，上口线，腰围线，前、后中线进行描点。

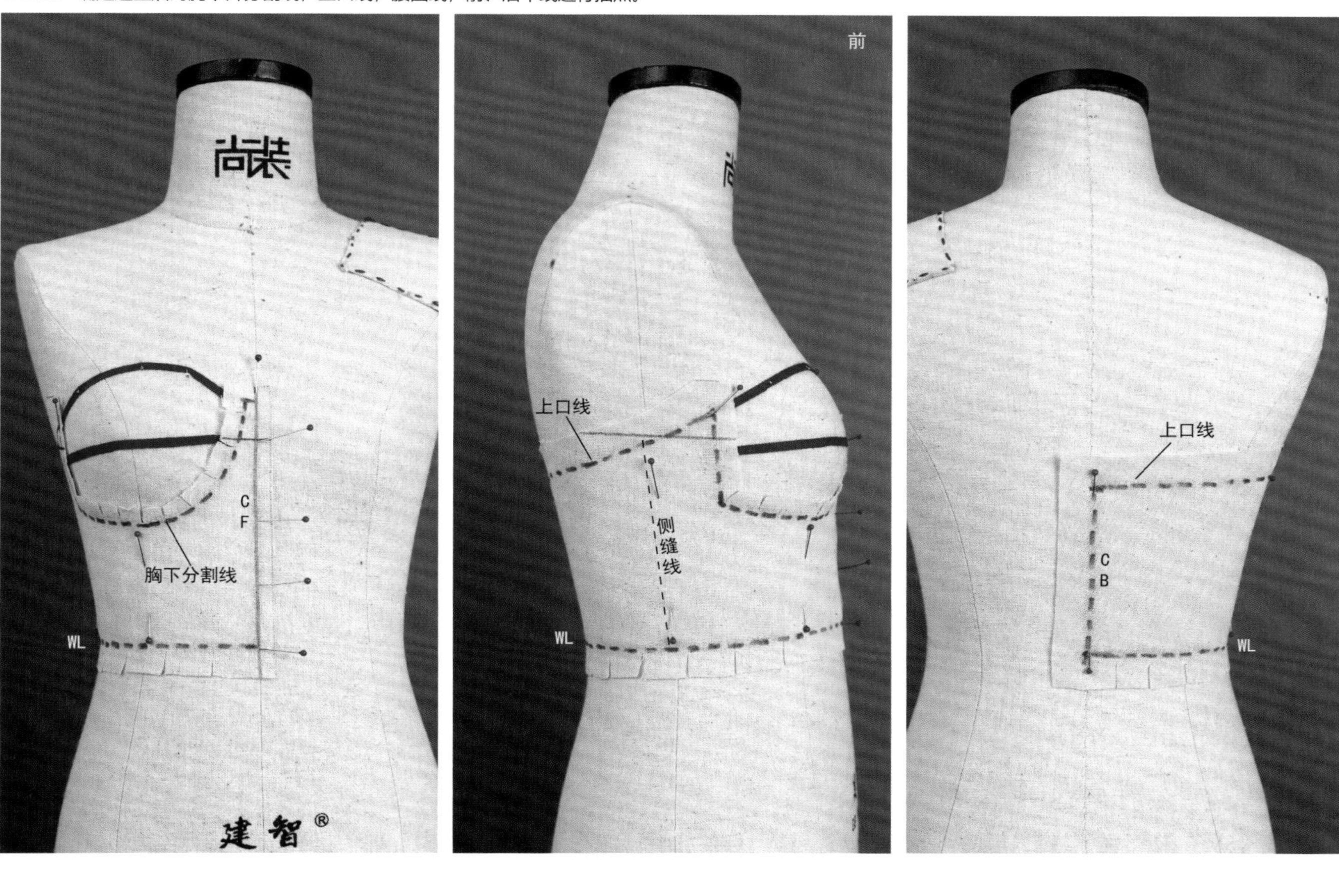

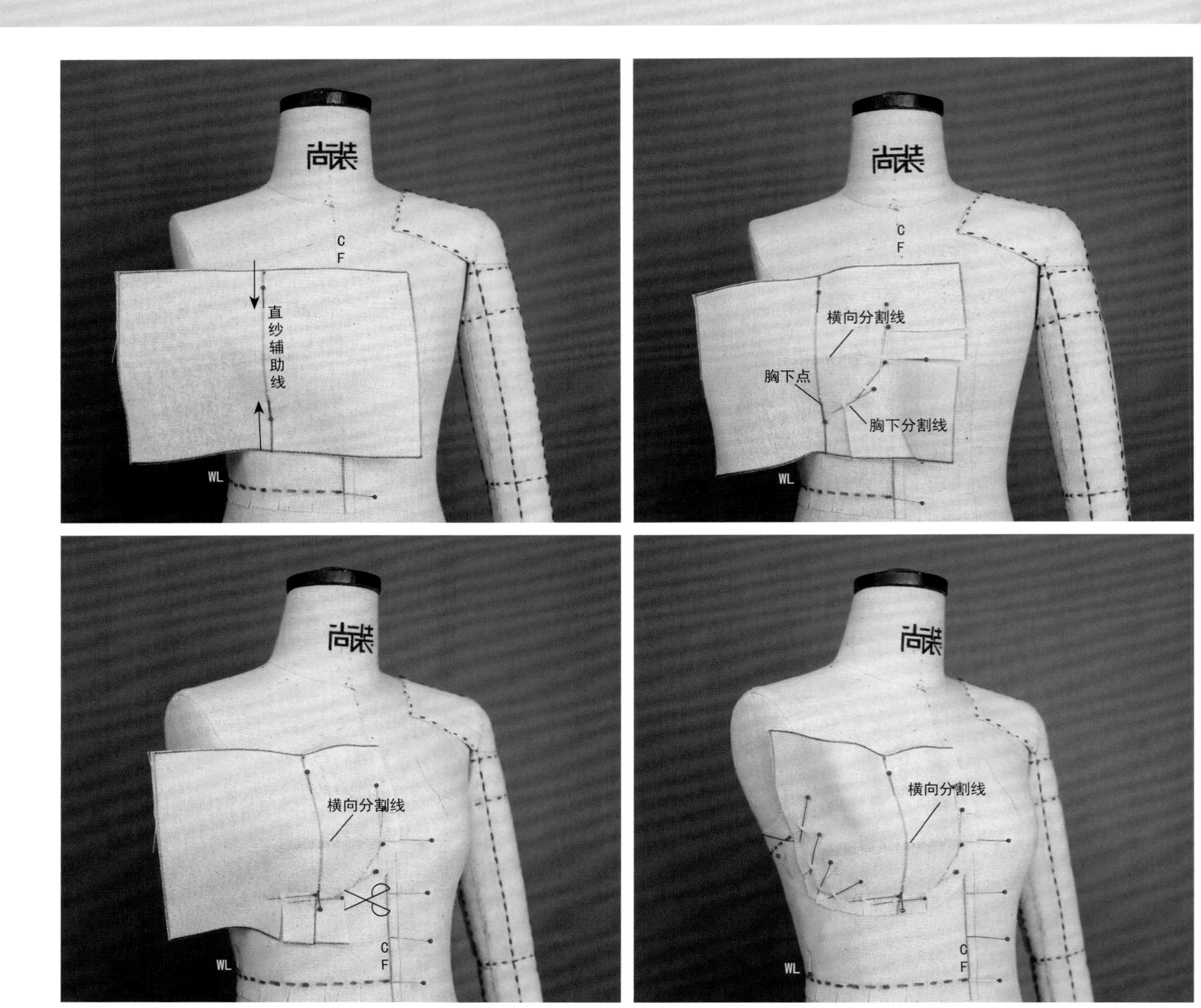

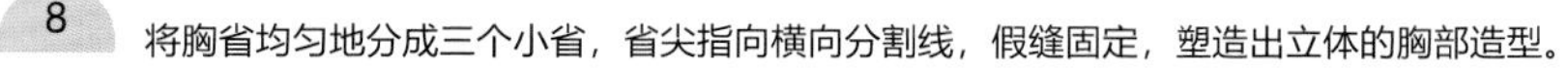

7 胸片制作：取下固定在胸高点正下方的大头针，将胸片基础布片直纱辅助线垂直于地面，并确保布片完整覆盖胸部，用点针固定直纱辅助线。自胸下点向上沿胸下分割线用重叠针法固定胸片与衣身片，边别针边打剪口，使横向分割线以下布片贴合人台胸部，将胸省量推至横向分割线以上，固定后预留缝边并修剪掉多余布边。

8 将胸省均匀地分成三个小省，省尖指向横向分割线，假缝固定，塑造出立体的胸部造型。

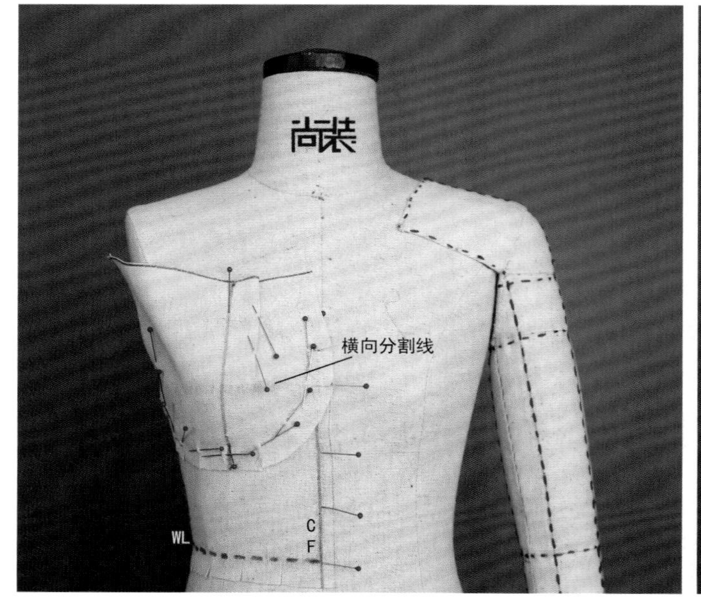

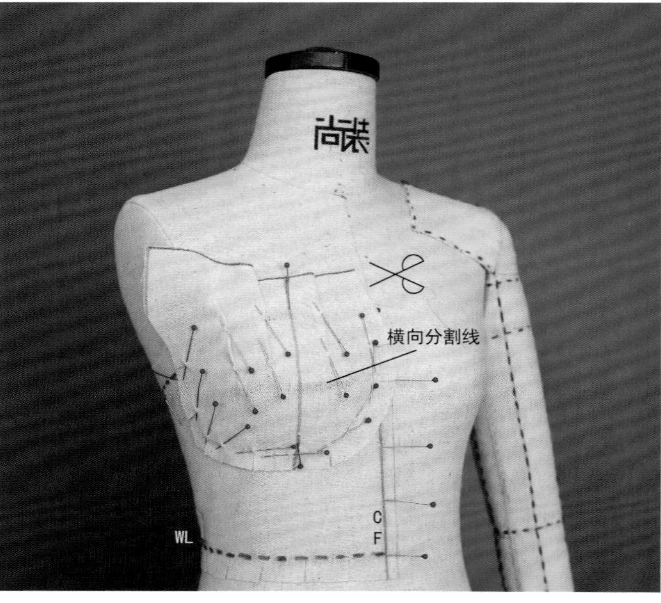

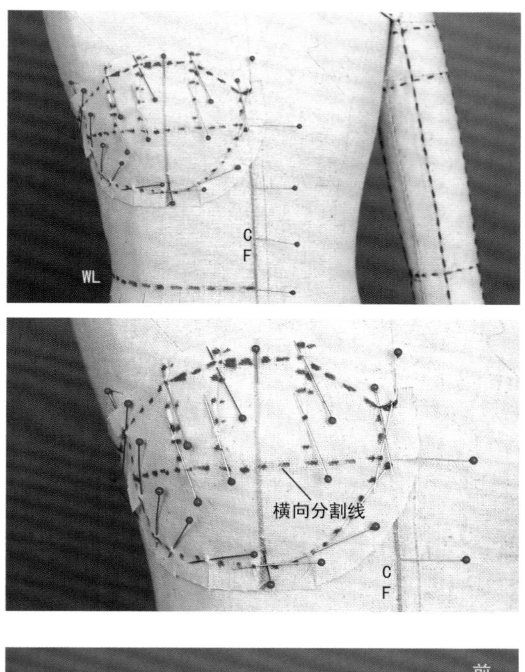

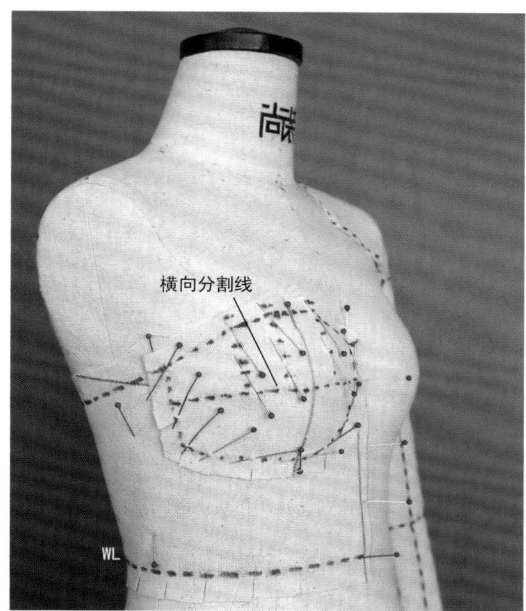

9

确认造型后对胸部结构分割线、省位及省尖消失点进行描点。

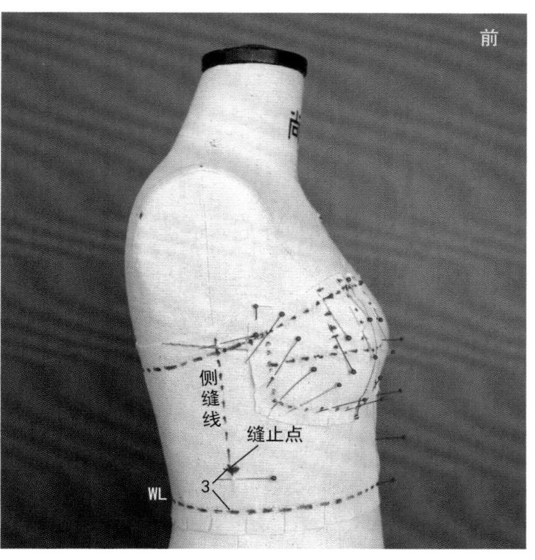

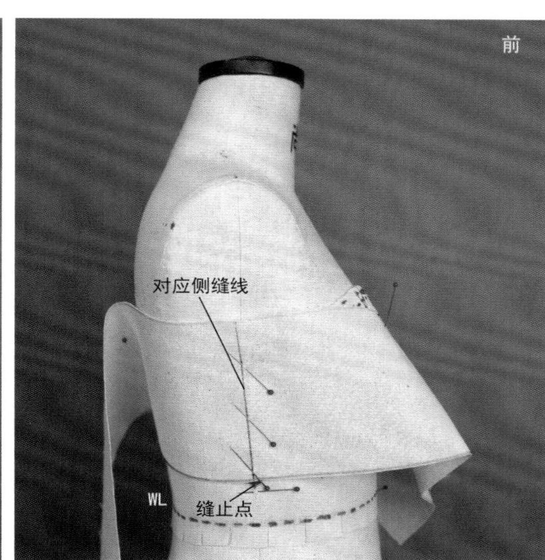

10

蝴蝶结制作：松开固定侧缝的大头针，改为用重叠针固定，在衣身片上标记出侧缝线作为手缝固定蝴蝶结的辅助线，缝止点在腰围线以上3cm处。如图所示将蝴蝶结基础布片的横纱辅助线与侧缝线相对应，用重叠针固定上下布片。

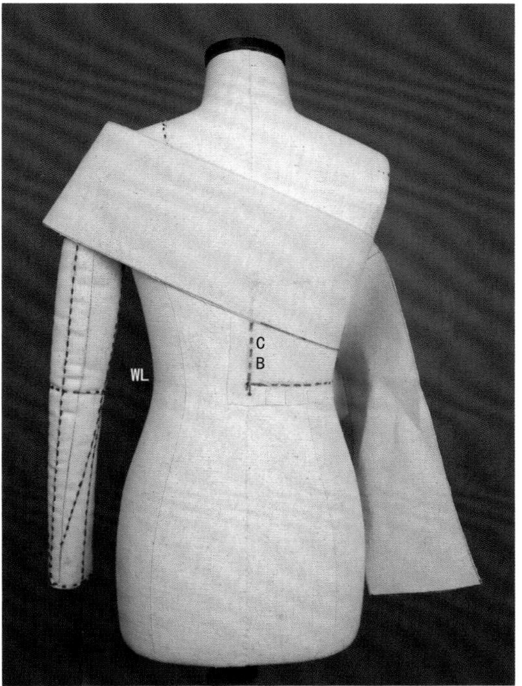

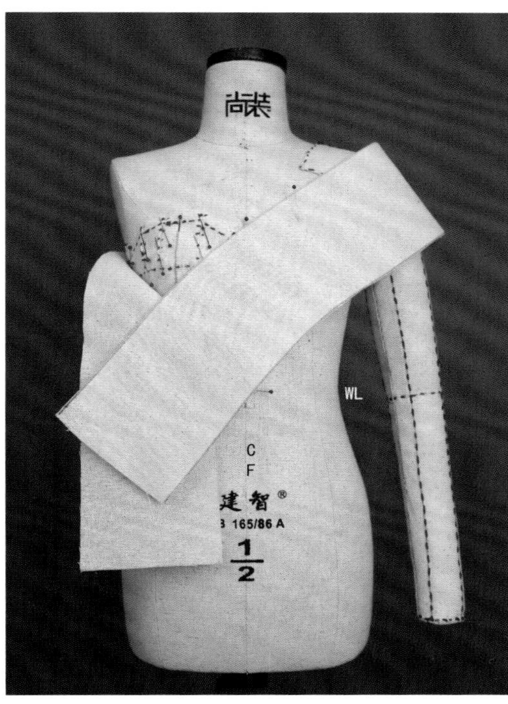

11

将蝴蝶结布片自侧缝斜向上绕过后背，经过肩部与手臂，最后绕至前胸。

12 如图所示，将布片在胸前系成蝴蝶结造型。

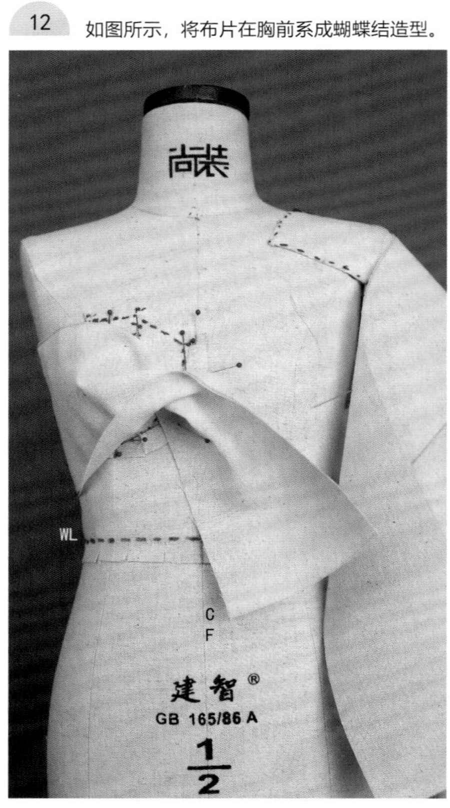

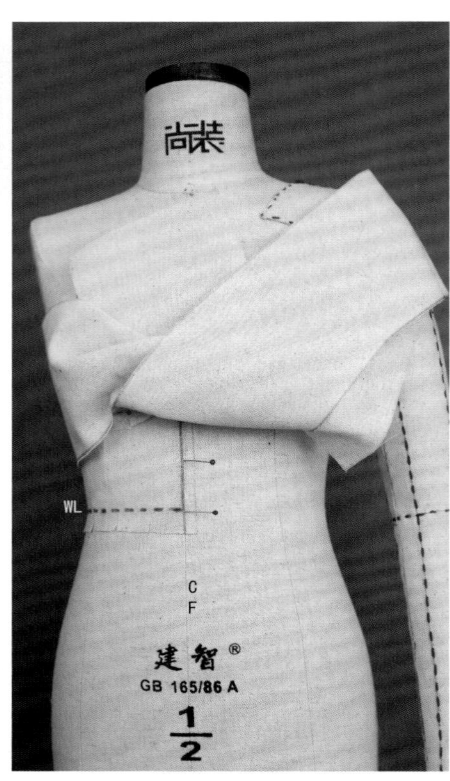

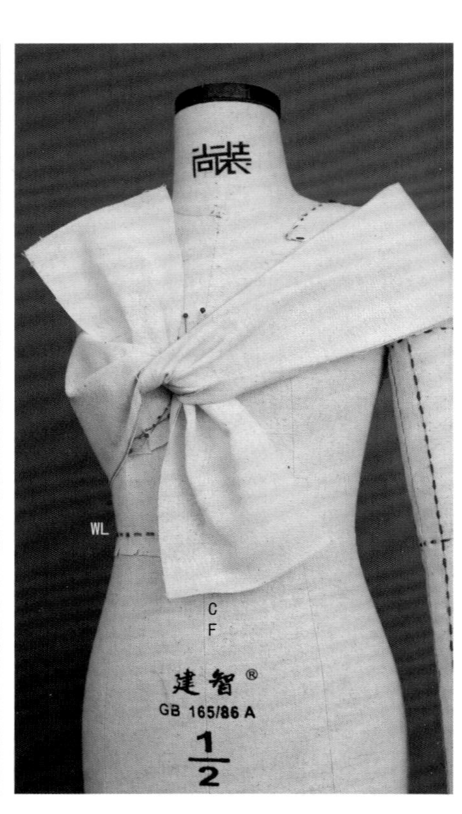

13 注意侧面转折处上口线应贴合人台，如果布片有起空量，可松开固定侧缝的大头针，将余布向前中方向推动，重新固定并描出新的侧缝线，确定出上端缝止点的位置，调整蝴蝶结使余量消失。

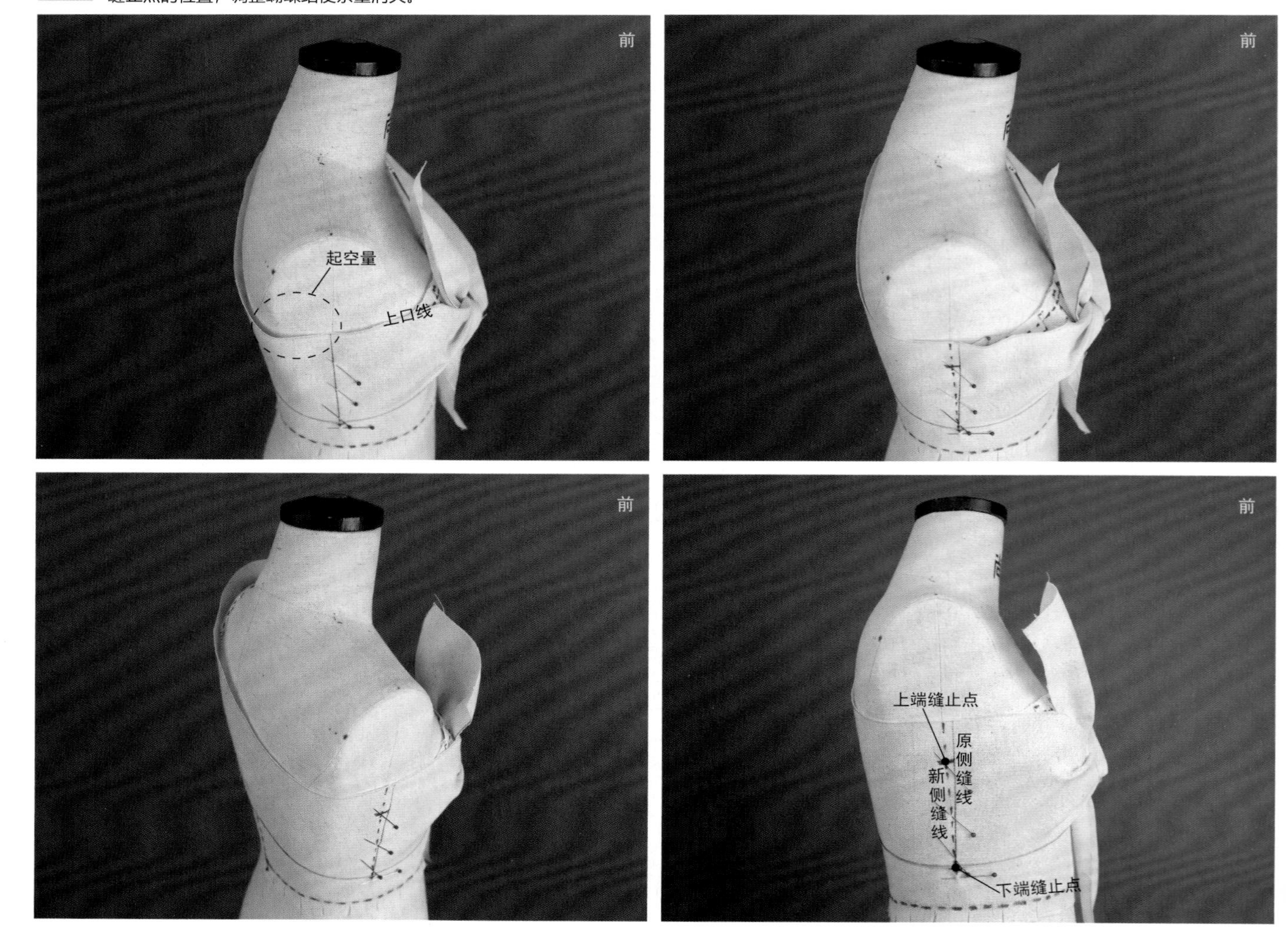

14 调整蝴蝶结达到理想造型效果，平行于布边修剪掉蝴蝶结两端多余长度的布料。

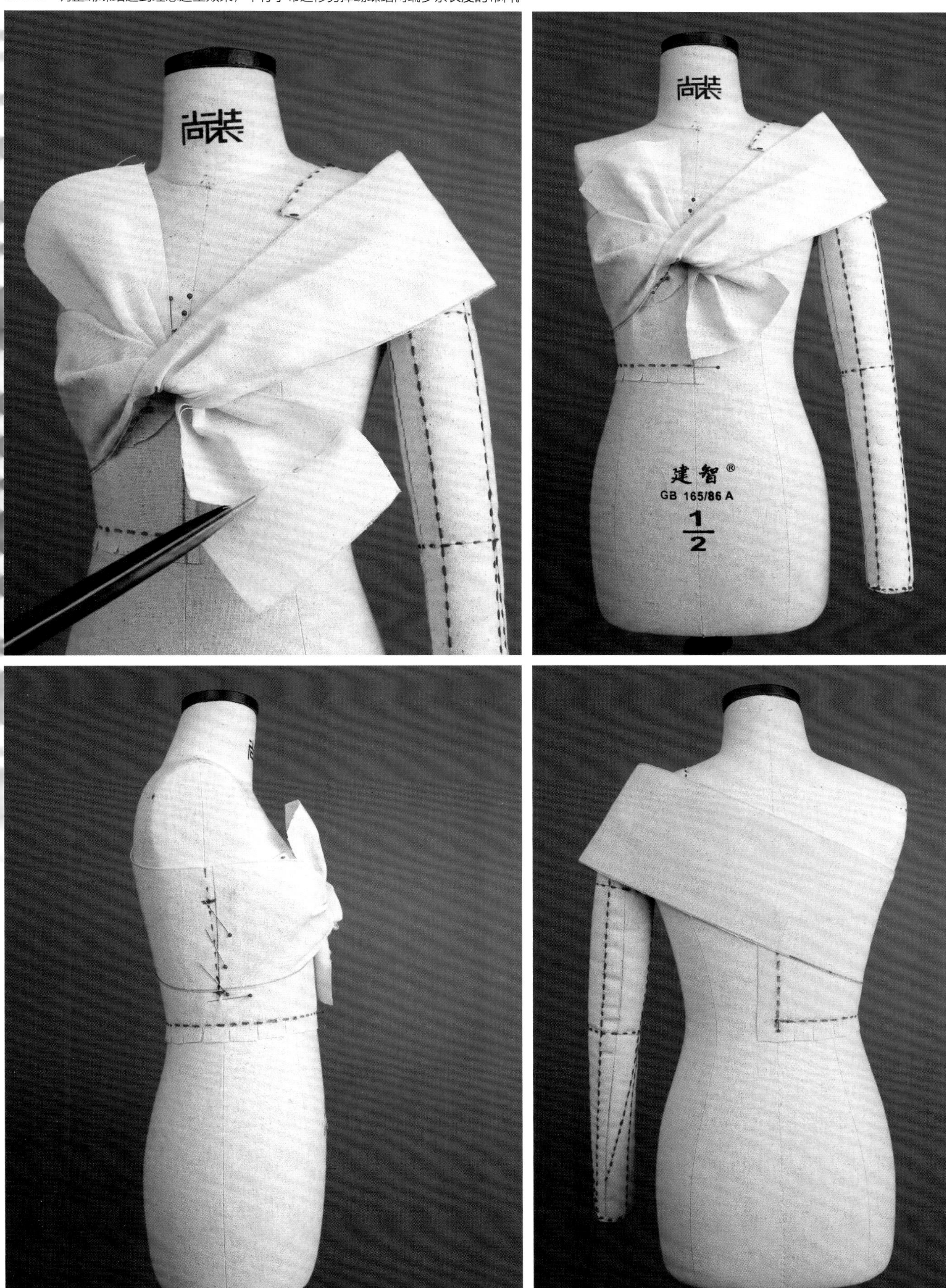

15 造型确认无误后，将裁片取下，烫平并圆顺线条。胸片以横向分割线分成上、下两片，上片合并胸省，衣身片前中连折，蝴蝶结为双层裁片。对各裁片加放缝份，用缝纫机缝合，蝴蝶结手缝固定于胸衣上。

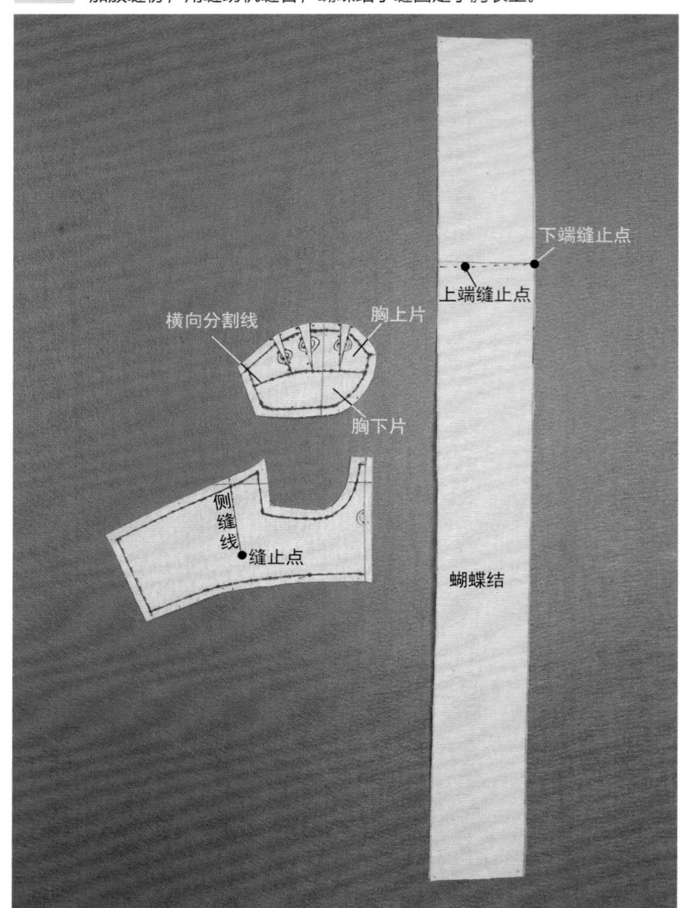

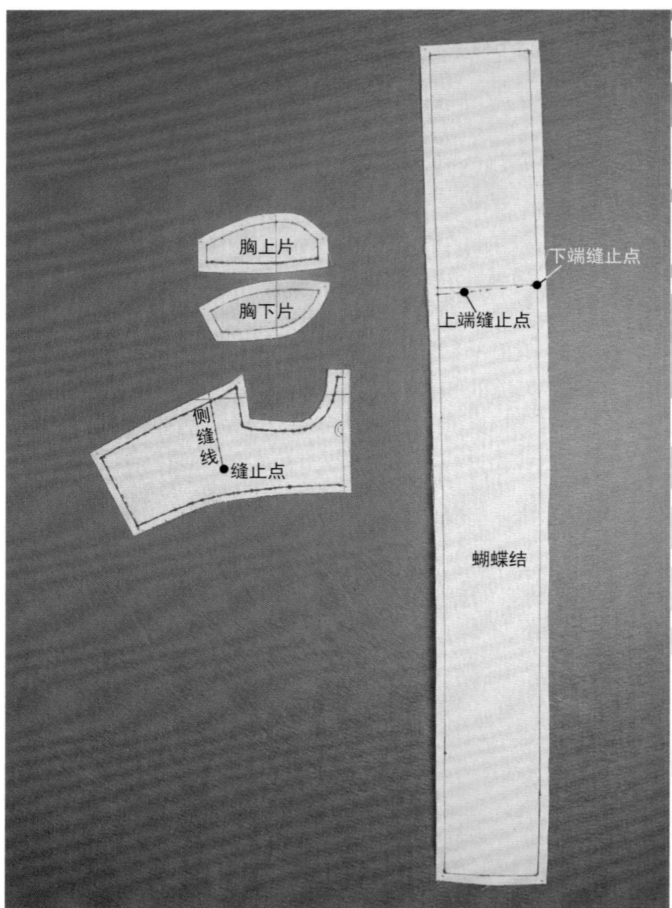

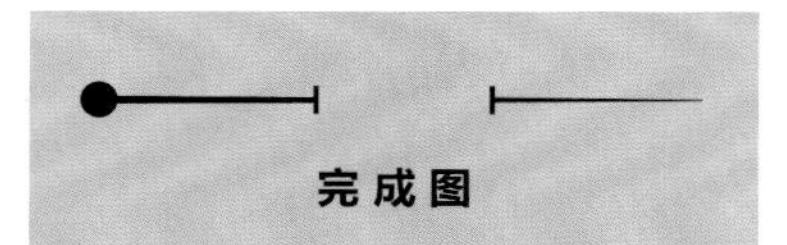

完成图

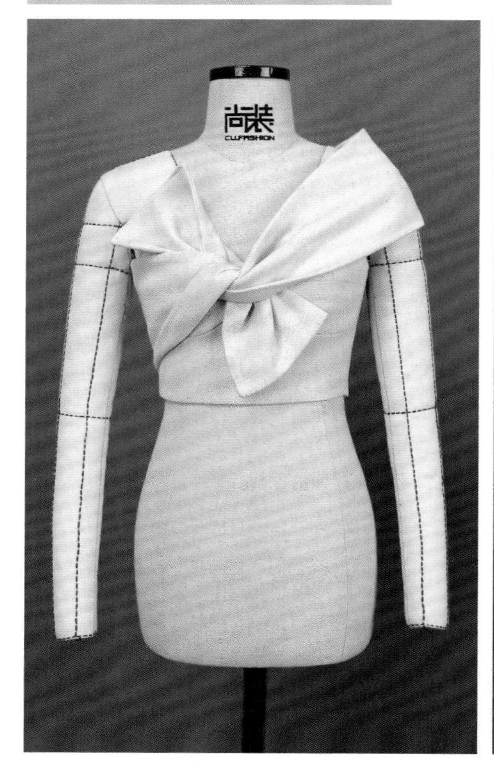

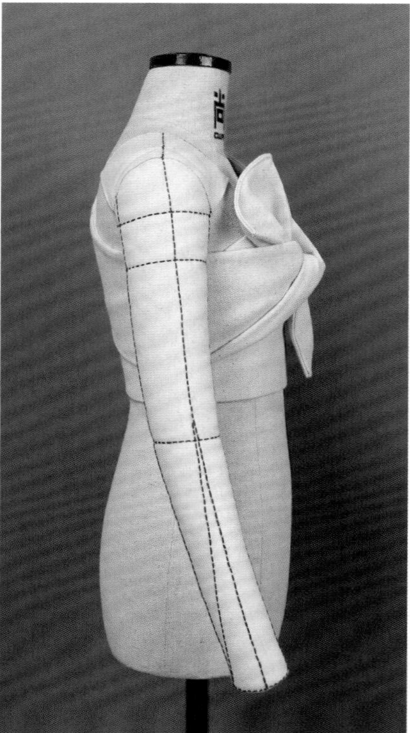

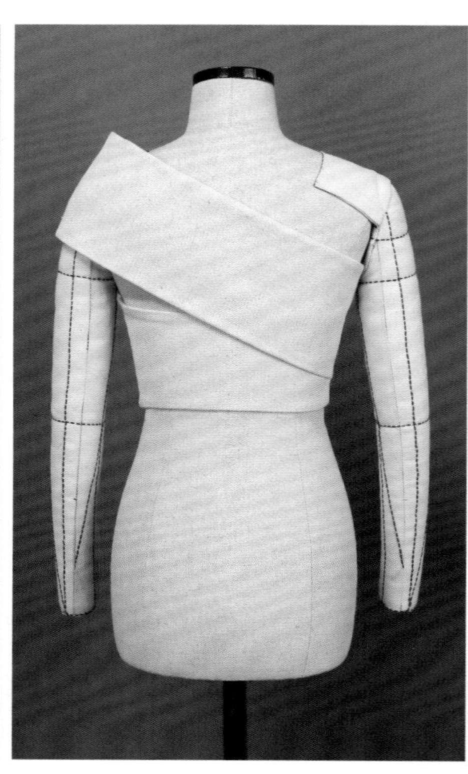

蝴蝶结

胸上片

胸下片

CF

CB

衣身片

CB

不对称褶裥连衣裙

款式描述

衣身为不对称结构，一字领，无袖，袖窿紧贴身体，上半身合体偏紧身，前、后数个褶裥自上半身斜向延伸至腰部展开形成大摆裙造型。

练习重点

- 叠褶连衣裙的立裁方法。
- 不对称裙摆的空间量和平衡控制。

材料准备

- 人台（不限定型号）。
- 宽0.3cm纯棉织带。
- 专业立裁针、剪刀。
- 纯棉坯布。
- 马克笔（或4B铅笔）、三色圆珠笔。
- 推版尺、多功能尺。

画布指示图

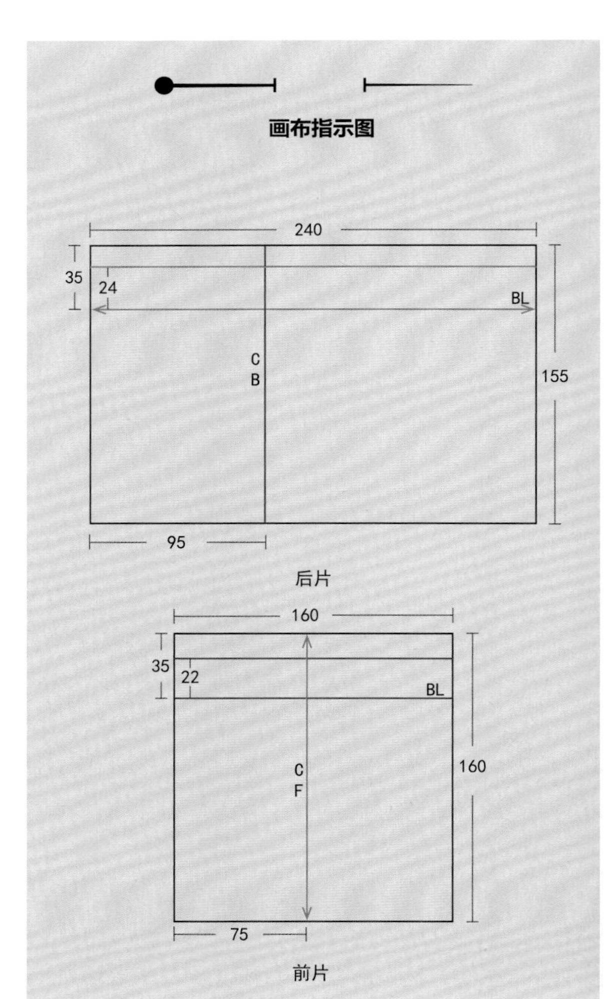

- **人台准备**

需要标线的部位：左右侧的袖窿线，活褶造型线，右侧的弧形分割线。

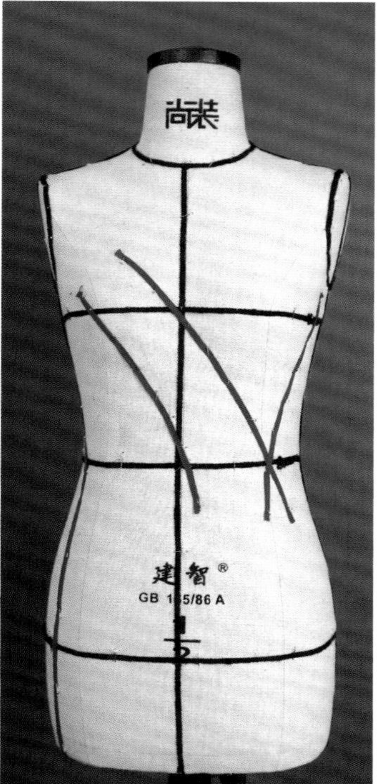

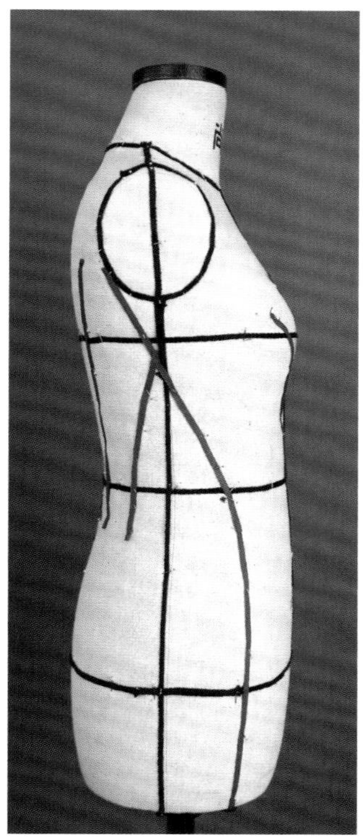

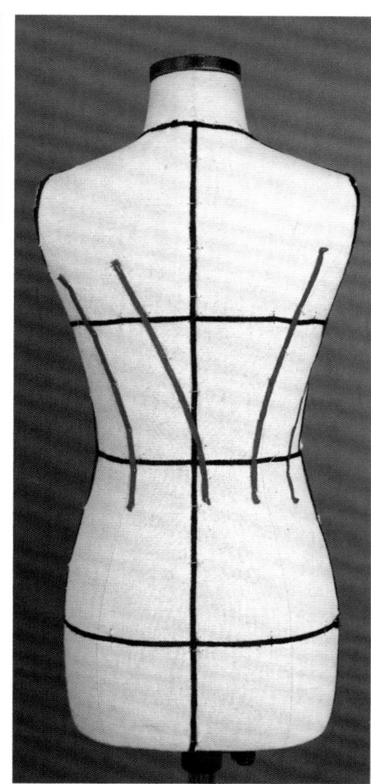

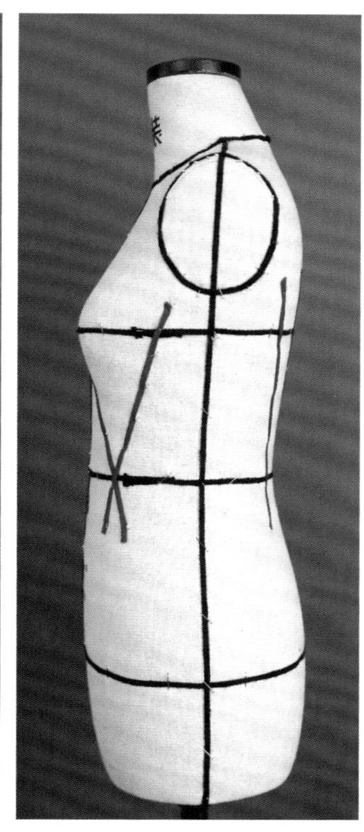

- **款式制作**

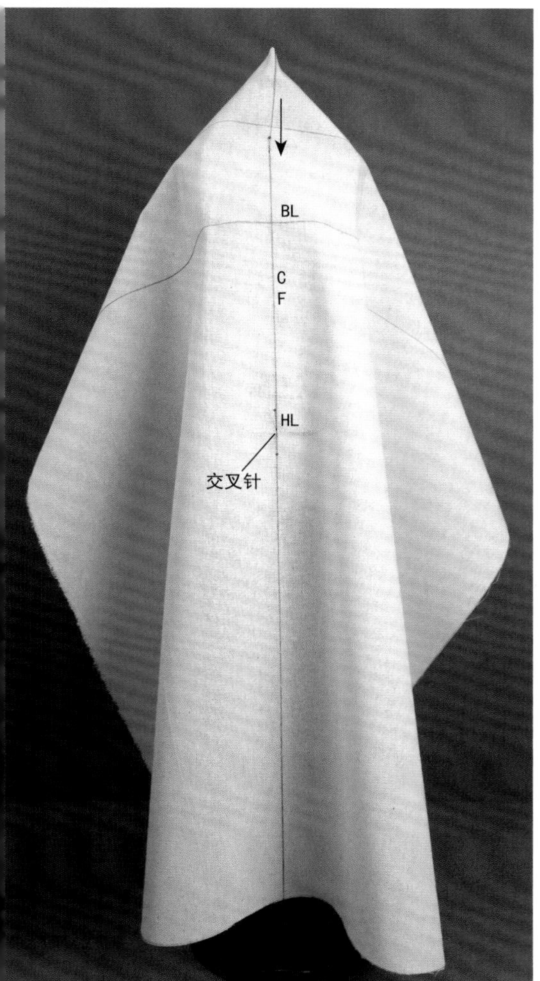

1

前片制作：

前片基础布的前中和胸围辅助线与人台标线相对应，保持横纱水平、直纱垂直，在臀围线与前中线交点处用交叉针固定前中丝道，用点针朝下固定前颈点。

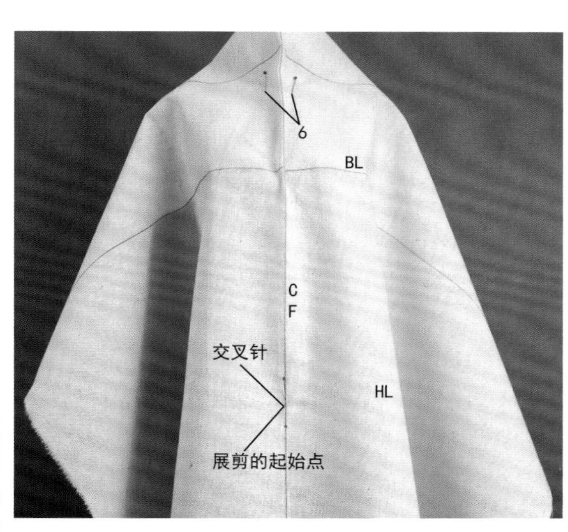

2

此款一字领的前领口处有展开量，以臀围线与前中线的交点为展剪的起始点，在前颈点部位捏起6cm的展剪量，在两侧分别用点针固定，从下向上捋顺展剪部位及前胸区域的坯布，并在胸高点处用点针朝下固定，前颈点两侧的点针挪至下方，方便后续操作。

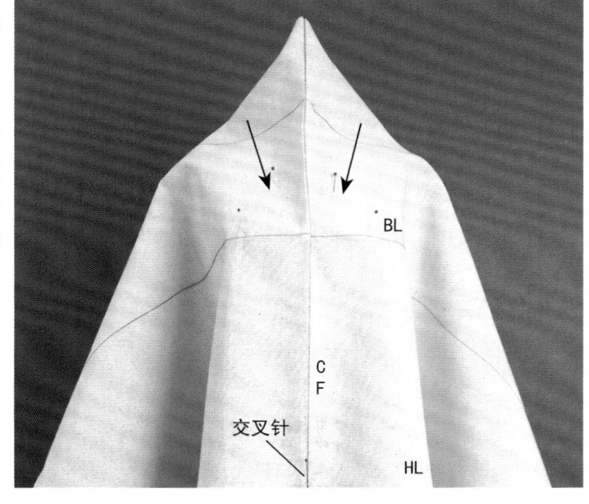

3 根据领高扣折布边，塑造出领部造型，在两侧肩颈点处分别用大头针固定，标记肩颈点后松开大头针，在前领口折边线外预留5cm折边余量，剪掉多余布料。重新整理出一字领造型并固定肩颈点，取下固定在前胸的大头针，抚平肩部坯布，点针固定肩端点。

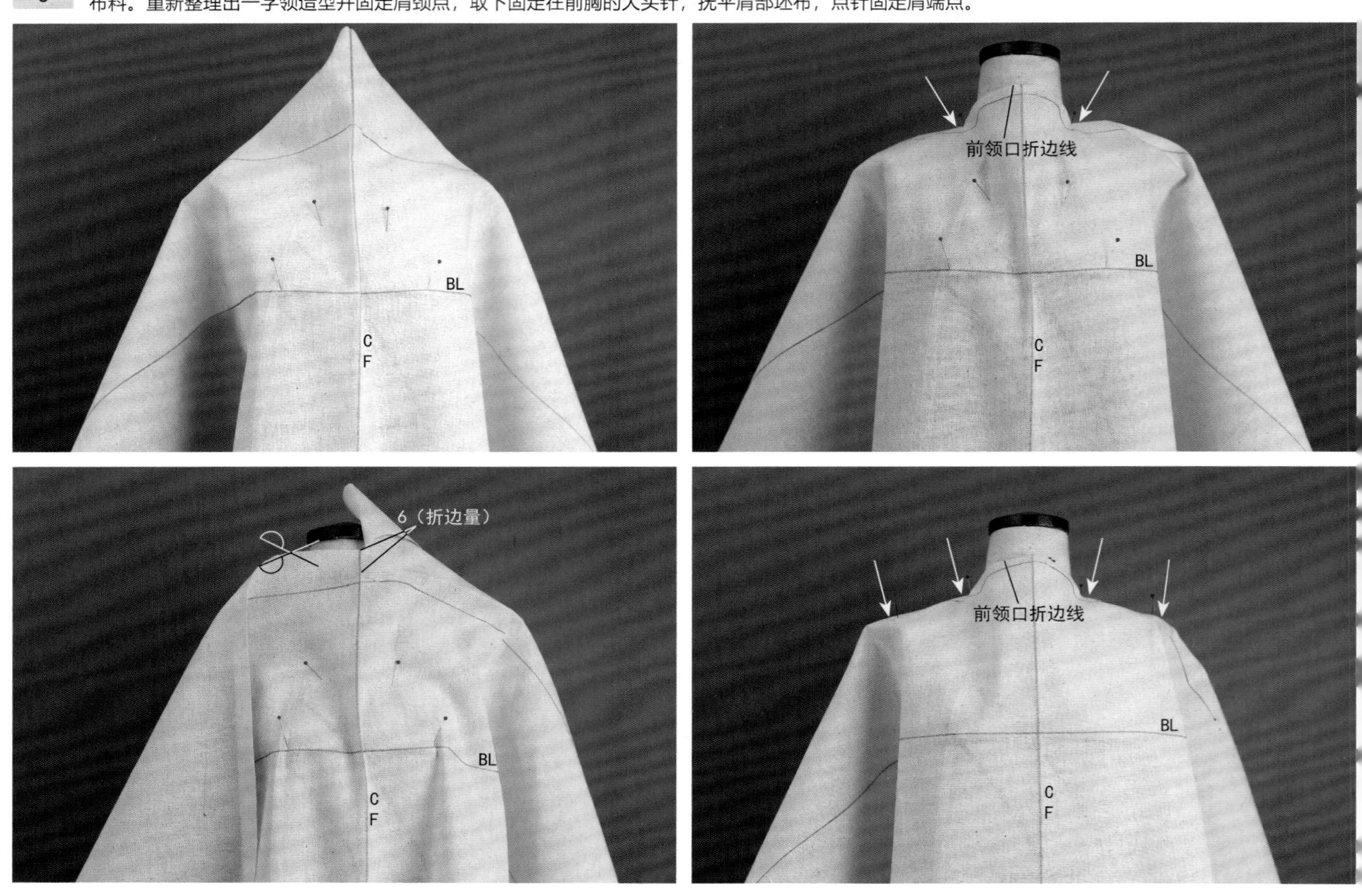

4 如图所示，捏合活褶前在褶裥标示线一侧用大头针将布片与人台固定，避免坯布滑动，松开固定臀围线的交叉针，沿着人台标线叠出第一个活褶，根据裙摆量感确定褶量，自腰部向上用折叠针假缝固定活褶至褶裥消失点，捏合活褶、假缝过程后保持活褶下方前中辅助线垂直地面的状态，腰部以下褶裥展开为裙摆自然下垂，注意塑造流畅的褶裥造型。

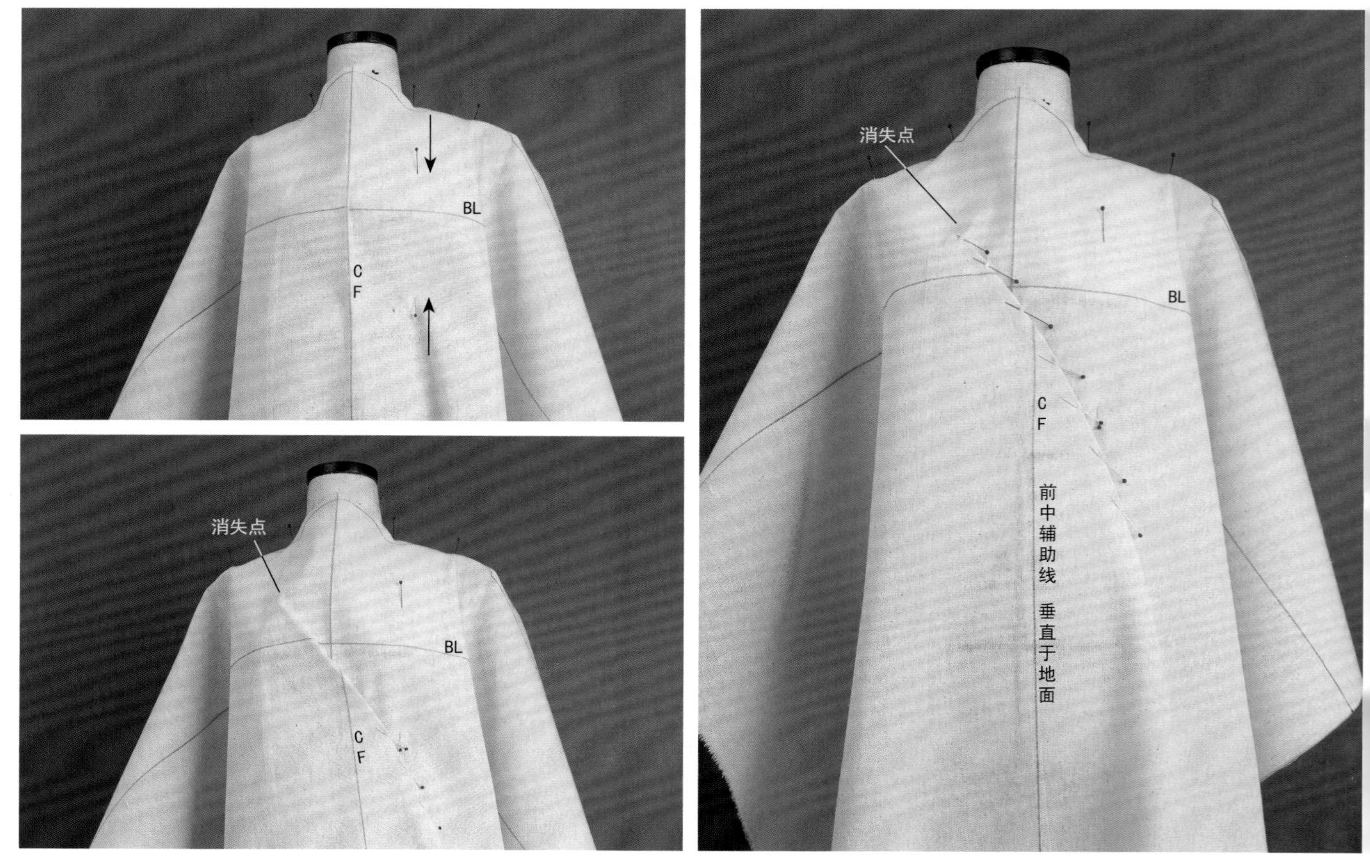

5 在第二条褶裥标示线、靠前中辅助线一侧，交叉针方向用大头针固定布片，沿着人台标线叠出第二个活褶，放出足够裙摆量，用大头针先假缝固定腰部褶量。

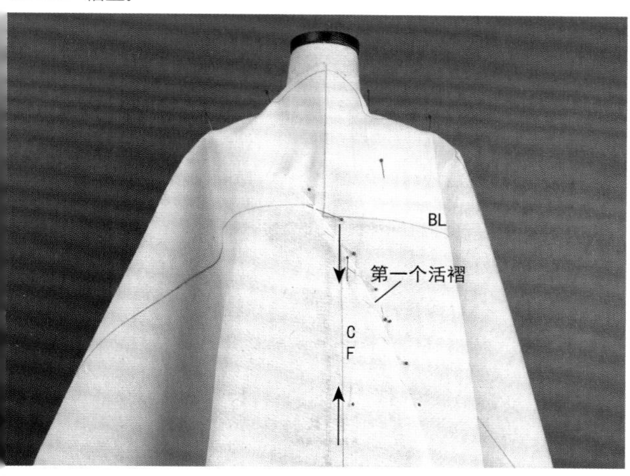

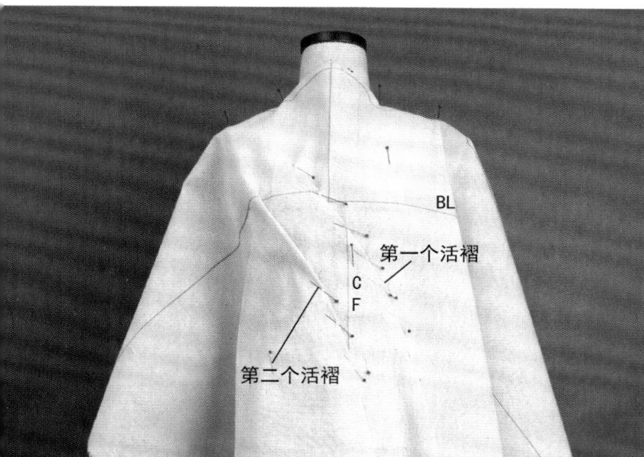

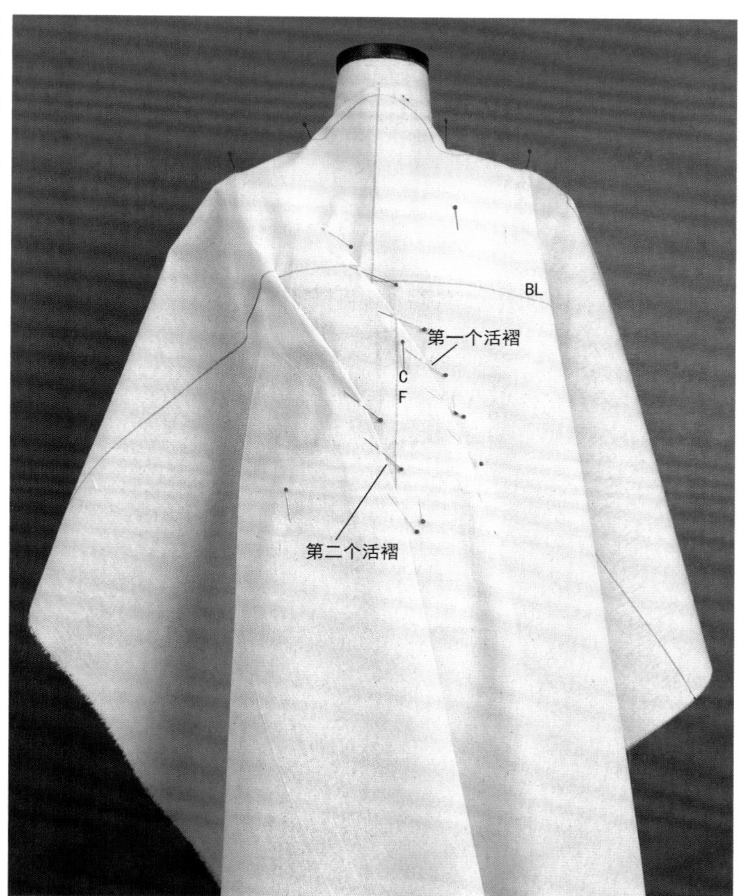

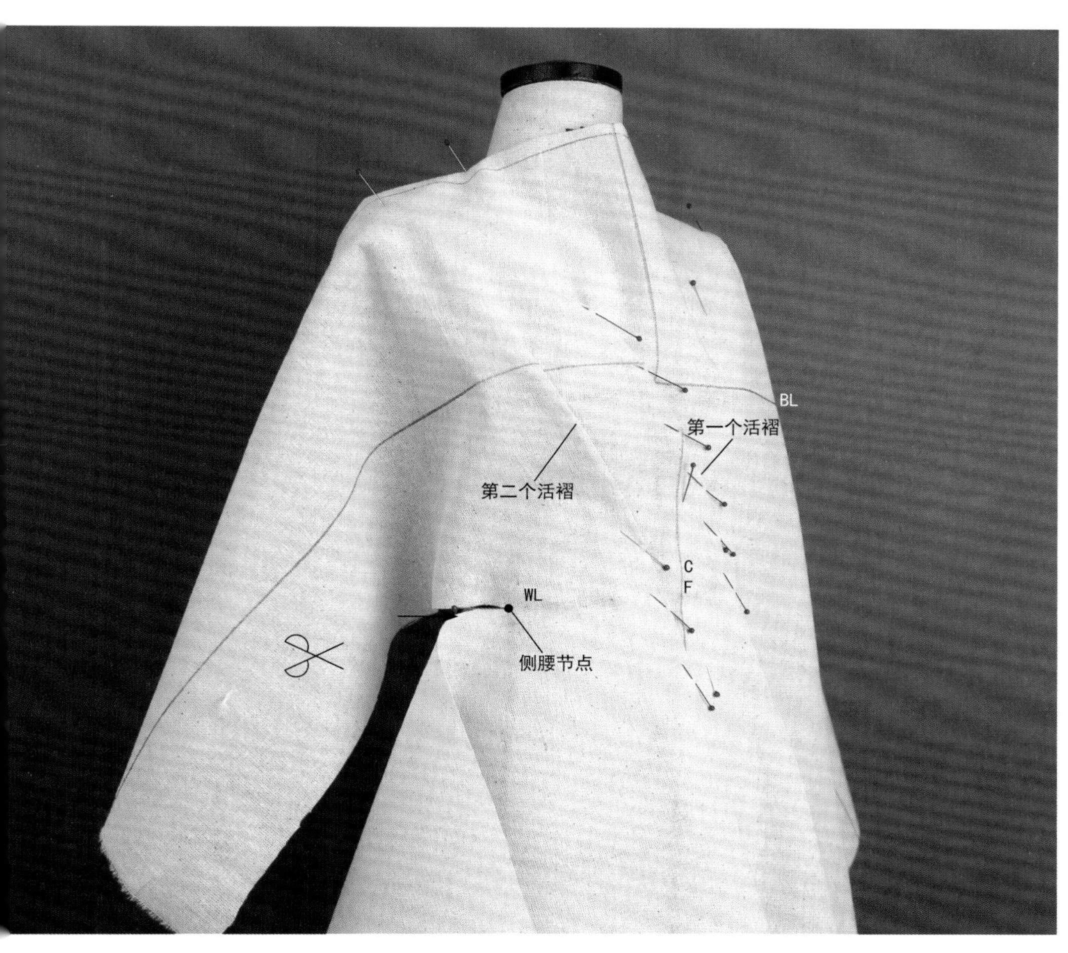

6 腰围处自活褶向侧缝方向水平抚平布片至分割线与腰节线交点位置并用点针固定，横向打剪口使腰部坯布自然贴合人台。

7 捋顺前侧转折面的坯布，确保其自然平伏无余量，继续用大头针假缝第二个活褶造型至消失点。在弧形侧缝分割线处预留缝份，修剪掉多余布料，沿椭线用重叠针将布片与人台固定，针尖指向侧缝。

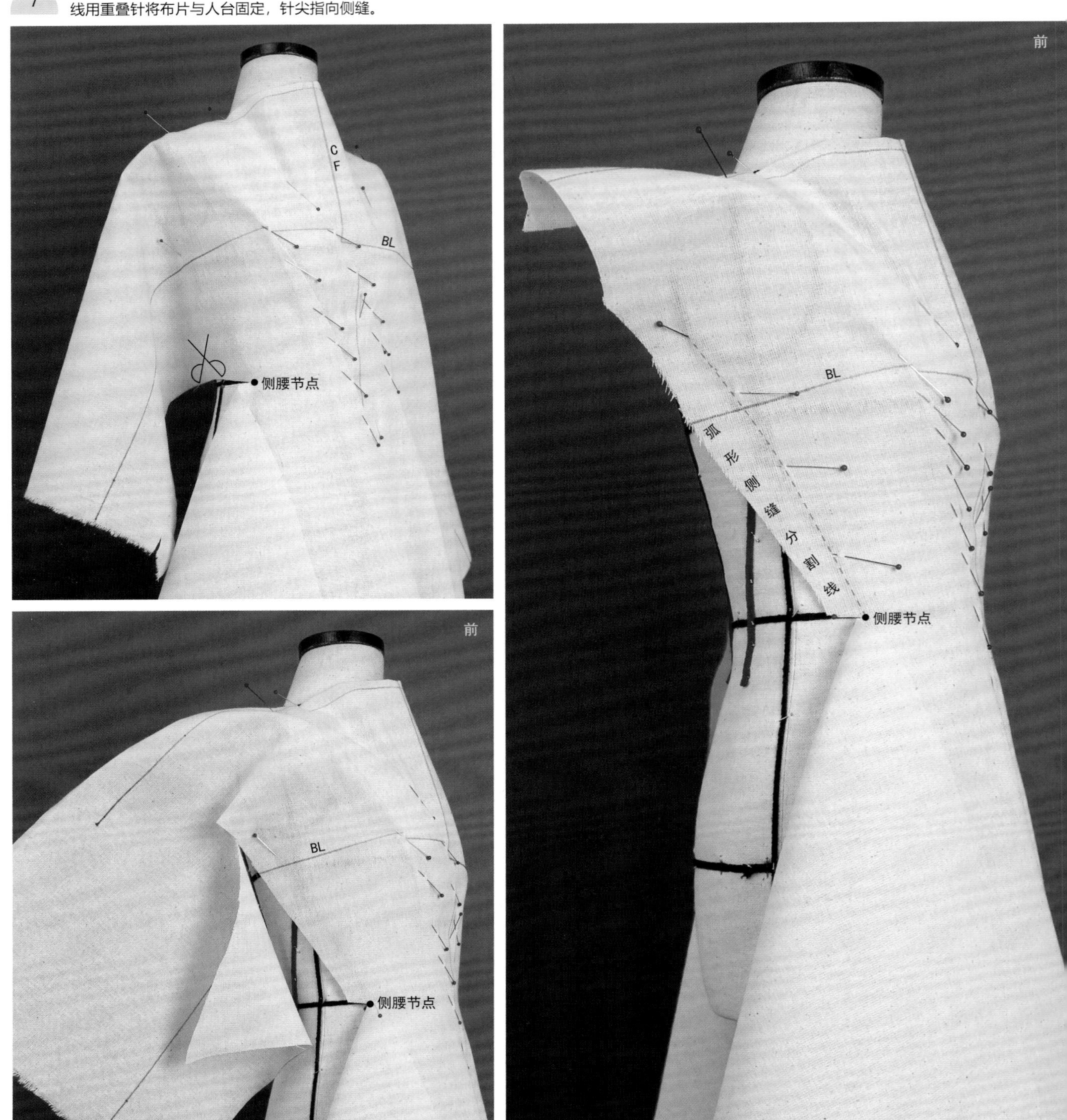

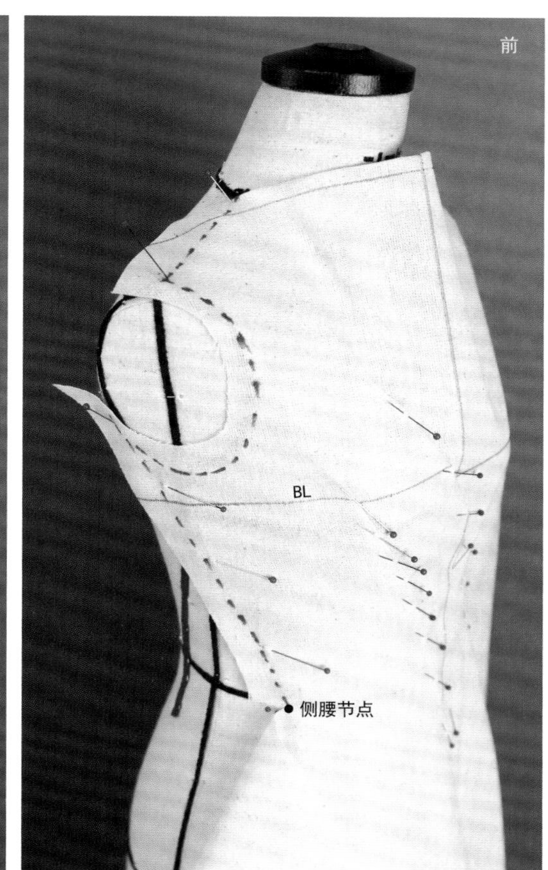

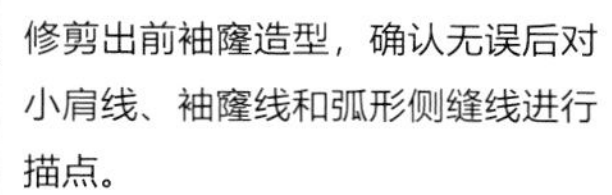

8

修剪出前袖窿造型，确认无误后对小肩线、袖窿线和弧形侧缝线进行描点。

9

根据裙摆造型，在侧缝处推入适量的裙摆量，并用大头针在臀围处固定，确定后对侧缝线进行描点，臀围线以下侧缝线垂直于地面，预留缝边，剪掉多余布料。

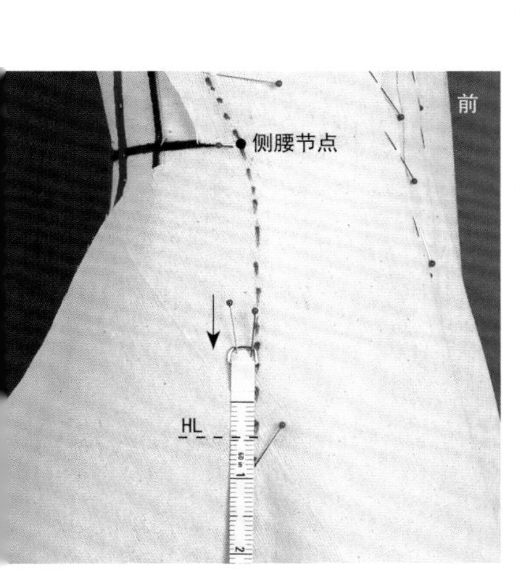

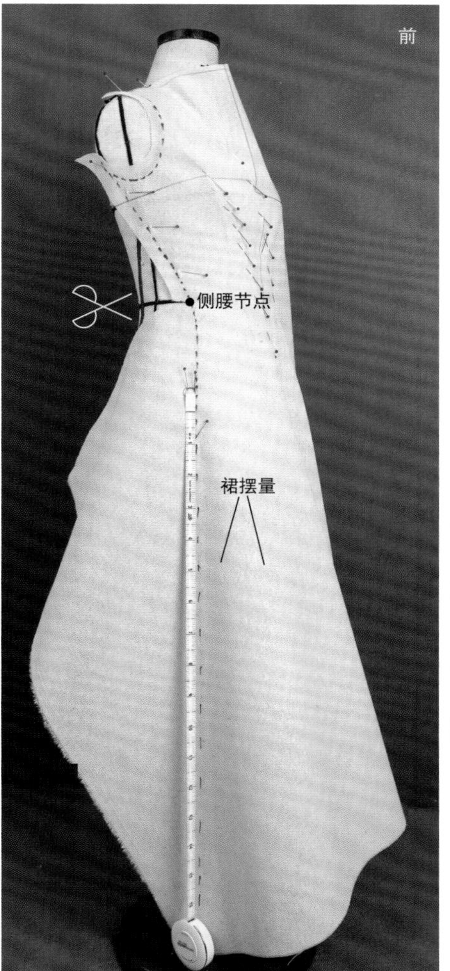

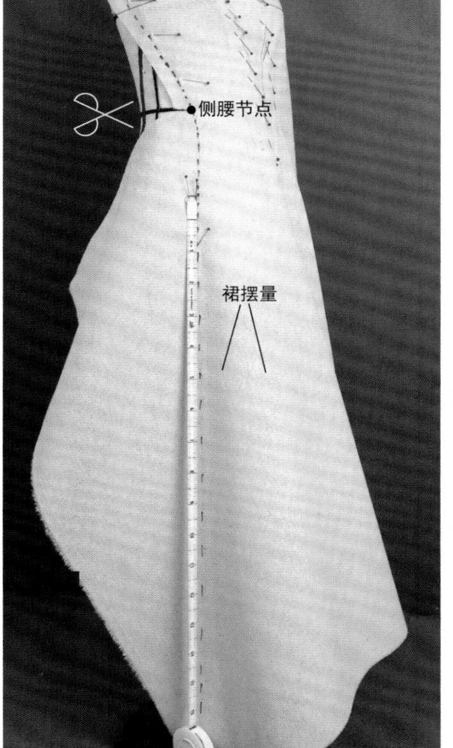

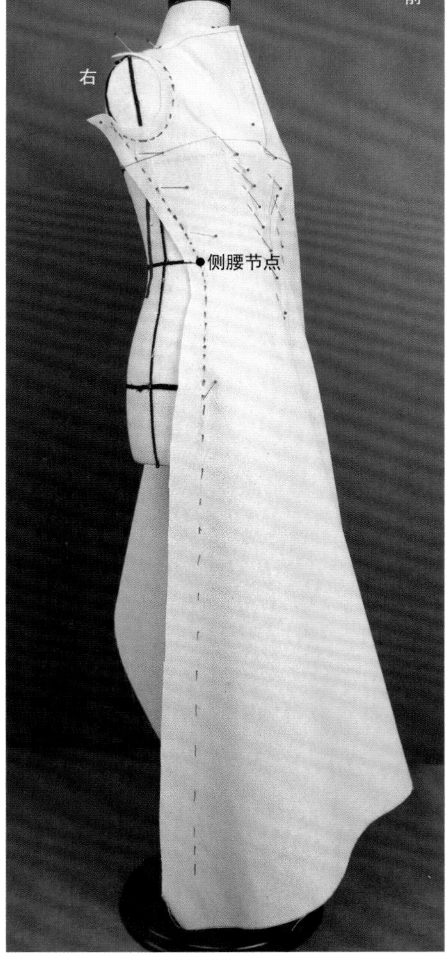

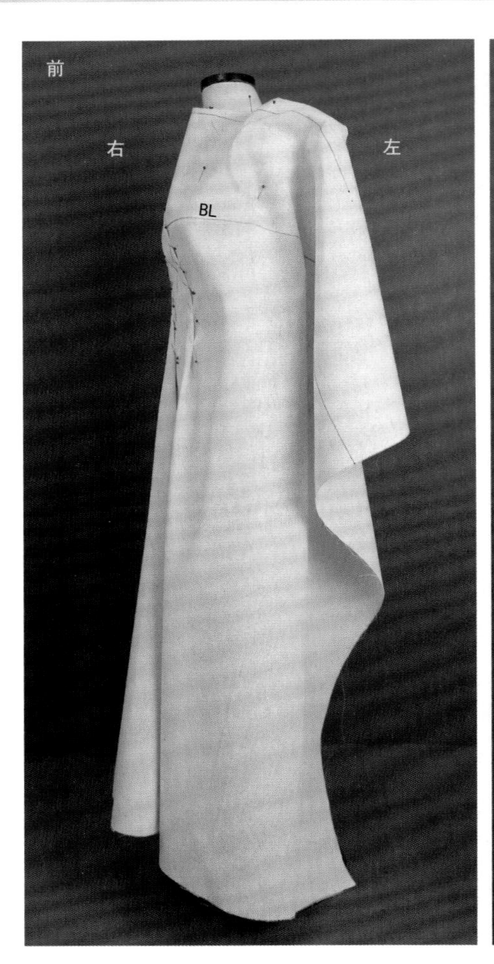

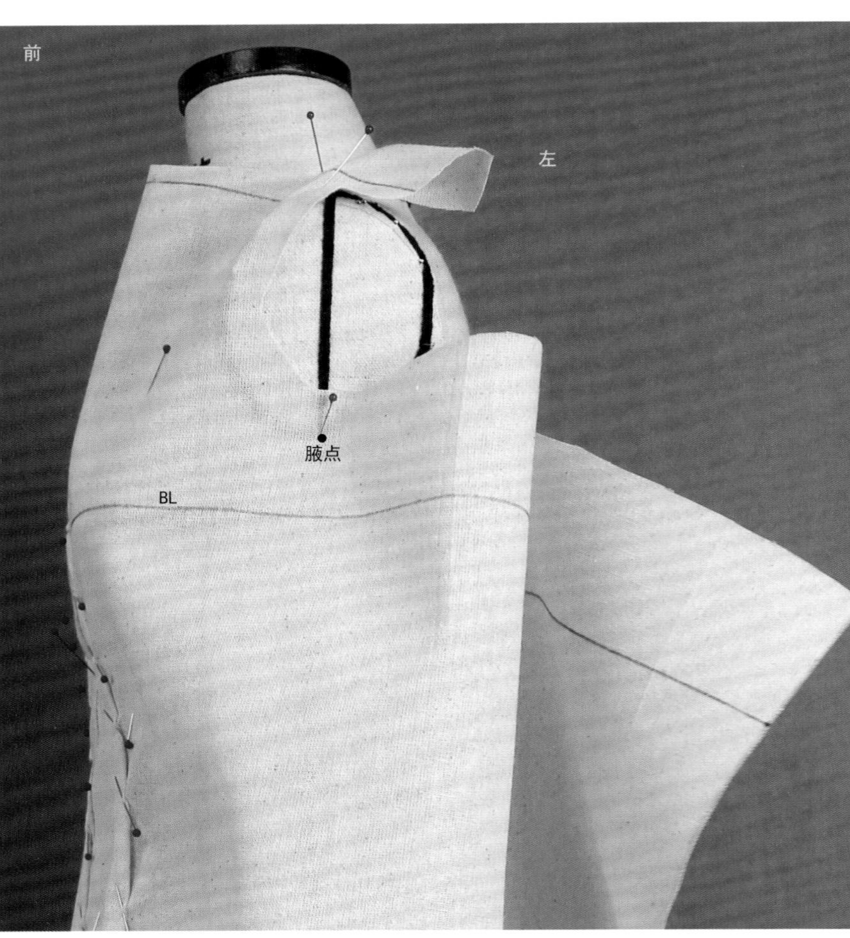

10

抚平左面袖窿处坯布，用大头针暂时固定住布片，留足前袖窿缝边量清剪余布。如图所示，制作第三个活褶前先用点针固定褶裥消失点，捏合适当褶量并沿标线叠褶，注意覆盖第一个活褶下端展开处，呈褶裥交叉造型，用别针固定交叉点，并用大头针在侧面固定以免布片滑动。

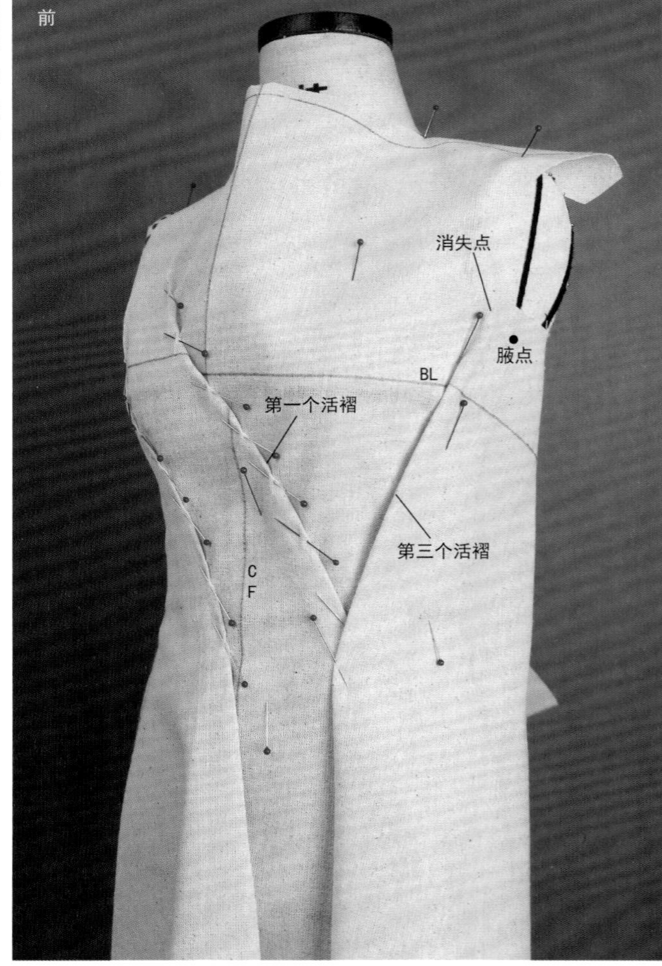

11 如图所示，参考右侧立裁方法确定出左侧缝、袖窿线和小肩线。

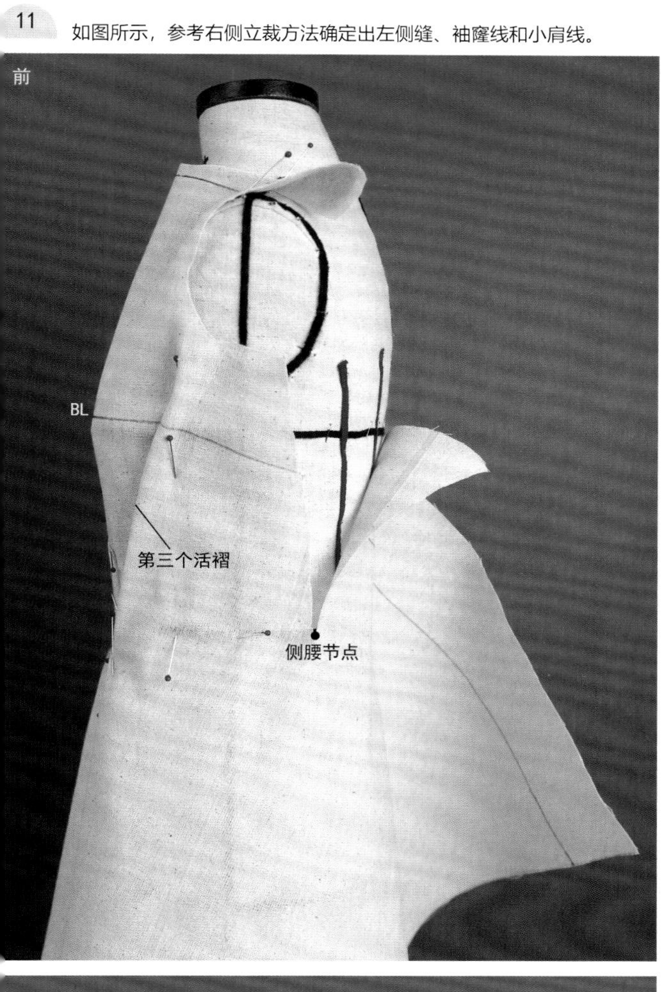

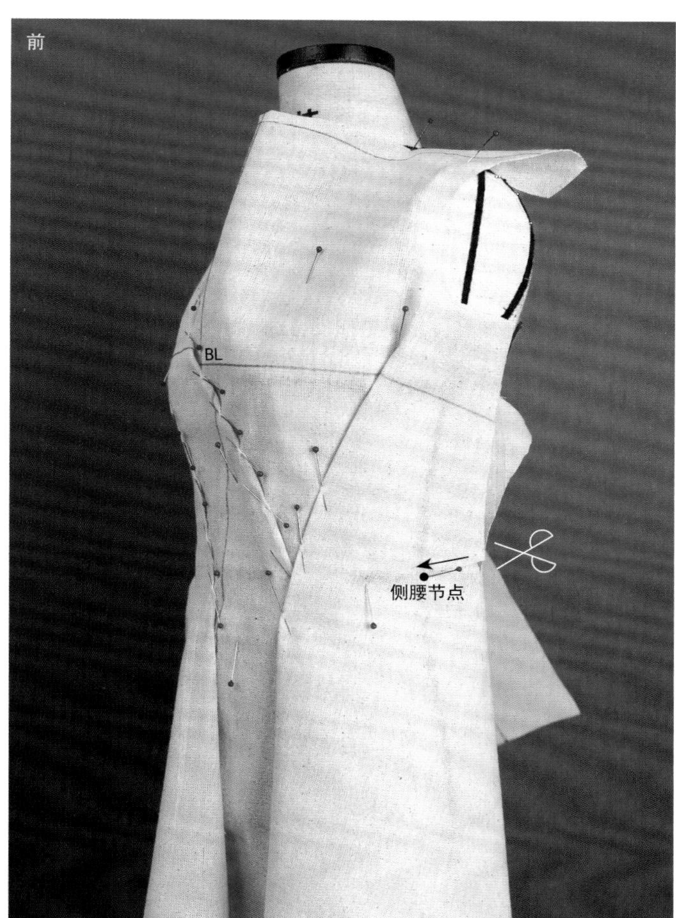

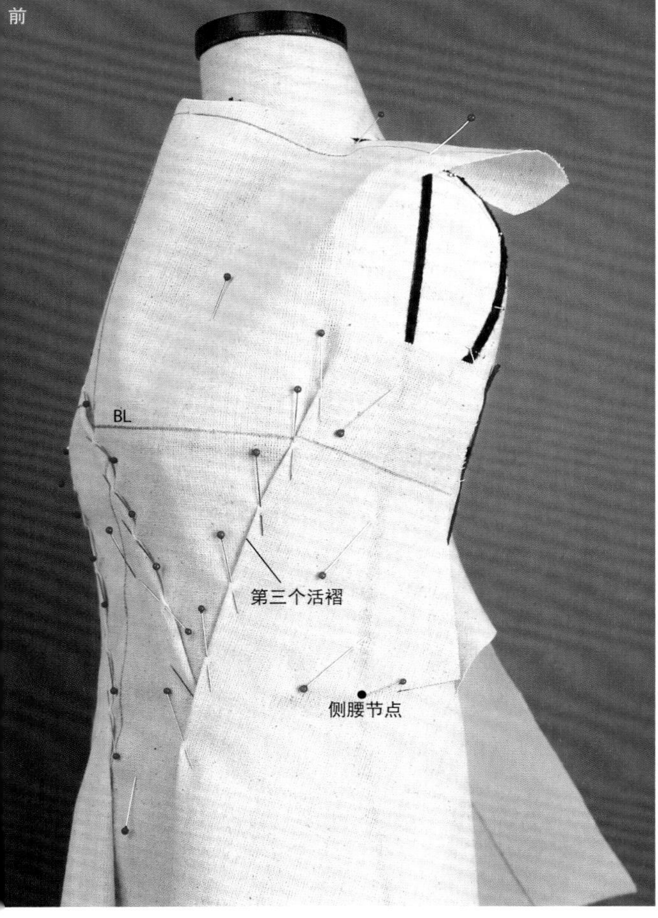

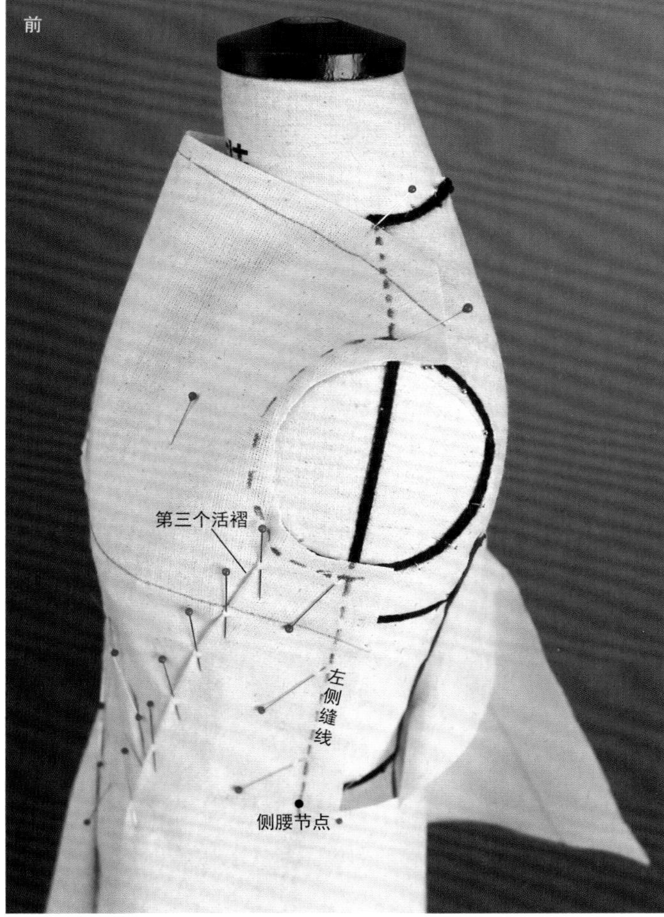

12

根据裙摆造型，向侧缝推入适量的裙摆量，并用点针固定。

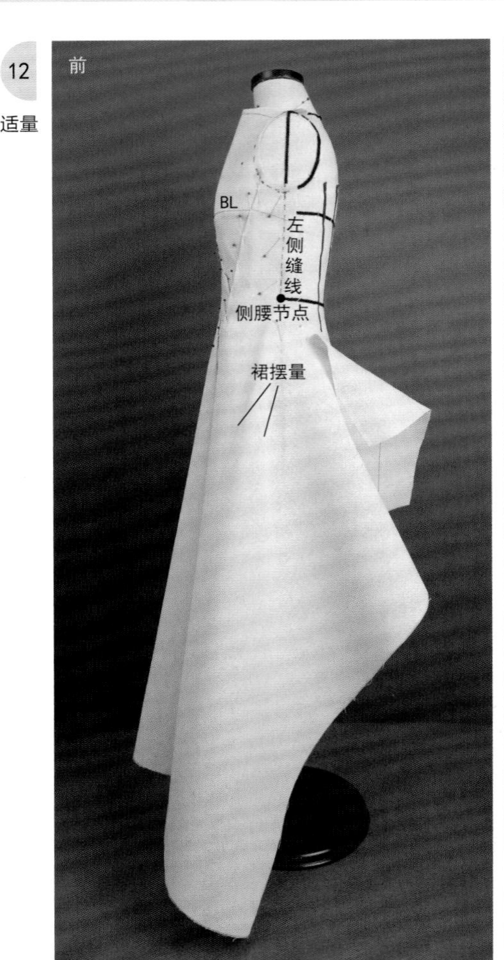

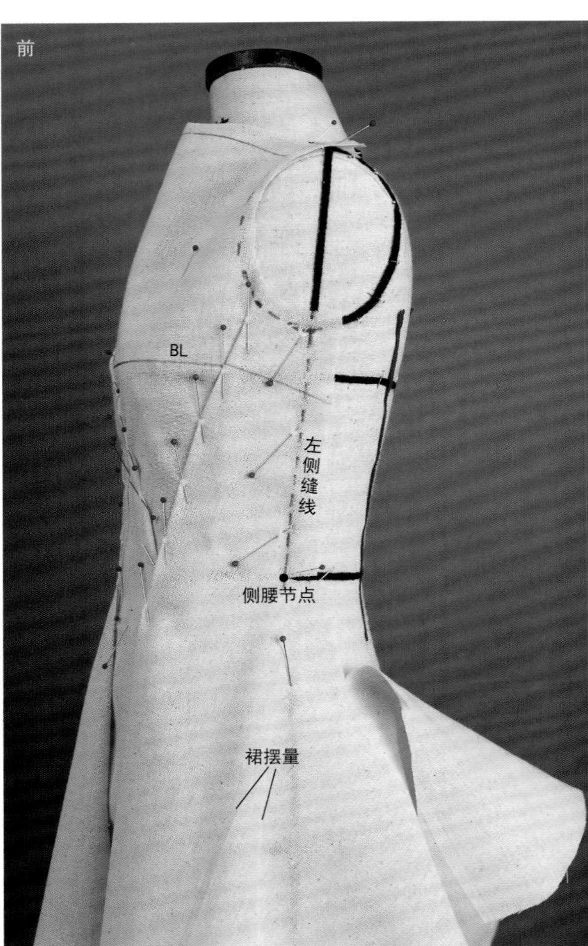

13

在侧缝处自臀围线向上轻轻提起坯布，推出一个造型空间拥量，用大头针在臀侧点固定，塑造出裙摆自腰部蓬起如灯笼状廓型。

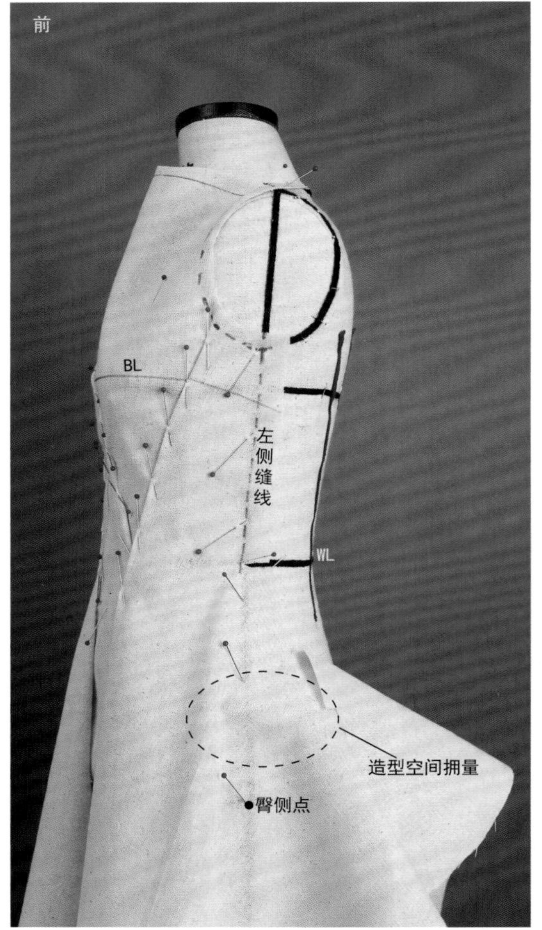

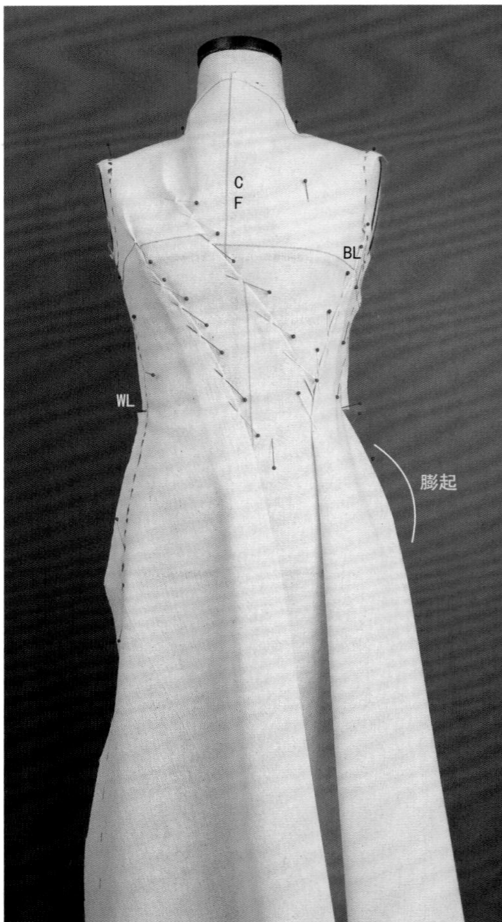

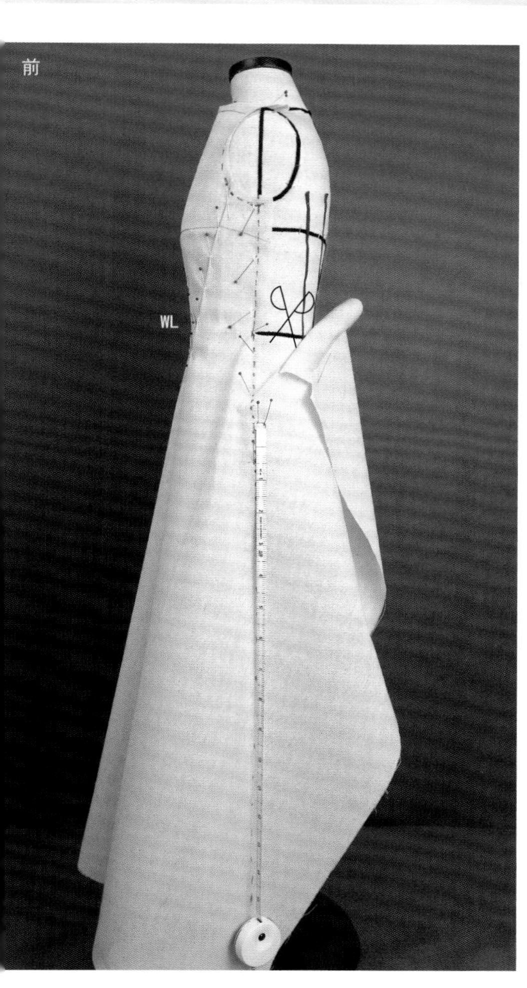

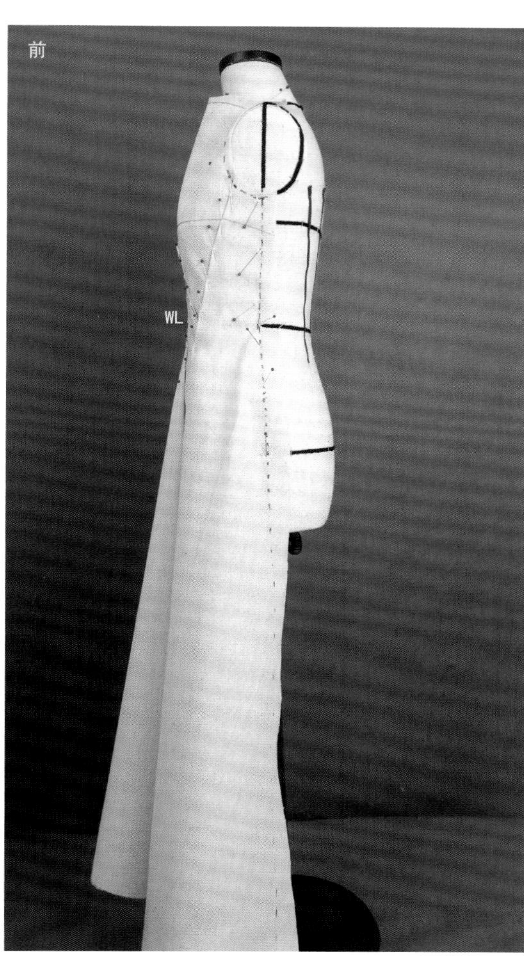

14

对侧缝线进行描点，臀围线以下侧缝线垂直于地面，预留缝边并清剪余布。

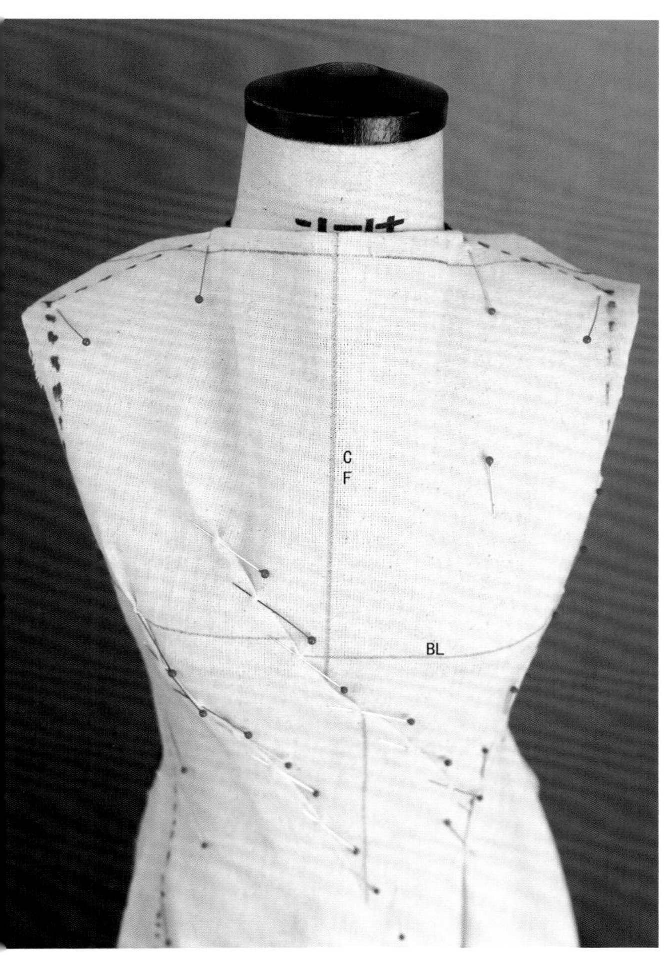

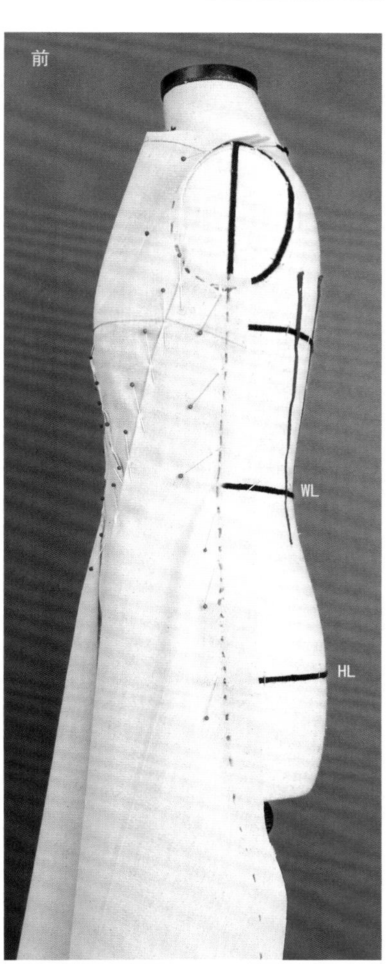

15

如图所示,将固定在肩线和侧缝线上的大头针改用重叠针法固定，针尖指向后片，方便对后片的操作。

16 后片制作：参考前片的制作方法，对衣身后片进行立裁，在此仅以图片展示。

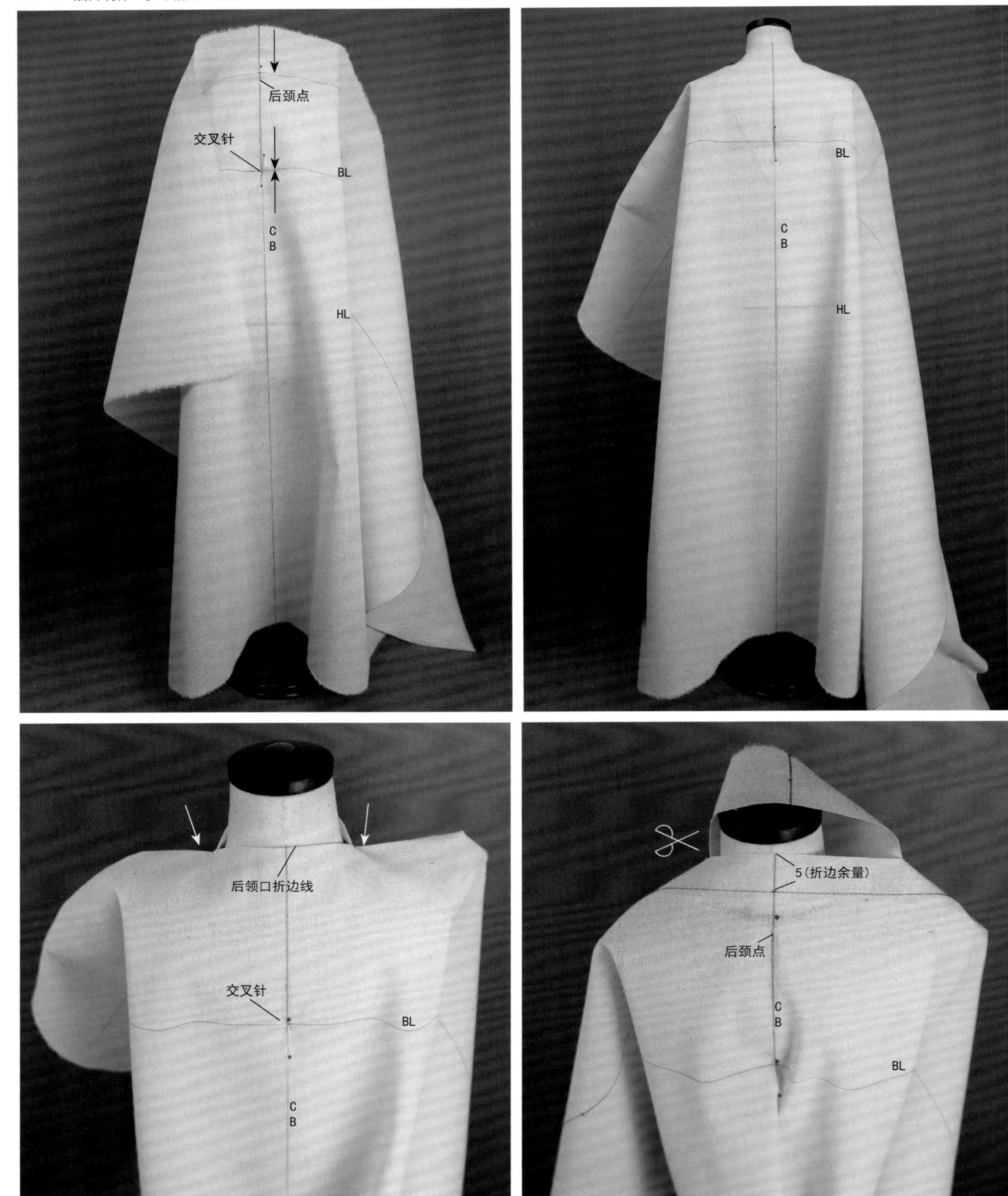

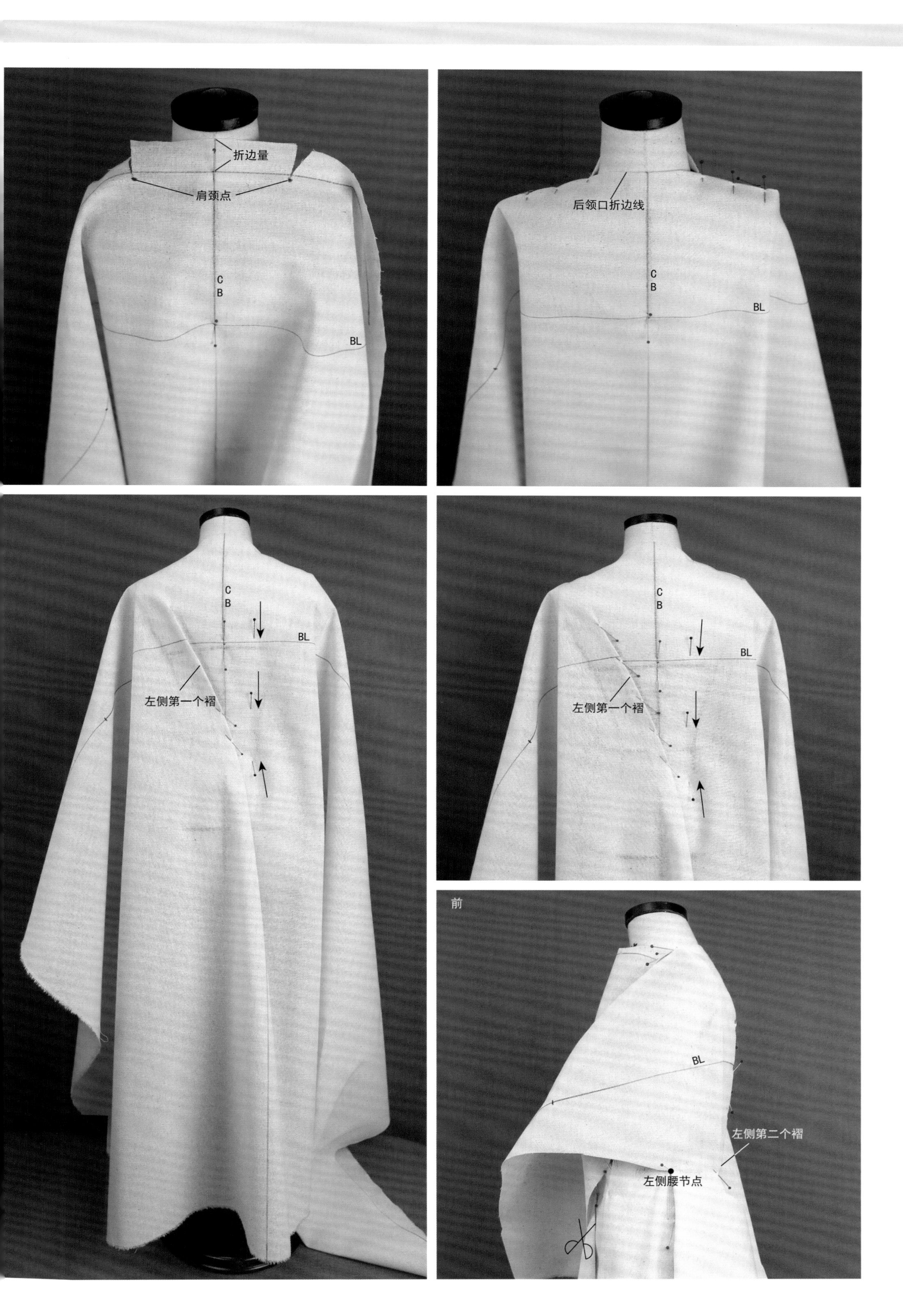
折边量
肩颈点
C
B
BL
后领口折边线
C
B
BL
C
B
BL
左侧第一个褶
C
B
BL
左侧第一个褶
前
BL
左侧第二个褶
左侧腰节点

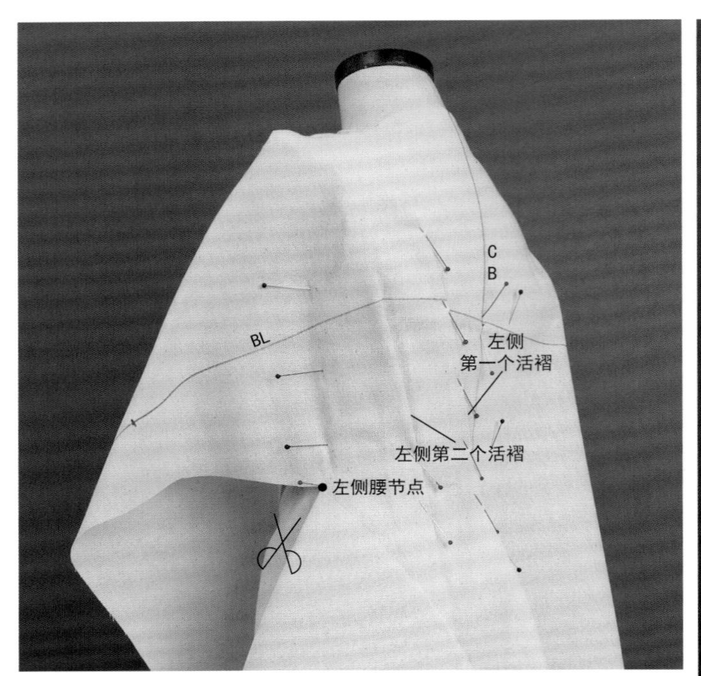
C
B
BL
左侧
第一个活褶
左侧第二个活褶
左侧腰节点

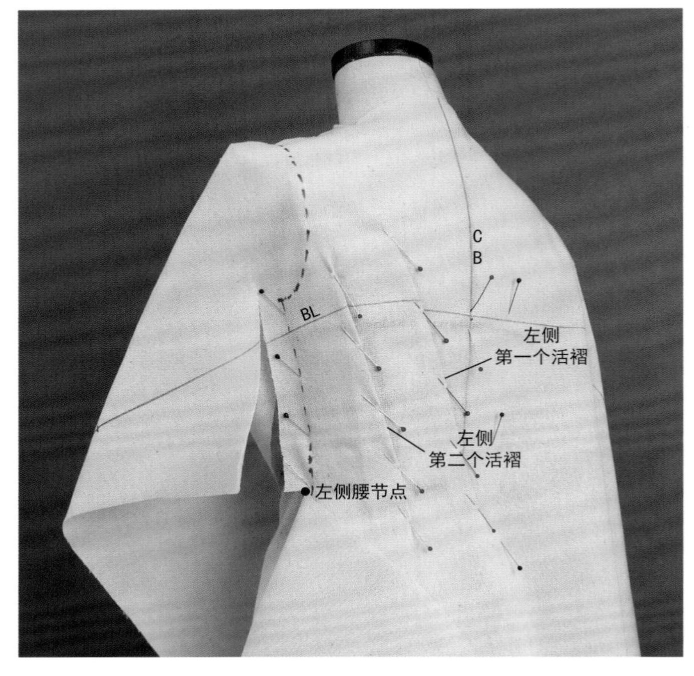
C
B
BL
左侧
第一个活褶
左侧
第二个活褶
左侧腰节点

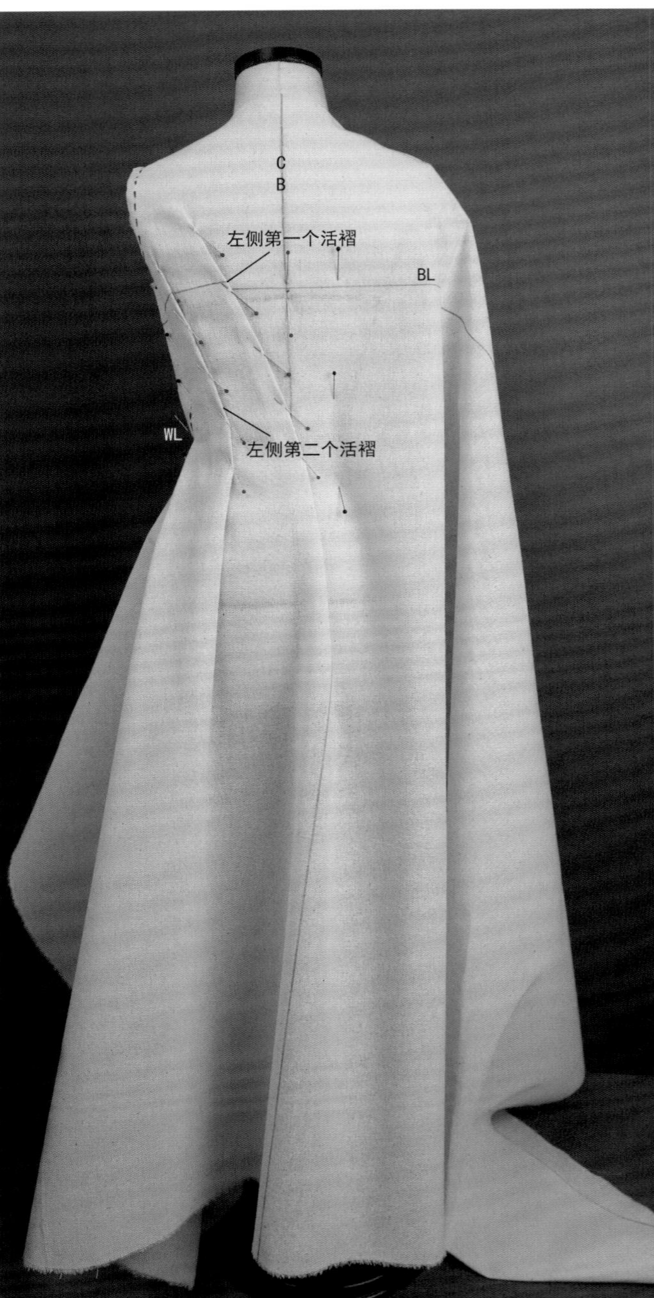
C
B
左侧第一个活褶
BL
WL
左侧第二个活褶

17

向后片左侧缝推入摆量，注意向上提起臀围处坯布使侧缝腰臀间增加与前片相同的造型空间拥量。确定侧缝线，扣净后片缝边，与前片假缝固定。

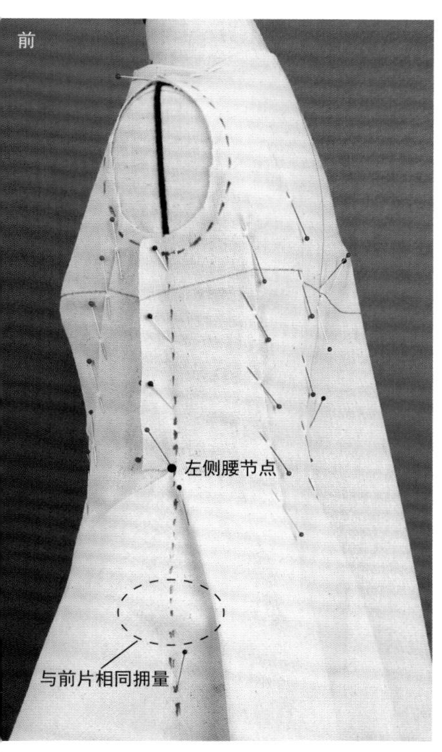

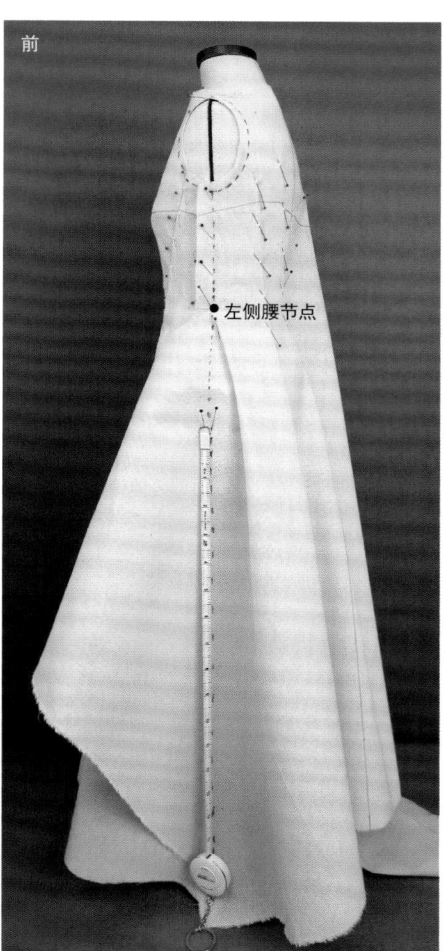

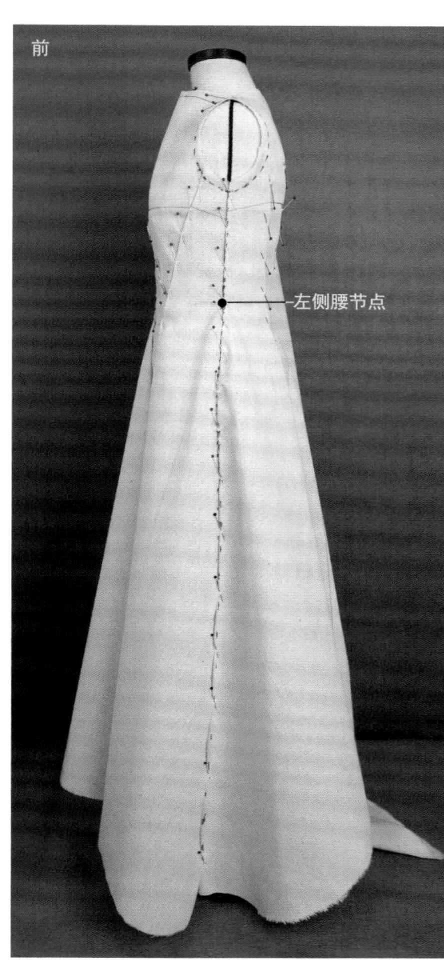

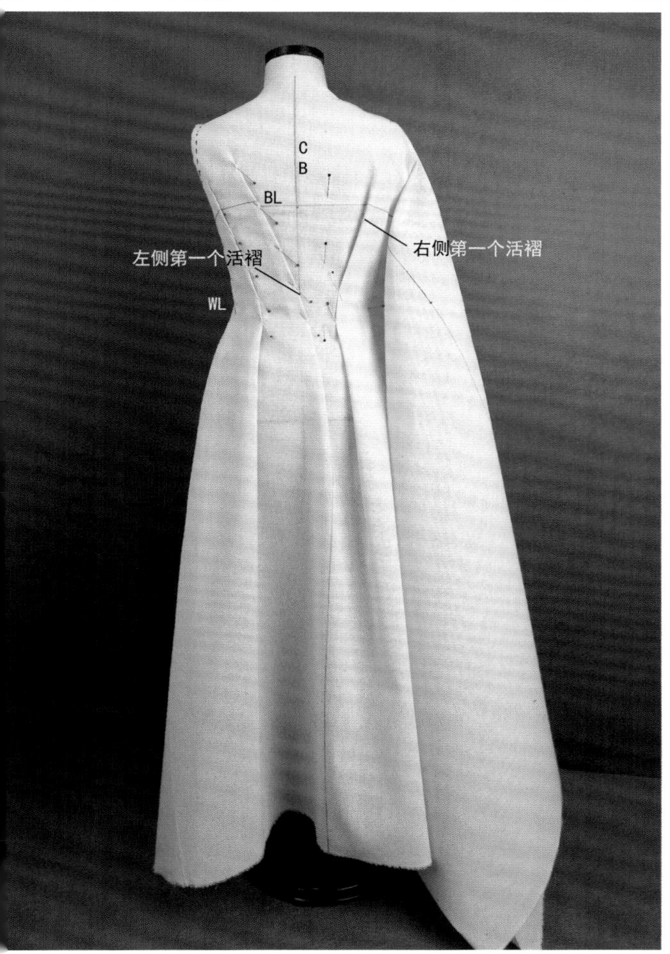

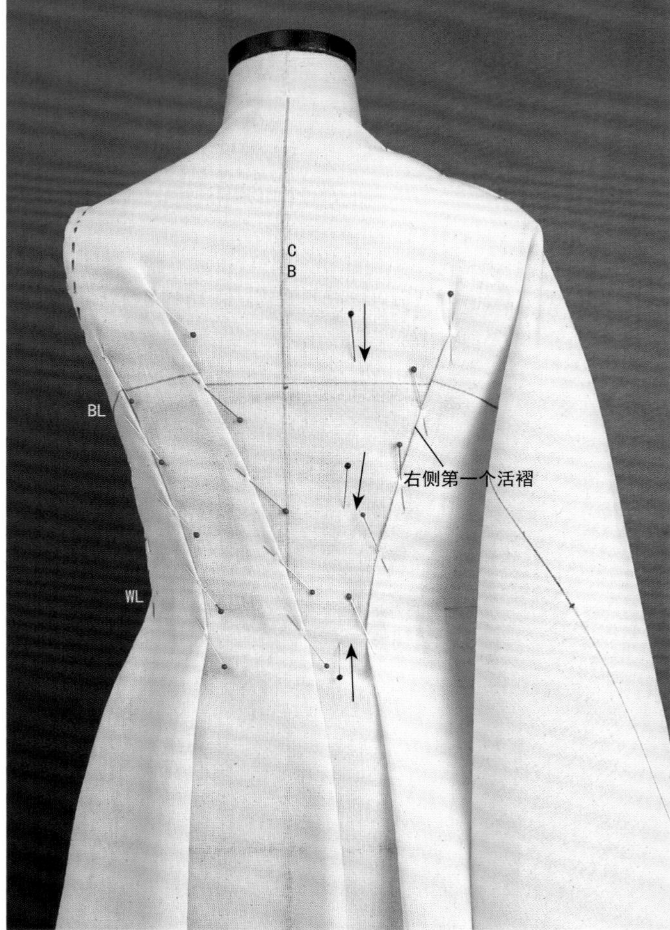

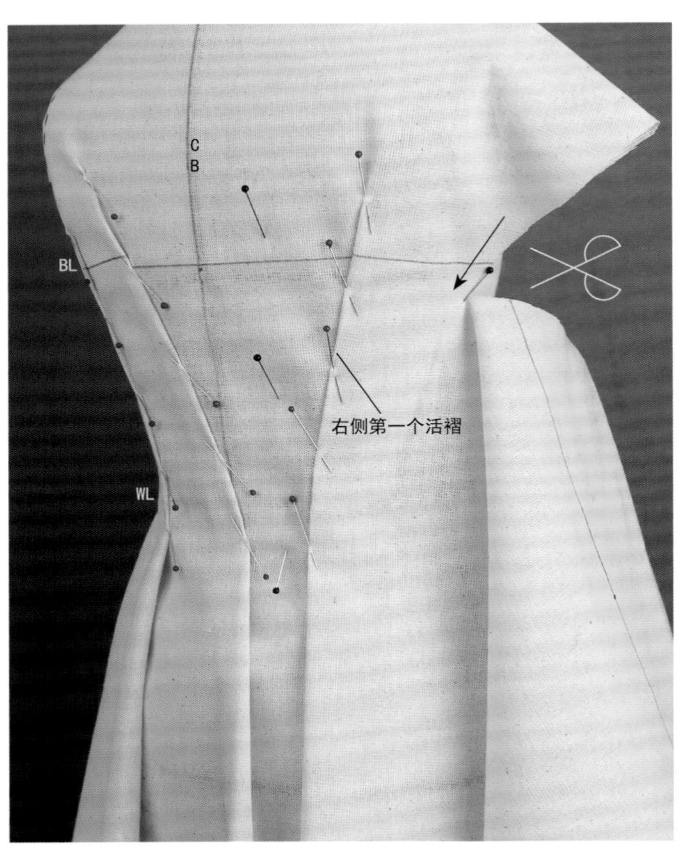

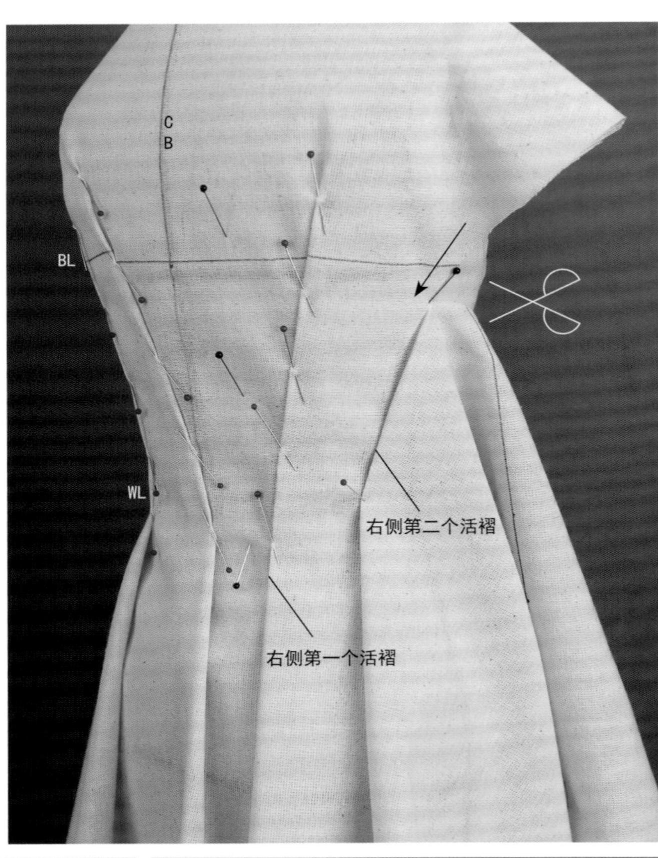

18

如图所示，继续对后片进行立裁，注意控制褶量与裙摆的状态。在操作过程中，修剪掉底摆处多余的布料，避免布料垂地影响下摆造型判断。

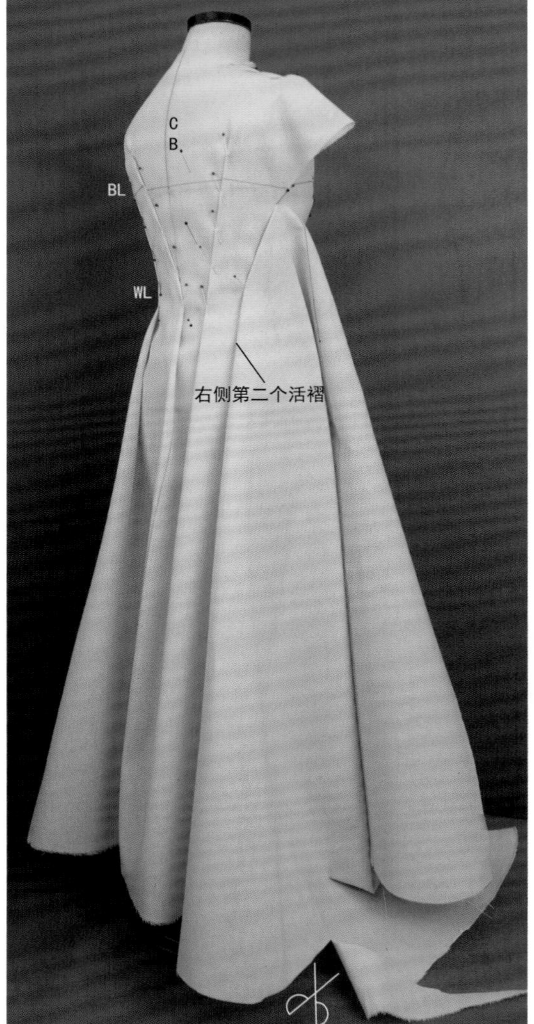

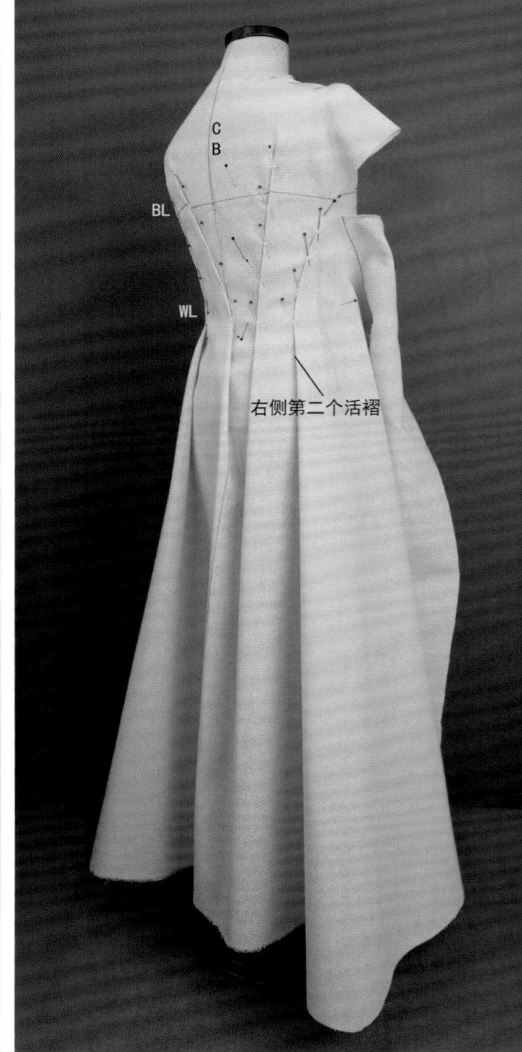

19 确认侧面造型后，对后袖窿线和弧形侧缝分割线进行描点，修剪多余布料，扣净缝边并假缝。

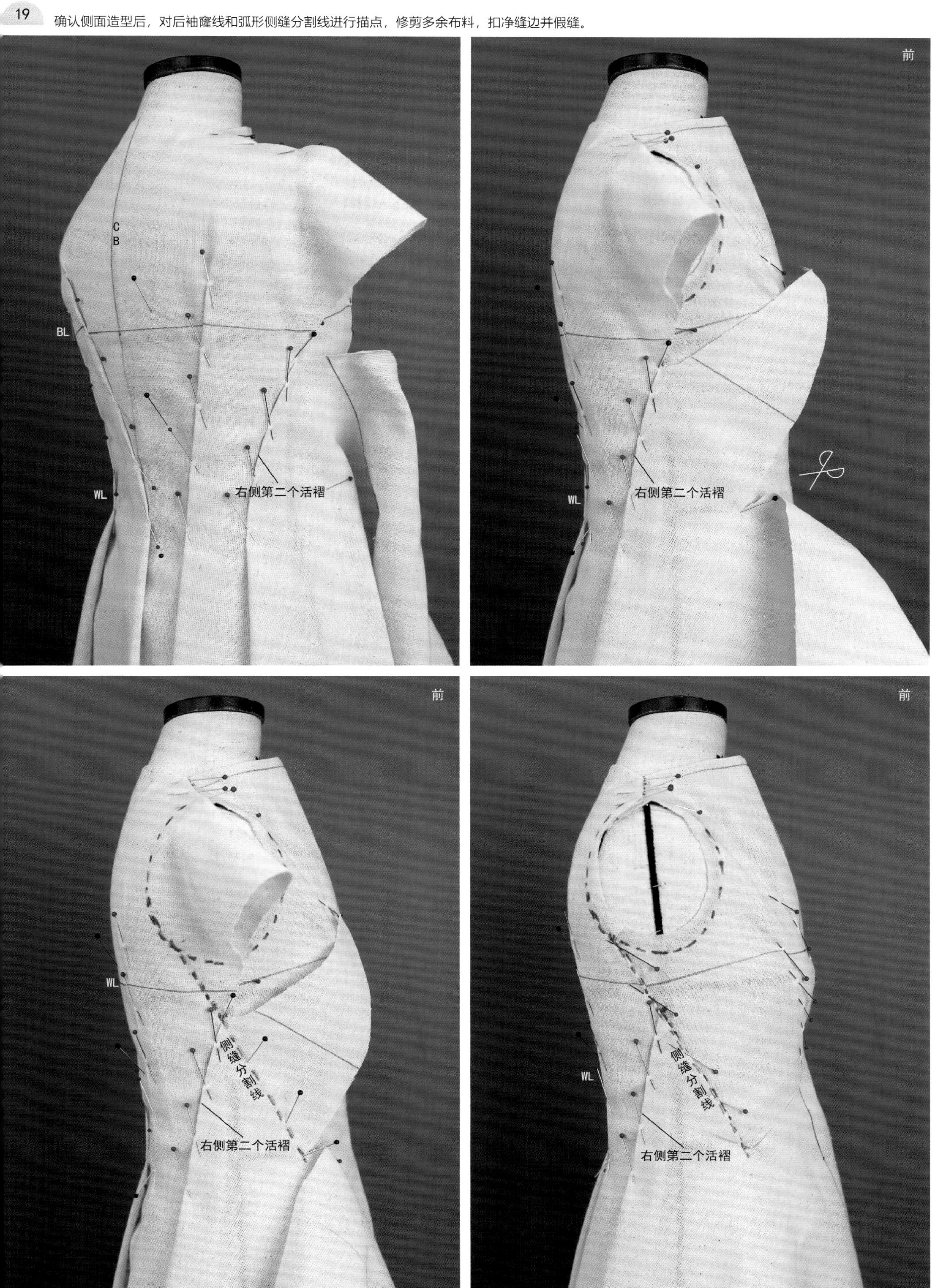

20 在腰围处放出第一个摆量，控制摆量注意观察裙摆整体造型的平衡感，用点针在一侧固定。

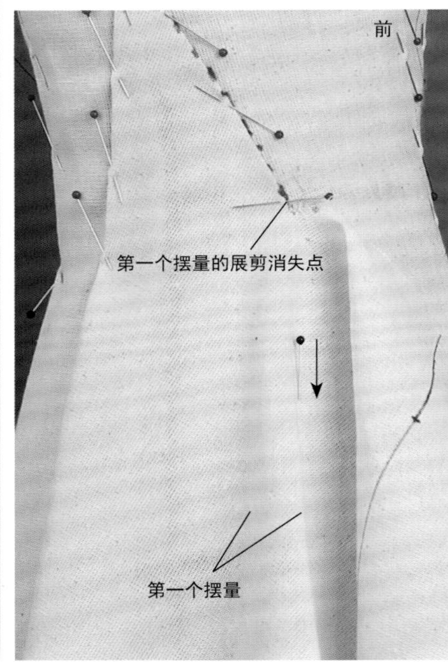

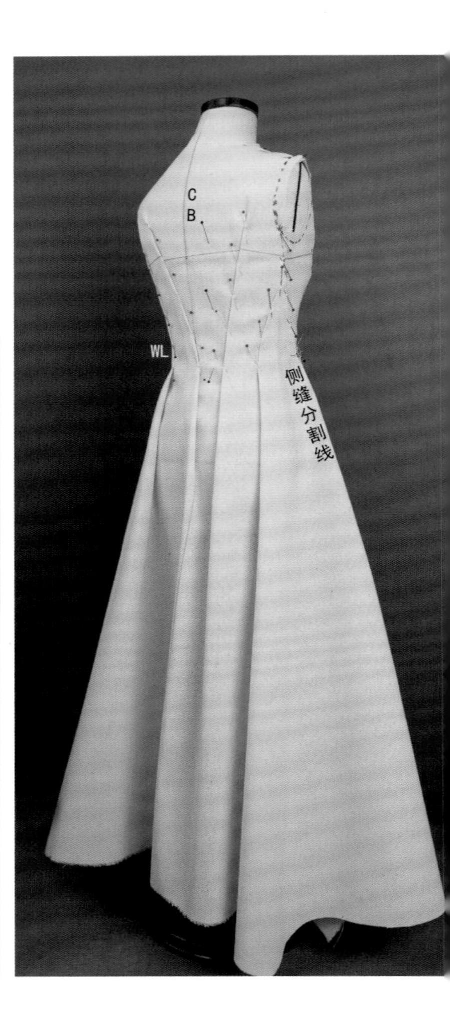

21 确认第二个摆量的展剪点，斜向下打剪口，放出摆量后用点针固定。

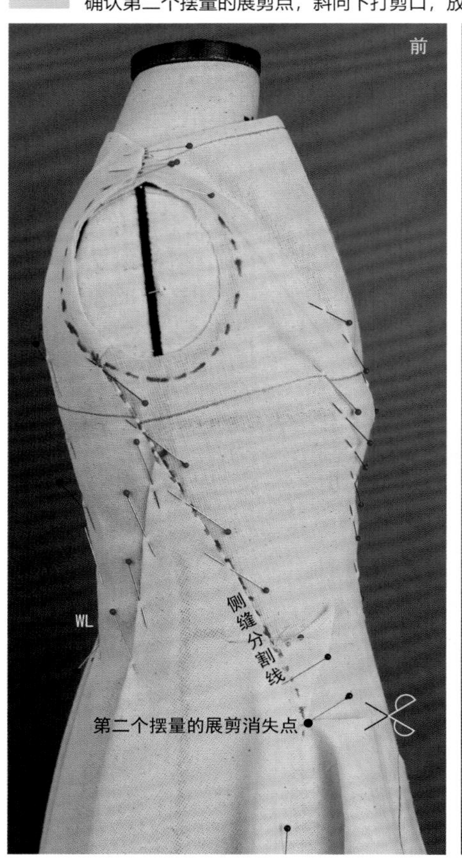

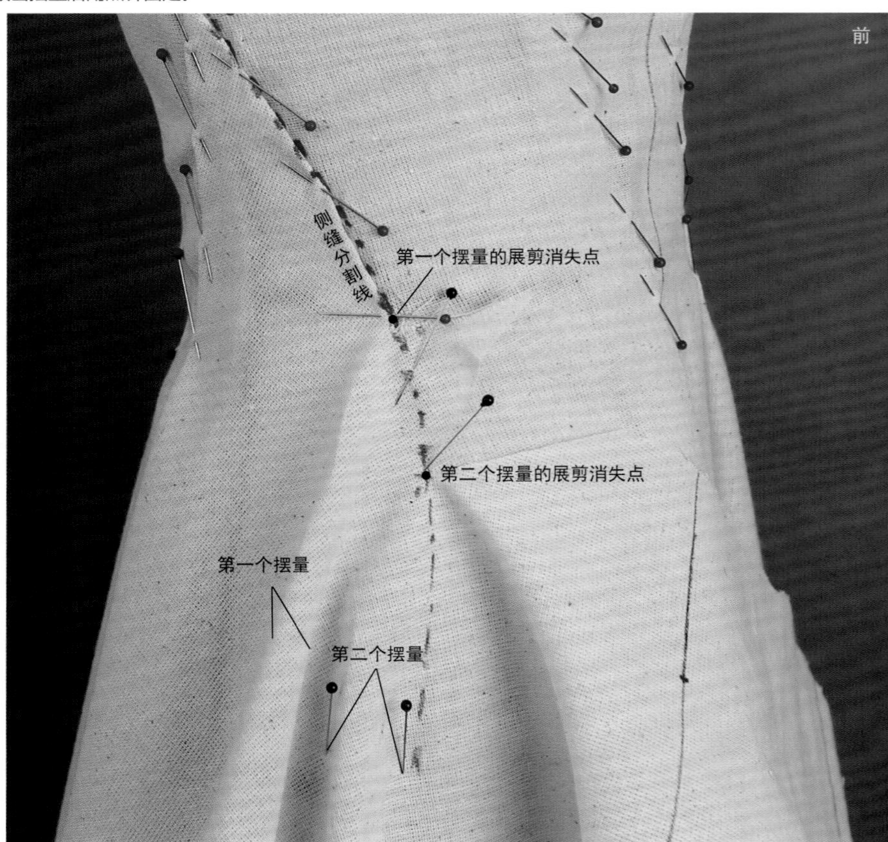

22

描出裙摆侧缝线，臀围线以下侧缝垂直于地面，清剪布边，扣净缝边并与前片假缝固定。

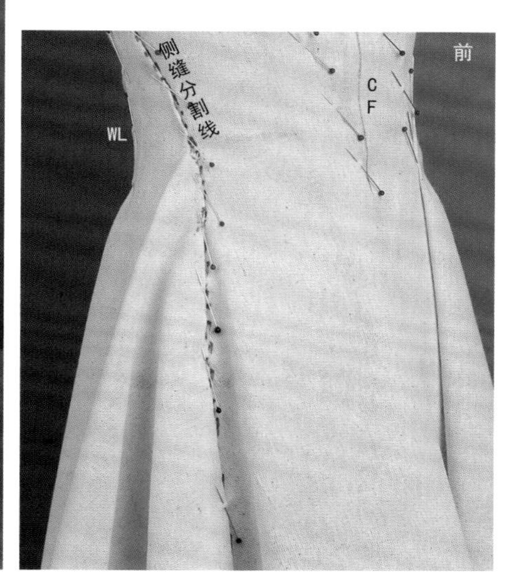

23 确定裙长及底摆形状，修剪掉底摆多余的布料，对活褶进行描点，标记出各褶裥的消失点和缝止点。

24 整理样片图。

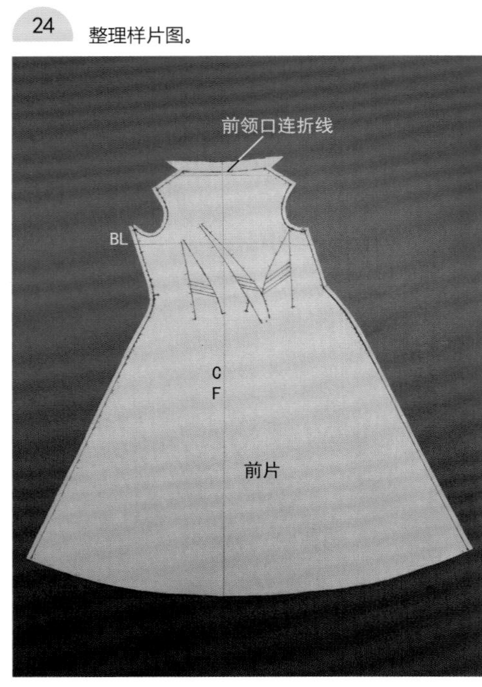

前领口连折线
BL
C
F
前片

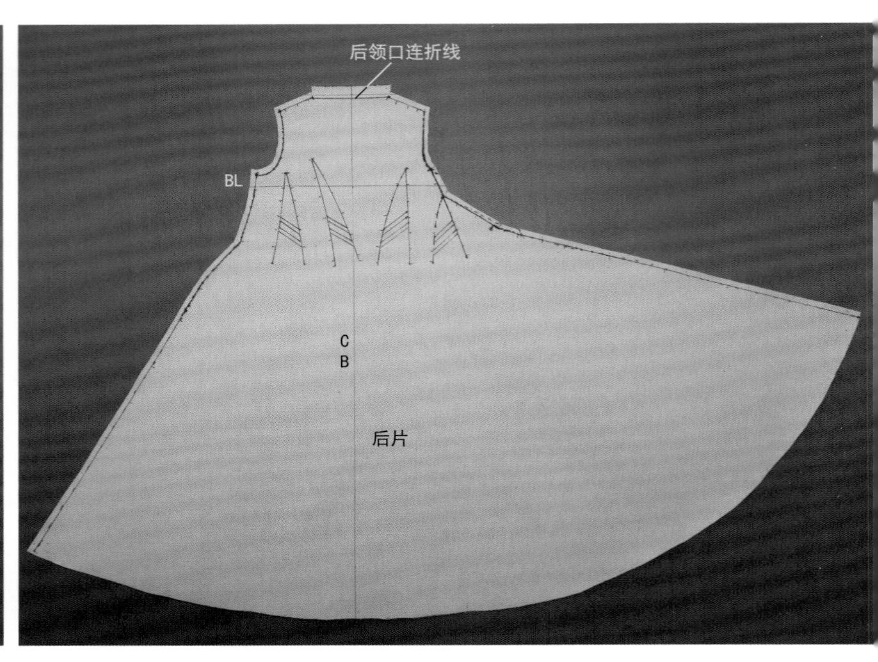

后领口连折线
BL
C
B
后片

完成图

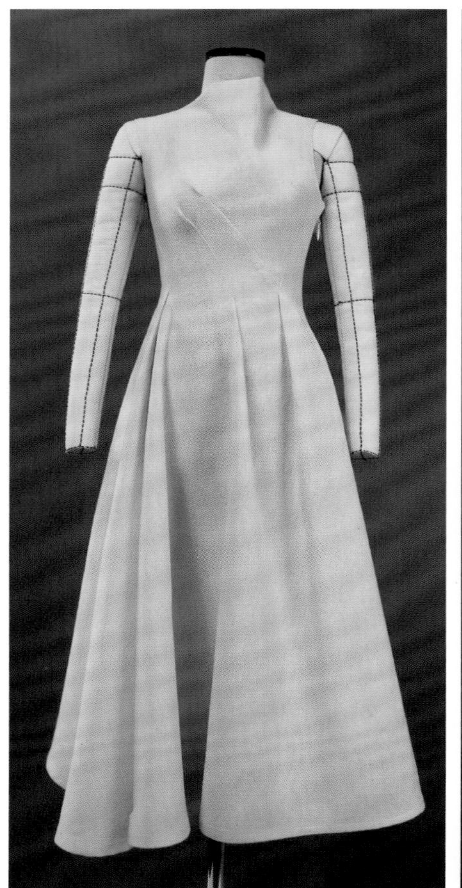

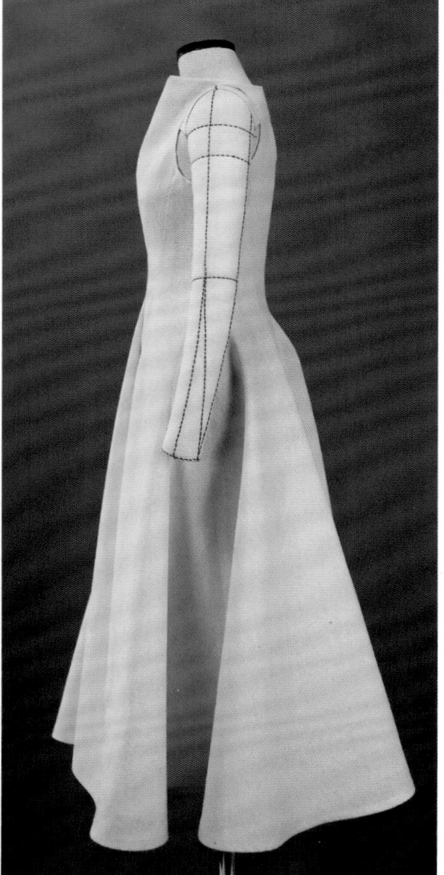

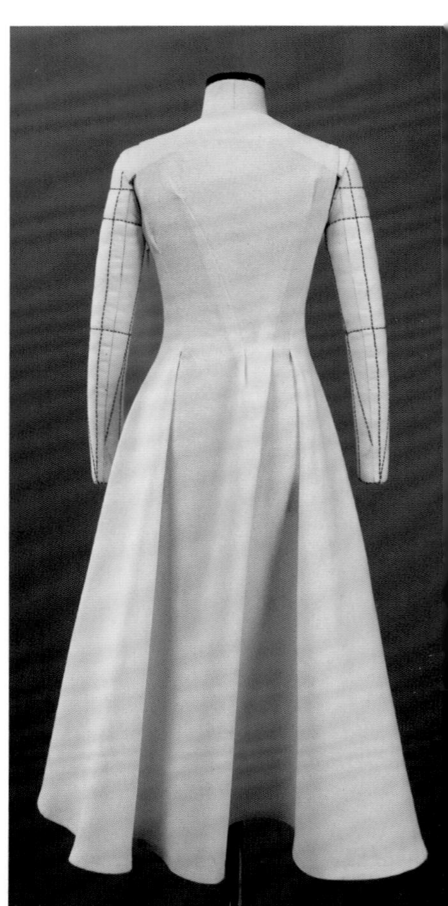

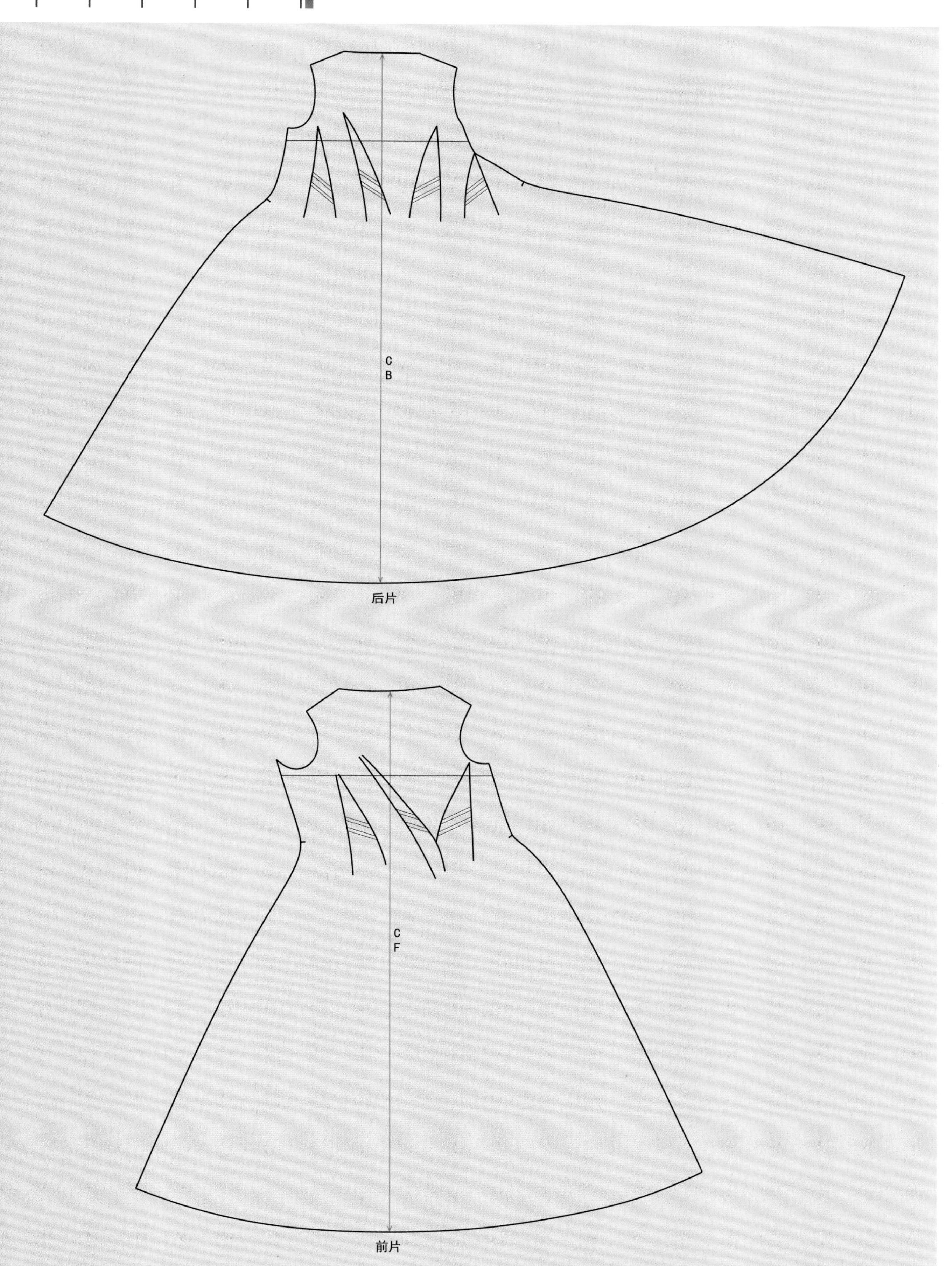
C
B
后片
C
F
前片

Draping
The Complete Course

荷叶边抹胸礼服裙

款式描述

礼服为X廓型，紧身松量，衣身有重叠的荷叶片装饰，不对称的叠褶裙摆内有网纱裙撑。

练习重点

- 多层荷叶边装饰的造型方法。
- 网纱裙撑的制作及不对称叠褶裙的立裁方法。

材料准备

- 人台（与所使用的原型衣身相匹配）。
- 宽0.3cm纯棉织带。
- 专业立裁针、剪刀、手缝针、手缝线。
- 纯棉坯布、硬/软网纱（数量根据造型要求确定）。
- 马克笔（或4B铅笔）、三色圆珠笔。
- 推版尺、多功能尺、皮尺。

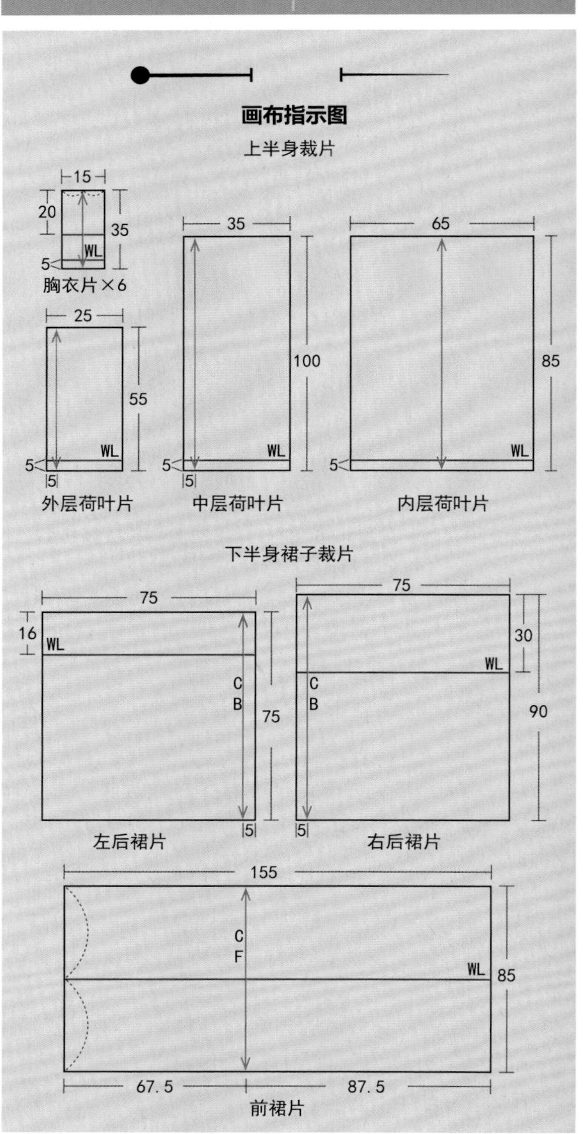

- **人台准备**

需要标线的部位：前、后紧身胸衣上口线，前后刀缝分割线，侧缝线。

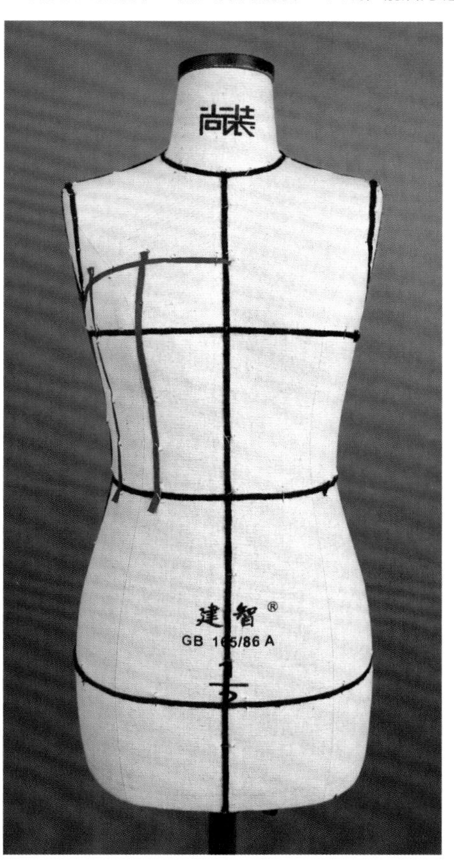

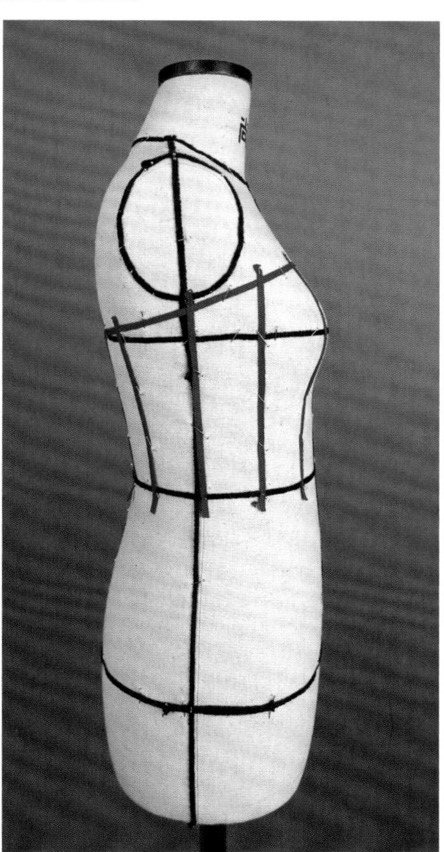
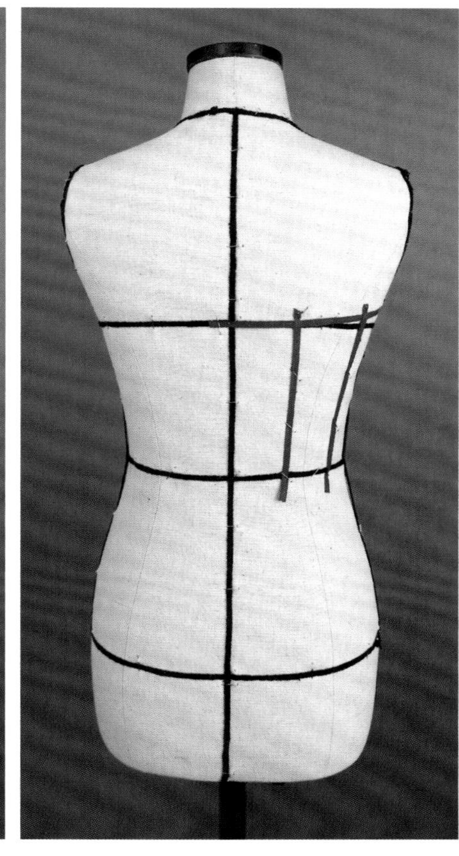

- **款式制作**

1 紧身胸衣制作：用大头针在前中片基础布的腰围线与直纱辅助线的交点处下针，并对准人台前中片腰节线宽度的中点，用点针朝上固定布片，保持直纱辅助线垂直于地面，横纱辅助线水平于地面，如图所示用大头针将丝道线固定。沿腰围线垂直向上打剪口，使布片贴合人台，用划丝道针法固定前中片造型，用重叠针固定后取下划丝道所用的大头针，沿分割线反向刮折布片，并对前中线、上口线、分割线和腰围线进行描点，预留2cm缝边，修剪掉多余的布料。

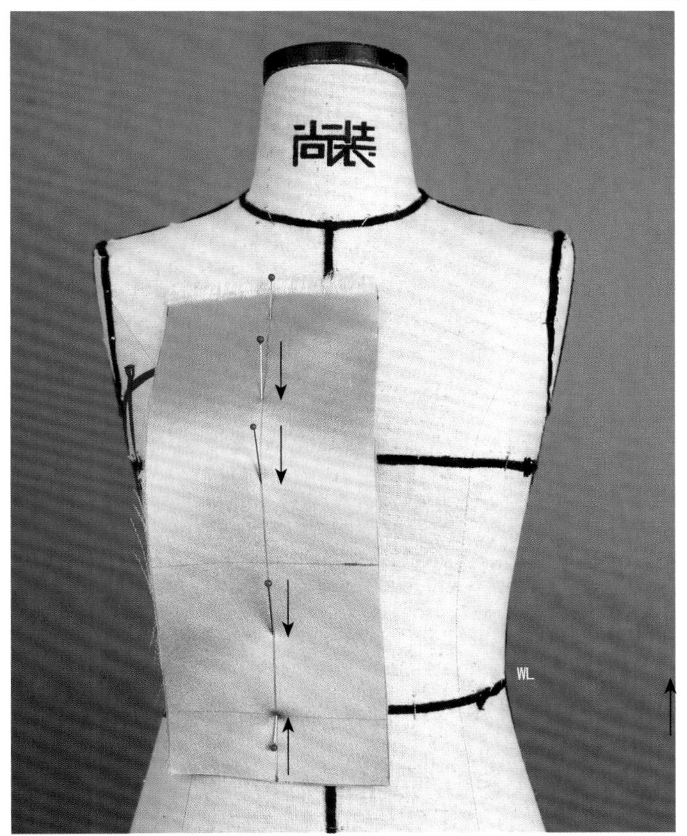

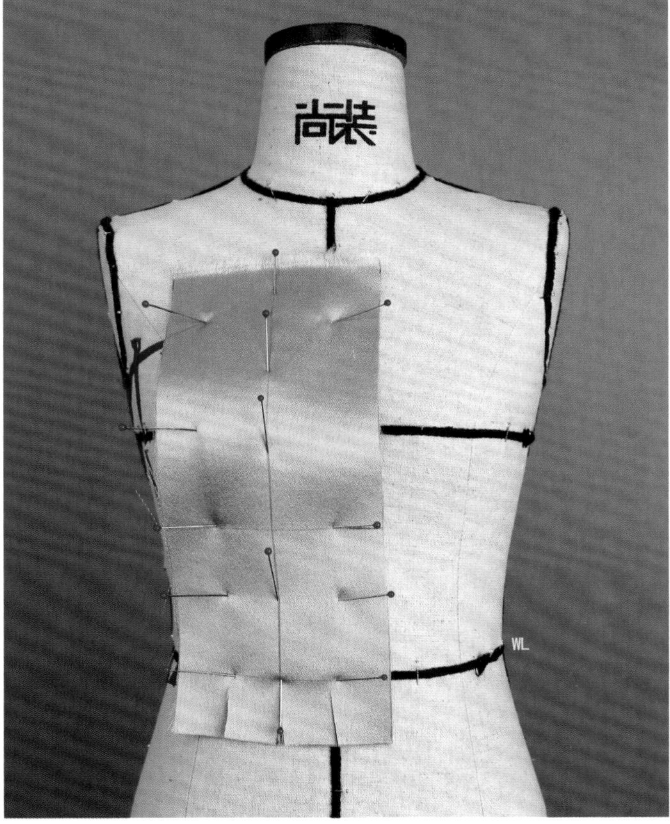

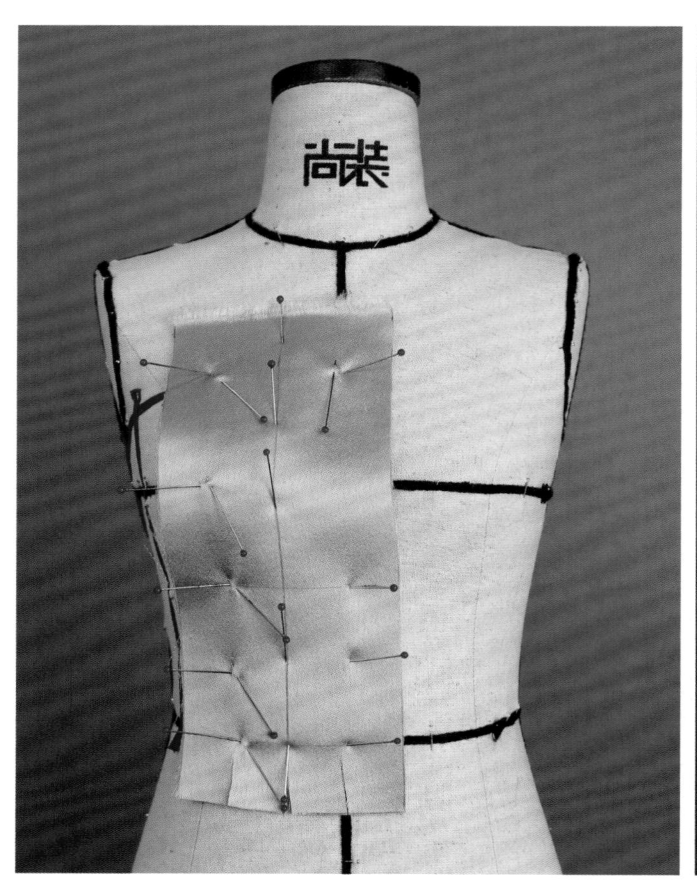

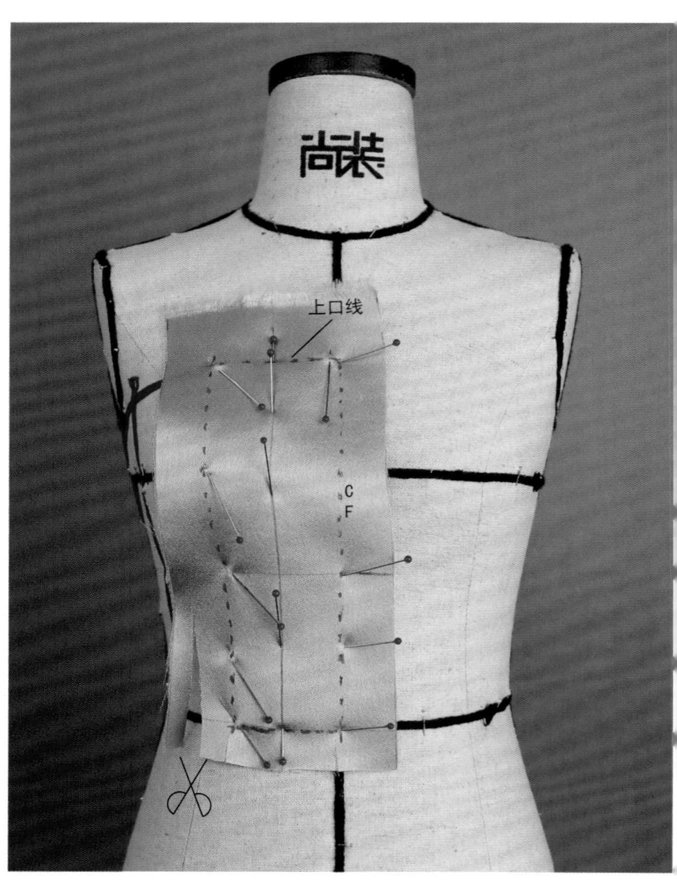

2 按上述立裁方法依次对紧身胸衣的前中侧片、前侧片、后侧片、后中侧片、后中片进行立体造型，无须加松量。

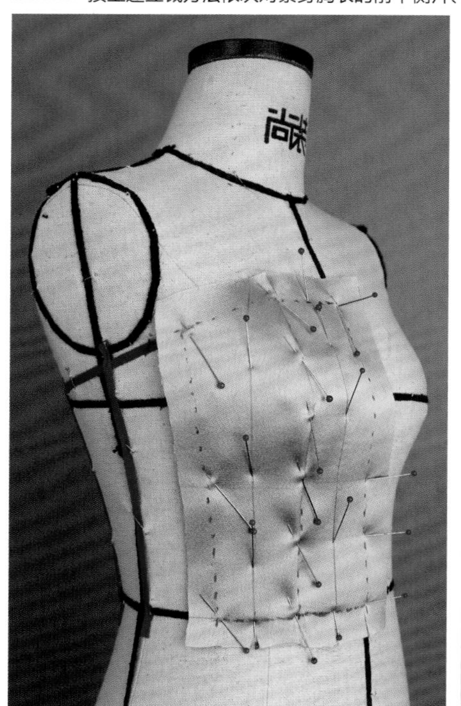

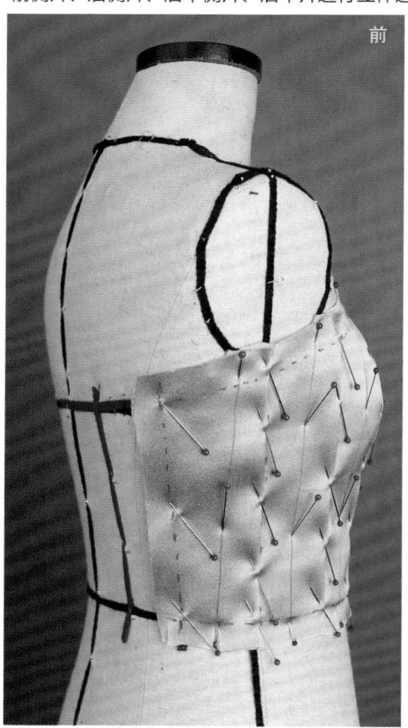

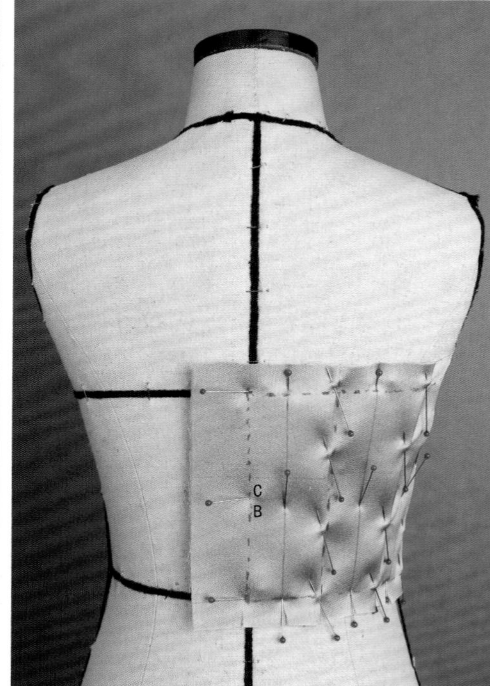

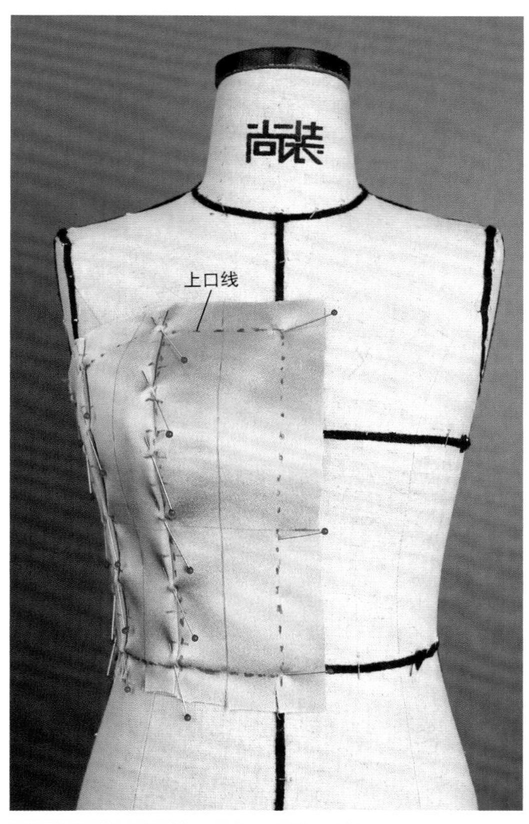

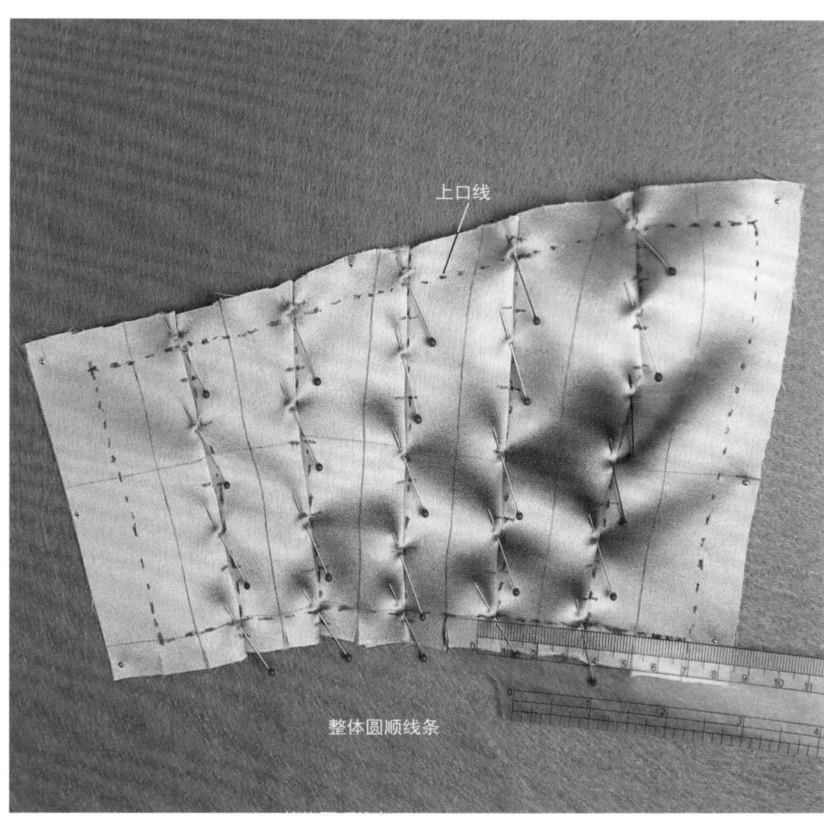

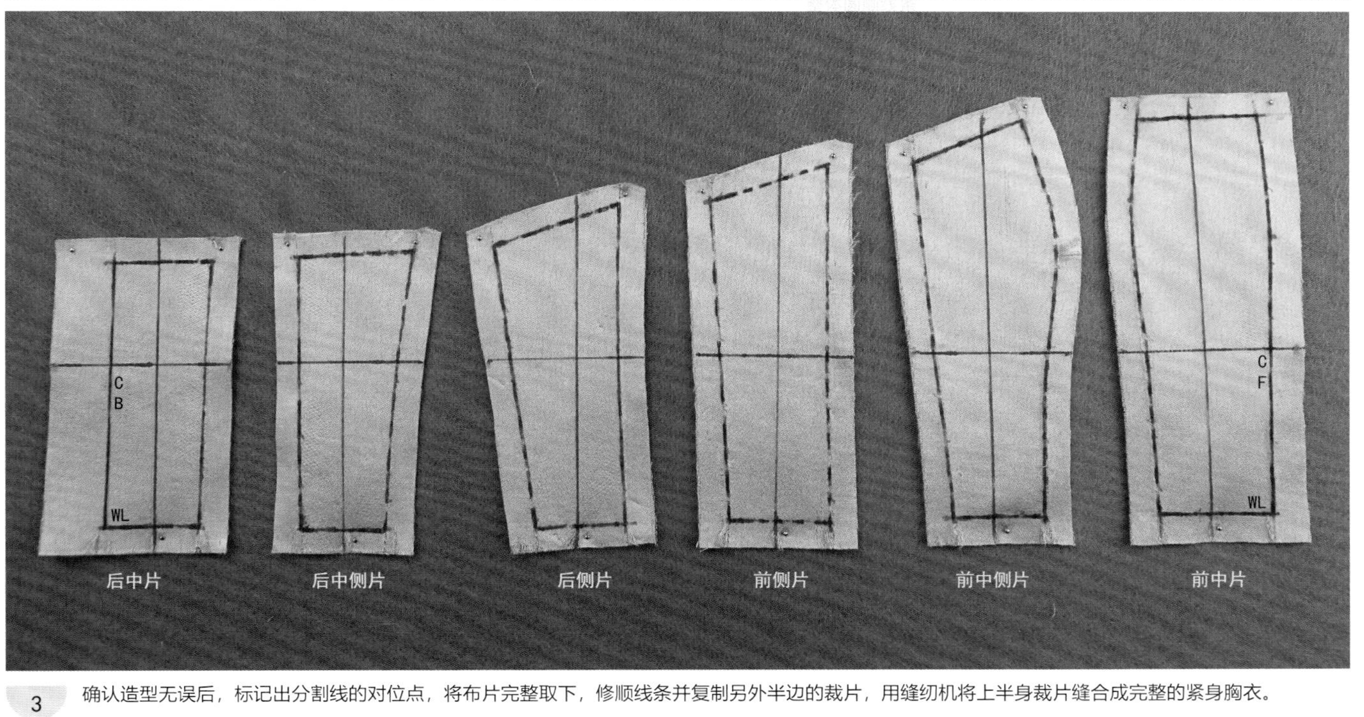

3 确认造型无误后，标记出分割线的对位点，将布片完整取下，修顺线条并复制另外半边的裁片，用缝纫机将上半身裁片缝合成完整的紧身胸衣。

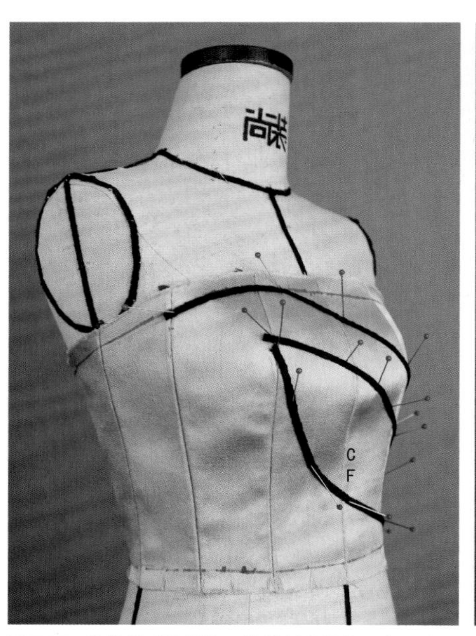

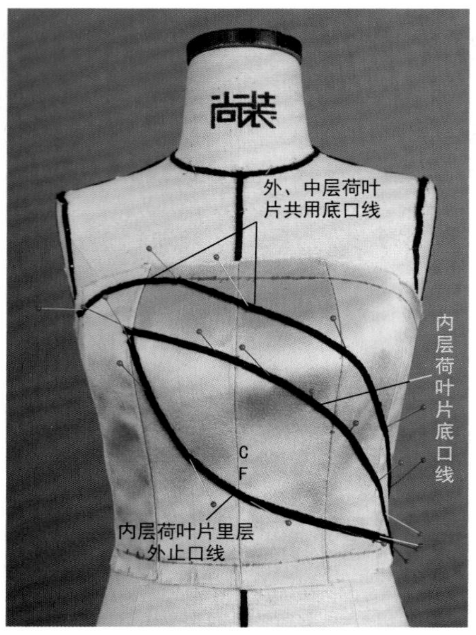

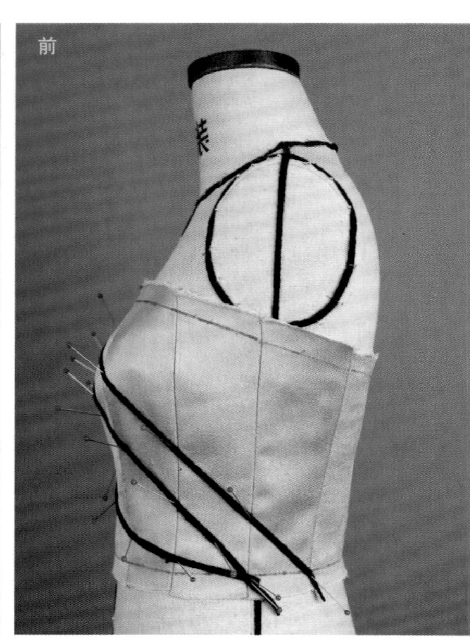

4 装饰荷叶片制作：将缝制完整的紧身胸衣穿于人台上，在后中线处用大头针假缝固定。如图所示，对荷叶片的底口线、外止口线进行标线并描点，注意观察线条的流畅度和固定荷叶片的具体位置。

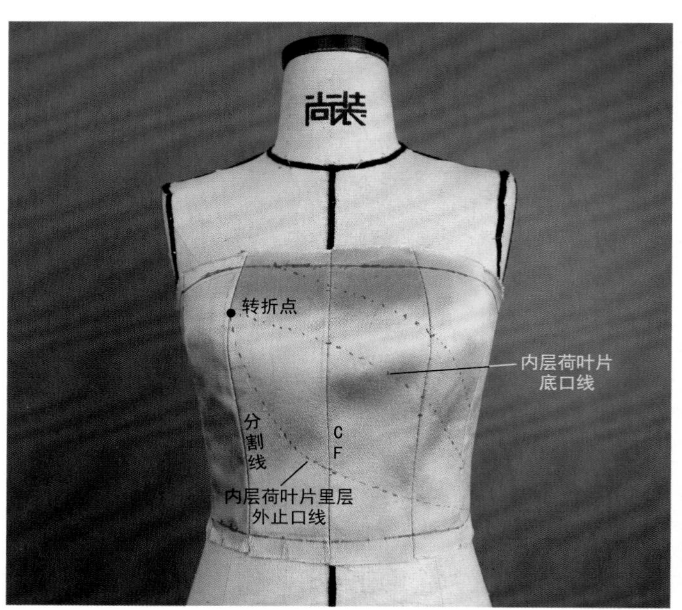

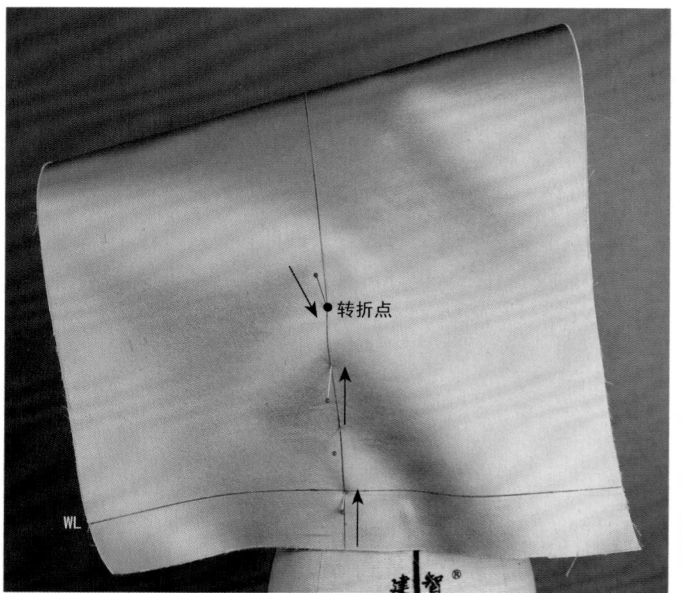

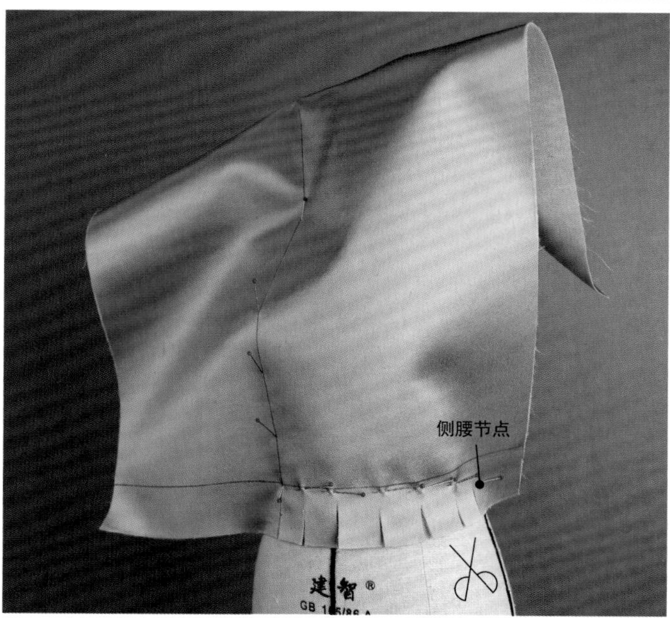

5

内层荷叶片的制作：将内层荷叶片基础布的直纱辅助线与过胸高点的分割线相对应，并用点针固定至转折点。将布片自前中推向侧缝，调整下部分荷叶片与衣身的空间量，沿腰围线下均匀打剪口，使布片贴合腰节，一边打剪口一边用重叠针固定布片至侧腰节点。

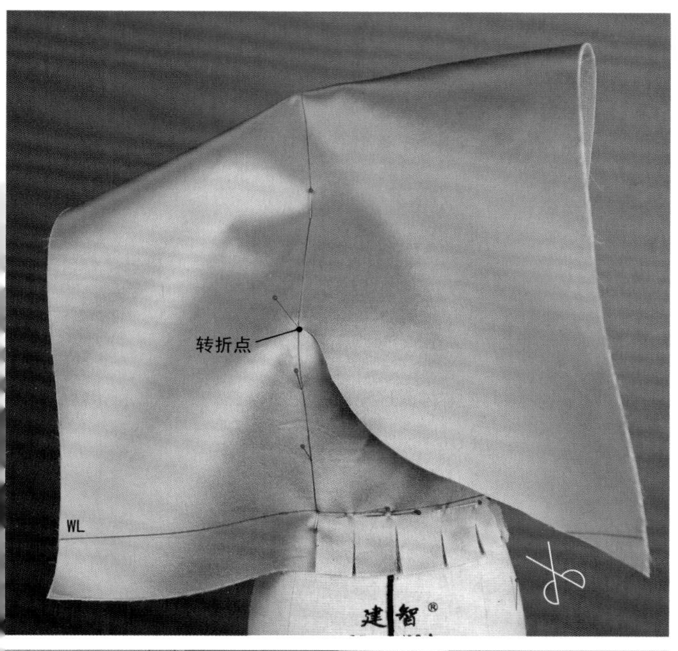

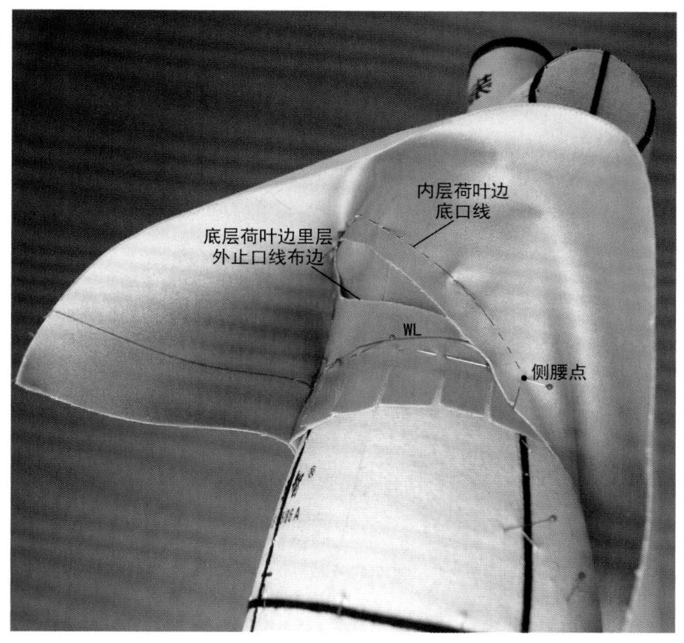

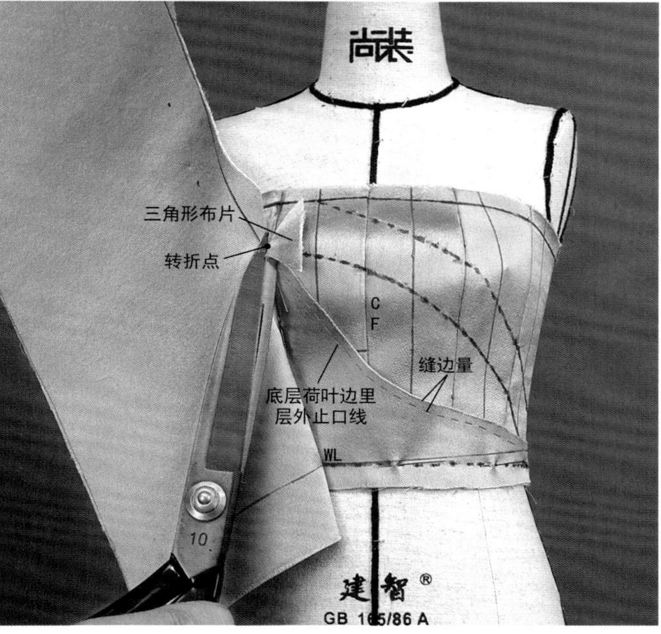

6

由布边缘向转折点斜向上打剪口，注意下部分荷叶片预留外止口线缝边量。如图所示，翻折布片沿底口线描点，大致调整出内层荷叶片的造型，用重叠针固定至侧腰节点，并修剪掉底口线以下多余的布料，松针并在转折点处剪掉一个三角形布片，防止缝边堆积，方便后续操作。

7

参考款式图片，重新准确塑造出荷叶片的空间造型，大头针重新沿标线固定。在侧腰节点处打剪口，将剩余布片顺势向后推，并在腰围线上用重叠针固定至后中线，打剪口使布片贴合。可根据造型用大头针或标线织带在布片上指示出活页片外止口线的轮廓并预留缝边修剪余布，要求线条流畅、转折面衔接自然。

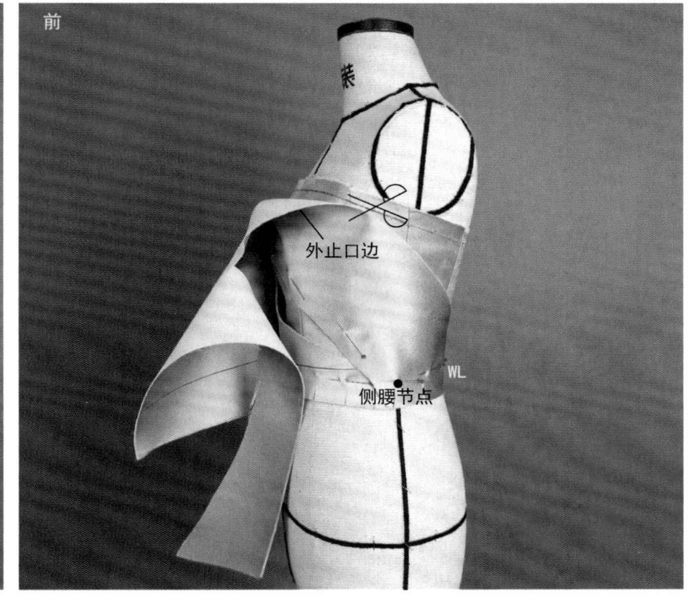

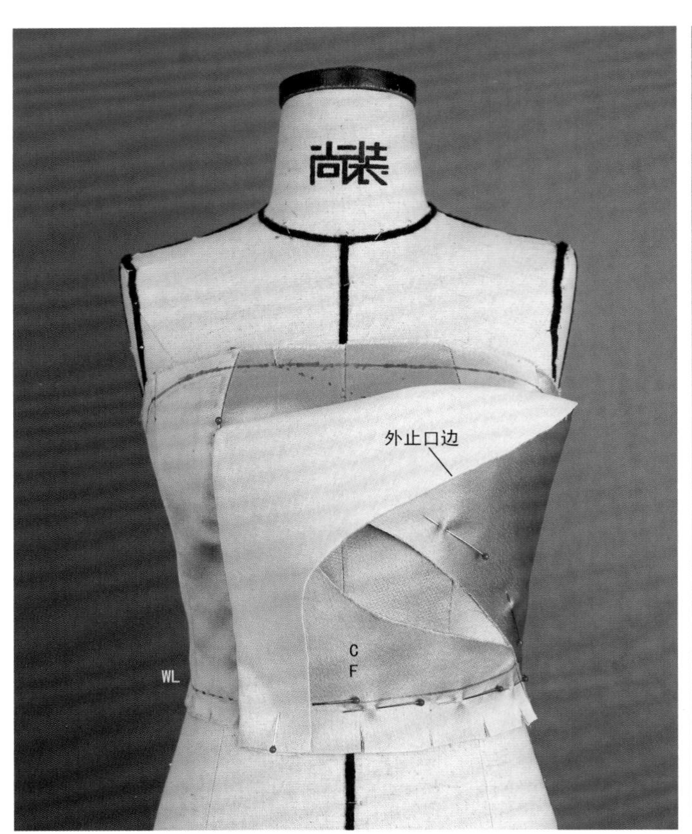

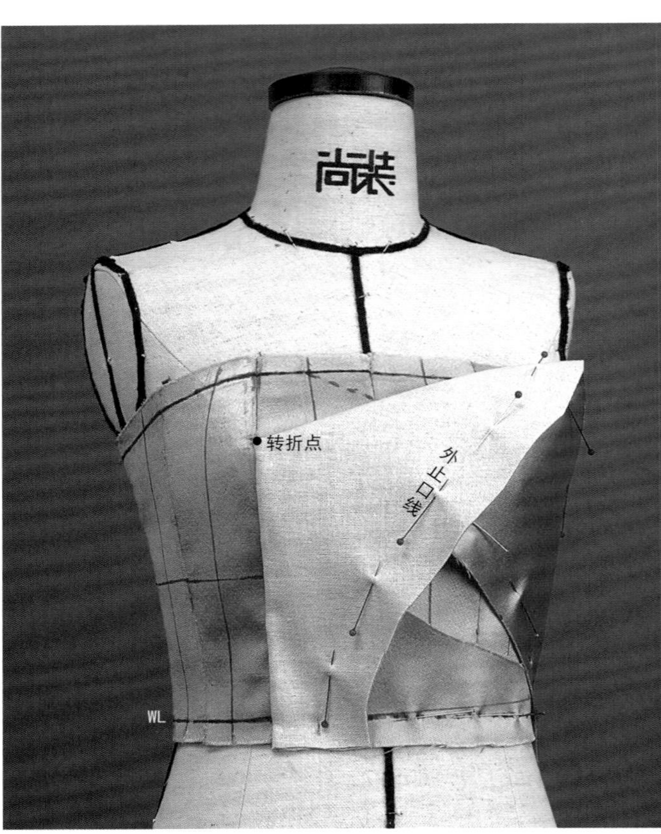

8 标记出转折点和侧腰节点，对腰围线、荷叶片的底口边及外止口线进行描点，所有缝边预留2cm缝份，修剪掉多余的布料。

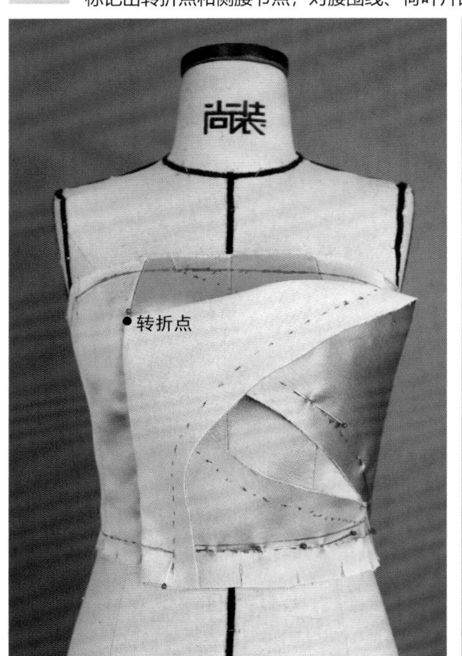

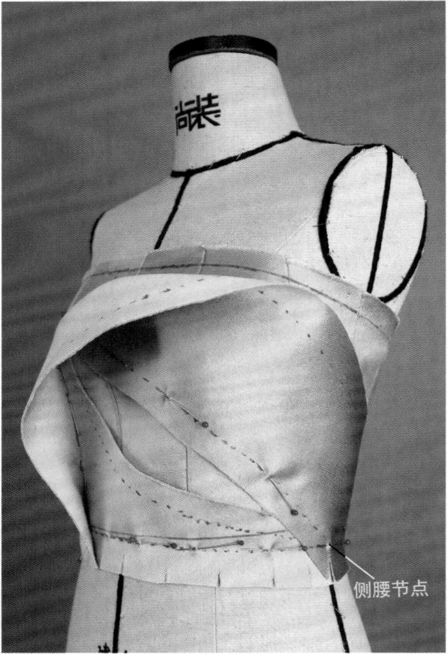

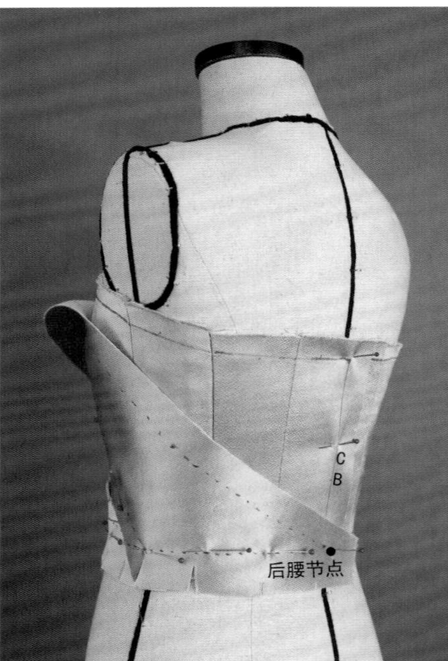

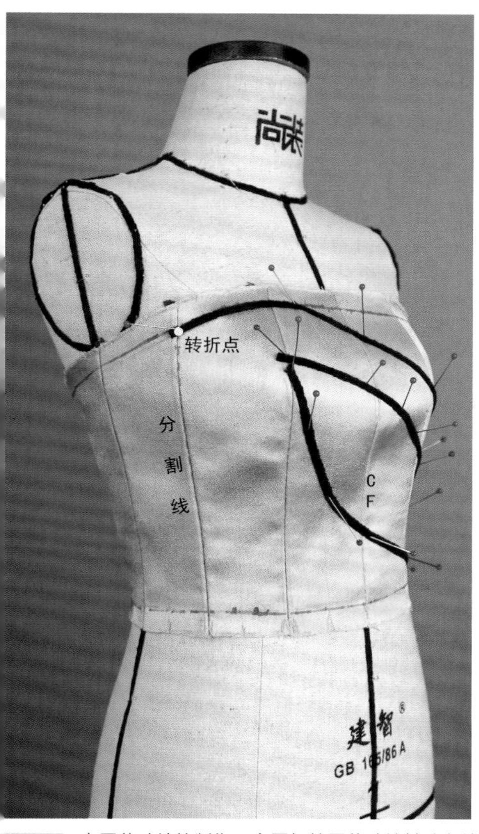

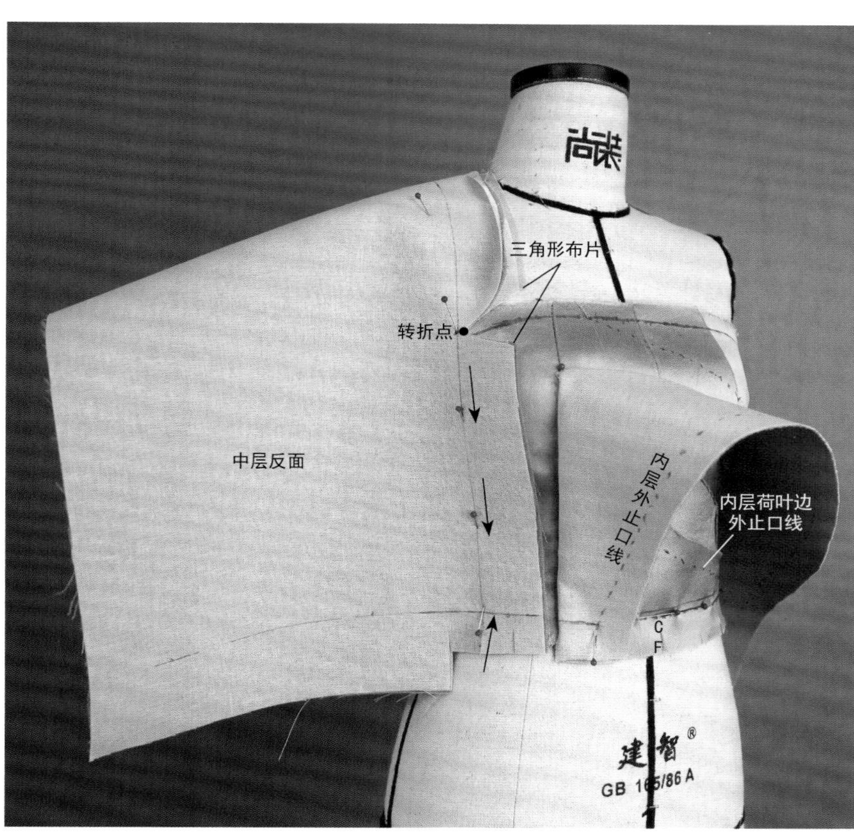

9 中层荷叶片的制作：中层与外层荷叶片基础布片皆反面朝上，沿辅助线对齐重叠。如图所示，将两片布料的直纱辅助线与紧身胸衣的分割线相对应，用点针自下而上固定至紧身胸衣上口线的转折点处，并在转折点处剪掉一块三角形布片。

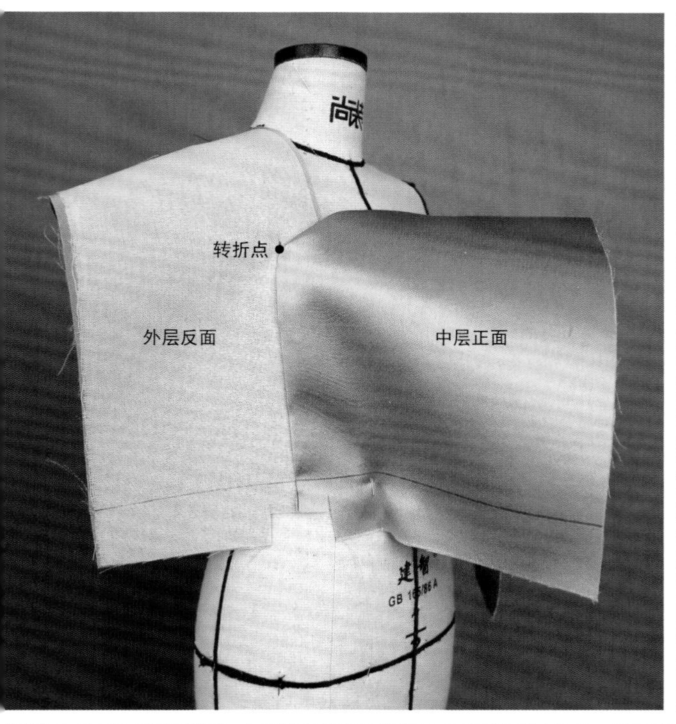

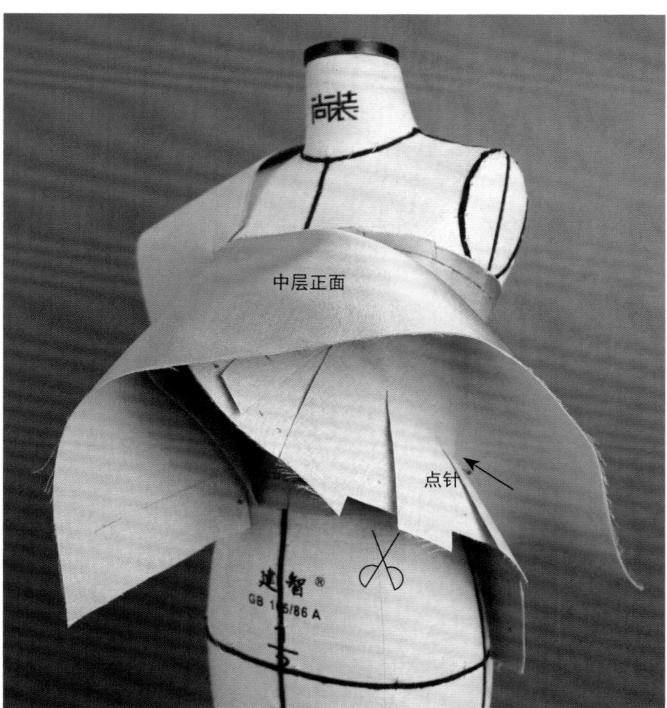

10 为了方便立裁操作，可取下固定内层荷叶片后侧部分的大头针。将中层荷叶片翻折至正面，用点针在腰围线上临时固定，布片沿标线调整出荷叶片的造型，用点针固定，打剪口使布片平伏,预留缝份并清剪余布。

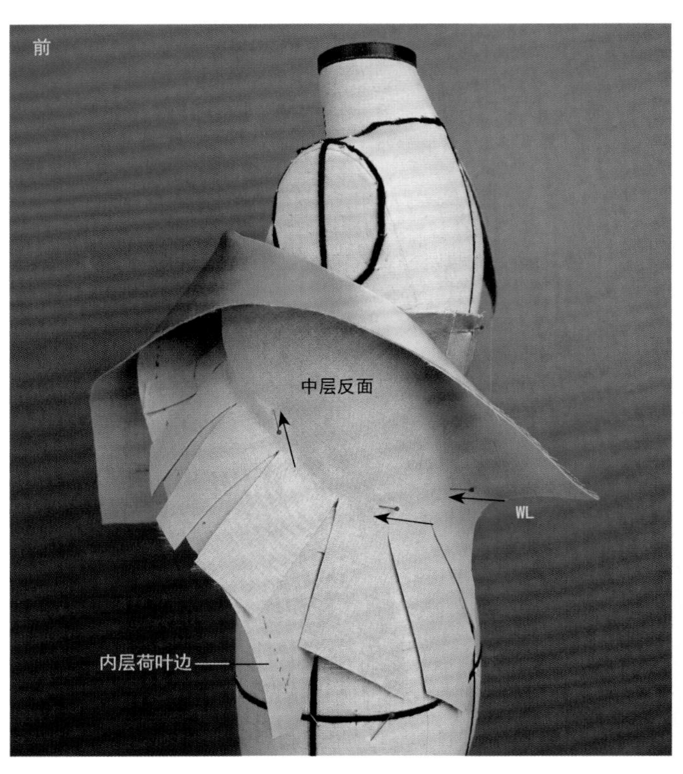

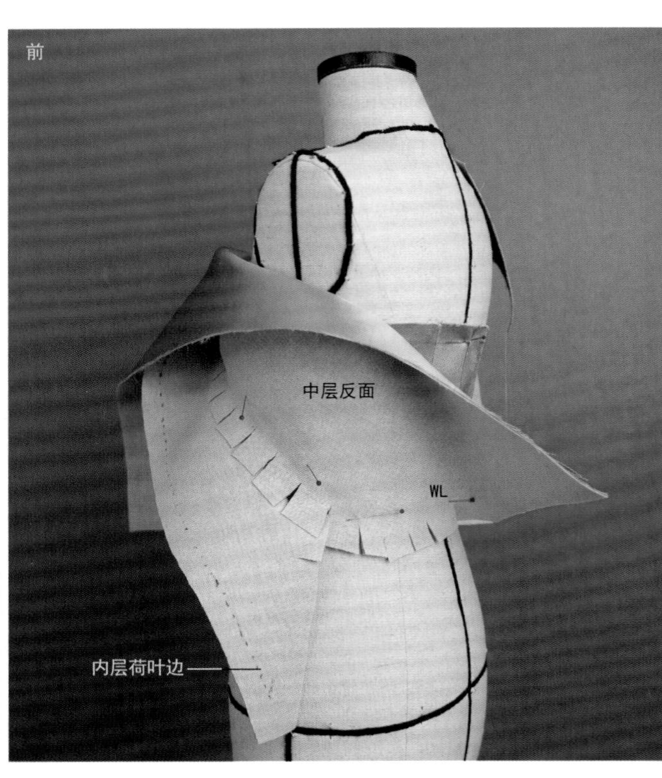

11 如图所示，按内层荷叶片的立裁方法继续完成中层和外层荷叶片的造型，从大致调整到准确塑造出荷叶片形状的过程处理中，注意观察三层荷叶片造型之间的空间层次关系，塑造出层层叠叠的立体空间造型。

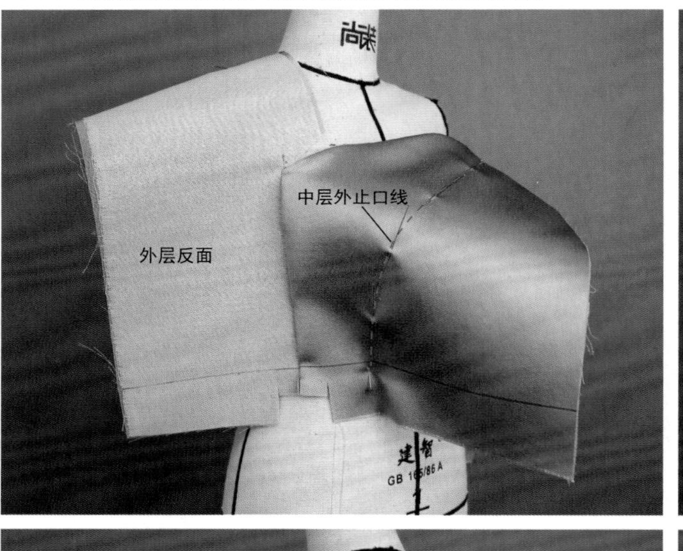

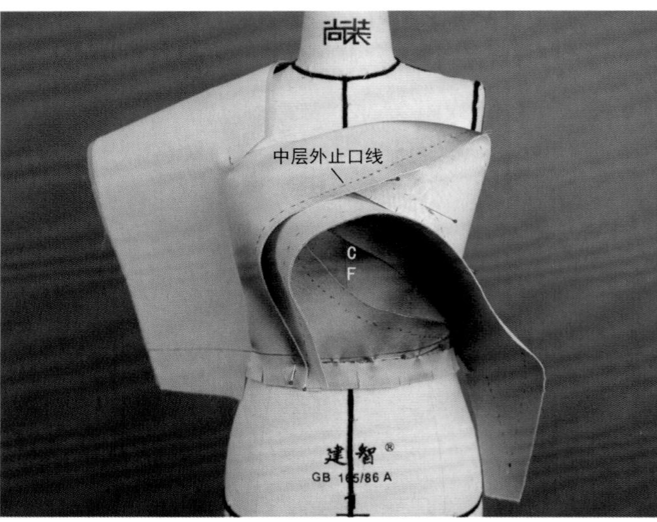

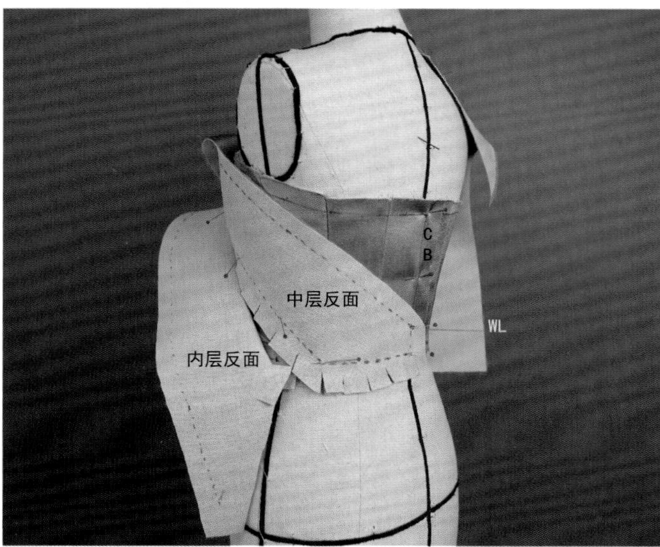

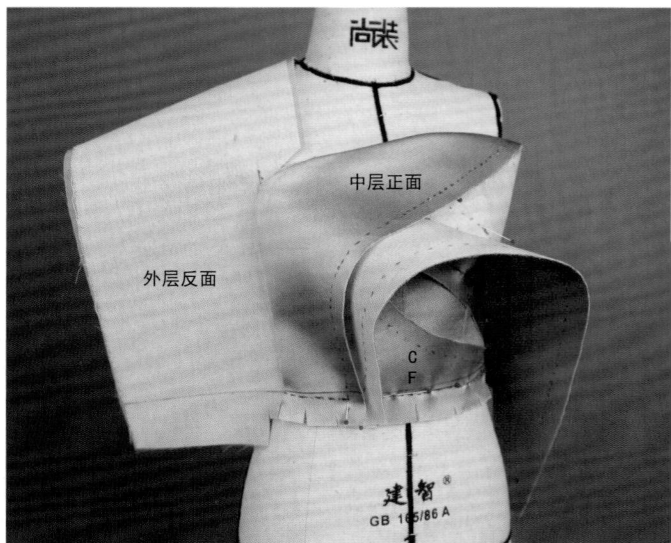

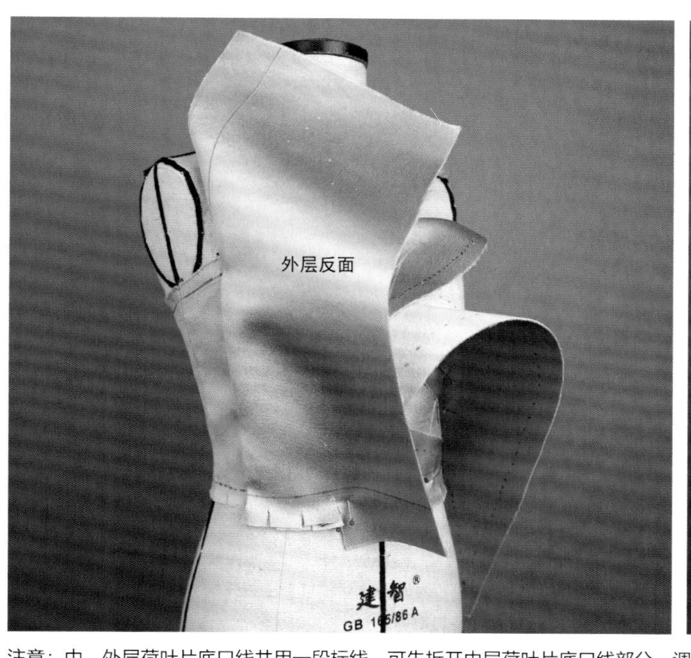

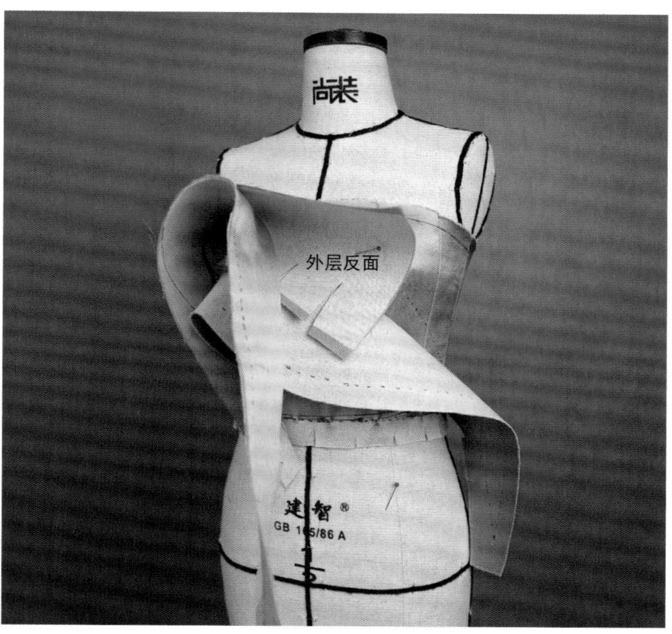

注意：中、外层荷叶片底口线共用一段标线，可先拆开中层荷叶片底口线部分，调整出外层荷叶片的造型后标出底口线止点。再次对三层荷叶片整体调整固定确定好造型形态。

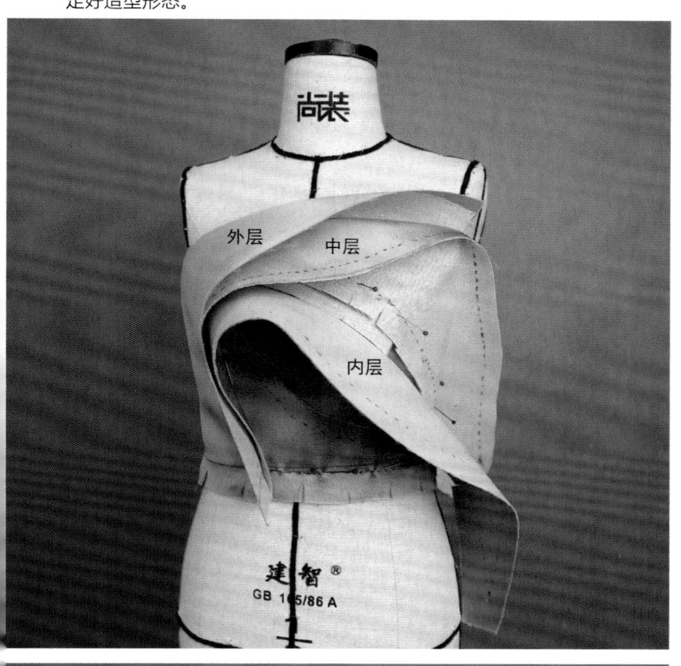

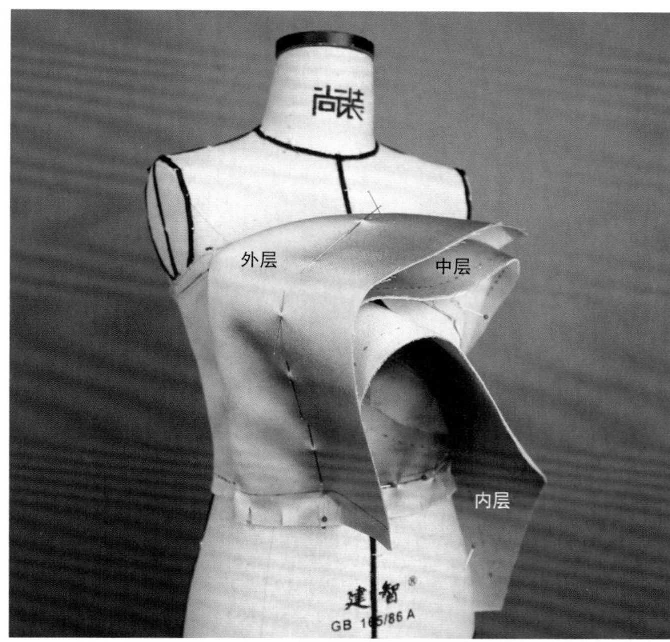

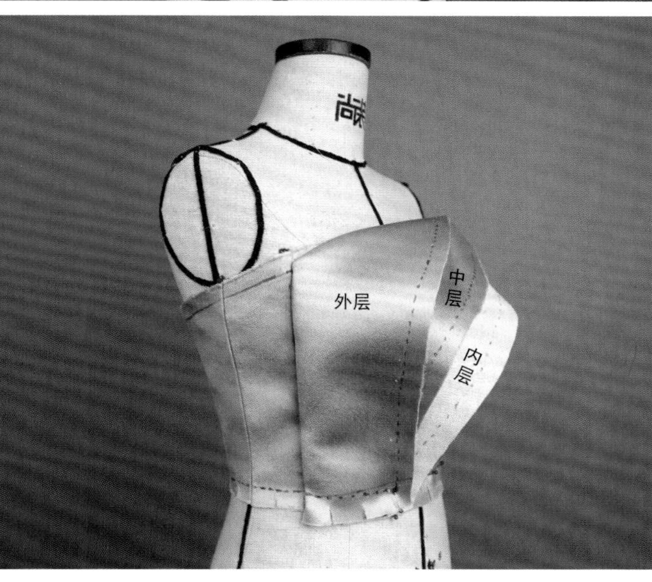

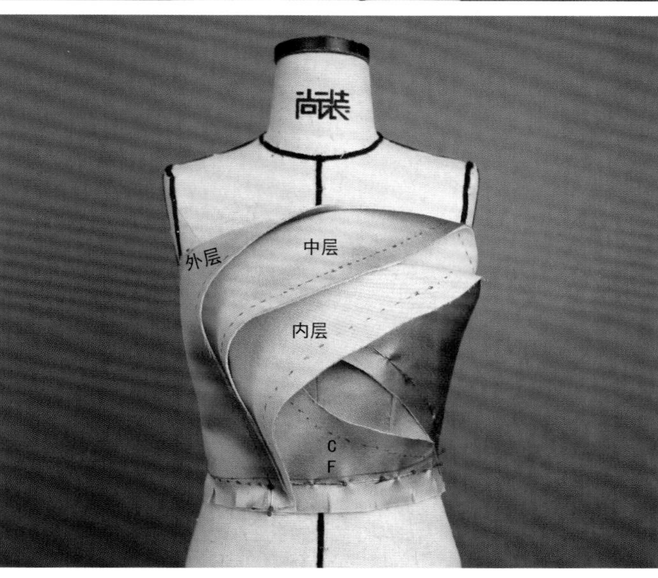

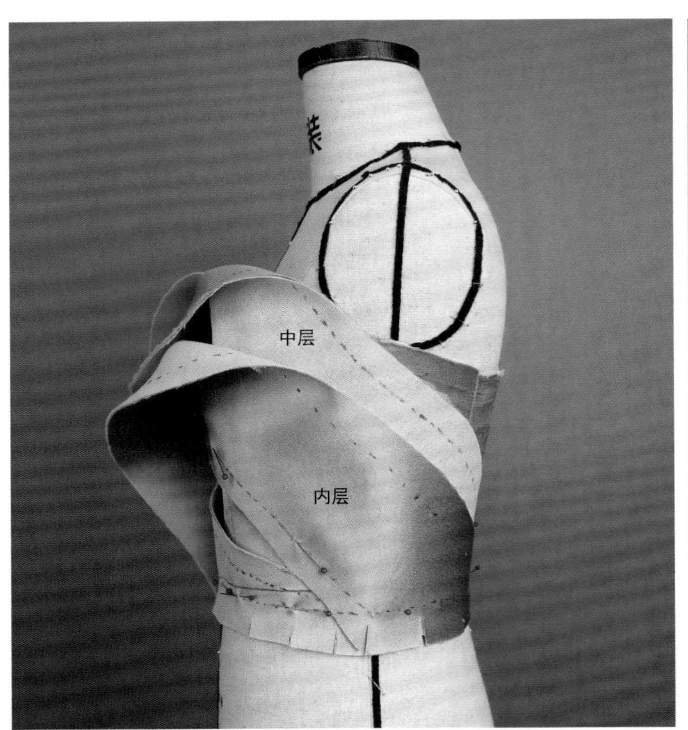

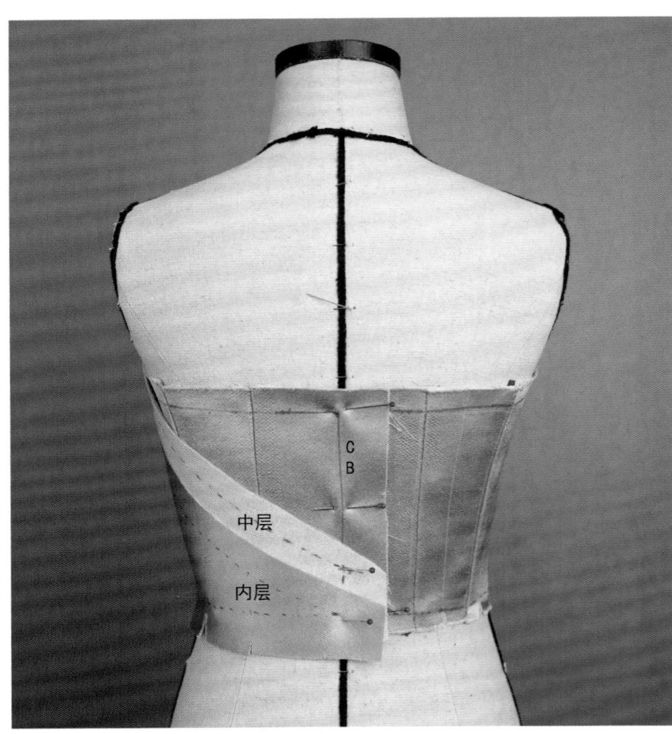

12 将三层荷叶片分别取下，修顺线条，用手针将荷叶片依次粗缝在紧身胸衣上。

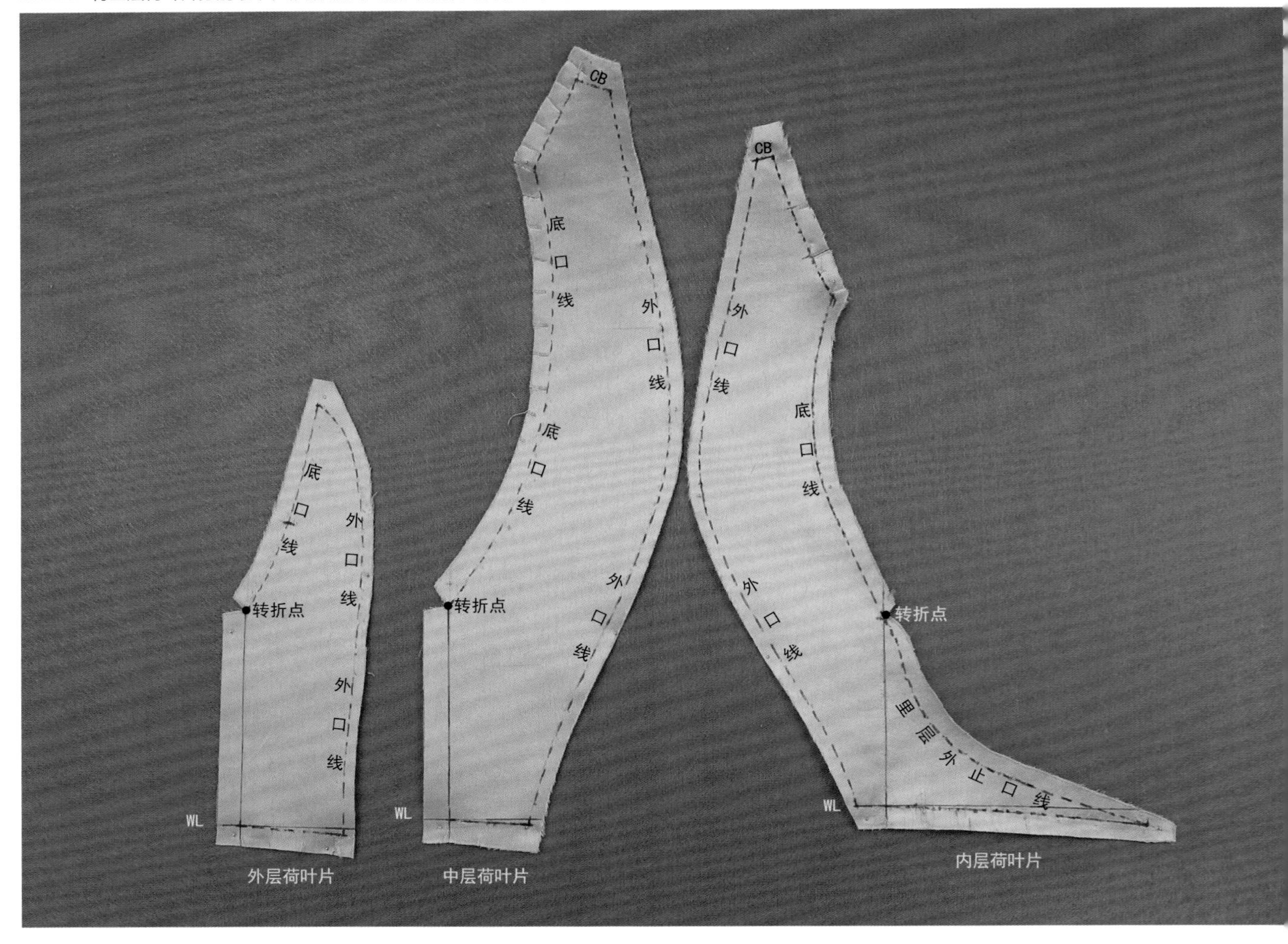

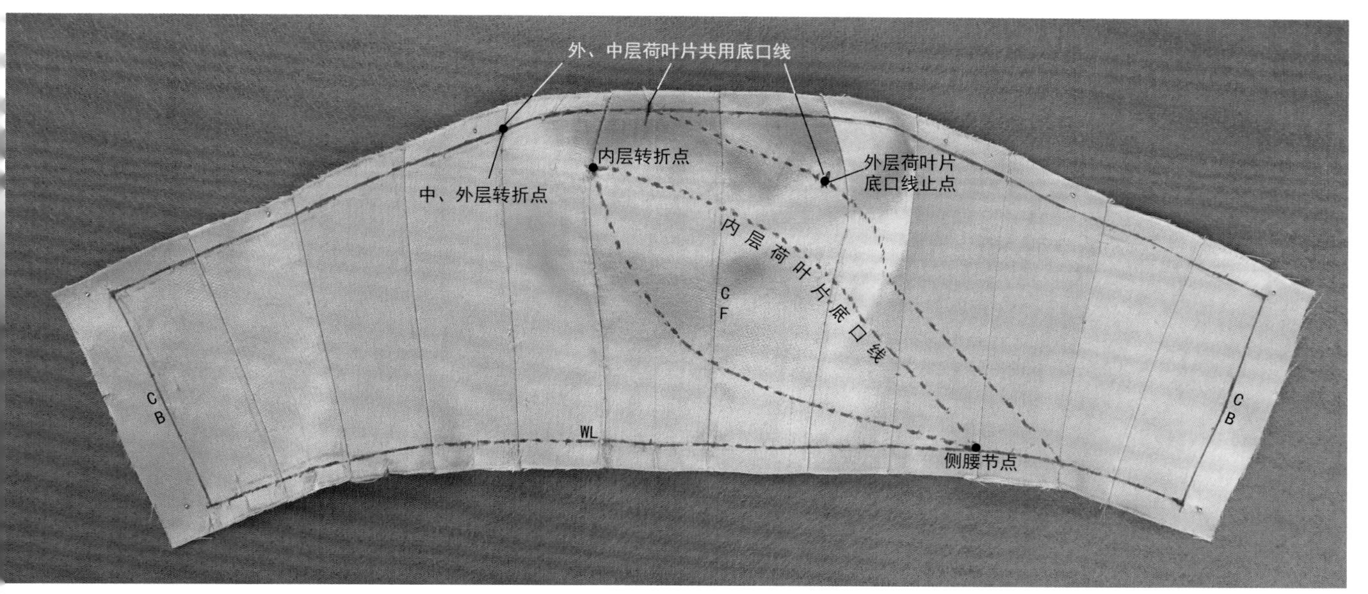

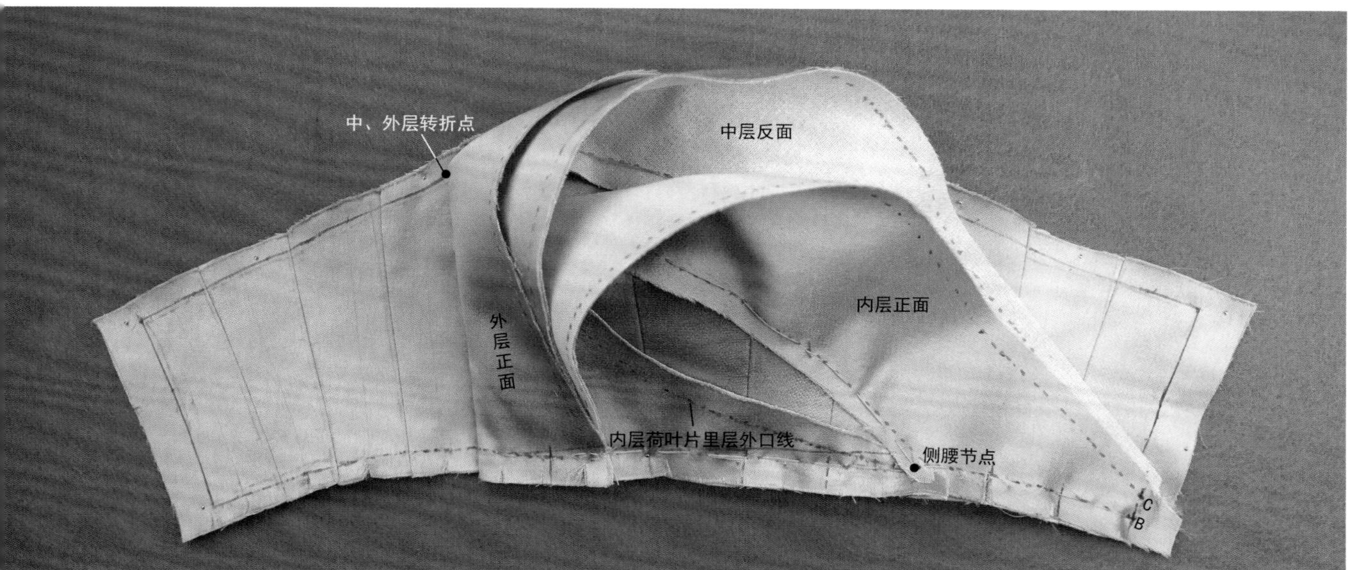

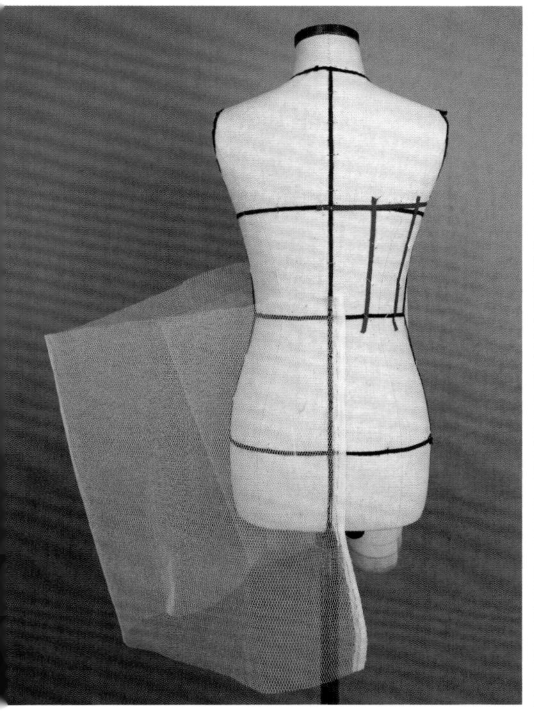

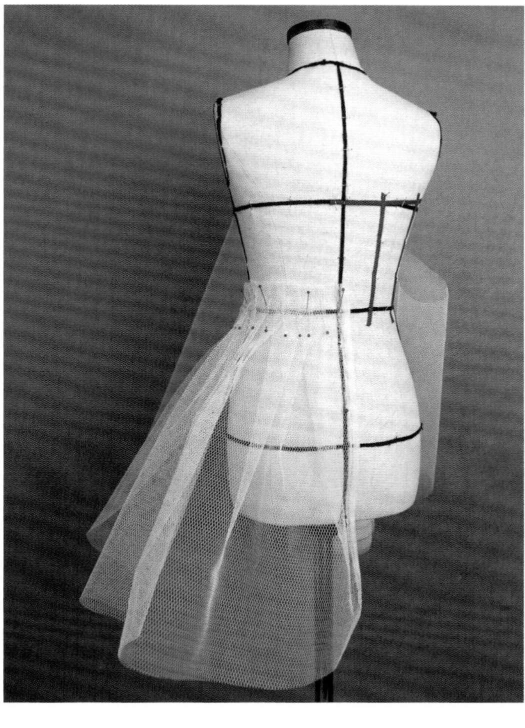

13

网纱裙撑的制作：以裙摆长预留多余量作为长度、布幅宽作为围度（或视情况，布幅宽作网纱裙长度，布幅长方向作围度），裁剪出长方形网纱，将网纱的直纱与人台后中线对应，保持直纱垂直、纬纱水平，用点针固定，沿腰围线捏活褶至腰侧并用大头针固定，注意褶裥细密均匀，使网纱裙摆向外张开，能大幅度增加裙摆的空间量和厚度。将网纱取下并测量所用的网纱长度，算取整个腰围所需围度（书中采用6倍腰围尺寸的网纱拼接而成）。用缝纫机缝合固定褶裥，注意保持相同的褶裥密度和张开量，并缝合成完整的网纱裙撑。

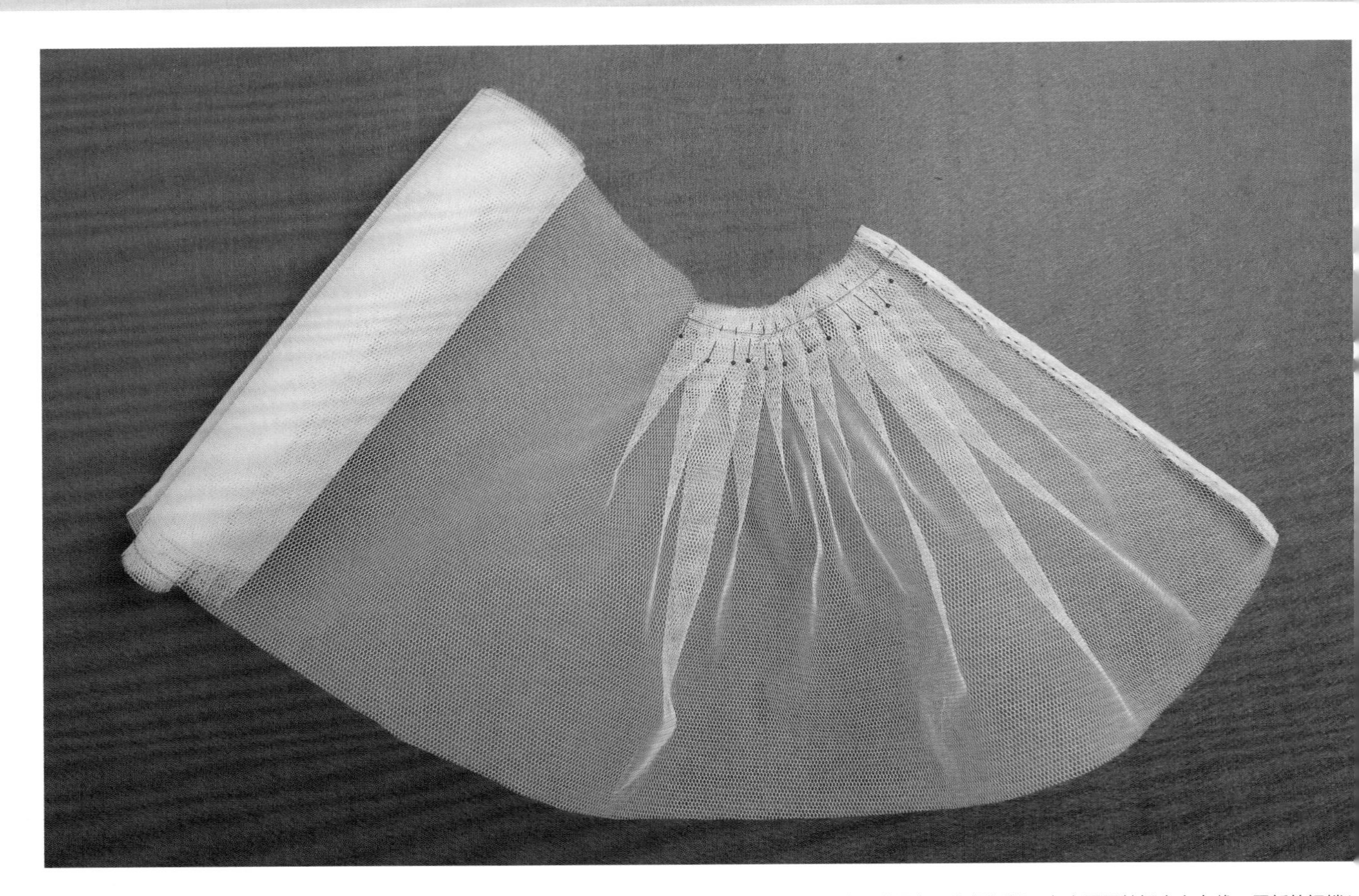

14

根据裙摆膨起的廓型，需要多层网纱重叠作为裙撑，按上述网纱裙的立裁方法，可3层左右网纱叠加一起捏活褶，在内层网纱裙之上立裁一层新的裙撑(也可将3层左右的网纱叠加在缝纫机上按相同的褶裥密度和张开量直接缝制固定，围度大于成衣腰围尺寸，多层重叠固定后按成衣腰围尺寸修剪掉多余量）。随着层数的增加，裙撑空间也逐渐增大，注意观察裙撑的廓型变化。网纱裙撑的具体层数取决于裙摆的丰满度，将多层网纱裙撑重叠，用缝纫机沿褶裥缝合固定，裙撑上端缝制3㎝宽度的腰头，后中用挂扣开合。

尚装

15

前裙片制作：将紧身胸衣与网纱裙撑穿在人台上，在前裙片基础布片的直纱辅助线与腰围辅助线的交点处下针，与紧身胸衣的前中腰节点相对应，针尖朝下用点针固定，并将布片铺放在人台上，沿裙片的前中线向下剪开布片至腰围线。

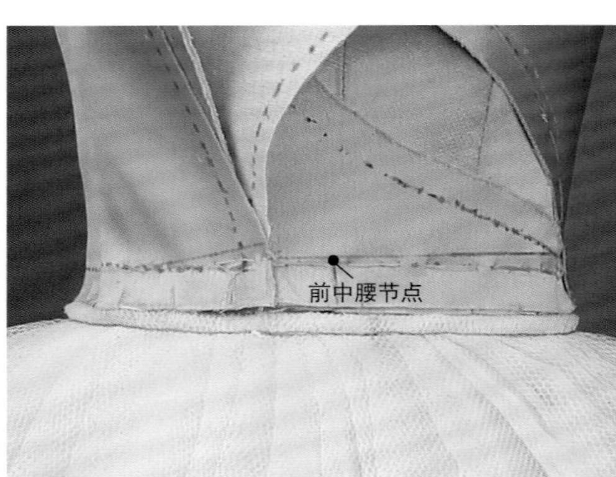

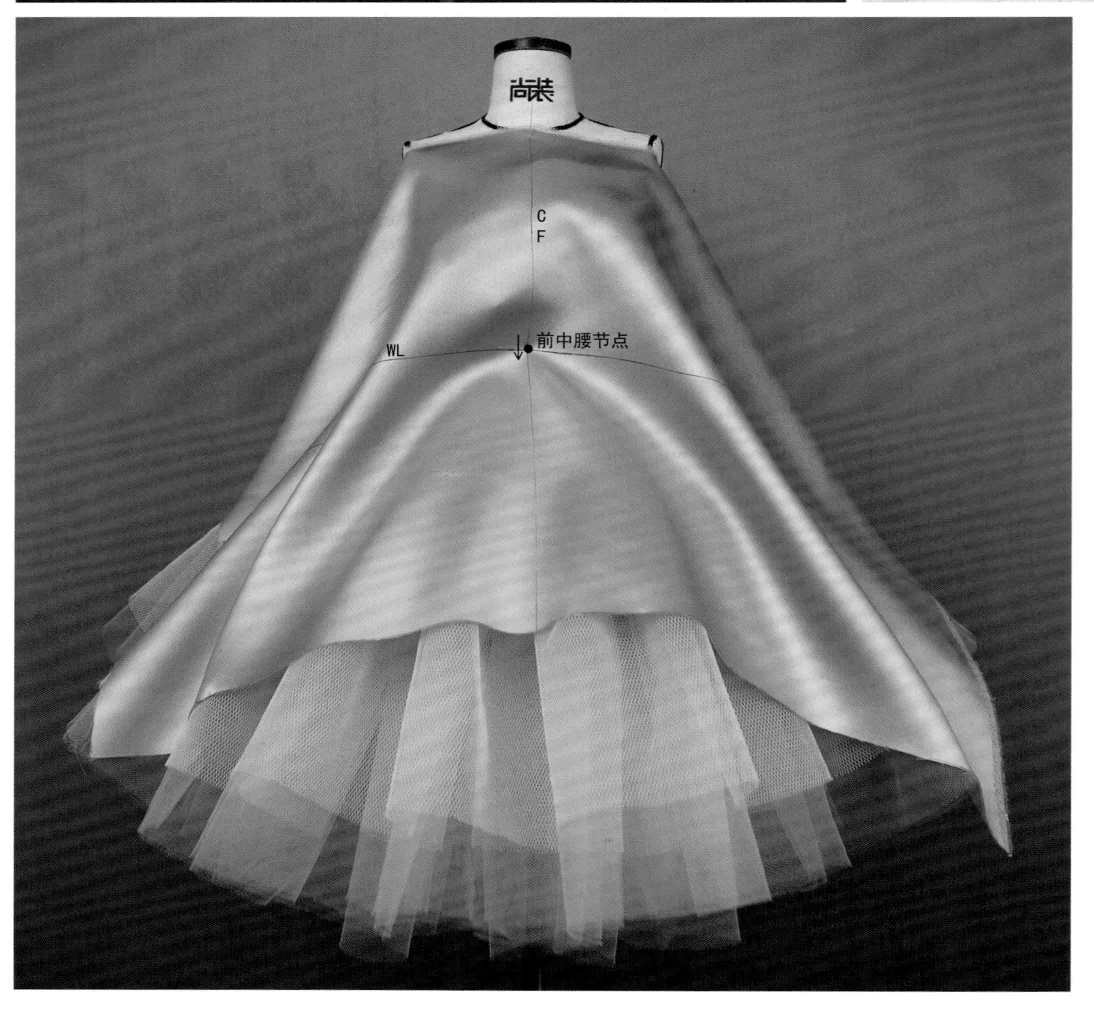

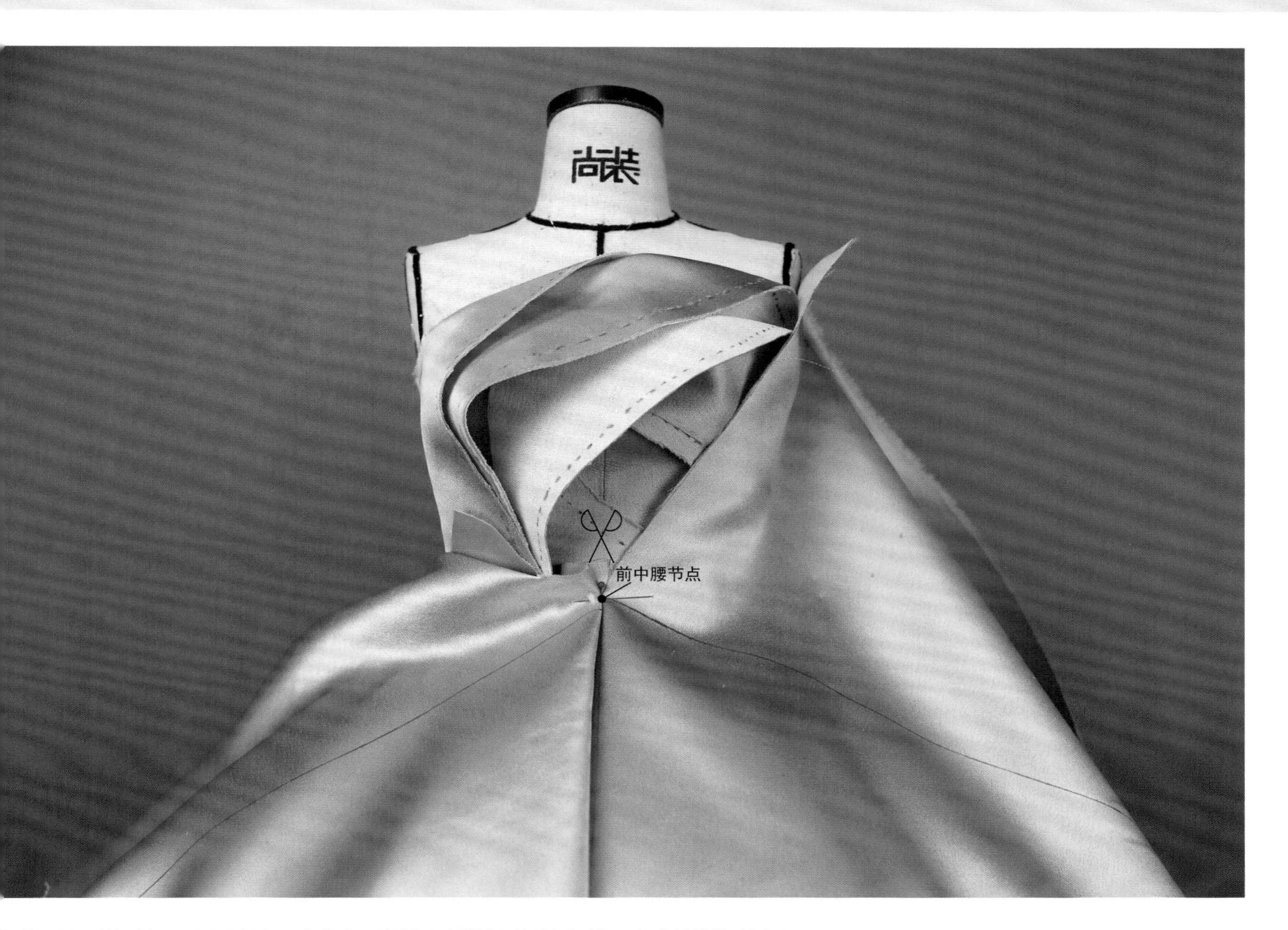

16

如图所示，自前中线向侧缝方向依次折叠出裙摆的多个活褶造型，并在腰围线处用重叠针法将裙摆与紧身胸衣固定，注意观察褶裥的位置和褶量，腰围线以上预留2cm的缝边，边操作边修剪掉多余的布料。

尚装
前中腰节点

前中腰节点

尚装

右侧腰节点
前中腰节点

右侧腰节点
前中腰节点

前中腰节点

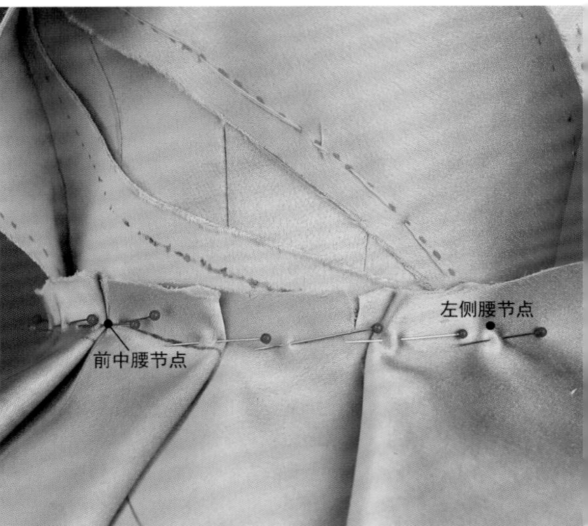

17

确定出下摆边缘的轮廓线，左右侧缝线，注意线条要流畅，描点后清剪余布。

18 后裙片制作：将后裙片基础布的直纱辅助线与紧身胸衣后中线相对应，保持直纱垂直、横纱水平，在后中腰节点处下针固定。根据造型立裁出后片裙摆的活褶，调整出裙摆侧面的造型，用重叠针固定住裙摆的侧缝线并描点，预留3cm缝边并清剪余布。

C
B
右侧腰节点
后中腰节点
前
右侧腰节点
C
B
WL
后中腰节点
C
B
后中腰节点

19 确定侧缝线和裙摆边缘的轮廓线，描点后清剪余布。标记出裙摆活褶的对位点，并检查描点是否完整。将裙片取下整理布片，归纳修顺线条并标出褶裥倒向线，重新装配在紧身胸衣上，准备修剪网纱裙撑。

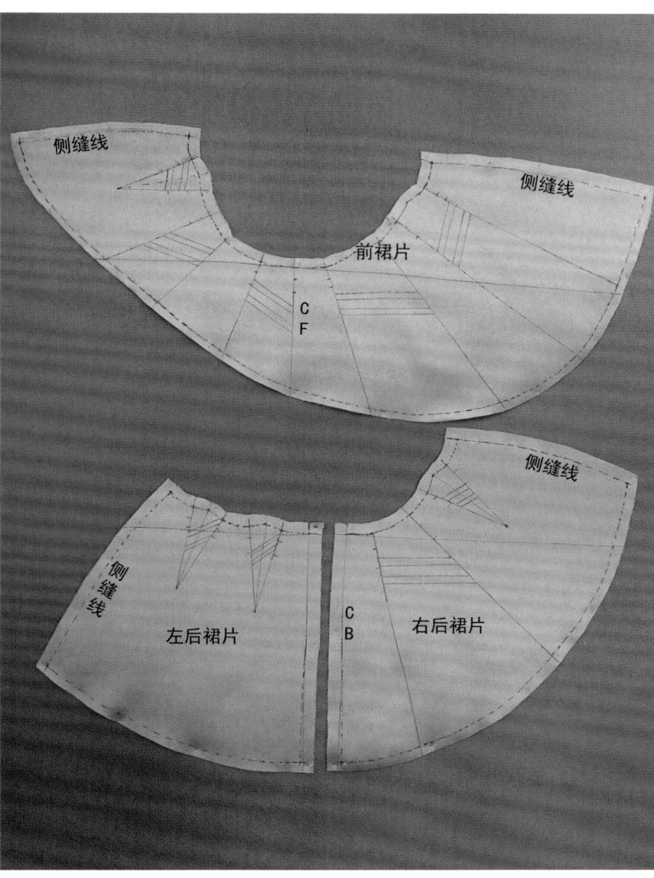

尚装
WL

前
WL

C
B
WL

20 修剪网纱裙撑：如图所示，沿裙摆边缘线先粗略地剪掉多余的网纱，观察裙摆的整体造型，并精细地修剪出裙撑的下摆造型。

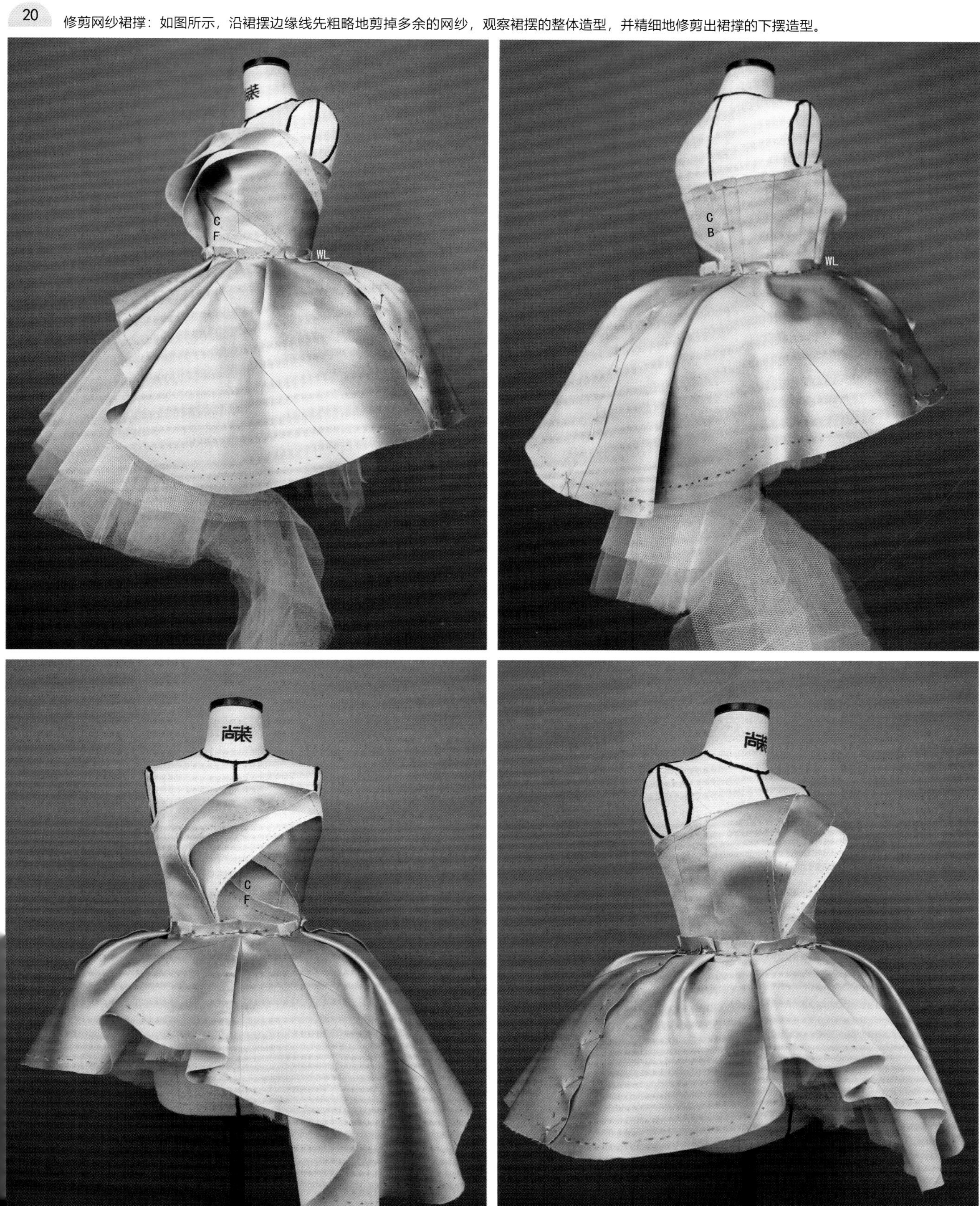

前

C
B

完成图

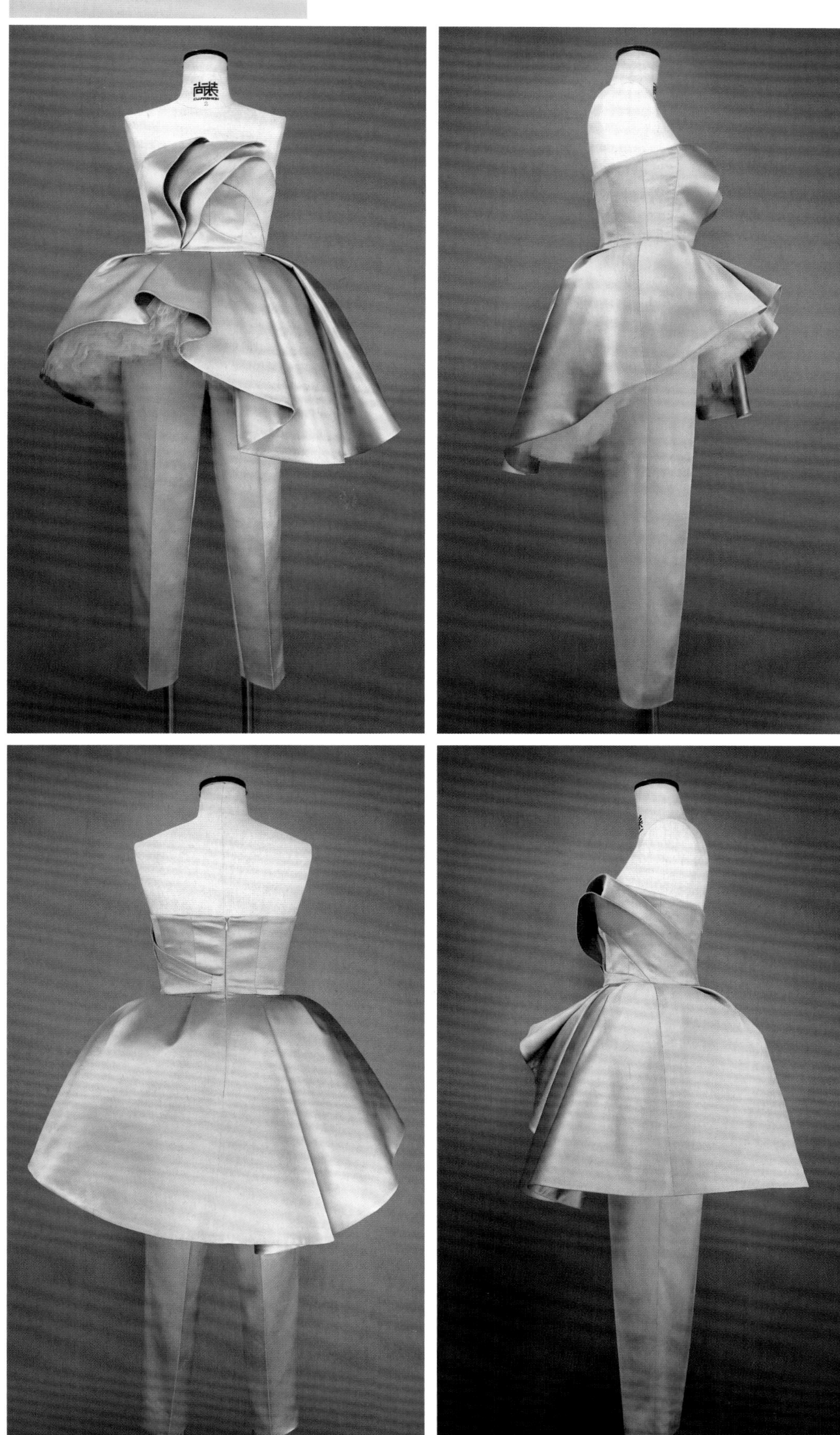

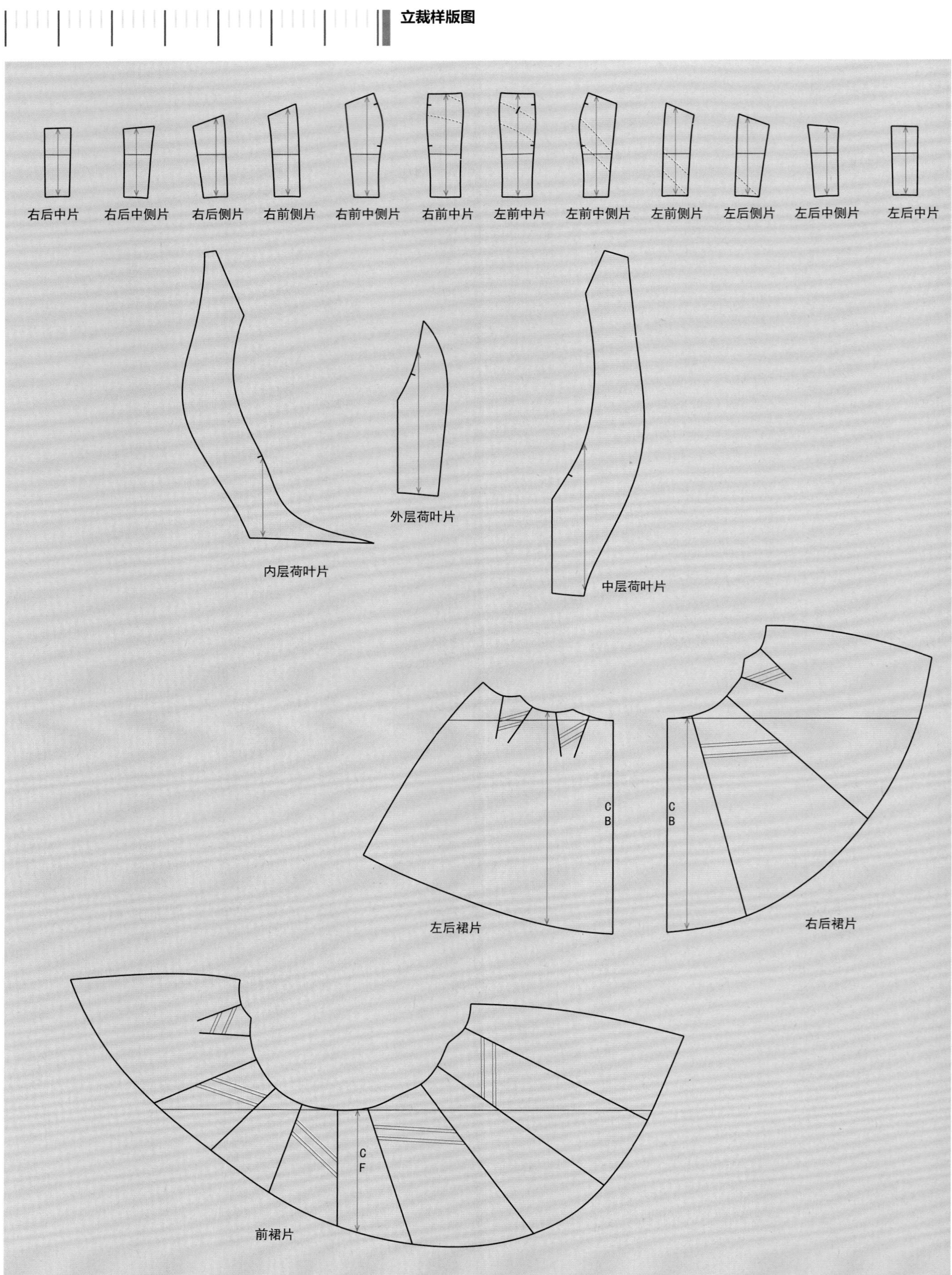
右后中片
右后中侧片
右后侧片
右前侧片
右前中侧片
右前中片
左前中片
左前中侧片
左前侧片
左侧侧片
左后中侧片
左后中片
外层荷叶片
内层荷叶片
中层荷叶片
C
B
C
B
左后裙片
右后裙片
C
F
前裙片

Draping
The Complete Course

造型套装 多层重叠

款式描述

上衣与下裙组成的套装，上衣衣身为X型、异形分割，紧身松量，一字领；半裙为三层结构，衣摆与半裙形成多层重叠、具有建筑感的立体造型。

练习重点

- 异形分割衣身的立裁方法。
- 对多层重叠造型空间量的均衡控制。

材料准备

- 人台（不限定号型）。
- 宽0.3cm纯棉织带。
- 专业立裁针、剪刀。
- 纯棉坯布、粘合衬。
- 马克笔或（4B铅笔）、三色圆珠笔。
- 推版尺、多功能尺、皮尺。

注意：为更好的塑型效果，可根据具体情况选择粘合衬增加坯布的挺括度。

画布指示图

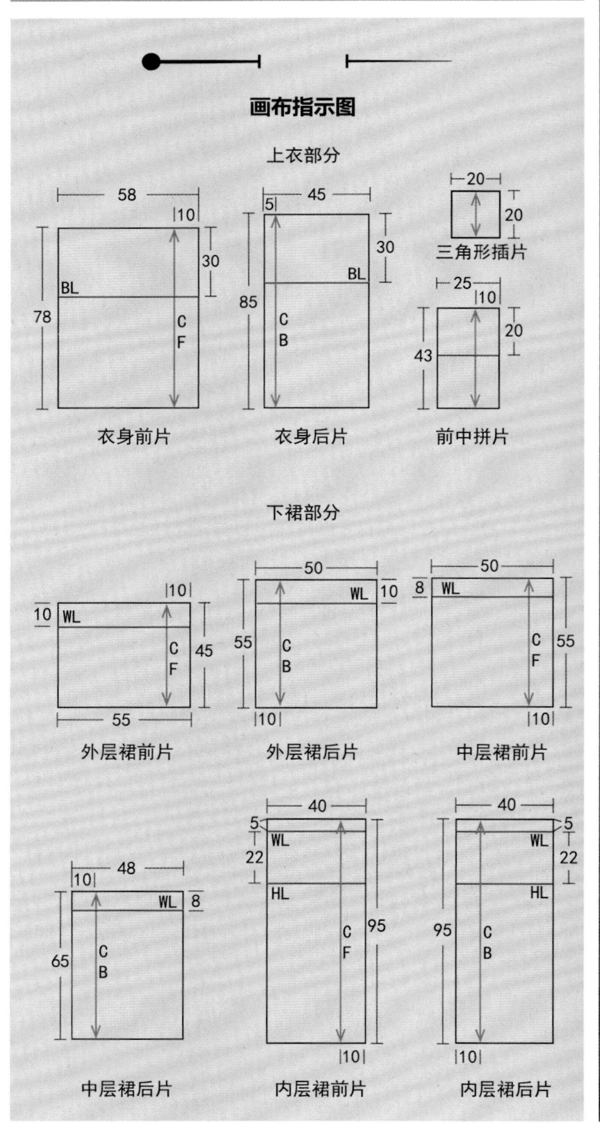

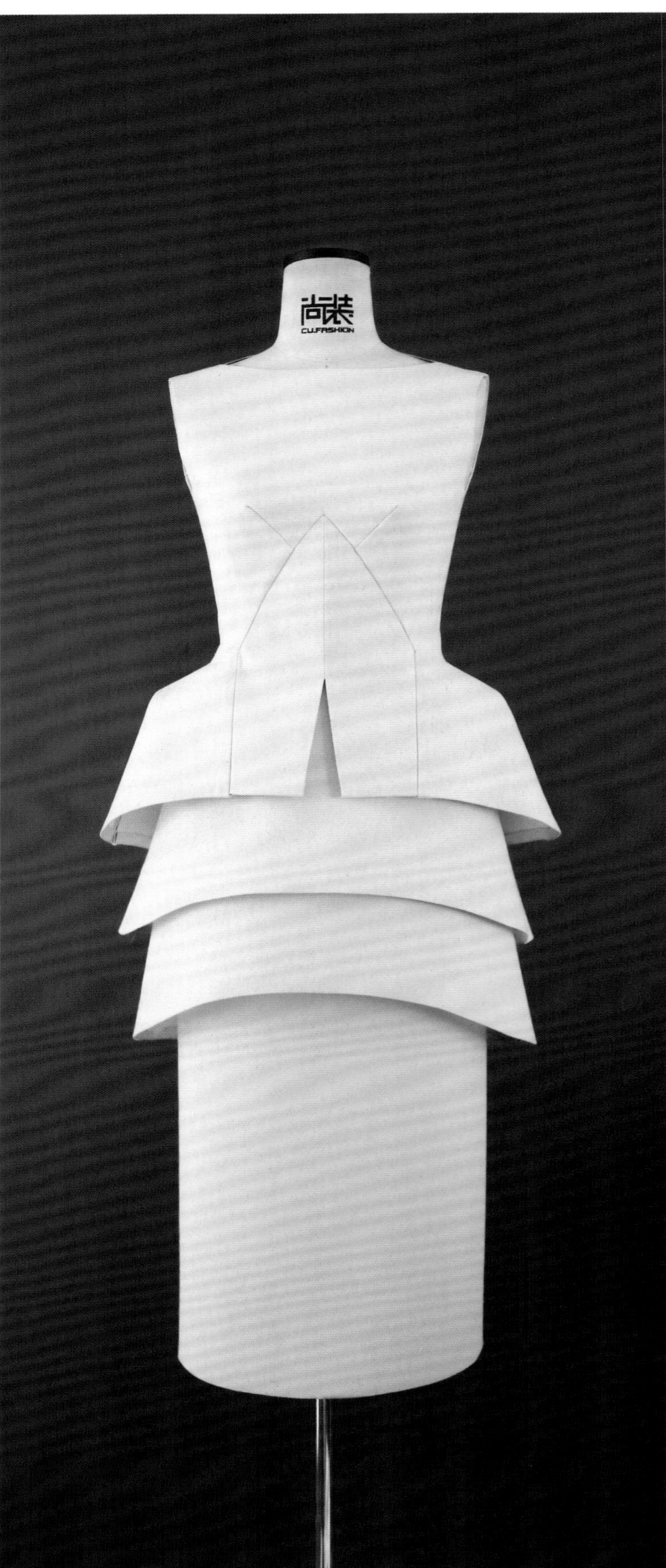

- **人台准备**

需要标线的部位：领口线，衣身前、后异形分割线，下摆轮廓线，后袖窿和侧缝的省位线。

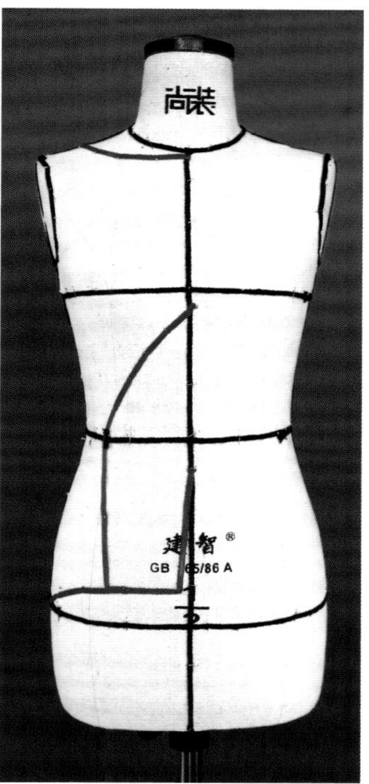

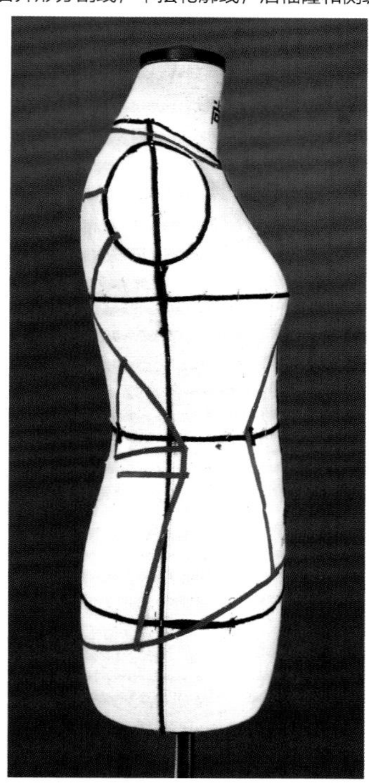

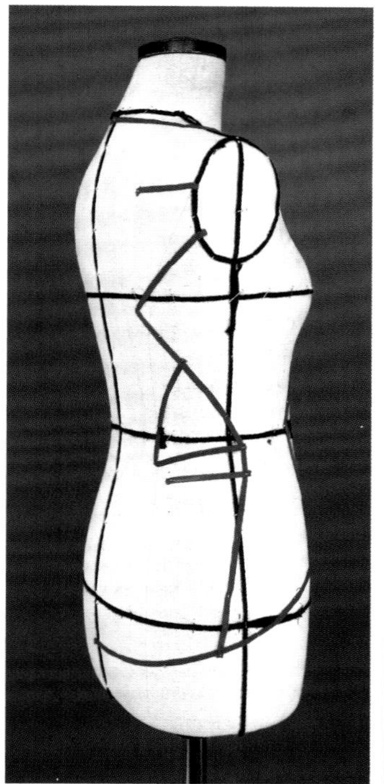

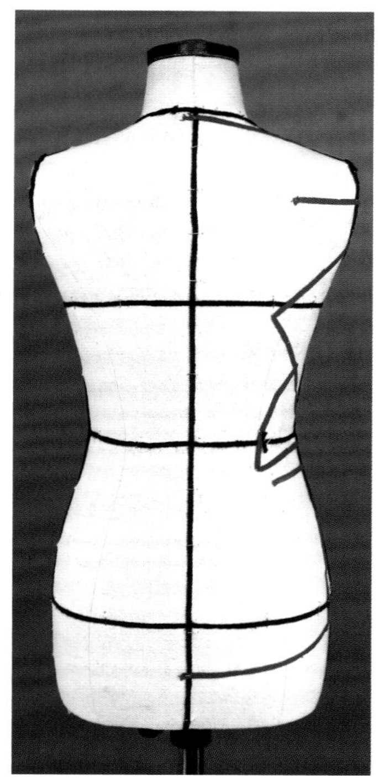

- **款式制作**

1 里层底裙的制作：请参考本系列丛书《尚装服装讲堂•服装立体裁剪Ⅰ》中H型西装裙的立裁方法，在此不做赘述。

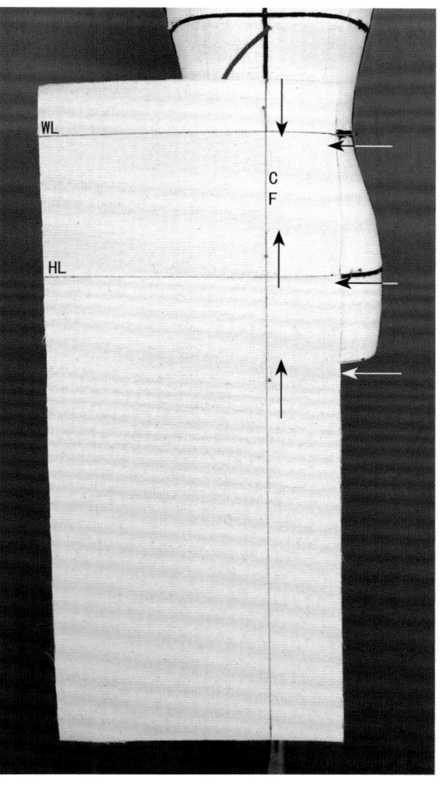

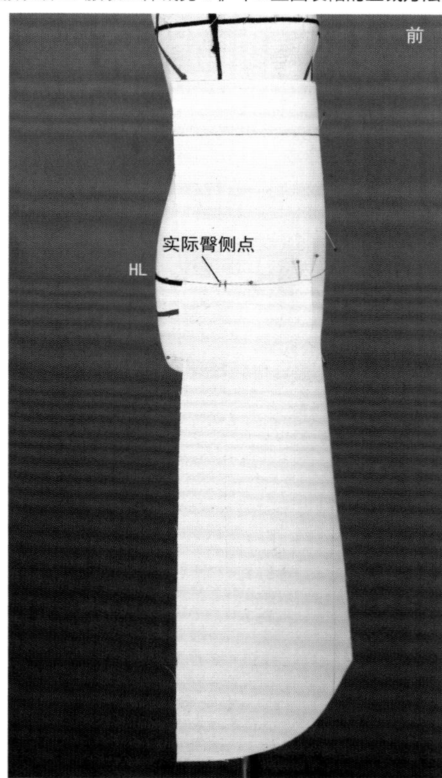

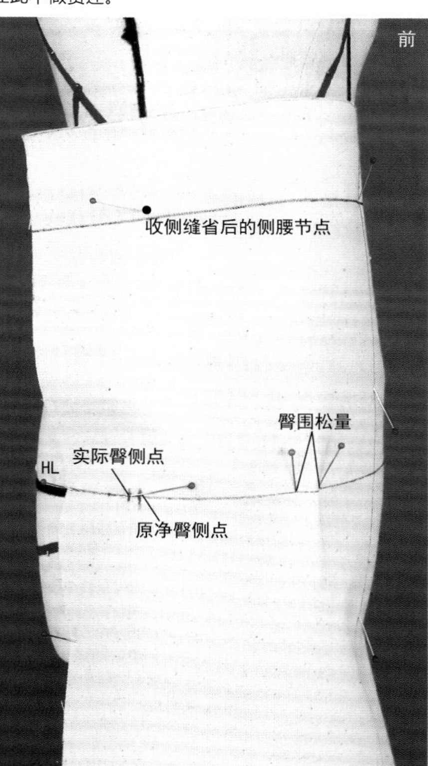

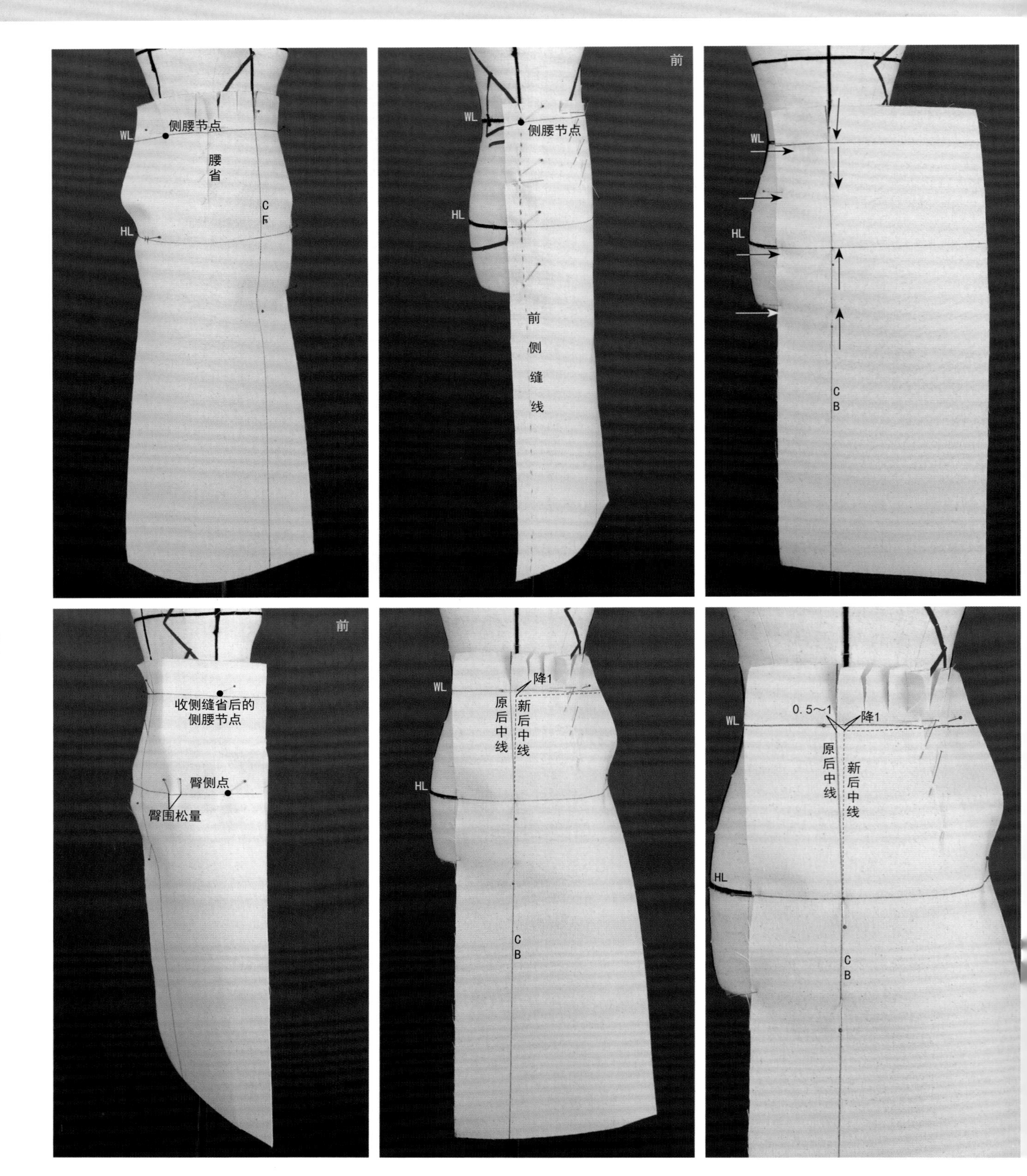
WL
侧腰节点
腰省
CF
HL
前
WL
侧腰节点
HL
前侧缝线
WL
HL
CB
前
收侧缝省后的侧腰节点
臀侧点
臀围松量
WL
降1
原后中线
新后中线
HL
CB
0.5～1
降1
WL
原后中线
新后中线
HL
CB

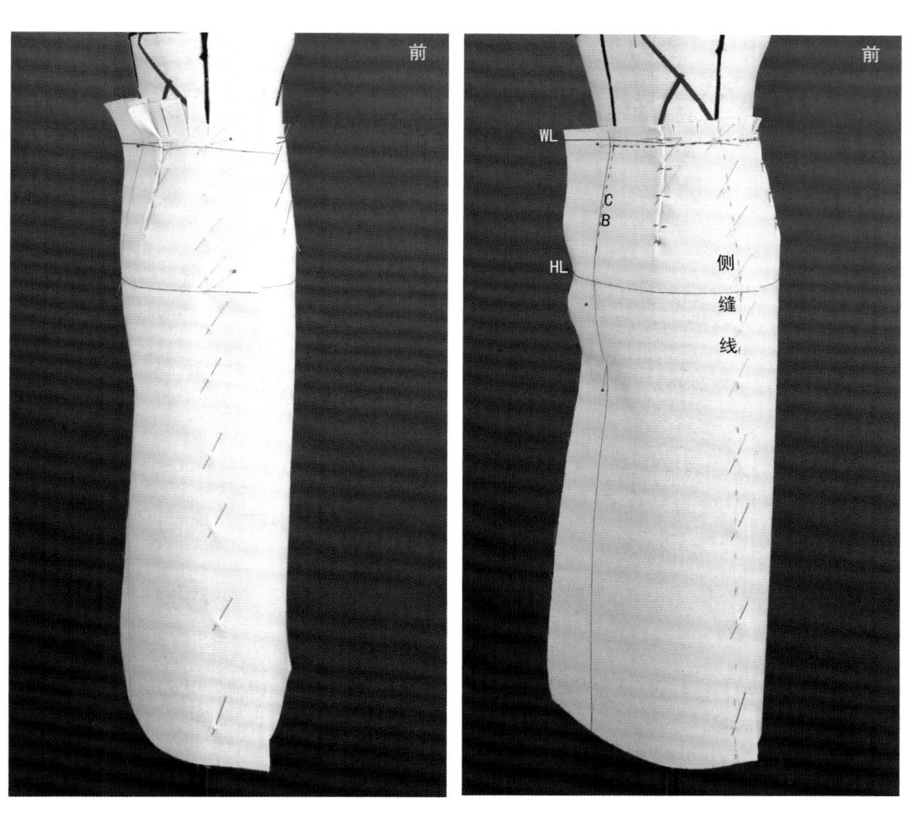

中层裙的制作：将基础布片的腰围线、前中线与人台标线相对应，确保辅助线的水平与垂直状态，下针固定前中丝道线。垂直向腰围线打剪口，逐渐将腰省转化为裙摆的展开量，沿腰围线用重叠针将布片与里层裙假缝固定。捏出侧缝省塑造侧面的立体廓型，省量根据裙摆与里层裙之间的空间状态来确定，用折叠针法假缝固定。用标线确定出侧缝线并描点标记，预留2cm的缝边，修剪掉多余的布料。

2

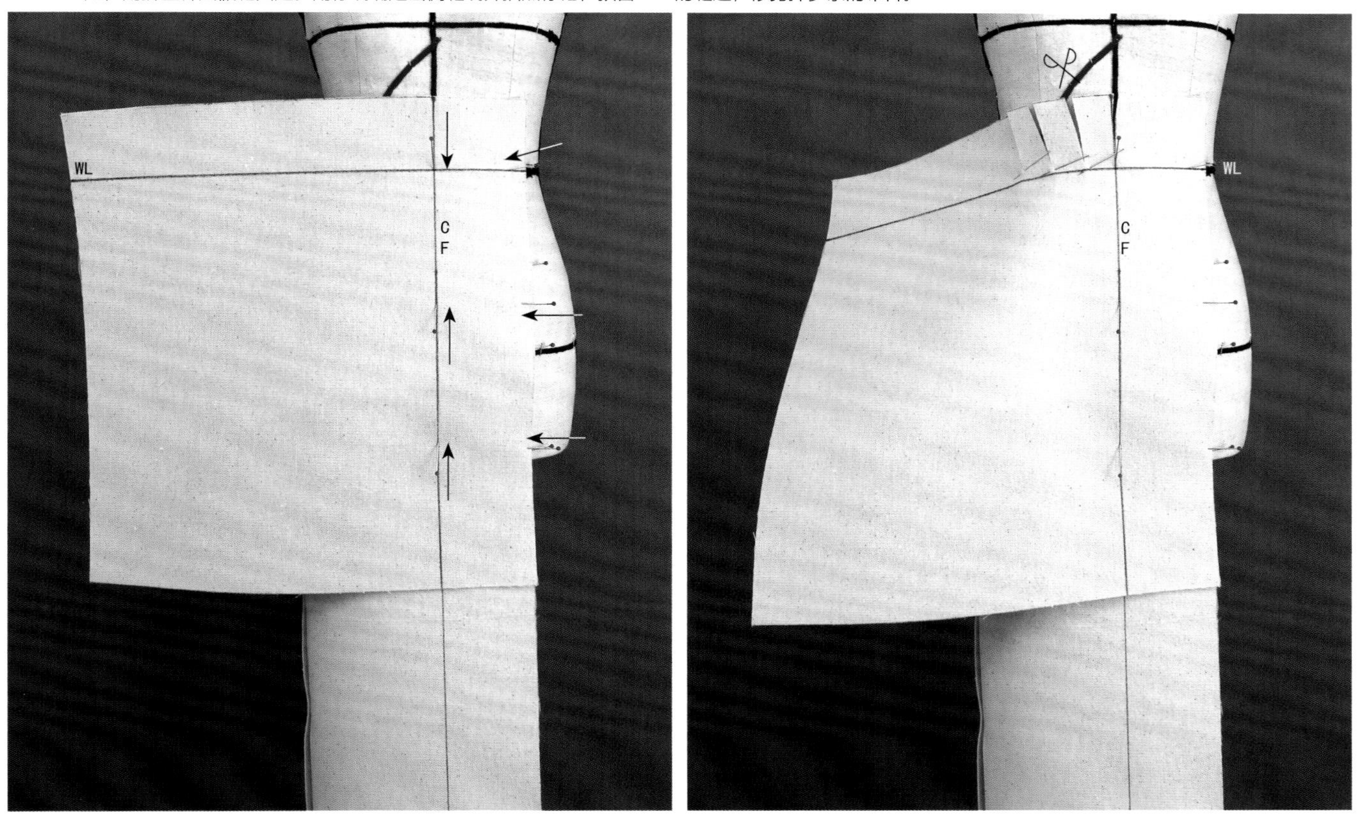

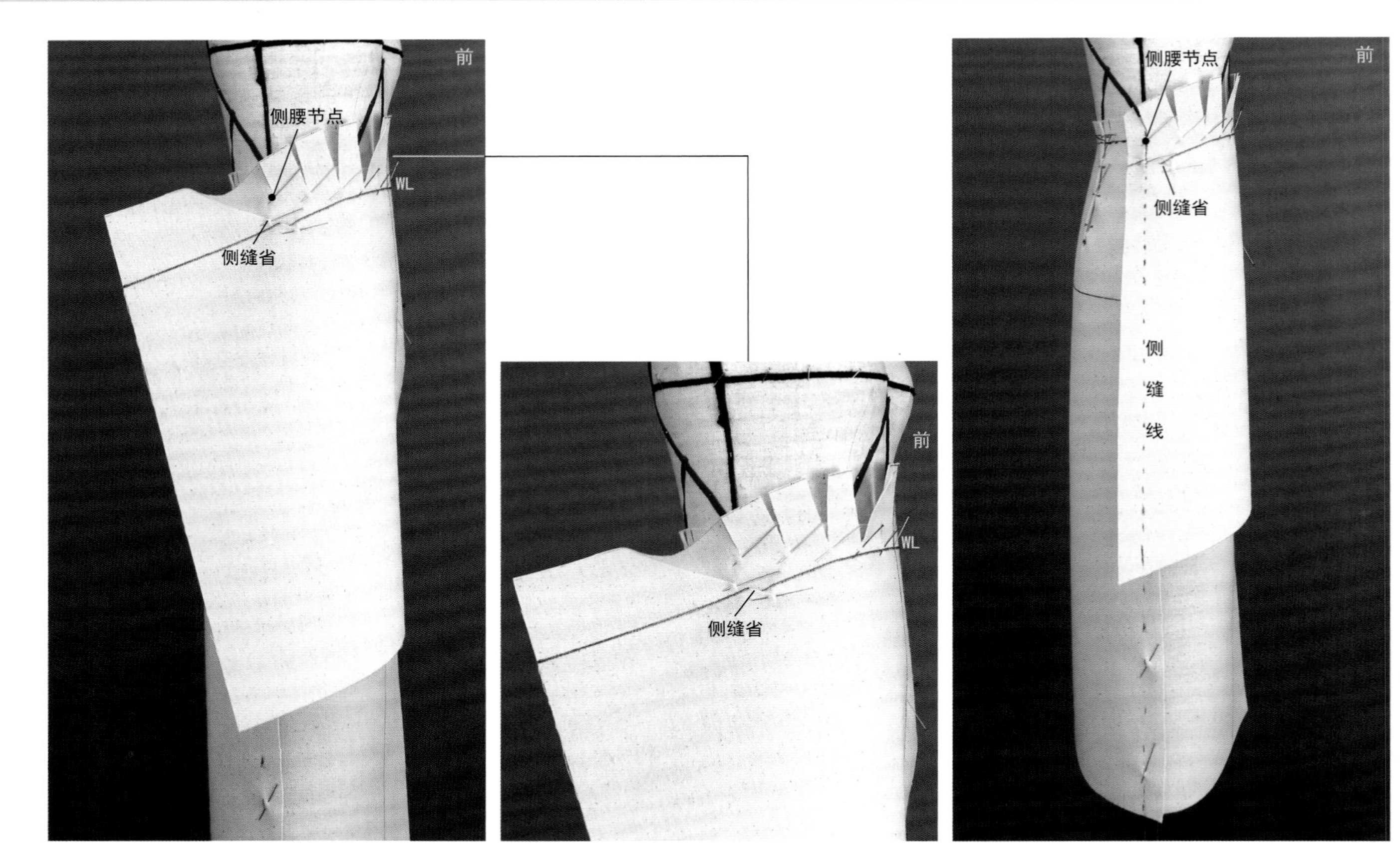

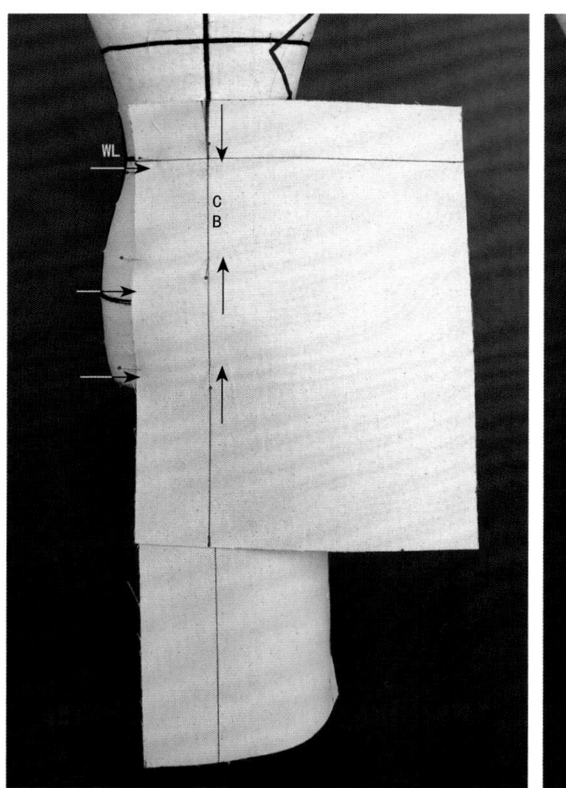

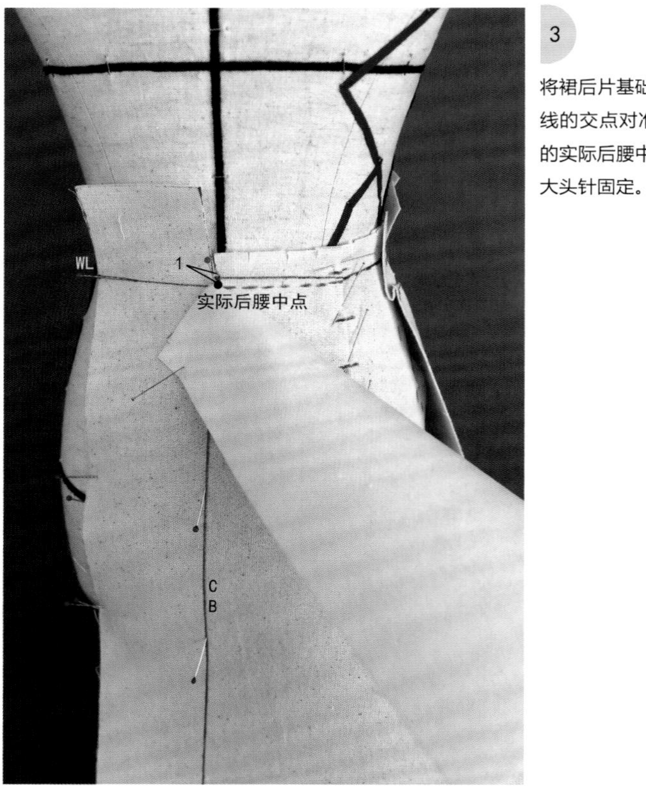

3

将裙后片基础布的后中线与腰围线的交点对准内层裙下降 1cm 的实际后腰中点，如图所示，用大头针固定。

4 从后中向腰围线打剪口至侧腰节点，重叠针固定，将固定后中腰节线以下的大头针取下，可观察后片的空间状态，确认后重新固定。在前片侧缝省对应位置捏出后片的侧缝省，按前侧缝描点并用别针固定后侧缝线。确认造型后，对腰围线、侧缝线，以及侧缝省进行描点标记，预留缝边并清剪布边。

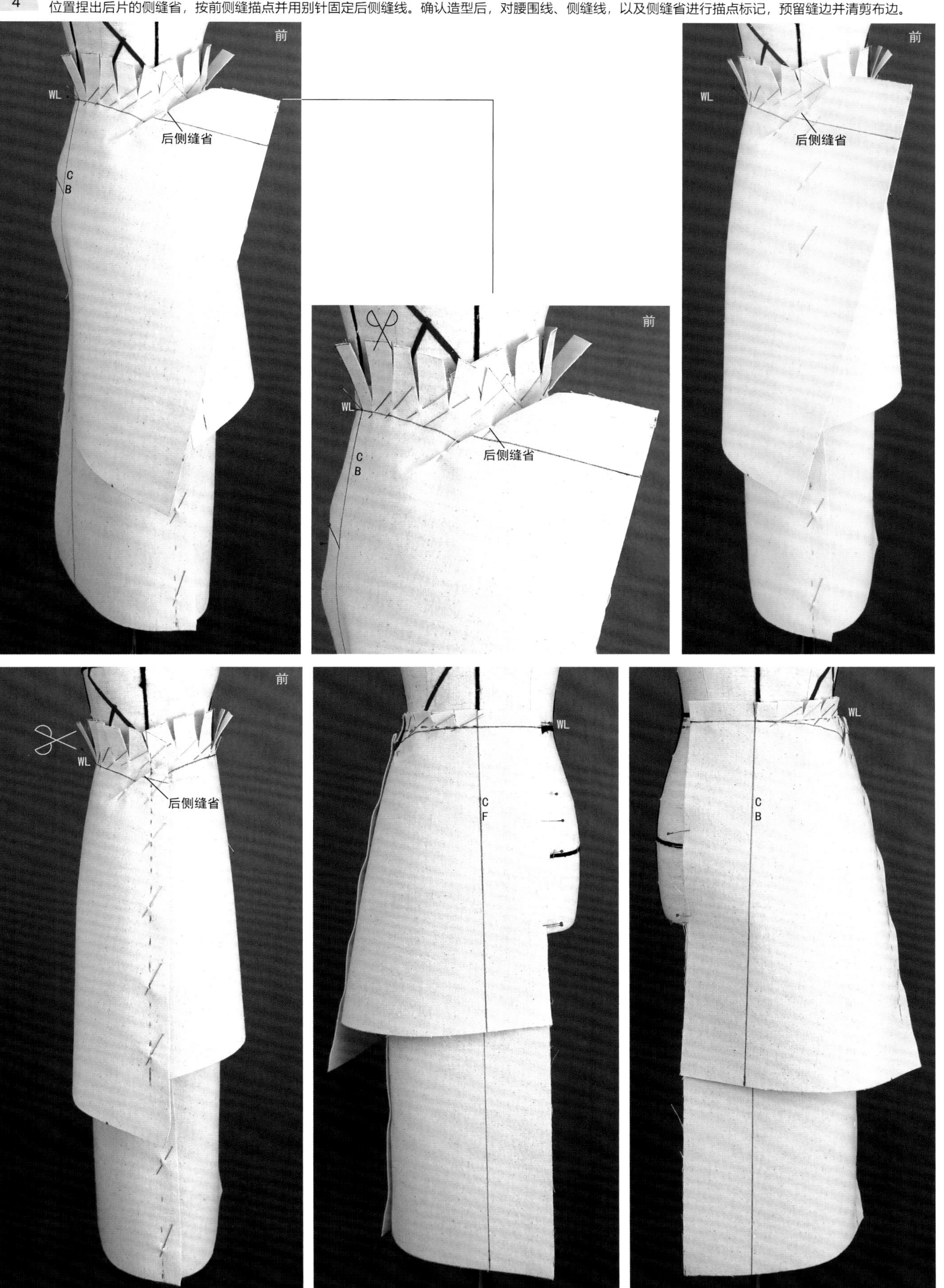

5

如图所示，参考中层裙的立裁方法，继续完成外层裙的制作，注意观察整体造型效果，通过调整裙摆的展开量与侧缝省量，塑造各裙层间均衡的空间状态。

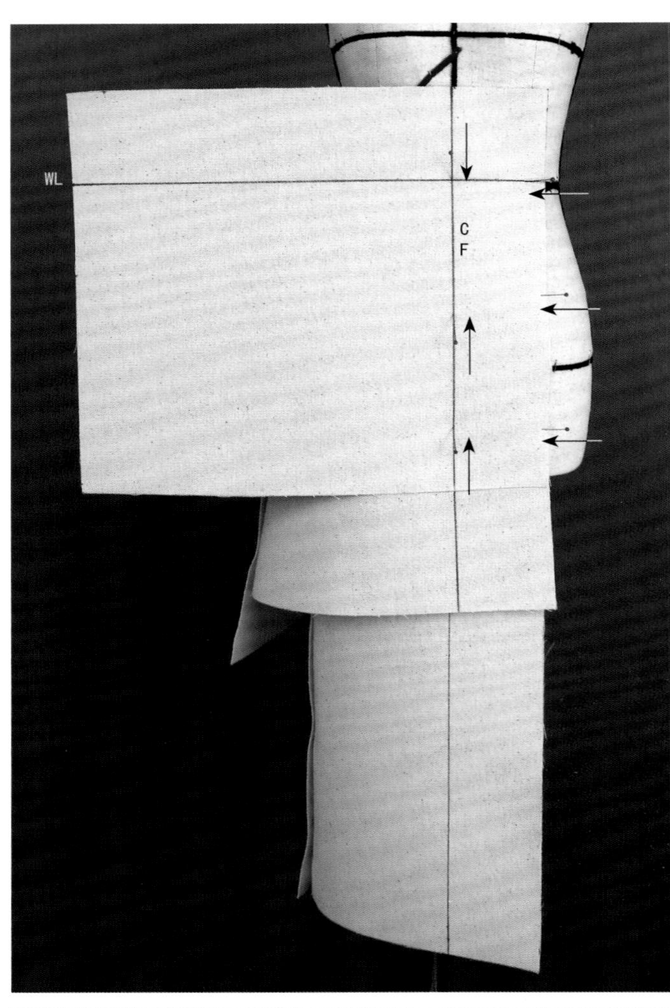

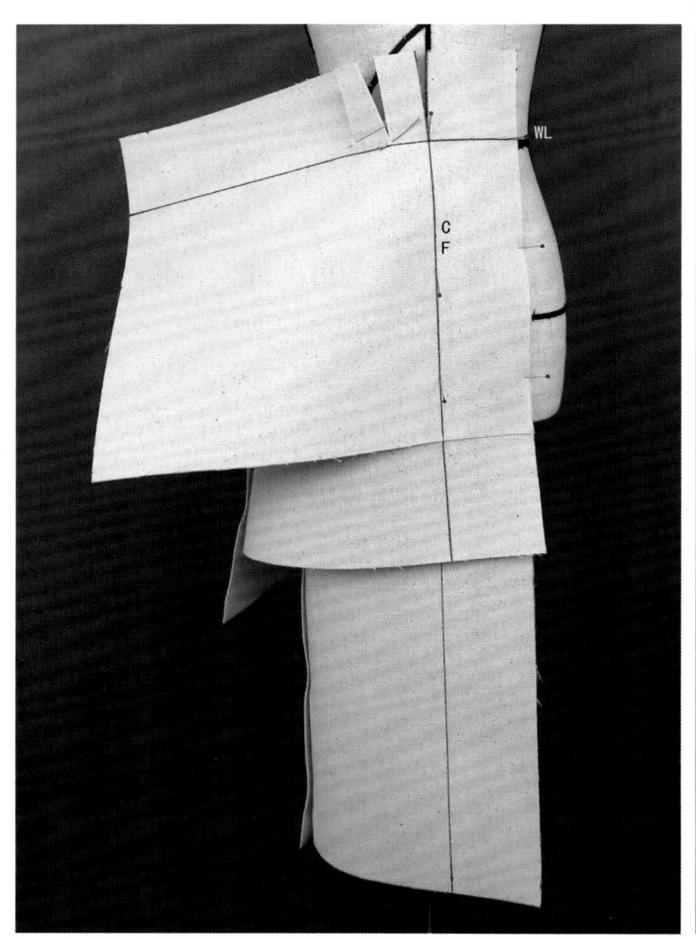

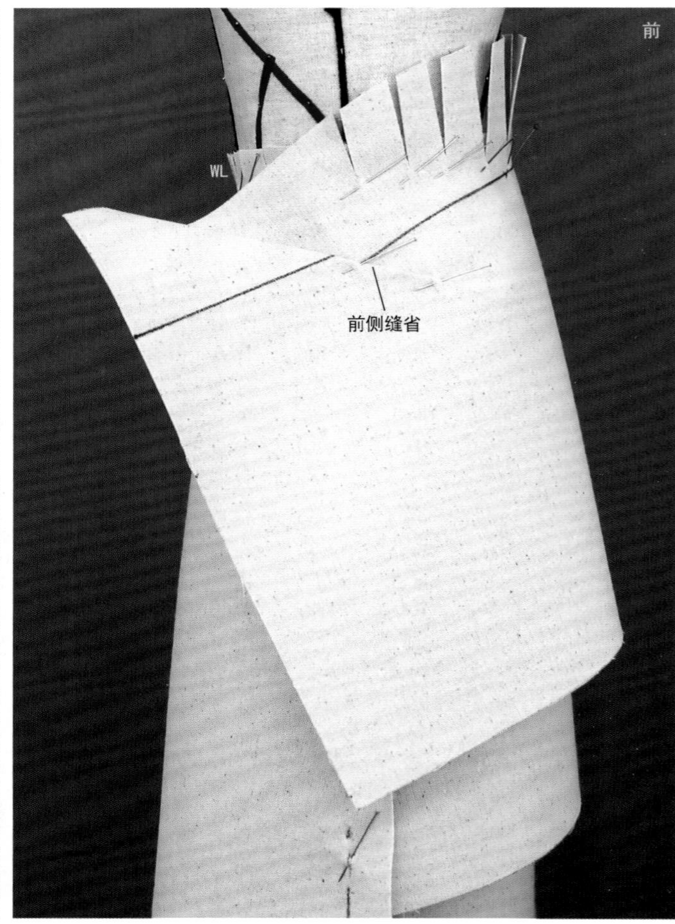

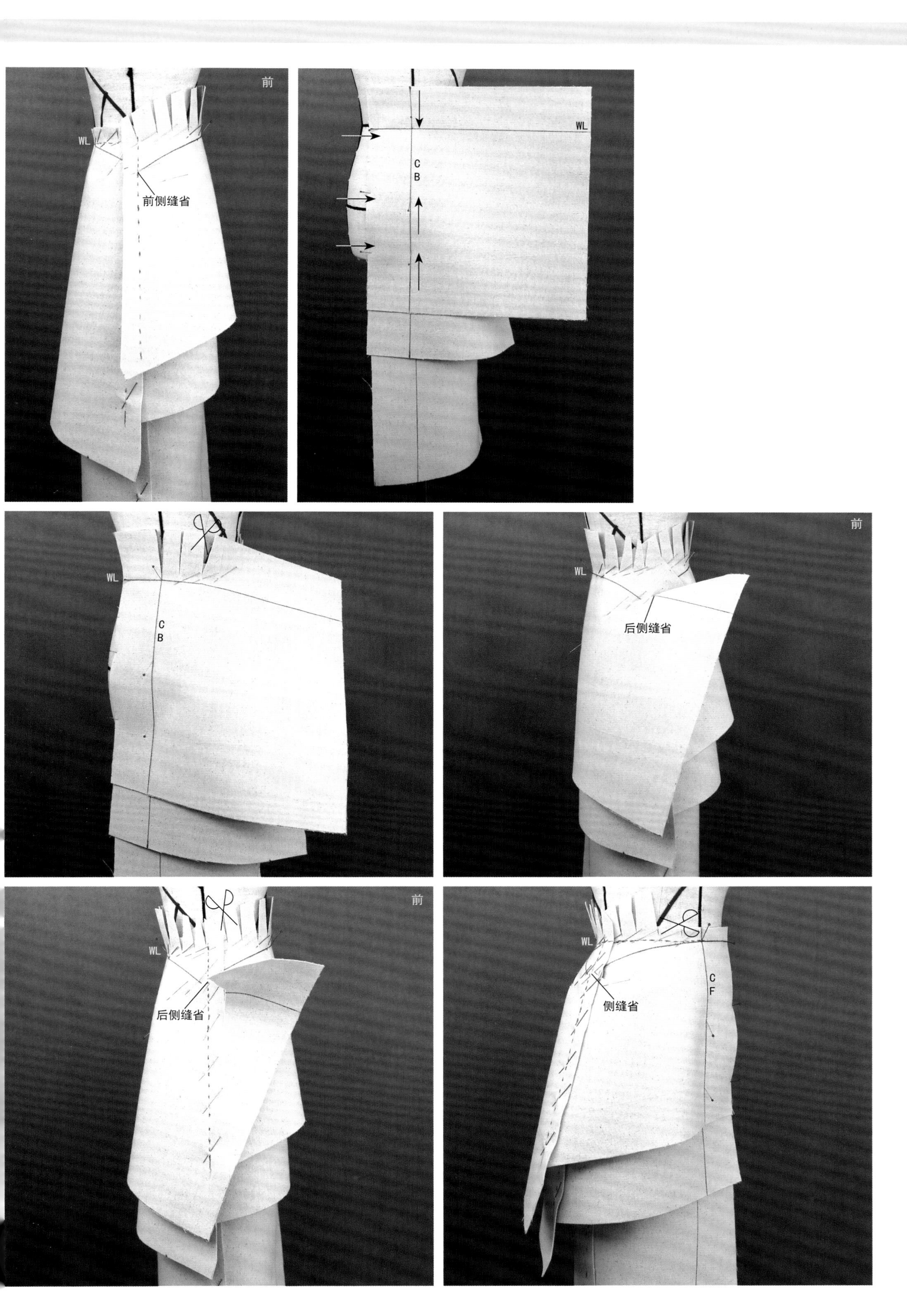
前
WL
前侧缝省
WL
C
B
WL
C
B
前
WL
后侧缝省
前
WL
后侧缝省
WL
C
F
侧缝省

6

如图所示，分别对三层裙片的下摆边缘线进行标线，裙身长度根据造型确定，注意中、外层裙的下摆边缘线保持曲率相同、近似平行。完成后从远处观察半裙的整体造型效果，可进行局部调整，确认无误后描点并清剪。

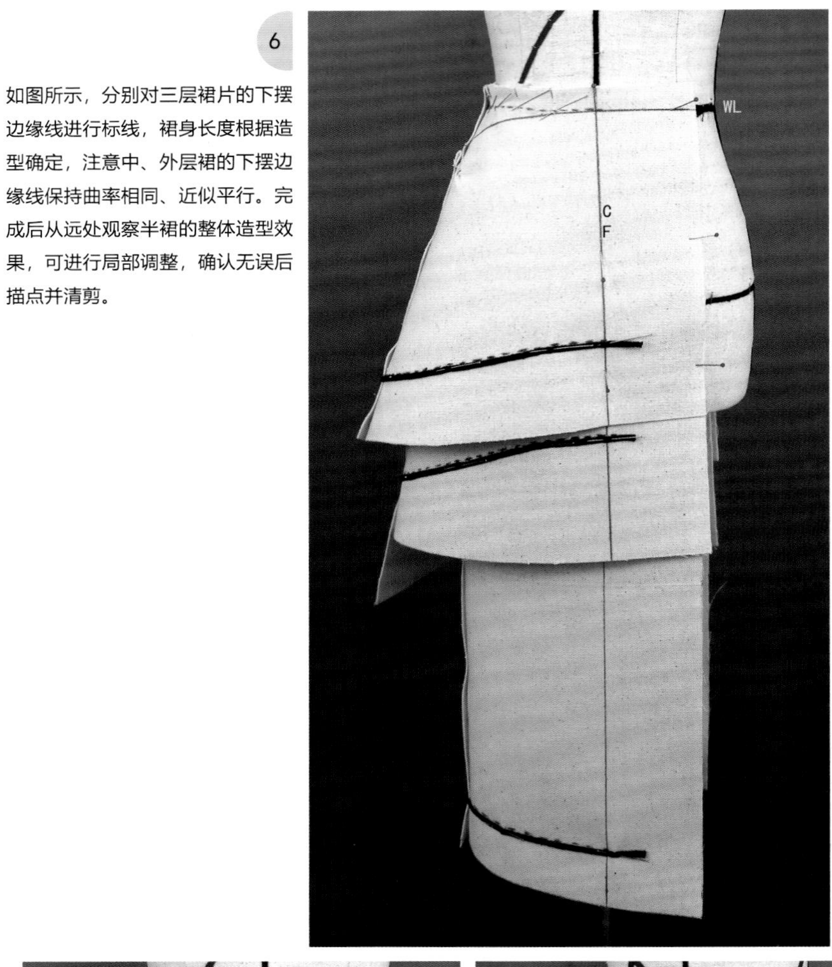

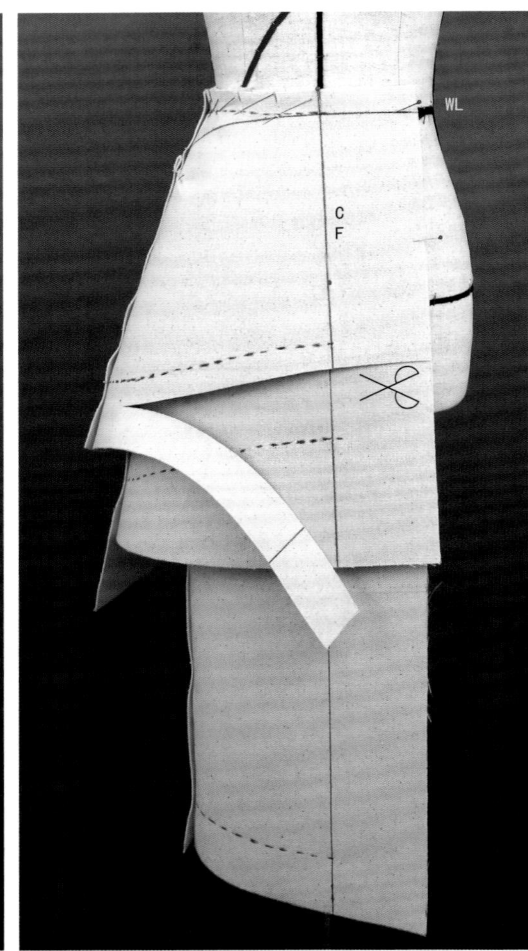

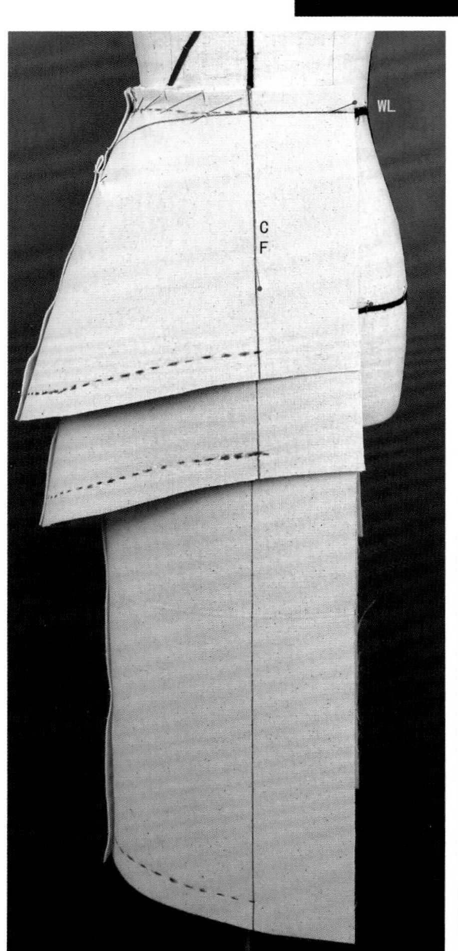

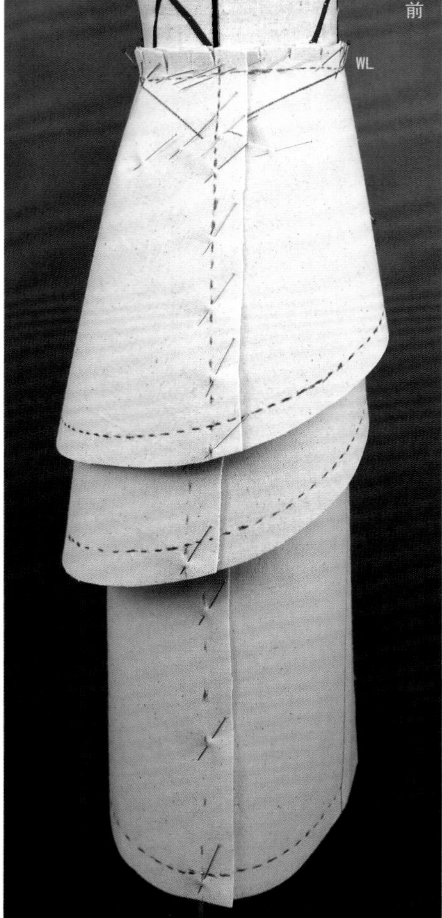

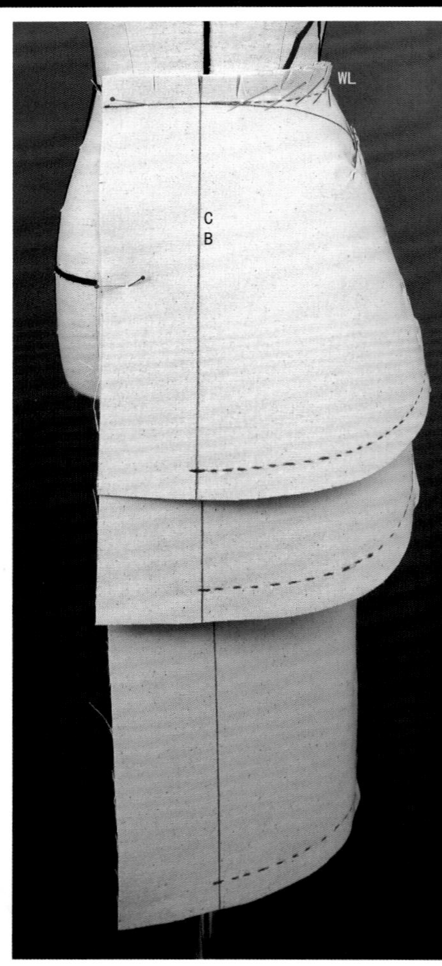

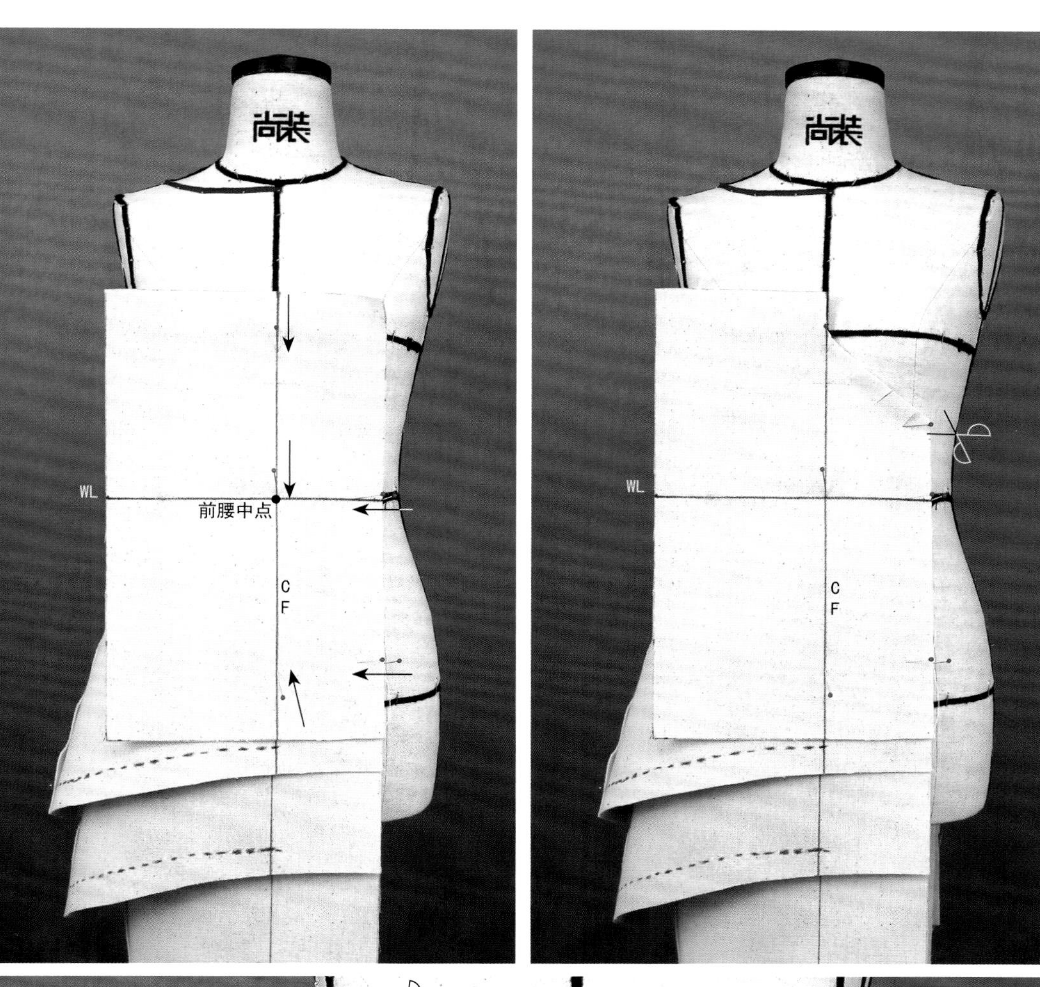

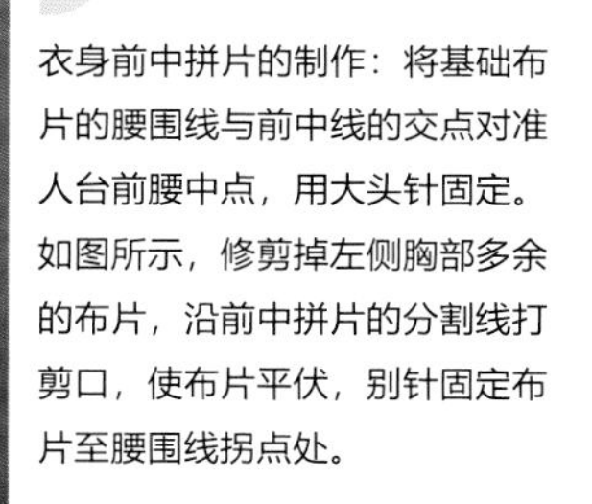

7

衣身前中拼片的制作：将基础布片的腰围线与前中线的交点对准人台前腰中点，用大头针固定。如图所示，修剪掉左侧胸部多余的布片，沿前中拼片的分割线打剪口，使布片平伏，别针固定布片至腰围线拐点处。

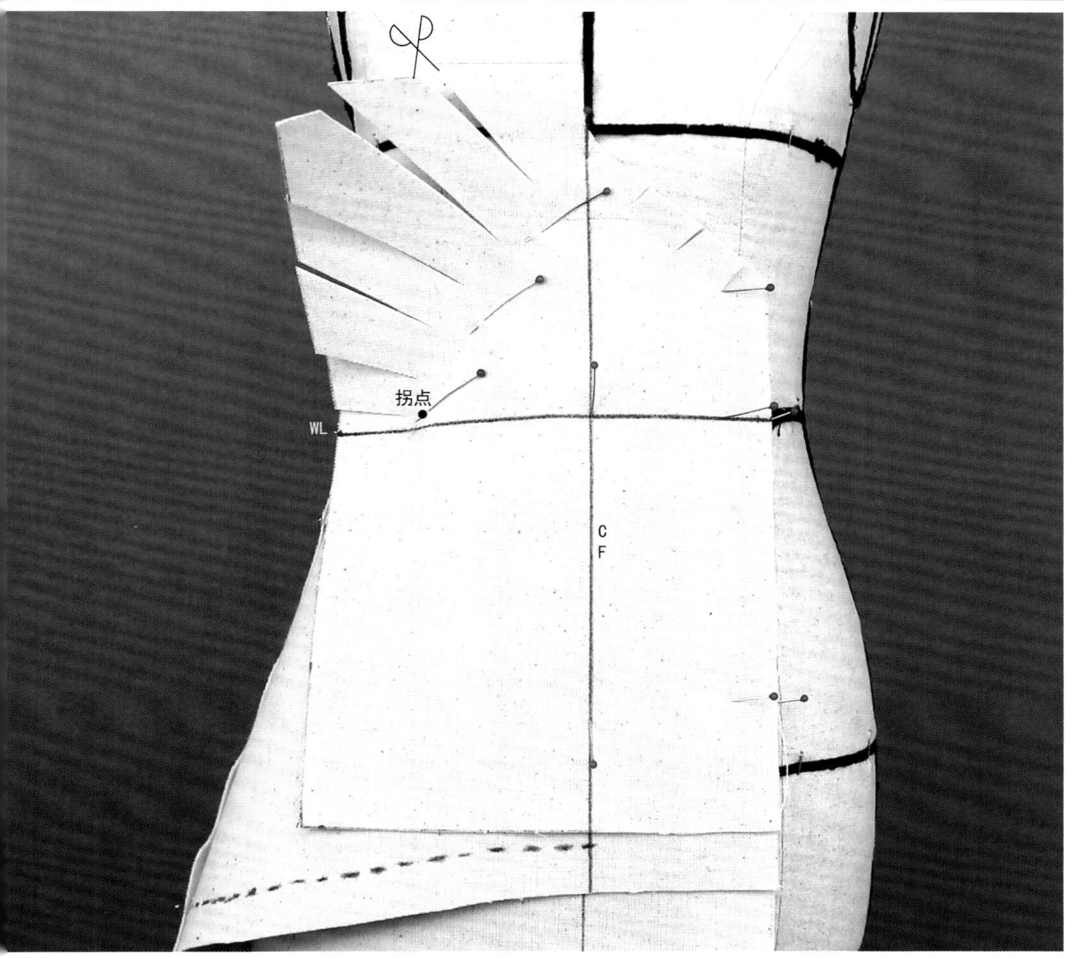

8

用标线标记出前中拼片的轮廓线，确认后描点，并清剪余布。

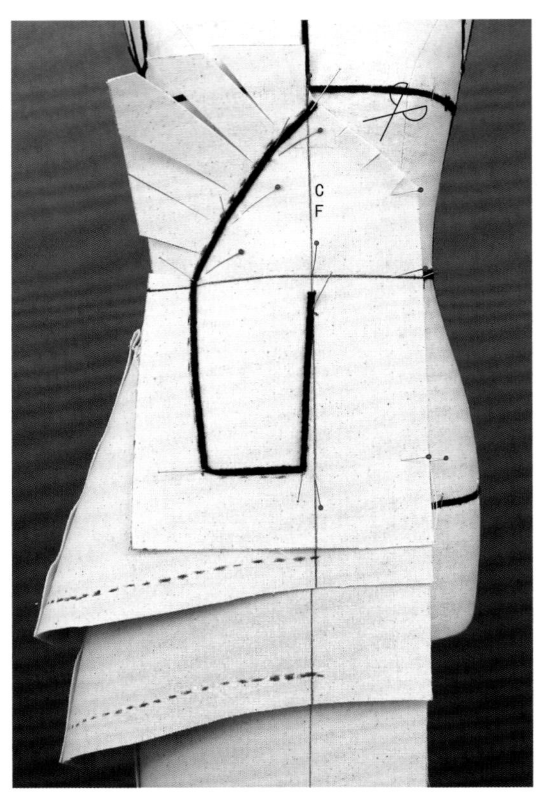

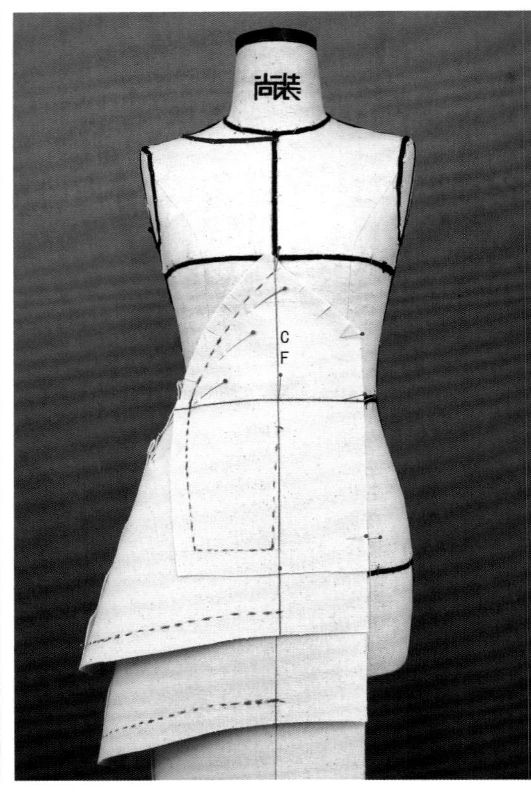

9

衣身前片的制作：将衣身前片基础布的胸围线与前中线对齐人台标线，点针固定前中丝道，确保各辅助线的水平与垂直。自前颈点向肩颈点方向垂直颈根围均匀地打剪口，抚平前胸布片，用点针固定肩颈点与肩端点。

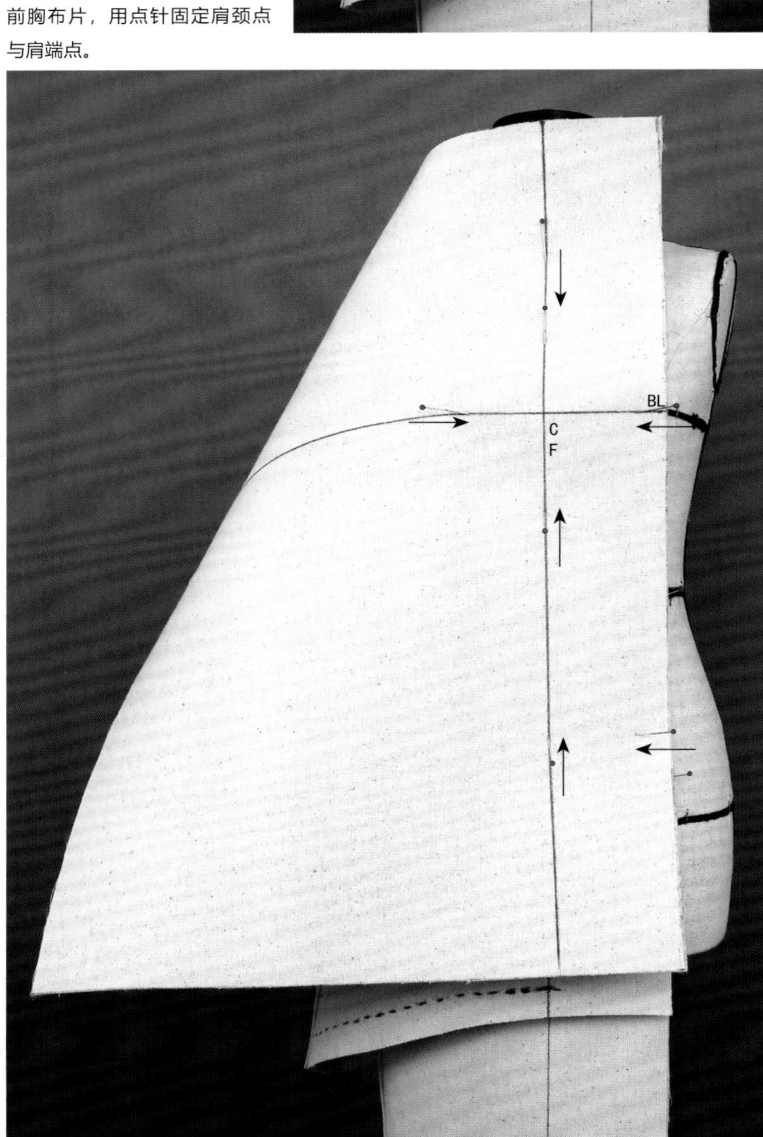

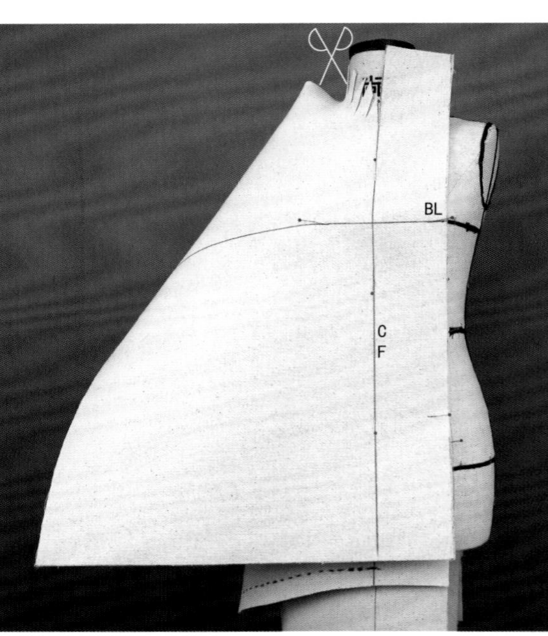

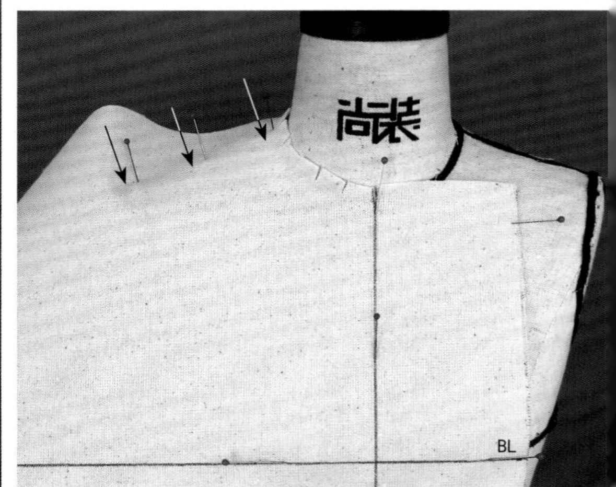

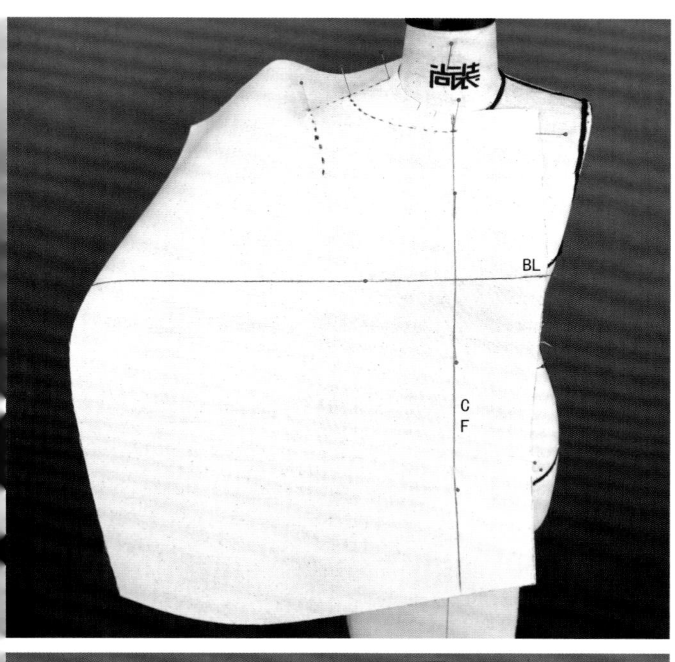

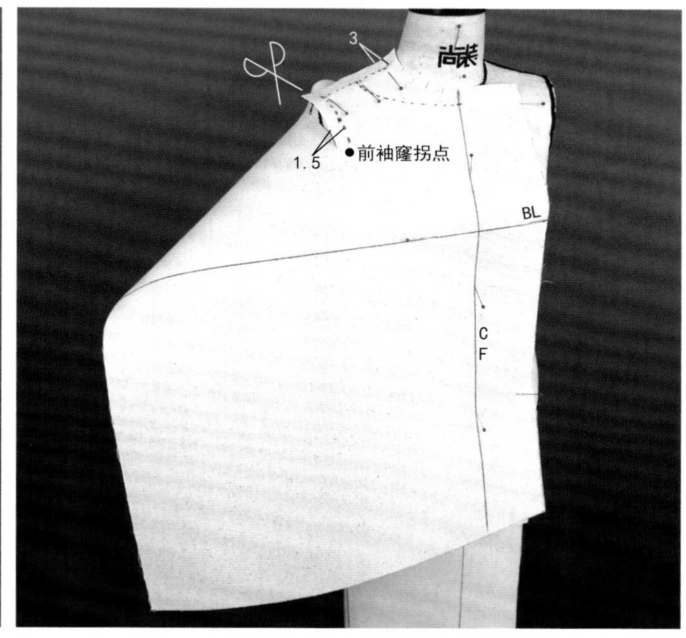

10

如图所示，对小肩线和前领口线进行绘制，并沿袖窿标线描点至前袖窿拐点，预留缝份，先剪开至袖窿拐点处，再抚平侧面布片使其自然贴合于人台，用重叠针将布片与人台固定，标记出完整的前袖窿弧线。

11

沿胸围线距前中线1cm处水平地打剪口，取下固定前中线的大头针，使胸围线与前中线交点处的布片凹进贴合人台，在衣身前片与前中拼片的拼合点处用大头针固定，对实际前中线进行描点。如图所示，抚平胸围侧面的布片，沿前中拼片的分割线垂直打剪口，预留足够的造型量后修剪开多余的布料，将胸、腰省合并转至胸下部位，用大头针进行假缝，并在分割线处用重叠针法将上、下两层布片固定。

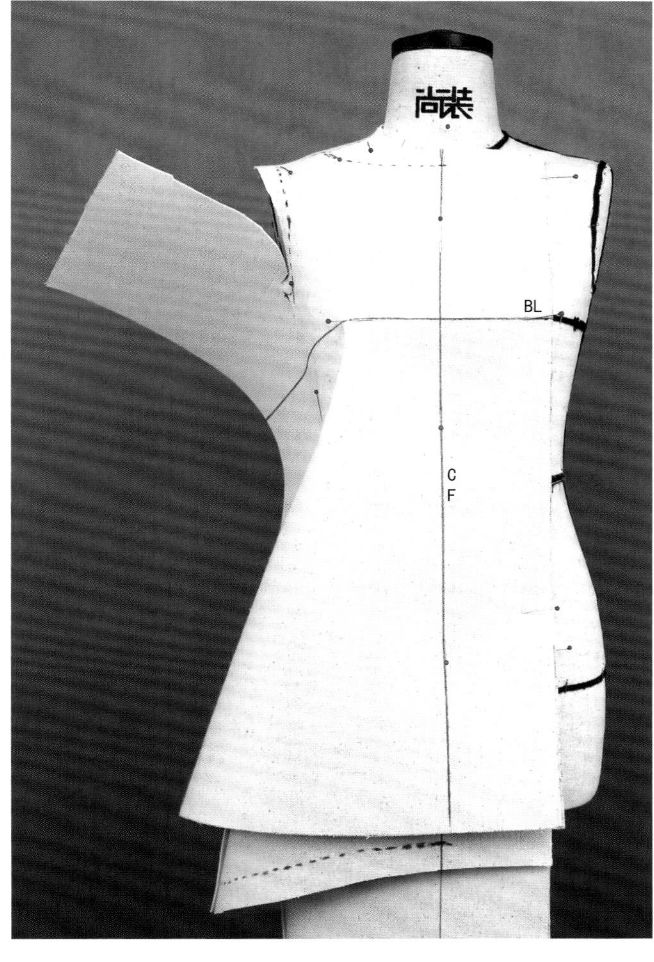

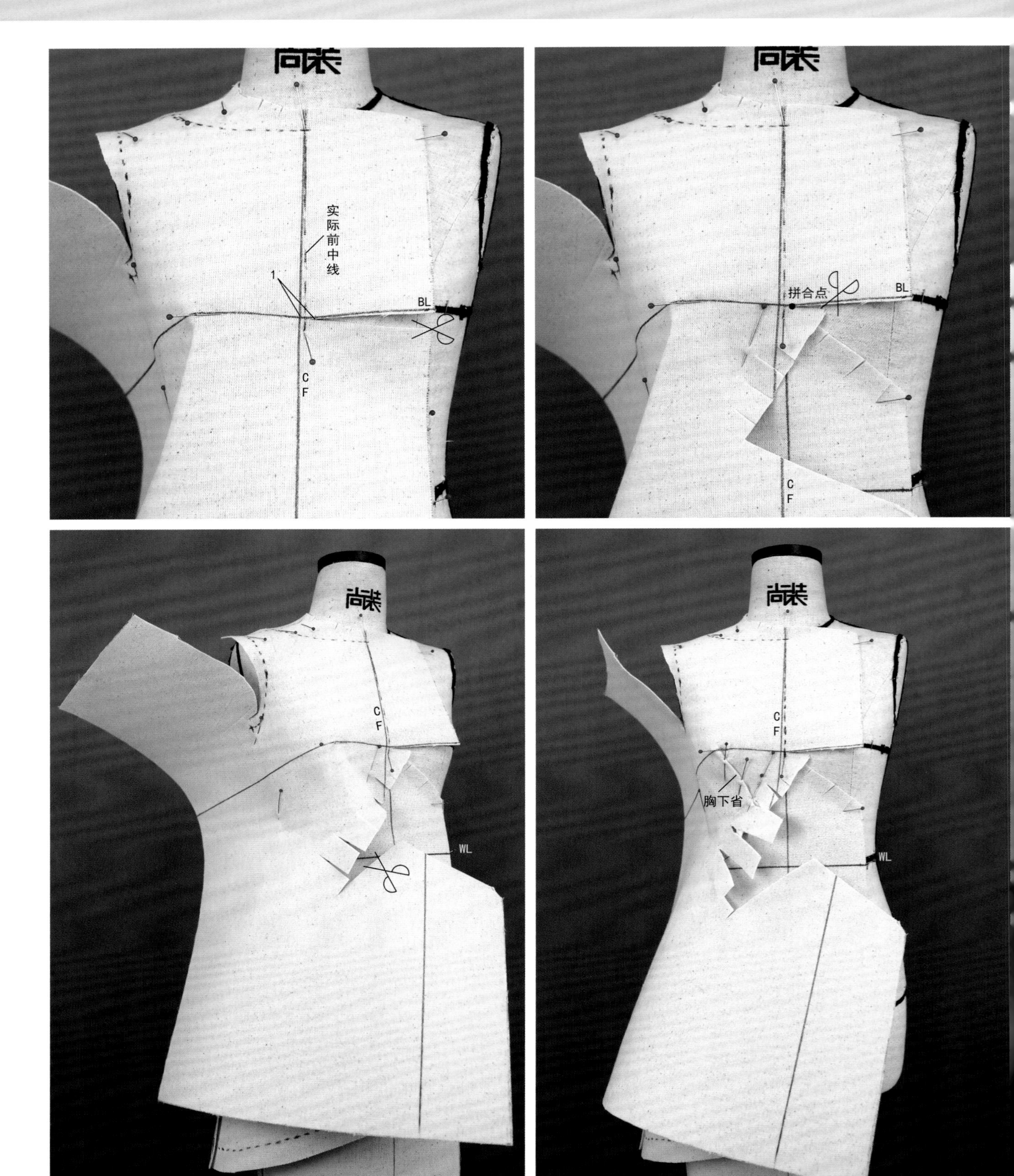
尚装
实际前中线
1
BL
CF
拼合点
BL
CF
尚装
CF
WL
尚装
CF
胸下省
WL

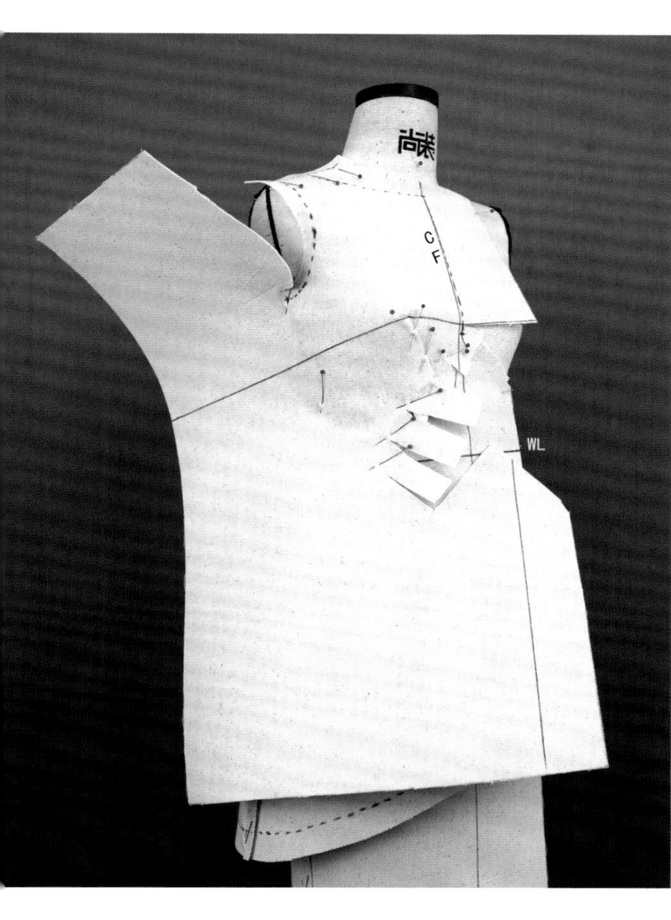

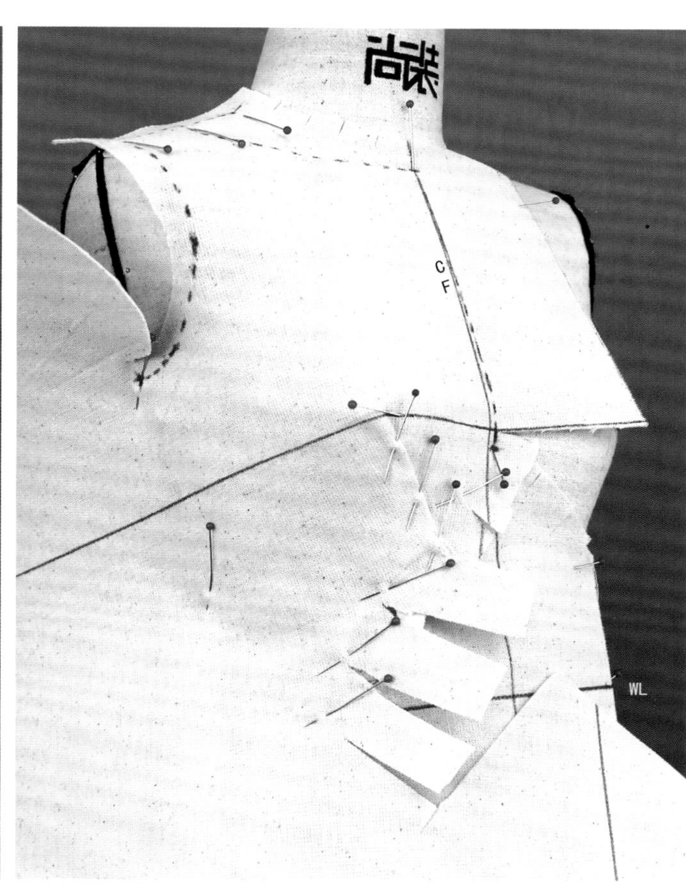

12 调整衣身布片，放出衣摆量，注意衣摆与裙摆空间量的平衡，确认后与前中拼片分割线用重叠针固定，对分割线进行标线并描点，修剪掉多余的布料。

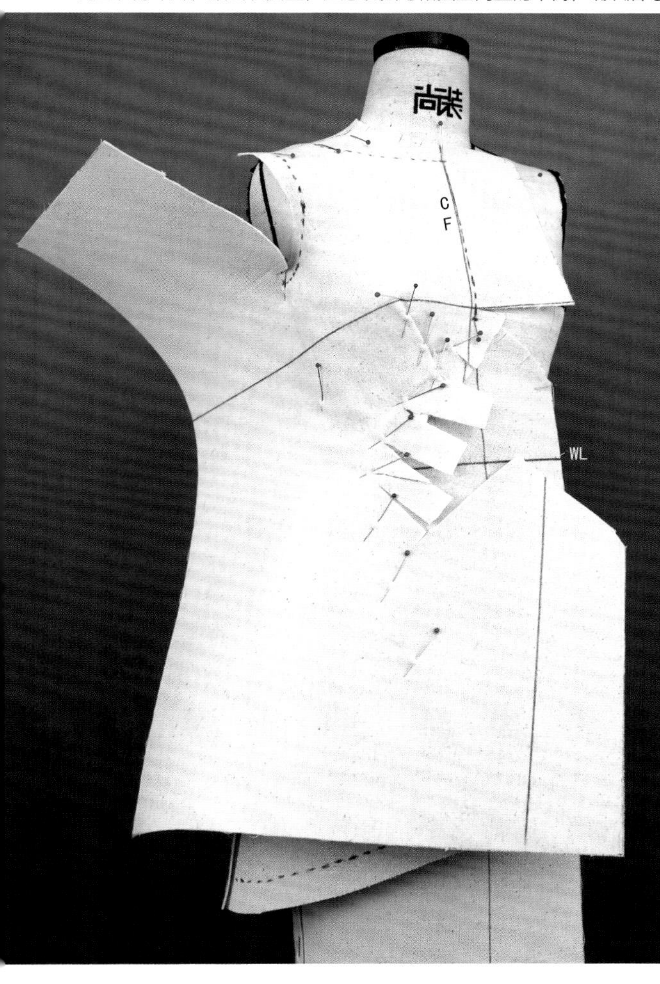

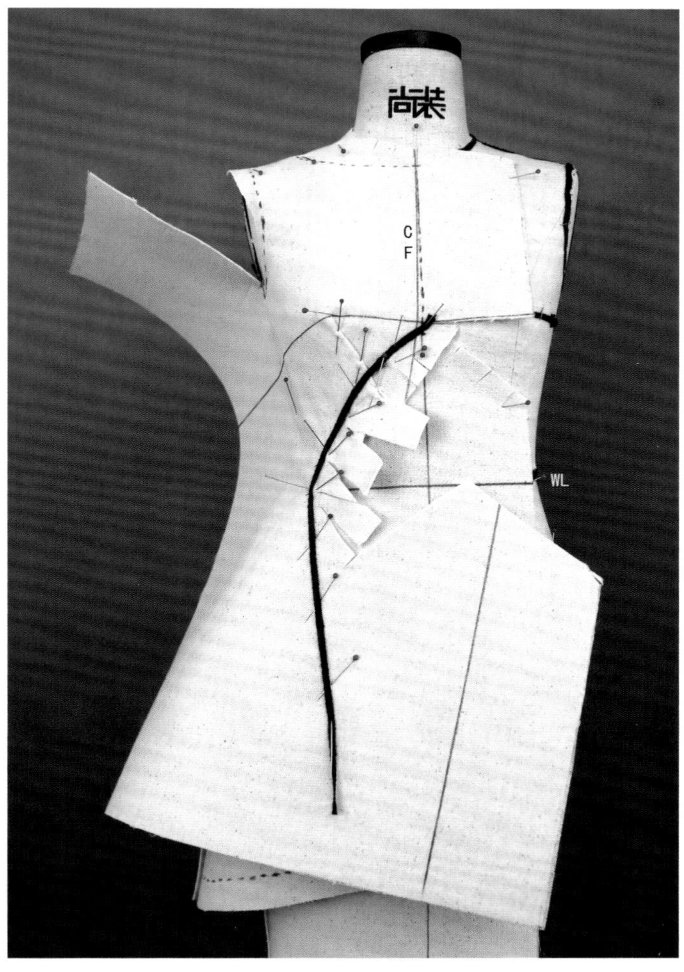

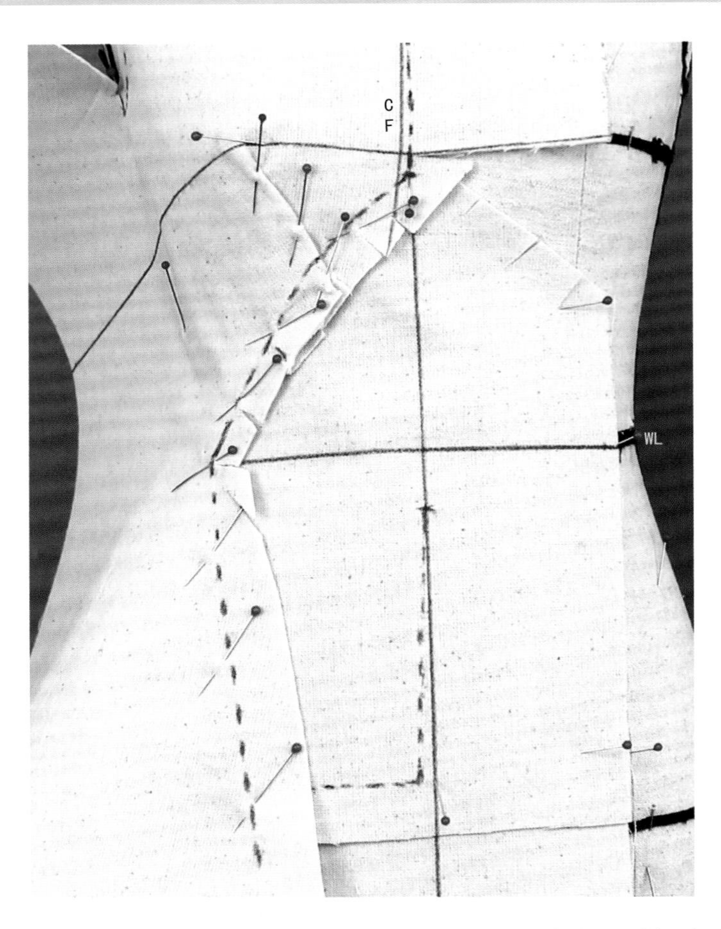

13 如图所示，在布片上标记出侧缝拐点，剪开布片至拐点位置，别针固定。沿侧面分割线打剪口，使布片自然贴合人台无余量，用重叠针固定。对侧面分割线、后袖窿底弯线进行描点，调整并用标线标记出衣摆侧缝线，确认后描点，并清剪余布。

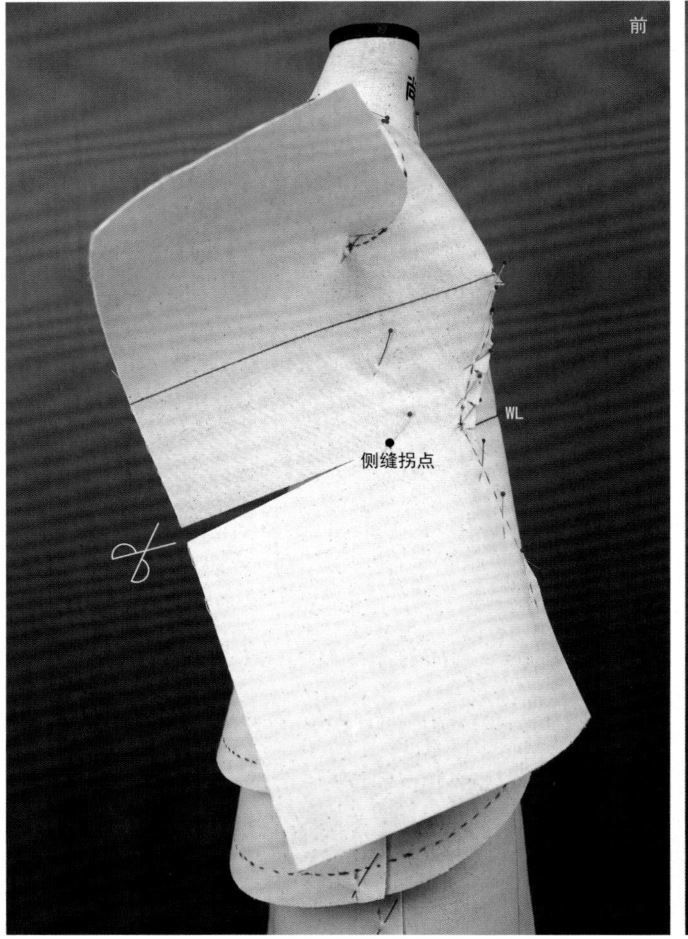

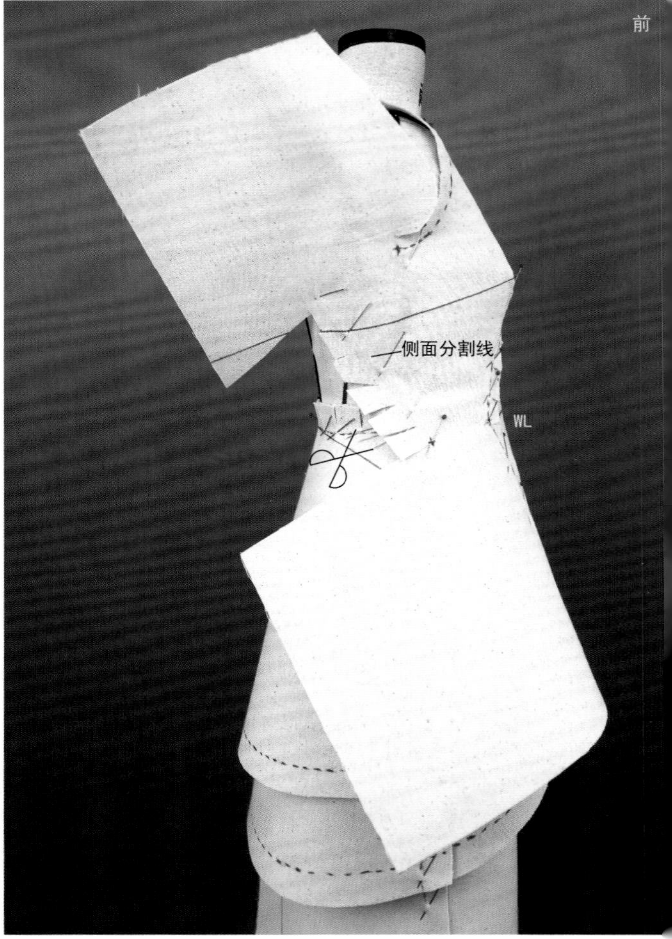

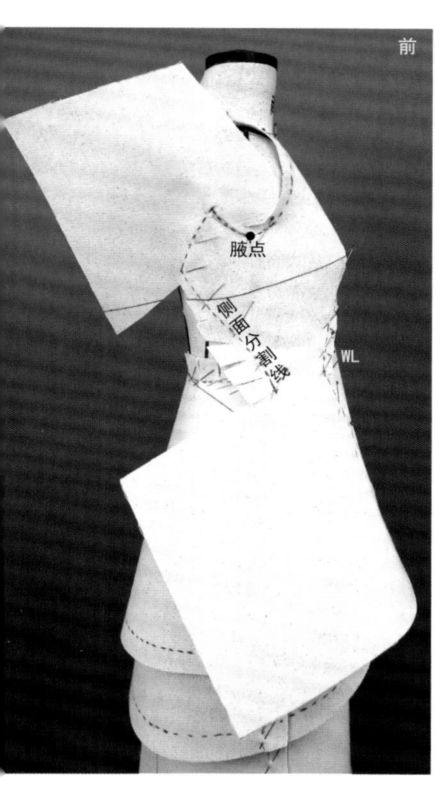

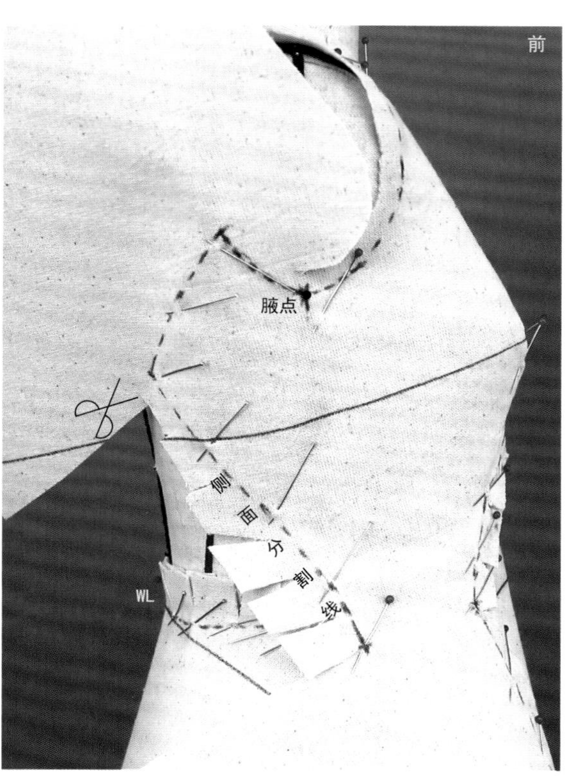

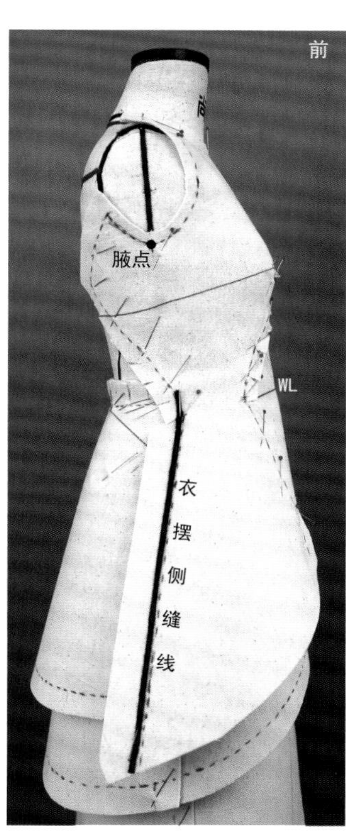

14

衣身后片的制作：在基础布片胸围线与后中线的交点处下针固定后中丝道线，确保各辅助线的竖直与水平，并与人台标线相对应。在后背宽线与后中线交点处用交叉针固定，水平横向轻轻抚平布片到肩胛骨区域，用重叠针将布片与人台固定，保持布片横纱水平、直纱垂直。由后颈点沿颈根围向肩颈点垂直均匀地打剪口，抚平背宽线以上布片，点针固定肩颈点和肩端点，肩胛骨省放至后袖窿里。

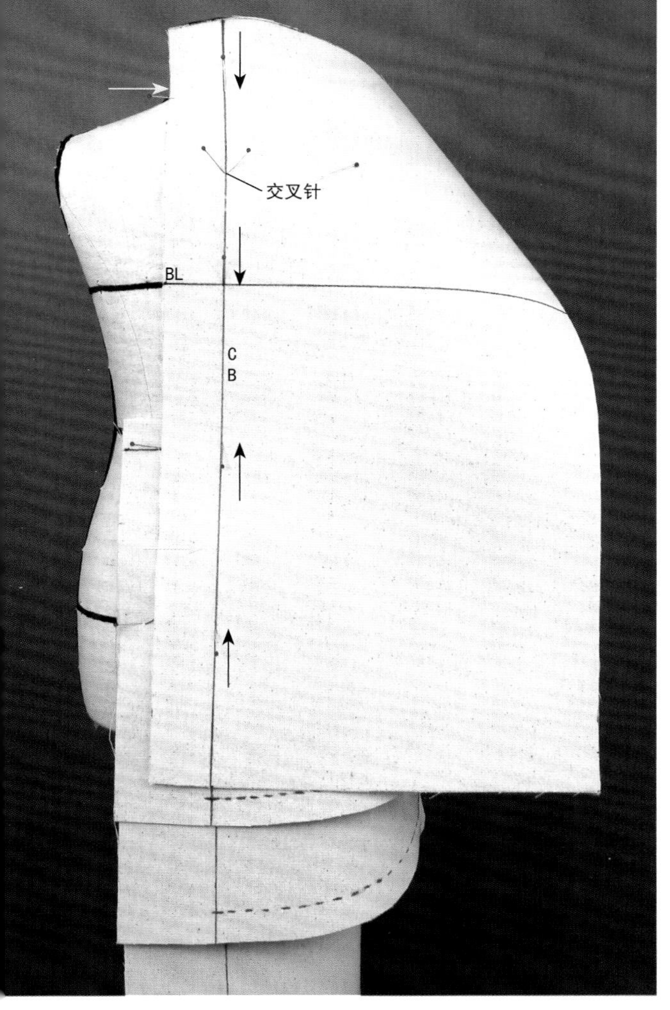

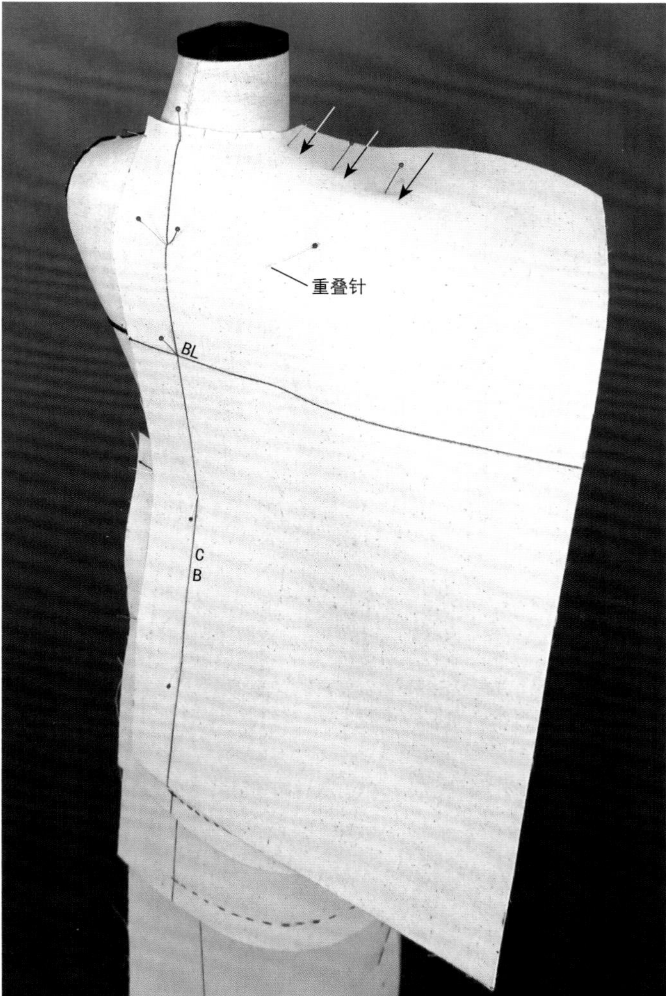

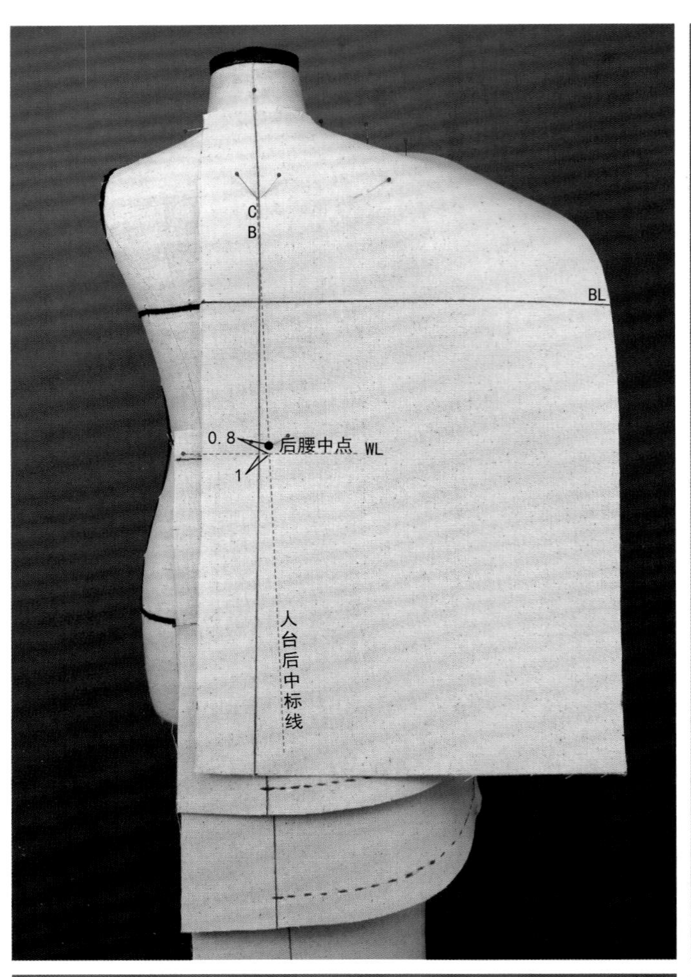

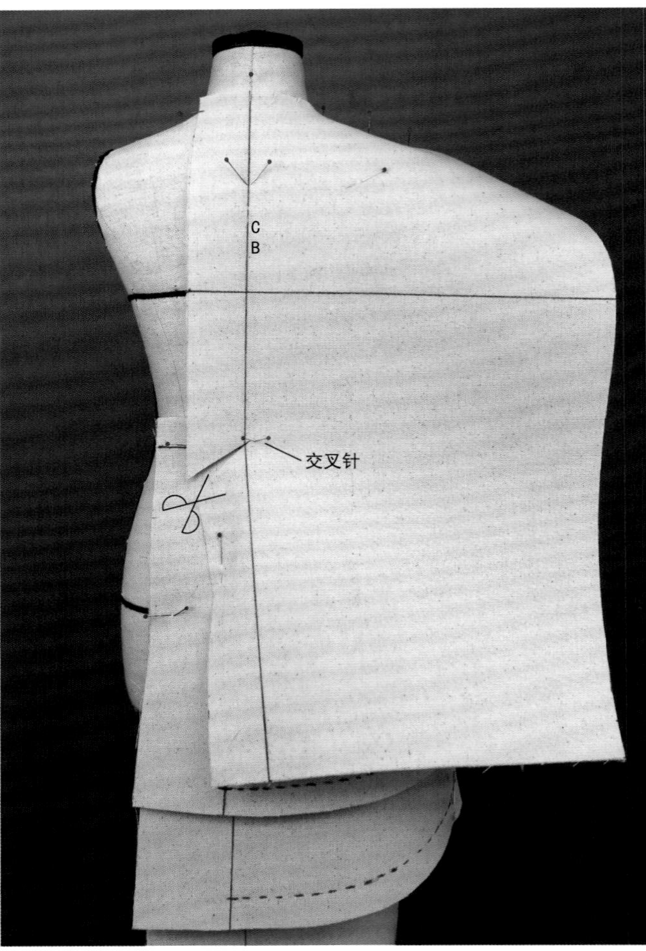

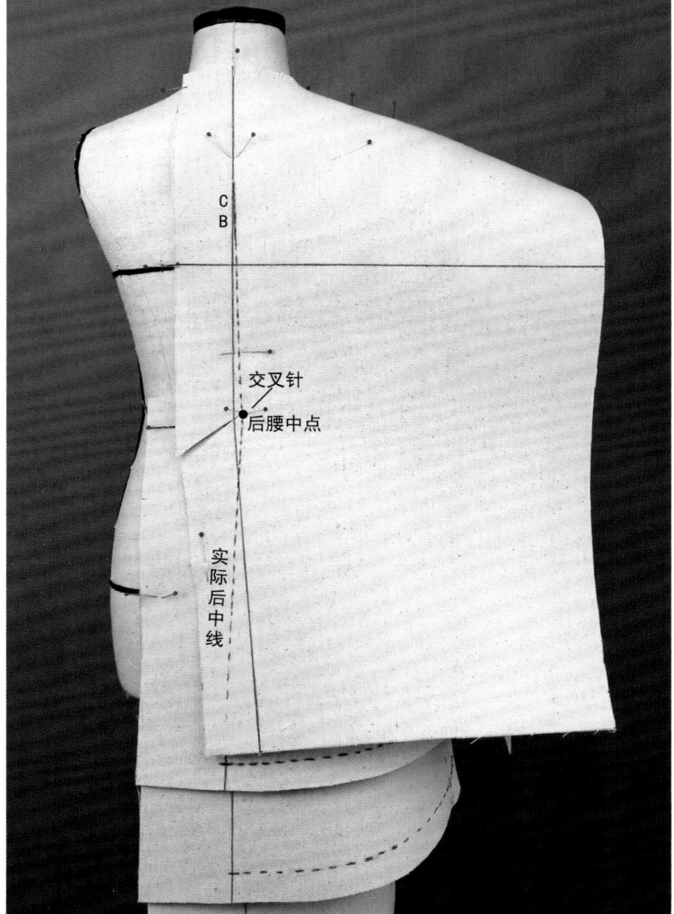

15

如图所示，取下背宽线以下固定后中线的大头针，将后腰部位的布片向左轻轻拉动，在后中收进1cm左右腰省，后腰中点向上提高0.8cm，用交叉针固定，并在腰节附近斜向打剪口至后腰中点，将腰围以下布片向右推动，在后中放出适当的衣摆展开量，用大头针固定，对衣身后中线进行描点。

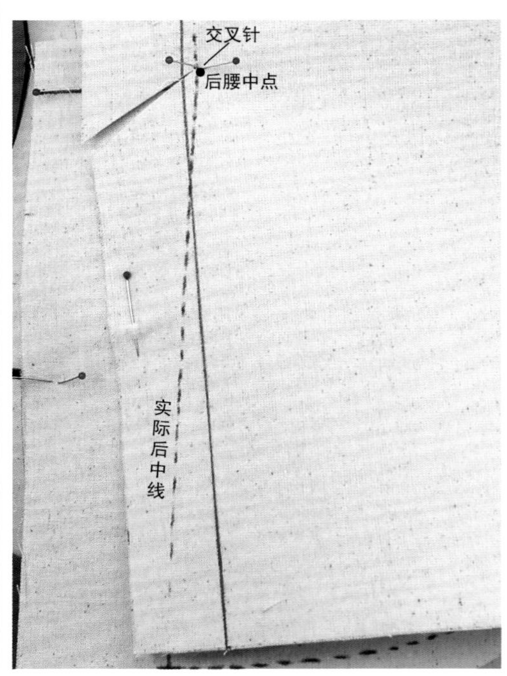

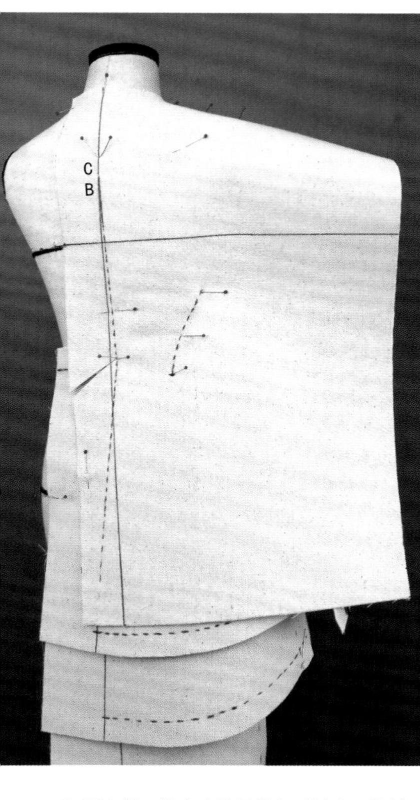

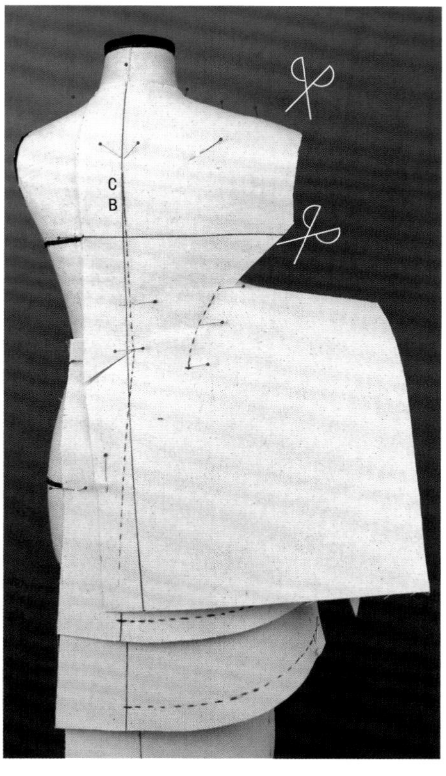

16

如图所示，抚平布边贴合人台，在坯布上对衣身后片与三角形插片的分割线用点针固定并描点。后袖窿预留了3cm缝边量，再顺着三角形插片的分割线预留2cm缝边量剪开布片，以便留够衣摆造型量。

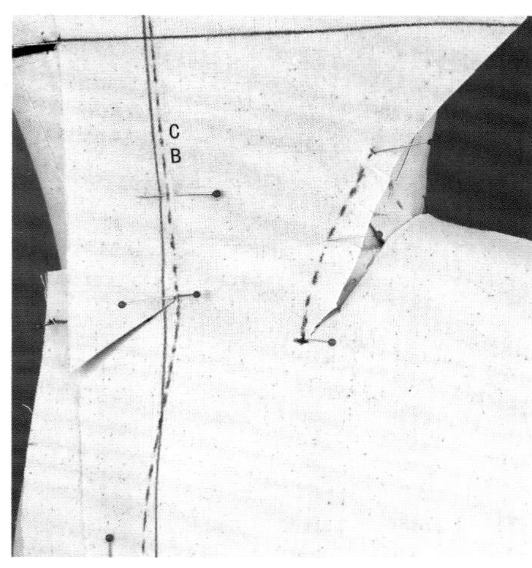

17

抚平布片，将多余的量推入后袖窿，继续对分割线描点，打剪口使布片平顺，用大头针假缝固定。无袖造型，袖窿自然贴合人台，无过多松量，捏出后袖窿省并假缝固定。

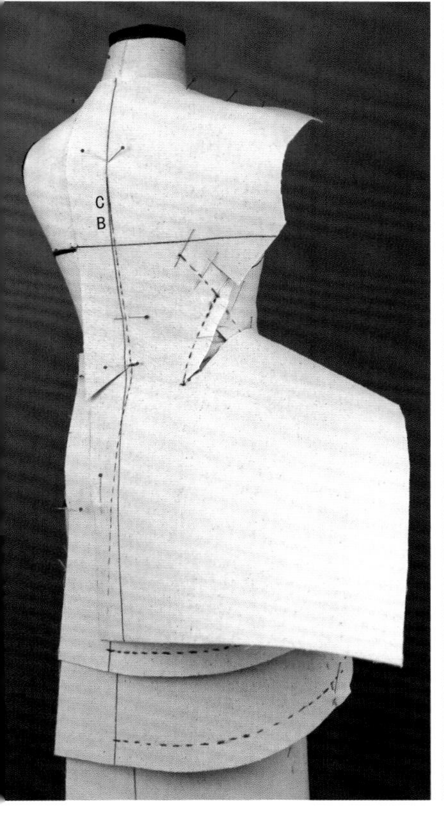

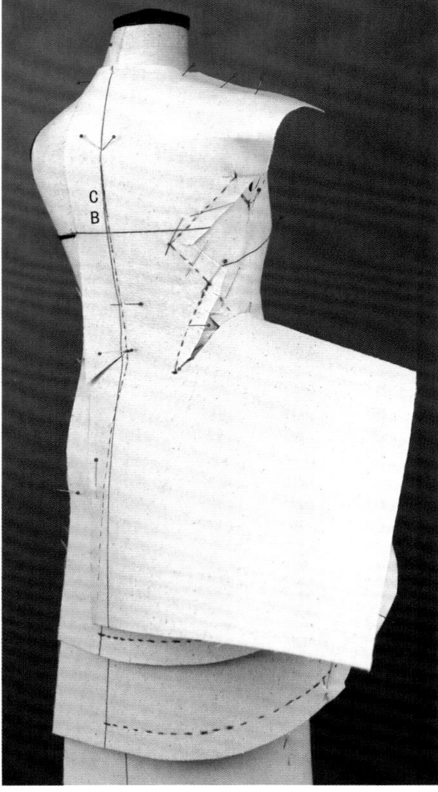

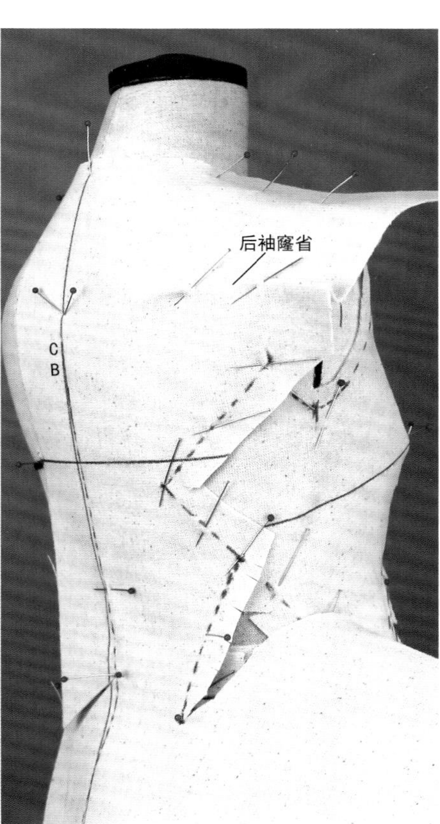

18 沿前小肩线反向刮折布片，预留3cm缝边，修剪掉多余布片，扣净缝边并假缝，对完成部分进行描点，描点部位：后领口线、小肩线、后袖窿弧线。

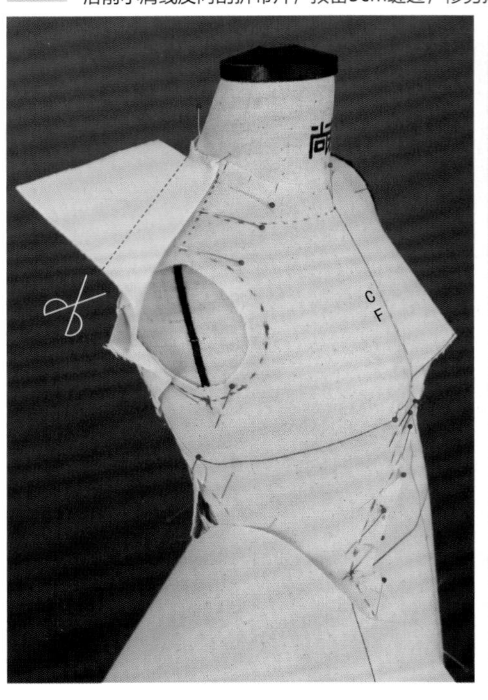

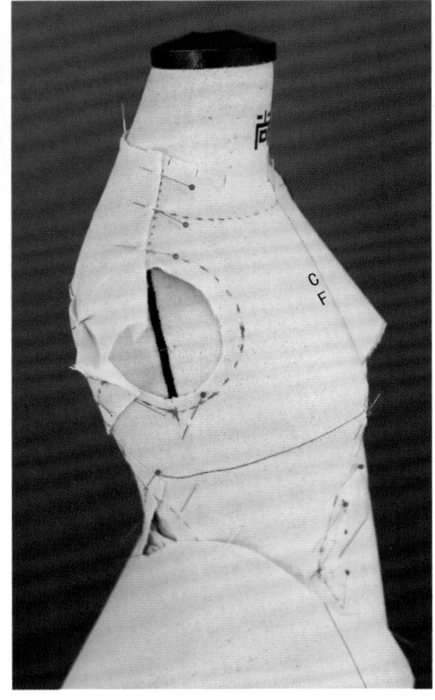

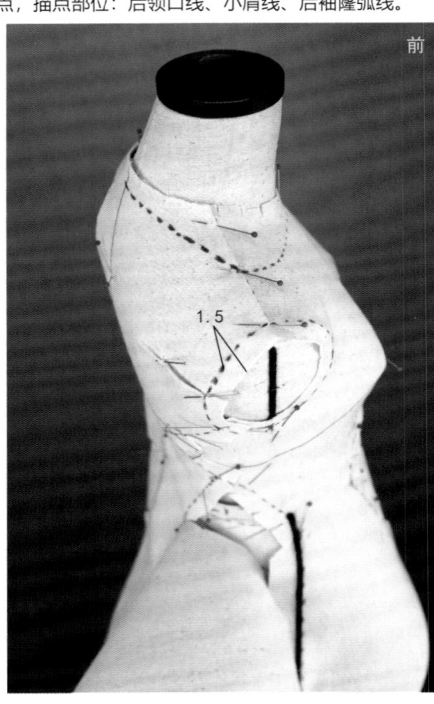

19 调整侧面衣摆展开的空间量，沿三角形插片分割线打剪口，在衣身前片的侧缝拐点用重叠针固定衣身前、后片，确认后描点。

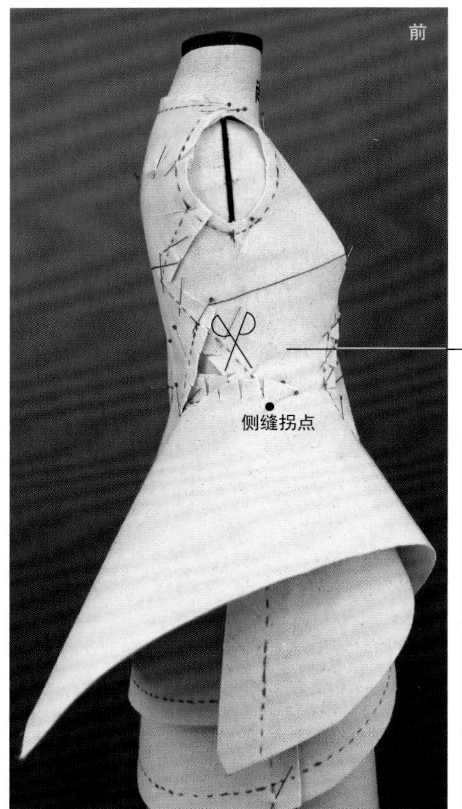

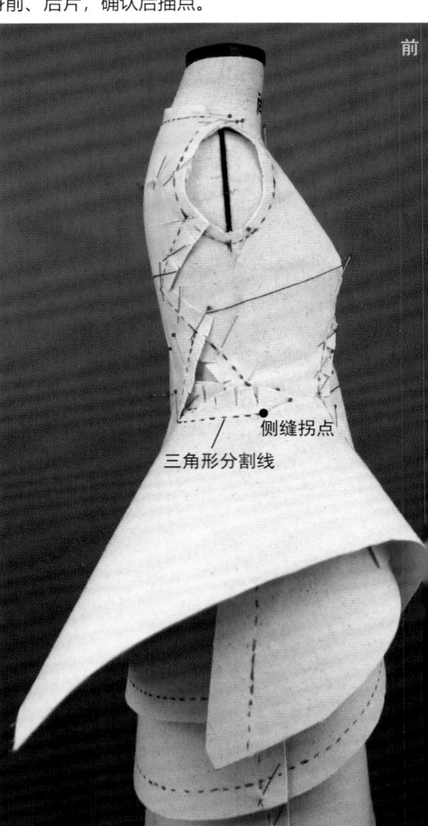

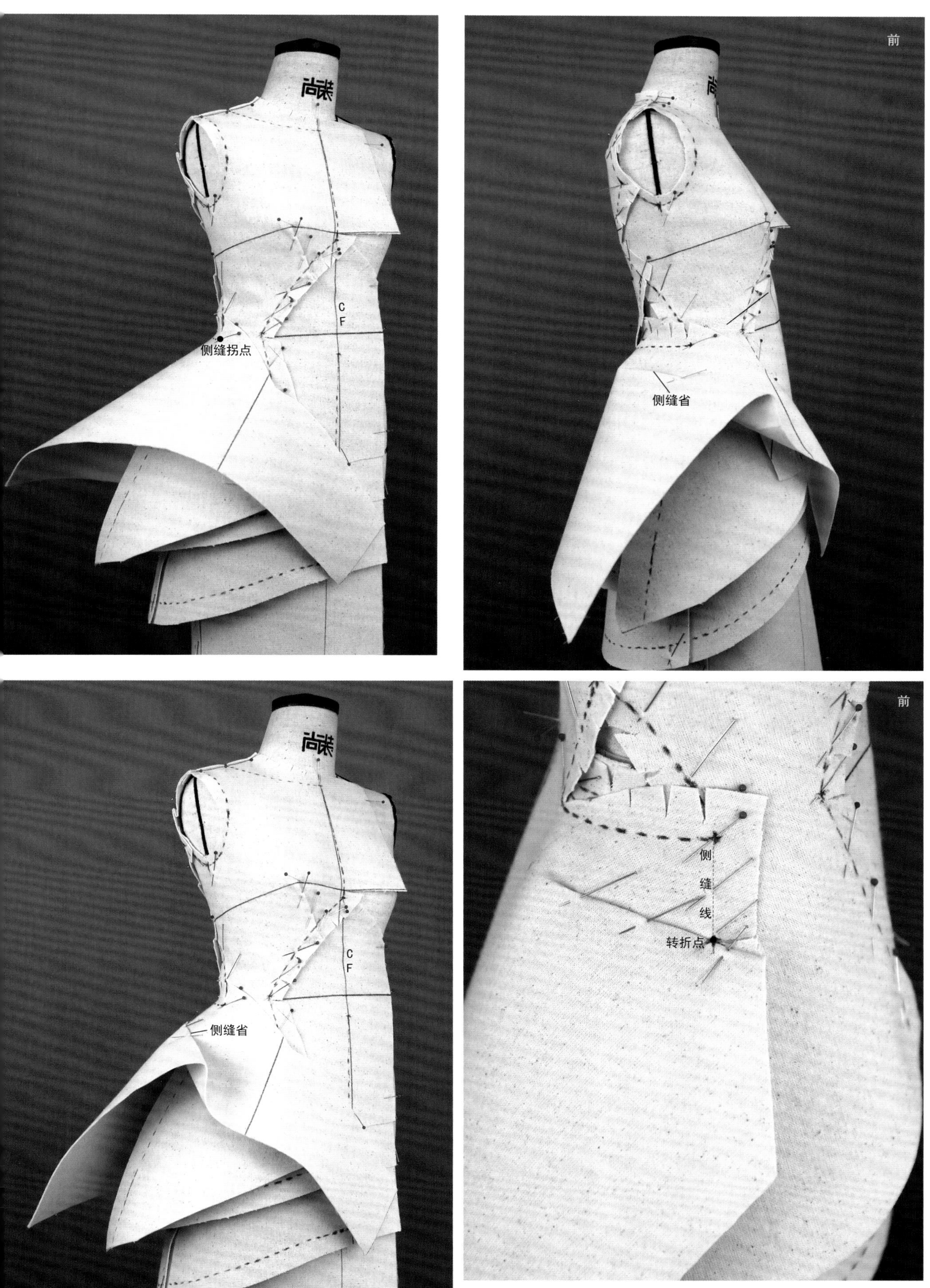

20 在侧缝处捏省，塑造侧面方形棱角的造型，假缝固定，标记棱角的转折点并固定其上部分侧缝线，修剪掉多余的布边。

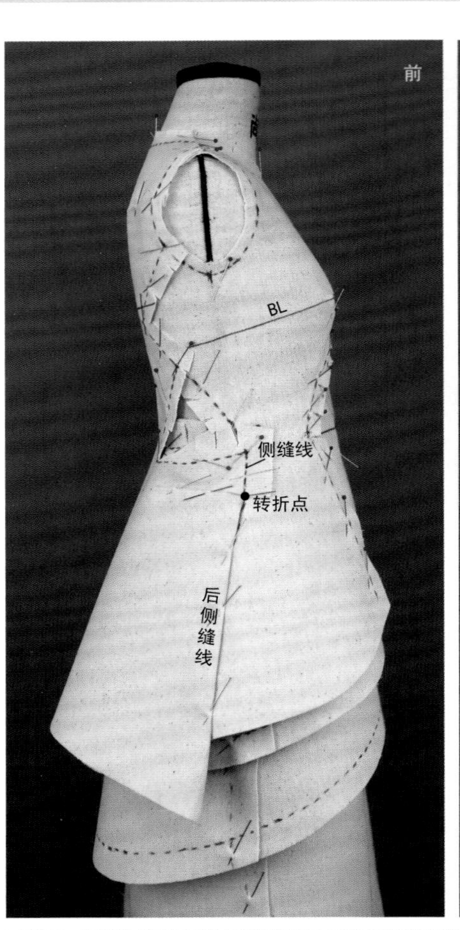

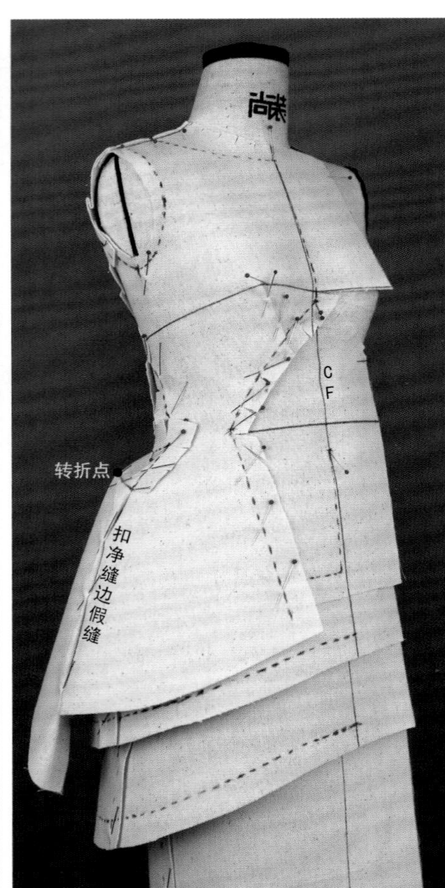

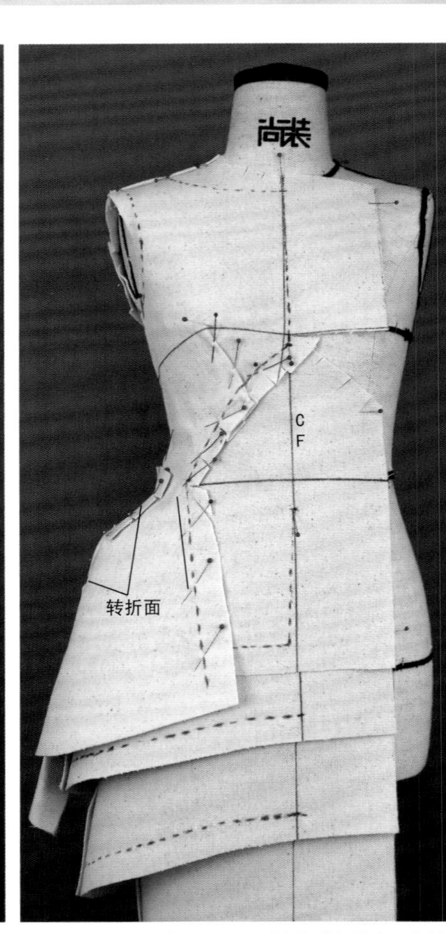

21 可用手指在衣摆内部轻轻用力向外顶住转折部位，保持侧面具有棱角的立体造型，确认造型后依照前侧缝线，对转折点以下的后侧缝线进行描点，在转折点处打剪口，转折点以下缝边扣净并假缝。

22 对衣身下摆轮廓线进行标线，注意与裙摆边缘线近似平行，形状保持一致，确认造型后描点，清剪布边。

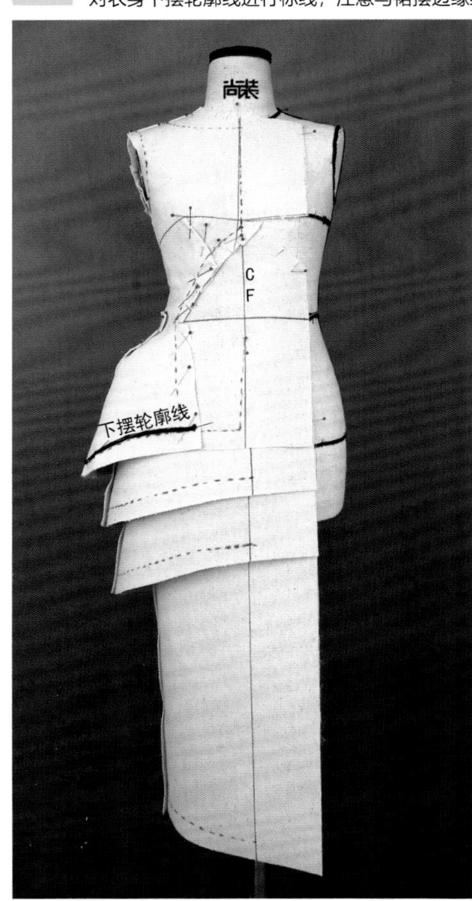

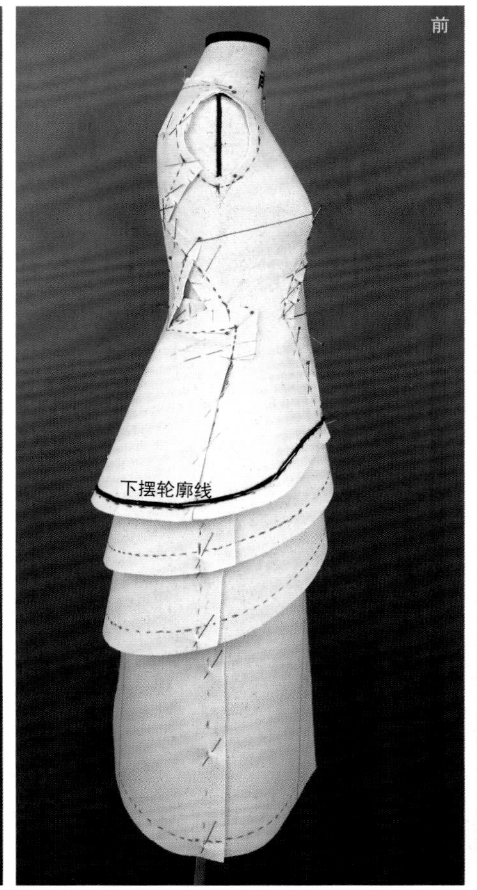

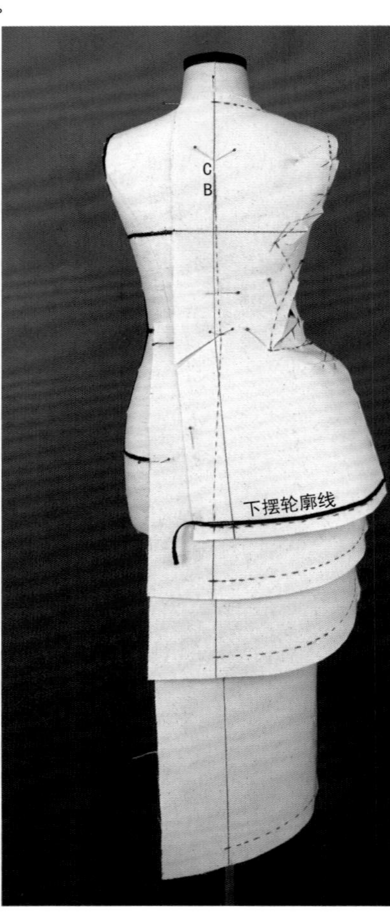

23 三角形插片的制作：将基础布片直纱辅助线垂直于地面并用点针固定，并在两端用重叠针固定，防止布片偏移。沿三角形插片的分割线打剪口，使布片平顺地贴合人台，用重叠针假缝固定，完成后描点并清剪。

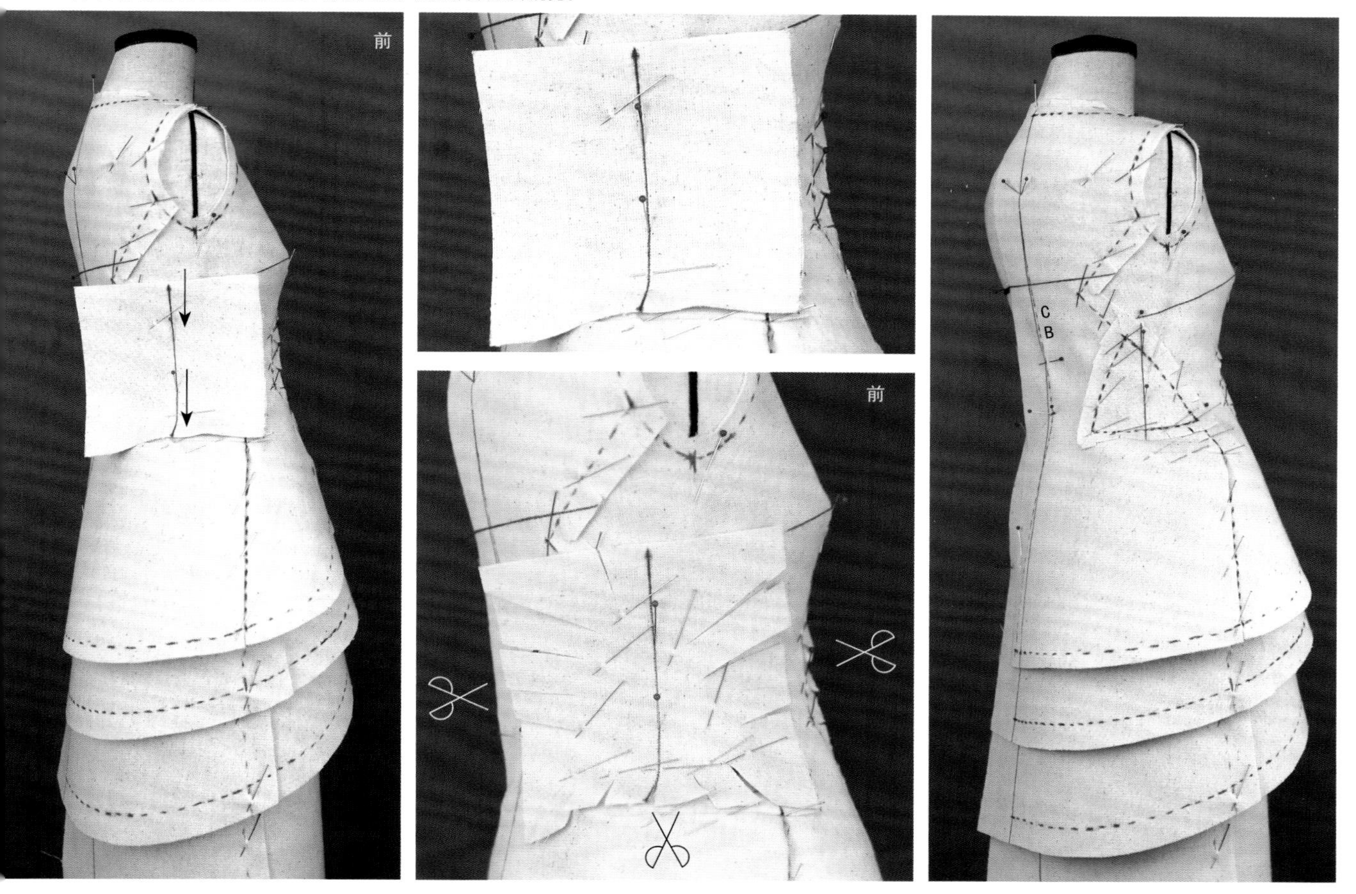

24 对位标记部位：胸省、肩胛骨省、侧缝省、腰省、小肩线以及侧缝线，完成后检查整体描点标记是否完整。

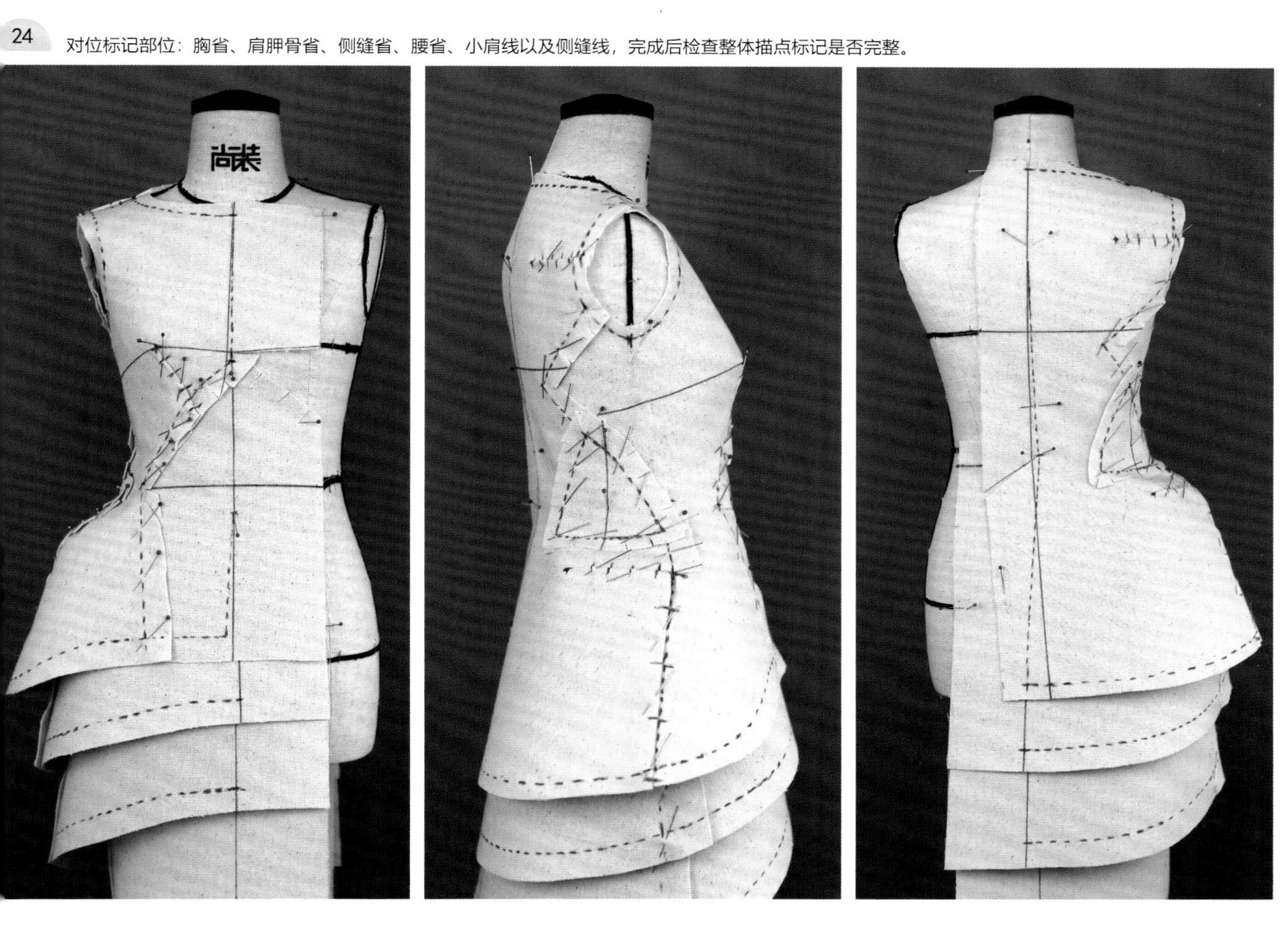

25 将各裁片依次拆下后烫平，校对各部位对应缝合尺寸是否相等，进行线条归纳、对齐圆顺，标记出所有省的倒向。

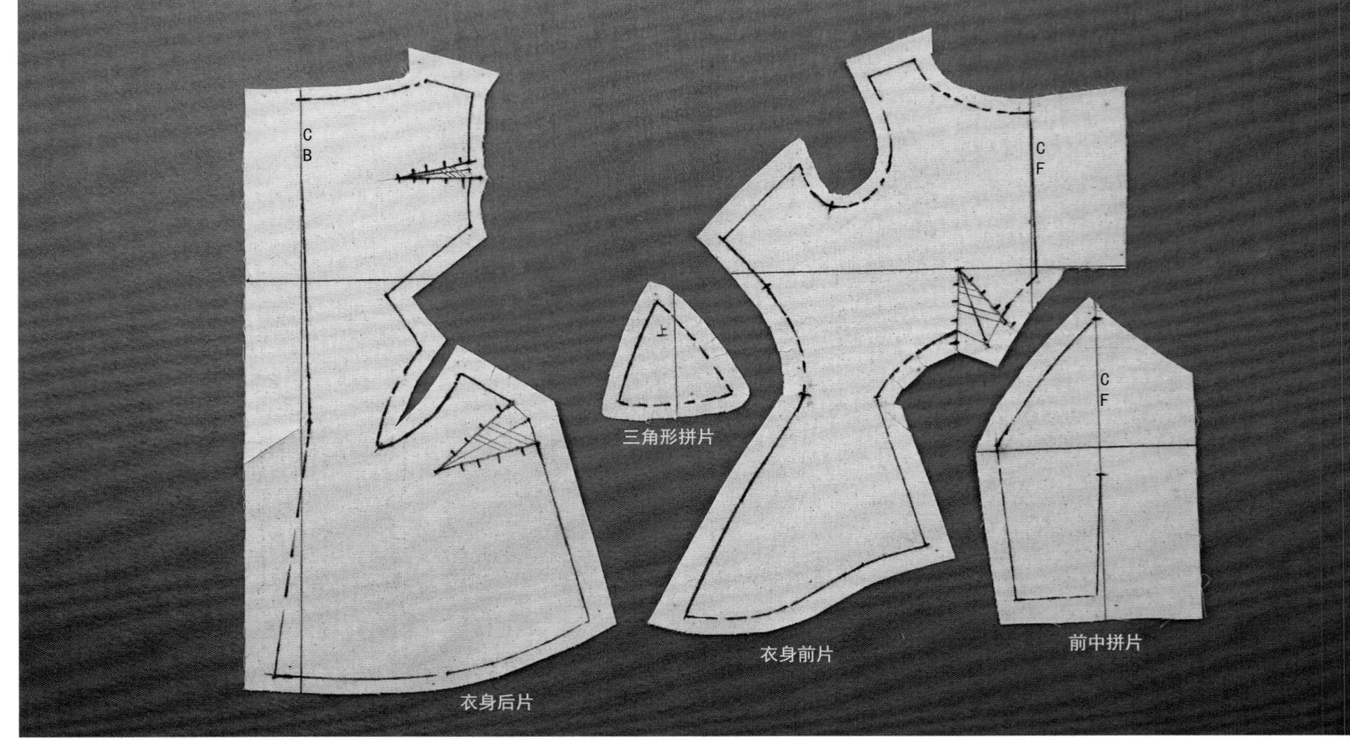

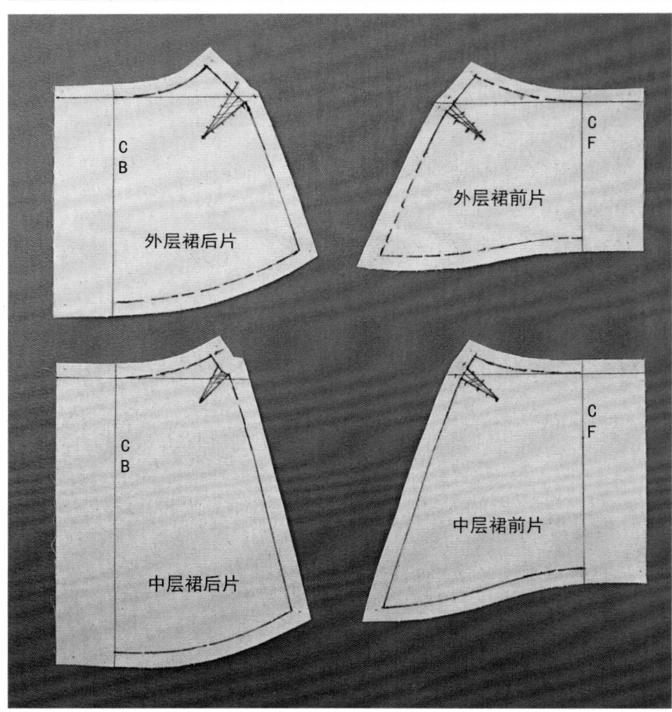

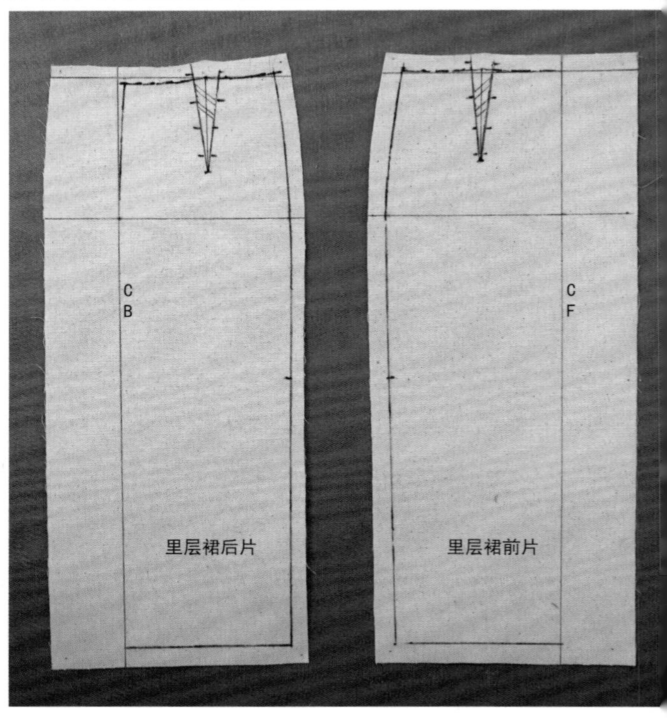

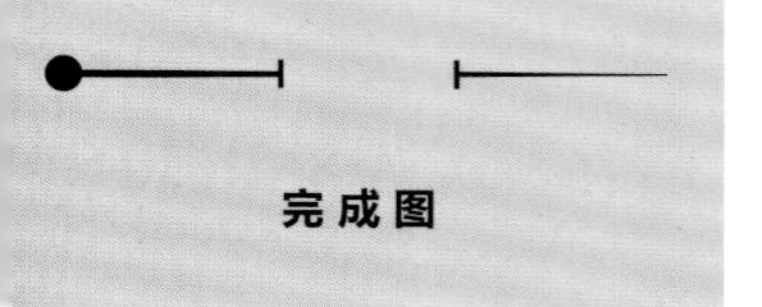

完成图

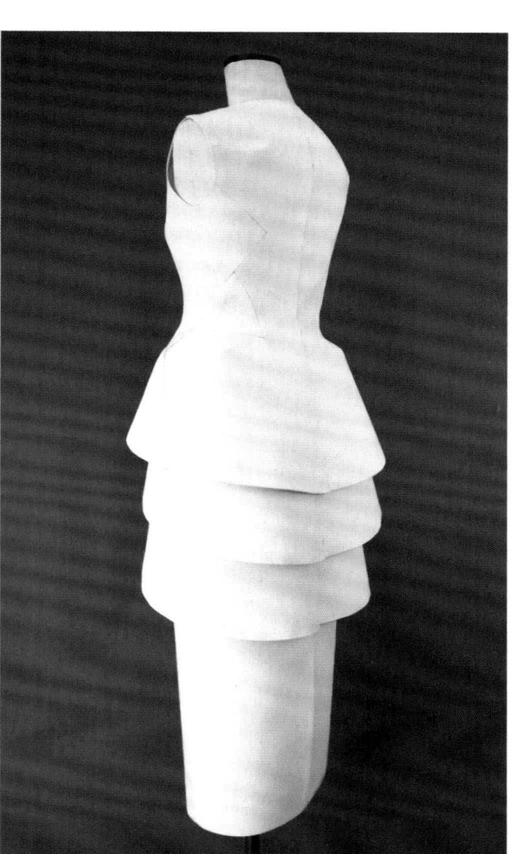

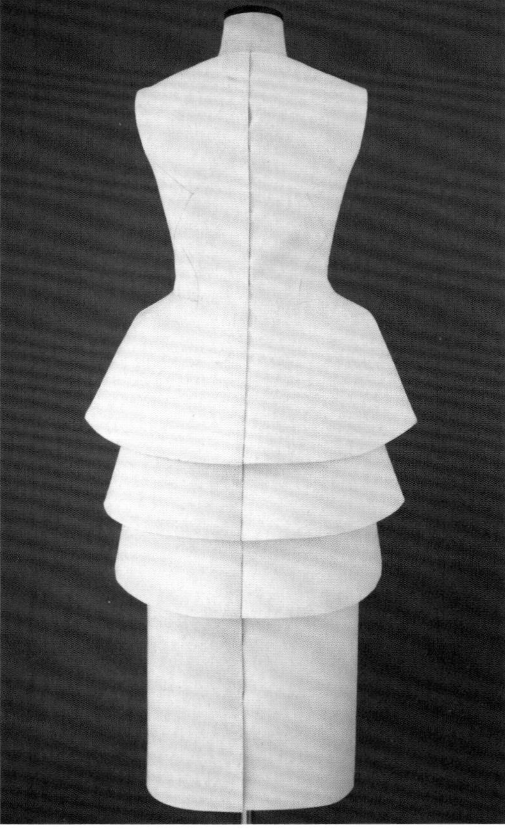

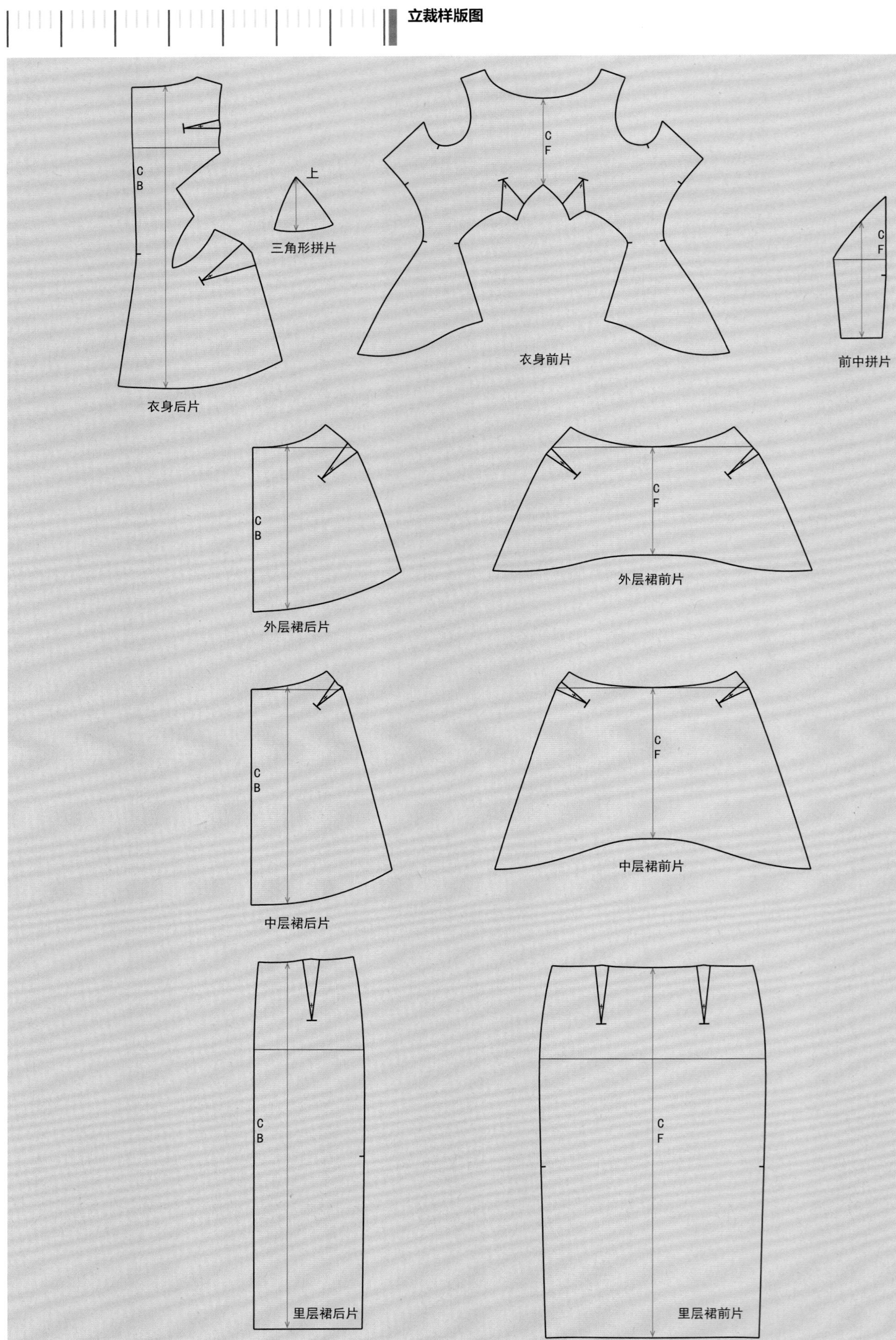
C
B
上
三角形拼片
C
F
C
F
衣身前片
前中拼片
衣身后片
C
B
C
F
外层裙前片
外层裙后片
C
B
C
F
中层裙前片
中层裙后片
C
B
里层裙后片
C
F
里层裙前片

Draping
The Complete Course

立体几何造型连衣裙

款式描述

长款连衣裙，整体呈A字廓型，衣身上部紧身合体，圆领、无袖，中部呈立体几何造型，内有衬布，太阳裙下摆。

练习重点

此款造型简洁，立体几何结构为设计亮点，极具视觉冲击力，学习者可以通过对立体几何造型的立裁练习，拓展空间感和抽象性的设计思维。

材料准备

- 人台（不限定号型）。
- 宽0.3cm纯棉织带。
- 专业立裁针、剪刀。
- 网纱或棉花。挺阔的麻织物，或烫较厚衬布的坯布。
- 马克笔（或4B铅笔）、三色圆珠笔。
- 推版尺、多功能尺、皮尺。

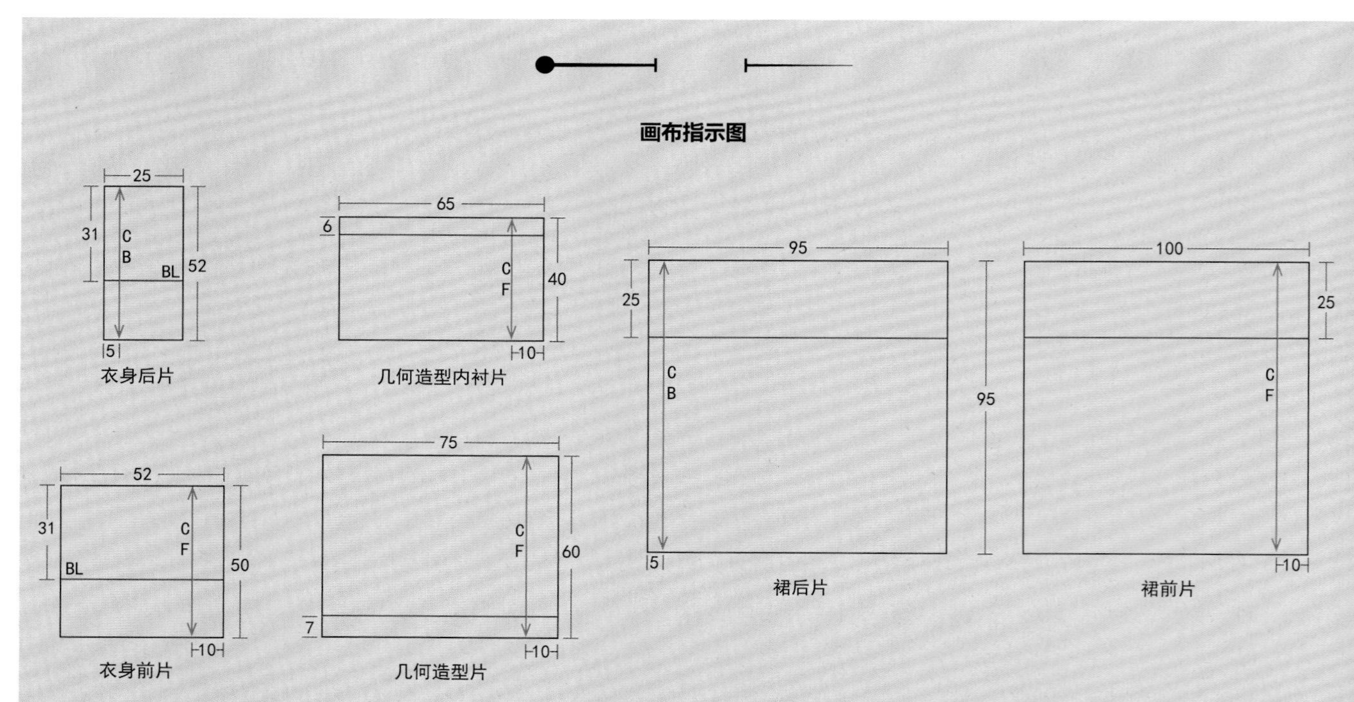

• 人台准备

需要标线的部位：领口线、袖窿线、立体几何造型分割线、省位线。

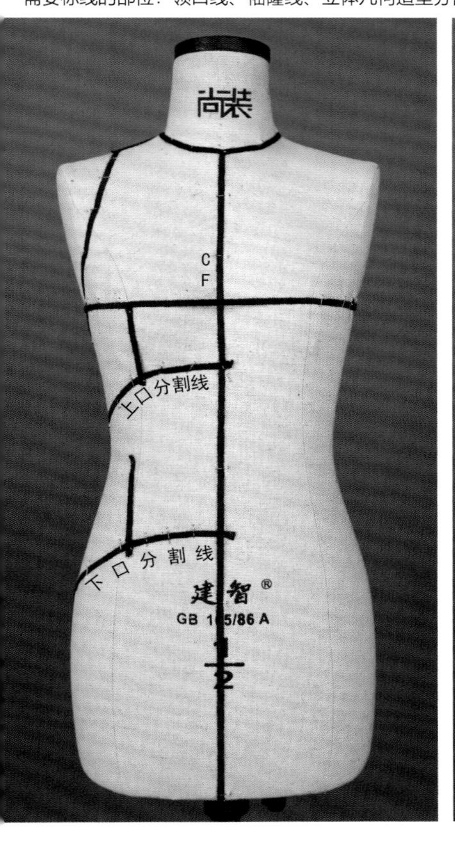

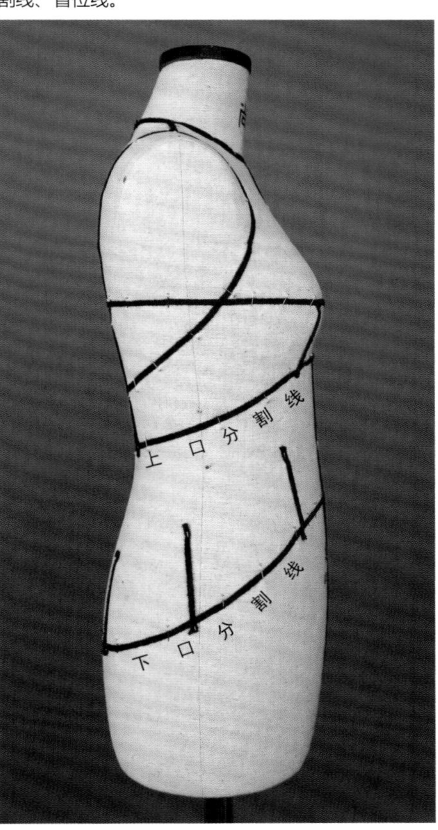

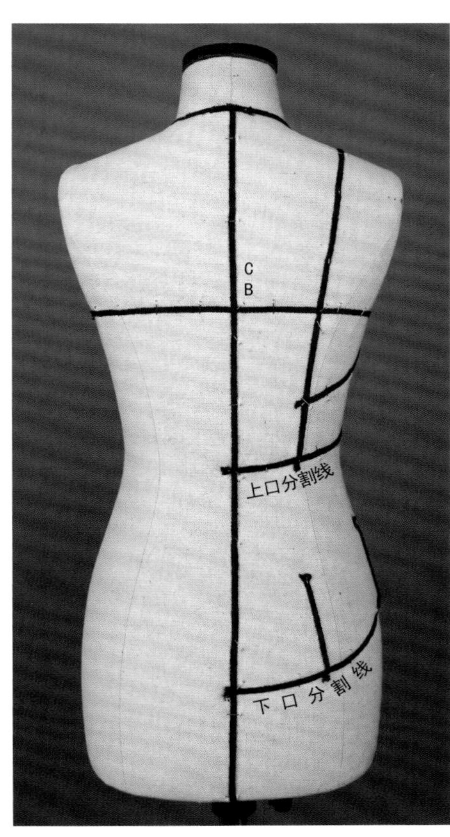

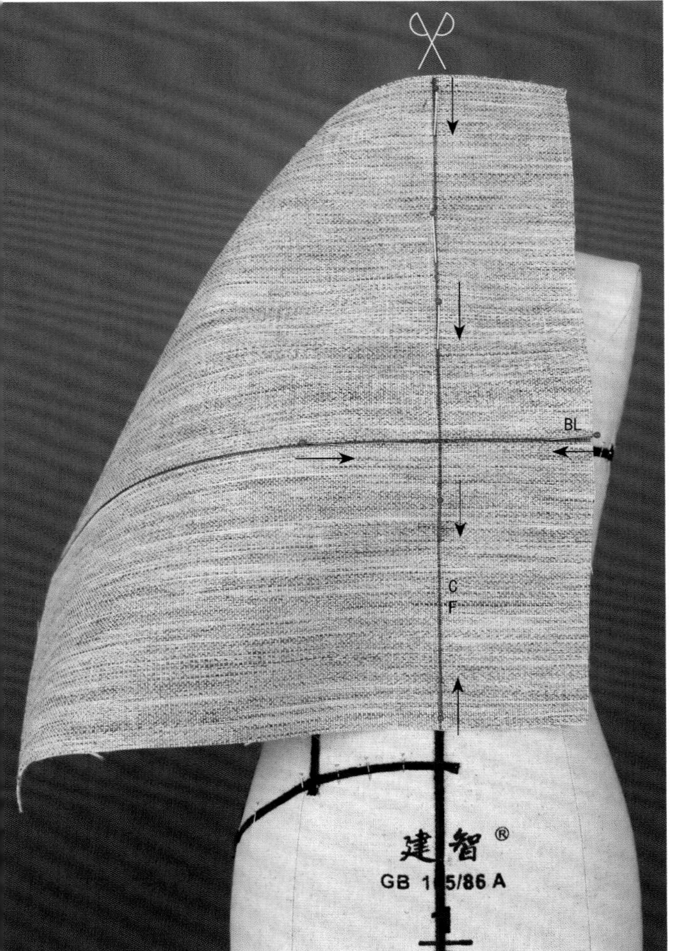

• 款式制作

1

衣身前片的制作：基础布片的直纱和横纱辅助线分别与人台前中线和胸围线相对应，确保直纱垂直、横纱水平，如图所示用点针固定布片。从前颈点沿颈根围均匀地打剪口至肩颈点，修剪出前领口造型，用点针固定肩颈点、肩线与袖窿线的交点。抚平衣身侧面布片使其贴合于人台，在胸围线高度上用大头针固定。

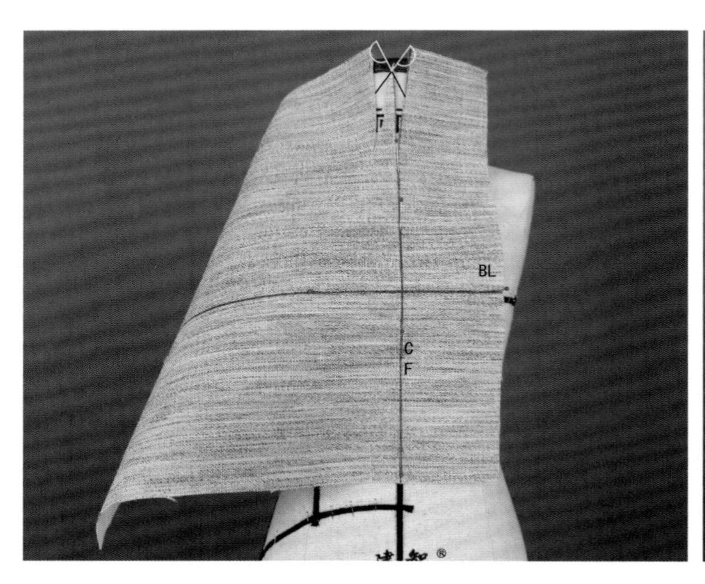

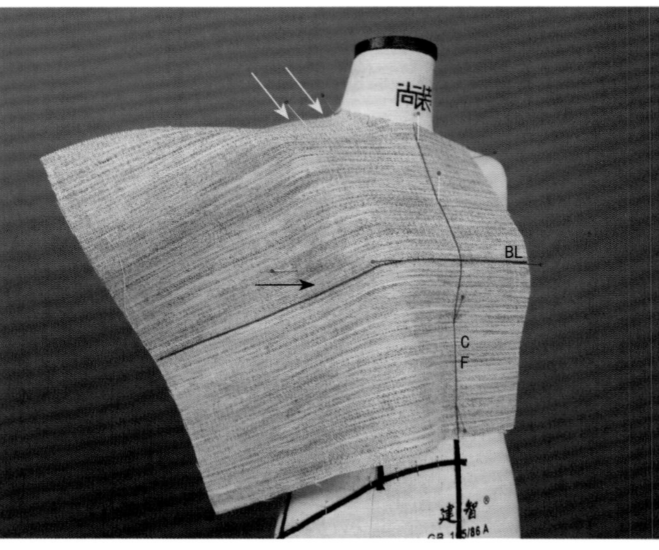

2 如图所示，沿标线绘制出小肩线与前袖窿线（至前拐点区域），预留缝边，修剪掉此部位多余的布片。

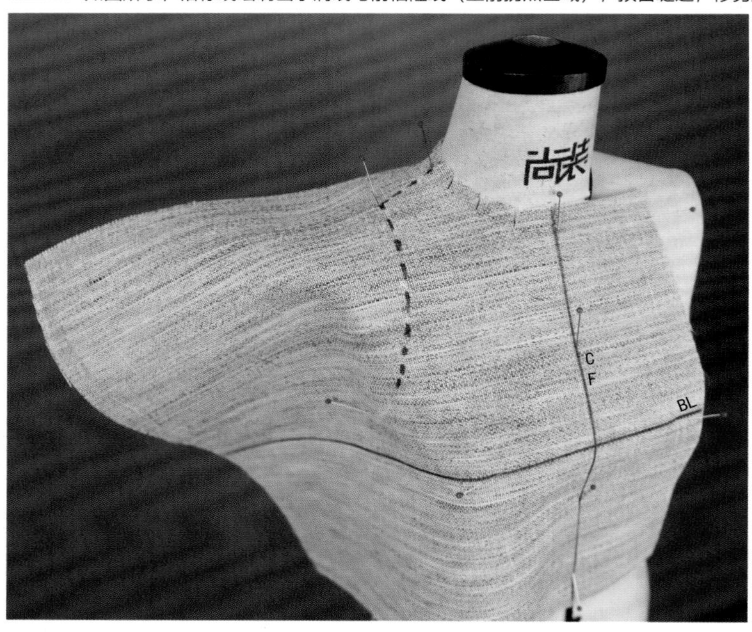

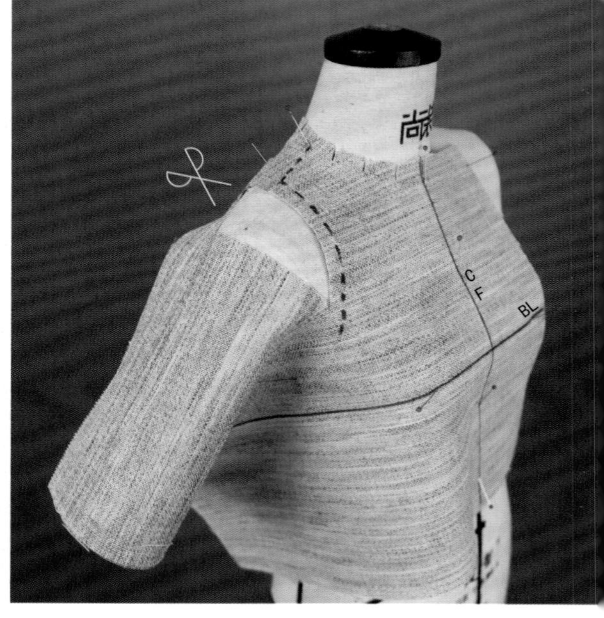

3

可取下胸高点处临时固定的大头针，重新调整侧面布片使其贴合于人台，用大头针固定，将胸腰省合一，省量推至胸下区域，准备塑造胸部造型。如图所示，在布片上先标记出部分上口分割线方便后续操作，均匀地沿分割线打剪口，捏出胸省，用折叠针法假缝固定。

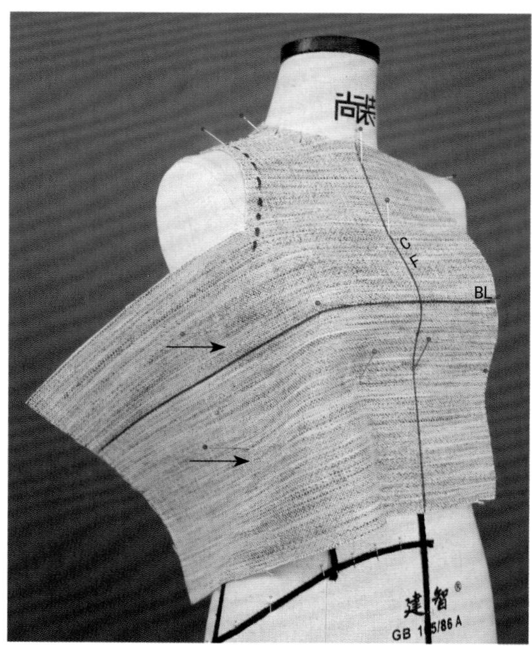

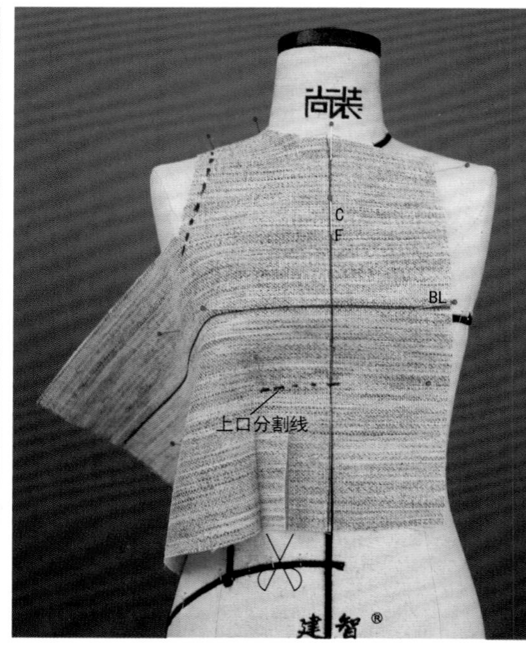

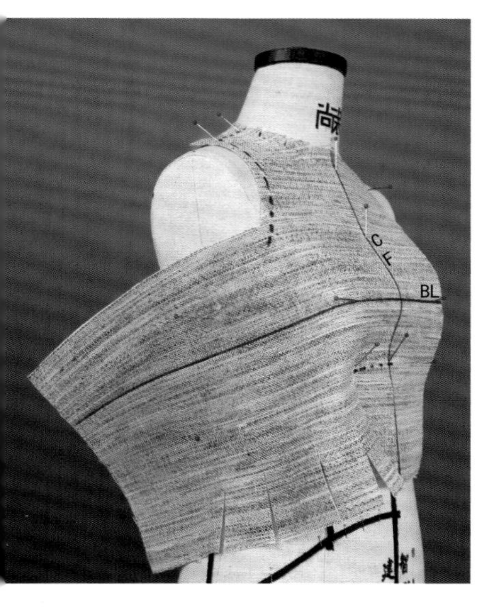

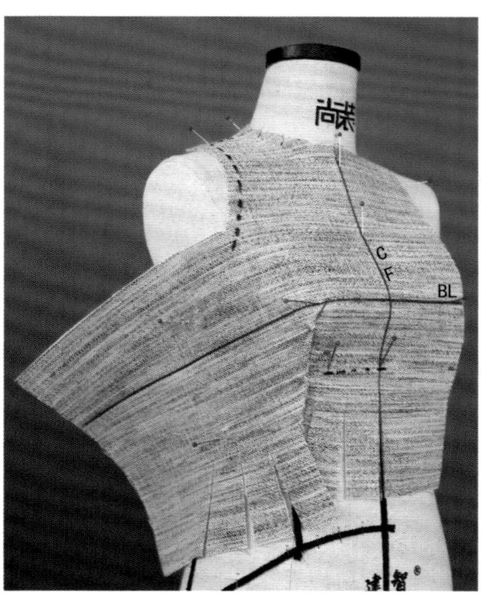

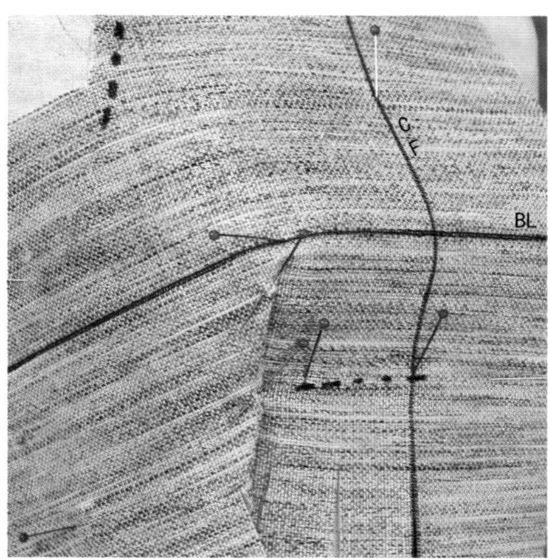

4 如图所示，将布片围绕至人台后背，打剪口使布片平顺地贴合人台， 在前、后分割线交点处用点针固定，确认后对完成部分进行描点，预留缝边并清剪余布，肩部与前、后分割线处的点针，改为如图所示的重叠针固定布片，便于后片的操作。

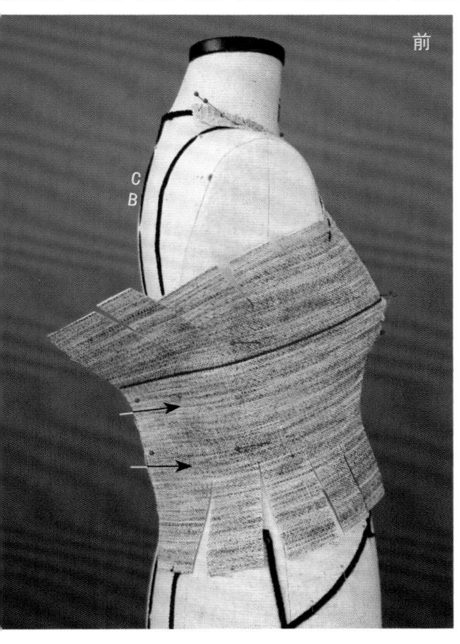

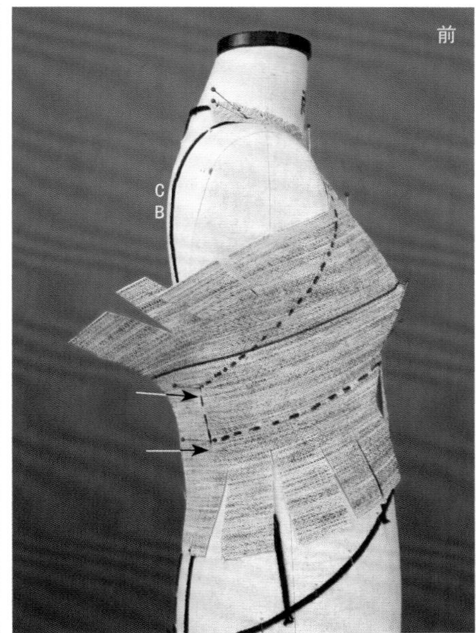

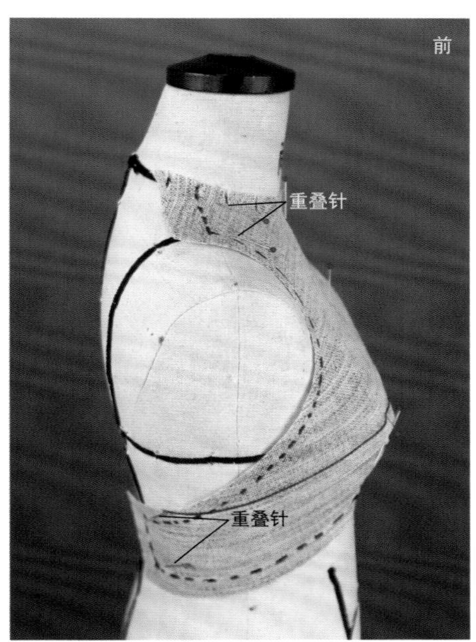

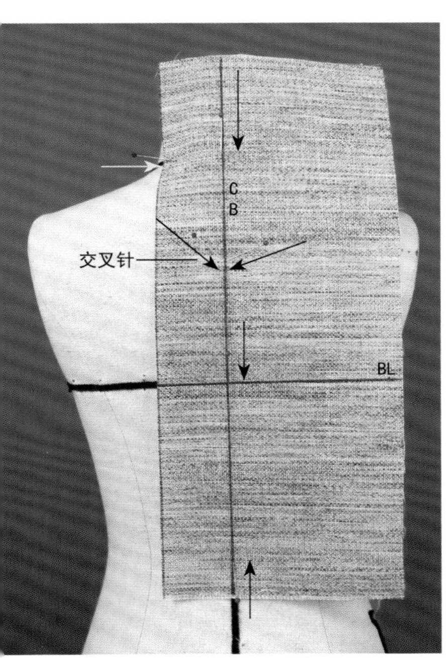

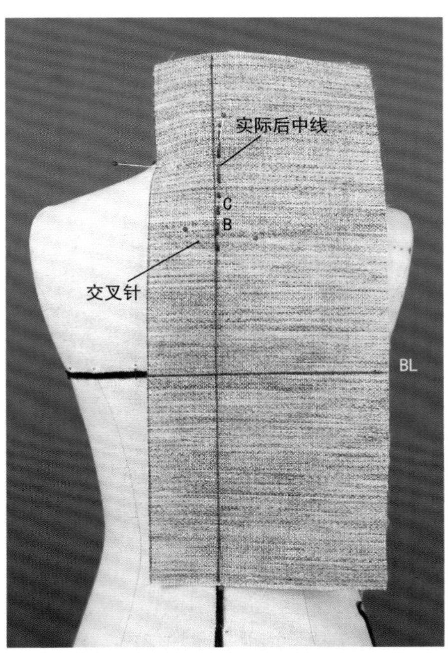

5

衣身后片的制作：在基础布片胸围线与后中线的交点下针，保持布片横纱水平、直纱垂直的状态，并与人台标线相对应。用交叉针固定背宽线与后中线的交点，准备进行撇背操作。手在后颈点高度将布片轻轻向左水平拉动，使布片上后颈点位置向左偏移0.5cm左右，用大头针固定，并标记出新后中线。

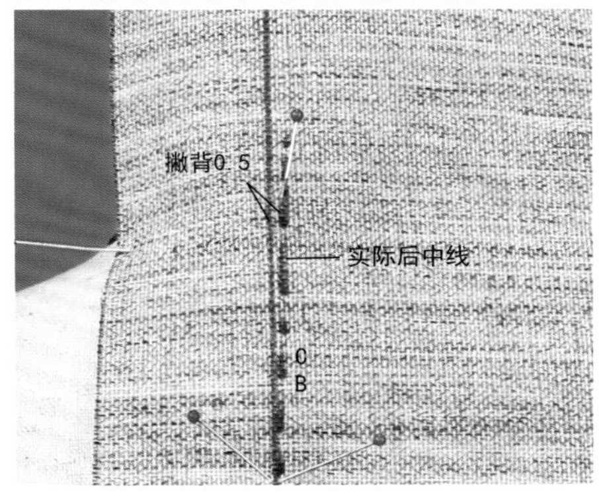

6

沿颈根围自后颈点向肩颈点垂直均匀地打剪口，修剪出后领口线，肩部布片自然贴合，用点针固定。

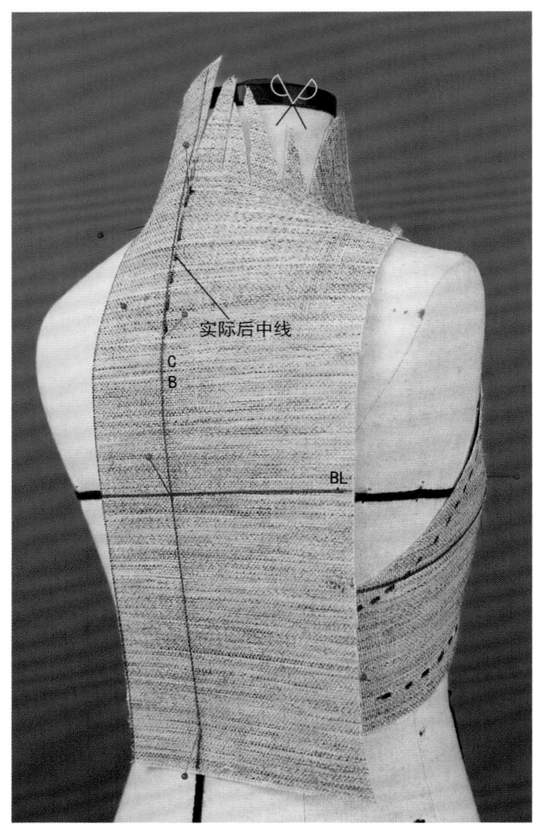

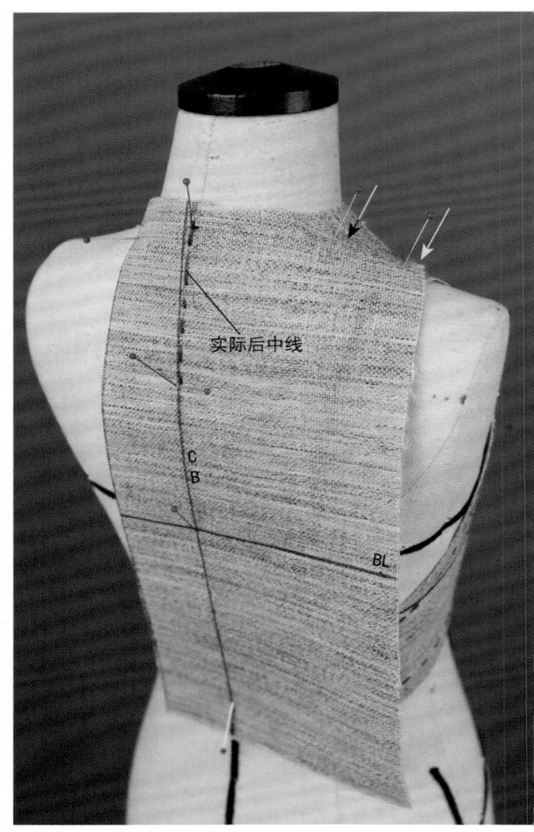

7

将交叉针以下固定后中线的大头针取下，抚平肩胛骨部位的的布片，并缓缓竖直偏后中方向向下，使后腰节布片贴合人台，收后中腰省，腰省大小可根据款式需要、竖直向下偏左或偏右一点来控制省量。重新沿人台后中标线固定，对布片实际后中线进行描点。确定后肩线，反向刮折布片，扣净缝边并假缝固定。

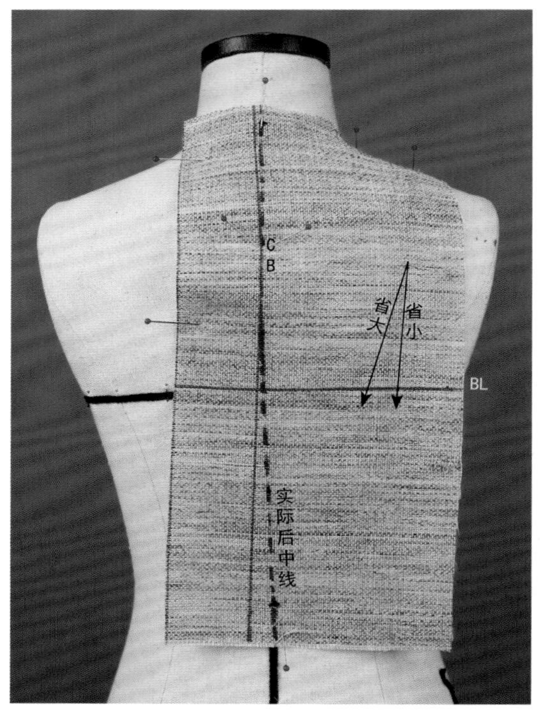

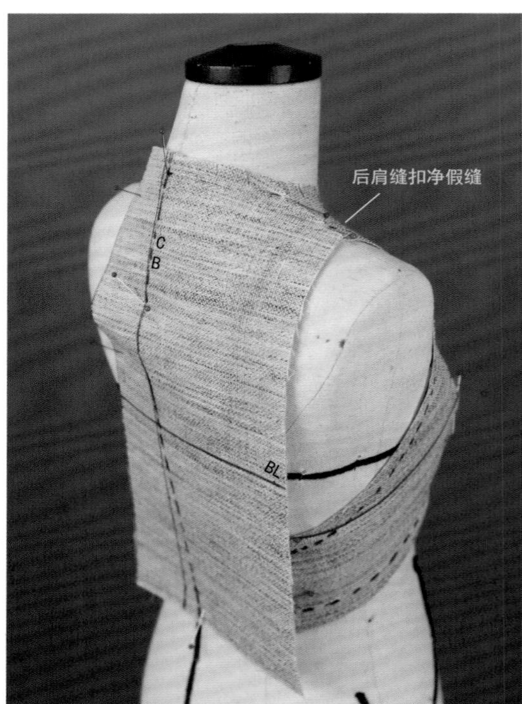

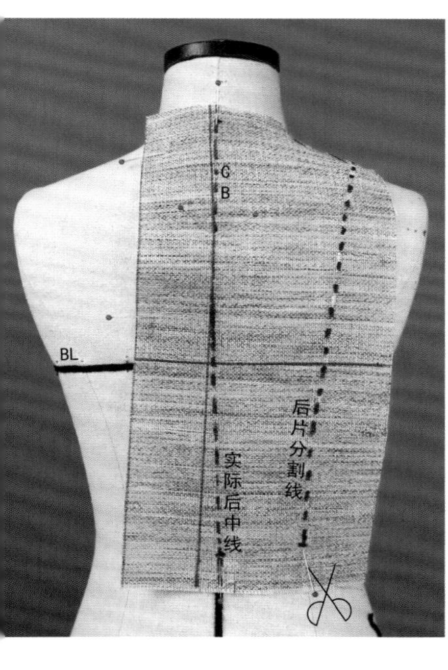

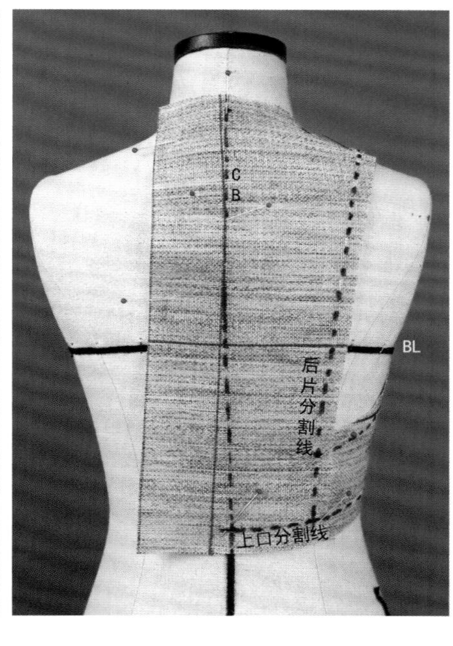

8

如图所示，将布片贴合人台后背，用点针固定，沿人台标线对后片分割线，上口分割线进行描点，预留缝边清剪布边，将前、后片用别针固定。

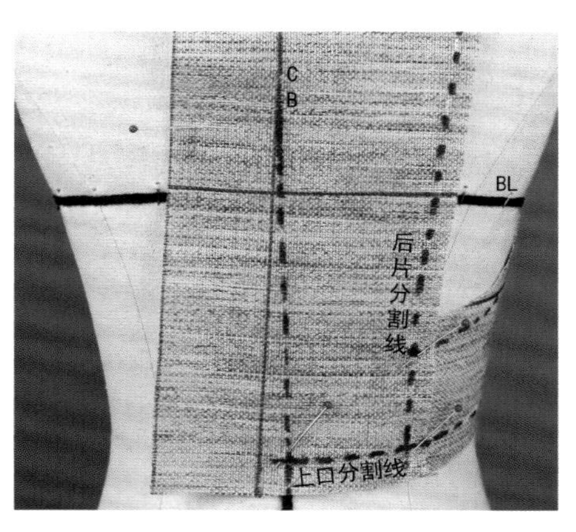

9

将固定胸下分割线的大头针改为用重叠针法固定，针尖朝下方便后续立裁立体几何造型。在基础布片的横纱辅助线与前中线的交点处下针，在A点处用别针固定上、下两层布片，保持横纱水平、直纱垂直的状态，并与人台标线相对应。

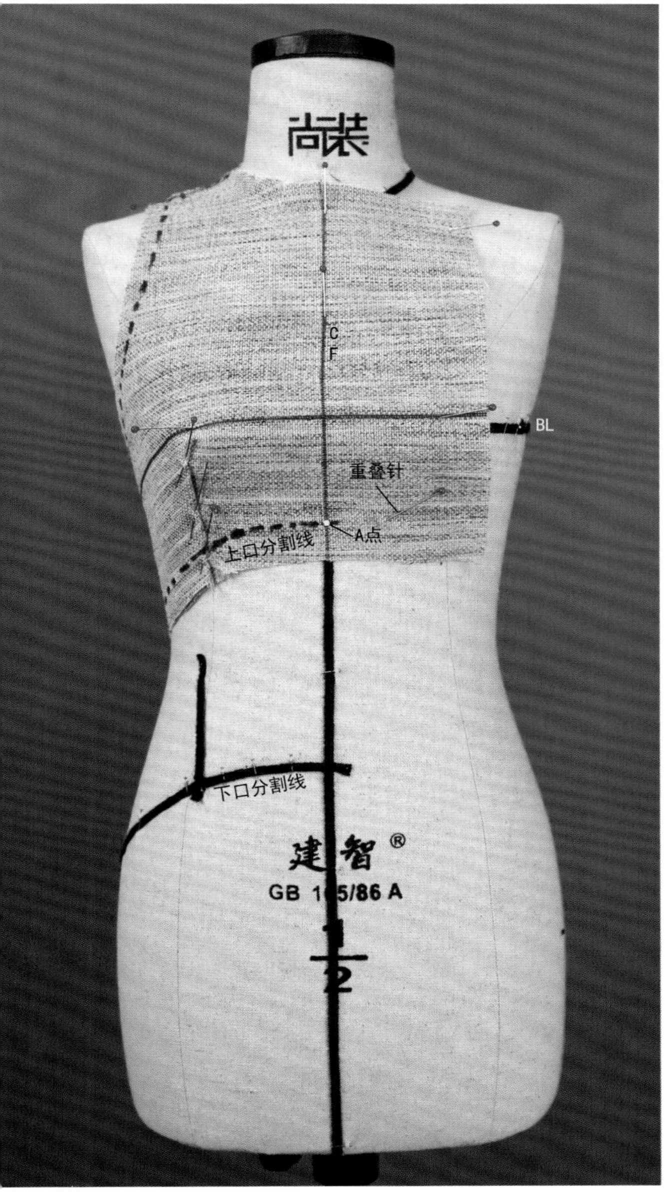

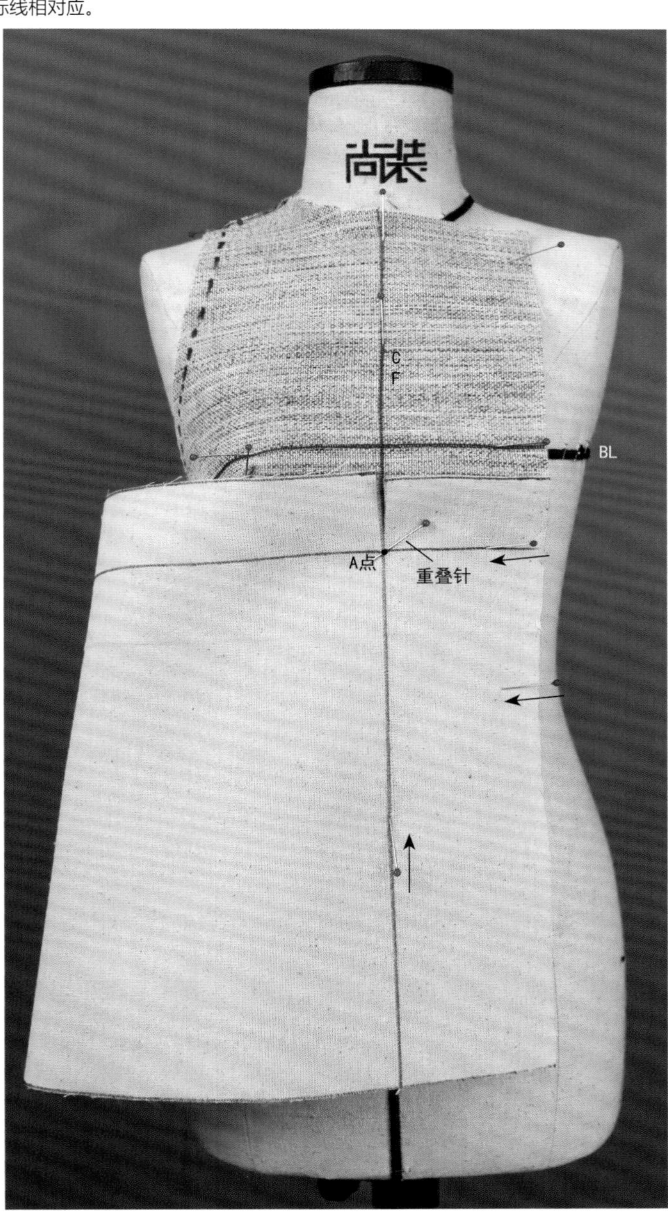

10

如图所示，自前中向后中方向，垂直地向立体几何造型的分割线打剪口，抚平布片使其自然贴合人台，无需多余量，上、下口分割线同步操作，沿上口分割线用别针固定衣身上、下两层布片，沿下口分割线用别针固定布片与人台表布，别针时注意大头针的针尖方向，上口分割线针尖朝下，下口分割线针尖朝上，便于后续立裁操作。

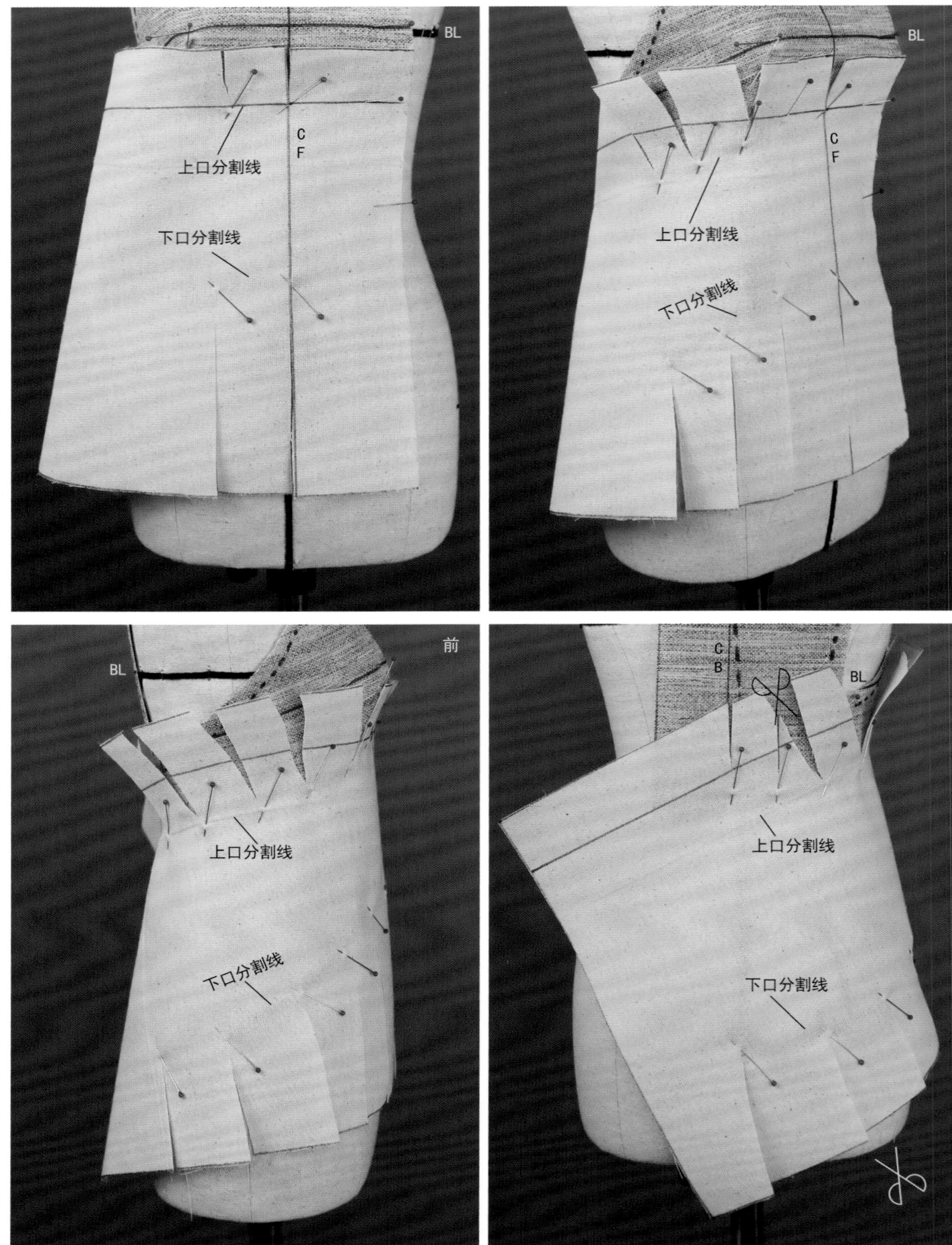

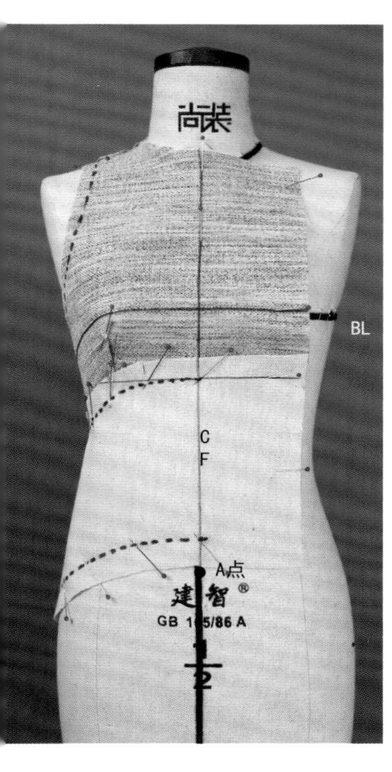

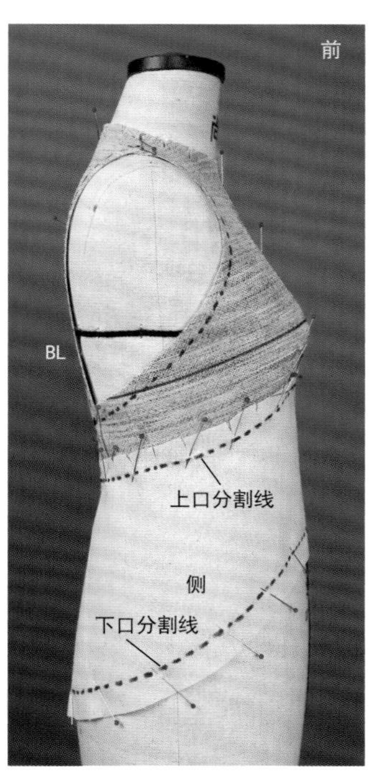

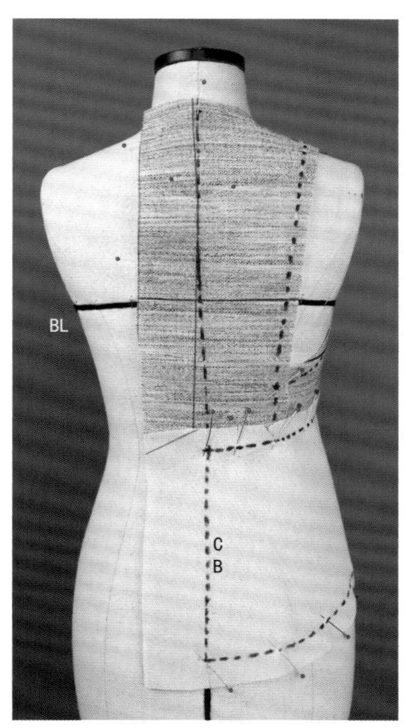

11

确认造型无误后，对上、下口分割线，后中线进行描点并清剪余布。

立体几何造型的制作：在基础布片横纱辅助线与前中线的交点下针，对齐人台下口分割线与前中线的交点，用交叉针固定，确保纱向水平、竖直的状态，并与人台标线相对应。取下固定布片上端的大头针，将布片竖直向下移动，放出合适的空间量，保持布片前中线与人台标线对齐，用别针固定。沿分割线均匀地打剪口，使分割线附近的布片贴合人台，对上、下口分割线同步进行操作，并用重叠针固定上、下两层布片，请注意图例中上、下口分割线别针针尖朝下，方便后续对裙摆的制作。

12-1

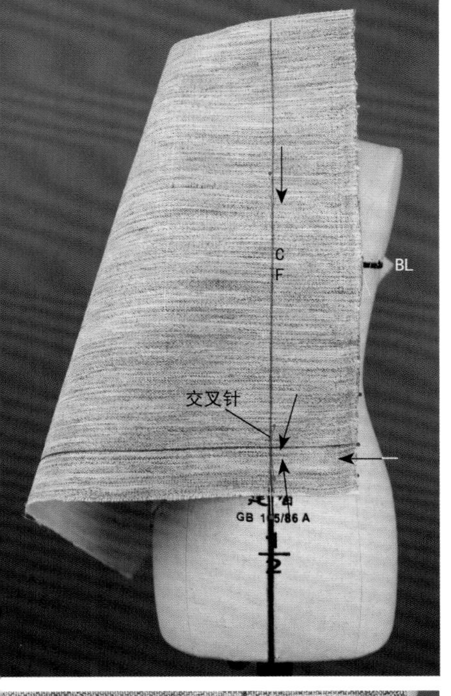

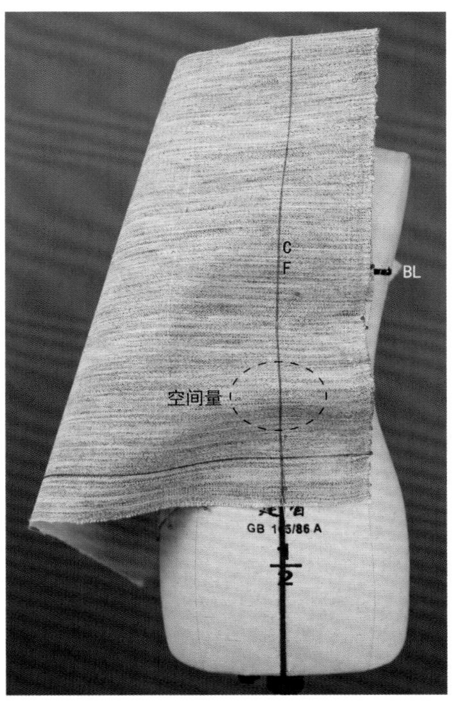

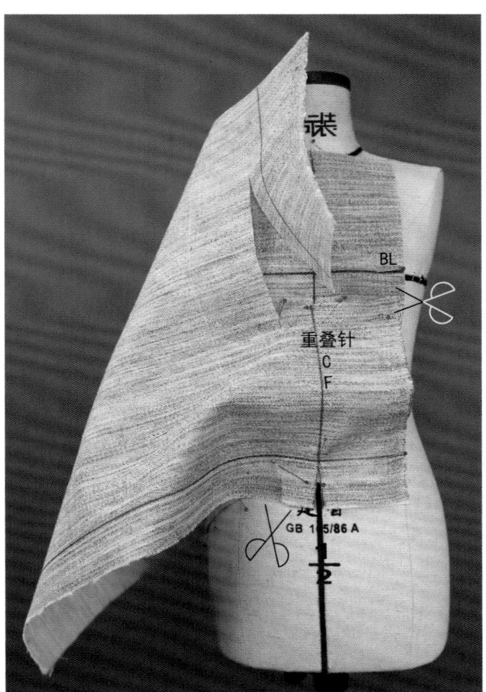

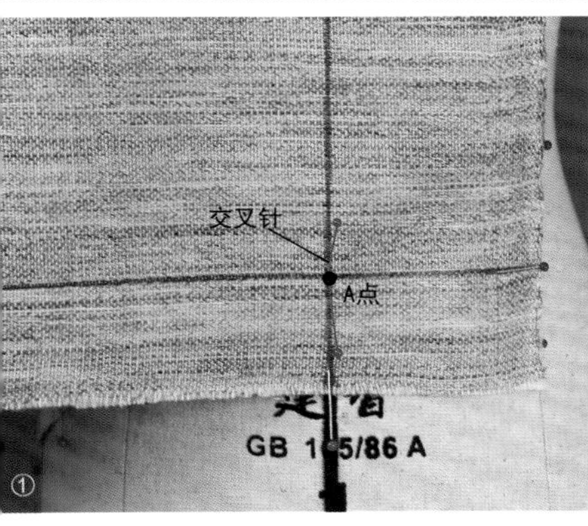

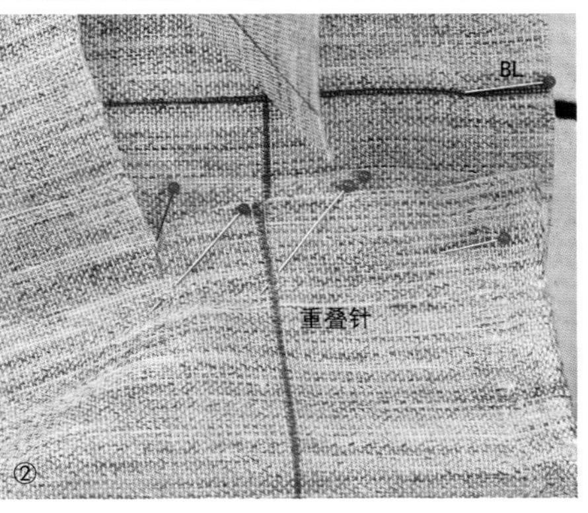

12-2

针法示意图：

① 交叉针；

② 重叠针。

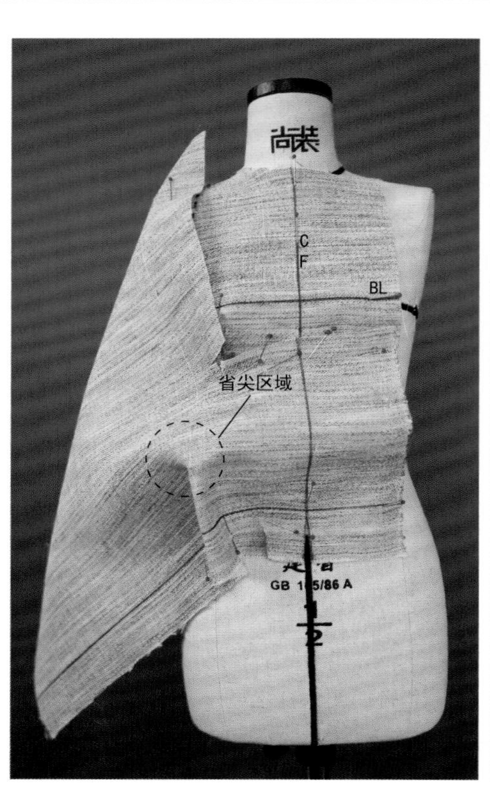

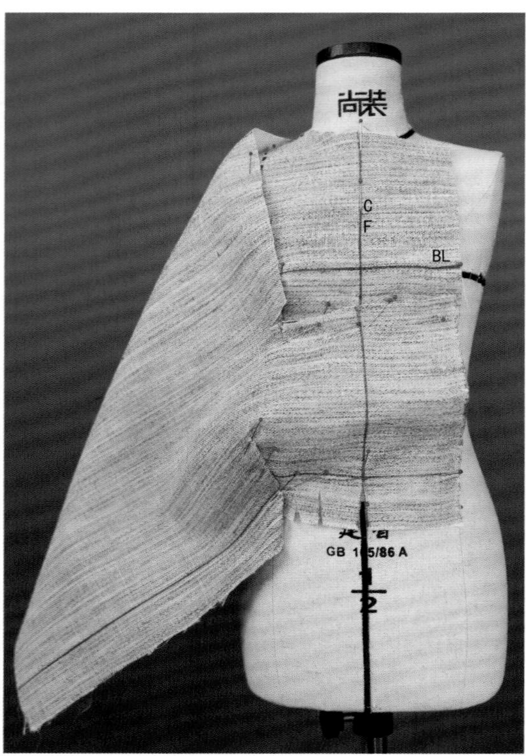

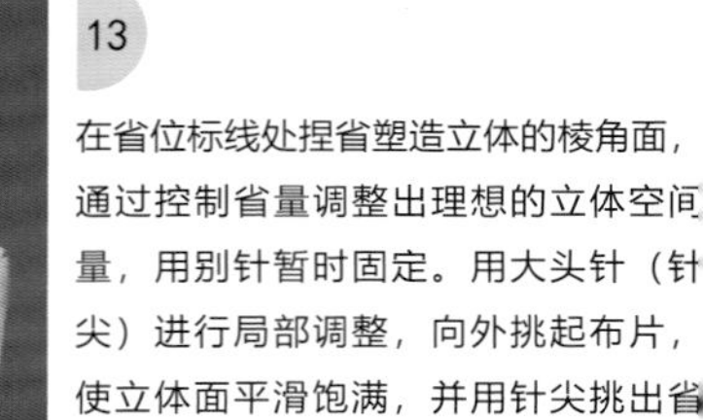

13

在省位标线处捏省塑造立体的棱角面，通过控制省量调整出理想的立体空间量，用别针暂时固定。用大头针（针尖）进行局部调整，向外挑起布片，使立体面平滑饱满，并用针尖挑出省尖，确认棱角造型后，用折叠针法假缝固定。

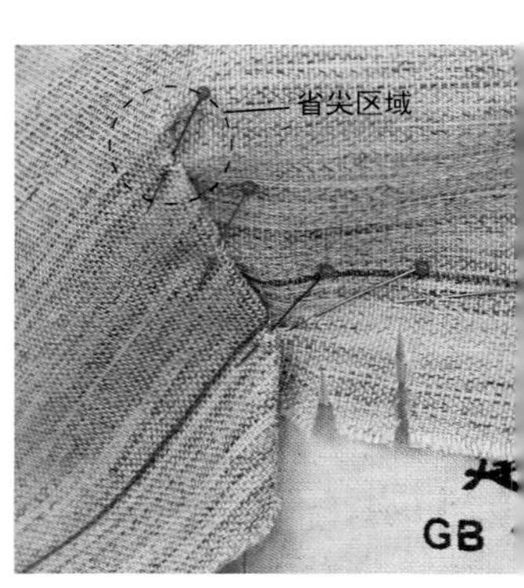

14

如图所示，保持棱角空间状态，继续沿上、下口分割线打剪口操作，同时预留缝边，清剪掉多余布片，可向几何造型的内部填充网纱或棉花作为支撑物，便于立体塑型。

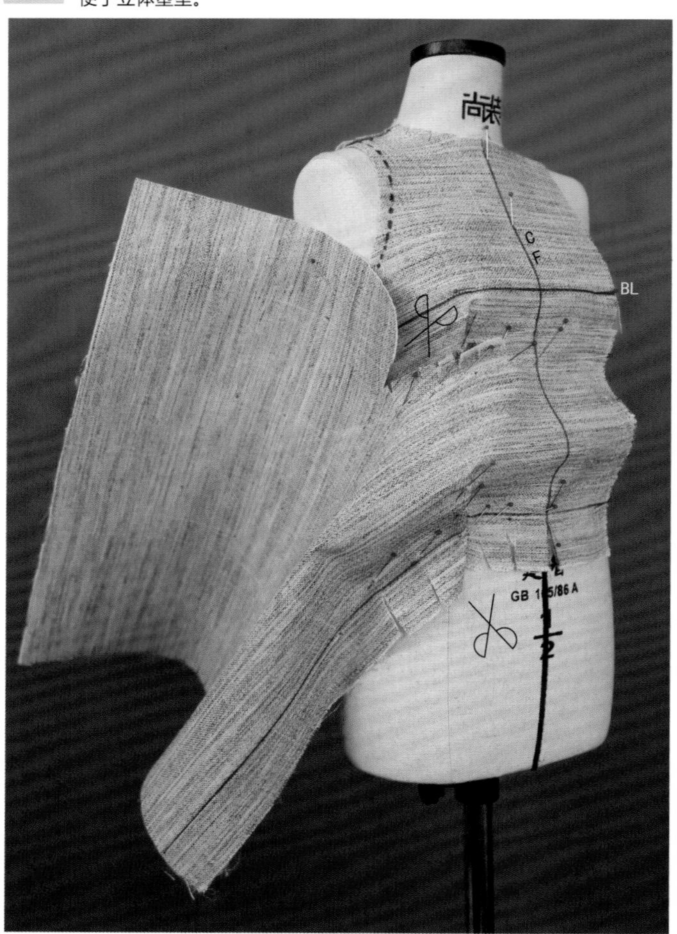

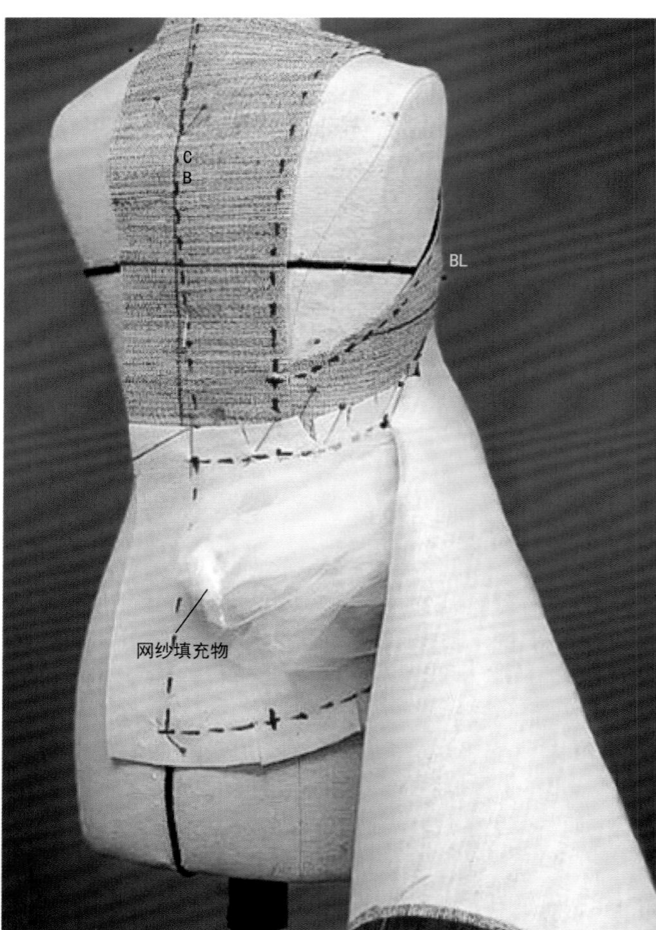

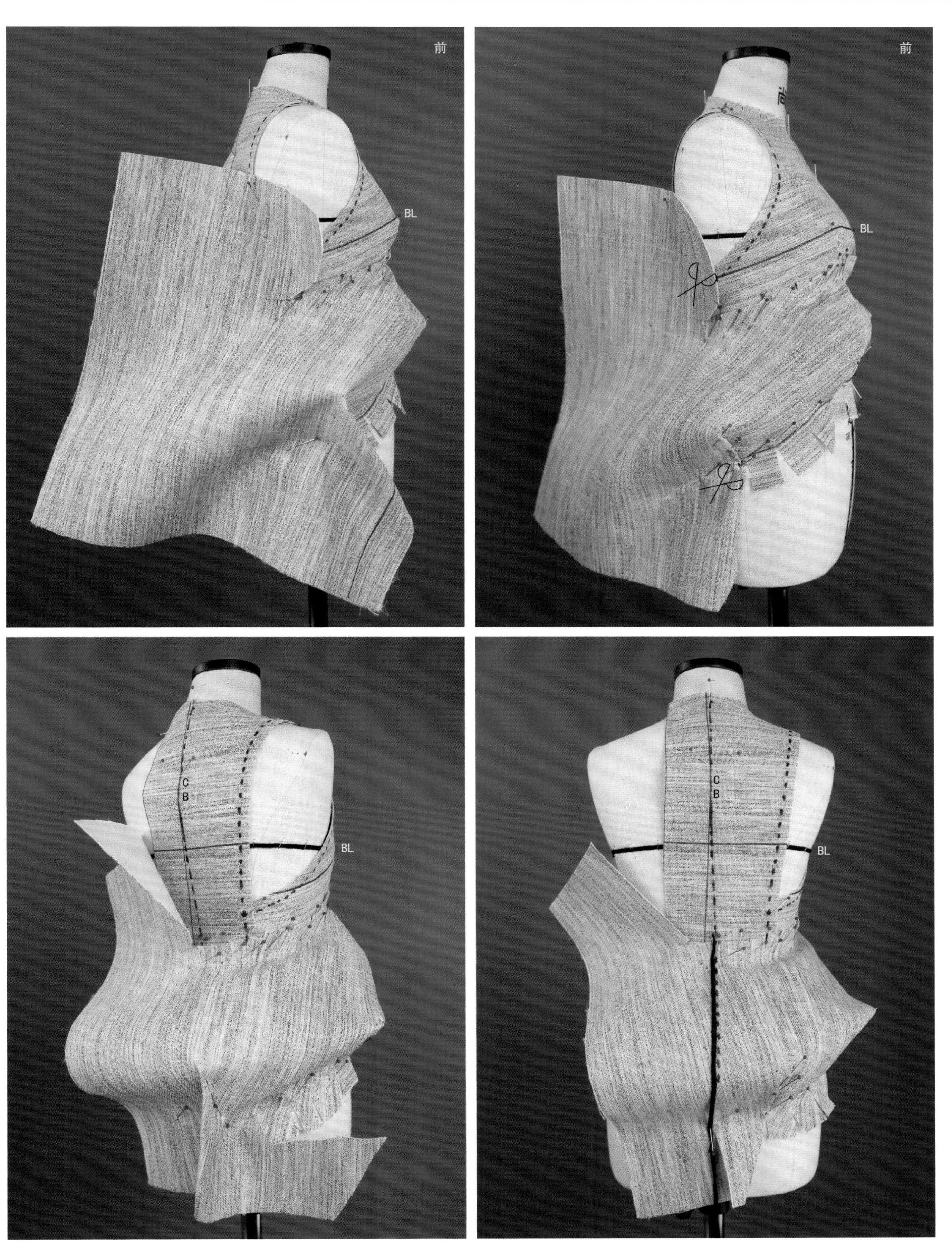

15 参考以上立裁方法完成对立体几何造型的制作，注意观察整体空间比例的协调感。

16

确认造型无误后，对完成部分进行描点标记，清剪布边，除去前中下口分割线交叉针针尖朝上的点针。

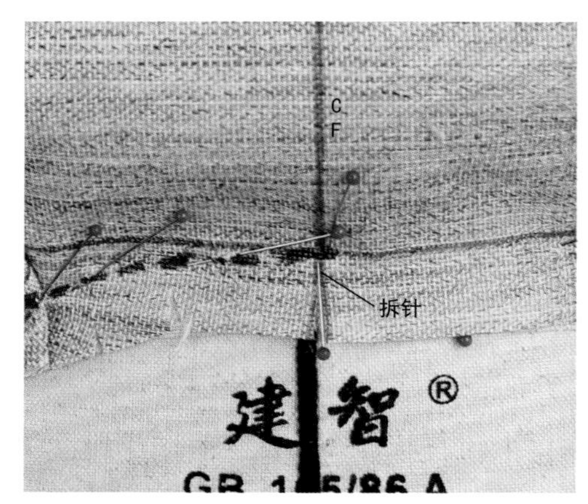

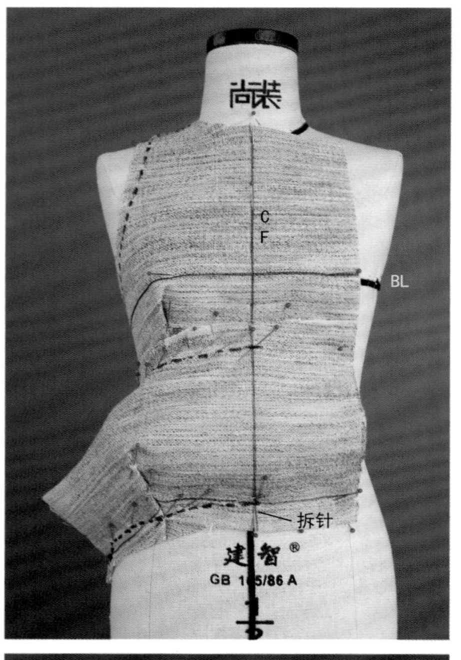

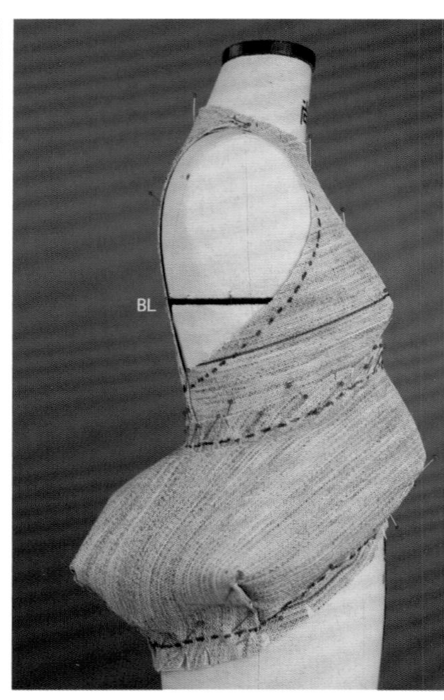

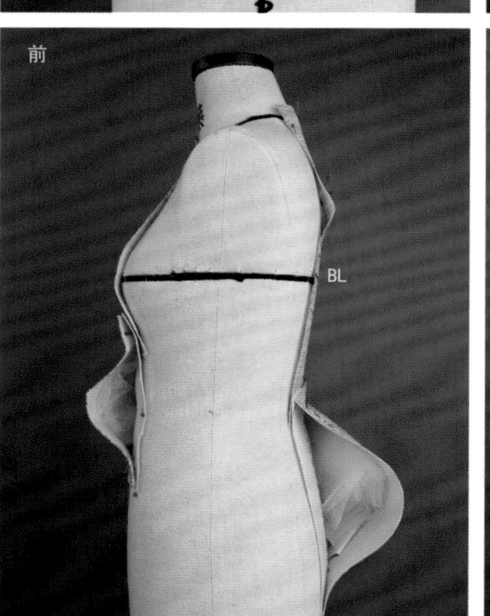

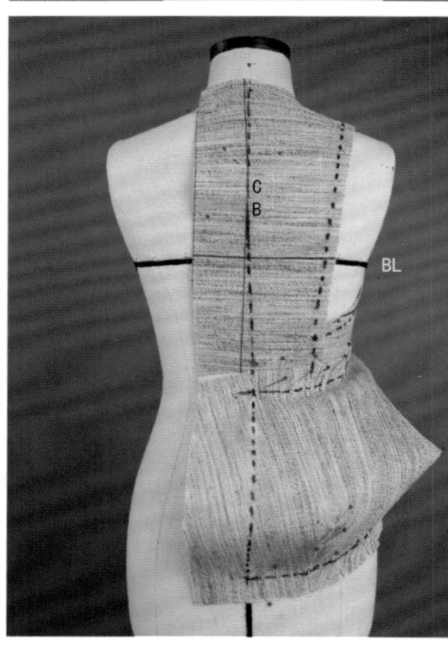

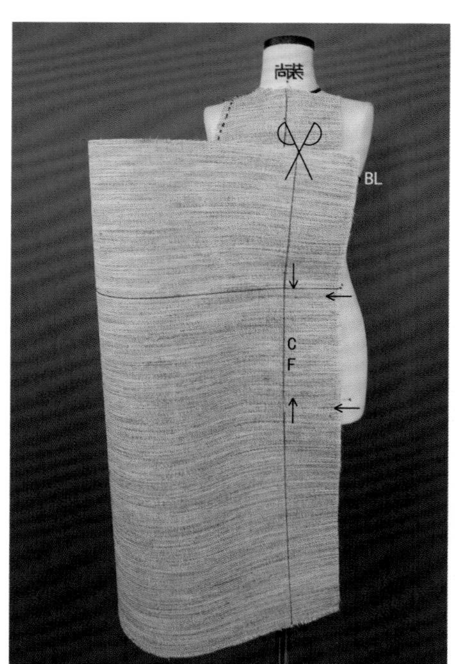

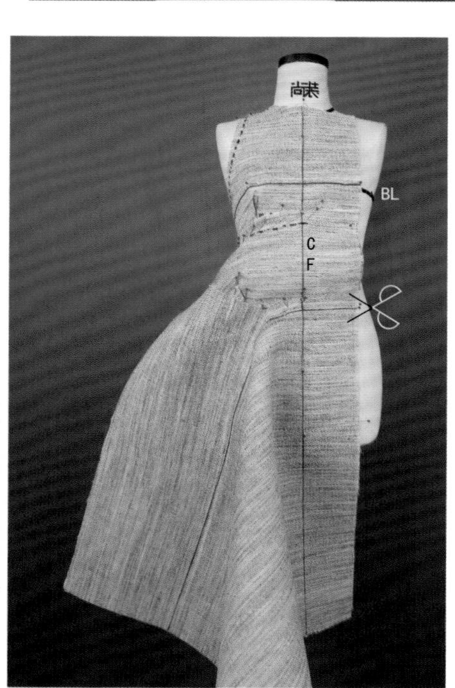

17-1

此款裙摆部分的制作请参考本系列丛书《尚装服装讲堂•服装立体裁剪Ⅰ》中“太阳裙”的立裁方法，在此仅以图片展示。

17-2 针法示意图及剪口的部分造型。

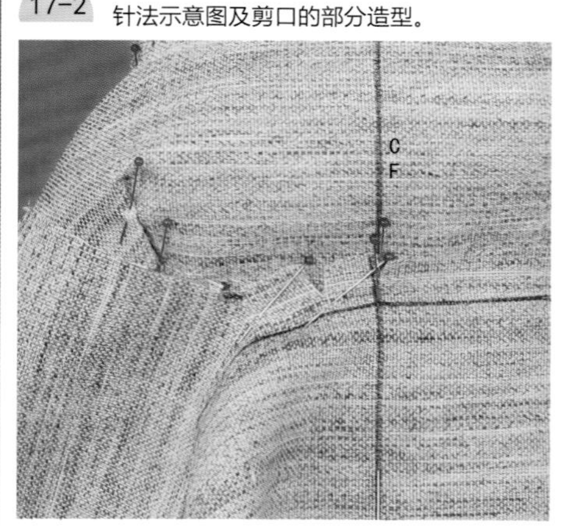

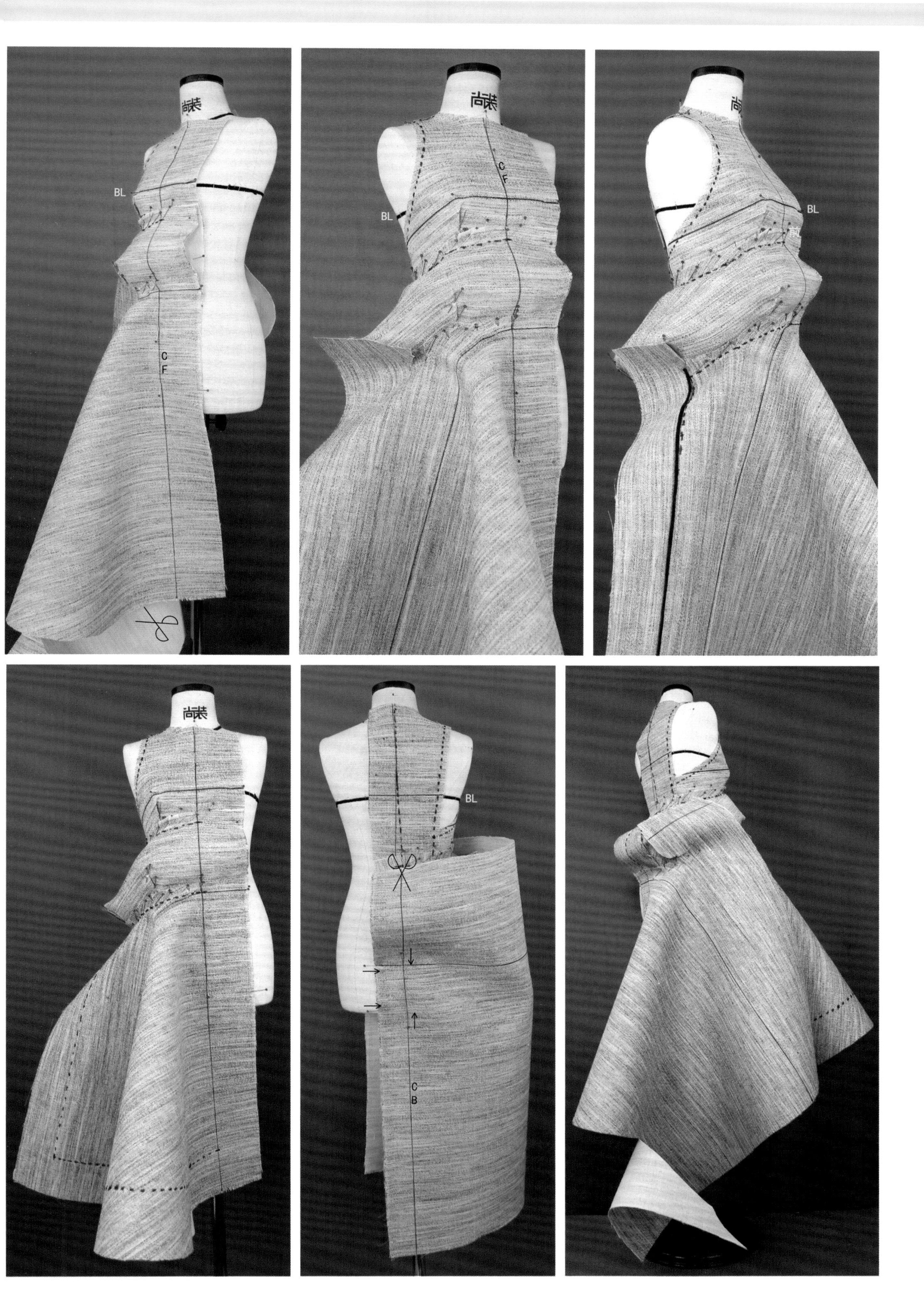
BL
C
F
BL
C
F
BL
BL
C
B

前
BL
前
BL
尚装
BL
C
F
尚
BL

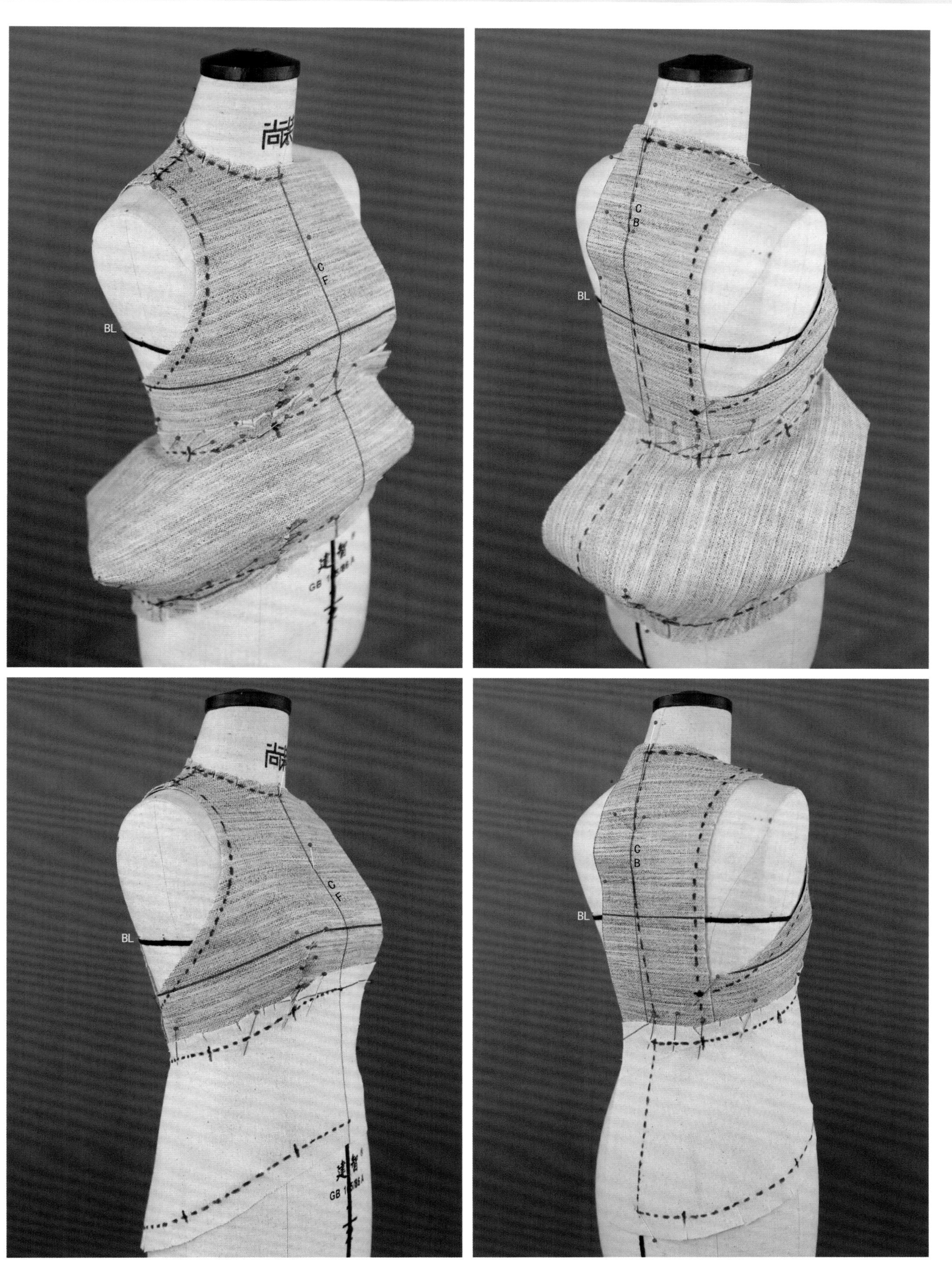

18 如图所示，绘制出领口线，完成省位标记，再次检查，完善各裁片画线、描点，依次取下裁片，补充标记各裁片间的对位点。

19 整理归纳后的裁片如下。

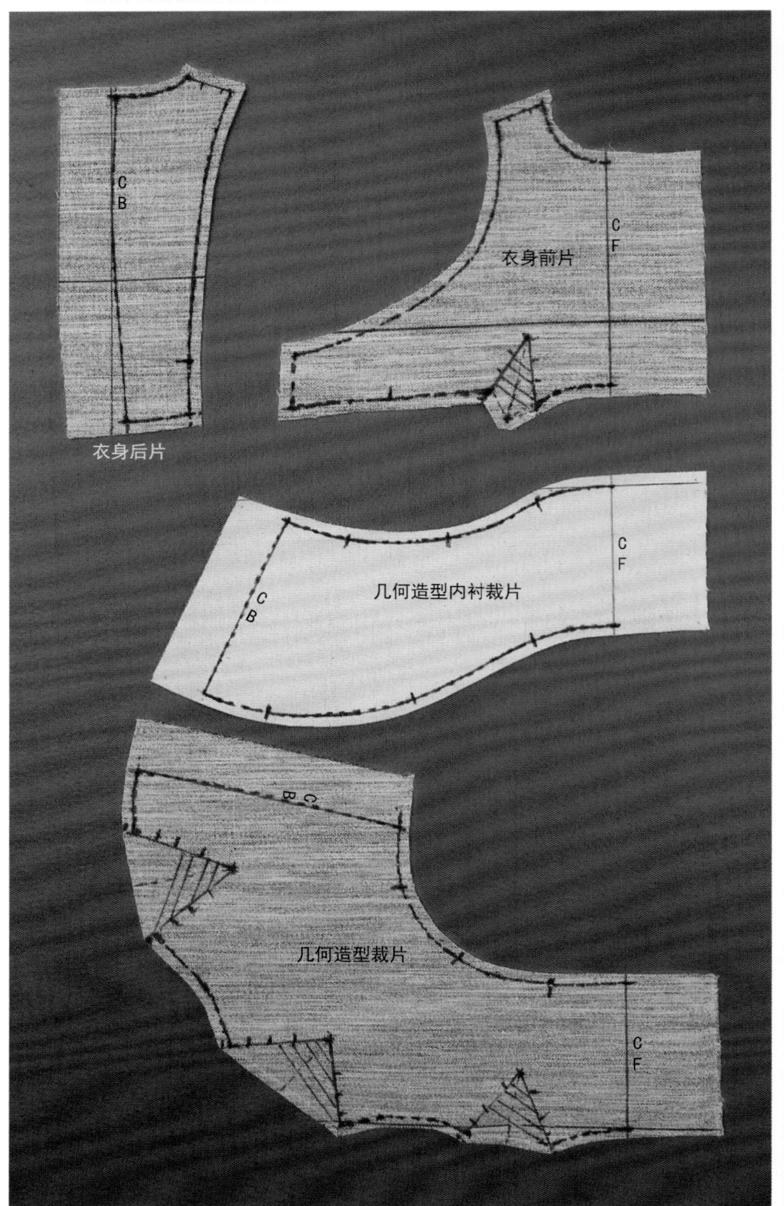

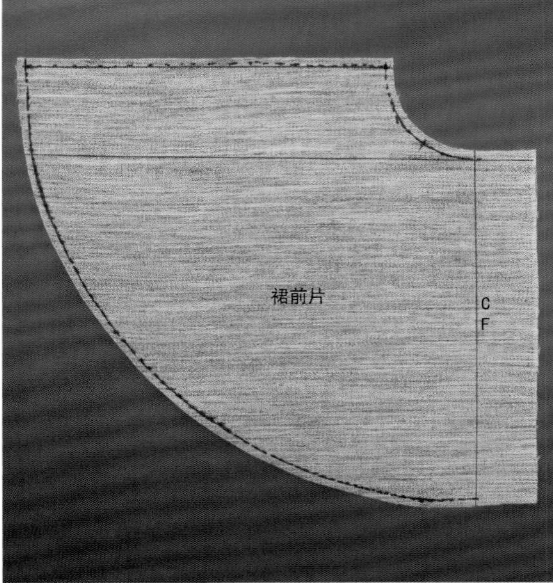

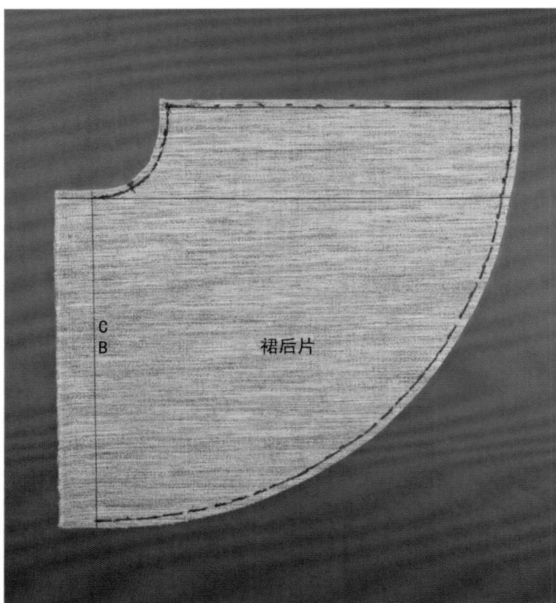

完成图

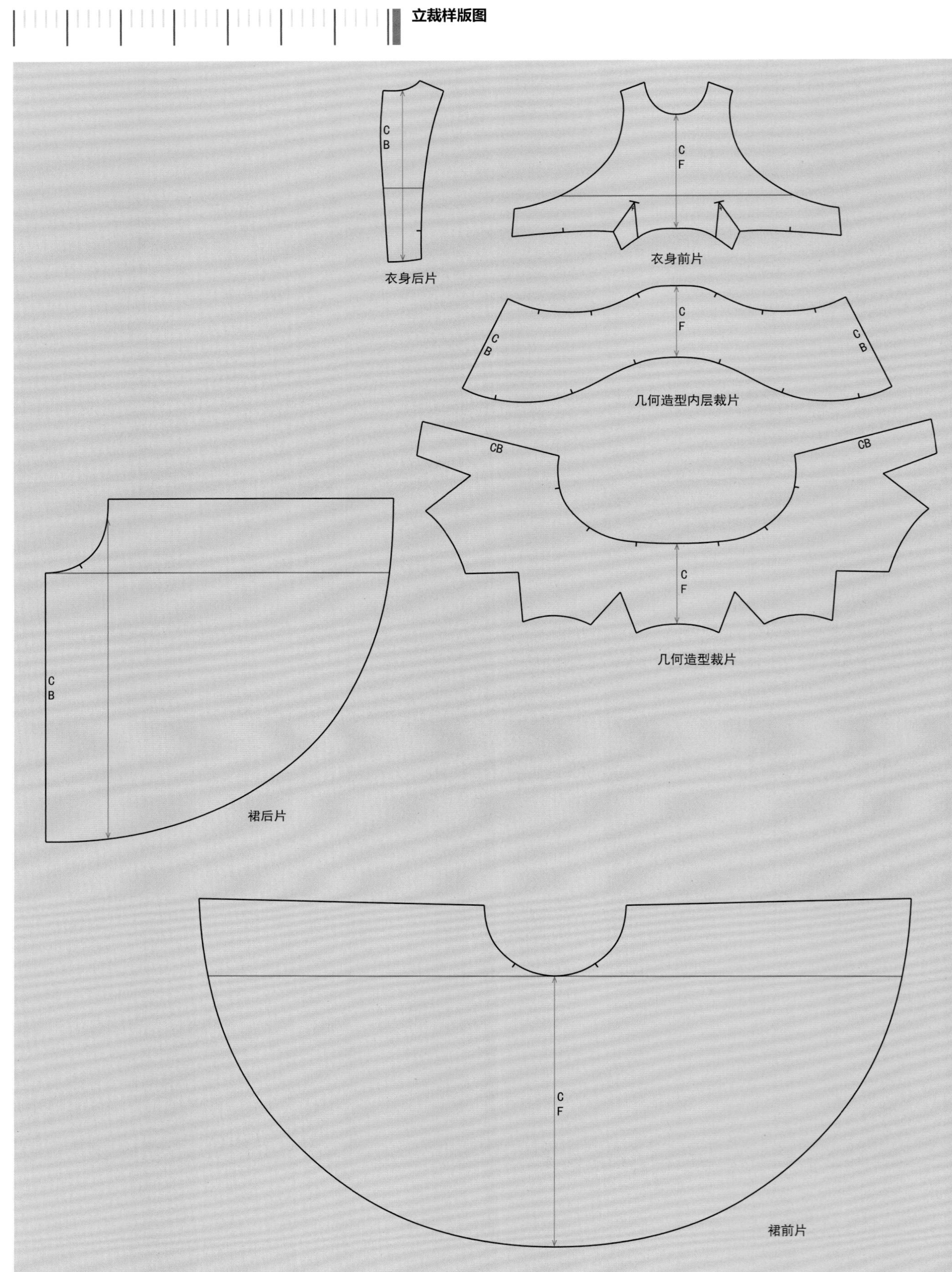
CB
衣身后片
CF
衣身前片
CF
CB
CB
几何造型内层裁片
CB
CB
CF
几何造型裁片
CB
裙后片
CF
裙前片

Draping

The Complete Course

叠褶蝴蝶结裙摆礼服

款式描述

上半身为紧身胸衣，腰间有分断，下半身前有褶皱装饰，侧开衩，后为蝴蝶结造型拖尾裙摆。

练习重点

- 此种蝴蝶结与衣身为一片式结构的立裁方法。

材料准备

- 人台（不限定号型）。
- 宽0.3cm纯棉织带。
- 专业立裁针、剪刀。
- 纯棉坯布。
- 马克笔（或4B铅笔）、三色圆珠笔。
- 推版尺、多功能尺、皮尺。

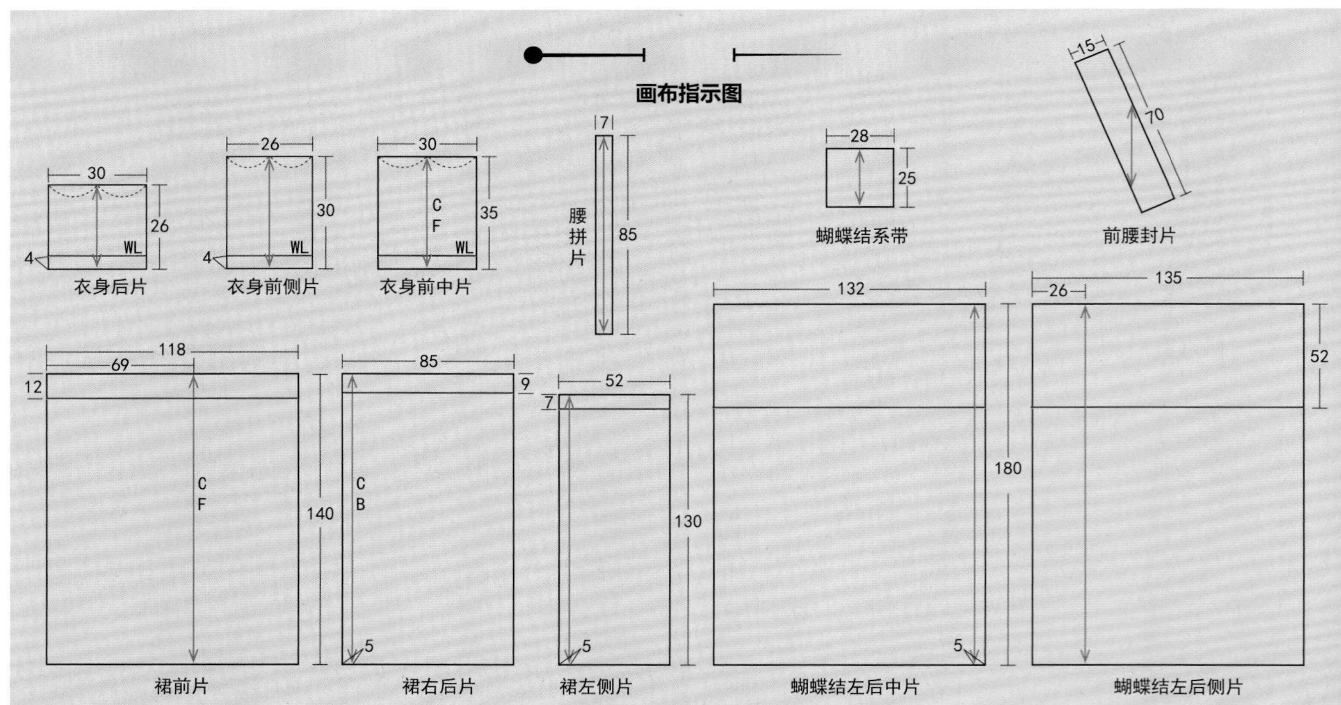

• 人台准备

此款式需要装配胸垫，需要标线的部位：紧身胸衣前、后上口线，刀缝分割线，腰部分断拼片的宽度与位置，裙摆前、后断缝线，以及蝴蝶结拼合位置。

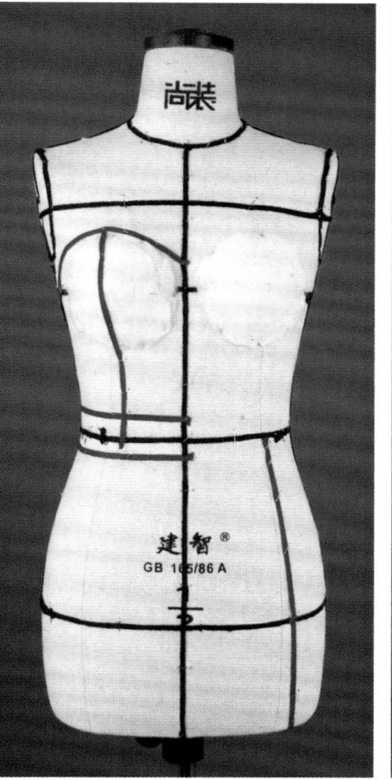

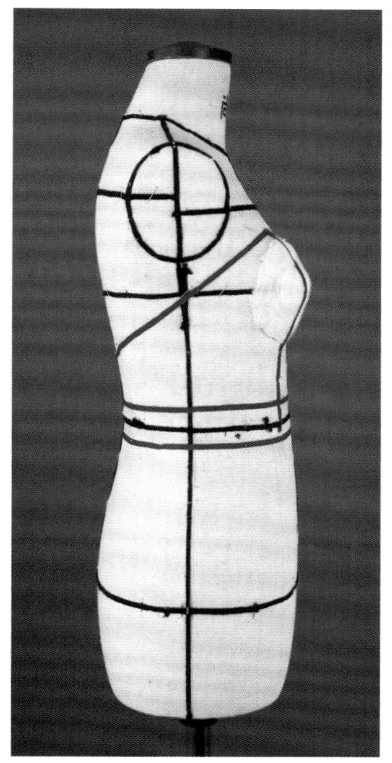
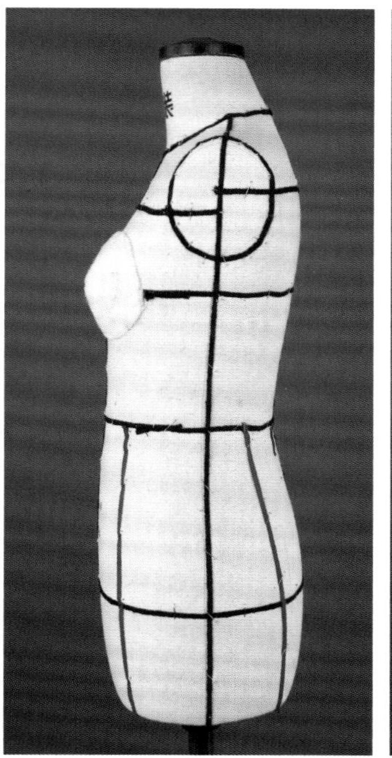
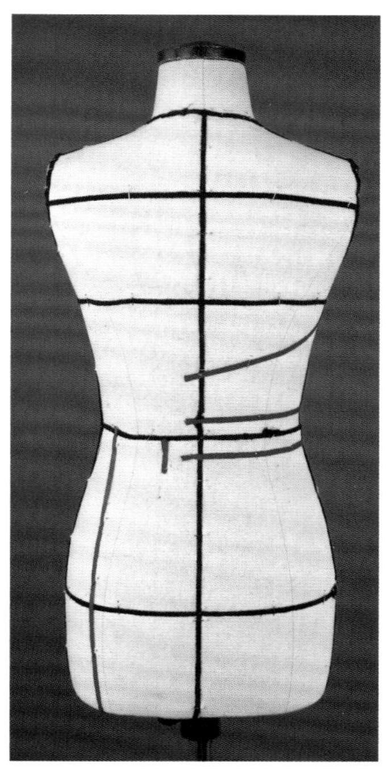

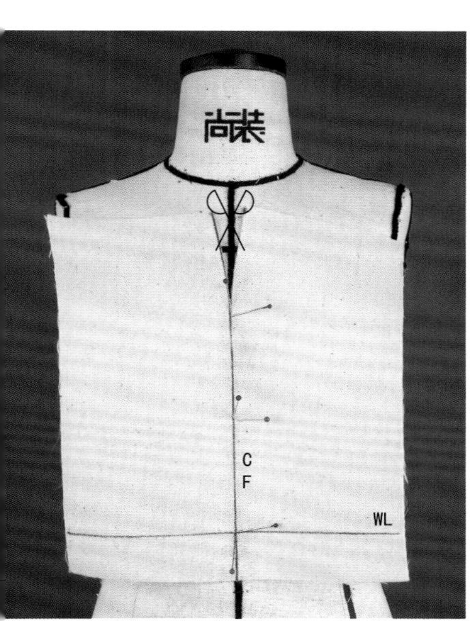

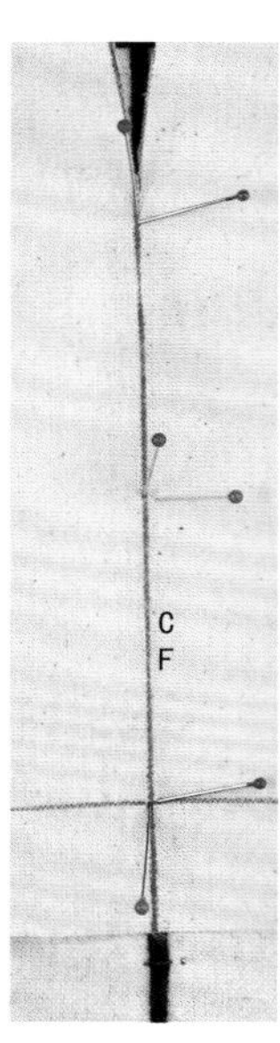

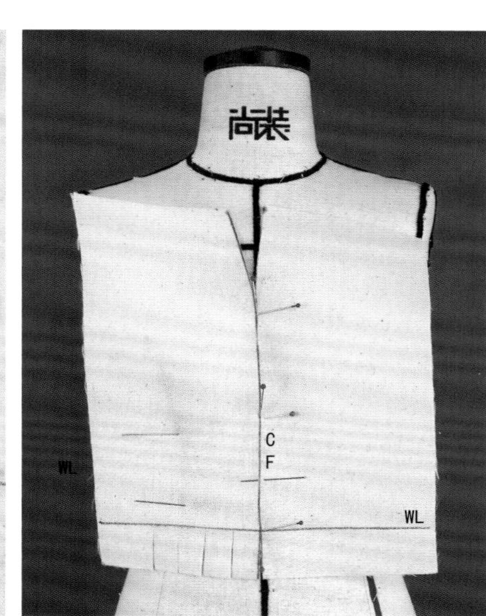

• 款式制作

1

紧身胸衣的制作：如图所示，逐步完成对紧身胸衣前中片、前侧片、后片的制作，无需多余松量。

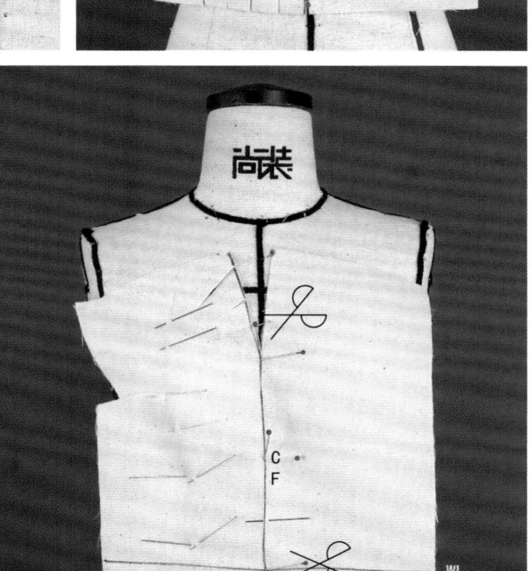

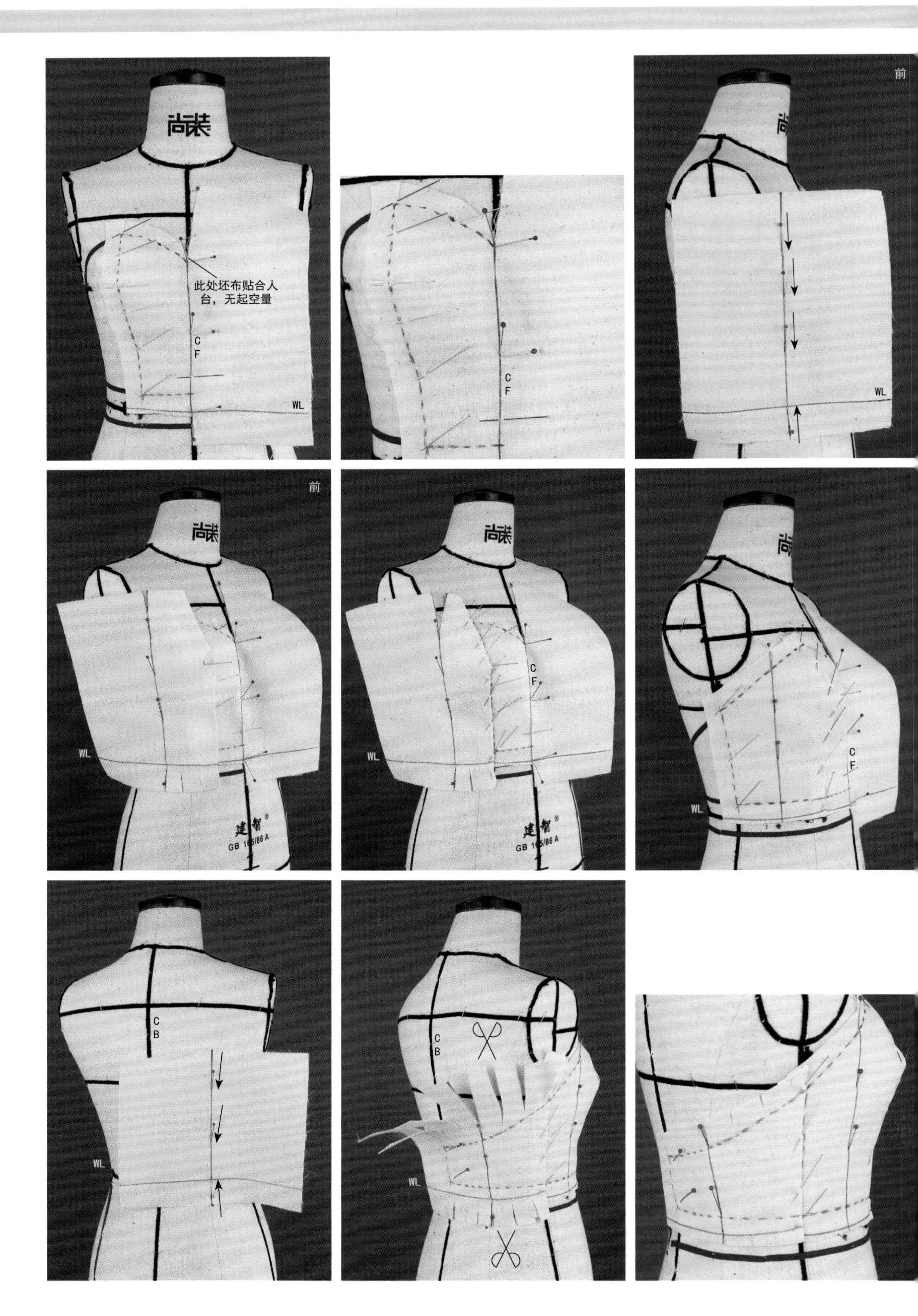

此处坯布贴合人
台，无起空量
C
F
WL
C
F
前
WL
前
WL
C
F
WL
C
F
WL
C
B
WL
C
B
WL

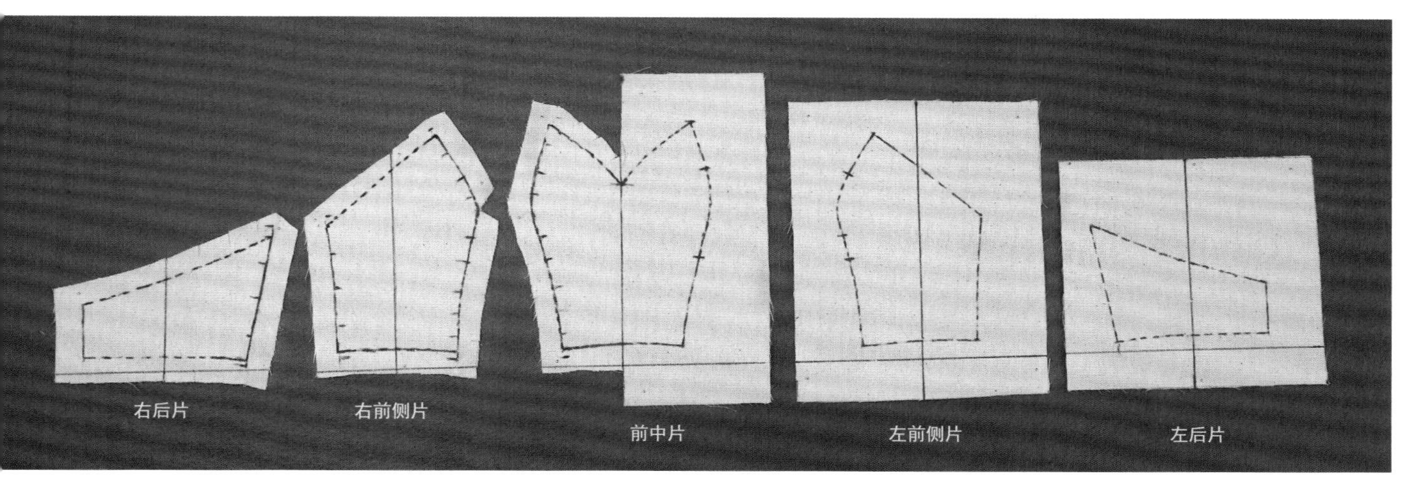

2 确认紧身胸衣描点完整后，将裁片依次取下，对线条进行归纳修顺，并拓印左半边裁片，可用大头针假缝或用缝纫机将其缝制完整。

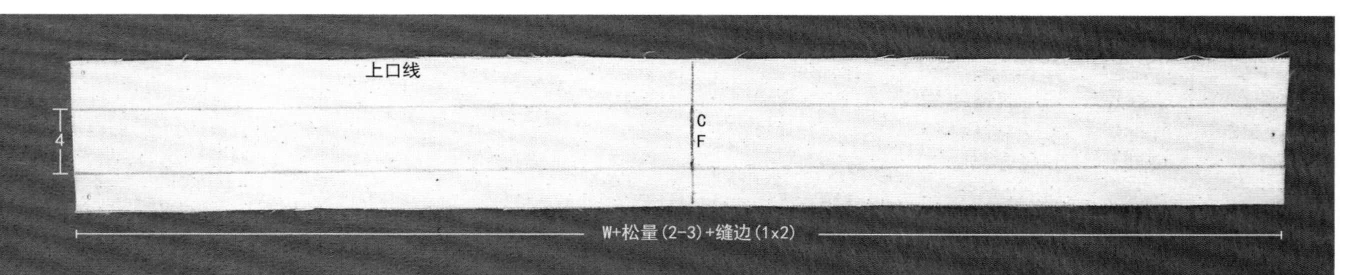

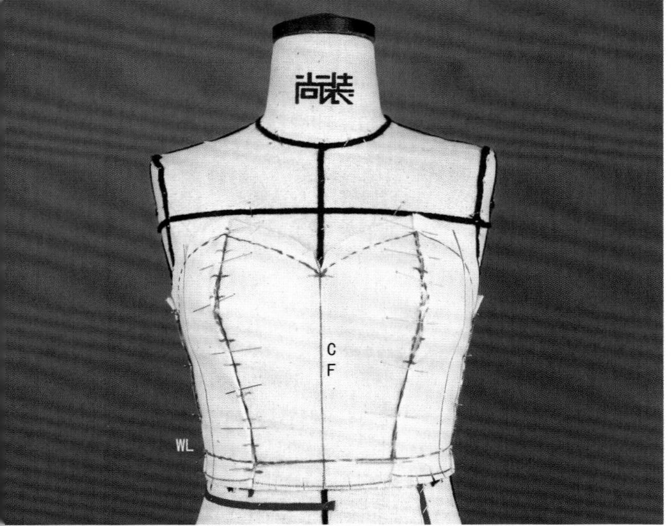

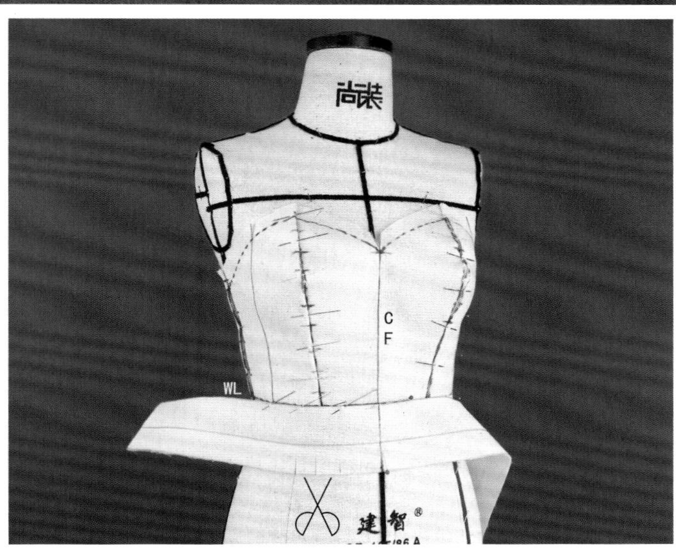

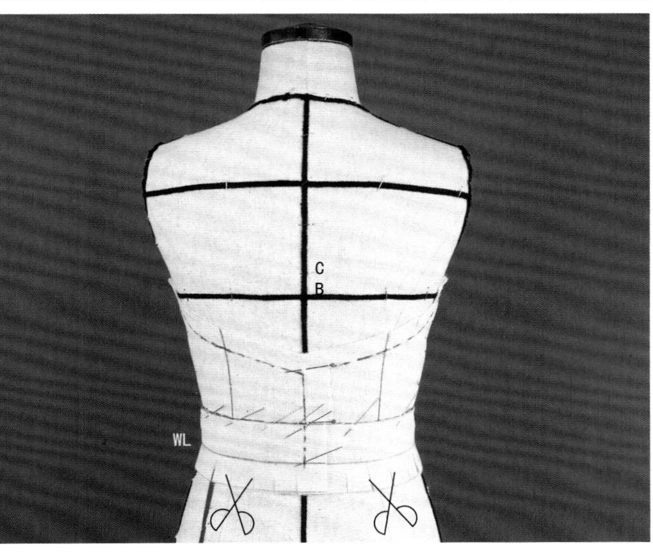

3

腰拼片的制作：将完整的紧身胸衣穿着于人台上，扣烫腰拼片坯布的上口线缝边，将布片的前中线与人台标线相对应，用折叠针法自CF往CB方向将腰拼片与衣身假缝，同步垂直于腰拼片下口线打剪口使布片保持平顺，固定至后中线并对其描点。

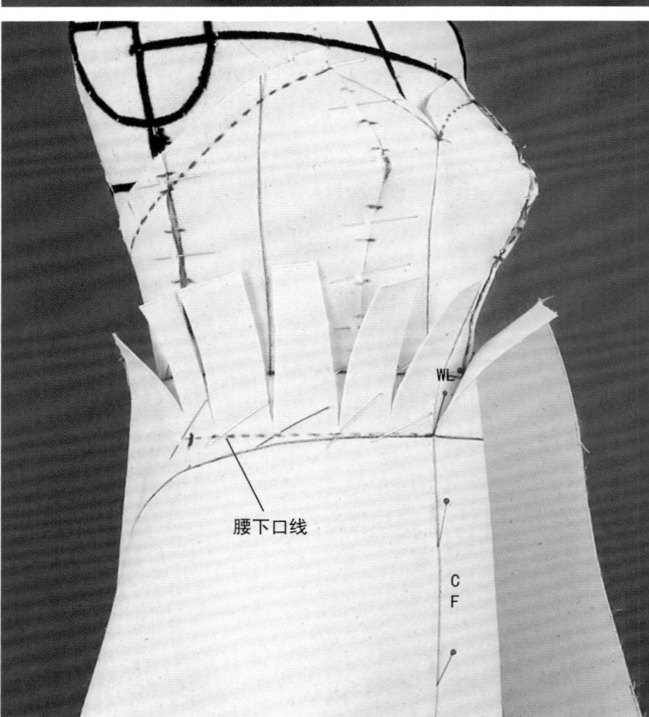

4　裙前片的制作：在基础布片横纱与直纱辅助线的交点处下针，对准腰拼片下口线（以下简称“腰下口线”）与前中线的交点，并保持布片辅助线与人台标线相对应，用点针固定。沿腰下口线自前中向侧缝方向竖直向下打剪口，逐步将腰省转化成裙摆量，边打剪口边用重叠针将布片与腰拼片固定，确认裙摆造型后对腰下口线进行描点标记。

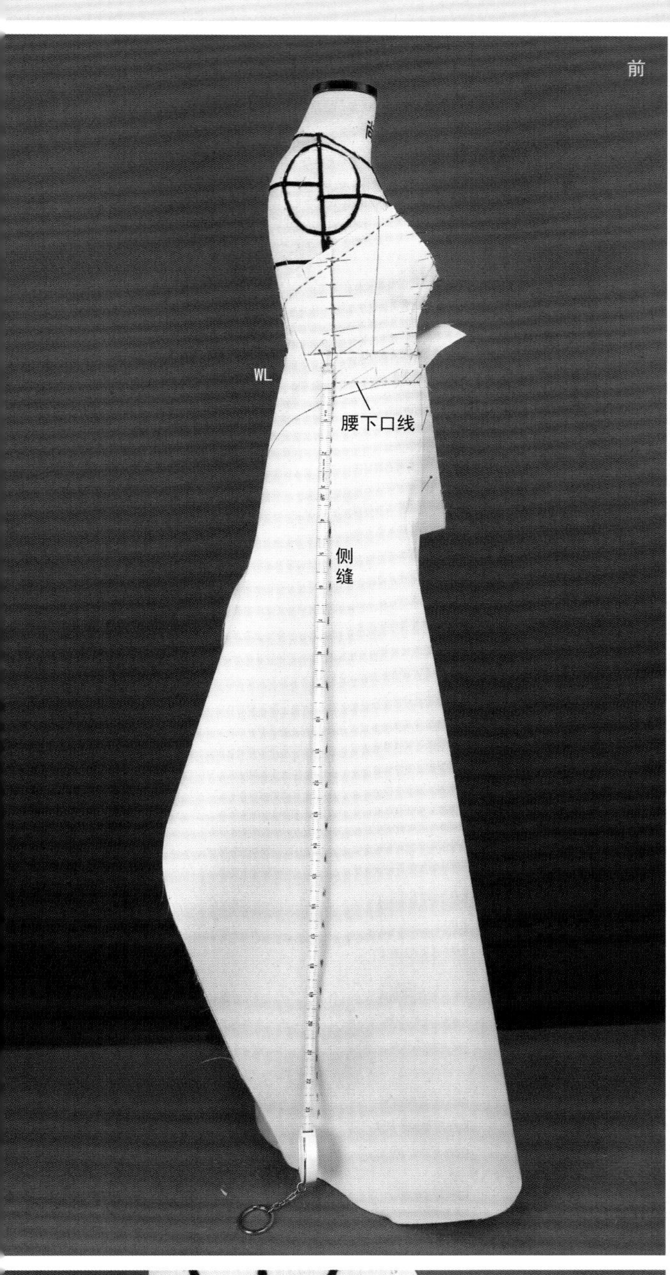

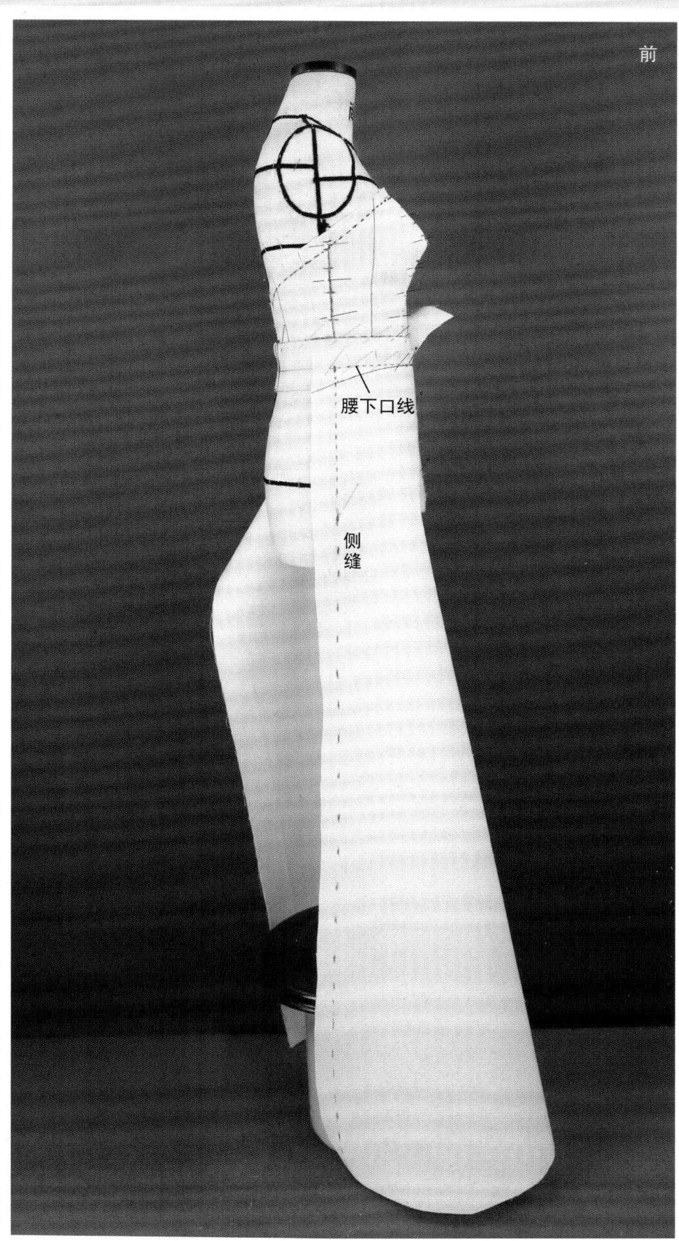

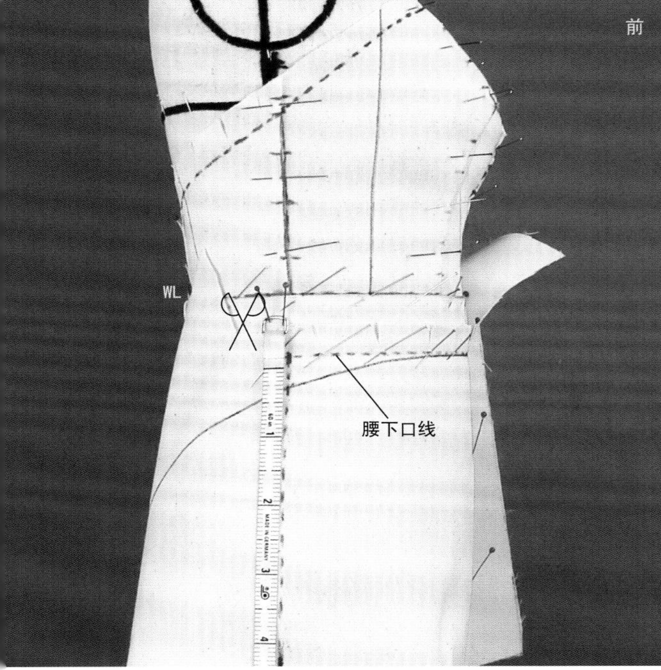

5 注意修剪掉拖地的多余布料，以免影响操作和造型判断。借用皮尺确认出裙摆侧缝线，在臀围线处用大头针固定，预留缝边并清剪余布。

6 对左侧裙摆进行立裁，沿腰下口线打剪口至紧身胸衣刀缝分割线位置。制作活褶前先取下腰下口线以下固定前中线的大头针，如图所示，折叠布片并捏出活褶，根据造型确定活褶的方向和褶量，打剪口使腰部布片平伏，确认后用别针固定活褶，清剪布边。

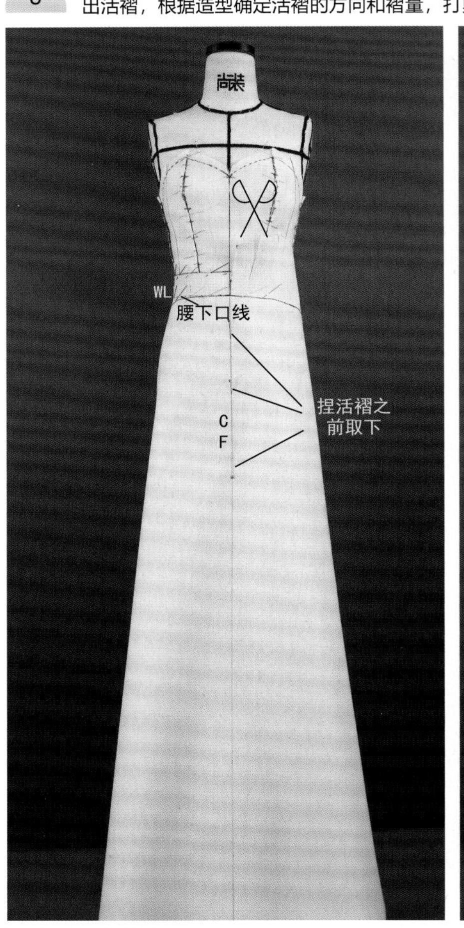

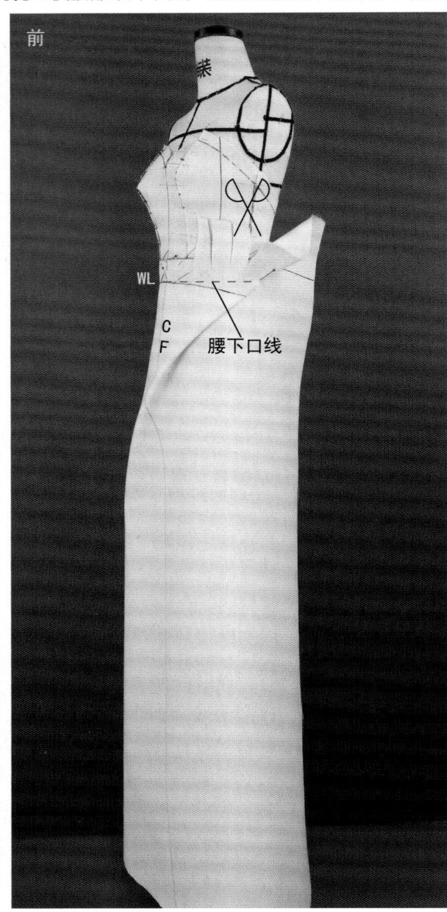

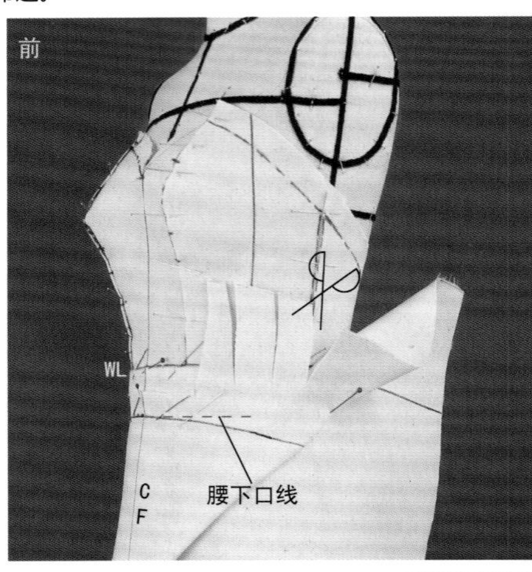

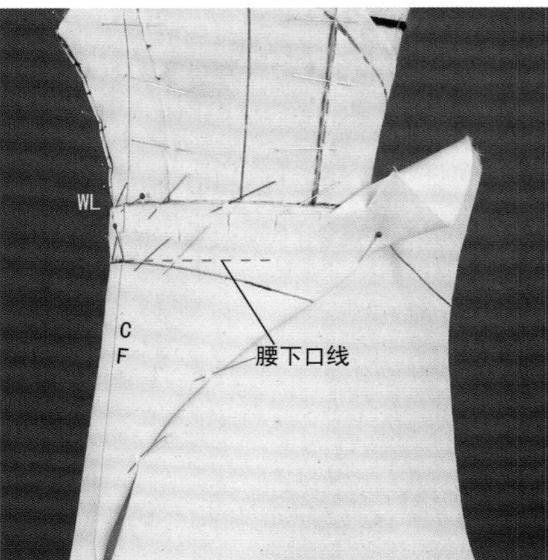

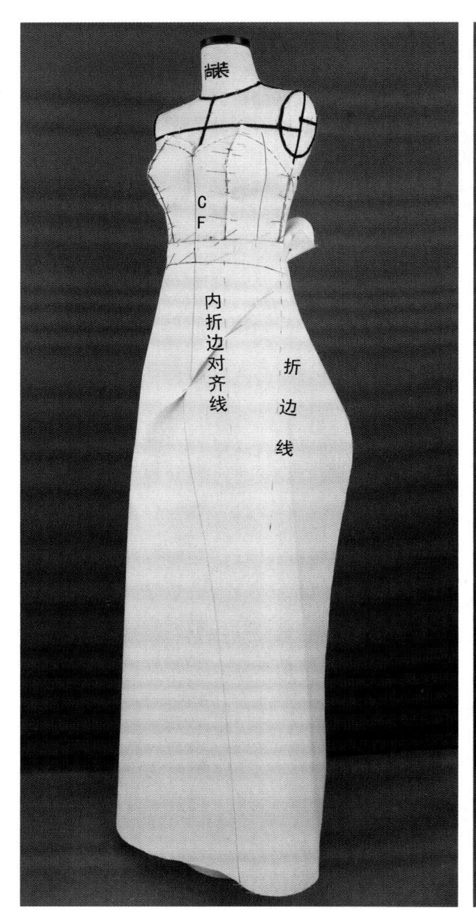

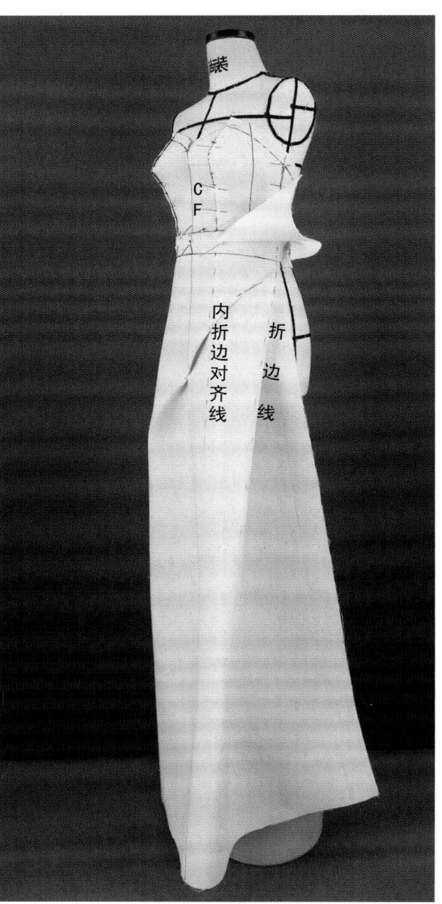

7 如图所示，根据造型绘制出裙摆的折边线和叠褶内折边对齐线，并沿描线向内折叠布片，整理出裙摆造型，用大头针固定。

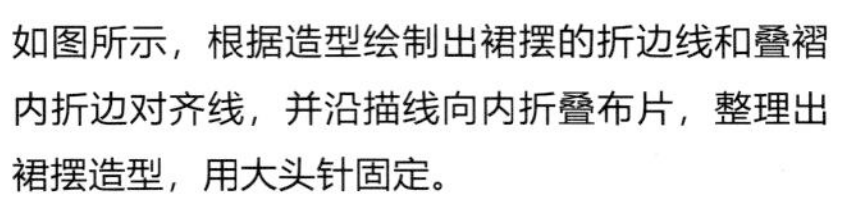

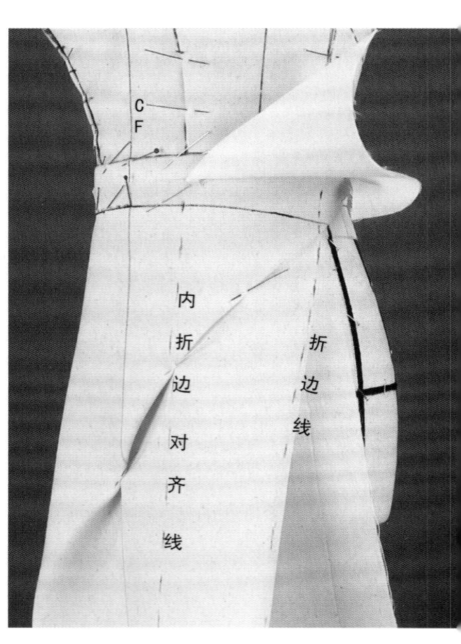

8 打剪口使腰部折叠布片平顺，可取下固定活褶的大头针，观察裙摆的整体造型效果，进行局部调整。确定造型后，完成对腰下口线描点，标记活褶的对位点后用大头针重新固定，清剪掉多余的布边。

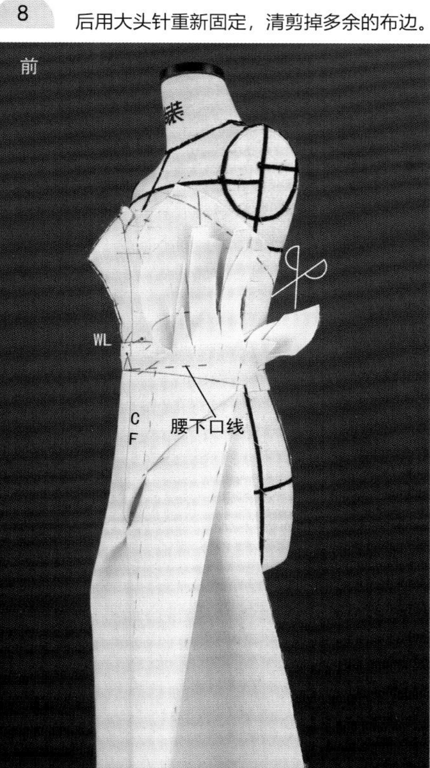

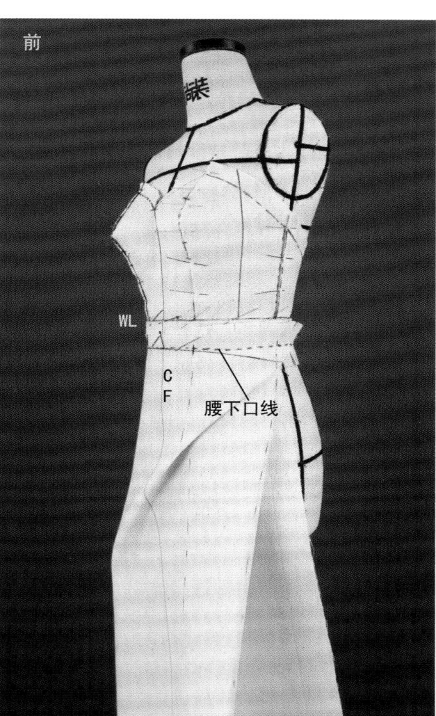

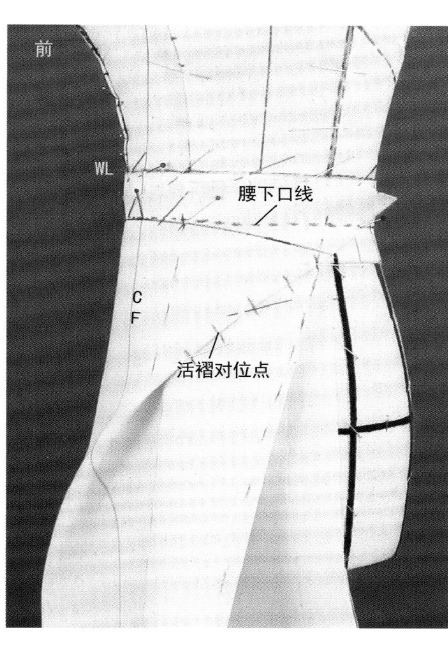

9 如图所示，将叠褶轻轻拆开，准备对其内部结构线进行描点标记。用大头针沿人台分割标线将坯布与人台表布固定，借助皮尺在坯布上绘制出裙摆分割线（沿人台标线延长，不必垂直于地面）。

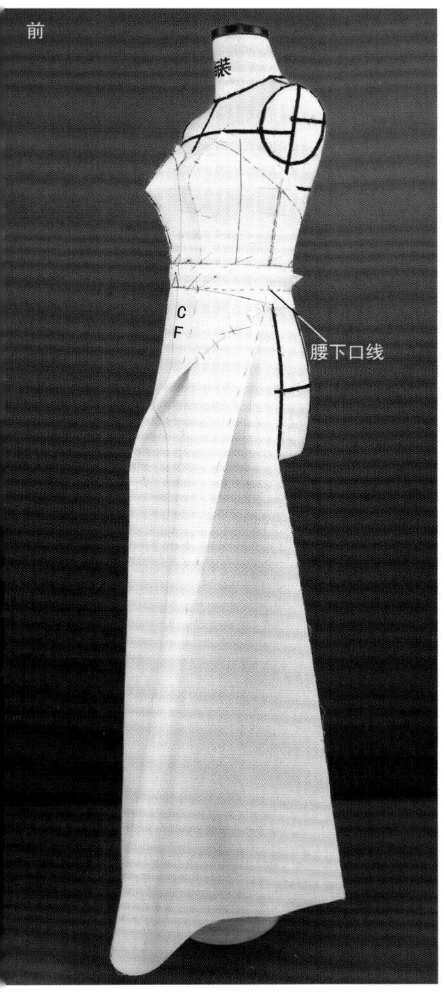

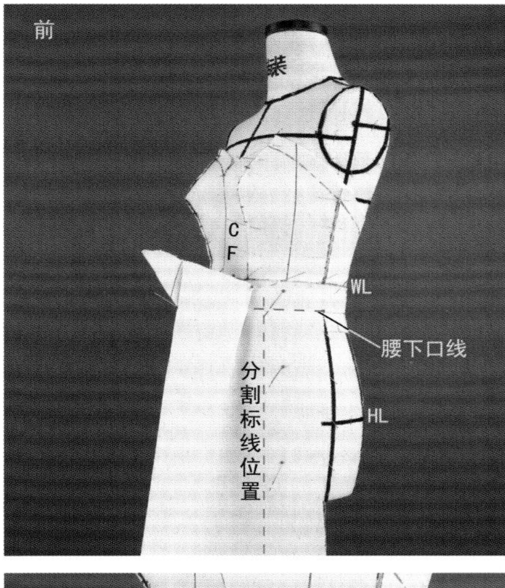

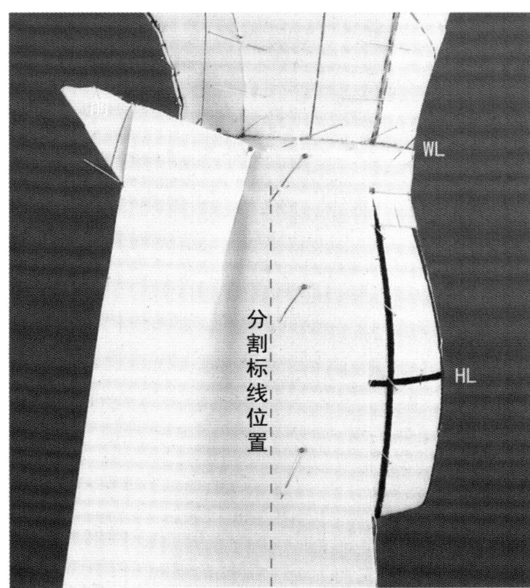

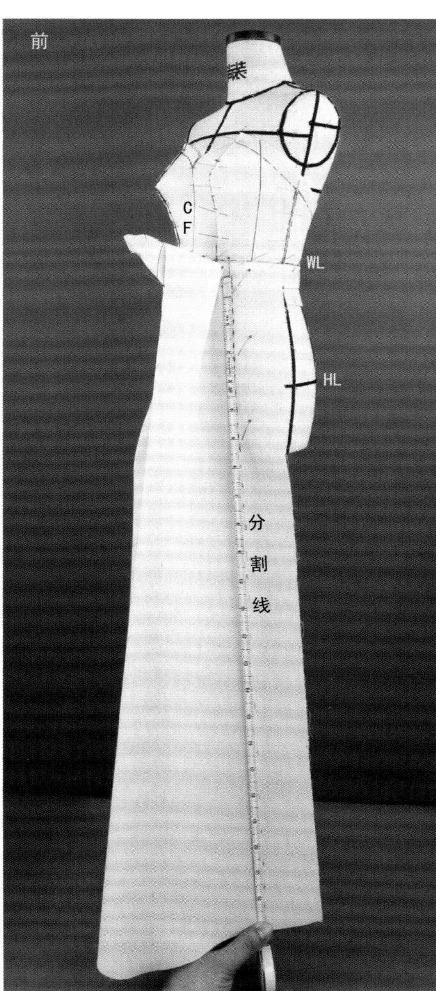

10

如图所示，沿坯布上的折痕绘制出叠褶对折线（与内折边对齐线的位置），并标记出腰下口线上的对折点。

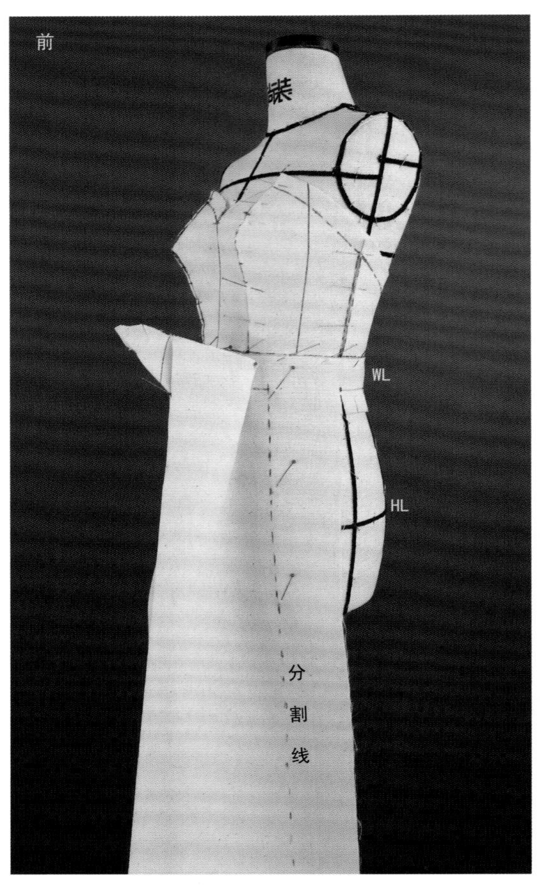

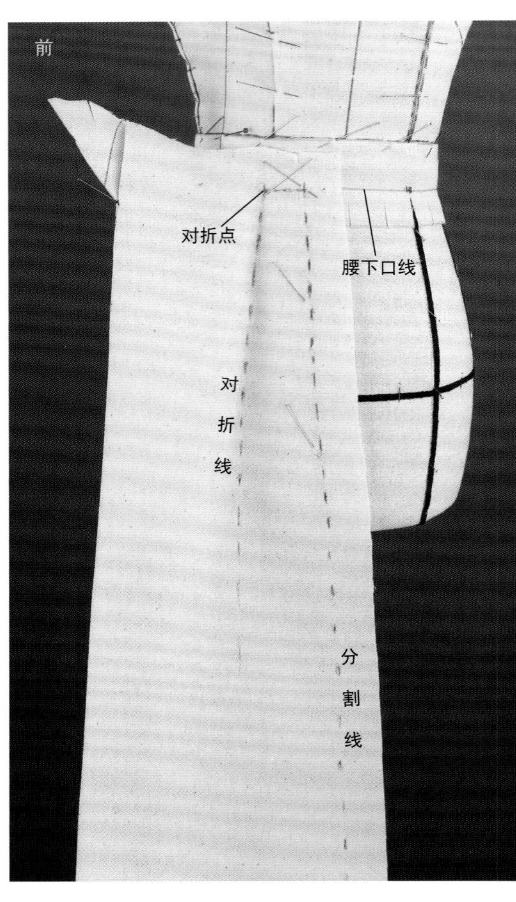

11

裙左侧片的制作：将基础布片直纱辅助线与裙摆前片分割线重合，此基础布横纱与直纱辅助线的交点和腰下口线与裙摆分割线的交点对齐，用重叠针自上而下固定，并清剪布边。（此处裙前片与裙左侧片的拼缝为开衩设计，为便于立裁操作暂时假缝固定）。

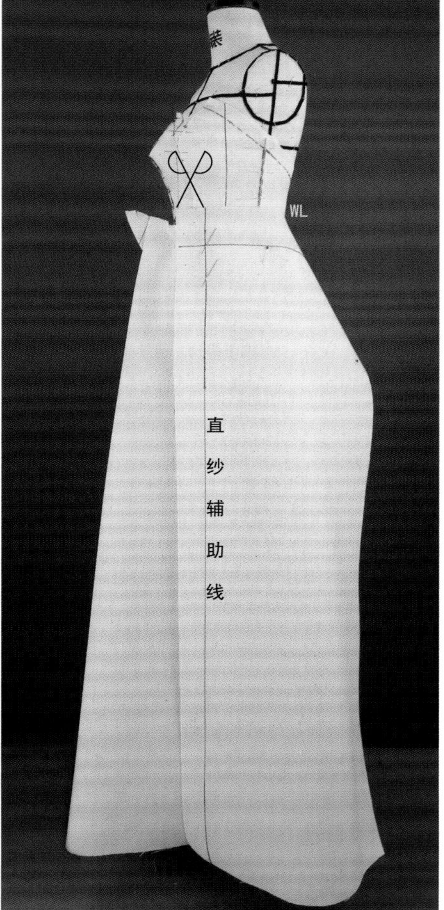

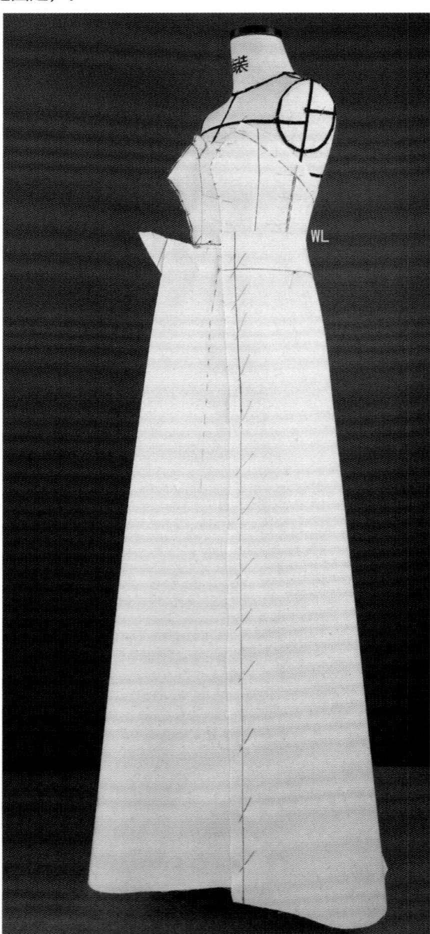

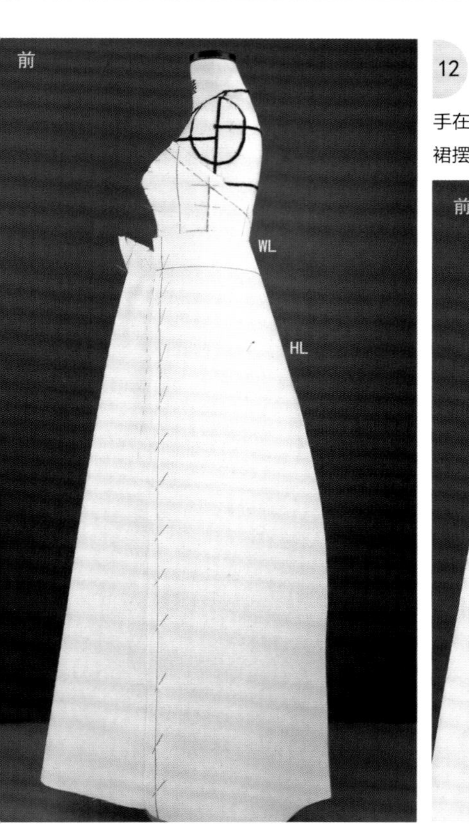

12

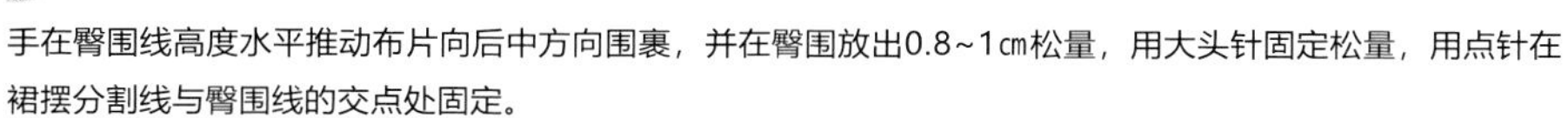
手在臀围线高度水平推动布片向后中方向围裹，并在臀围放出0.8~1㎝松量，用大头针固定松量，用点针在裙摆分割线与臀围线的交点处固定。

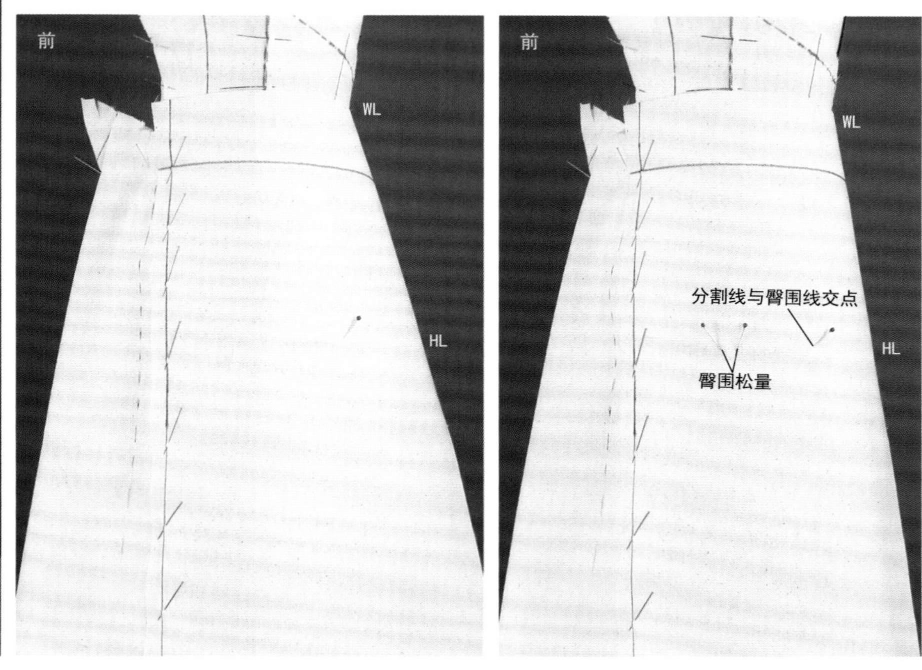

13 如图所示，将腰部余量平均分成两份，用大头针分别固定。取下固定右侧余量的大头针，将余量向分割线方向推平转化为裙摆量，并用重叠针沿分割线将坯布与人台表布固定（注意用针方向）。将剩余的腰部余量捏合成腰省，假缝固定。

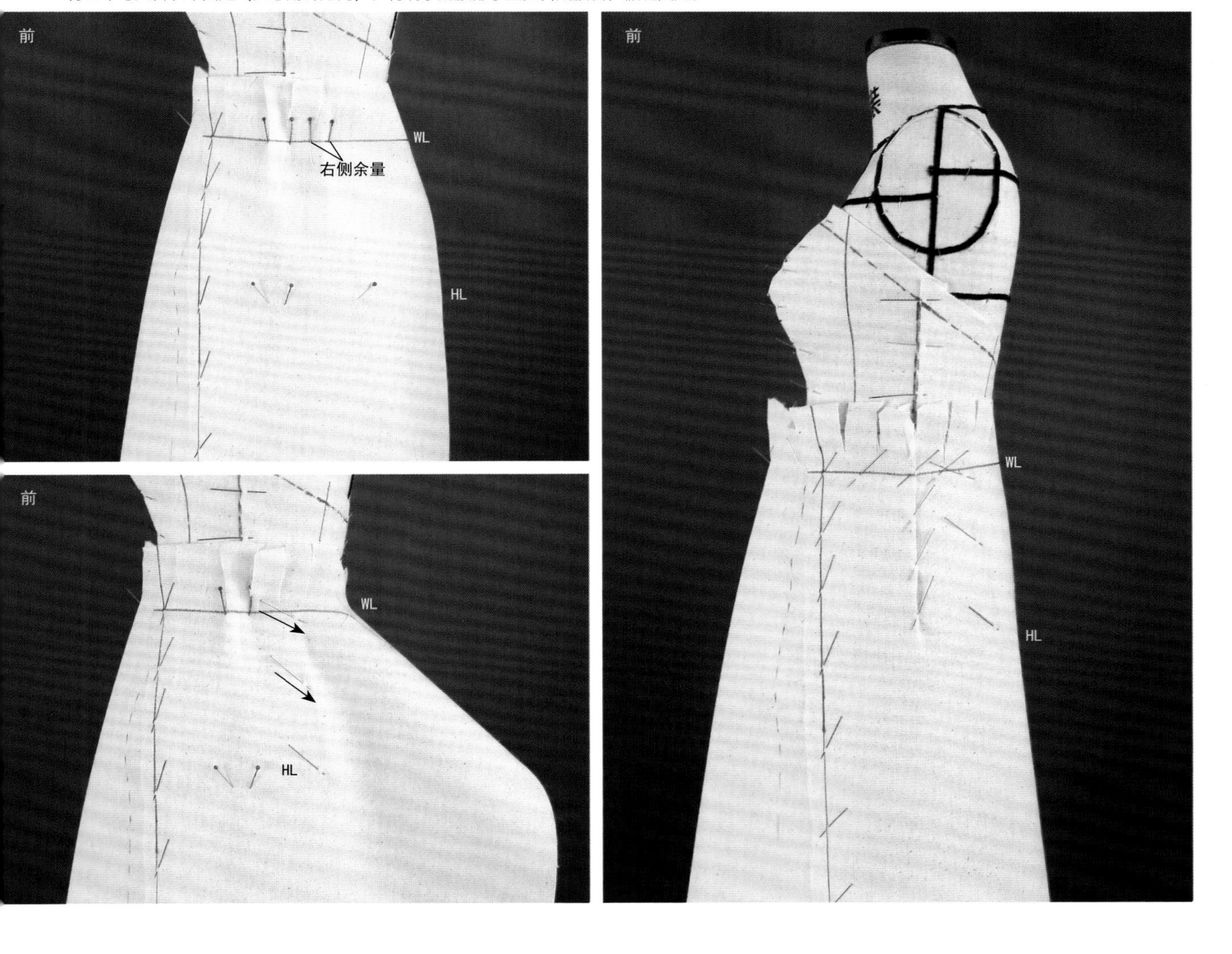

14

如图所示，借用皮尺或标线确定出裙摆的分割线（沿人台标线延长），对腰下口线、分割线进行描点，清剪余布，并整理还原裙摆前片褶裥造型，用大头针固定。

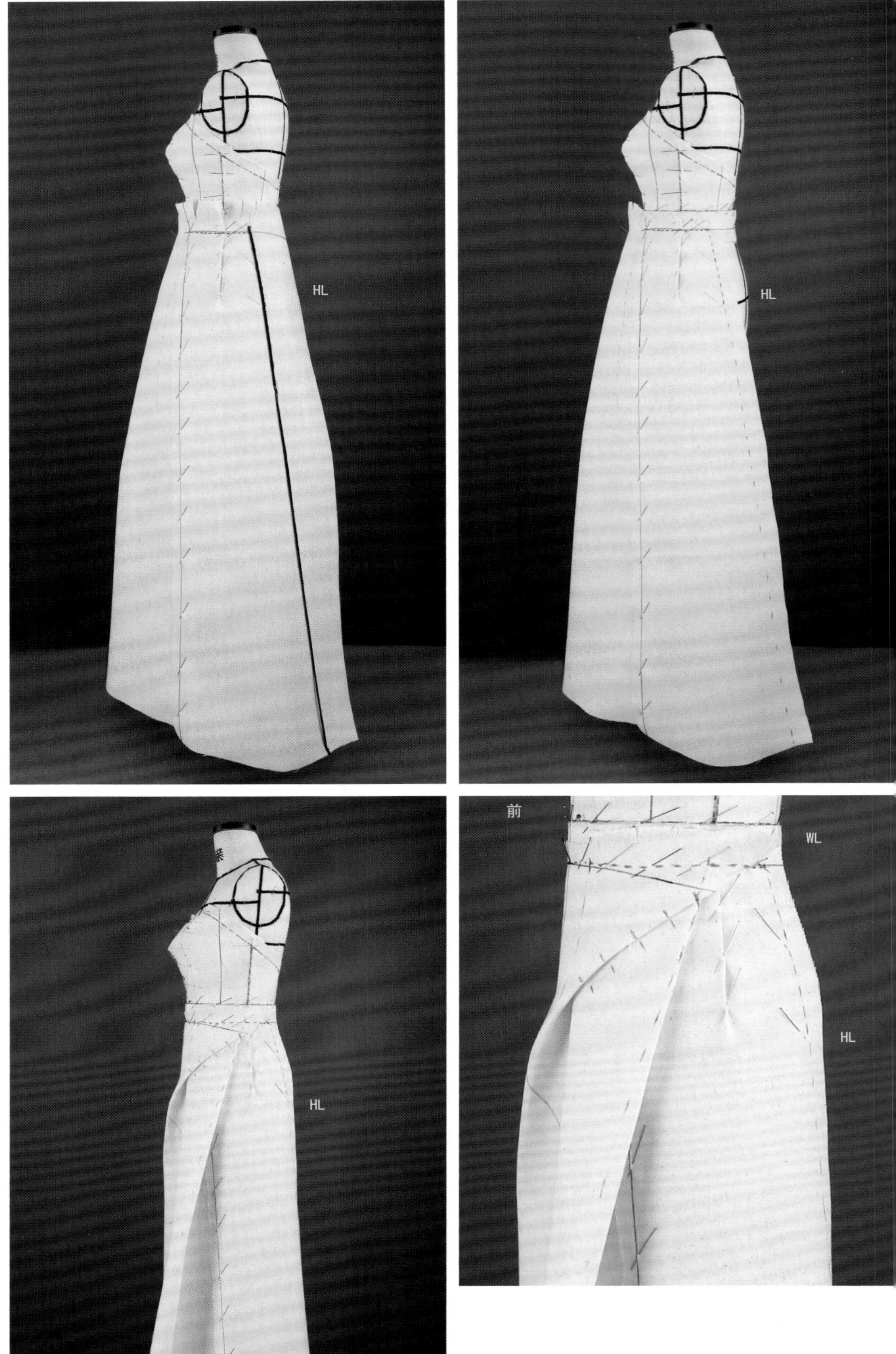

15

前腰封片的制作：将腰封布片扣净缝边、熨烫平整后将布片与右侧缝处用别针固定，并围绕至左侧片分割线处，捏出裥褶造型并用重叠针固定，对完成部分进行描点。

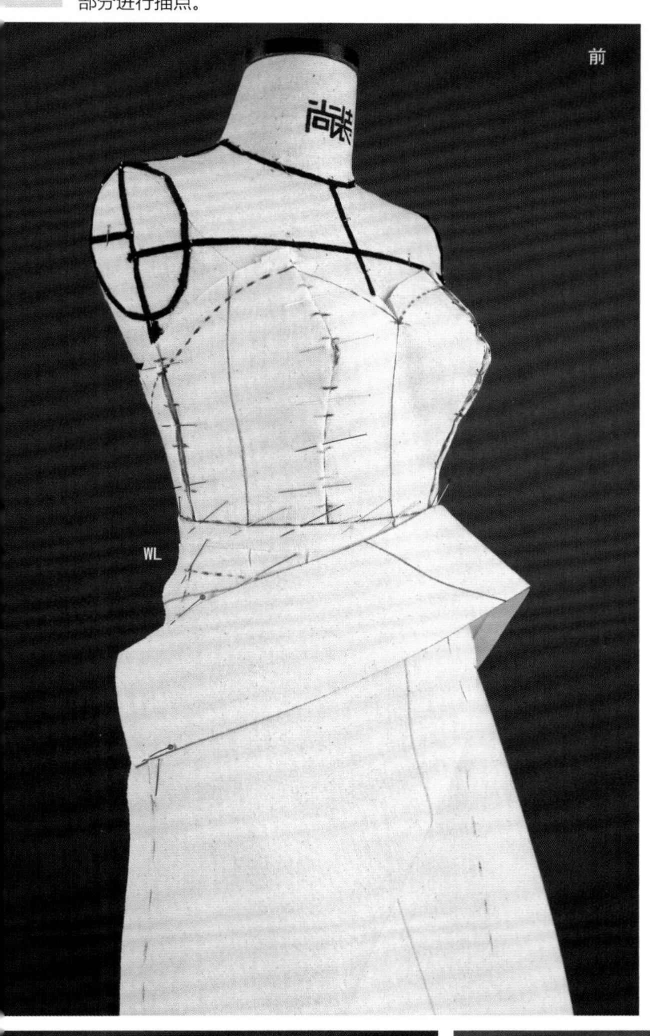

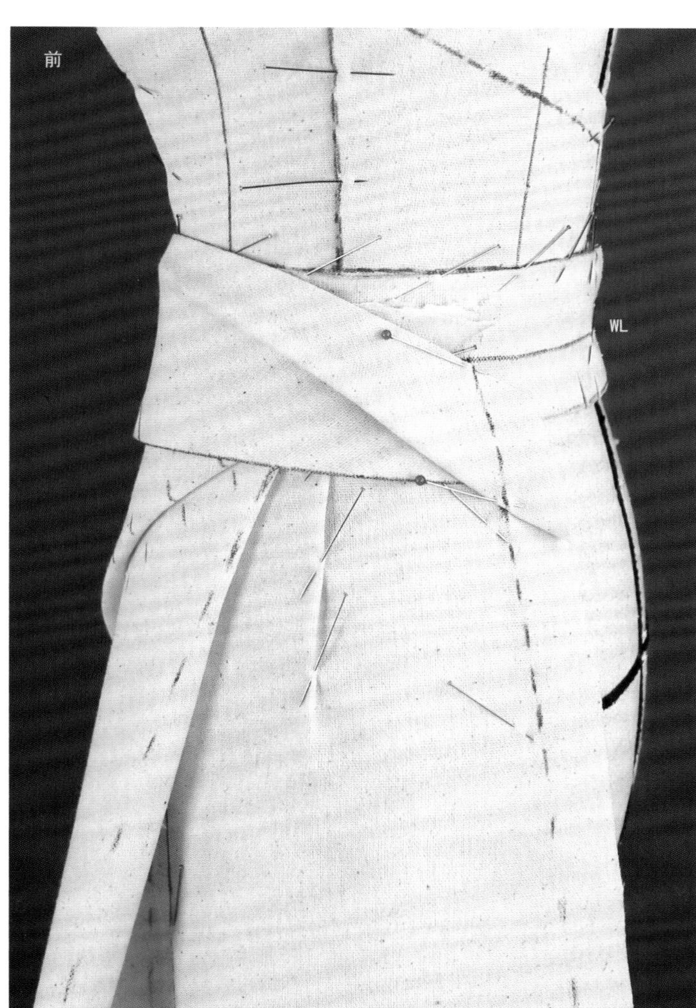

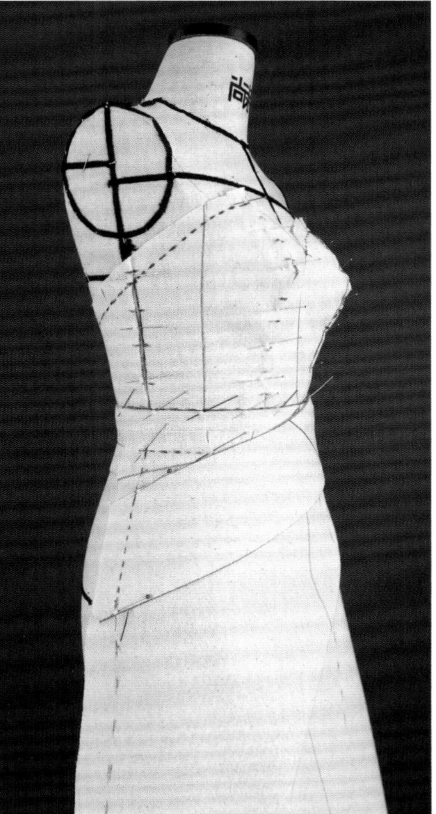

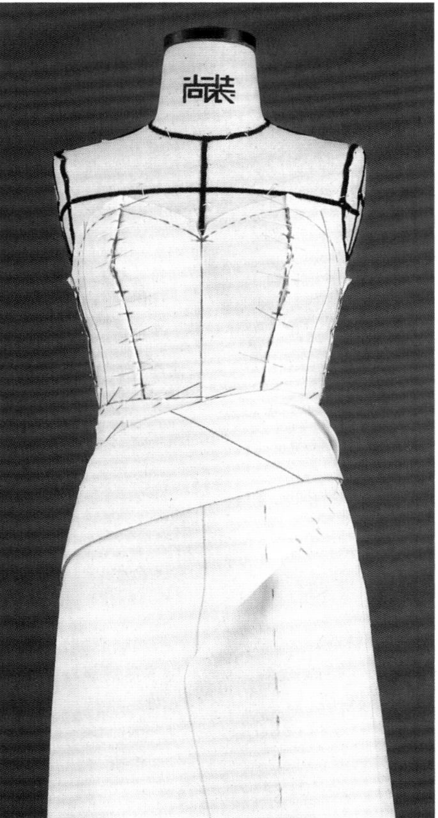

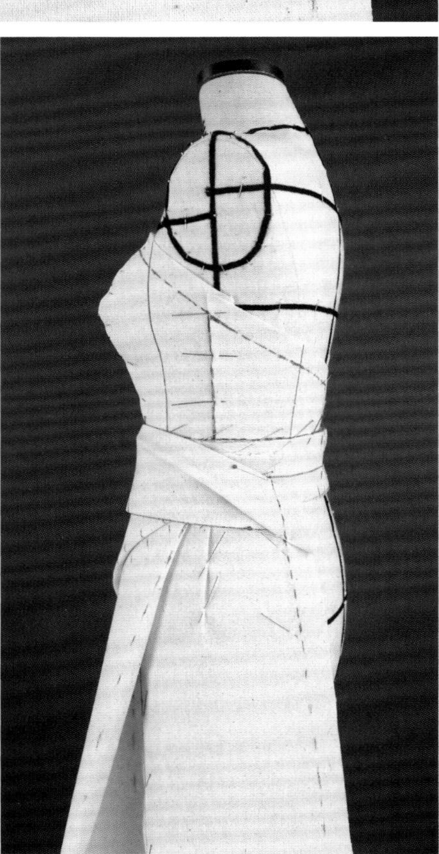

16

裙右后片的制作：在基础布片后中线与横纱辅助线的交点处下针，与人台后中线与腰下口线的交点对齐，并用大头针固定后中丝道线。沿腰下口线均匀打剪口至侧缝线使腰部布片自然贴合人台，根据造型控制裙摆量，修剪掉拖地的多余布料。确定出侧缝线并用大头针假缝固定，对腰下口线和侧缝线描点，清剪布边。

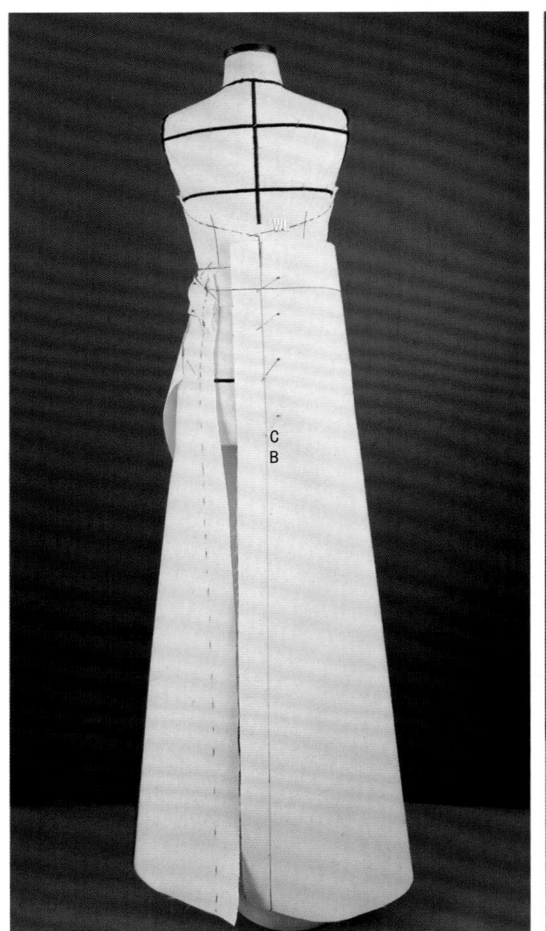

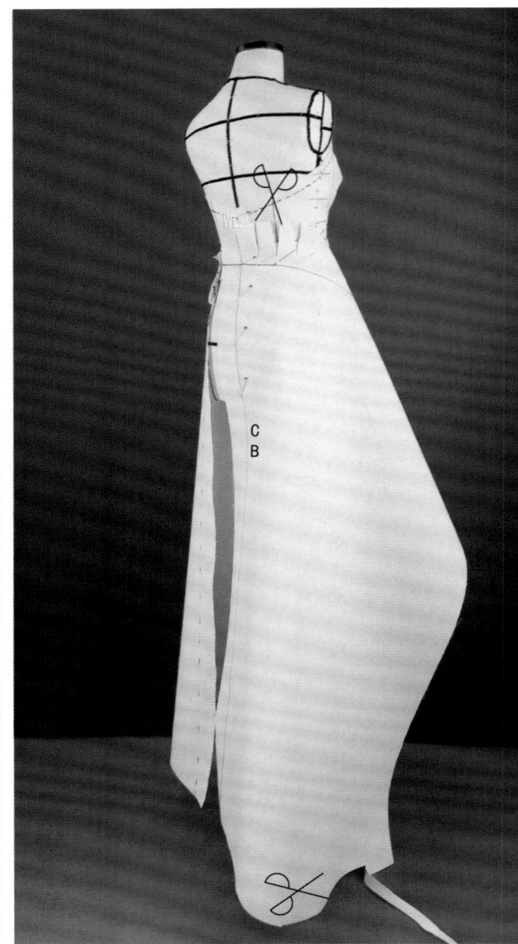

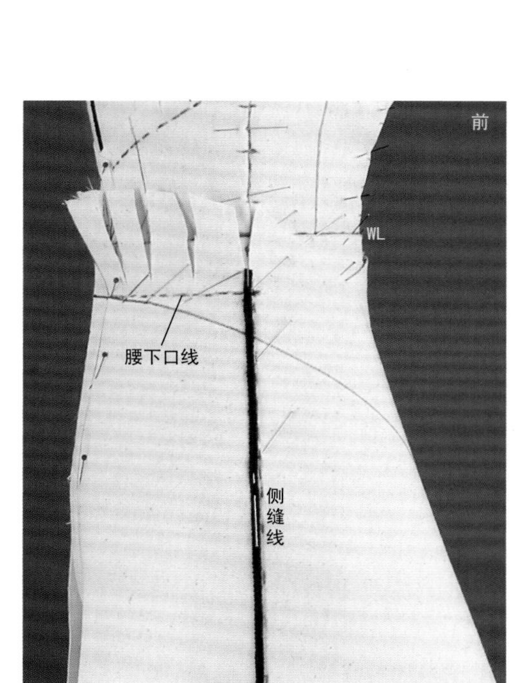

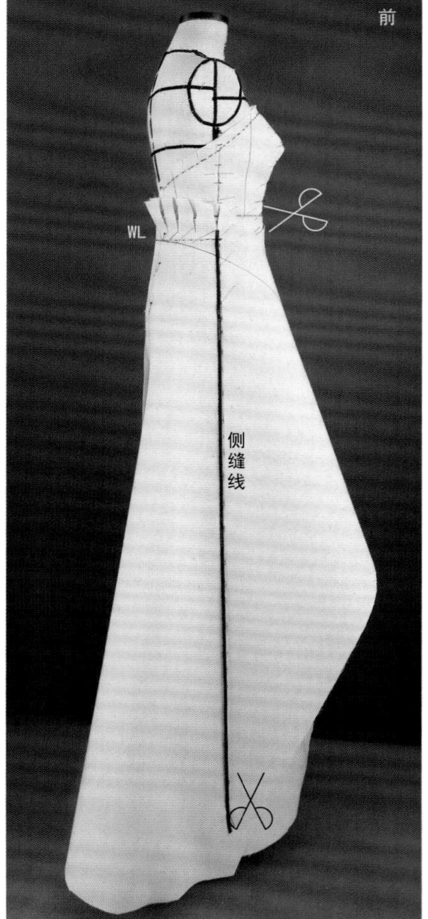

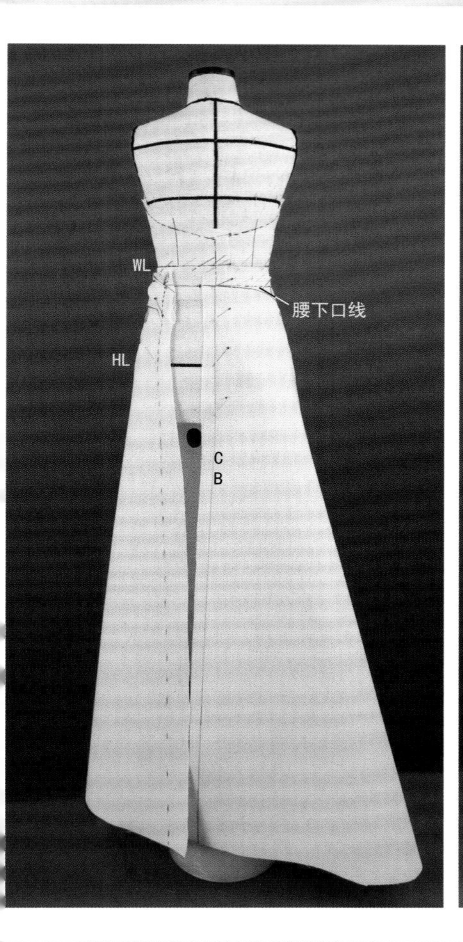

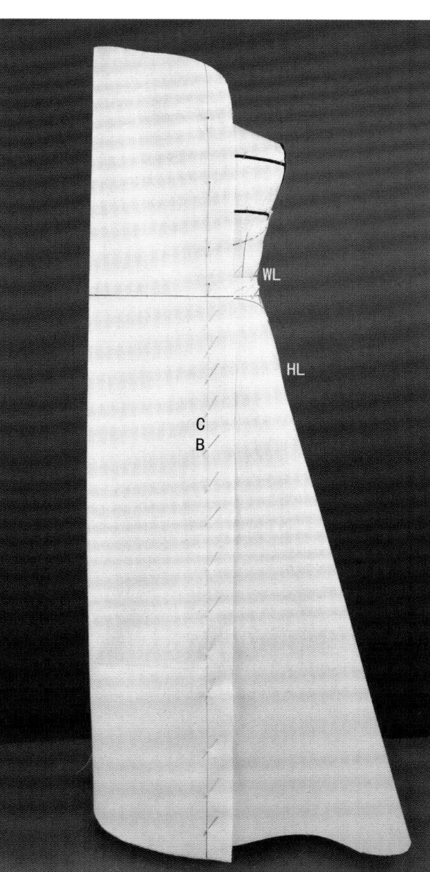

17

蝴蝶结裙裾的制作：如图所示，在腰下口线上距后腰中点左侧3.8cm处（可调），预先标记出两片蝴蝶结布片的拼合点。将蝴蝶结左后中基础布片的直纱辅助线与裙裾后中线重合并用别针固定，将此基础布片两条纱向辅助线的交点与后腰中点对齐，用大头针固定。

微信扫码观看
蝴蝶结制作方法
（步骤 17 ~ 29 ）

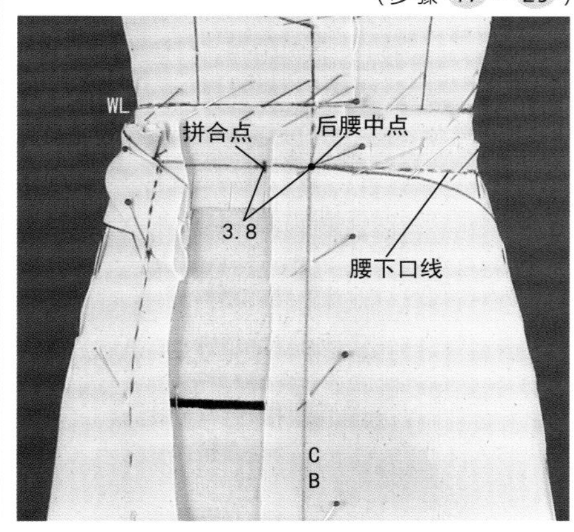

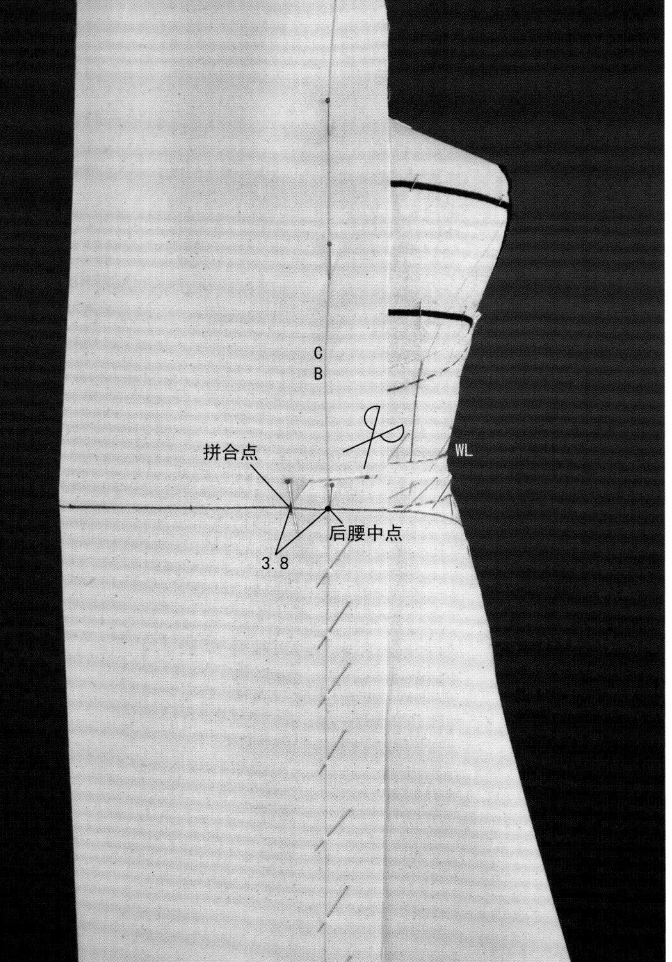

18

在布片上拷贝出拼合点的位置，在拼合点处用重叠针将布片与腰拼片固定在一起，并沿布边斜向下打剪口至此点。

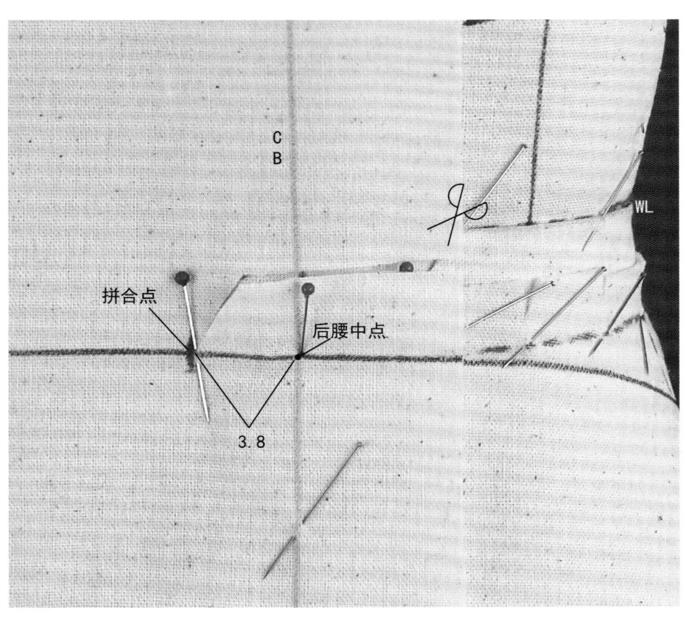

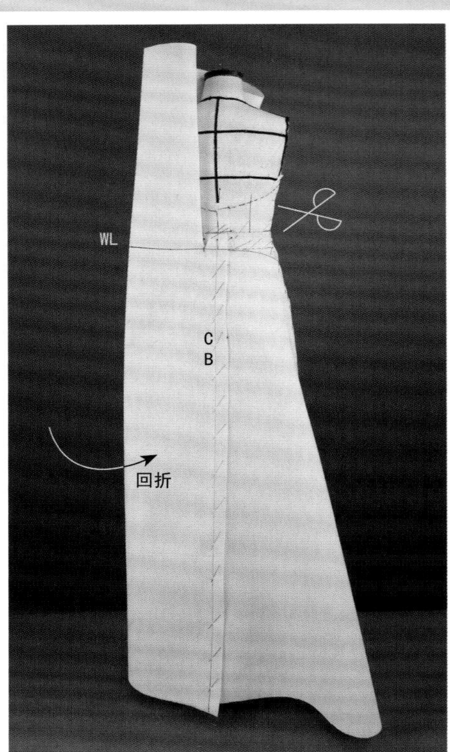

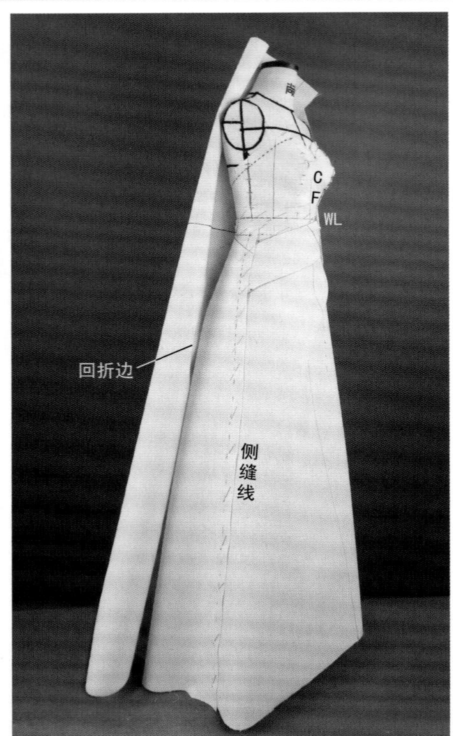

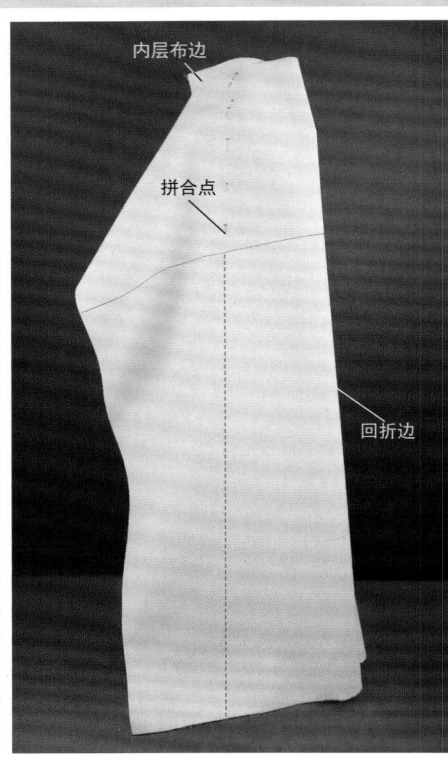

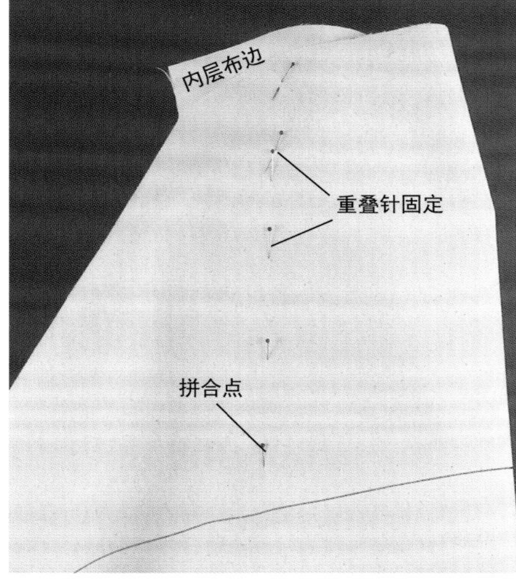

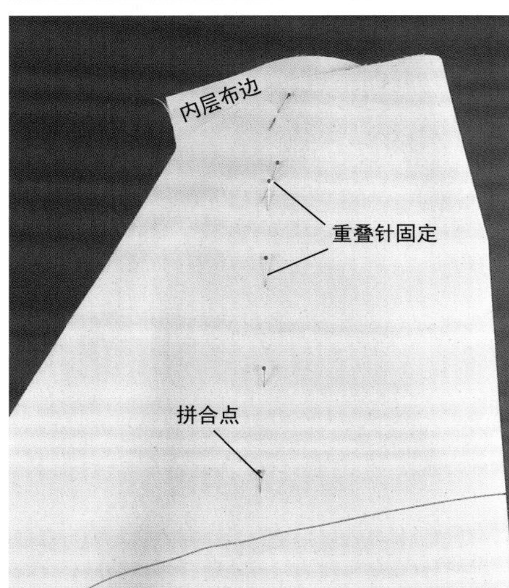

19

将蝴蝶结左后中布片回折成内外两层，呈上窄下宽的筒状，蝴蝶结与裙摆为一片结构，筒状上部经叠褶形成蝴蝶结造型，所以需根据蝴蝶结大小确定布片回折的宽度。将坯布覆在人台上，此款蝴蝶结裙摆为左右不对称造型，确定出向左偏斜的蝴蝶结中轴线（注意中轴线经过拼合点），并用大头针沿中轴线将两层布片与人台固定，后颈点以上用重叠针固定。

20

确定蝴蝶结上口高度，向布片回折边作垂线为蝴蝶结上口线，确认后对中轴线进行描点，并标记出拼合点。

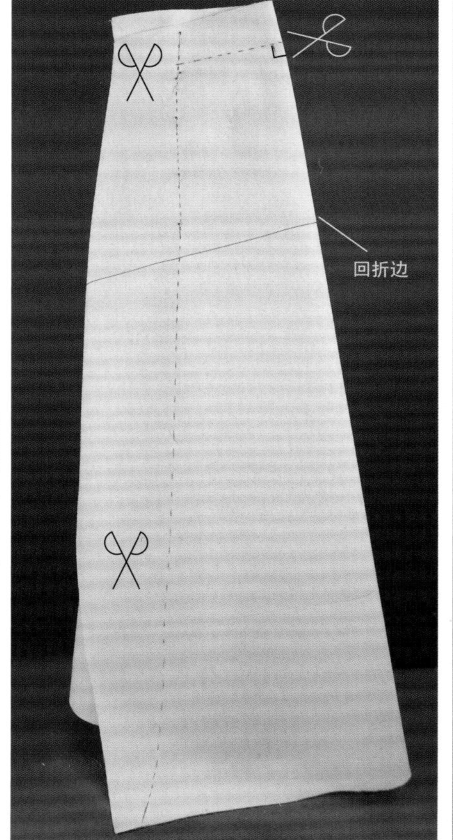

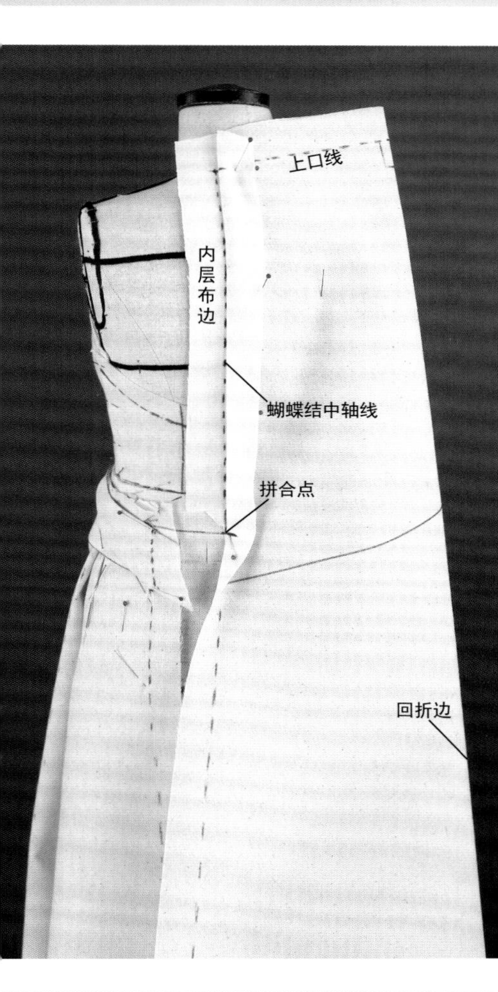

21

如图所示，将蝴蝶结上口线和中轴线拷贝至内层布片上。

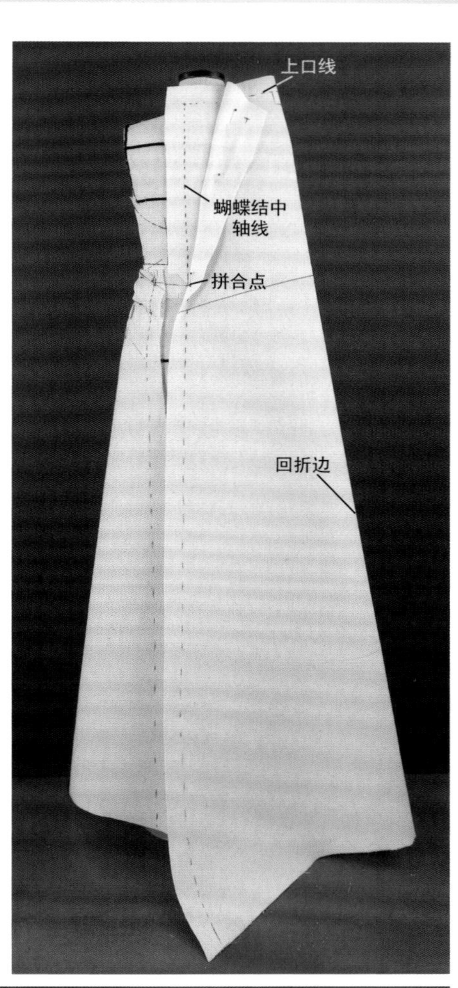

22

将外层布片掀开，用点针暂时固定，将蝴蝶结左后侧片基础布片的两条纱向辅助线交点与蝴蝶结拼合点对齐，并保持横纱水平，直纱垂直的状态，用大头针固定。

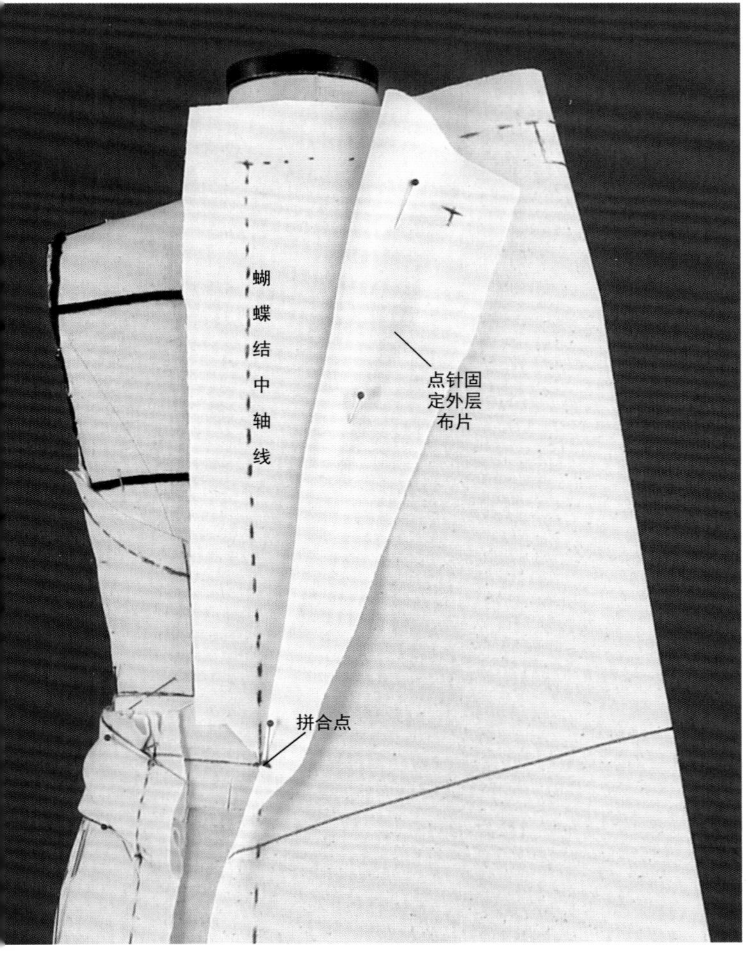

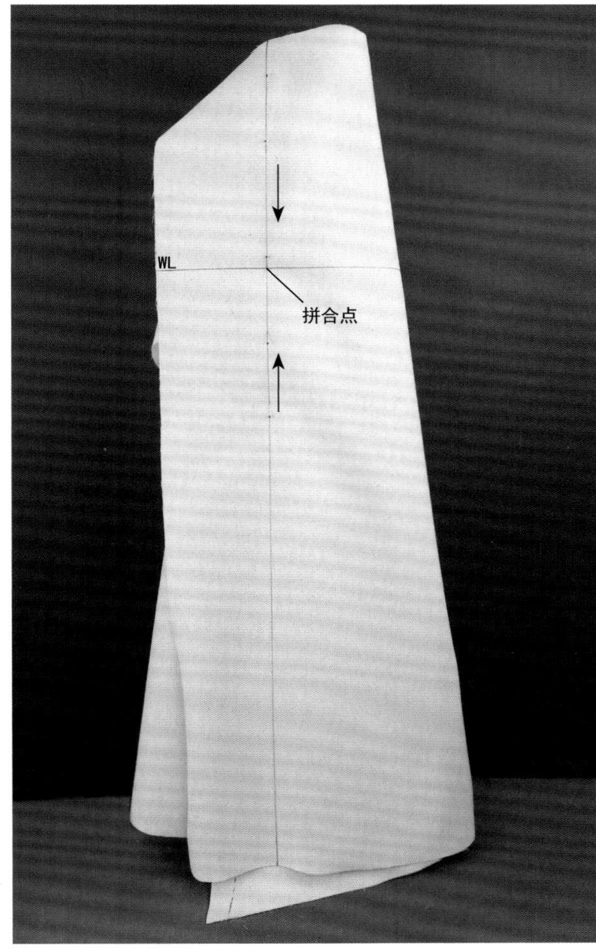

23

顺布料边缘斜向下打剪口至拼合点，打剪口使腰部坯布平顺，放出适当的裙摆量，并用重叠针将布片沿腰下口线固定。沿左侧片分割线反向刮折布片，参照刮痕对分割线进行描点标记，预留缝份并清剪布边，用别针固定。

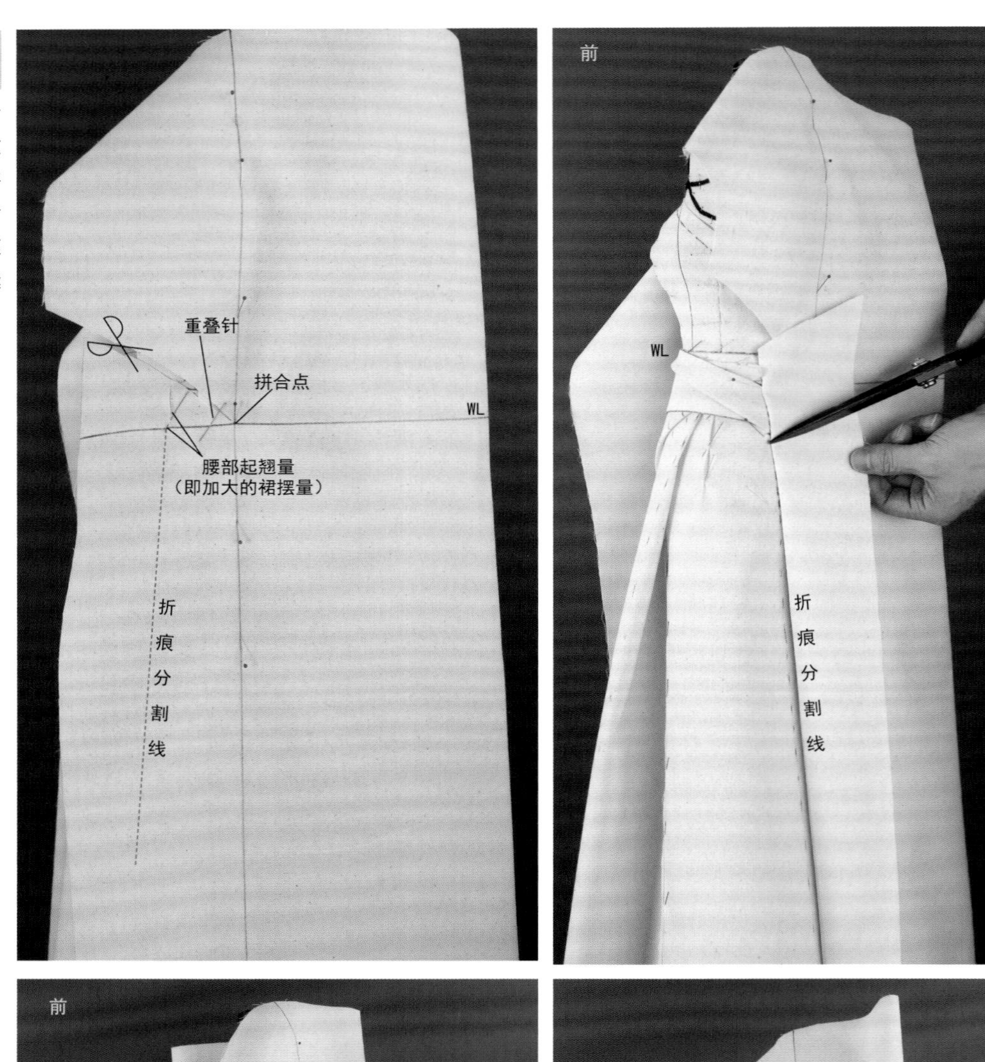

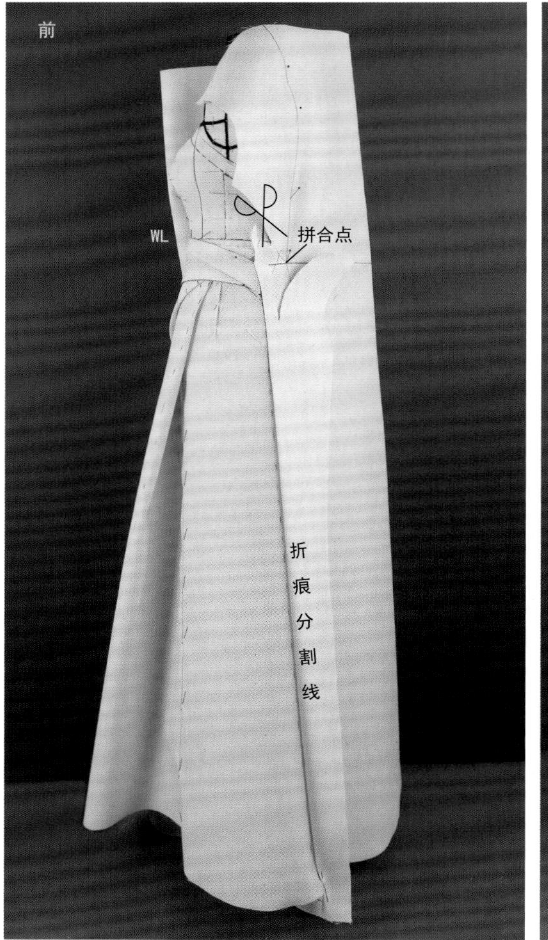

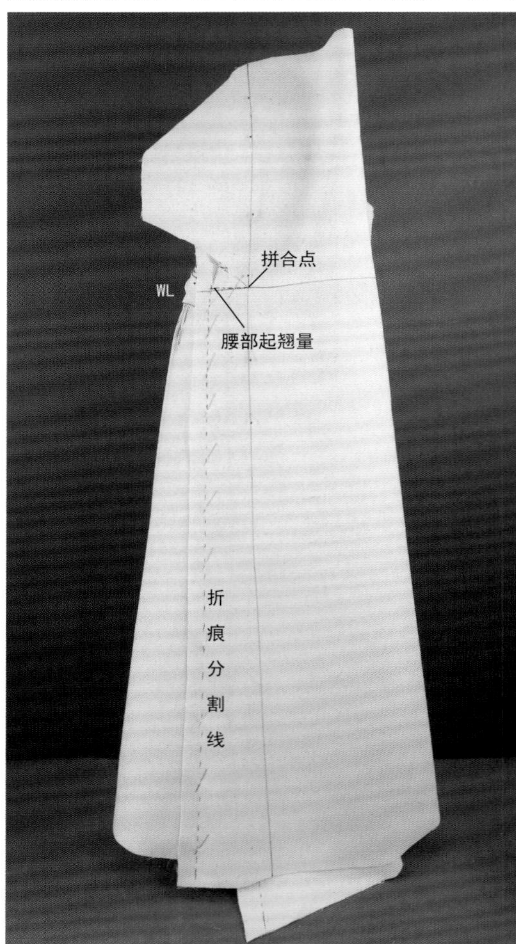

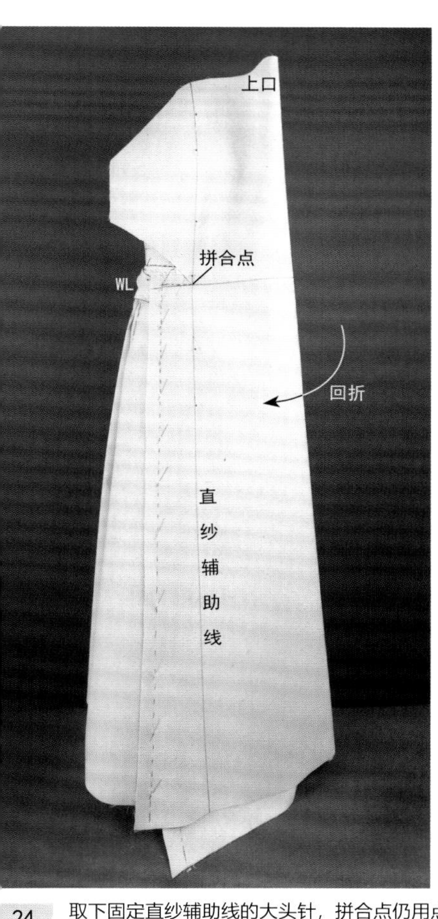

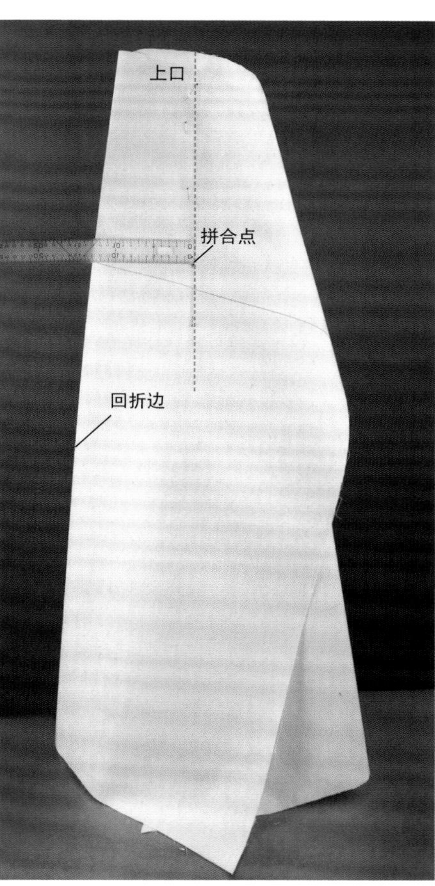

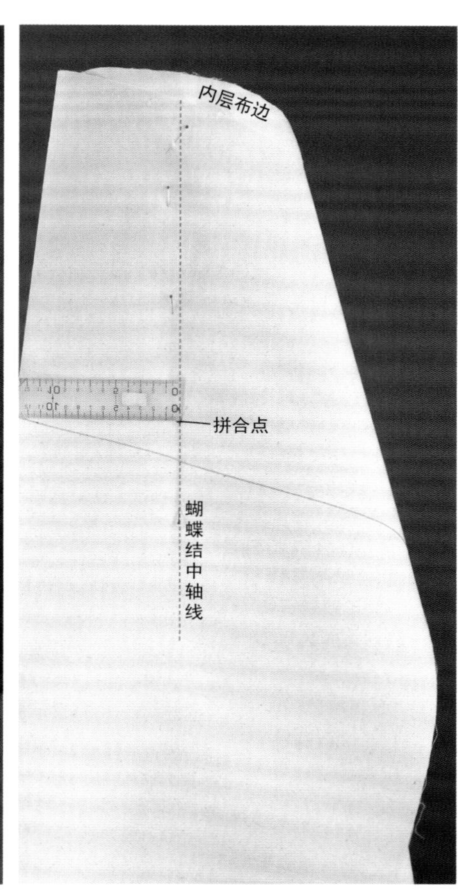

24 取下固定直纱辅助线的大头针，拼合点仍用点针固定，回折布片形成筒状，测量拼合点水平高度上回折坯布的宽度，保持左右蝴蝶结宽度相等，确定后标记出拼合点，并用大头针沿右侧蝴蝶结中轴线点针固定内外两层坯布。

25 确认后借助标示带对中轴线进行描点，预留缝边并清剪布边（对内外两层布片同时进行修剪），绘制出蝴蝶结上口线，注意上口线的高度和宽度与右侧蝴蝶结保持一致。

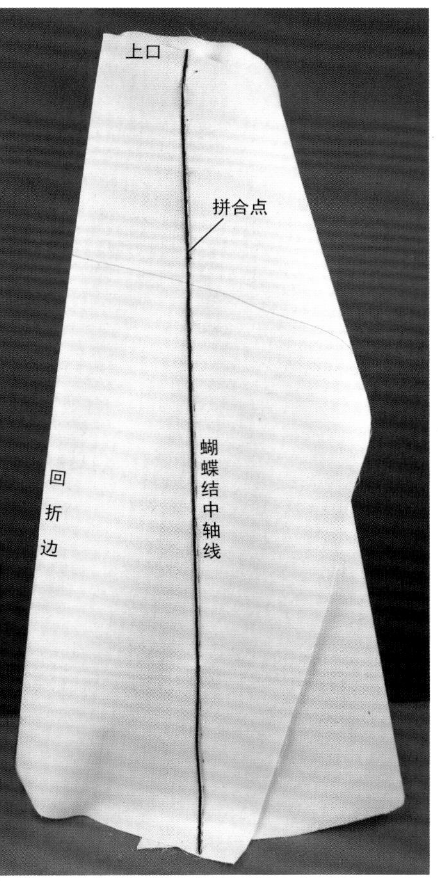

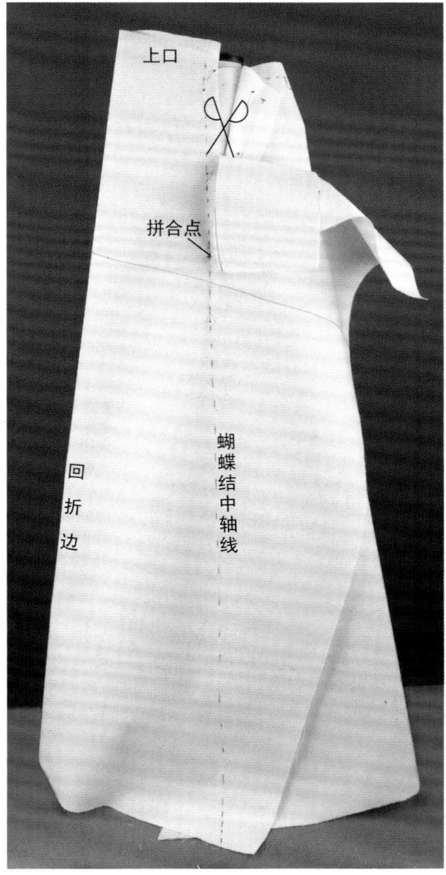

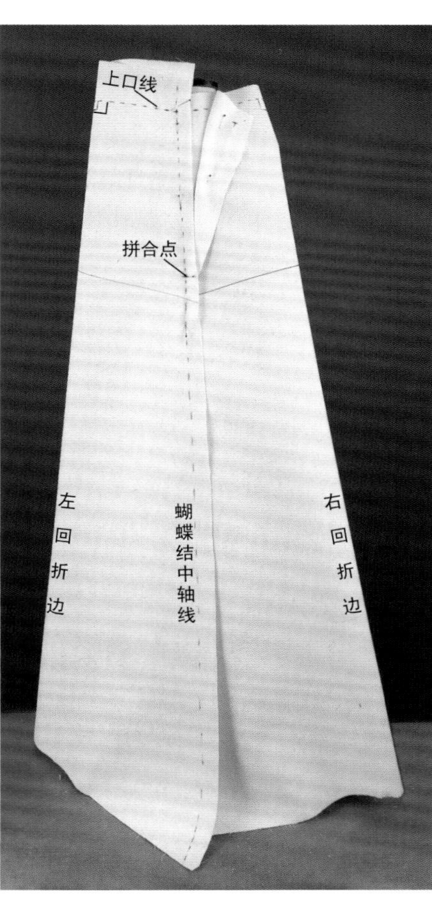

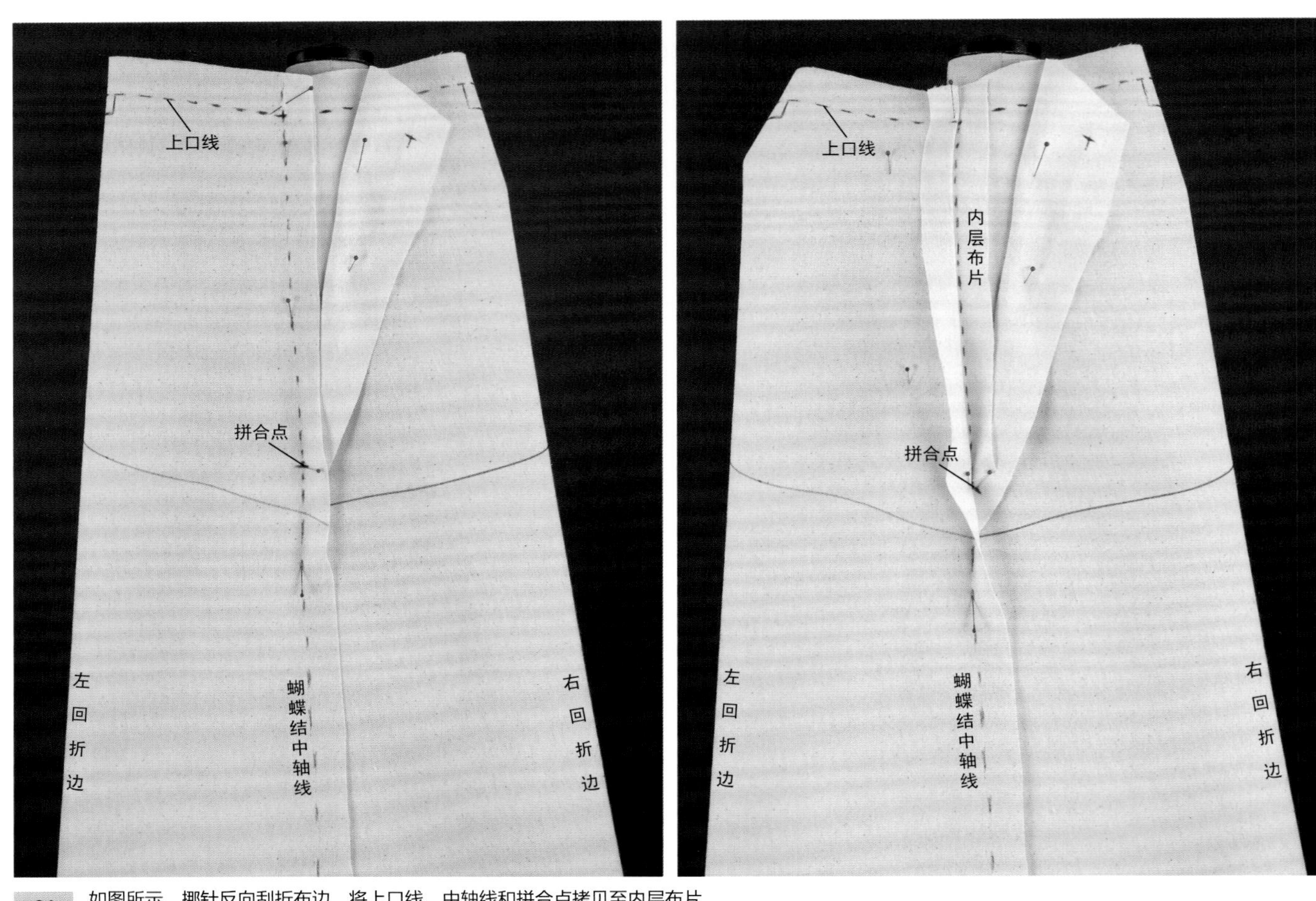

26 如图所示，挪针反向刮折布边，将上口线，中轴线和拼合点拷贝至内层布片。

27 松开固定外层布片的大头针，拼合点以上用重叠针沿中轴线固定左右两侧内层布片，并别针将两侧外层布片固定，形成完整的筒状造型，注意大头针针头方向水平，便于后续蝴蝶结叠褶操作。

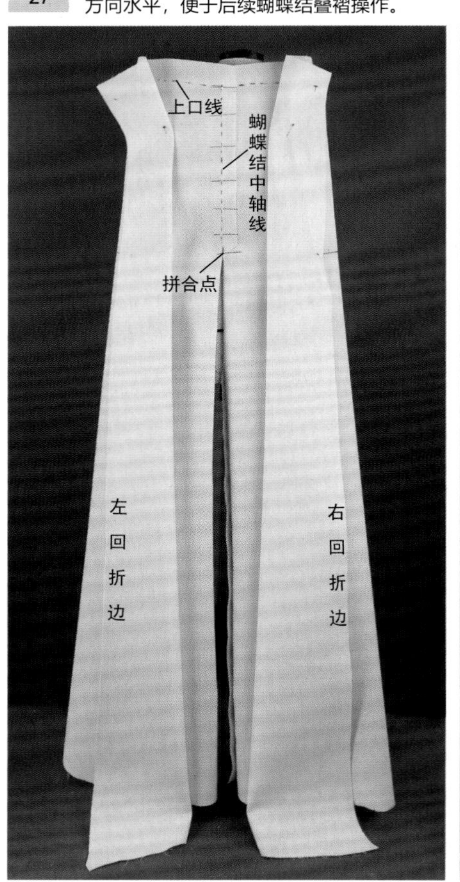

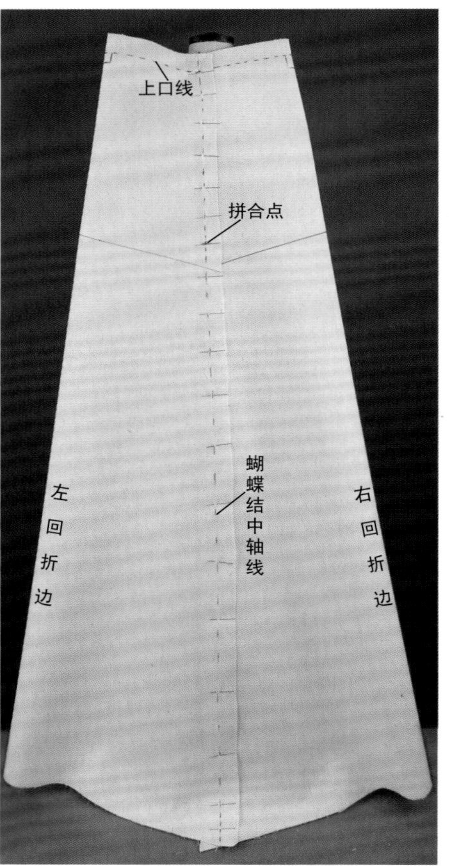

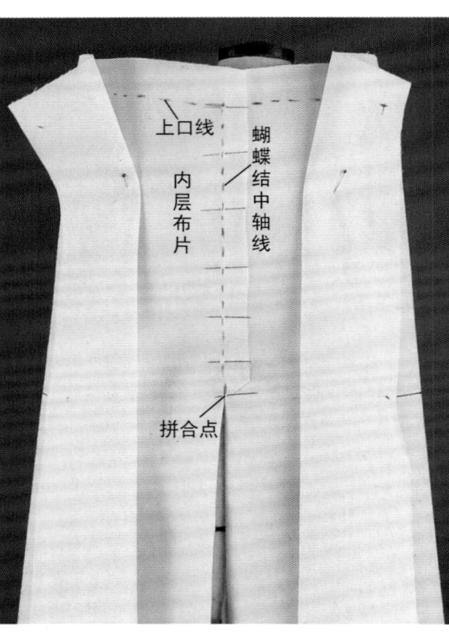

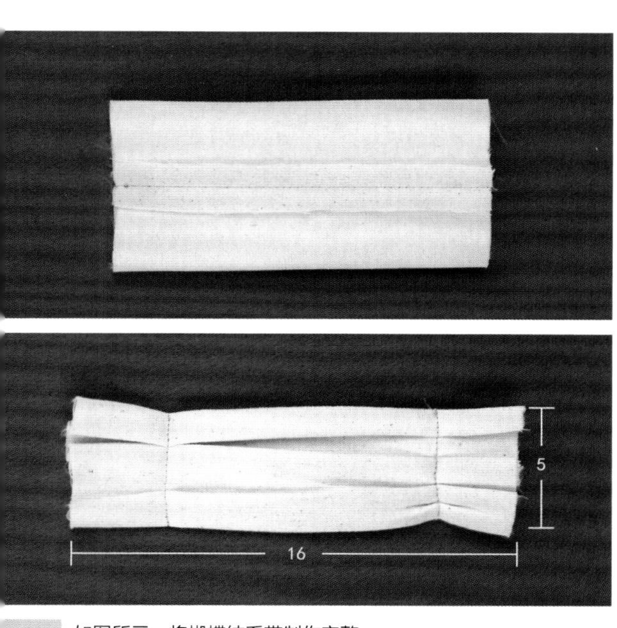

28 如图所示，将蝴蝶结系带制作完整。

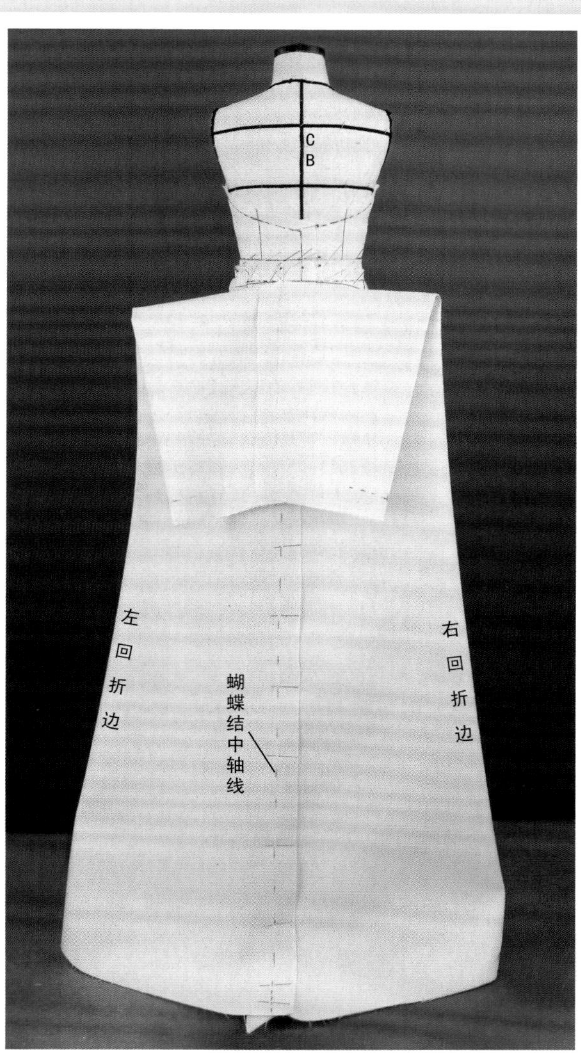

29

松开大头针，使筒状上部自然下垂，上口缝边向内扣折，别针固定。沿腰下口线将蝴蝶结系带一端固定于后中线左侧，对内外两层布片一起进行叠褶，塑造出蝴蝶结造型，确认后可用大头针或手针固定褶裥，用蝴蝶结系带包盖住中轴线缝边并假缝固定。

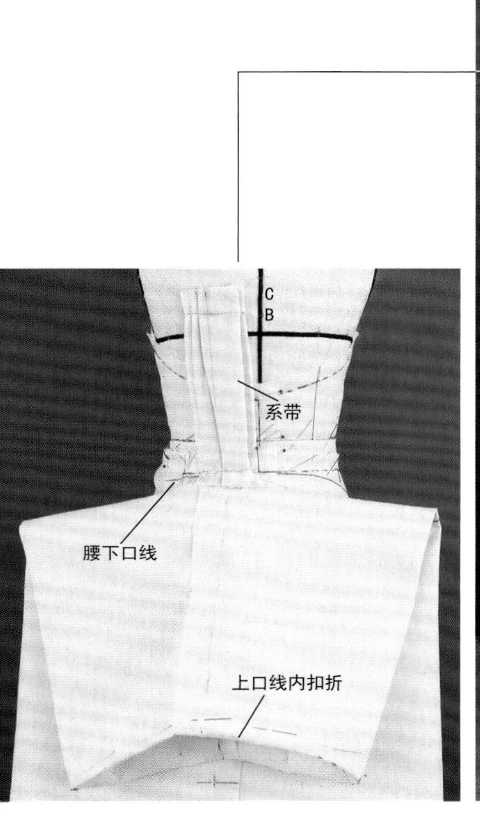

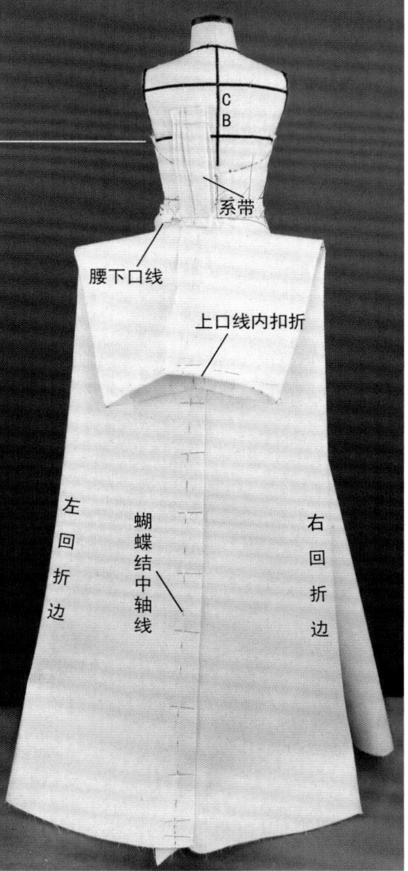

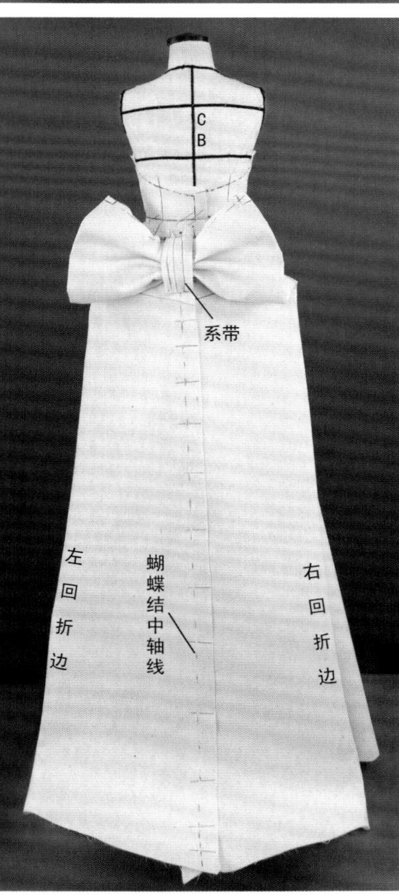

30

此款礼服裙为前短后长的拖尾裙摆造型，注意先将人台升高，使前片裙摆自然下垂，先确定出前中裙长齐地，后裙摆逐渐加长并形成拖裾，绘制出流畅的裙摆边缘线，预留折边并清剪多余布料。如图所示，并对裙前片纱向线进行描点。

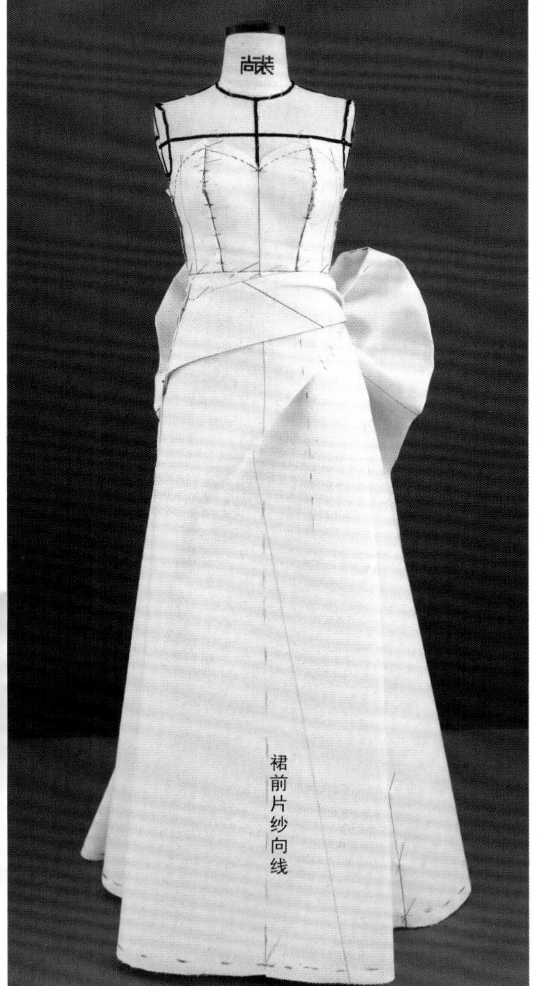

31

观察整体效果，整理出蝴蝶结和裙摆造型。

32

检查描点和对位标记点是否完整，将裁片依次取下，对各片线条进行修顺。

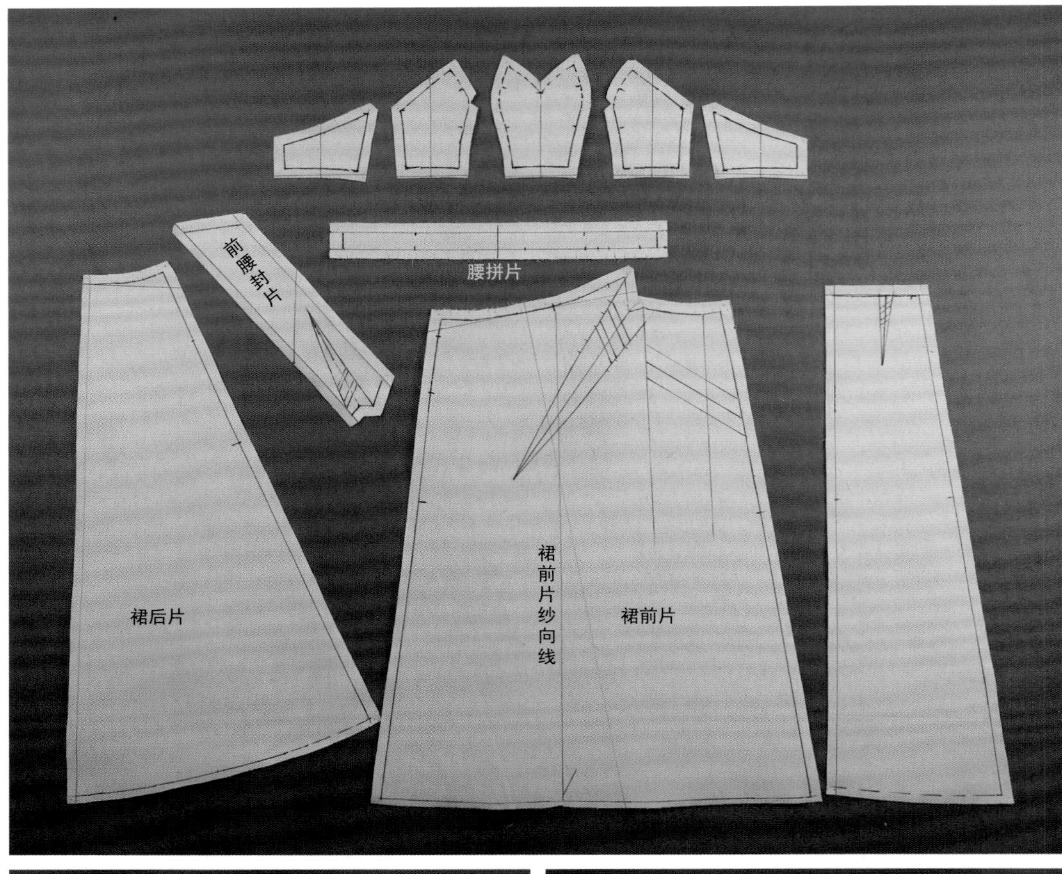

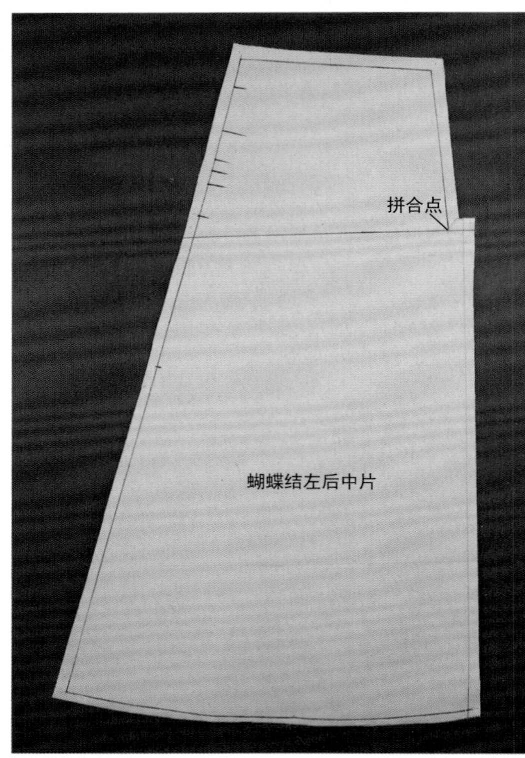

完成图

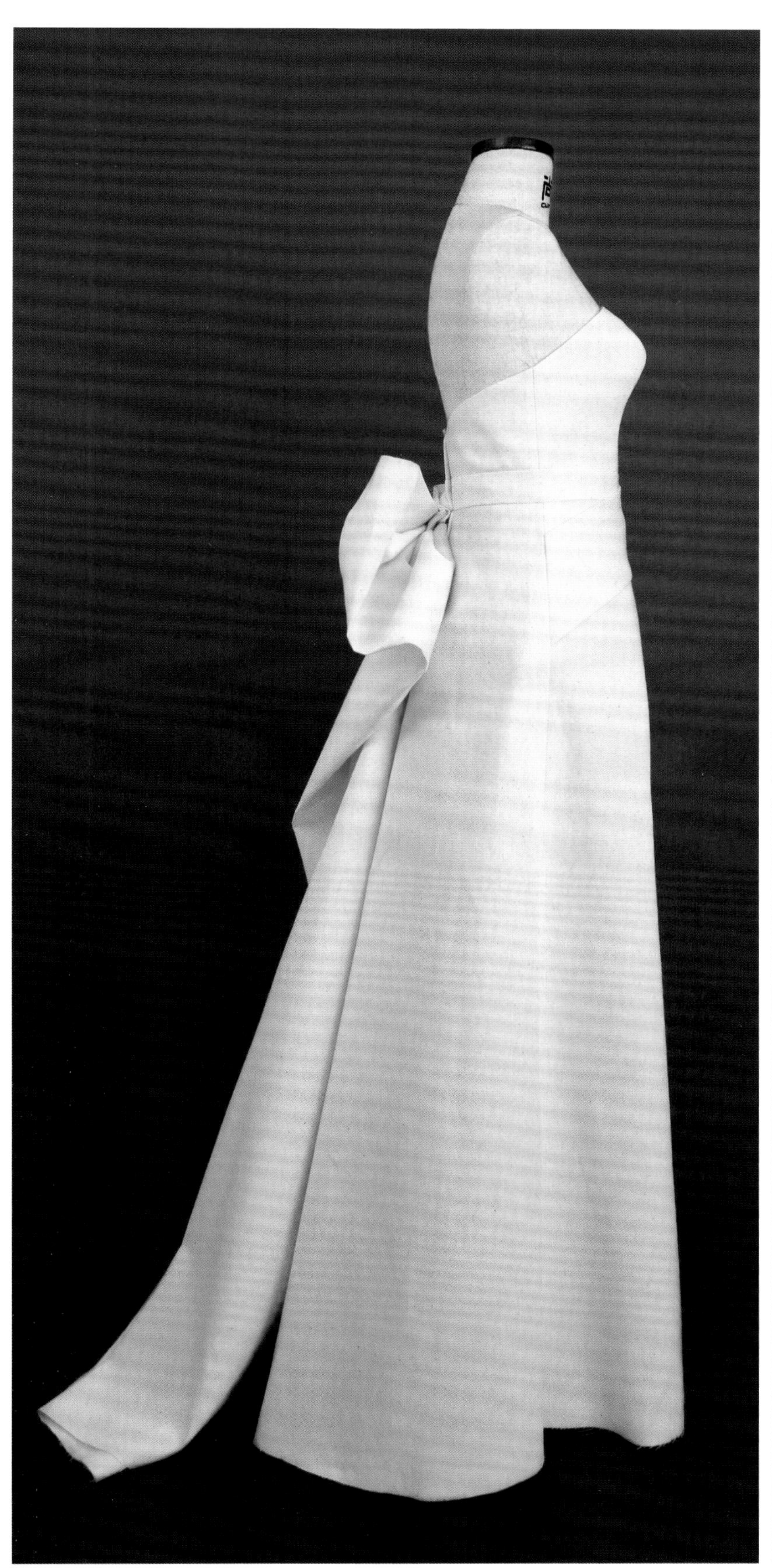

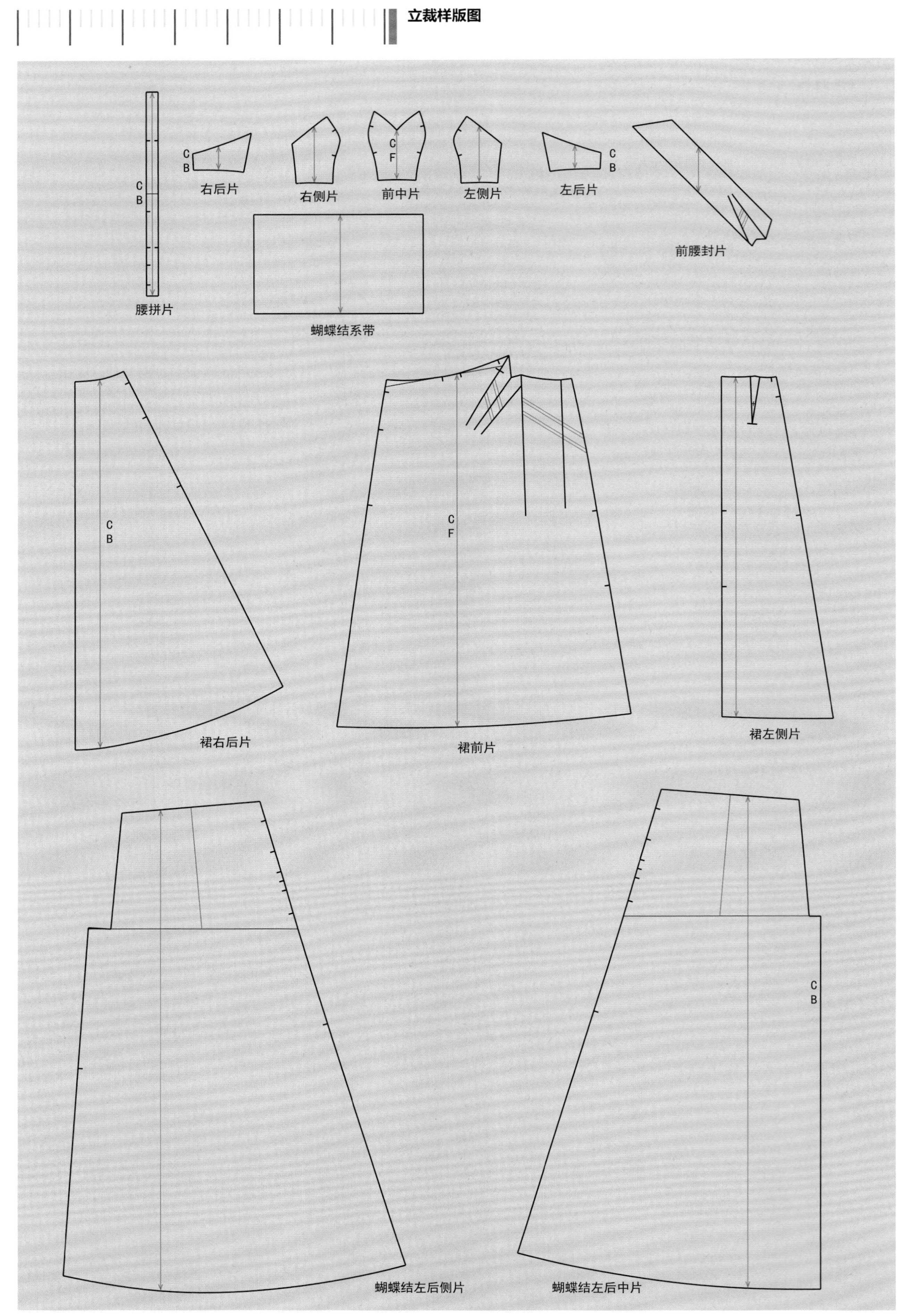
C
B
腰拼片
C
B
右后片
右侧片
C
F
前中片
左侧片
左后片
C
B
前腰封片
蝴蝶结系带
C
B
裙右后片
C
F
裙前片
裙左侧片
蝴蝶结左后侧片
C
B
蝴蝶结左后中片

Draping

The Complete Course

风琴褶大衣
连肩插角

款式描述

衣身为A型，宽松松量，连肩插角袖结构，插角有剖断，衣身前、后有风琴褶装饰片。

练习重点

- 有裆插角的立裁方法。
- 风琴褶的制作方法。

材料准备

- 人台(不限定号型）。
- 宽0.3cm纯棉织带。
- 专业立裁针、剪刀、手缝针。
- 纯棉坯布。
- 马克笔（或4B铅笔）、三色圆珠笔。
- 推版尺、多功能尺、皮尺。

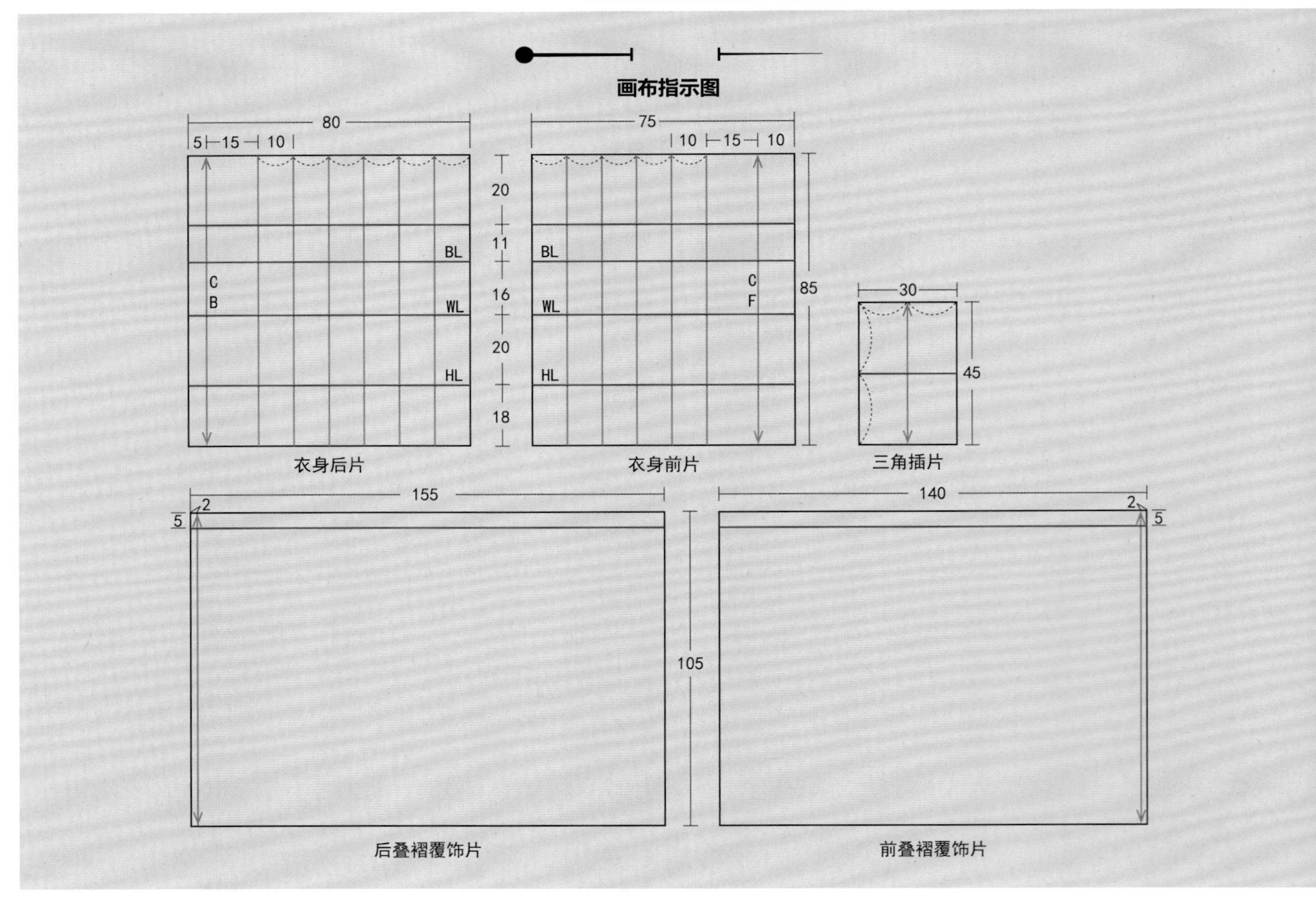

- **人台准备**

完成人台基础标线，并装配立裁用手臂。

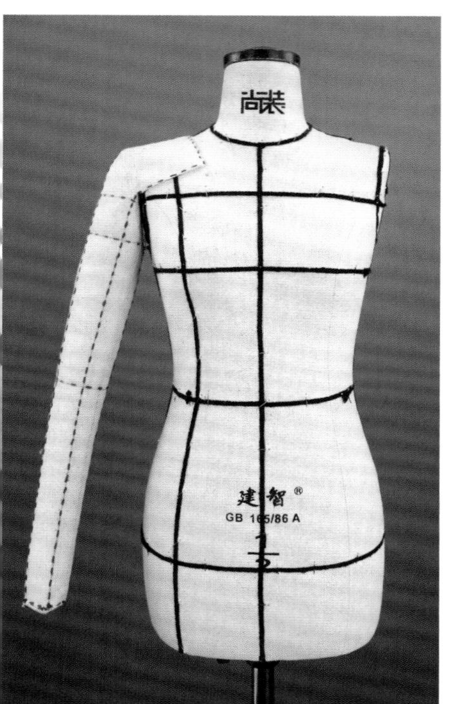

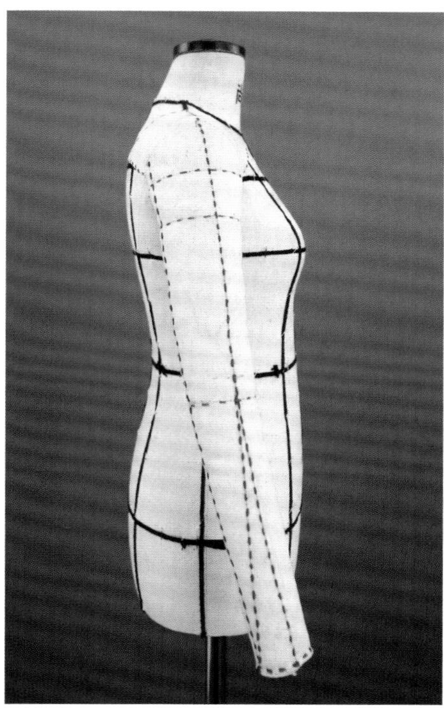

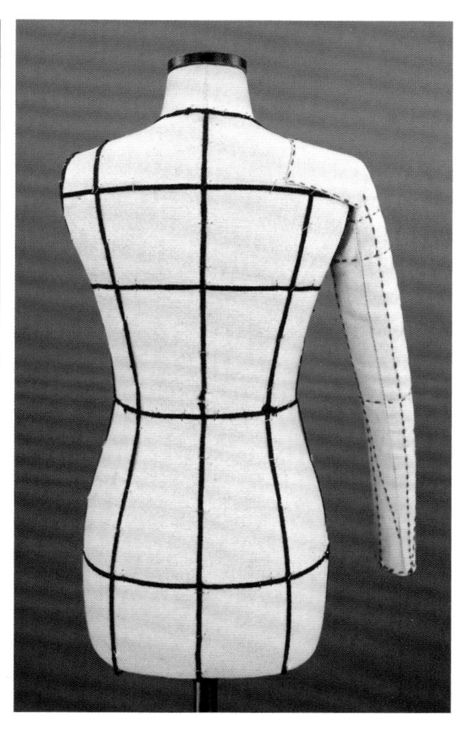

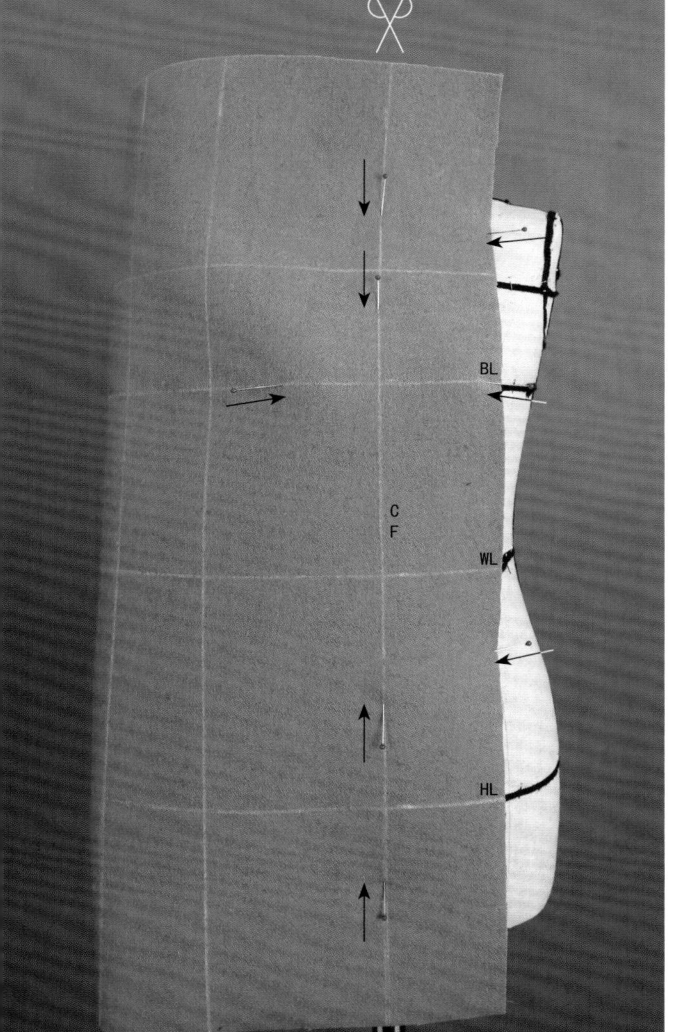

- **款式制作**

1

前片制作：将衣身前片基础布辅助线与人台标线相对应，固定前中丝道线，确保各辅助线的水平与垂直状态，并用大头针固定两侧BP点，准备撇胸操作。

2

取下前颈点的大头针，进行撇胸操作（撇胸量1.5~2cm），重新固定前颈点并对实际前中线进行描点。沿颈根围自前颈点向肩颈点方向均匀打剪口，并清剪余布。

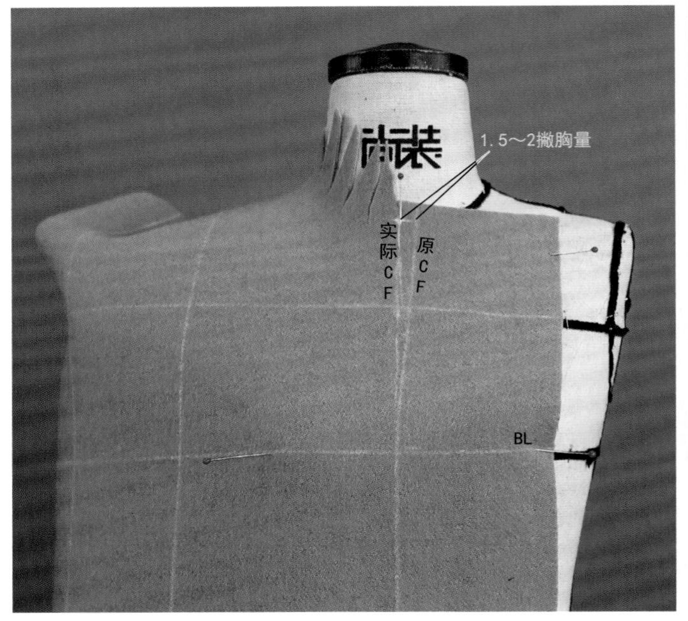

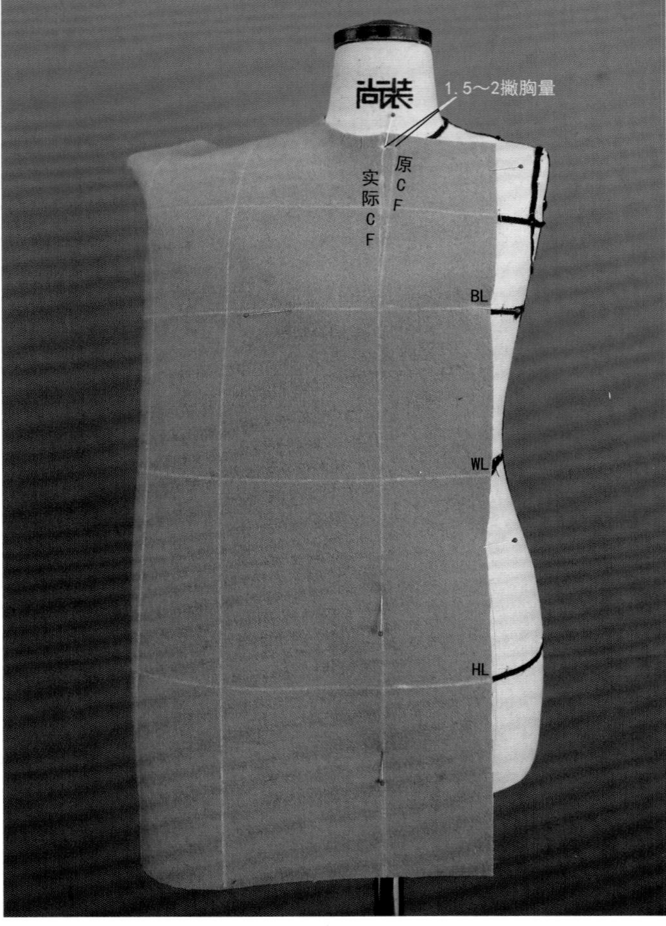

3

水平围裹布片至侧面，调整好衣身外形轮廓（部分胸省可转到侧面摆围里），确定腰围、臀围和下摆的松量围度，放出适当胸围松量，重新确定胸围线所处位置，保持布片平顺，在袖窿拐点区域下方用点针固定并描点标记（此点为前担干点，可根据款式调整担干点高低位置）。轻提肩端点余布使胸宽处坯布微有充盈感可消化部分胸省，用大头针固定肩端点，抚平肩部坯布，将余量推入领口作为缩缝量并用大头针暂时固定（或根据款式廓型需要将此余量全部或部分转入前衣身侧面摆围并调整保持衣身平衡），在实际领口线上缩缝量控制在0.5cm以内，用点针固定肩颈点。

微信扫码观看
衣身侧面操作方法
（步骤 3 ）

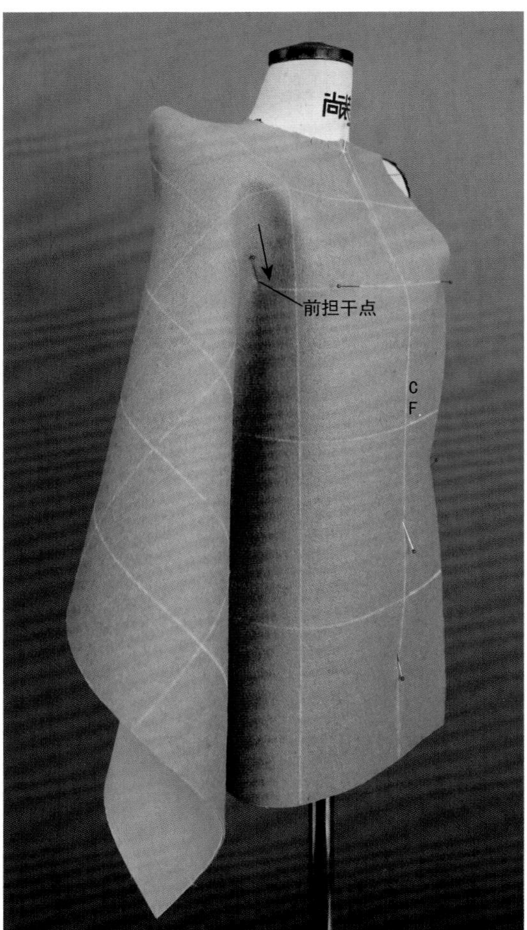

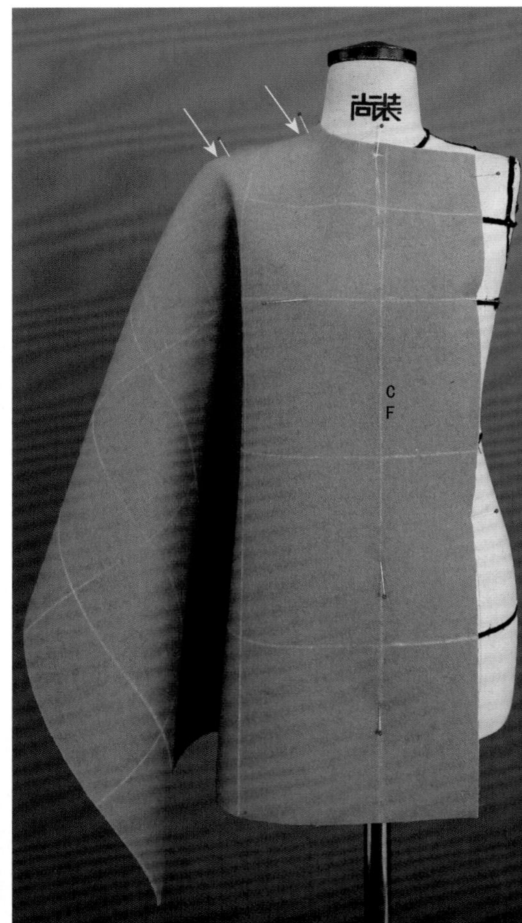

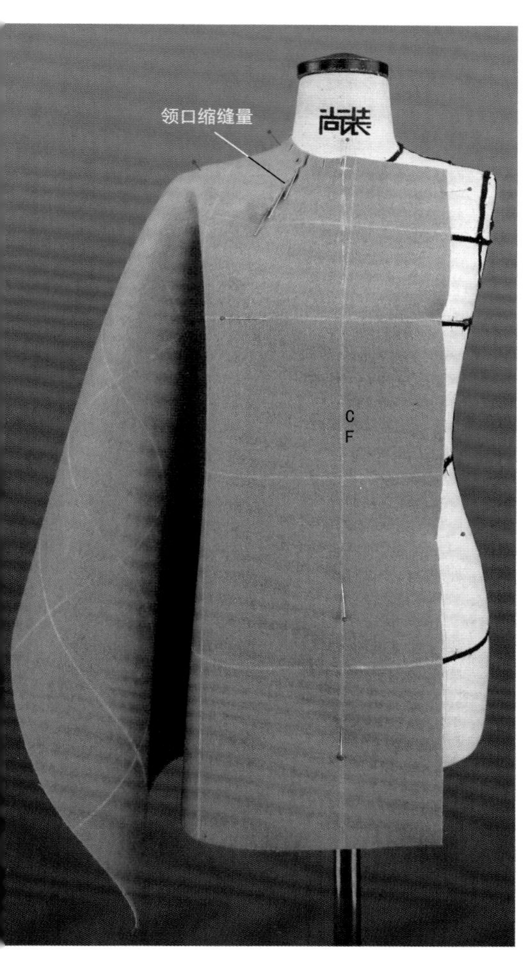

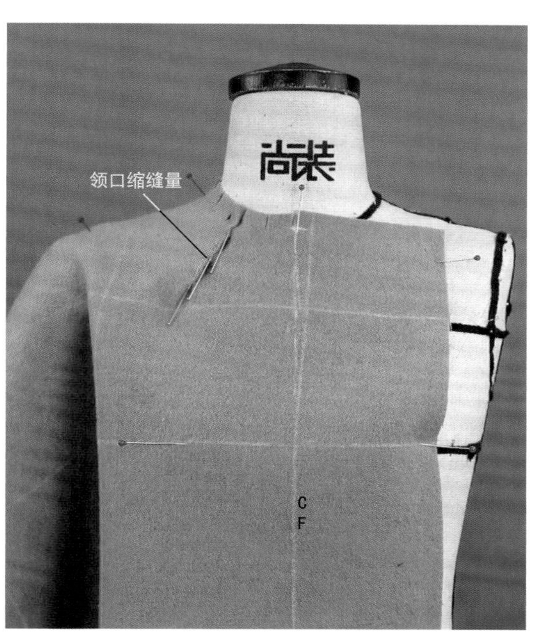

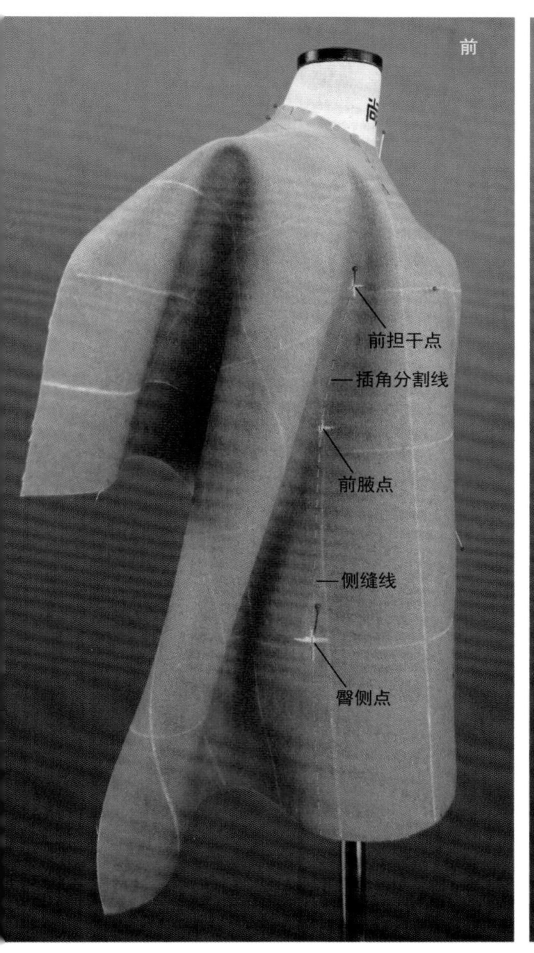

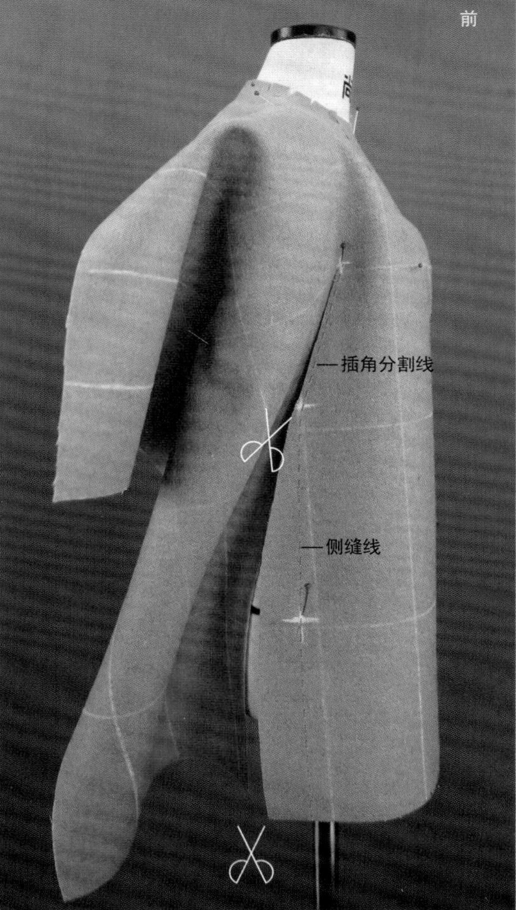

4

保持衣身围度与廓型，用点针在臀围与侧缝线交点处（臀侧点）固定，并在侧缝线上预先标记出与插角片拼合的前腋点。沿三点连线从布料边缘向上剪开坯布至前担干点，注意预留缝边量。可参考本系列丛书《尚装服装讲堂•服装立体裁剪Ⅱ》连肩插角大衣。

5

标记出肩端点、前小肩线，垂直向肩端点打剪口，肩线预留缝份并修剪掉多余布边。

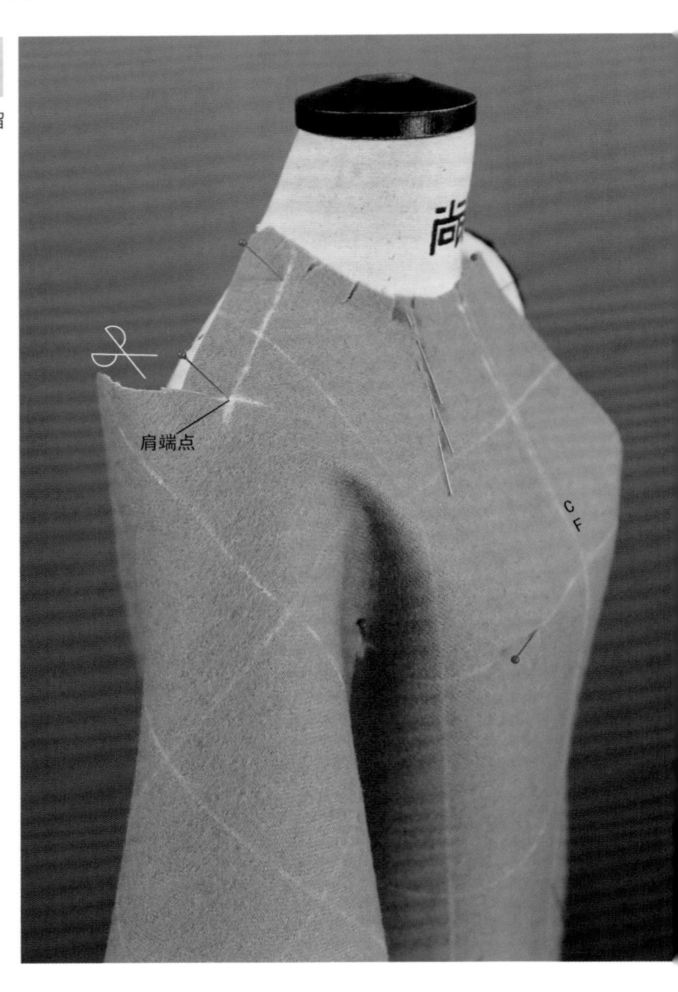

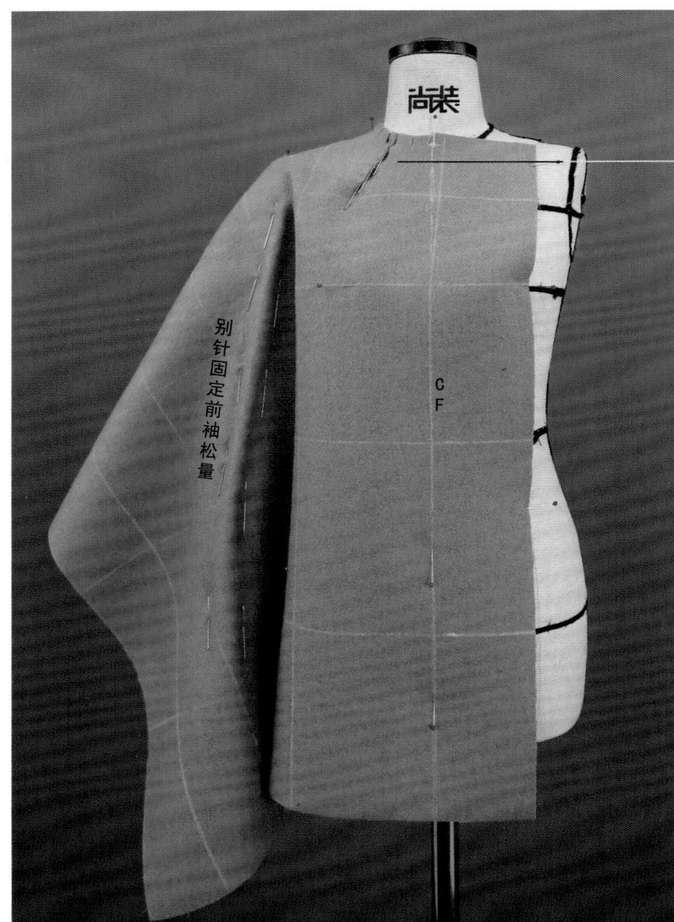

6

根据造型为前袖放出适当松量，用别针将松量固定。

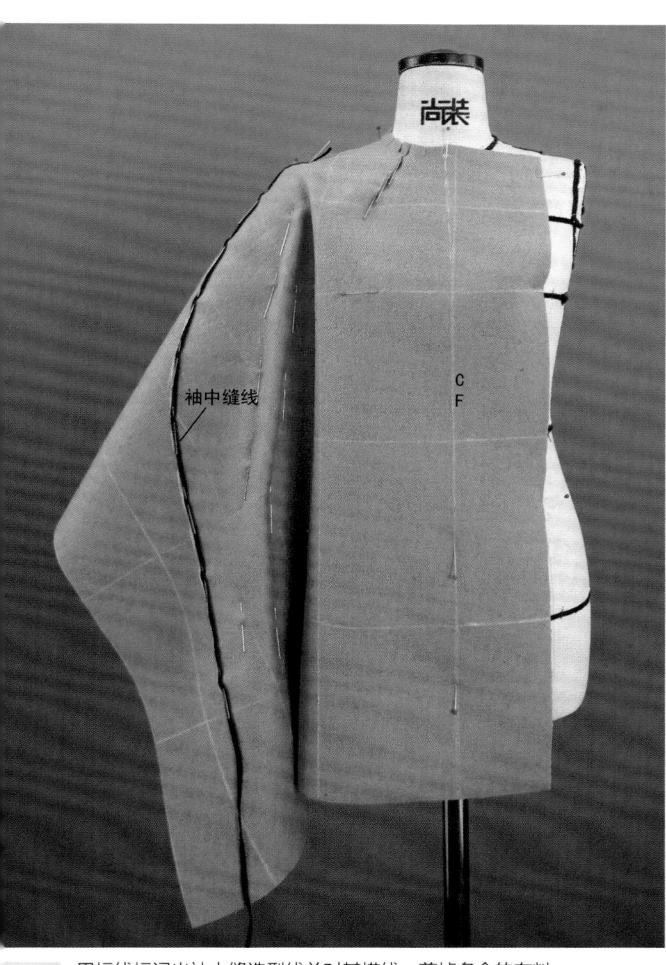

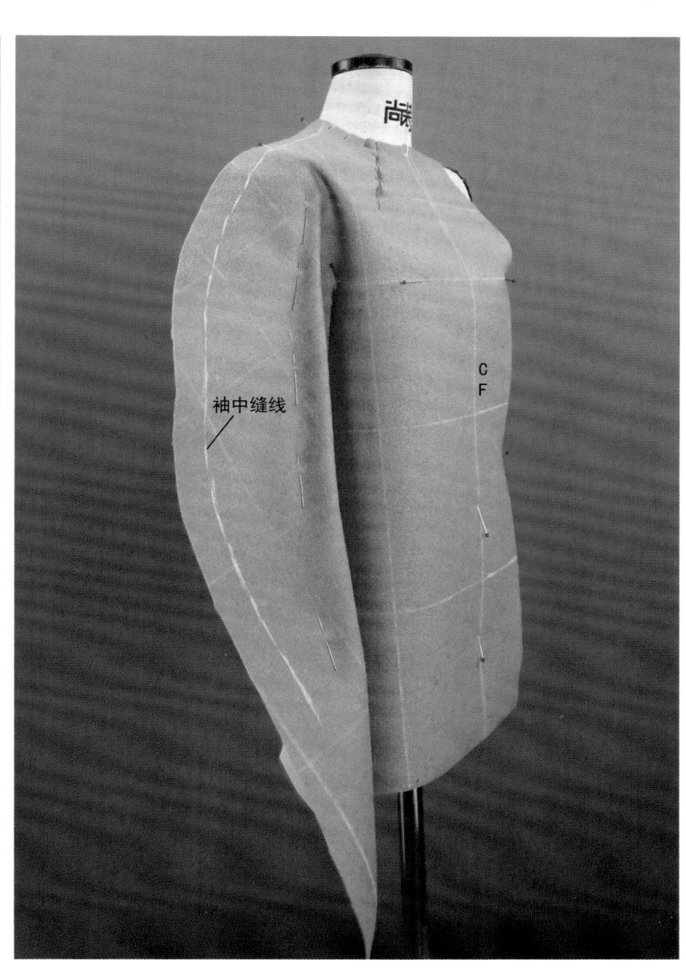

7 用标线标记出袖中缝造型线并对其描线，剪掉多余的布料。

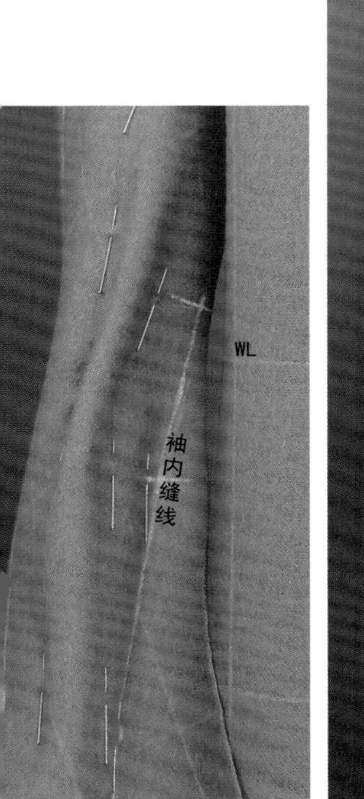

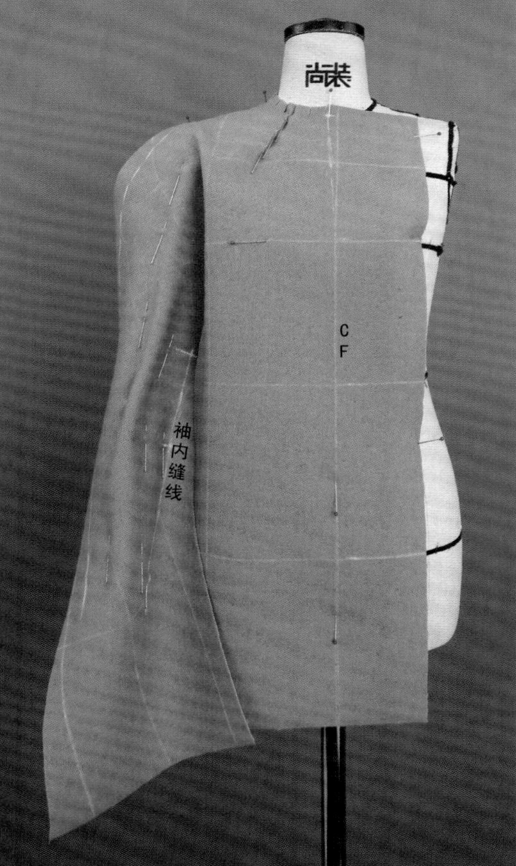

8

沿手臂内缝弯势线描绘出袖内缝线，修剪多余布边，以前腋点水平高度确定出袖内缝上的袖底点，连接三点绘制出插角的断缝线，注意袖片断缝线为内凹曲线，可以容纳抬手量和尖角处工艺缝边量。

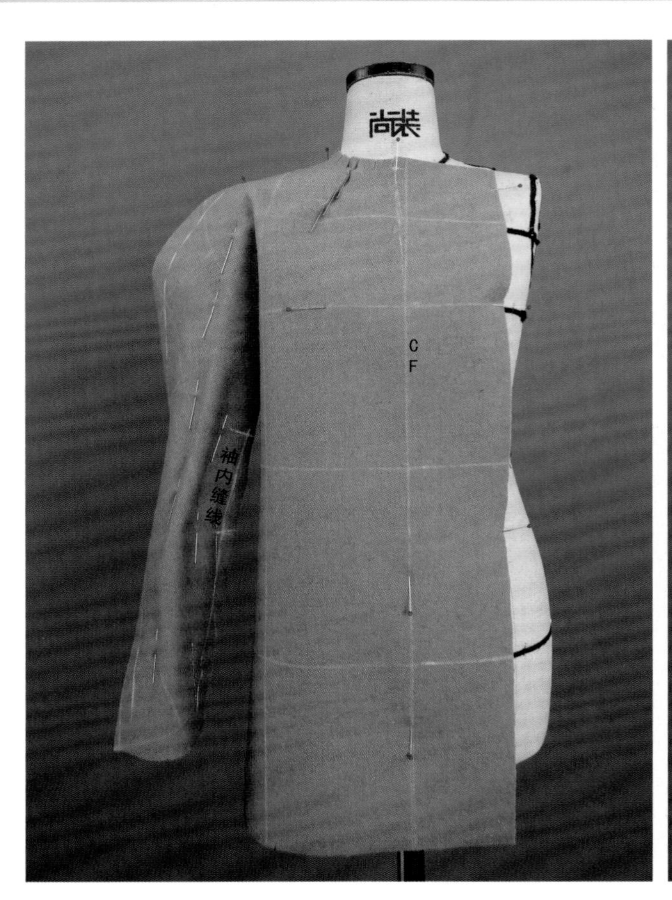

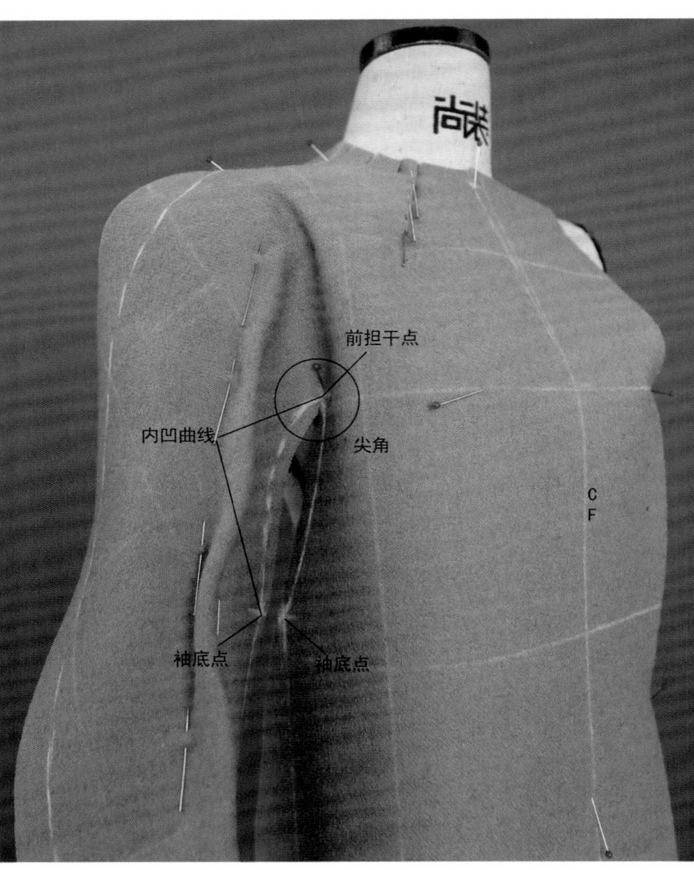

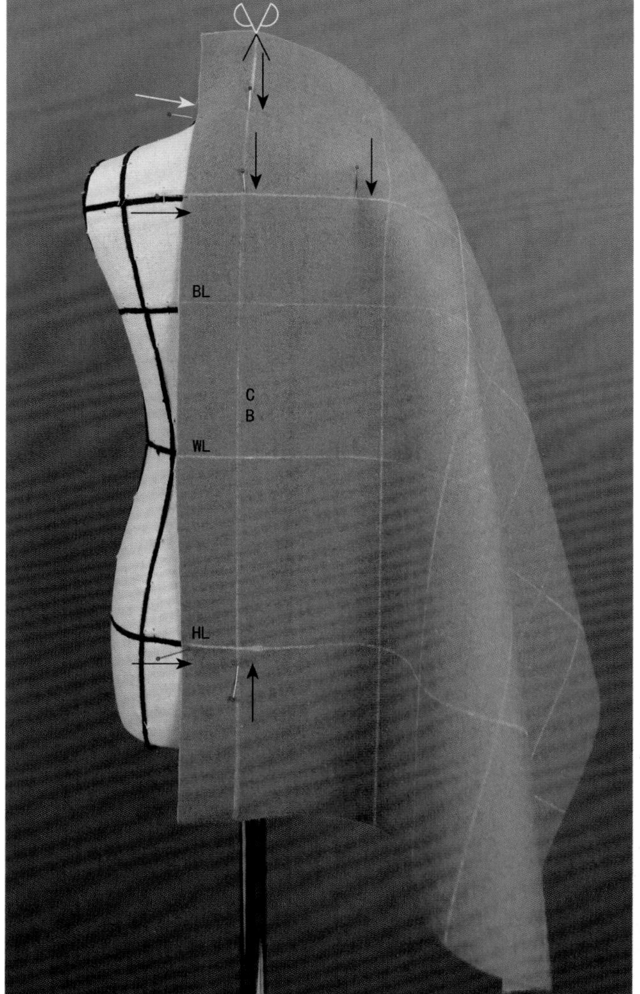

9

后片制作：在基础布片臂围线与后中线的交点处下针固定，确保各辅助线的水平与垂直状态，并与人台标线相对应，在肩胛骨区域用大头针固定布片。

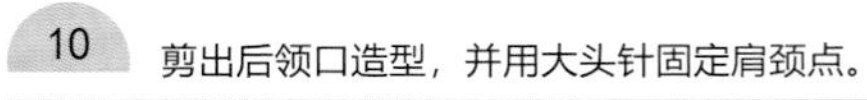

10 剪出后领口造型，并用大头针固定肩颈点。

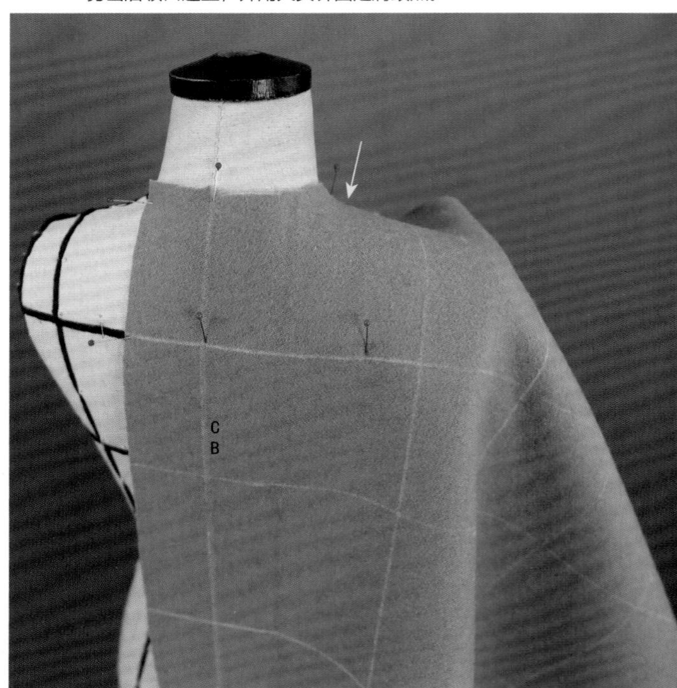

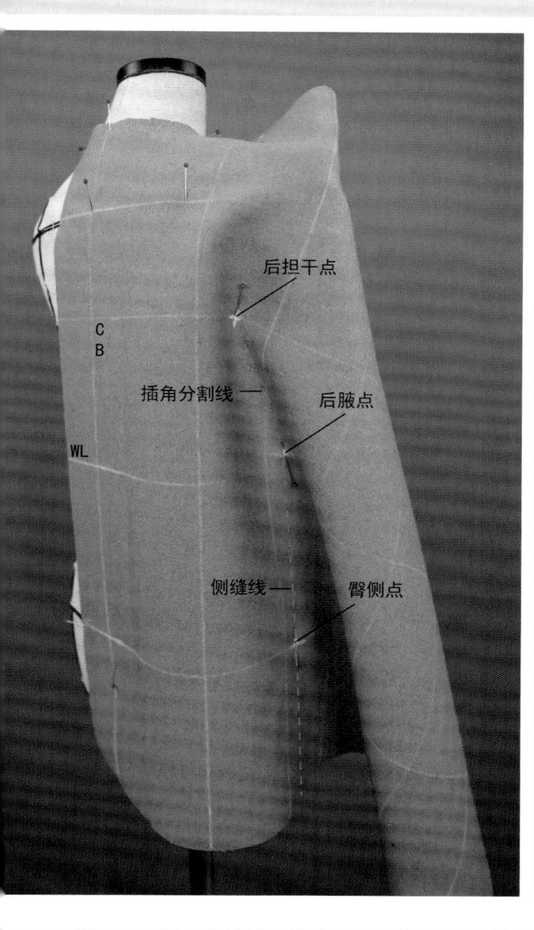

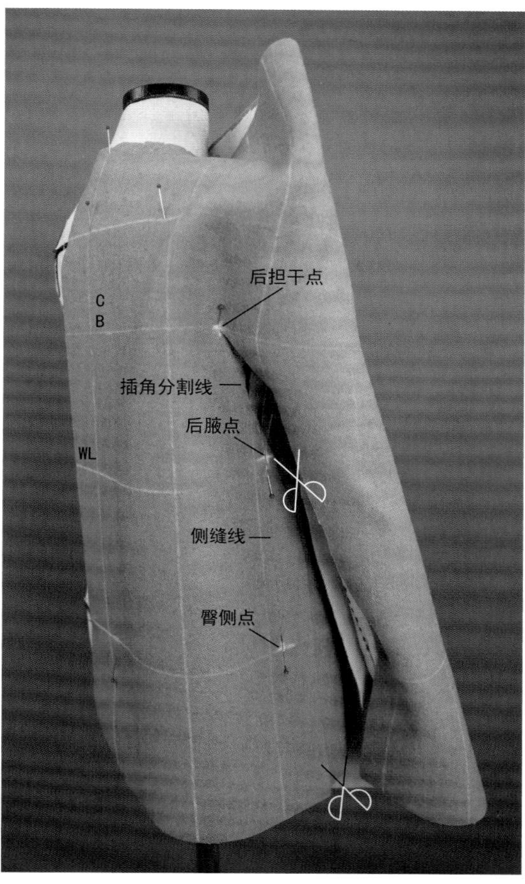

11

调整坯布塑造出衣身后片的松量围度和廓型，注意前、后衣身空间量平衡。操作方法参照衣身前片，确定后片对应的臀侧点、后腋点、后担干点，用重叠针固定前、后片。如图所示，剪开布片至后担干点。

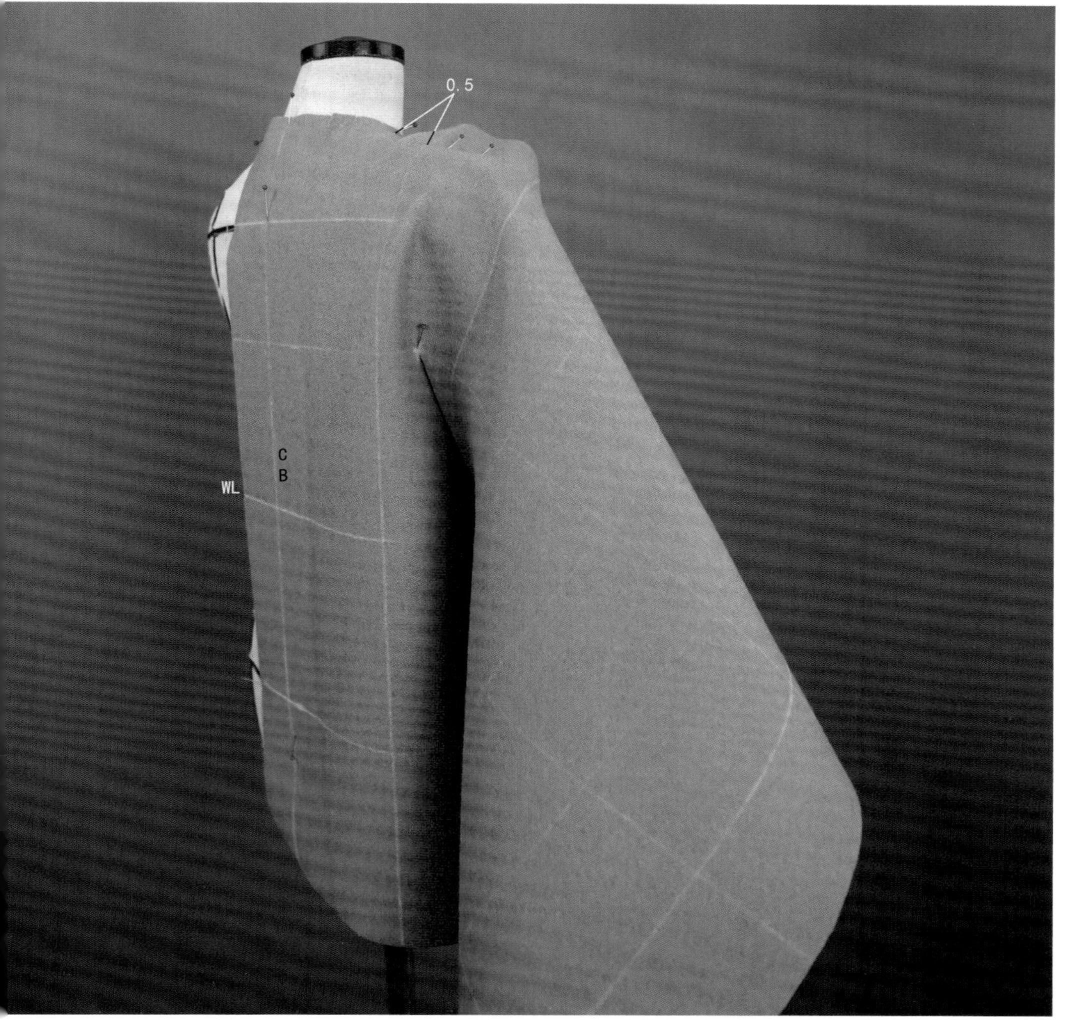

12

将肩端点区域的坯布向上轻提并抚平以保持后片平衡稳定，在后小肩留0.5cm的松量，用大头针固定，并用点针固定肩端点。如还剩余少许松量可推入领口，后续通过工艺缩缝处理。取下固定肩胛骨区域的大头针。

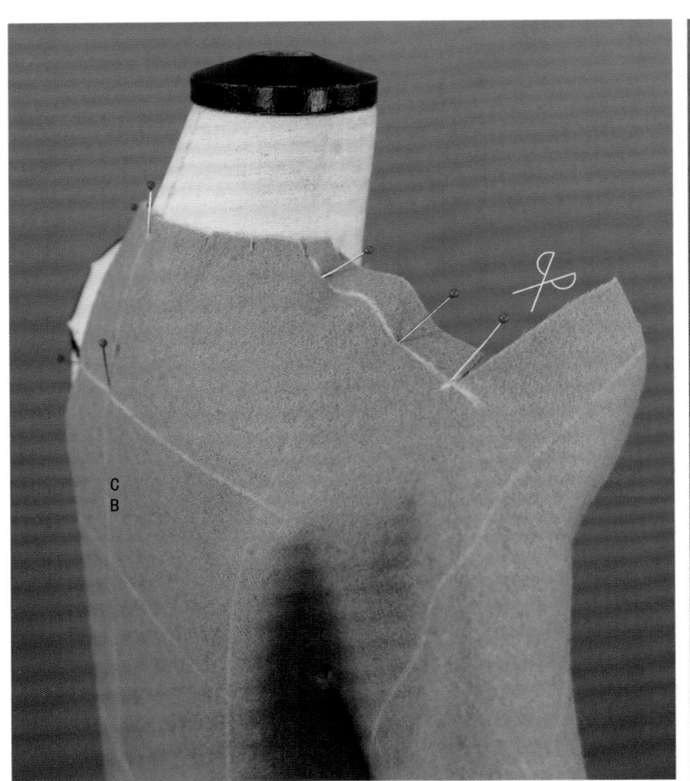

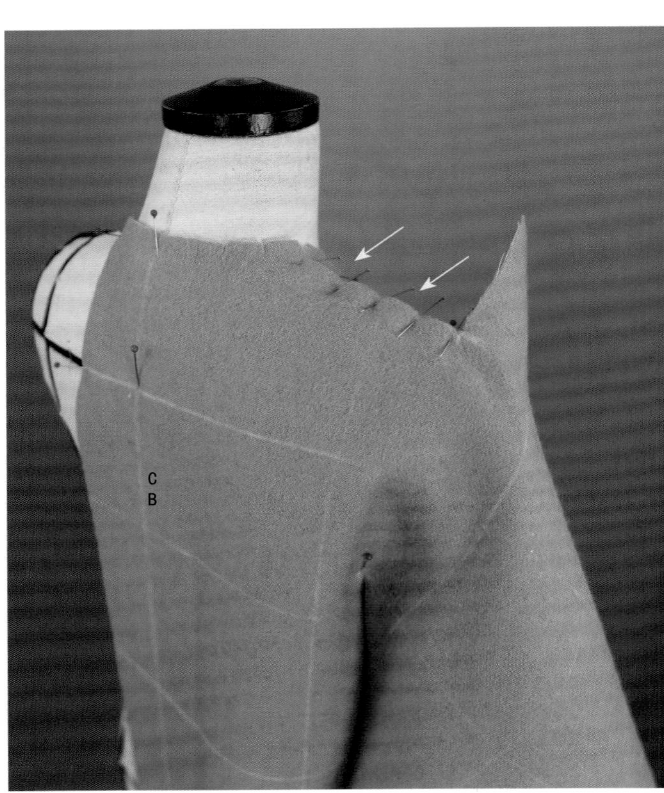

13 垂直向肩端点打剪口，对后小肩线进行描点，扣净缝边，用折叠针固定，针尖指向衣身后片方向。

14

确定后袖的松量并用别针固定，注意后袖松量应大于前袖松量。

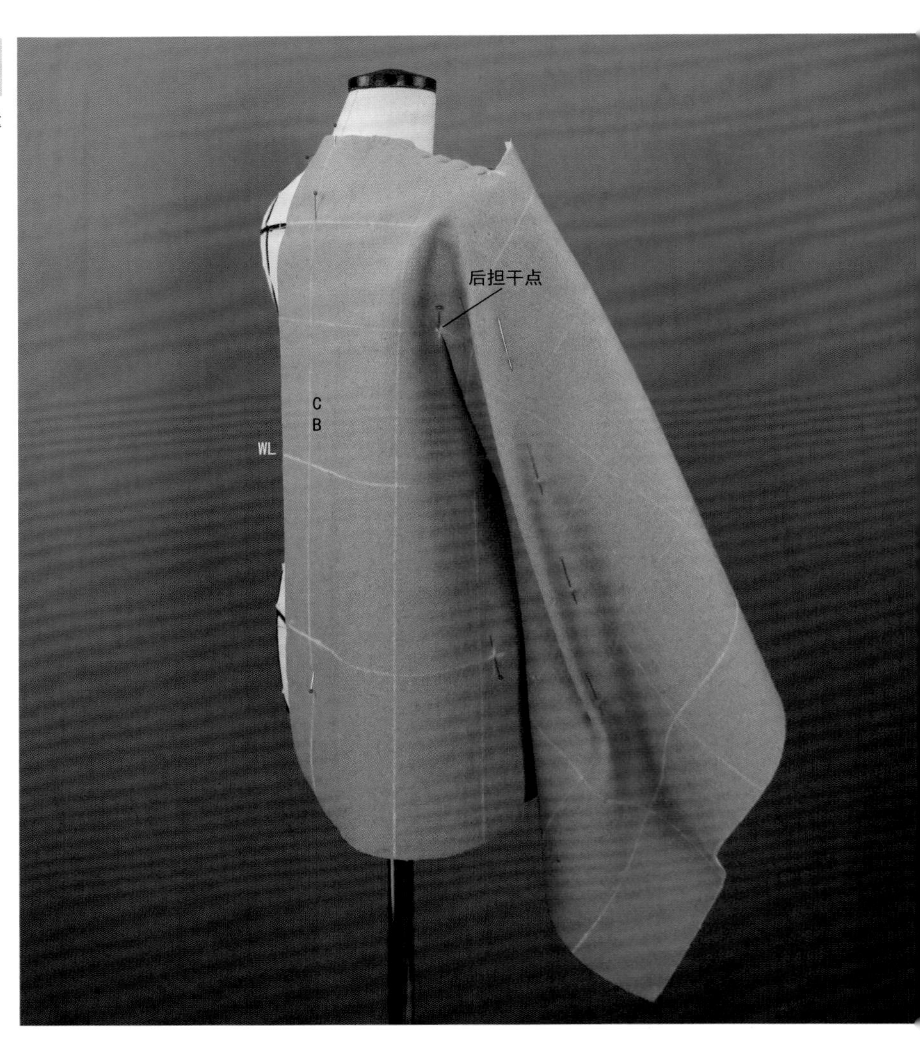

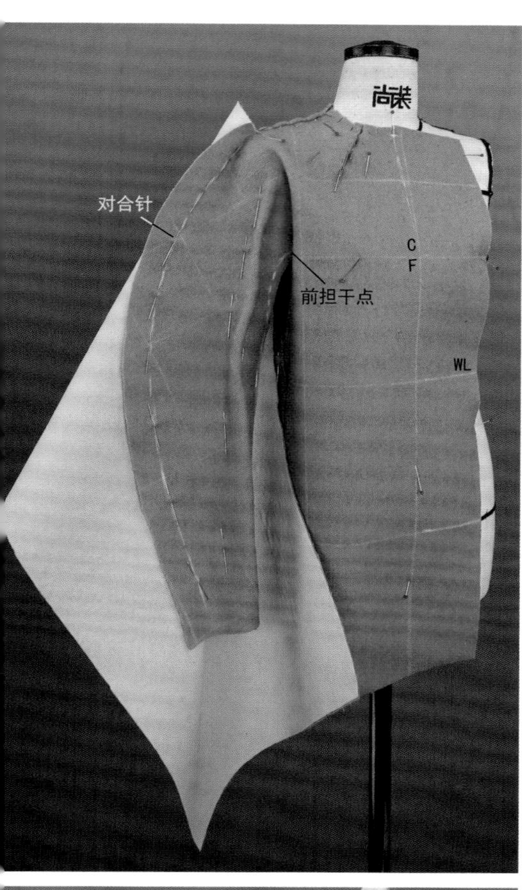

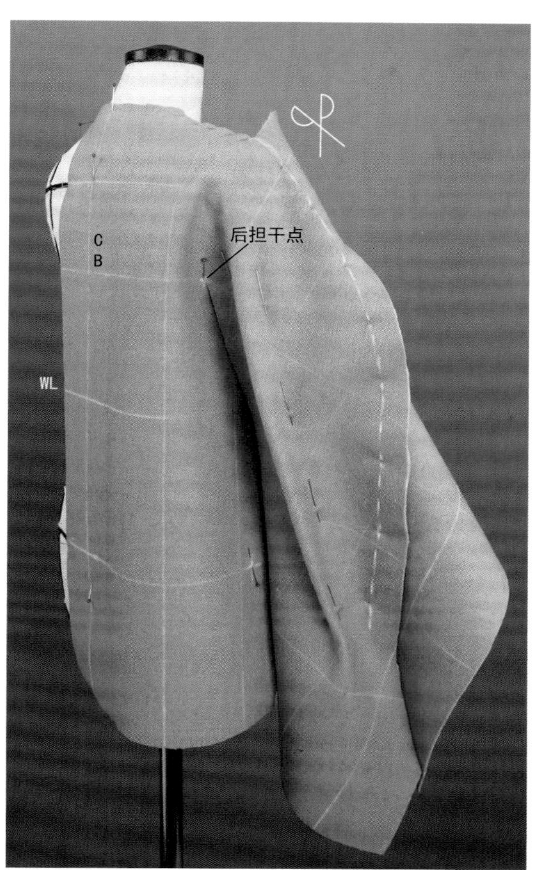

15-1

将后袖布片向前包围，用大头针沿袖中缝（肩袖缝）对合针将前、后袖片固定。确认造型后对后袖中缝进行描点，预留缝份并清剪余布。

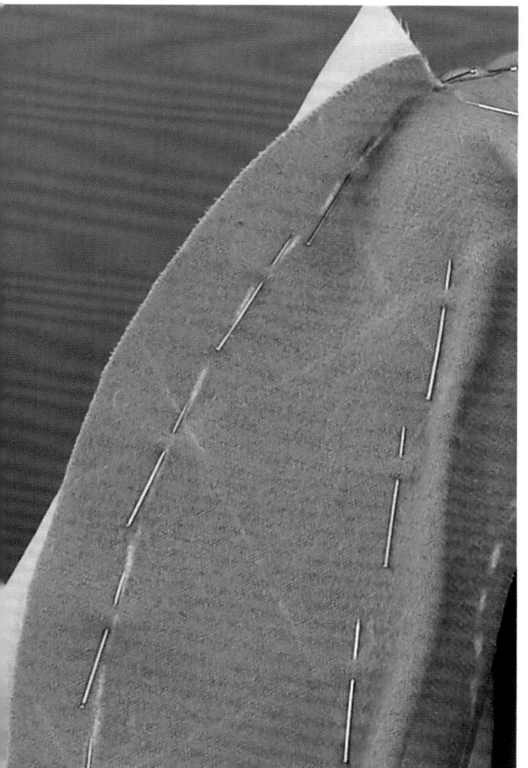

15-2 针法示意图（对合针）。

16 用重叠针假缝固定袖内缝，剪掉袖口和袖内缝处多余的布料。

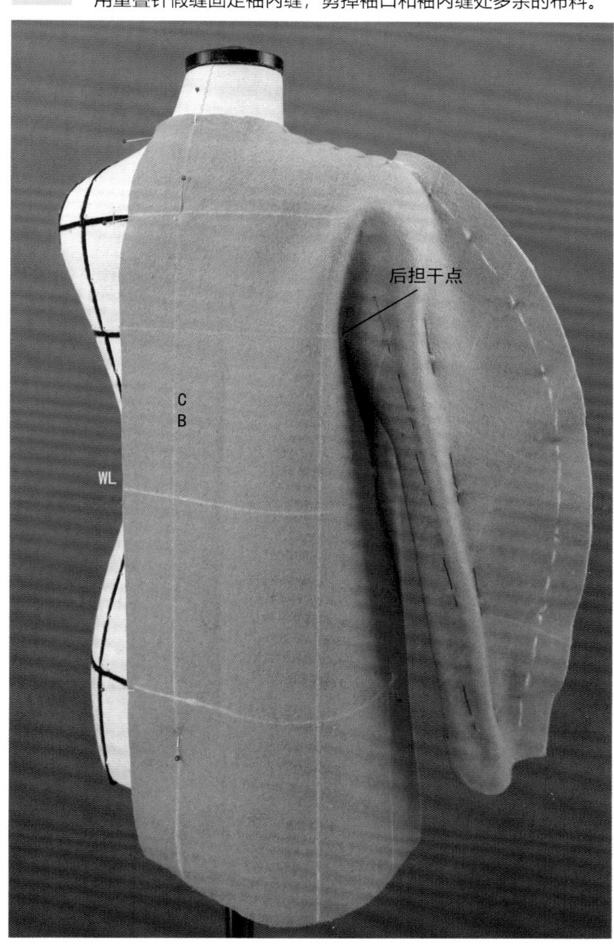

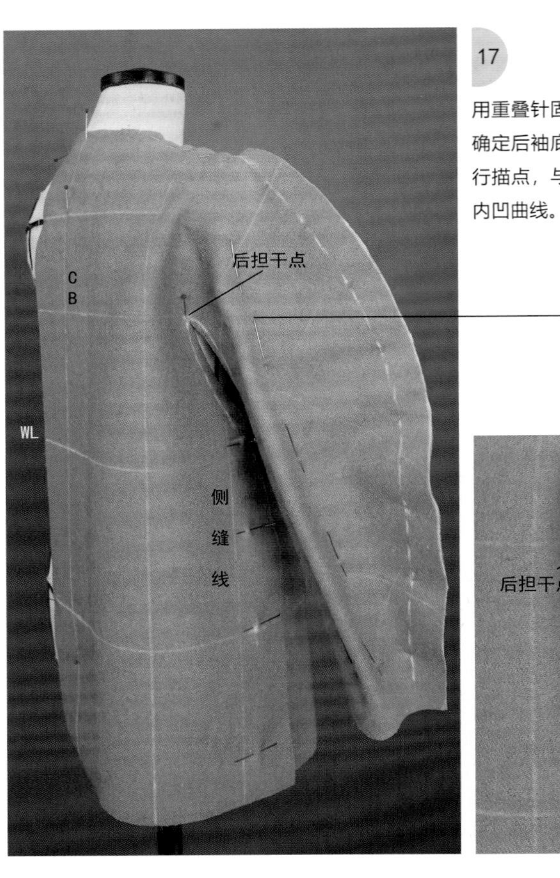

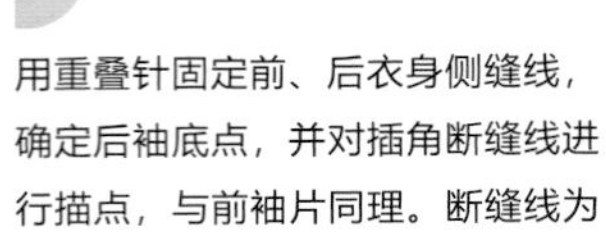

17

用重叠针固定前、后衣身侧缝线，确定后袖底点，并对插角断缝线进行描点，与前袖片同理。断缝线为内凹曲线。

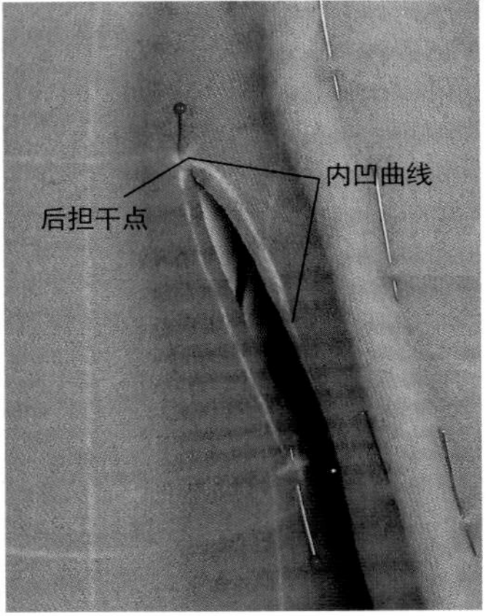

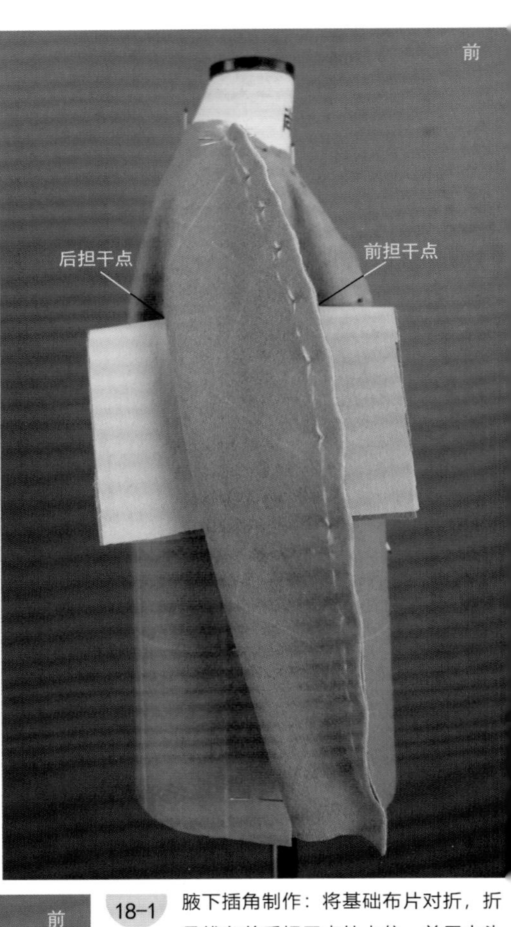

18-1 腋下插角制作：将基础布片对折，折叠线在前后担干点处卡住，并用大头针固定。

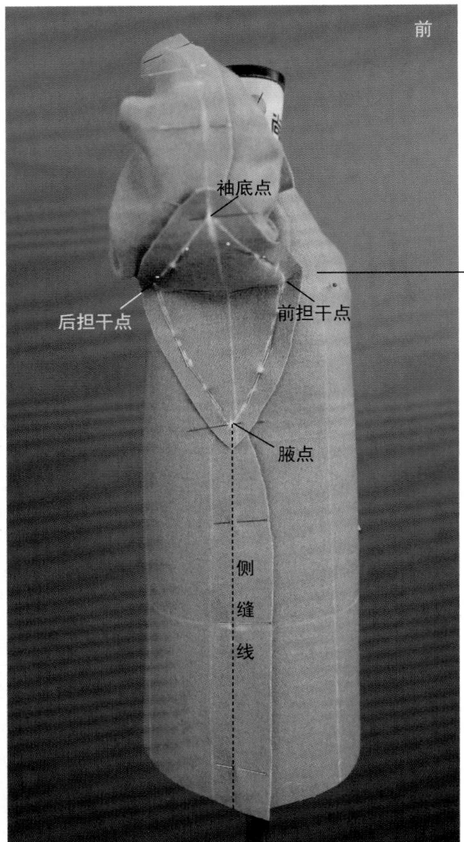

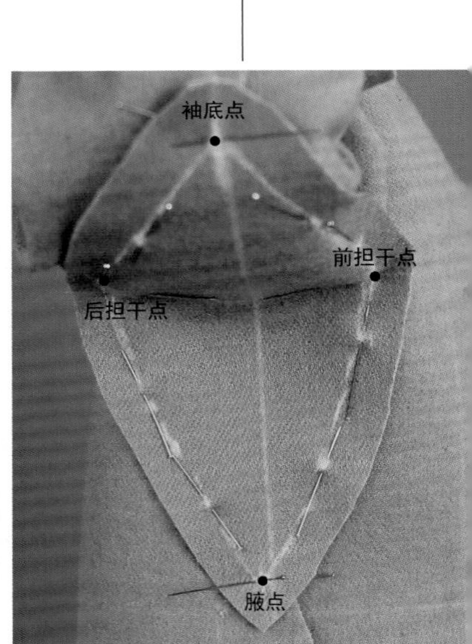

18-2 保持插角布片自然贴合衣身，先用大头针分别固定腋点和袖底点，再沿衣身插角断缝线进行别针固定，描点后修剪掉多余布料。

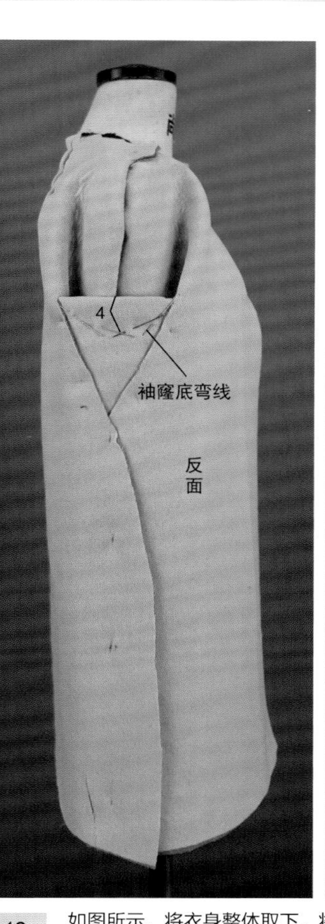

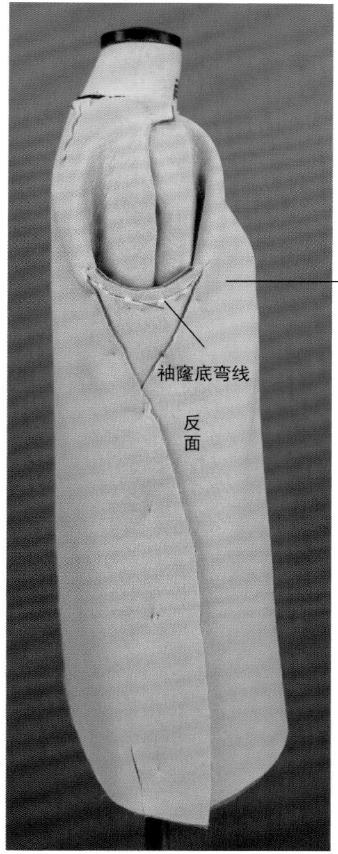

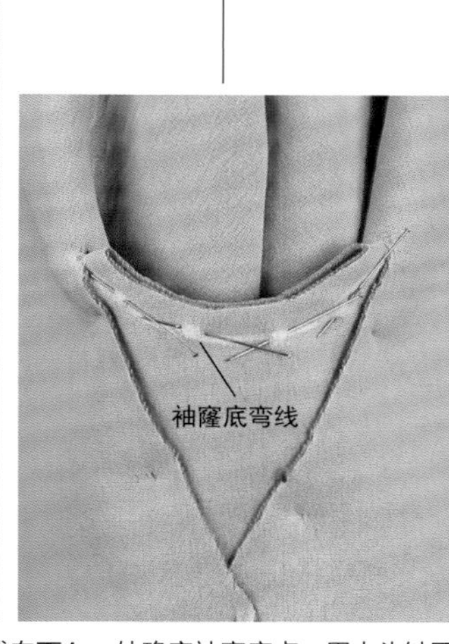

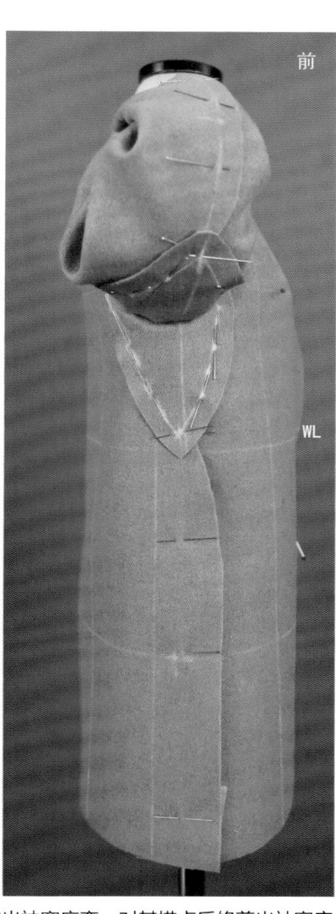

19 如图所示，将衣身整体取下，将反面朝外穿套于人台上。在插角对折线向下4cm处确定袖窿底点，用大头针固定出袖窿底弯，对其描点后修剪出袖窿底弯造型。确认无误后，将衣身翻回正面并重新穿着于人台上。

20 如图所示，在衣身前片标记出叠褶覆饰片上口线位置，将基础布片的横纱辅助线与上口线相对应，直纱布边在距前中线1cm处与其保持平行，并用重叠针固定布边。

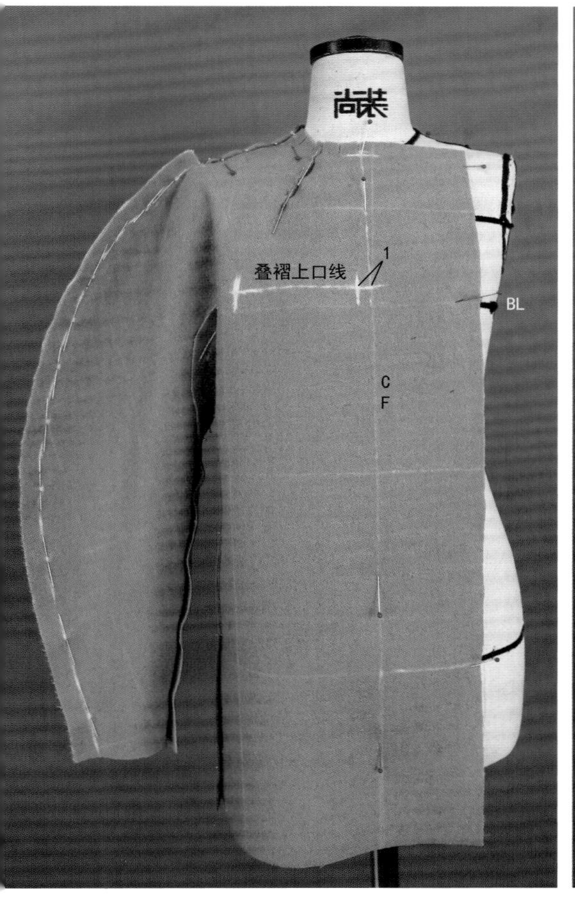

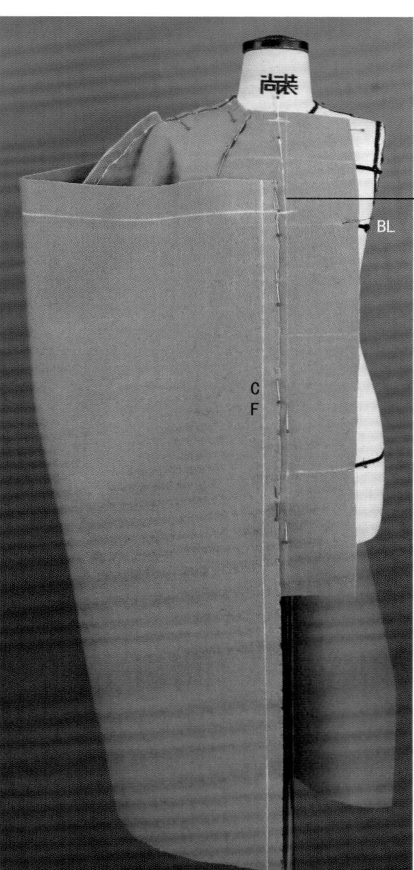

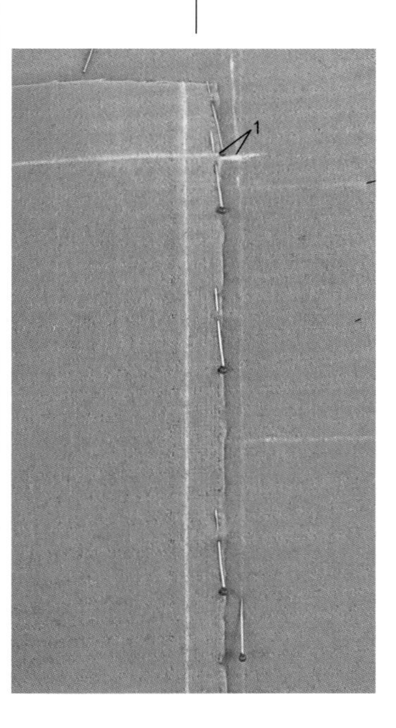

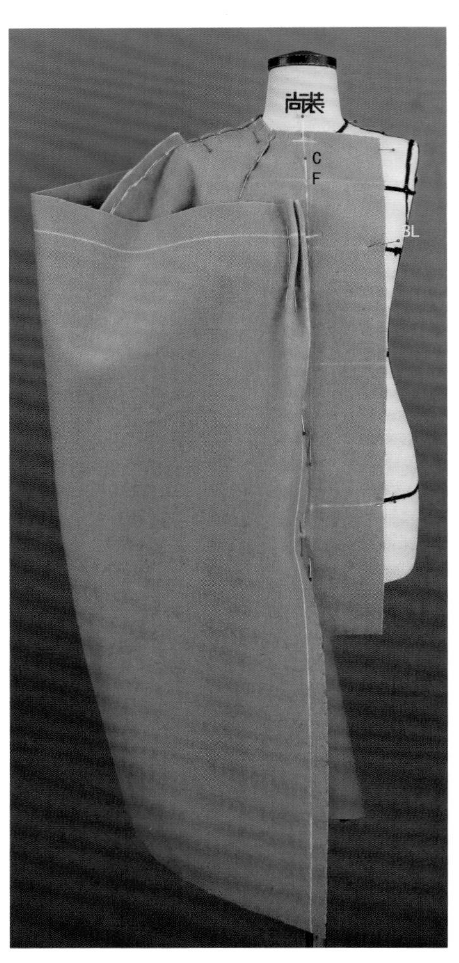

21-1

从前中向侧缝方向捏出排列的褶裥造型，用大头针固定。

21-2 针法示意图。

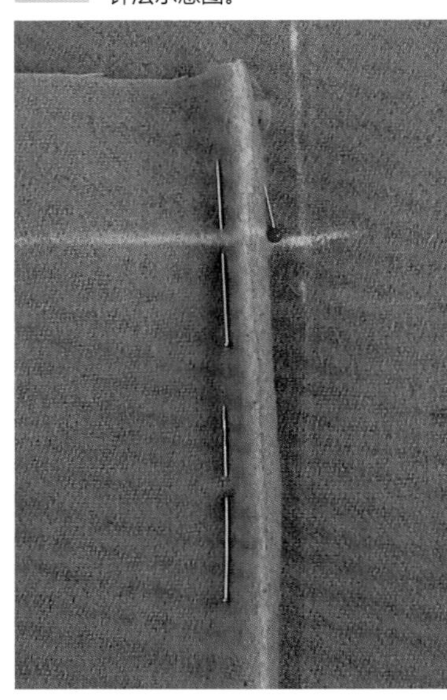

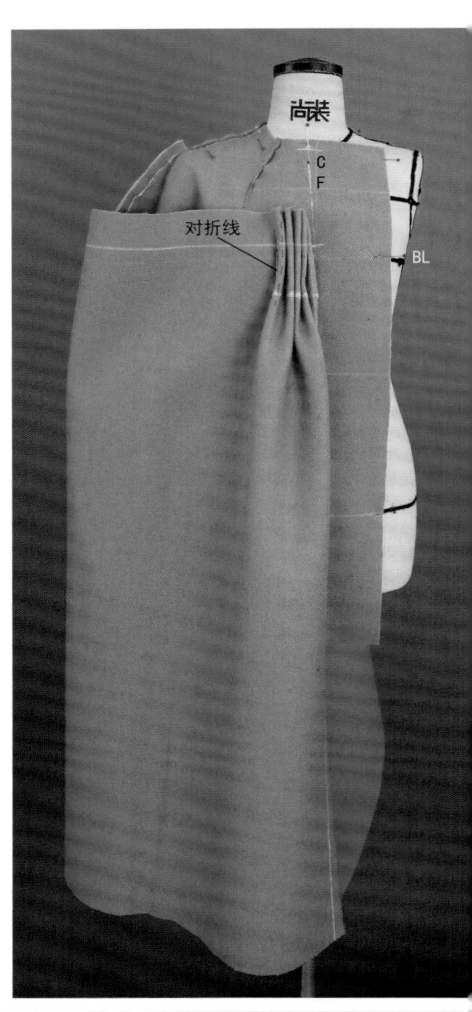

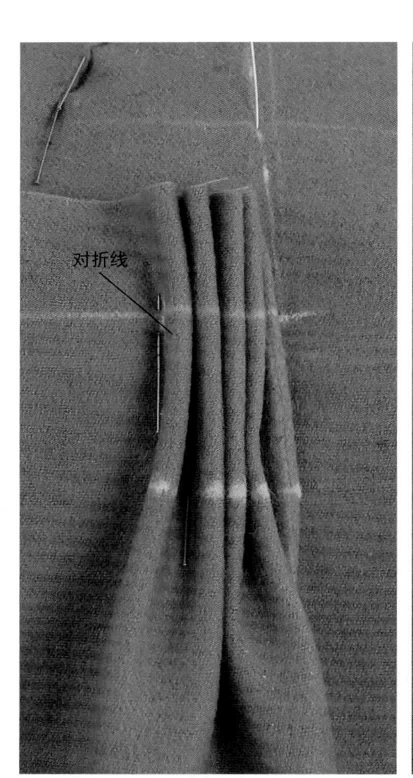

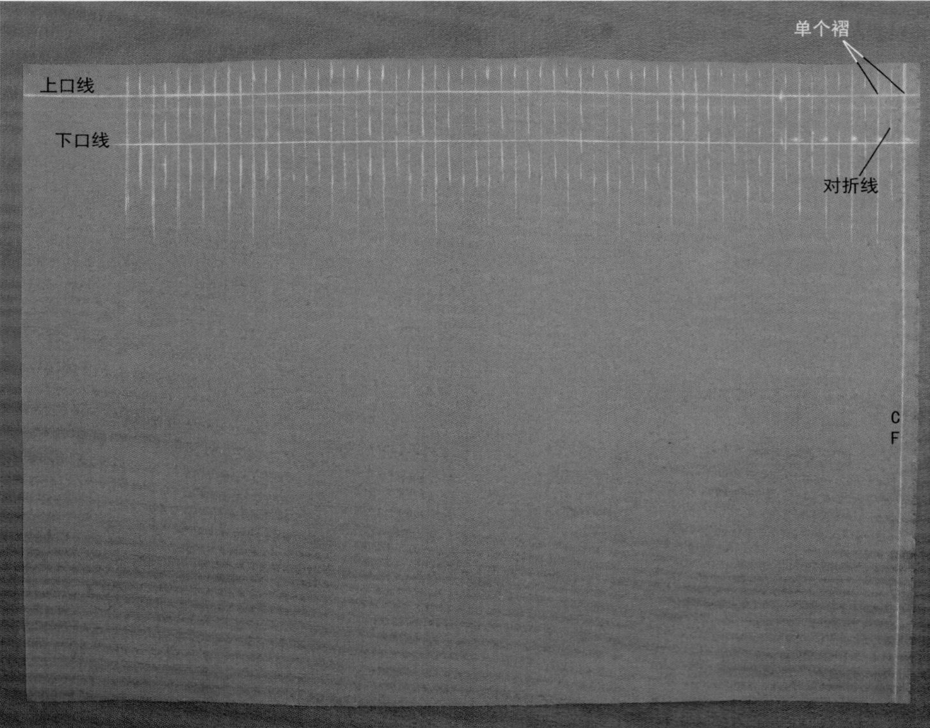

21-3 如图所示，制作部分褶即可，对褶裥进行标记并确定下口线位置，并测量完成部分叠褶上口线的长度。将裁片取下铺平，测量叠褶部分所用布片的长度，并结合完成部分叠褶上口线的长度和叠褶数量，计算出单个褶量和裁片总褶数量，在布片上绘制出所有褶裥的上、下口线和对折线。

22 如图所示，沿对折线叠褶，并用手缝针沿上、下口线固定褶裥，先绷缝褶裥上、下口线的下端，后绷缝上、下口线的上端（参见图片）要求褶裥保持平顺，形成排列均匀紧密的风琴褶，以此方法完成前、后叠褶覆饰片的制作。

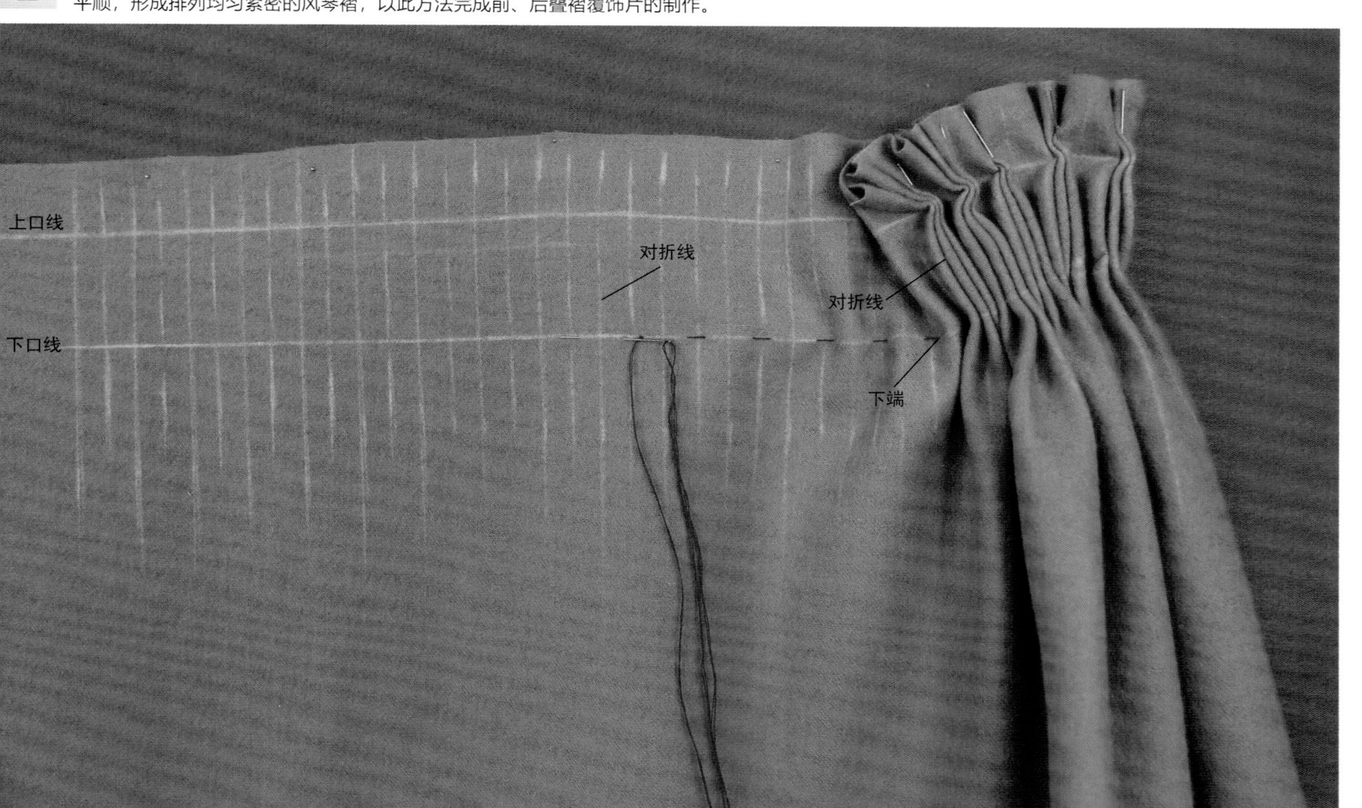

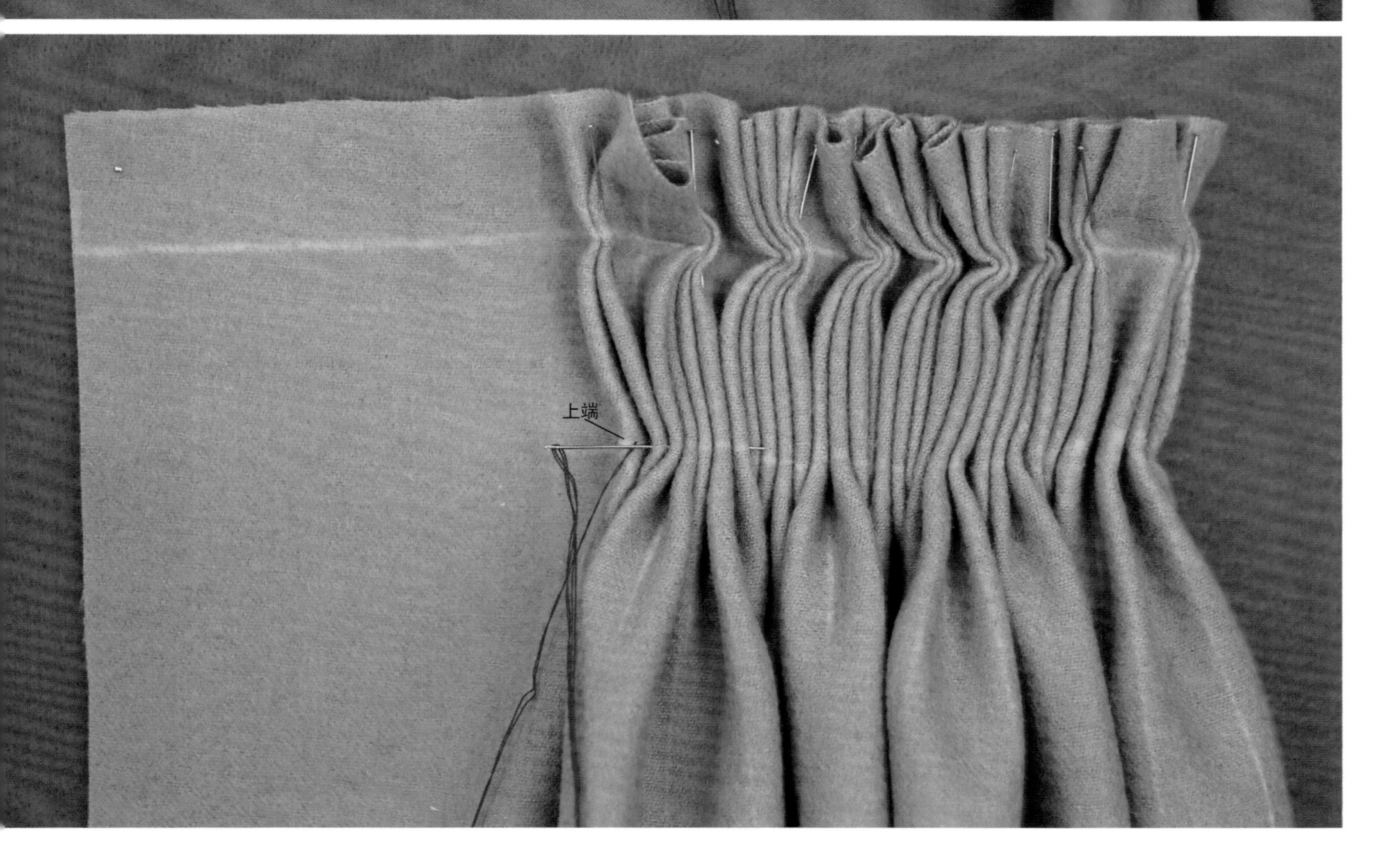

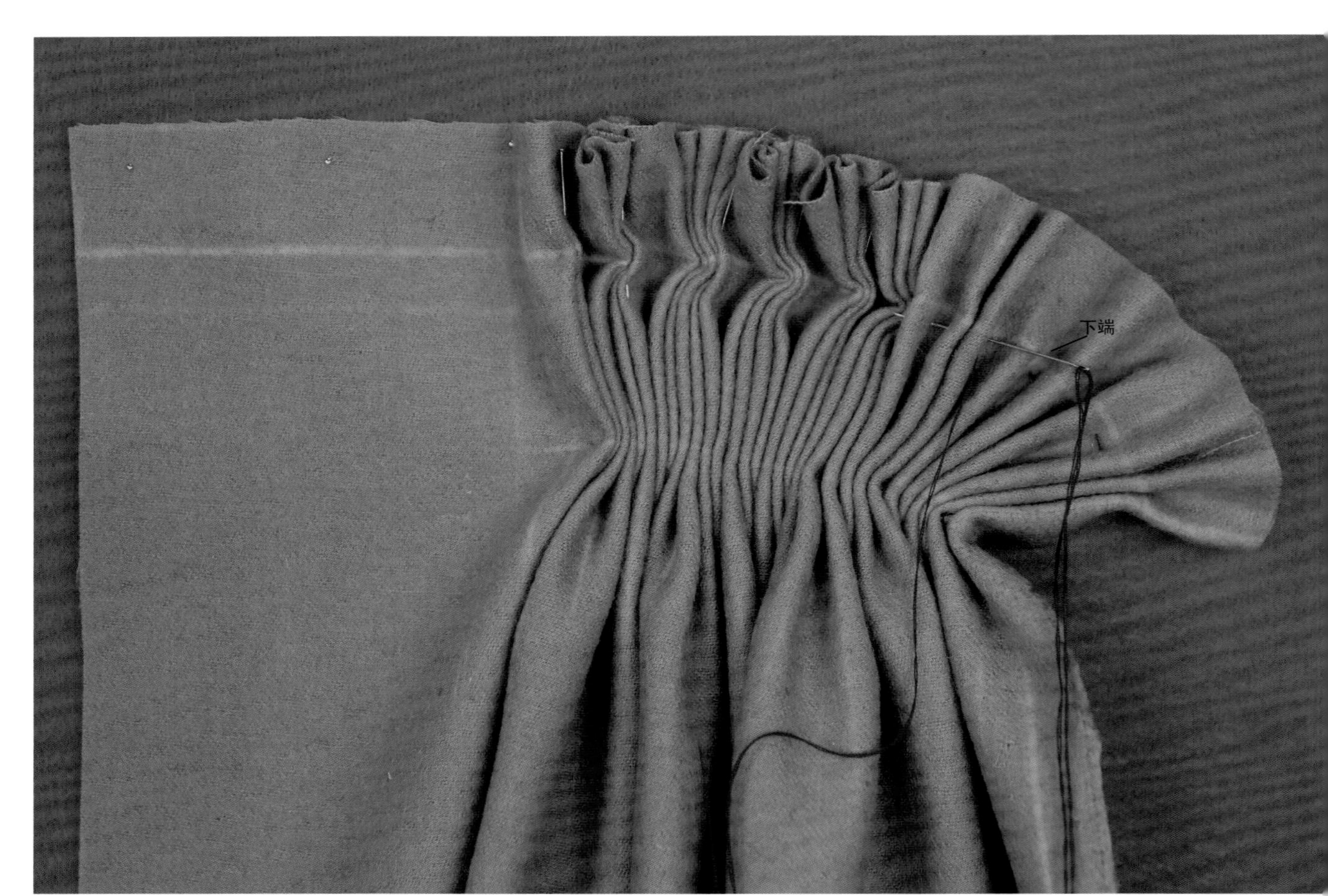
下端

上端

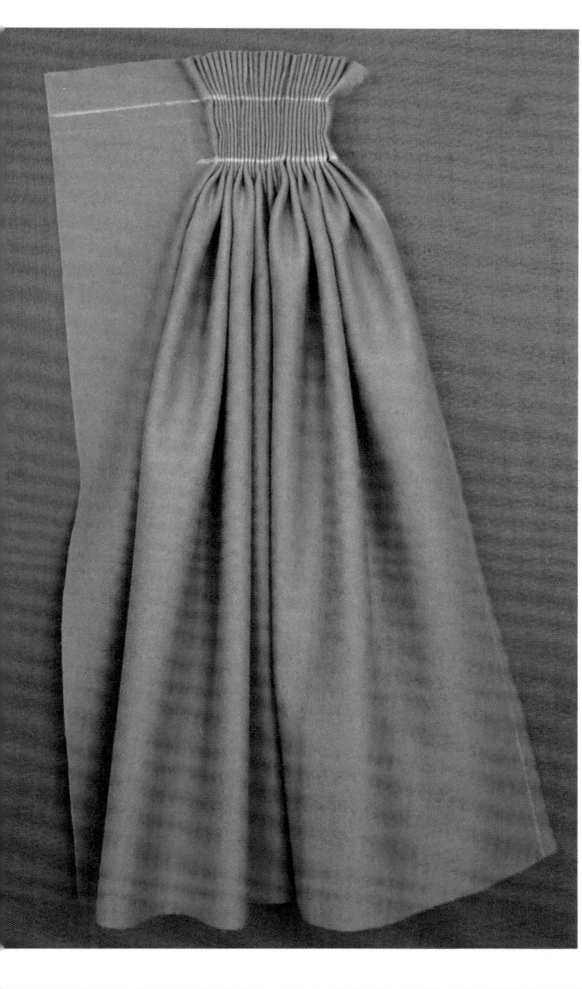

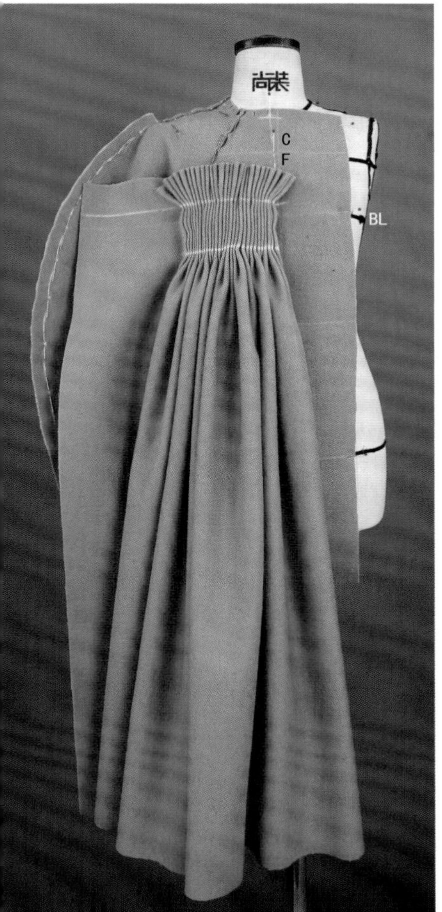

将叠褶覆饰片上口线与衣身标线相对应，并用大头针固定于衣身上。

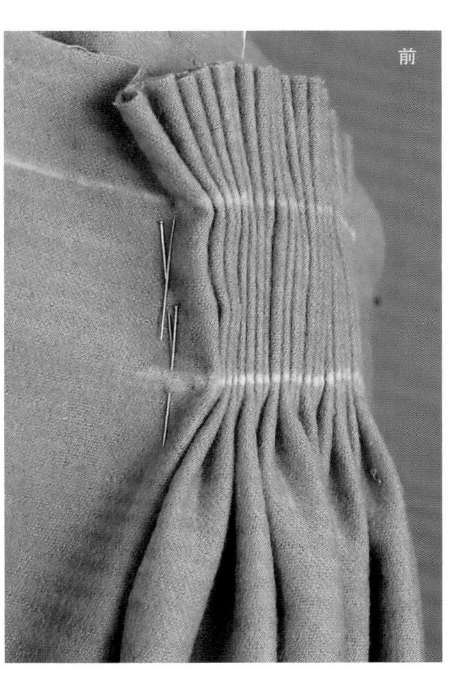

24

沿上口线修剪掉多余的布料。

25

将侧面布片自然围裹衣身，调整好侧面衣身的状态与侧缝上方用重叠针固定，标线标记出部分袖窿线和侧缝线，描点并清剪布边。

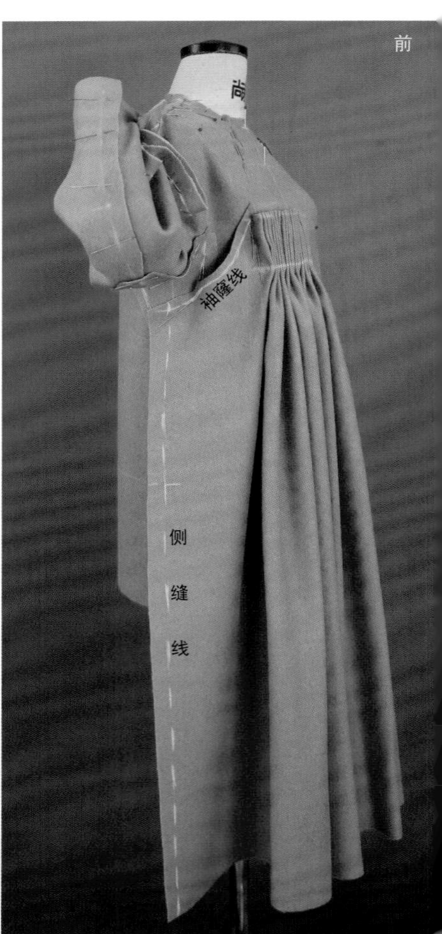

26 后叠褶覆饰片的制作：在衣身后片上标记出叠褶上口线，并参考前叠褶覆饰片的方法进行操作。

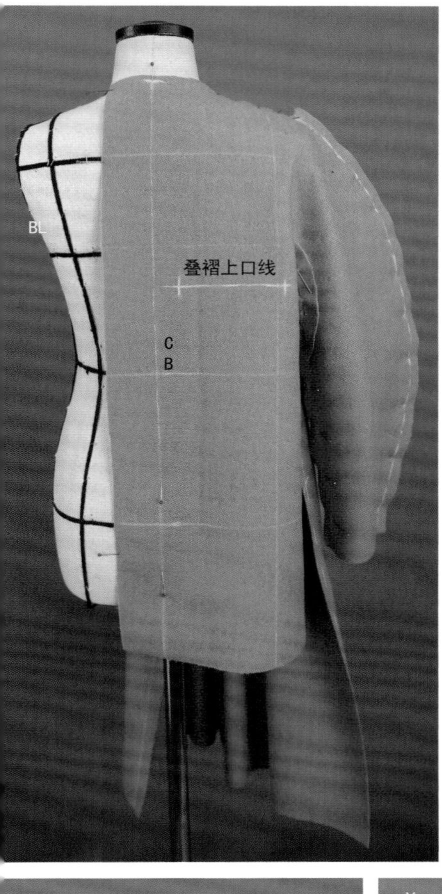

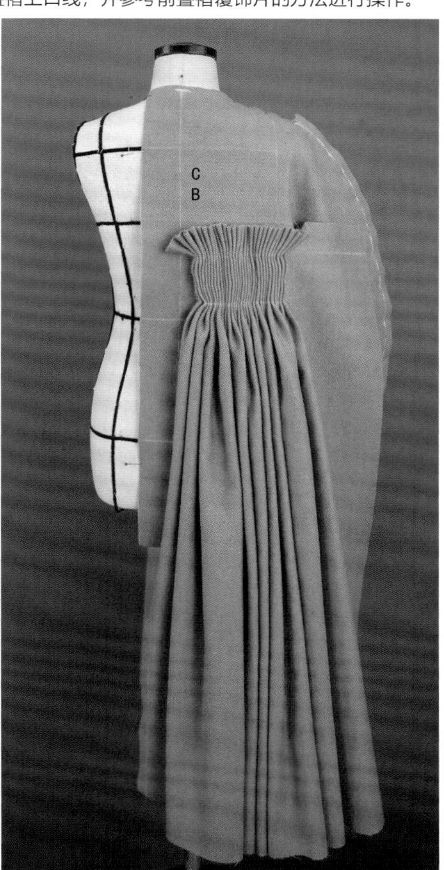

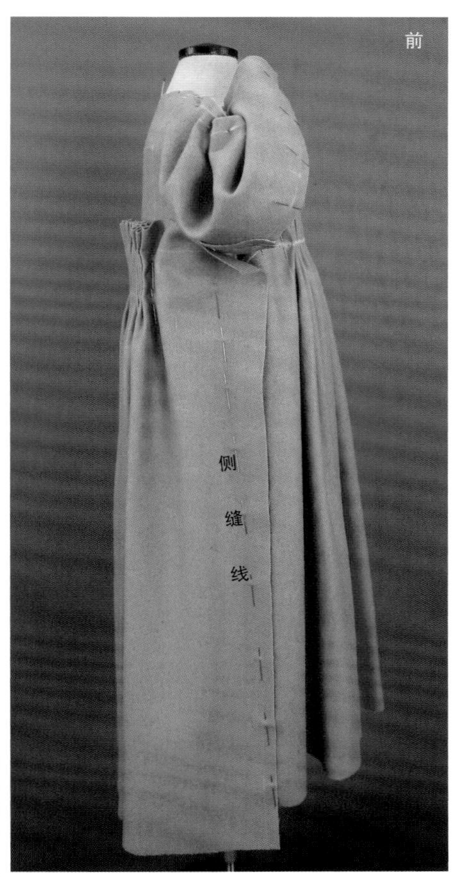

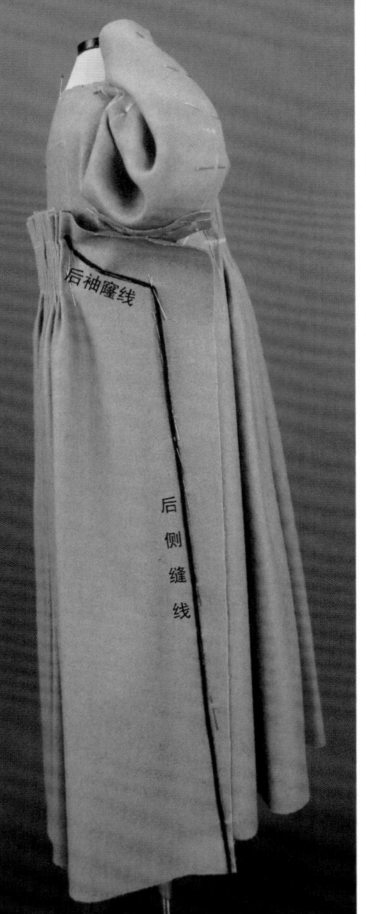

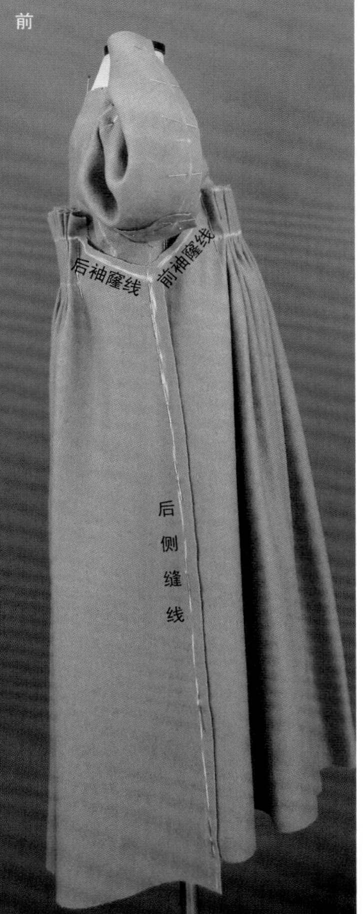

27 确定袖长和叠褶覆饰片的长度，修剪掉多余的布料。

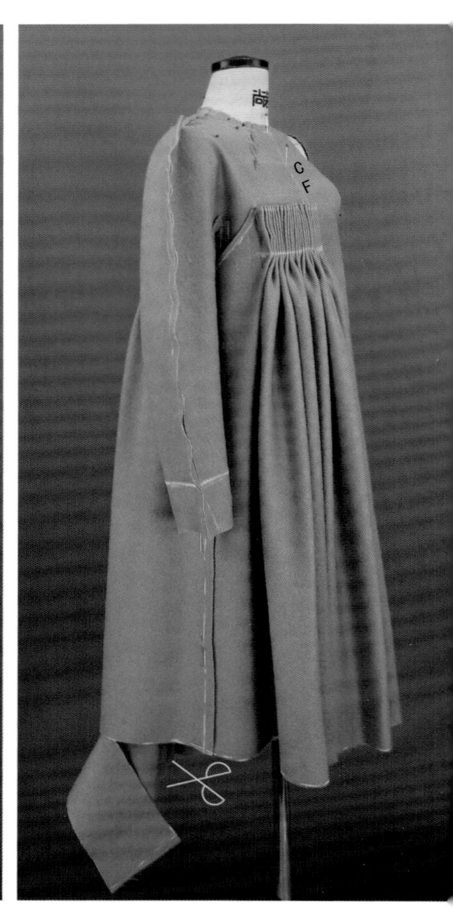

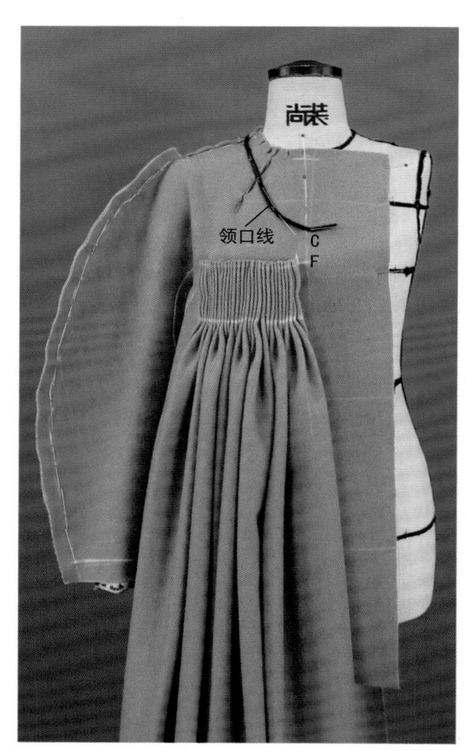

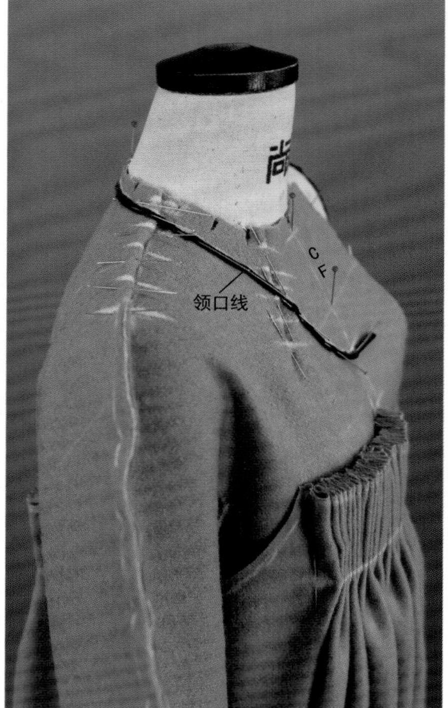

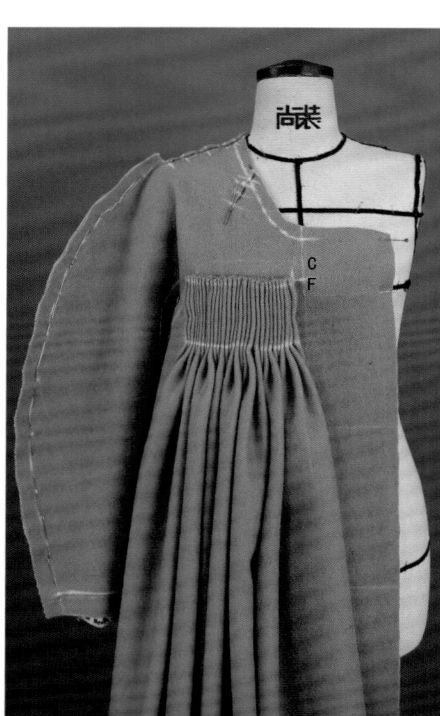

28 用标线标记出领口造型，确认后描点并修剪掉多余布料。

29 将叠褶覆饰片取下，检查衣身描点是否完整，确定衣长并清剪余布，熨烫、整理、校对取下的各衣身样衣，取得样版。

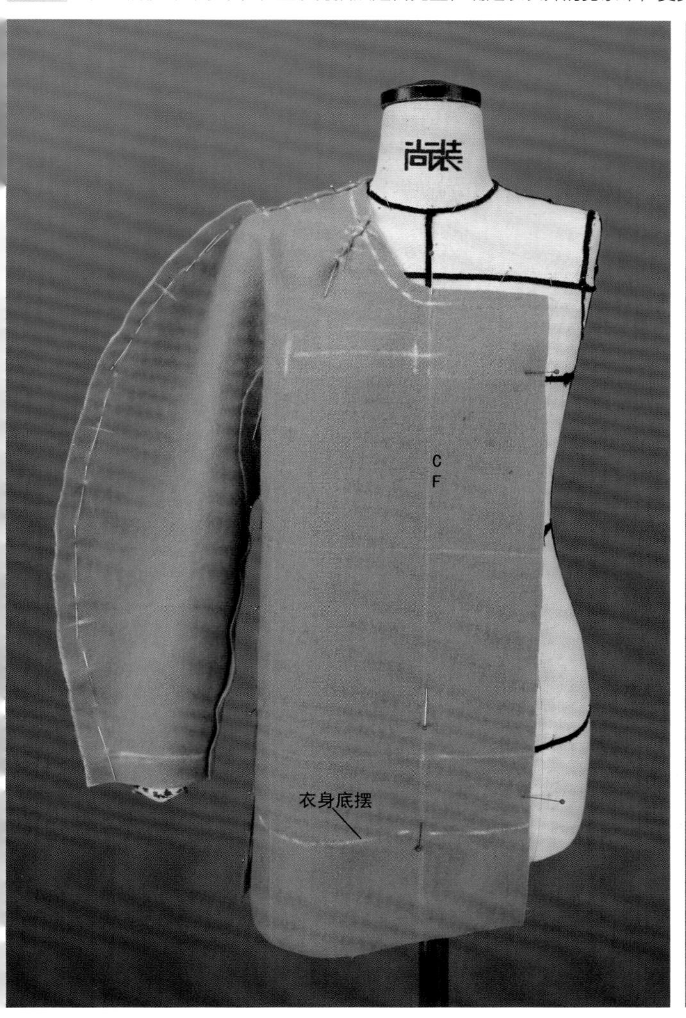

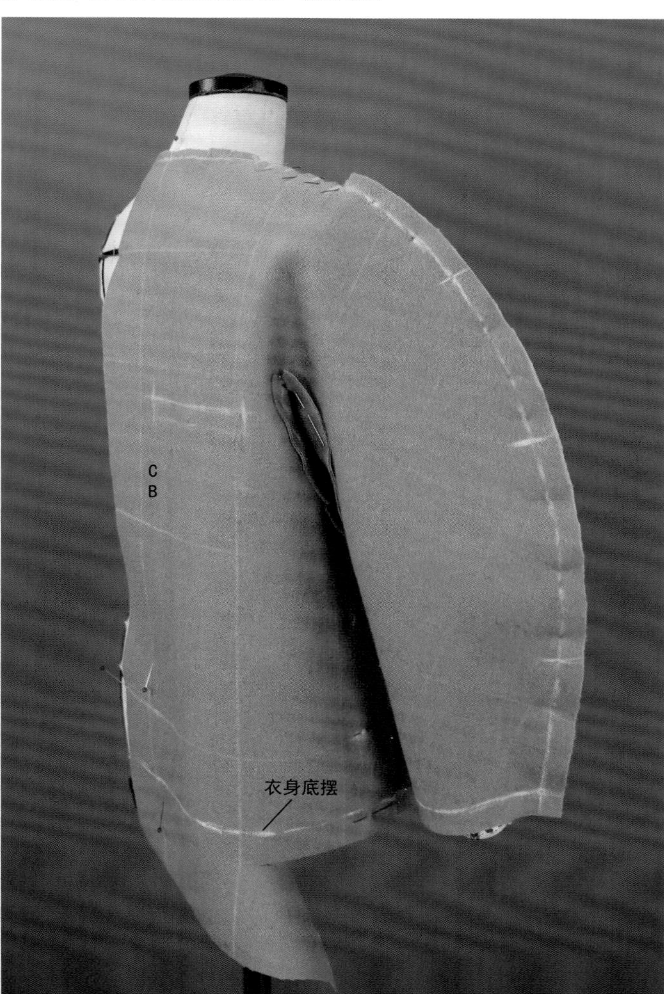

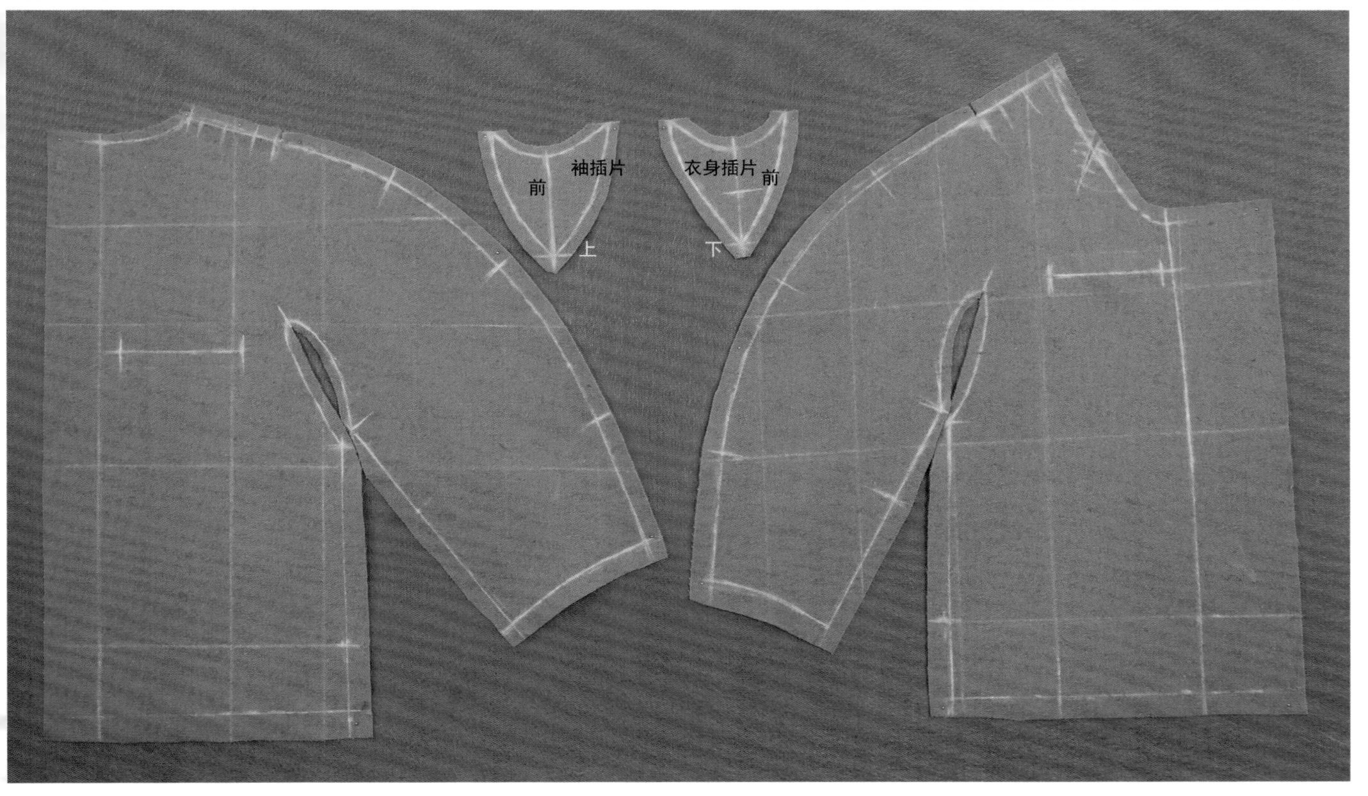

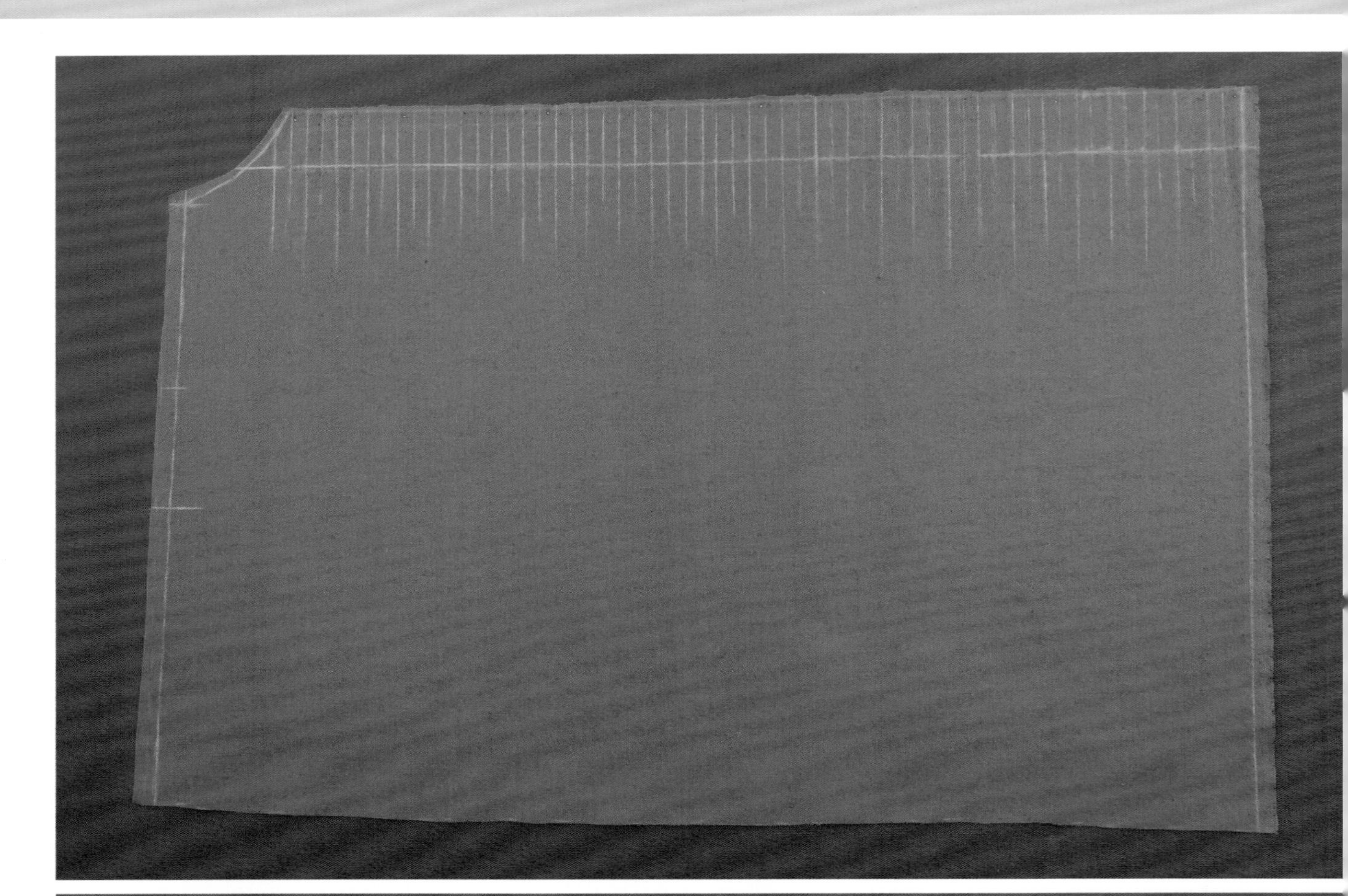

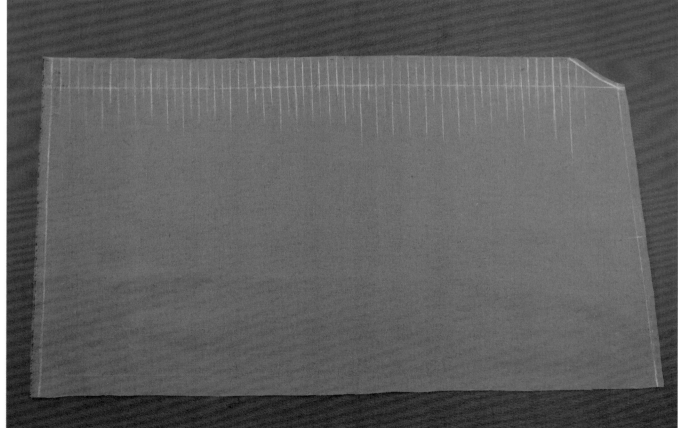

完成图

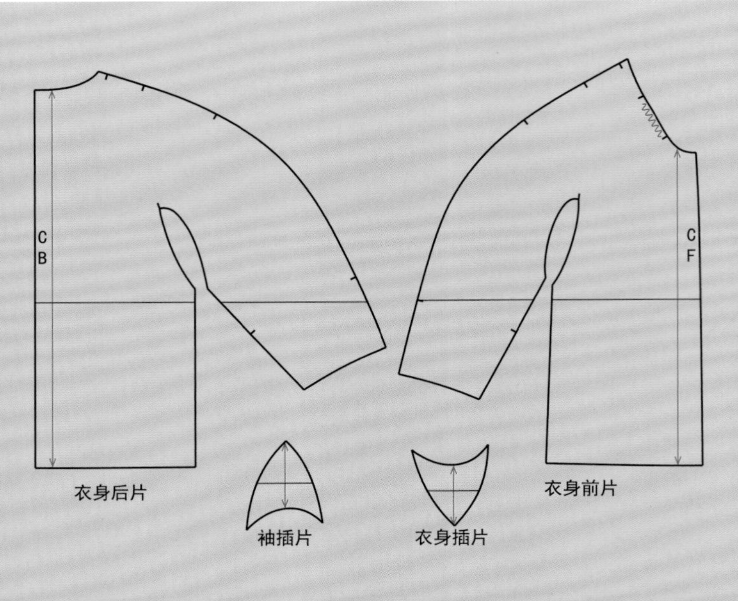

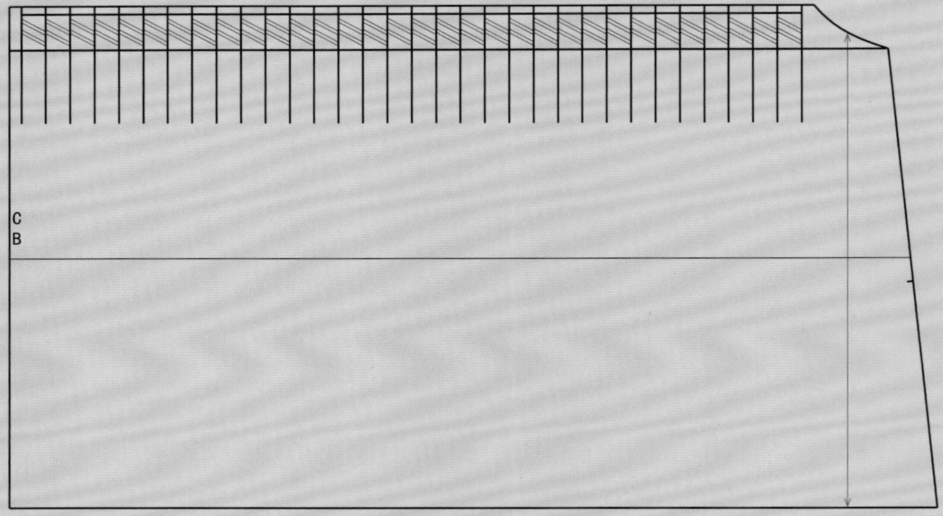

后叠褶覆饰片

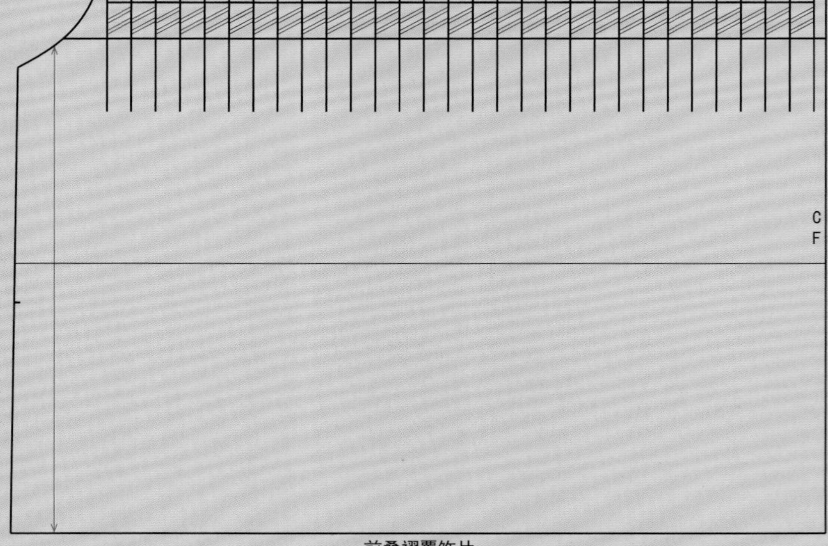

前叠褶覆饰片

款式描述

衣身为四开身，紧身松量，X廓型；V型低胸式领口；羊腿袖，袖山有拼片。

练习重点

- V型低胸式领口处理胸省量的技巧。
- 羊腿袖的立裁方法。

材料准备

- 人台（不限定号型）。
- 宽0.3cm纯棉织带。
- 专业立裁针、剪刀、手缝针。
- 纯棉坯布。
- 马克笔（或4B铅笔）、三色圆珠笔。
- 推版尺、多功能尺、皮尺。

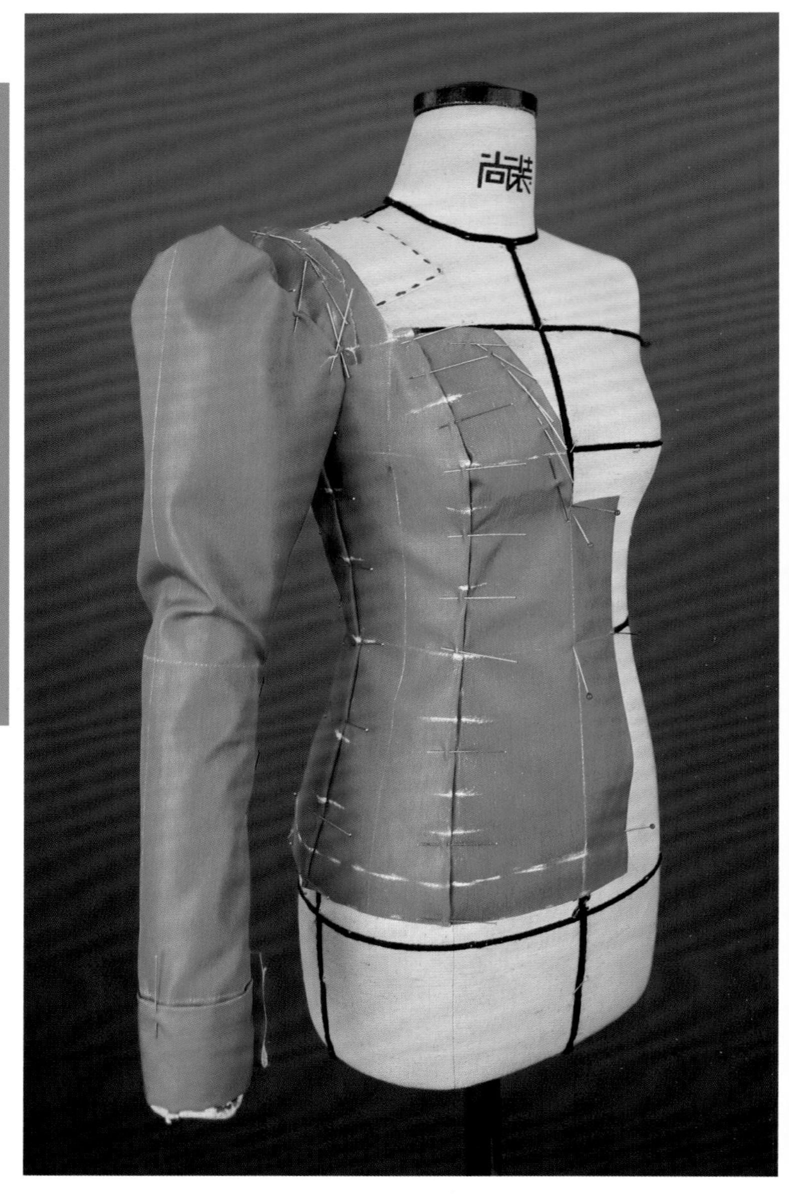

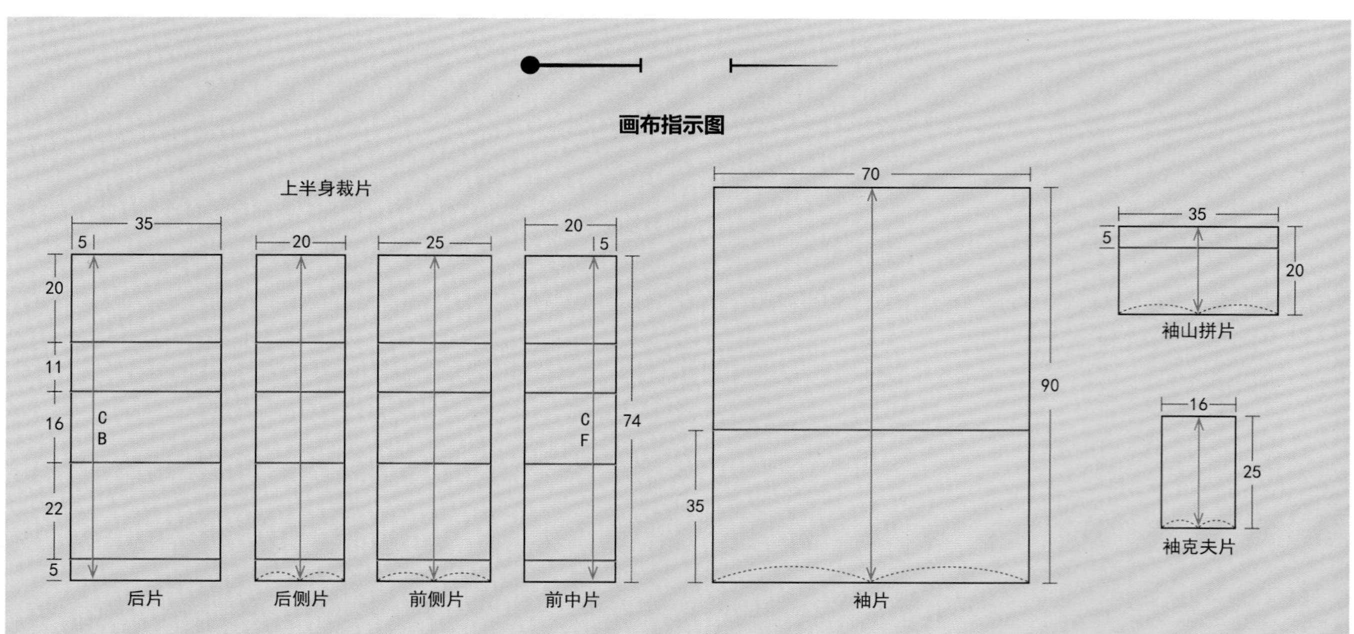

- **人台准备**

此款式需要装配立裁用手臂。

需要提前标线的部位：前、后领口线，前、后刀缝分断线，袖窿弧线，前中、后中、侧缝线及衣长底摆线。

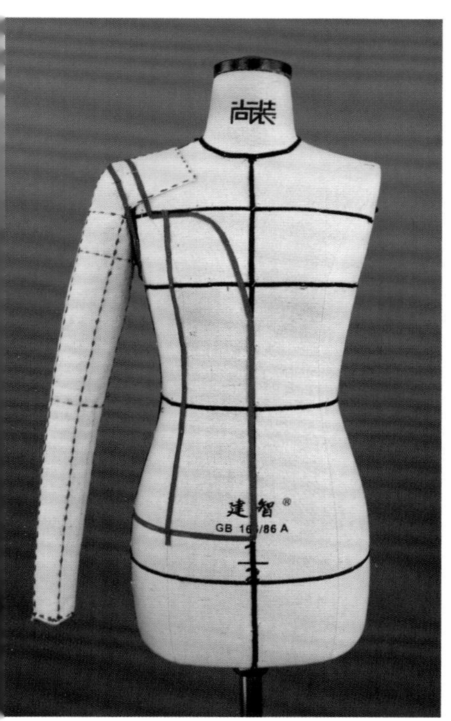

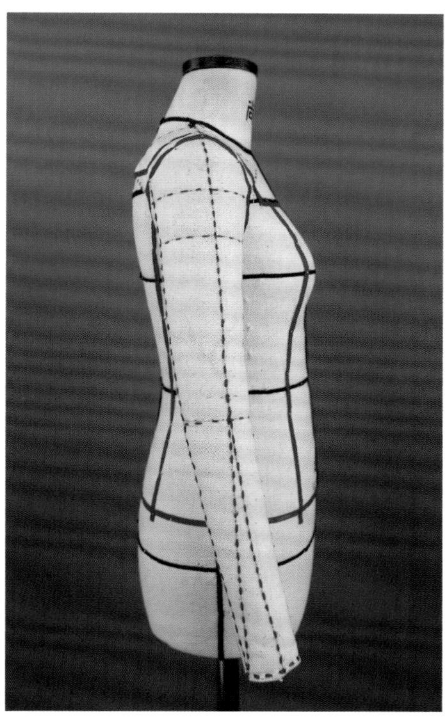

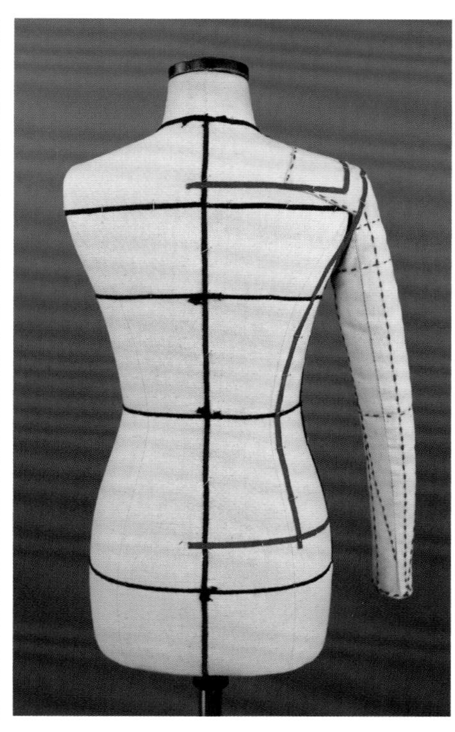

- **款式制作**

1

前中片制作：在腰围线与前中线交点处下针固定前中丝道线，确保各辅助线的水平与垂直状态，并与人台标线相对应，从布边横向打剪口至领端点。

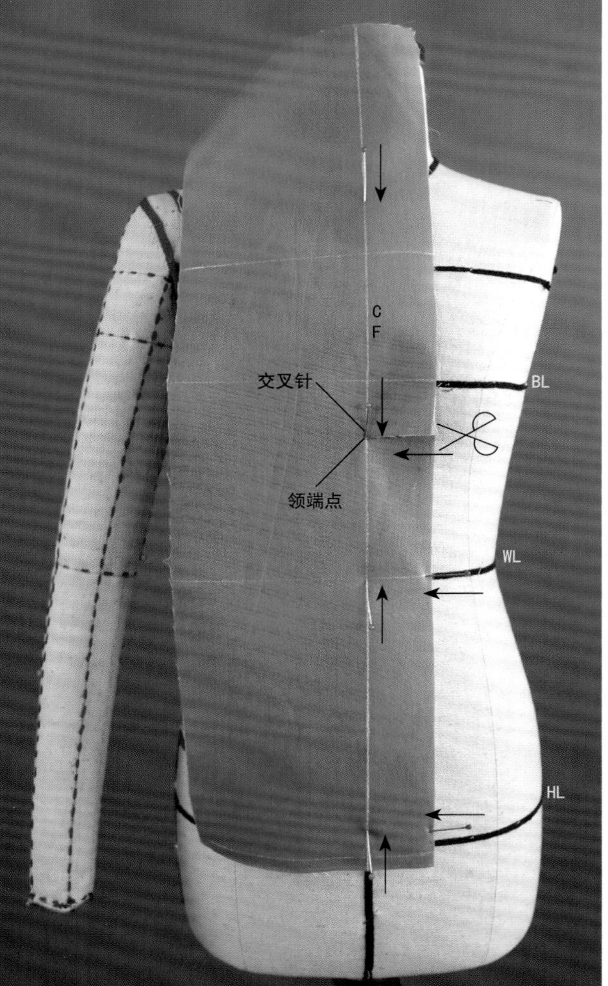

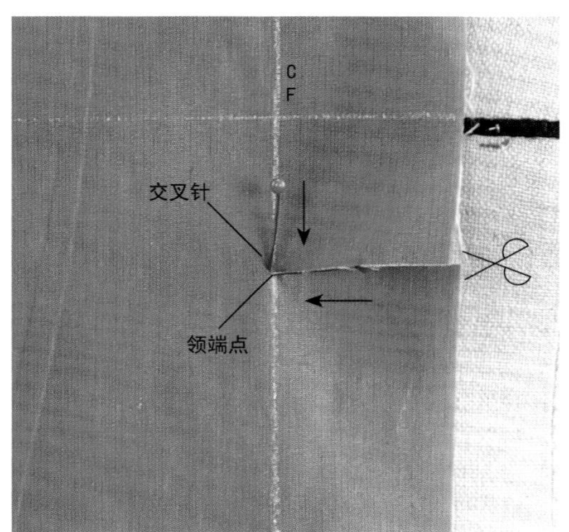

2

如图所示，分别在刀缝分断线与腰围、胸下围线的交点处打剪口，使布片平伏地贴合人台，并用点针固定剪口位置，在下摆处可放出适当的松量，用重叠针将坯布与人台表布固定。

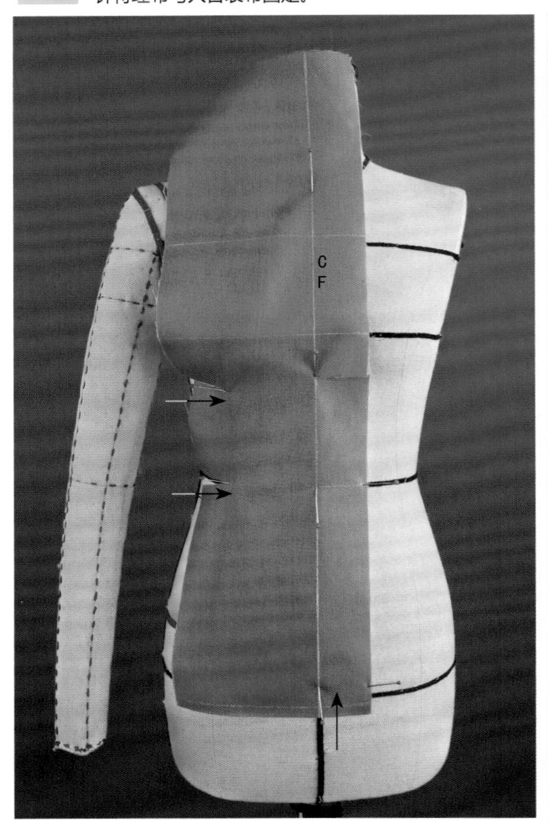

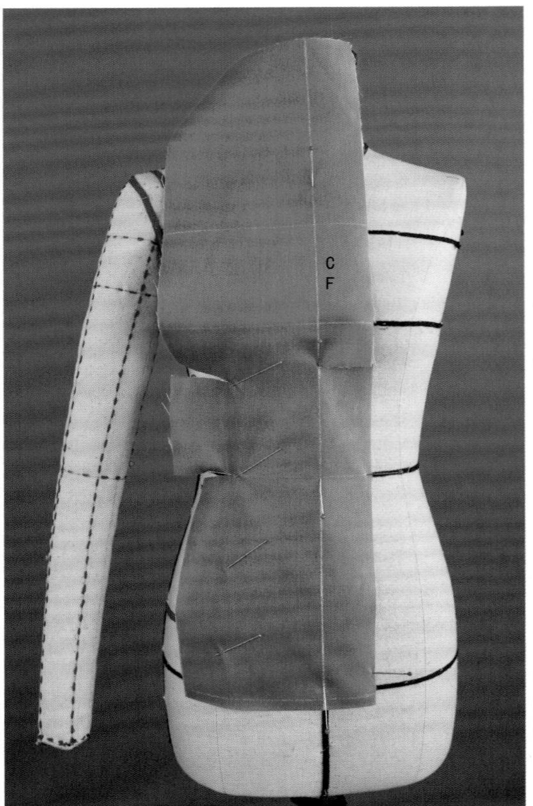

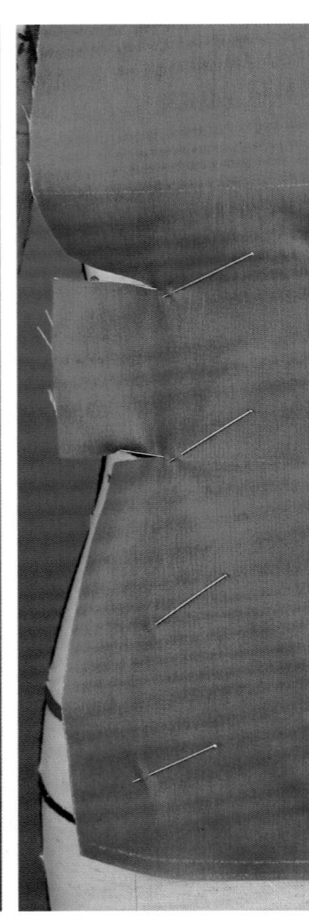

3

取下前颈点处大头针，将坯布向右拉动，使CF线在前颈点处偏移1.5cm（反向撇胸量，使领端区域贴合胸部），并用大头针在衣身侧面暂时固定。

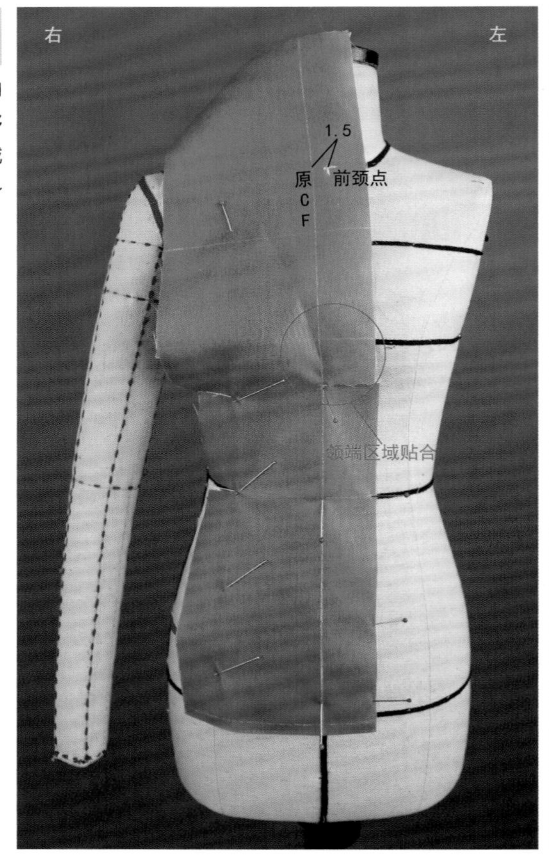

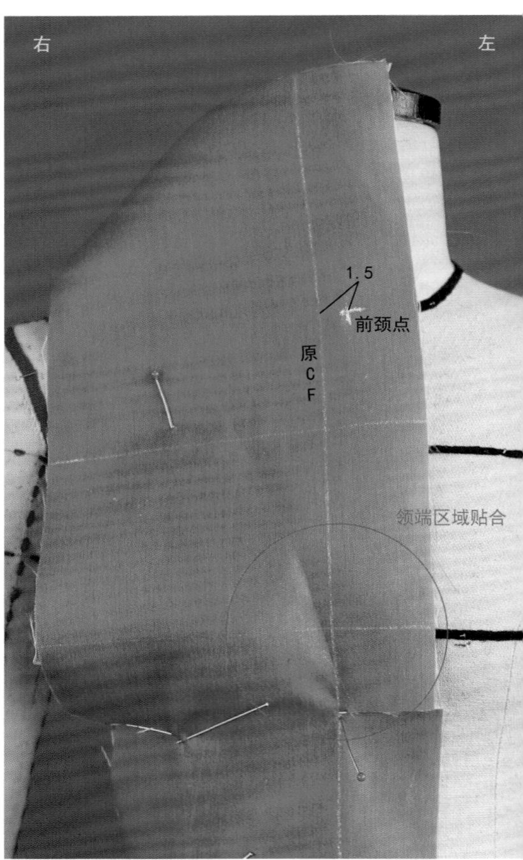

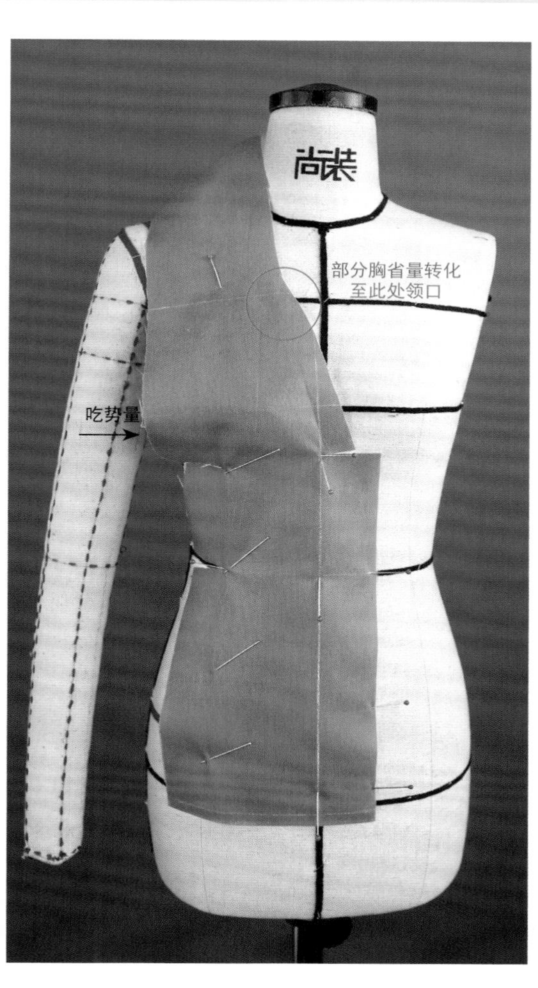

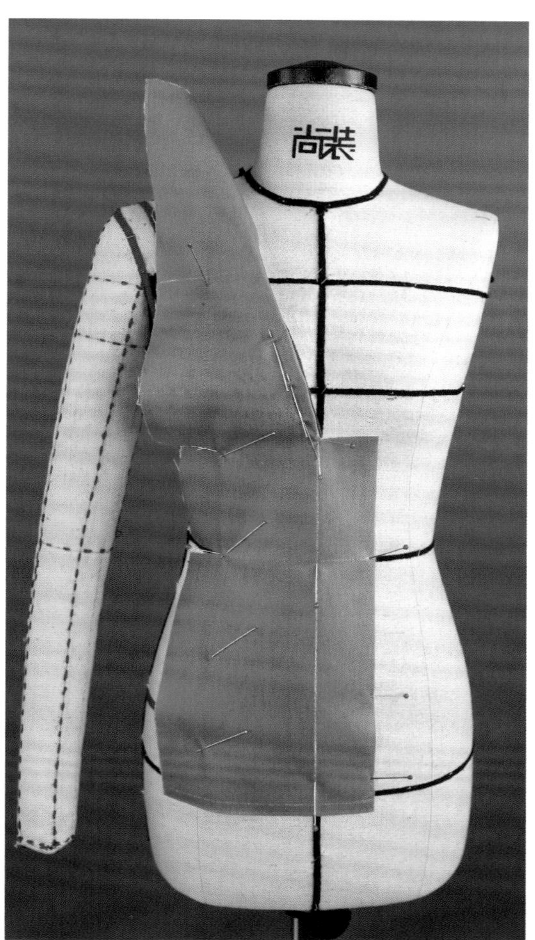

4

沿领口标线反向刮折坯布，修剪掉多余布料，沿折痕扣折布边并用重叠针固定。为避免胸高点处吃势量过大，可将适量的胸省量转化至领口，转省后注意控制领口处起空量大小。

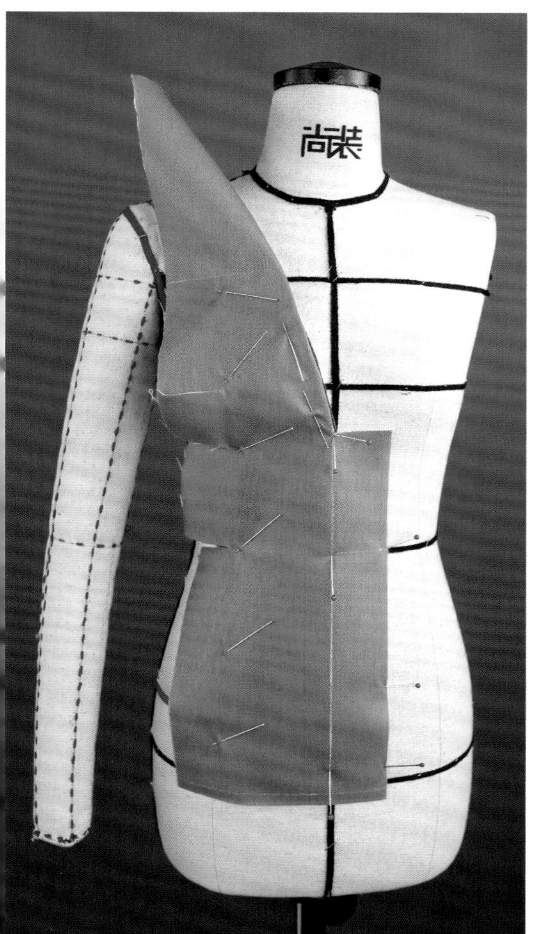

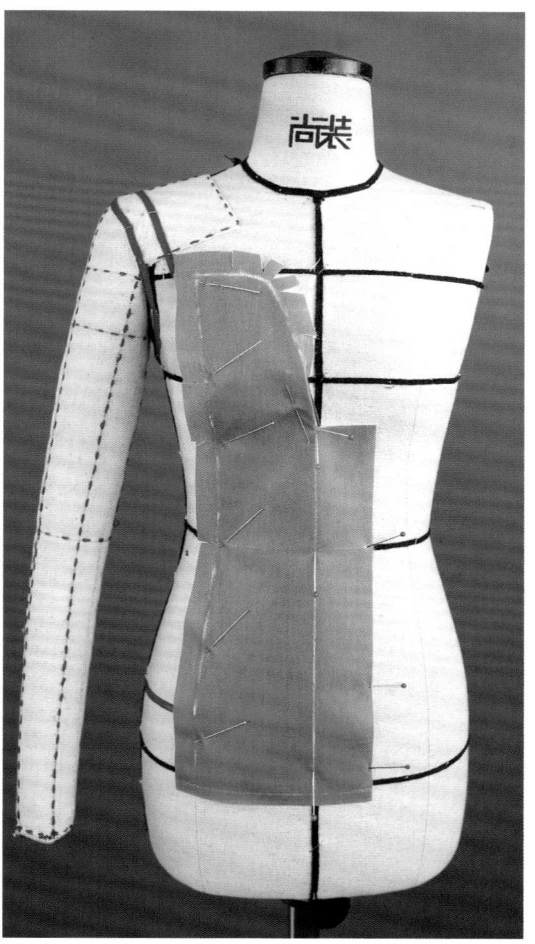

5

如图所示继续完成对前中片的制作，确定后对领口线和刀缝分断线进行描点，预留缝边并修剪掉多余的布料。

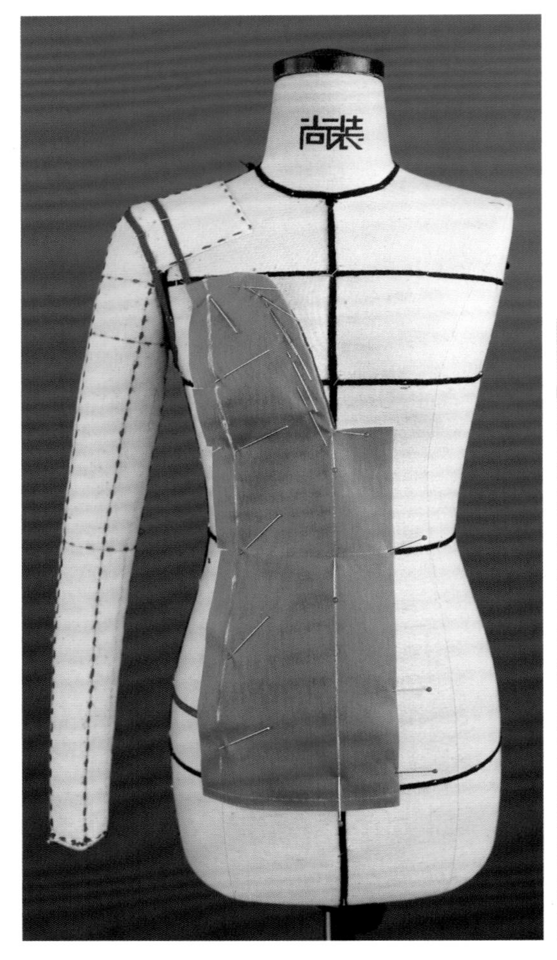

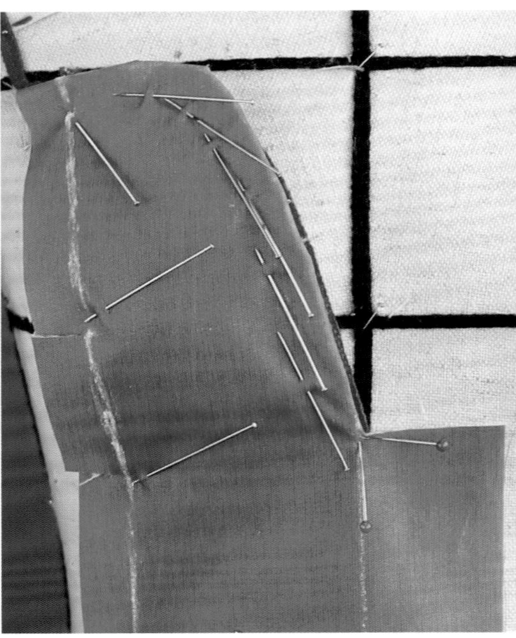

6 前侧片制作：请参考《尚装服装讲堂•服装立体裁剪Ⅰ》中五开身紧身立裁部分对前侧片的操作方法，完成对此款前侧片的制作。

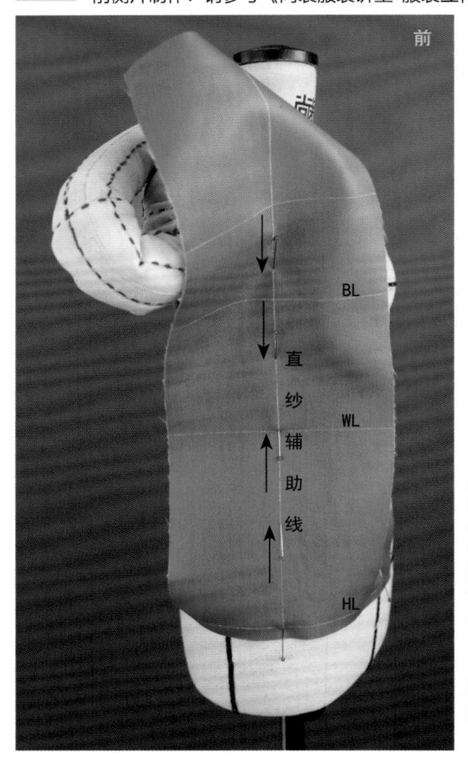

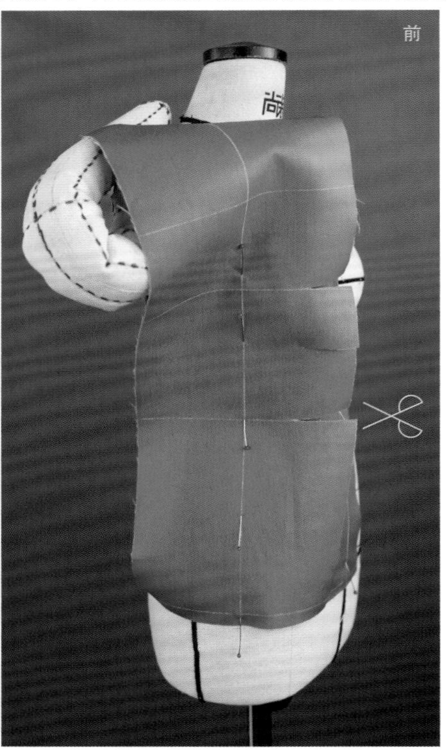

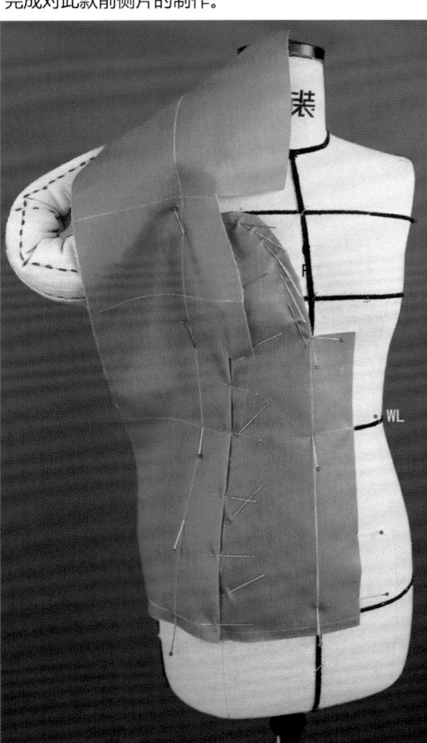

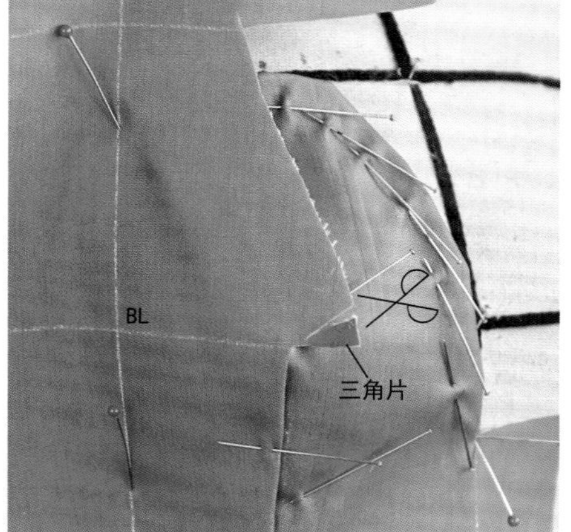

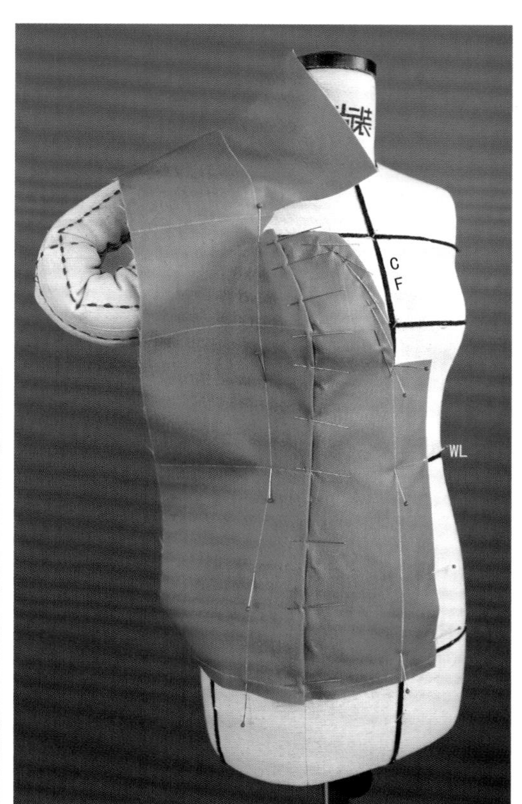

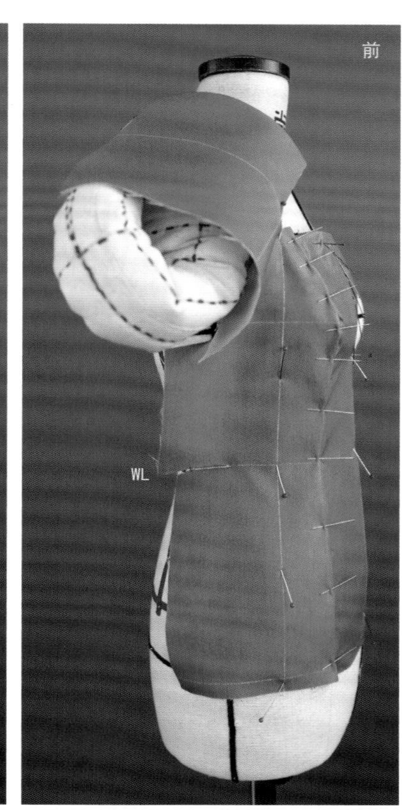

7 沿人台标线在布片上描绘出前袖窿底弯线，预留缝边并修剪出袖窿底弯造型，将手臂自然放下，准备制作肩带。

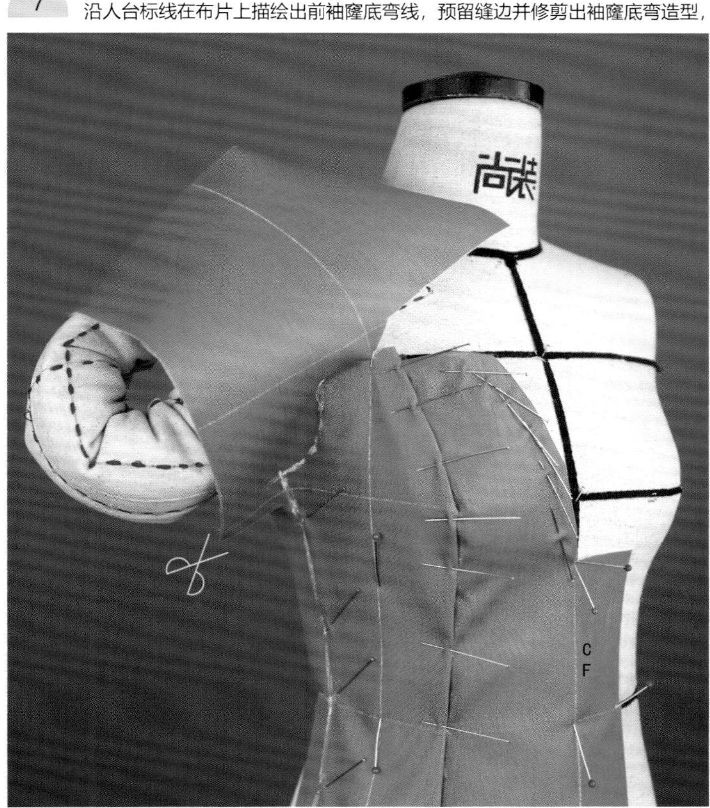

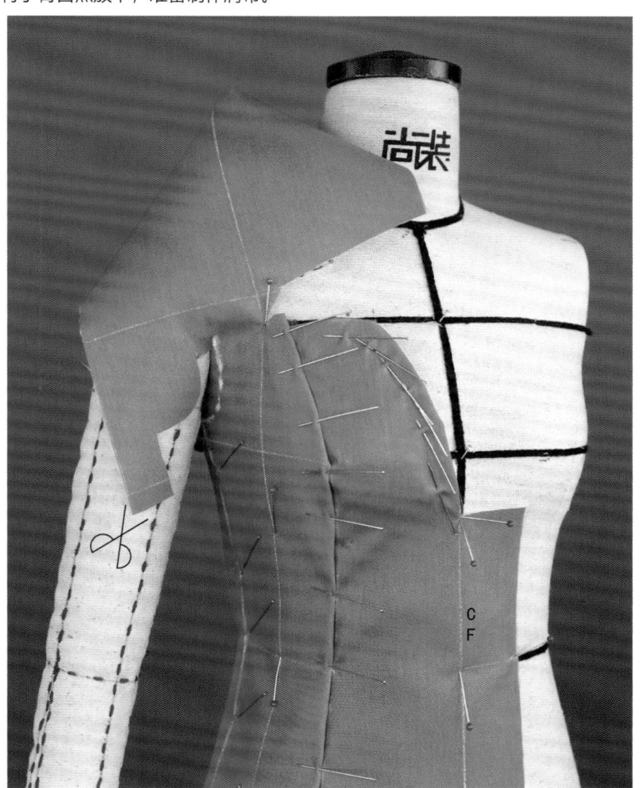

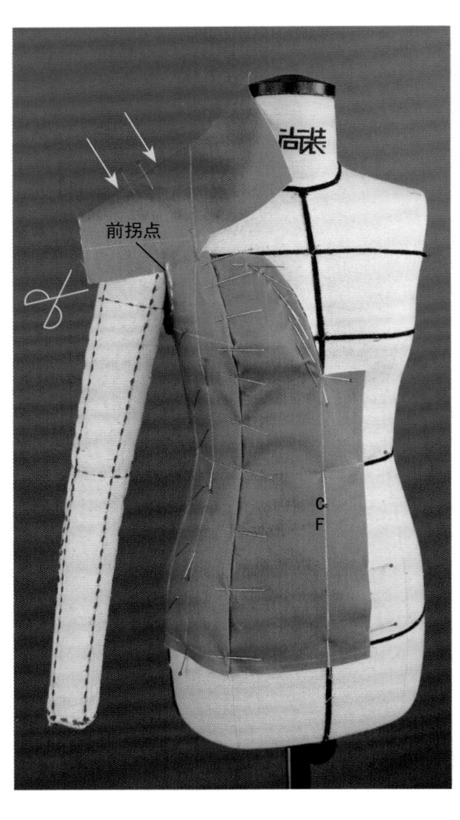

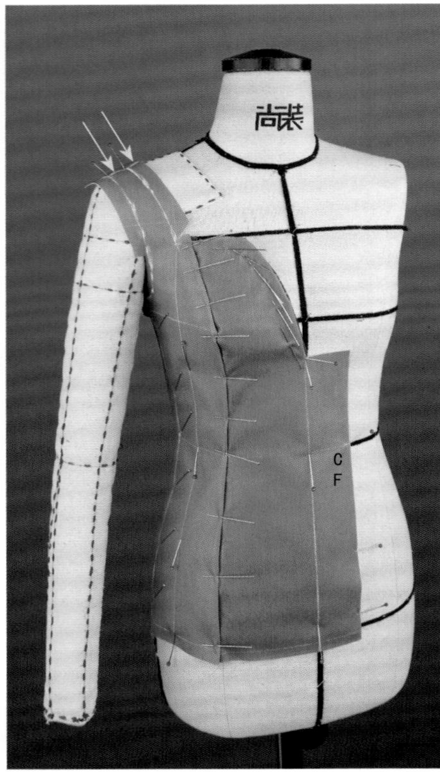

8

从布边向袖窿拐点位置打剪口，使袖窿底弯布料贴合人台，顺势抚平肩部的坯布，用点针固定肩线。沿人台标线描绘出肩带造型，修剪多余布料并扣净假缝，将肩线的点针改为重叠针，便于后续操作。

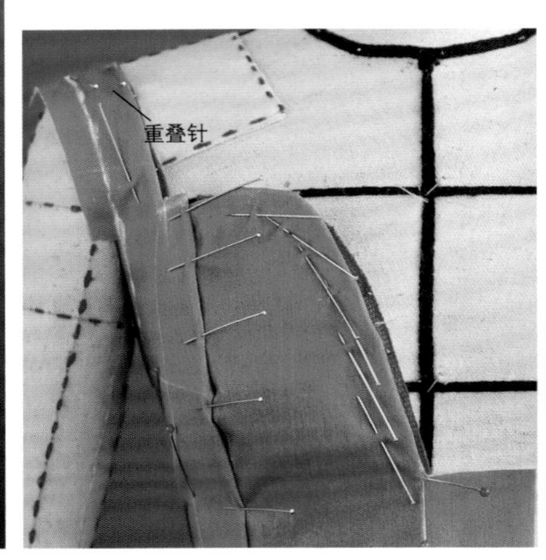

9 后片制作：立裁方法与通天省西装外套（参考《尚装服装讲堂•服装立体裁剪Ⅱ》）后中片制作方法相同，注意在刀缝分断线后胸围处可推放适量的活动松量，具体立裁步骤在此不作赘述，仅以图片展示。

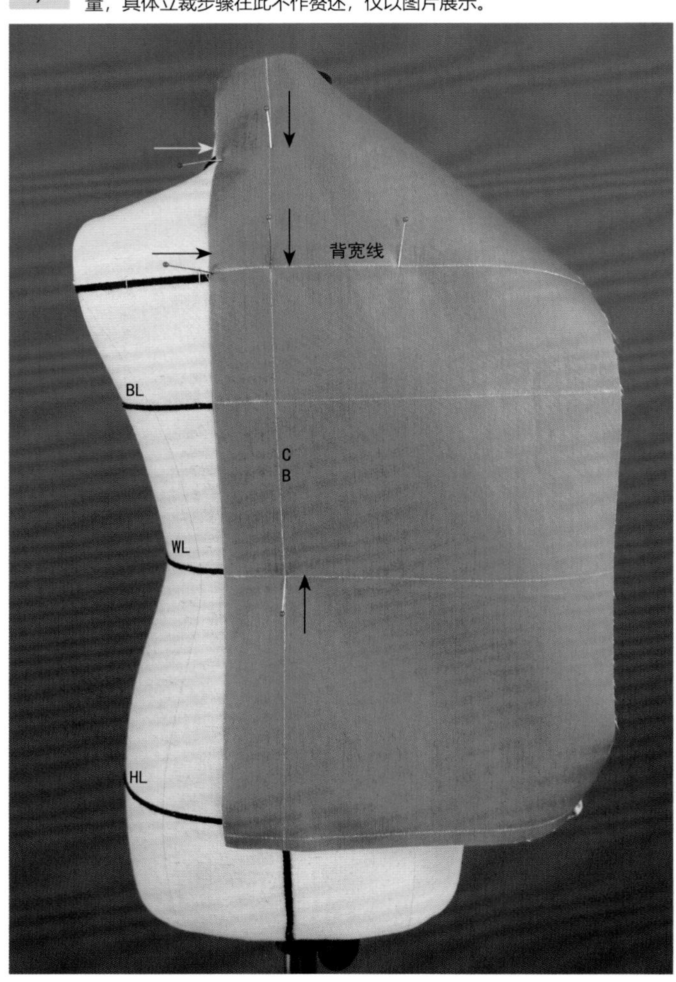

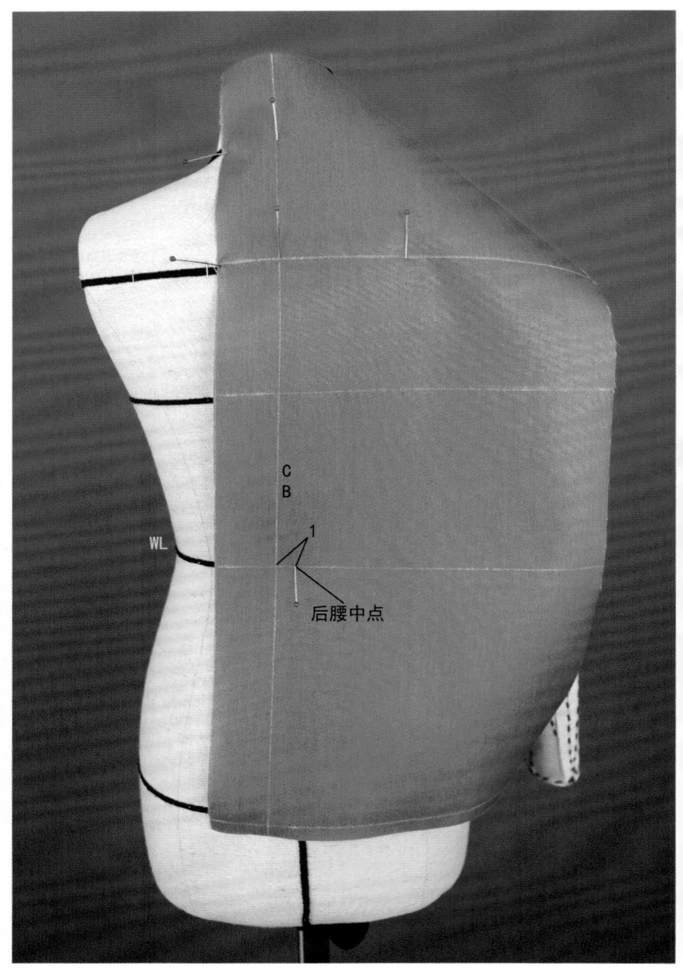

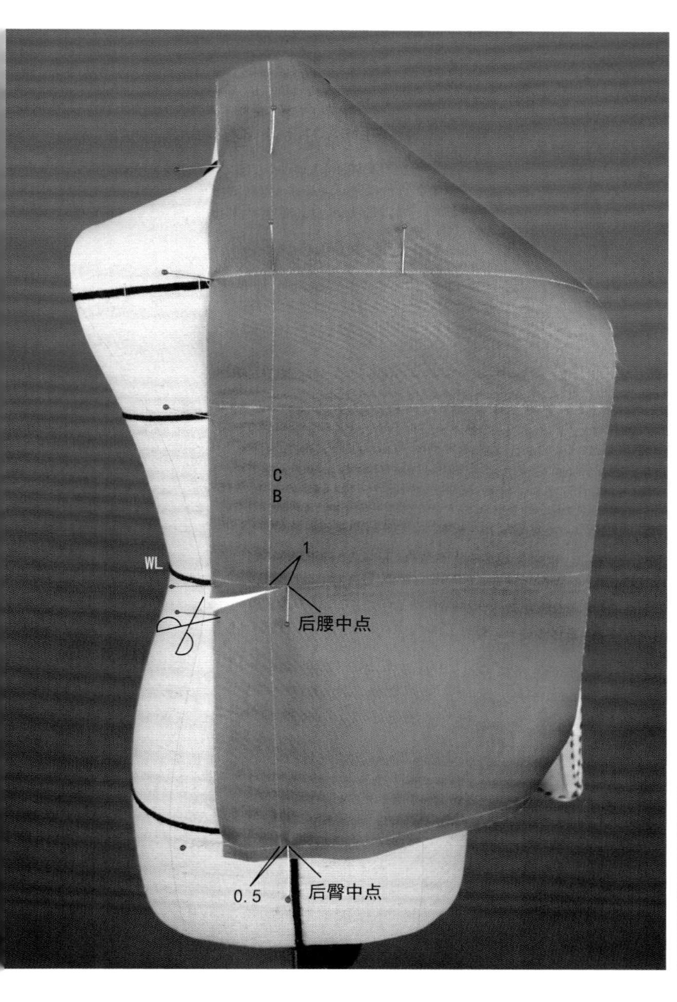
CB
WL
1
后腰中点
0.5
后臀中点

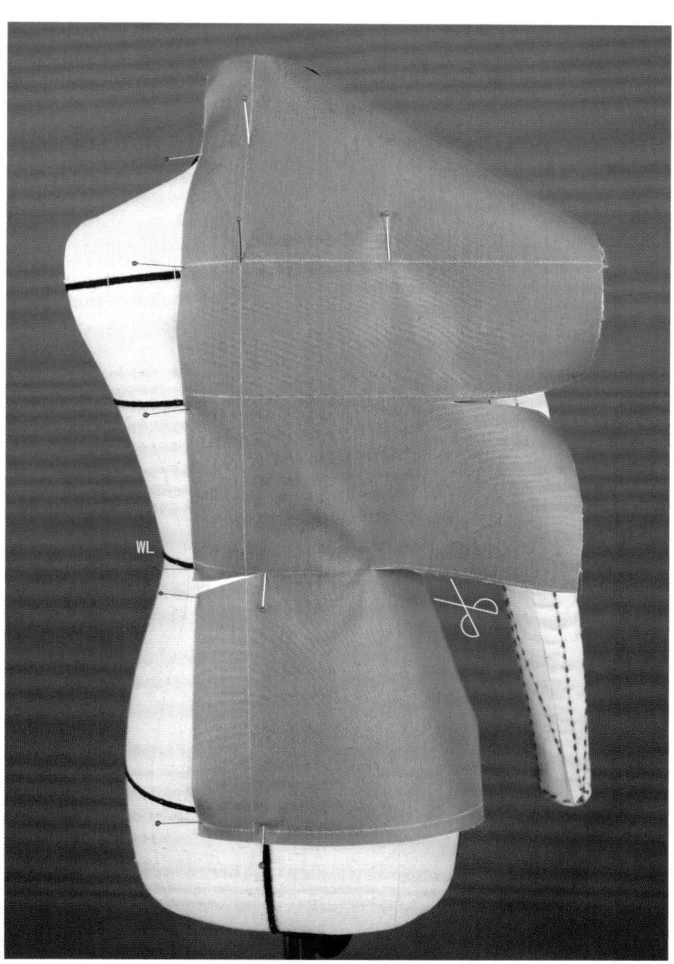
WL

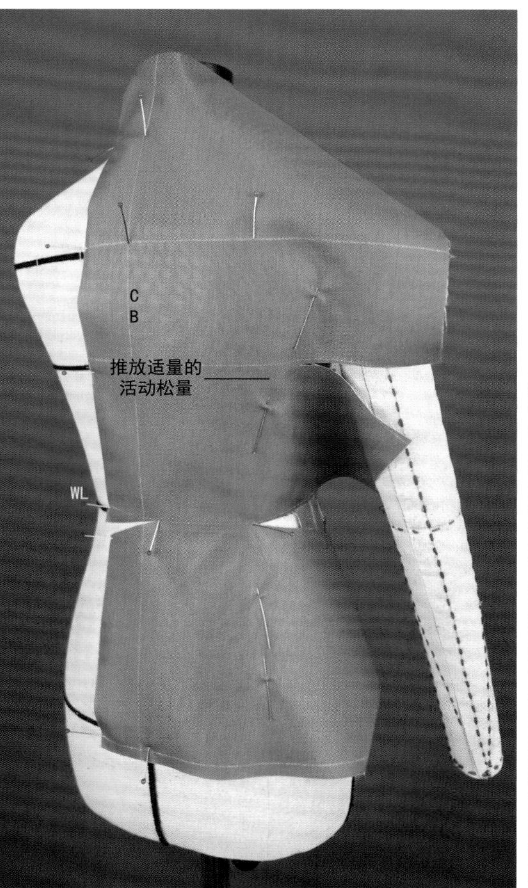
CB
推放适量的
活动松量
WL

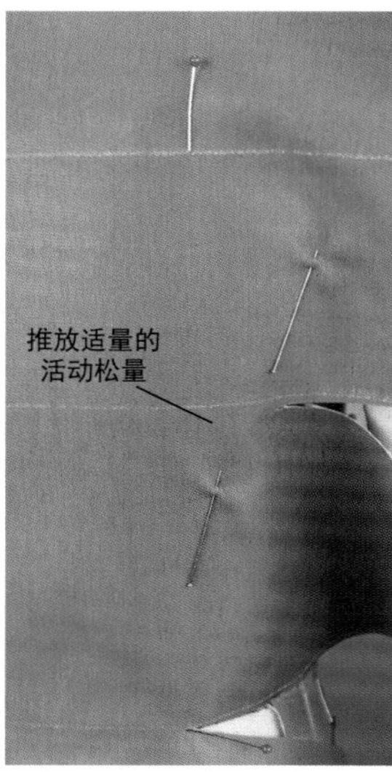
推放适量的
活动松量

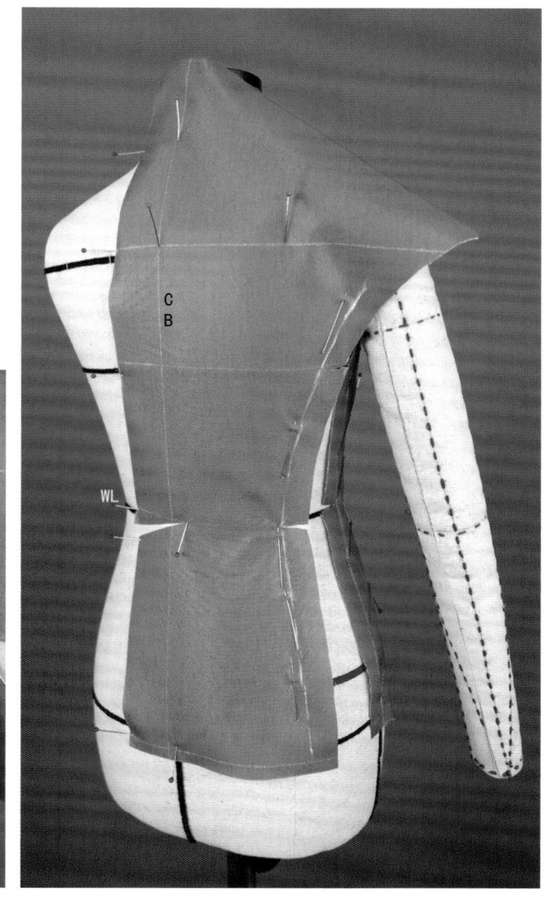
CB
WL

10

顺着肩胛骨向上抚平布料贴合人台，肩胛骨省转撇背0.5cm(取下固定后颈点大头针，将布片向左拉动，在后颈点处收量)、其余省量均衡转到领口和袖窿里，大头针固定后颈点、肩颈点、肩端点，沿颈根围清剪出后领口，完成后对实际CB线进行描点。

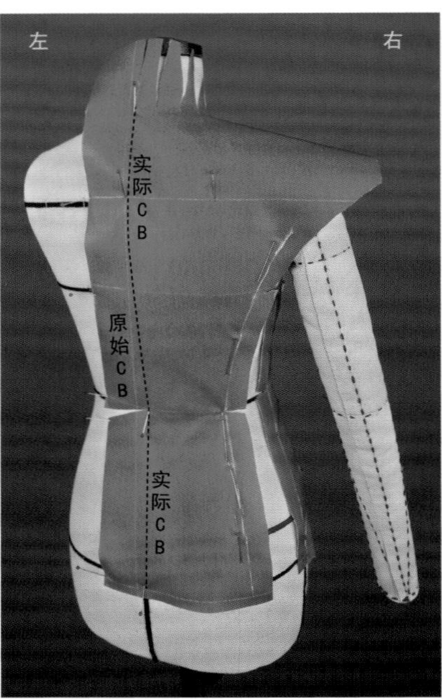

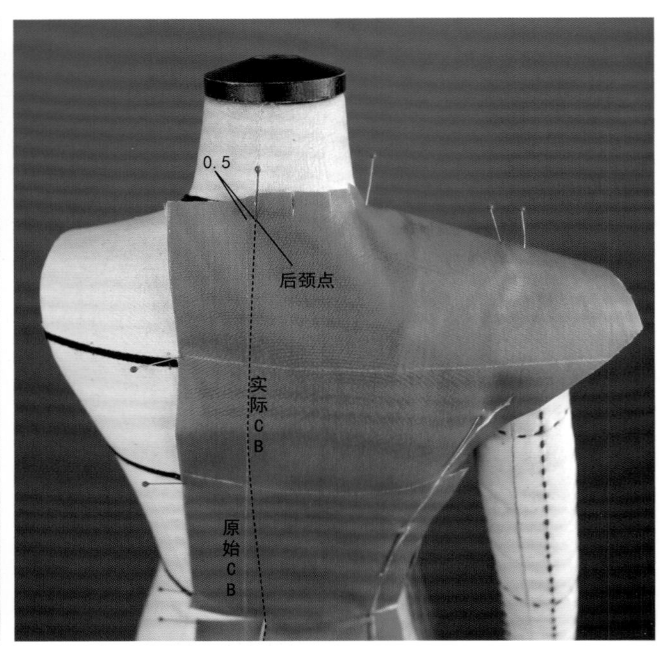

11 点针固定后领口中点，对后领口线和后肩带进行描点，预留缝边，修剪掉多余的布料，扣净假缝。

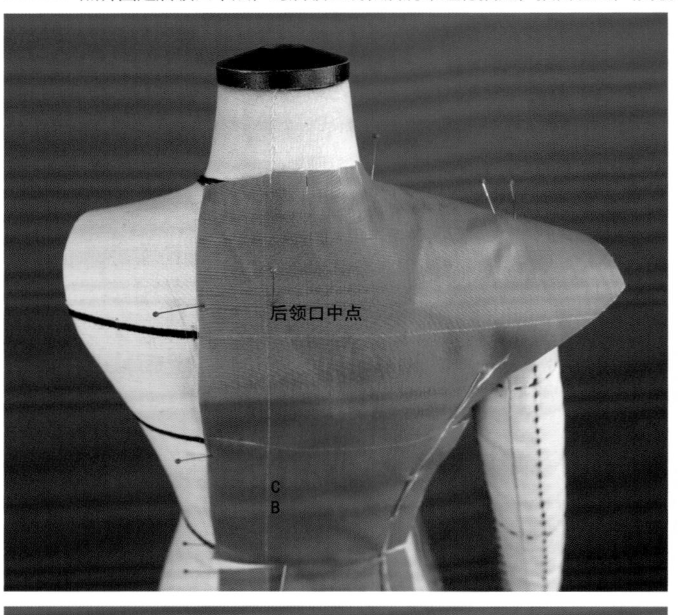

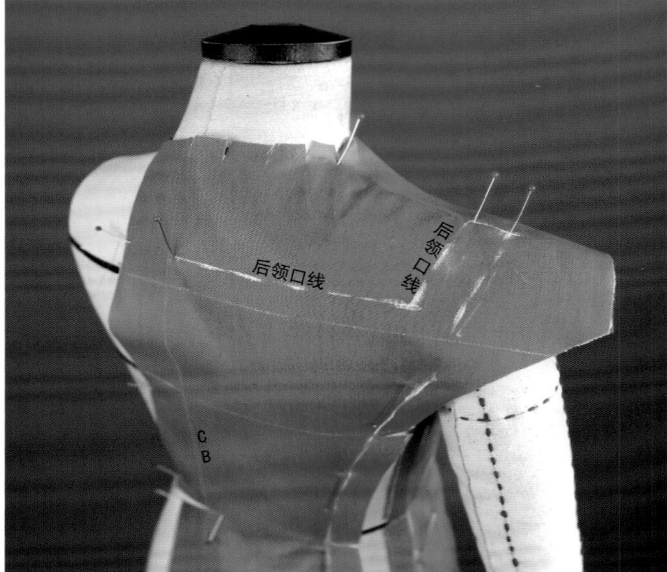

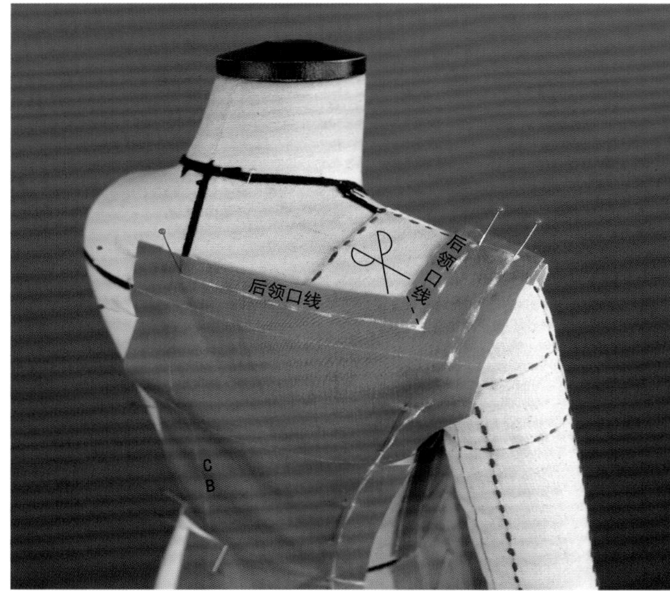

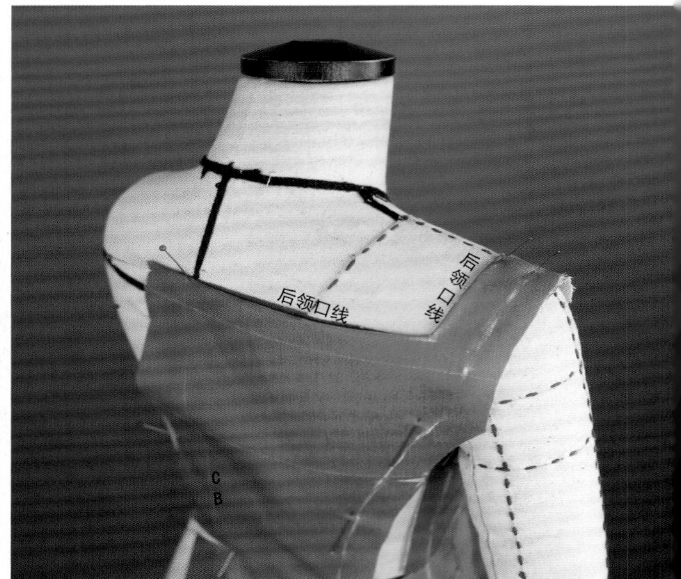

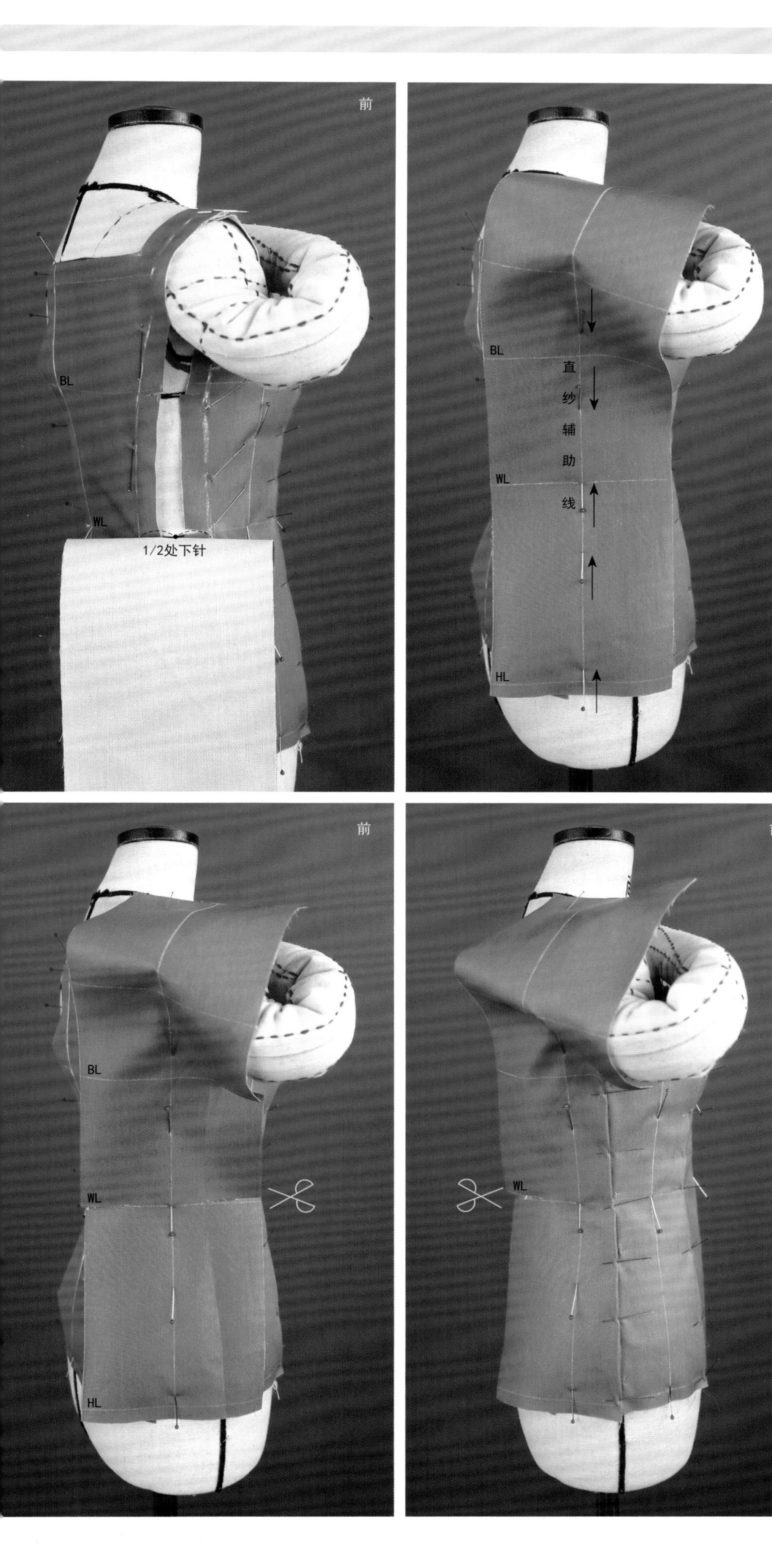

12

后侧片制作：在人台后侧片腰节线宽度1/2处下针固定基础布直纱辅助线与腰围的交点，保持直纱垂直并用点针固定。分别在分割线与腰围、胸围线的交点处打剪口，对缝边进行反向刮折、清剪余布和内扣假缝处理。

13 如图所示，在后胸围处推放出适当的松量，并用大头针固定住，继续操作后刀缝扣净假缝。

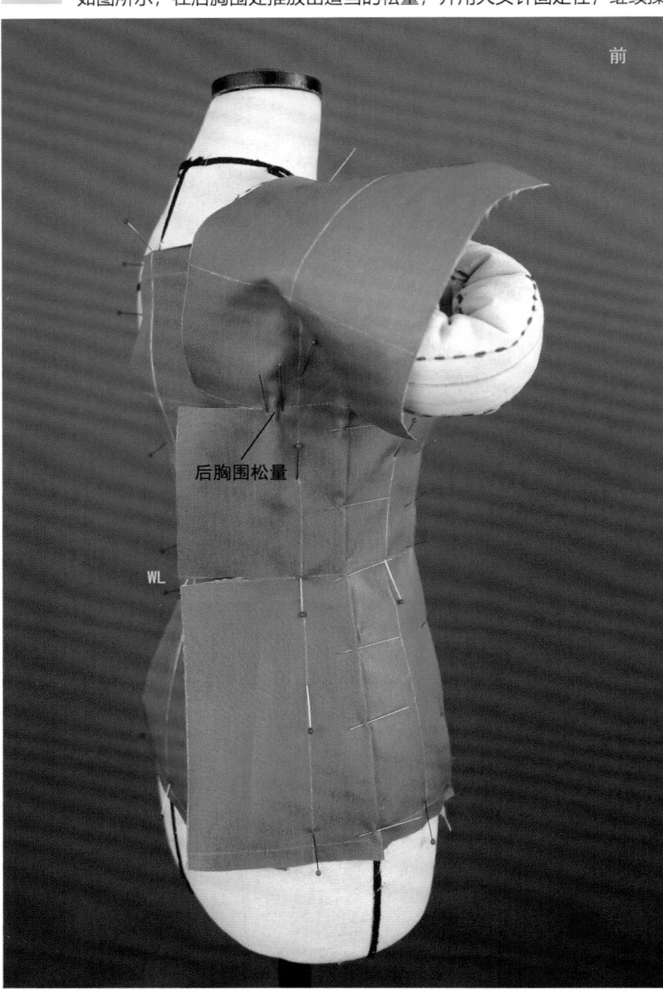

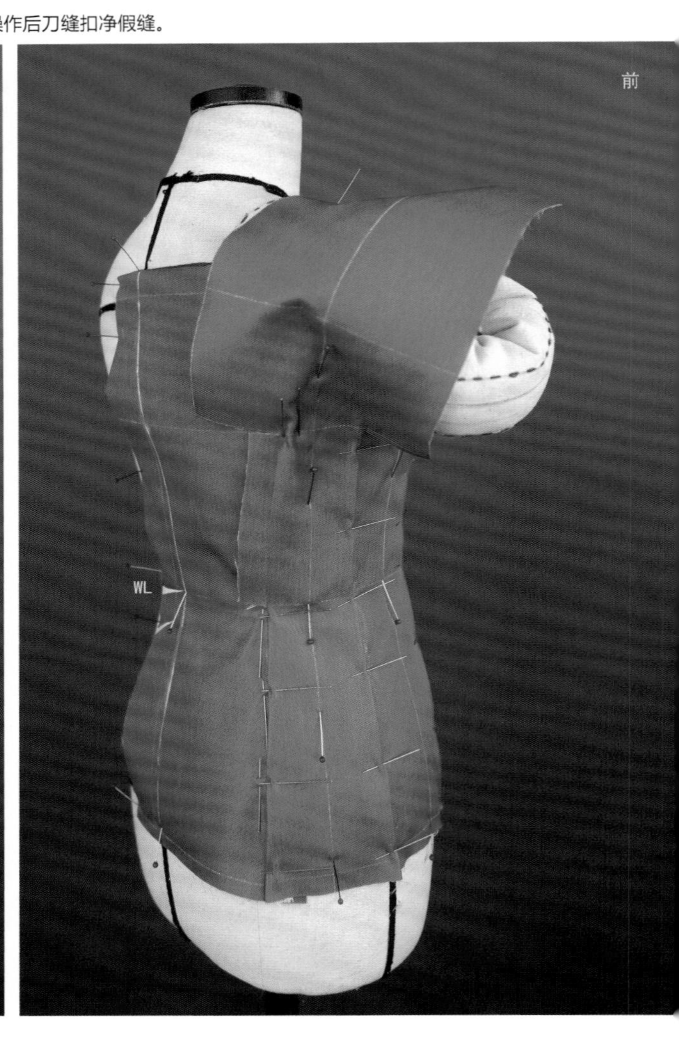

14 对后袖窿底弯和刀缝分断线进行描点，取下固定松量的大头针，沿描线修剪多余布边，扣净假缝，整体修顺袖窿线。

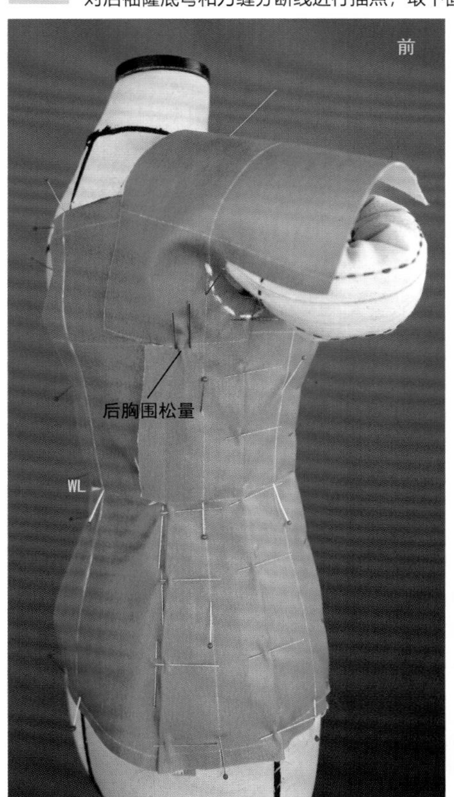

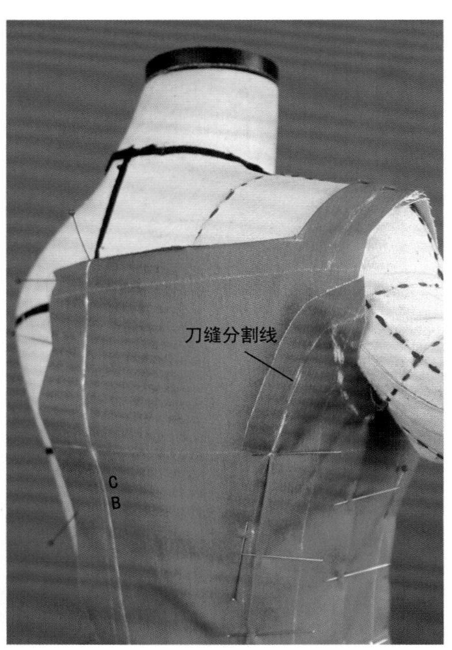

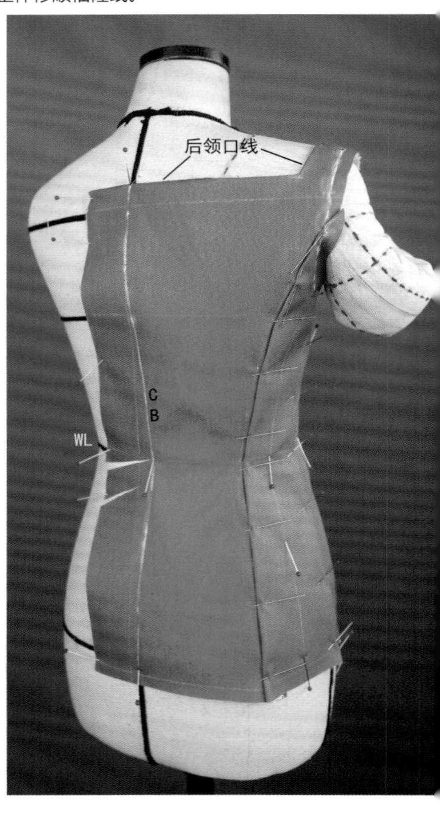

15 确定衣长，绘制出衣长底摆线，根据造型确定出袖山拼片在袖窿线上的止点位置（袖窿拐点附近）并打剪口，准备立裁袖子。

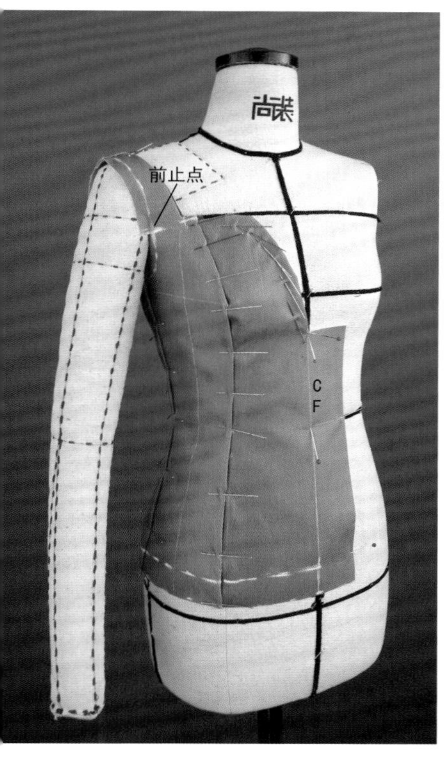

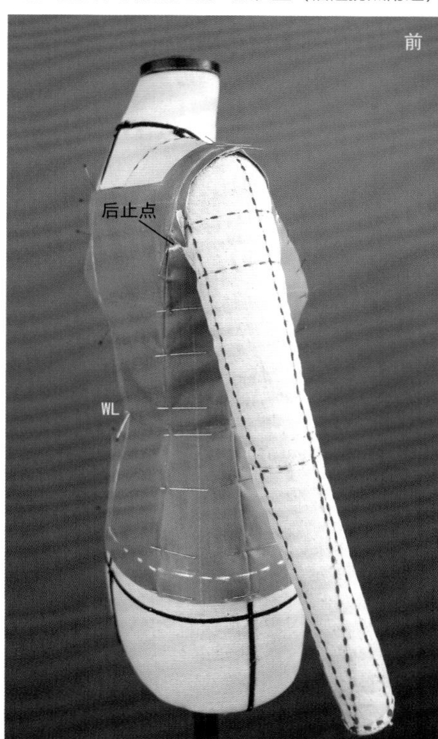

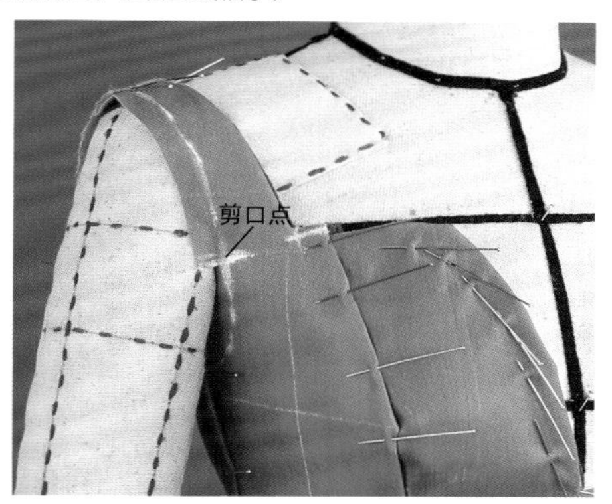

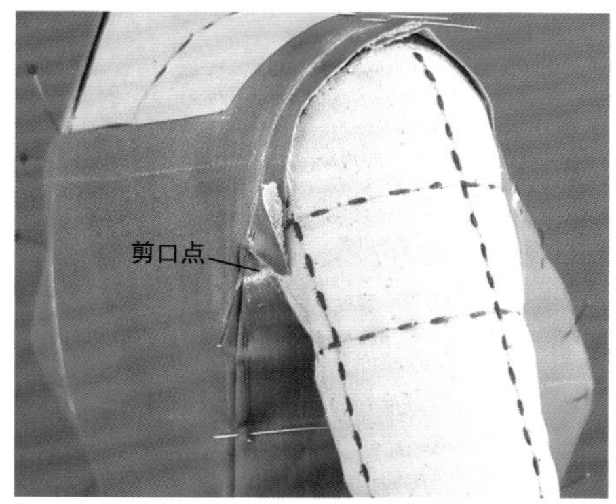

16

袖山拼片制作：将基础布辅助线的交点与肩点相对应，用别针固定，保持直纱辅助线与手臂中线重合，调整布片确定袖斜角度，并用重叠针沿袖窿线在肩点左、右分别固定。捏出适量前、后袖肥松量，用大头针分别固定。

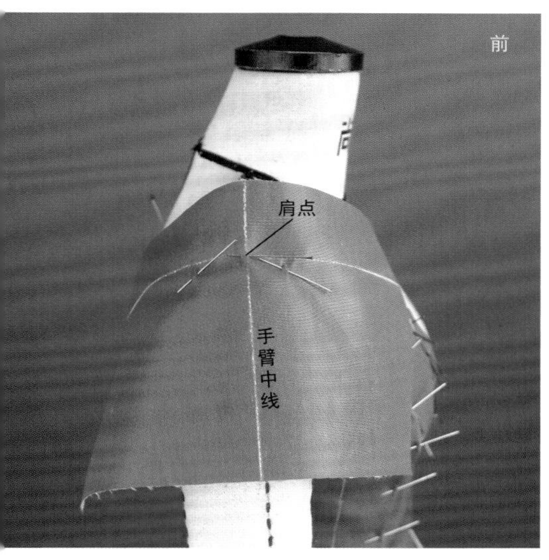

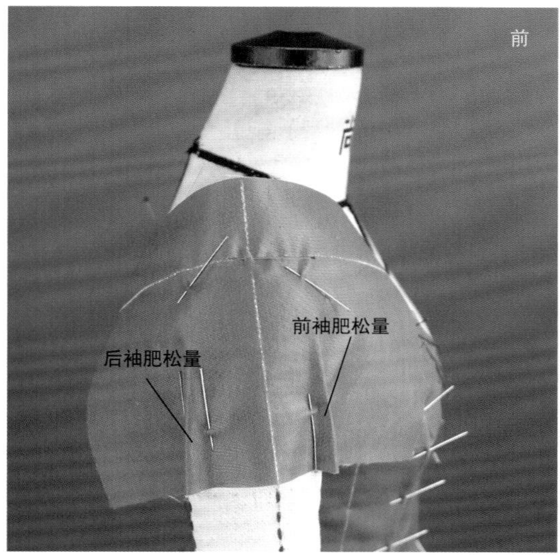

17

继续沿袖窿线固定布片至前、后止点处，取下固定袖肥松量的大头针，确定出袖山拼片的袖山弧线和下口线，预留缝边并清剪余布。

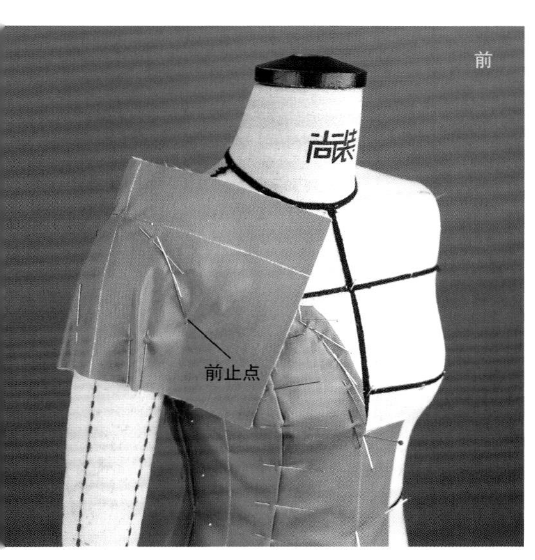

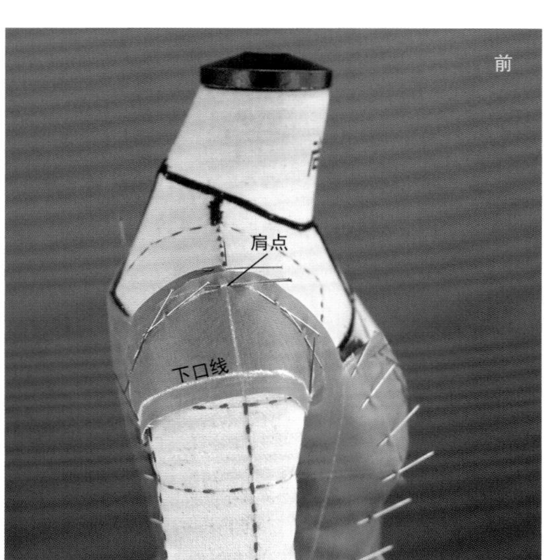

18

袖片制作：在基础布片袖中直线与肘围线的交点处下针，对应手臂中线与肘围线的交点，保持袖中直线与手臂袖中直线对齐并用大头针固定。

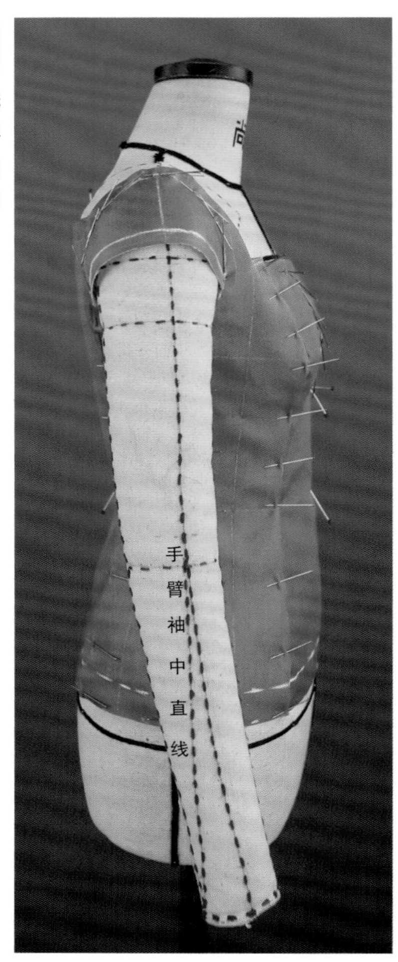

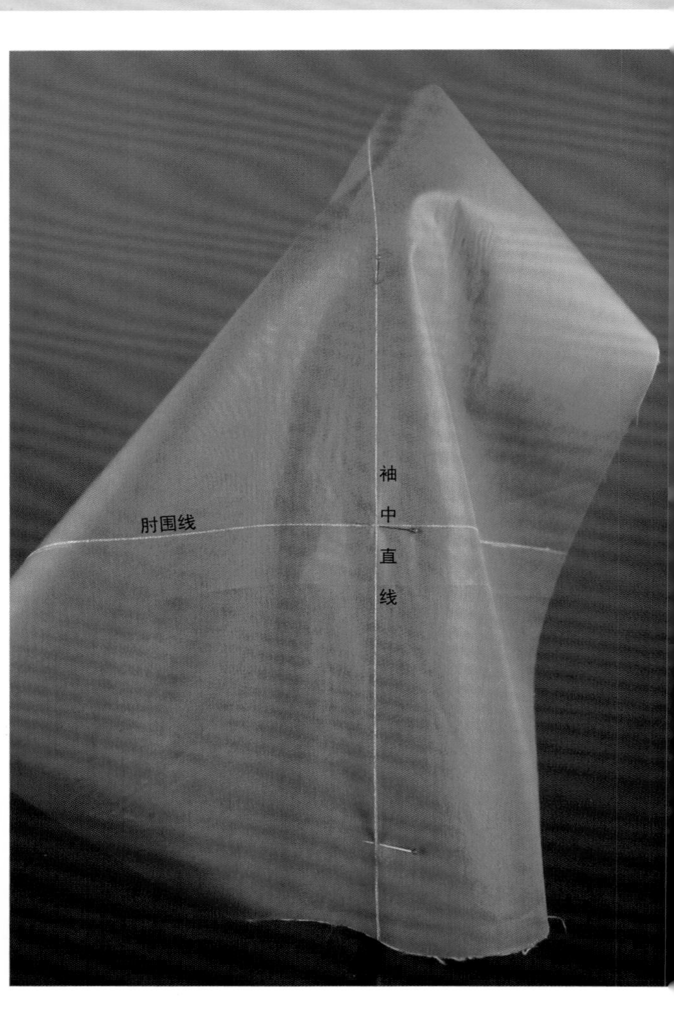

19 袖肘以下布片自然围裹手臂，用大头针固定袖口坯布，在袖肘处需增加适量的松量，用别针固定。

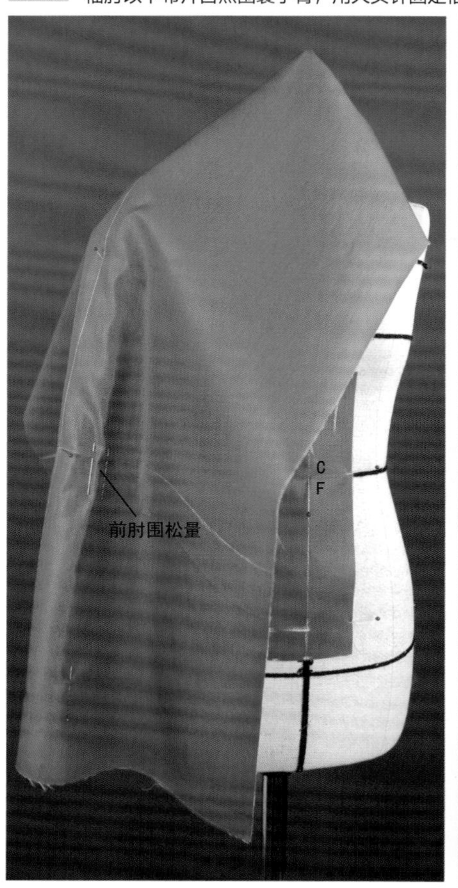

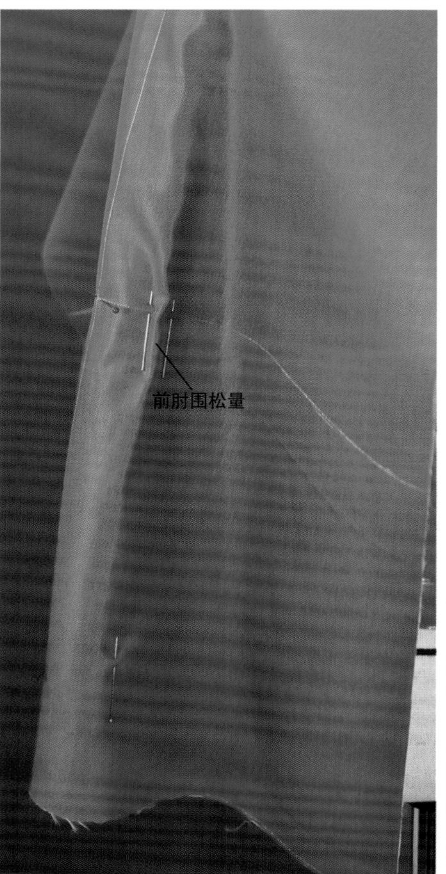

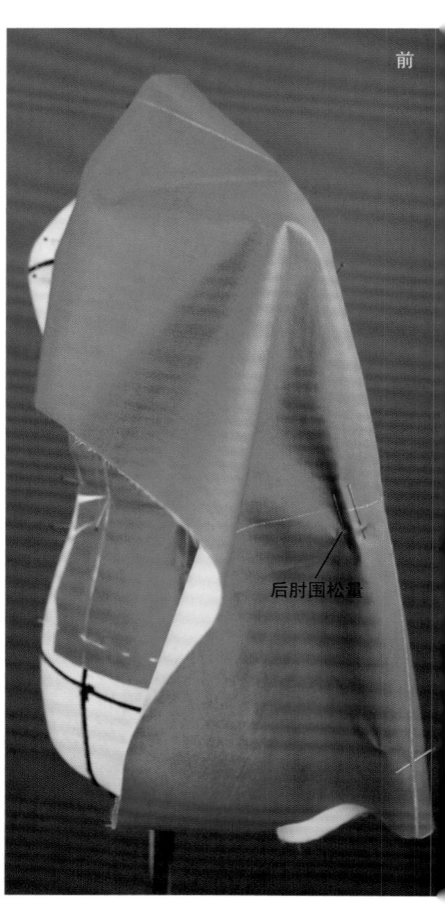

20

在袖肘处打剪口至内袖缝标线处，袖肘以下坯布自然围裹手臂至内袖缝线，将前、后内袖缝线对合并用重叠针固定，确定后对前、后内袖缝线进行描点，修剪掉多余布料。

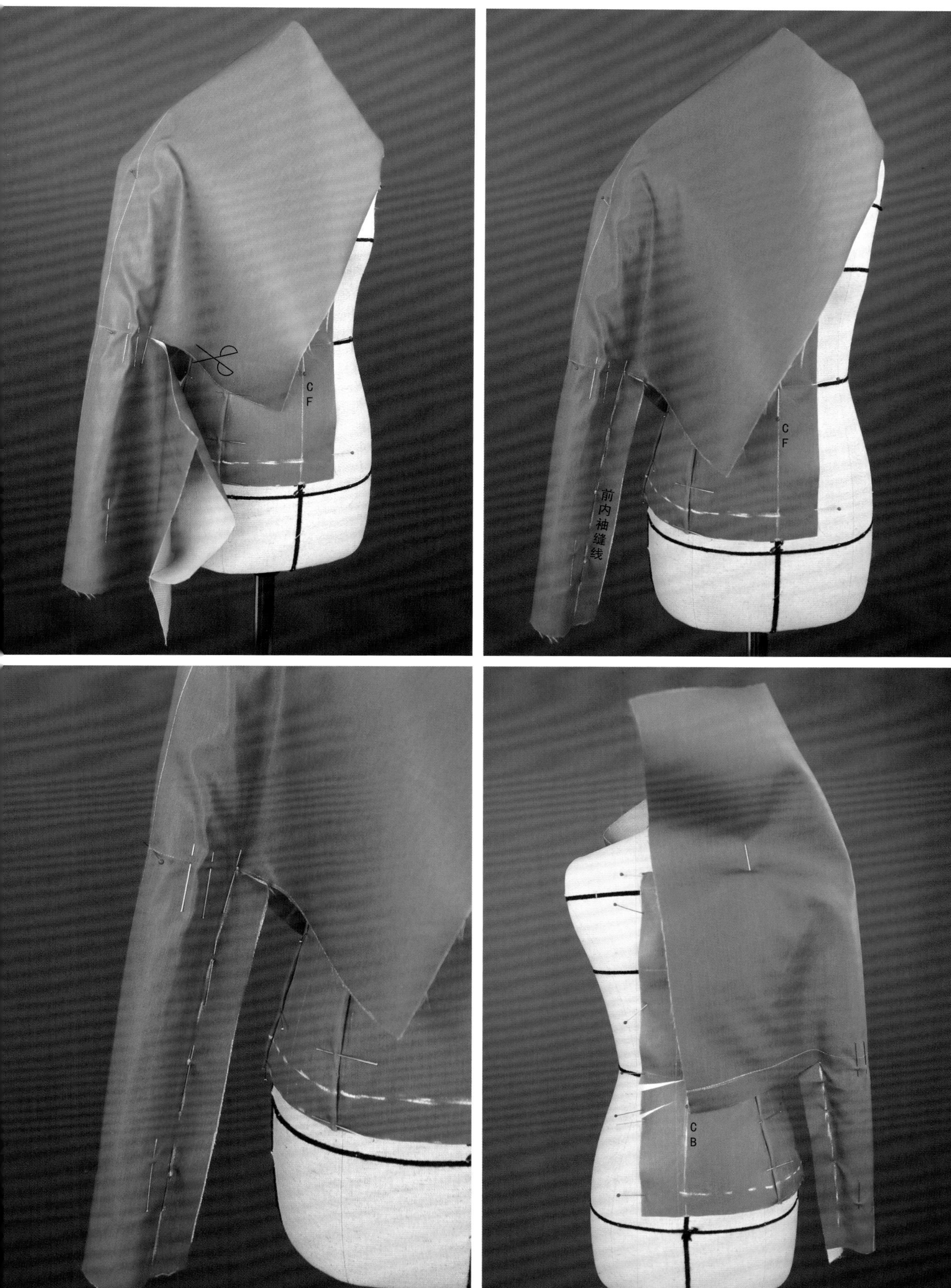

21 松开固定袖山和袖肘的大头针，调整坯布塑造出羊腿袖的横向体积量，并用大头针在袖山拼片的前、后止点处固定。

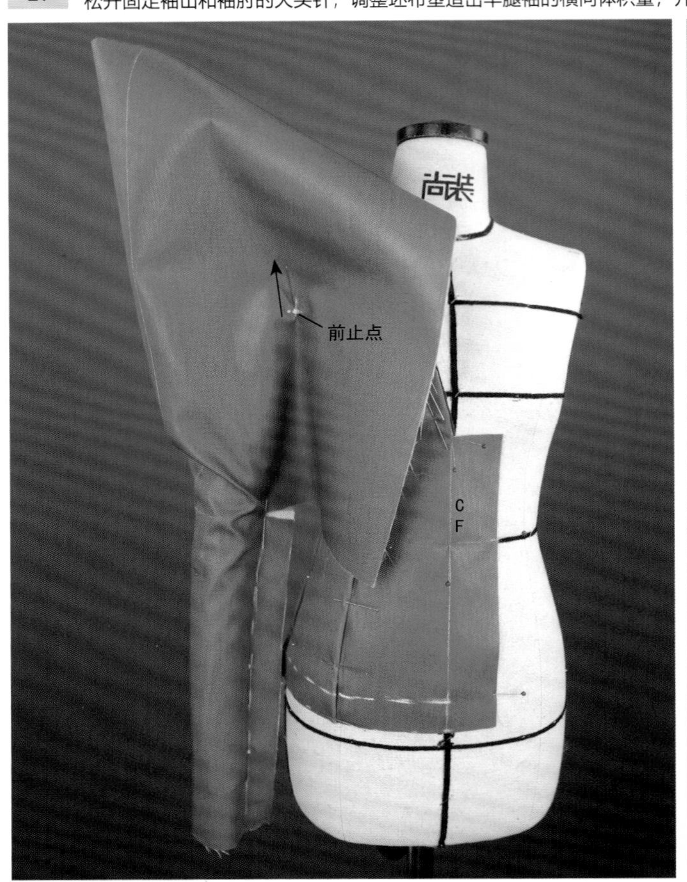

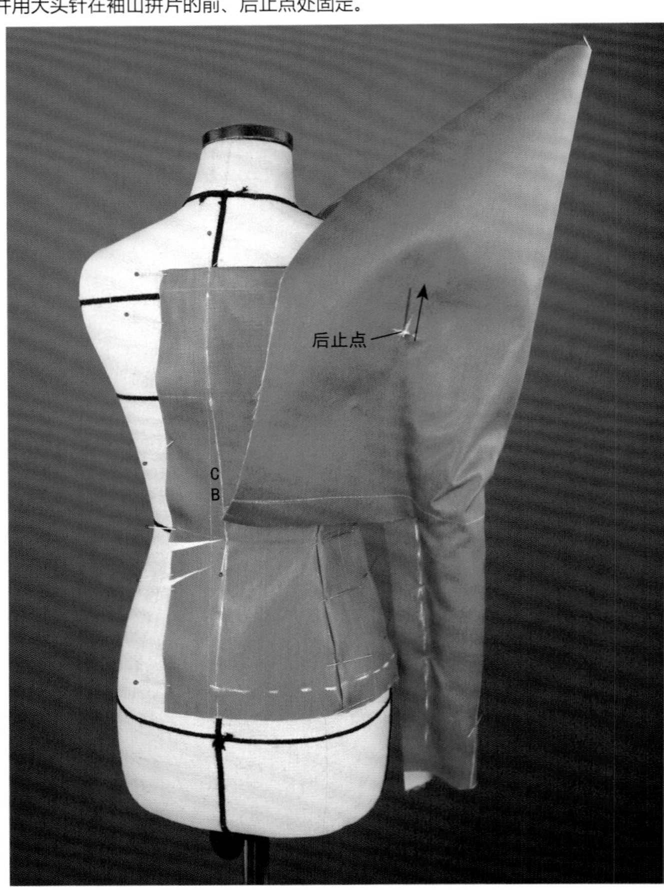

22 调整羊腿袖的纵向体积量，注意观察整体造型效果，确定后在袖山拼片下口线与袖中线的交点处用别针固定。

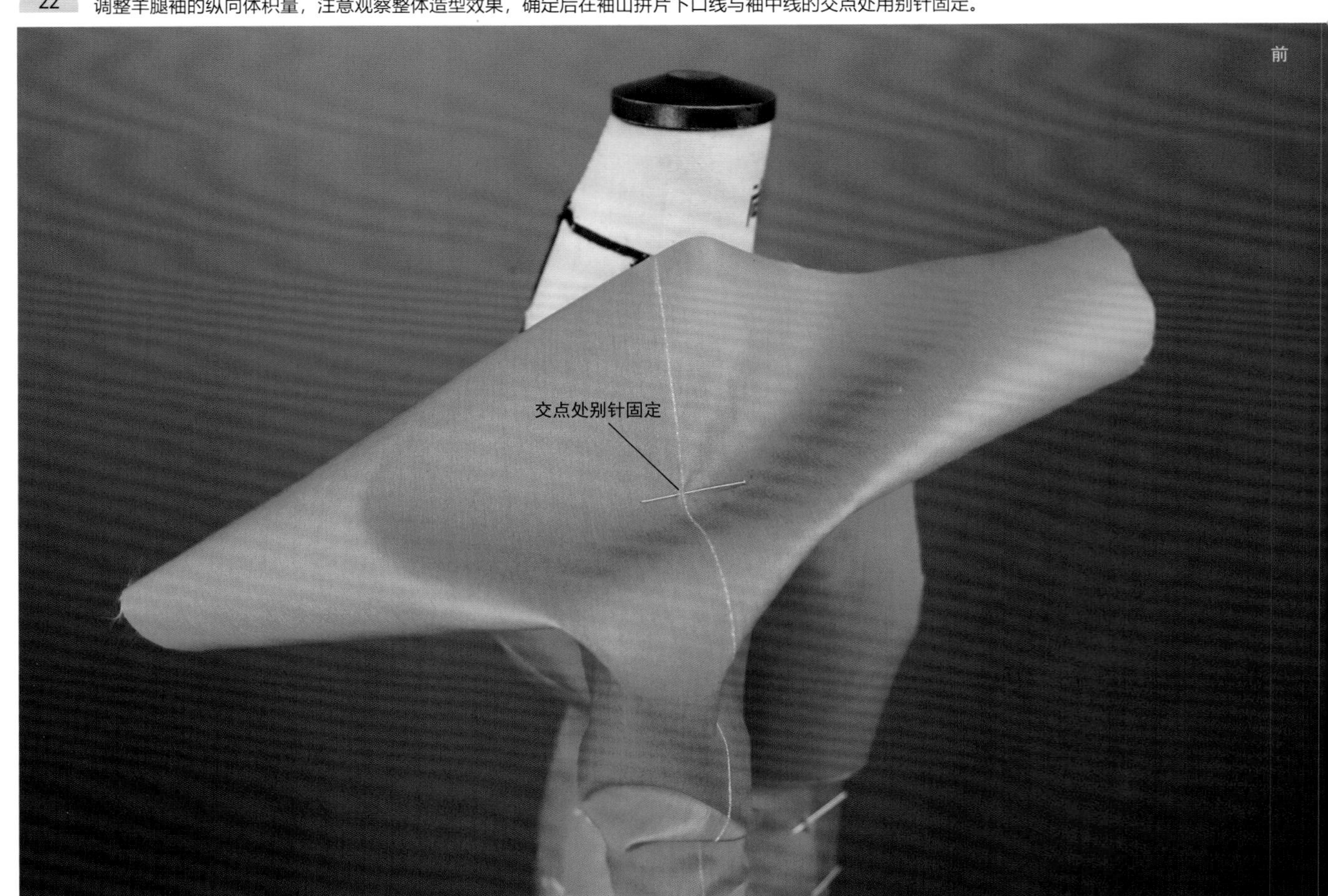

23 分别由布边横向打剪口至前、后止点，使止点附近坯布平伏并用大头针沿袖山拼片下口线固定羊腿袖的部分袖山弧线，在袖山顶区域进行捏褶，褶裥紧密塑造出羊腿袖饱满的袖山造型，确定造型达到理想状态后对袖山弧线进行描点，剪掉多余的布料。

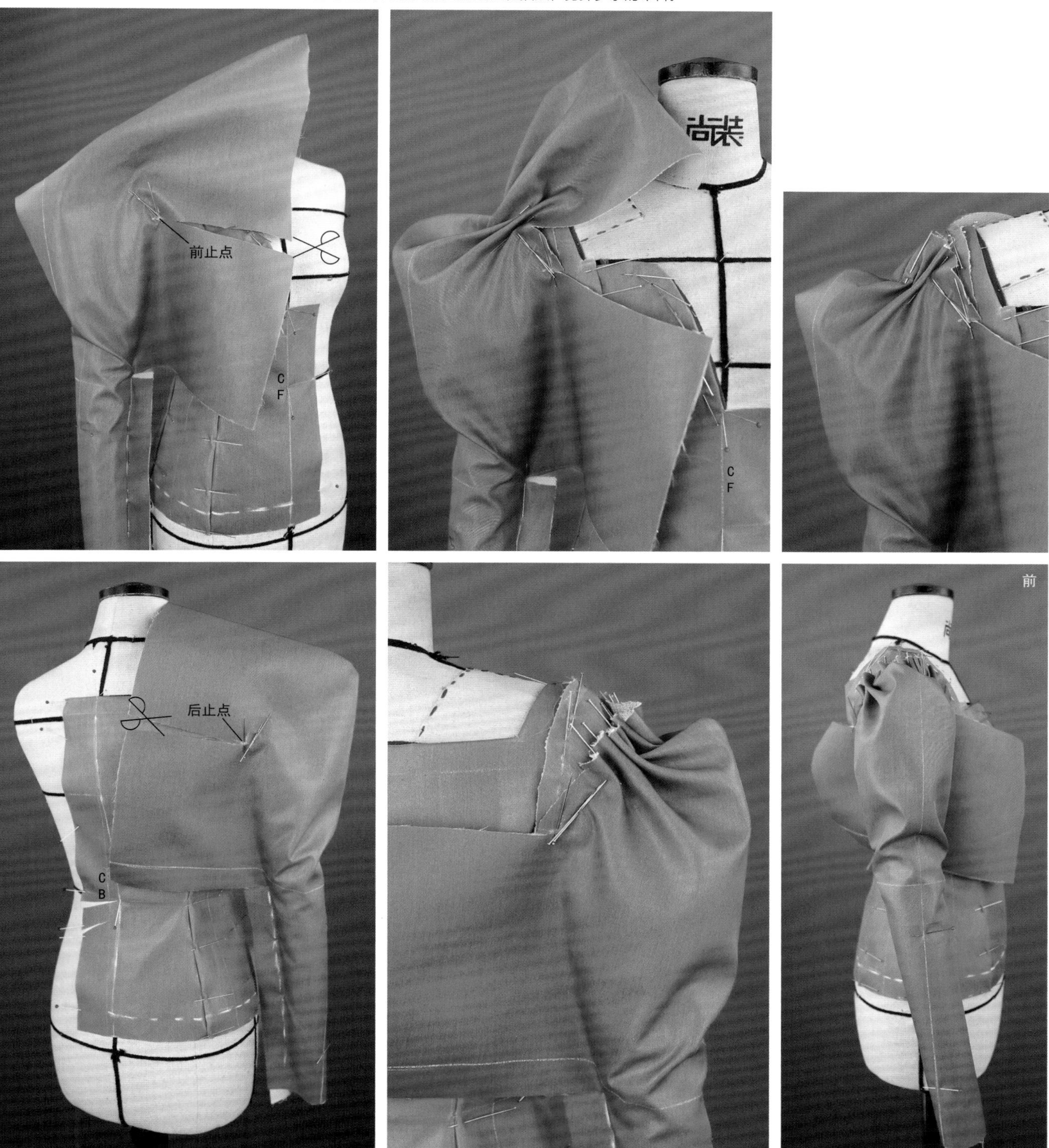

24

如图所示，抬高手臂到合适的角度，从而确定袖子的抬手量。将腋下坯布与袖窿贴合并保持内袖缝处布料平顺，确定出前、后袖山底弯并描点，保持与对应的前、后袖窿底弯尺寸等长，前、后袖腋点与前、后内袖缝肘点连顺，确定出内袖缝线，用大头针假缝固定。

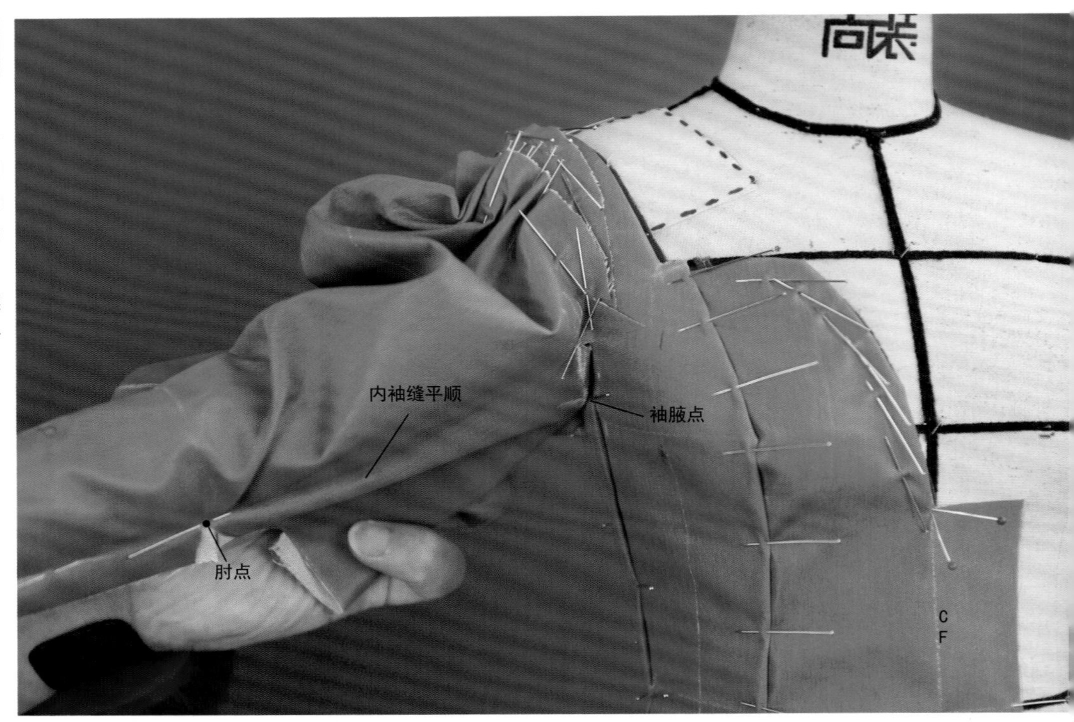

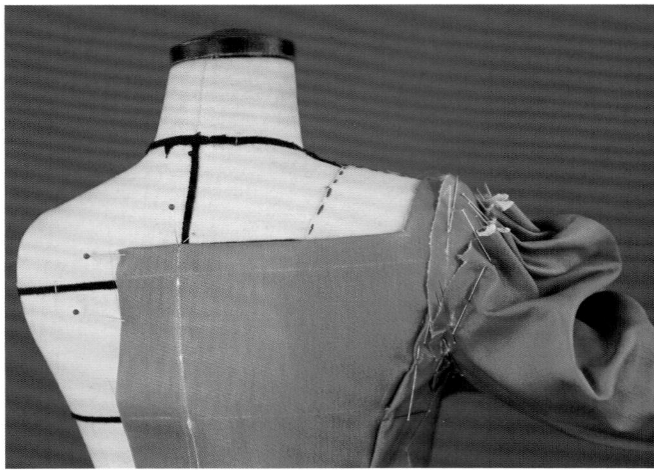

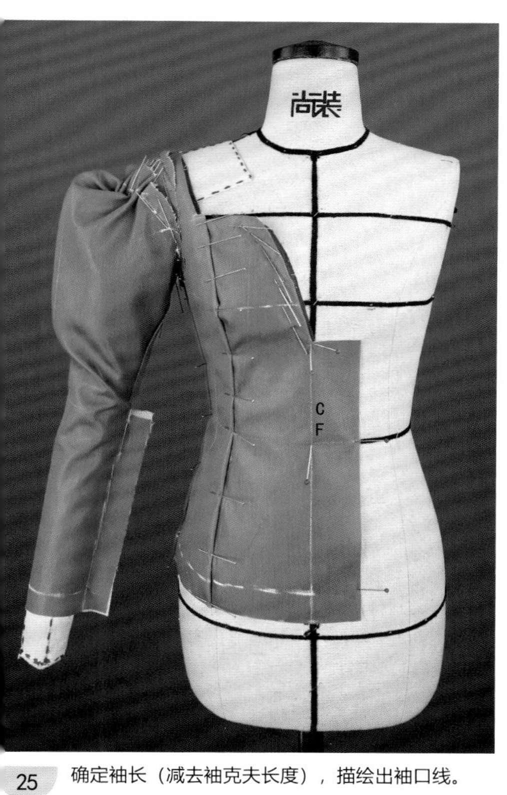

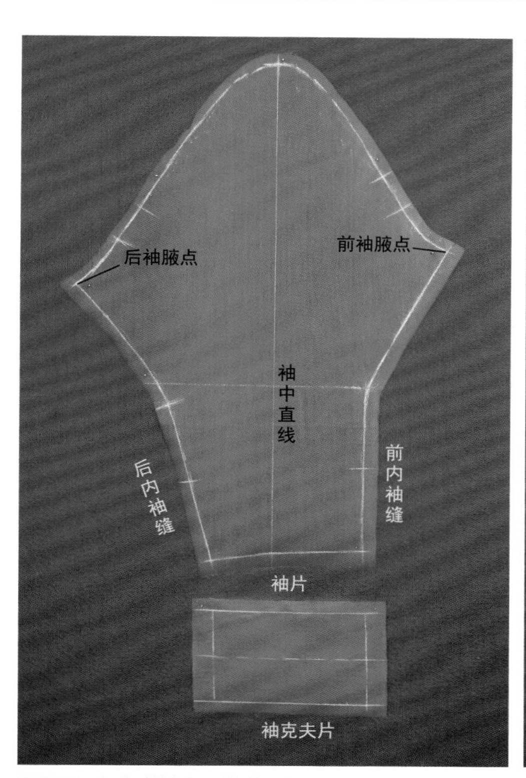

25 确定袖长（减去袖克夫长度），描绘出袖口线。

26 完成对位标记后将袖子从衣身上拆下，铺平袖片，对各线条进行圆顺，复核线条长度，平面绘制出袖克夫裁片，留好缝份并对缝份进行清剪。将袖子裁片熨烫整理后进行假缝，袖山褶裥可用手针缝线抽褶固定。

27 如图所示，用大头针将袖子与衣身袖窿进行装配假缝。

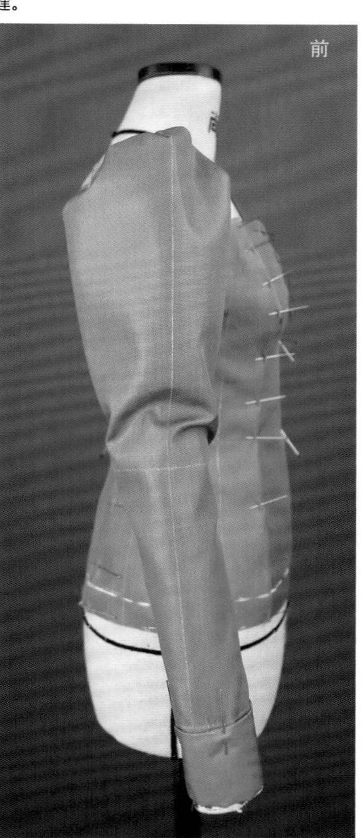

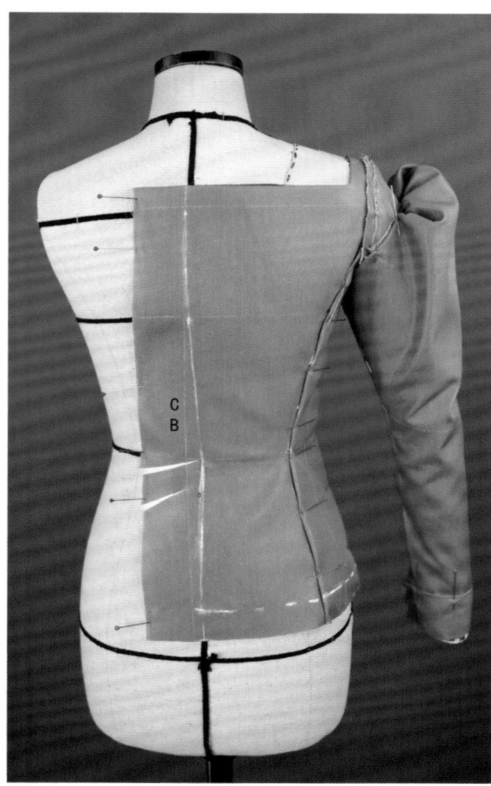

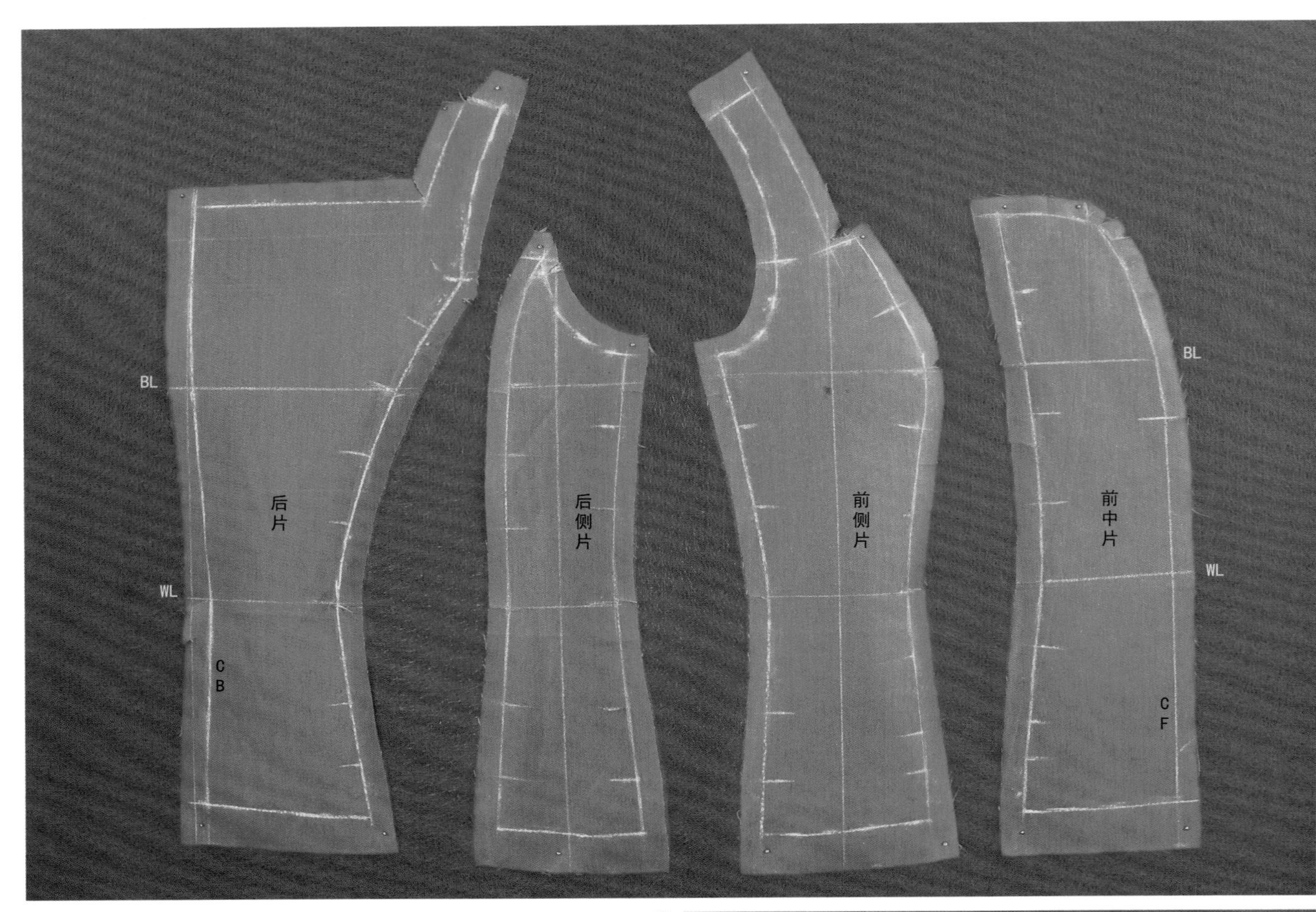

28

确认好款式造型后，取下衣身片，熨烫、整理、校对各样片取得样版。

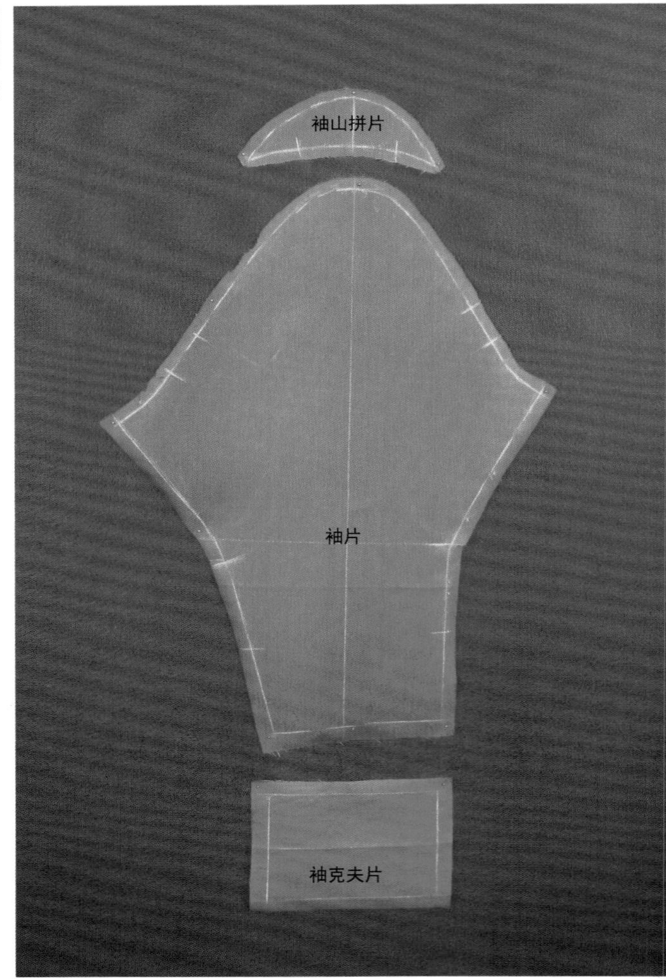

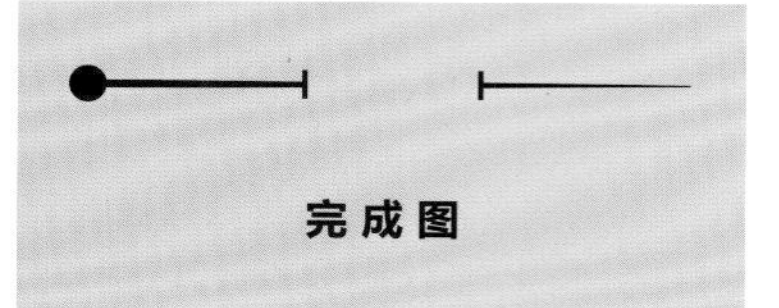
完成图

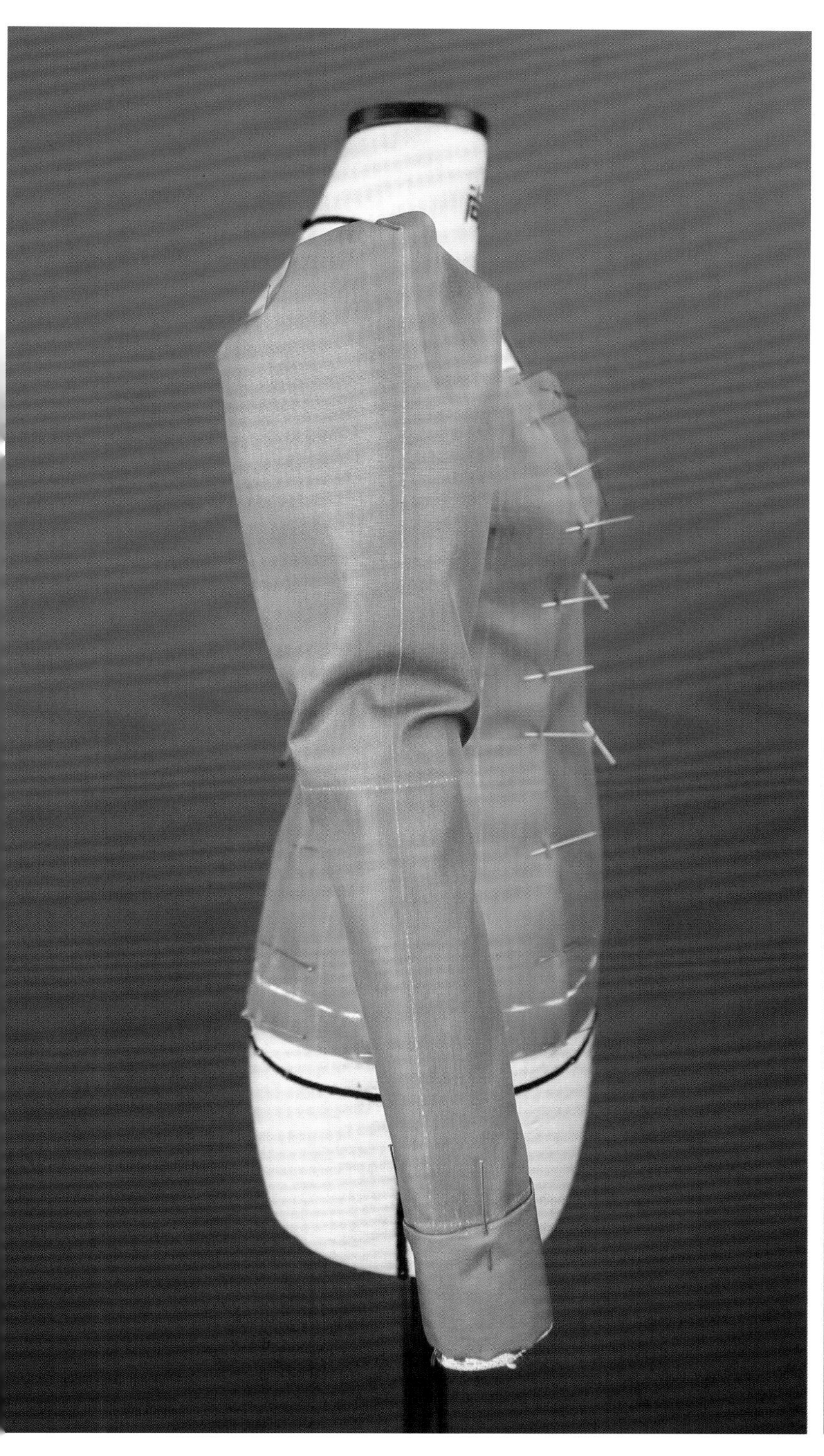

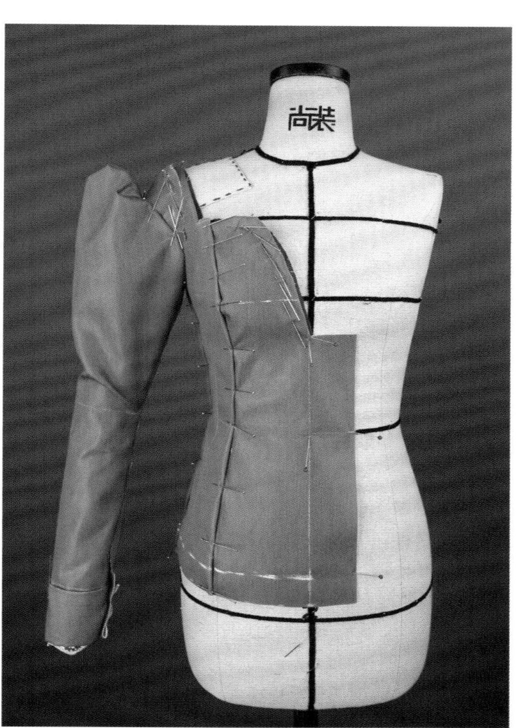
尚装

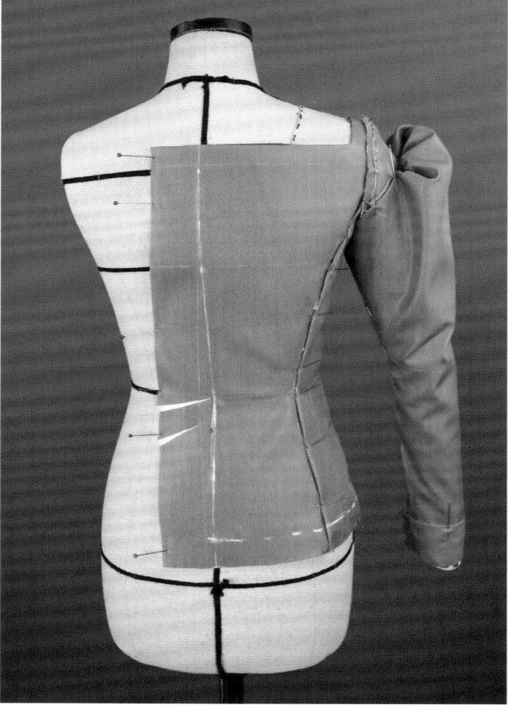

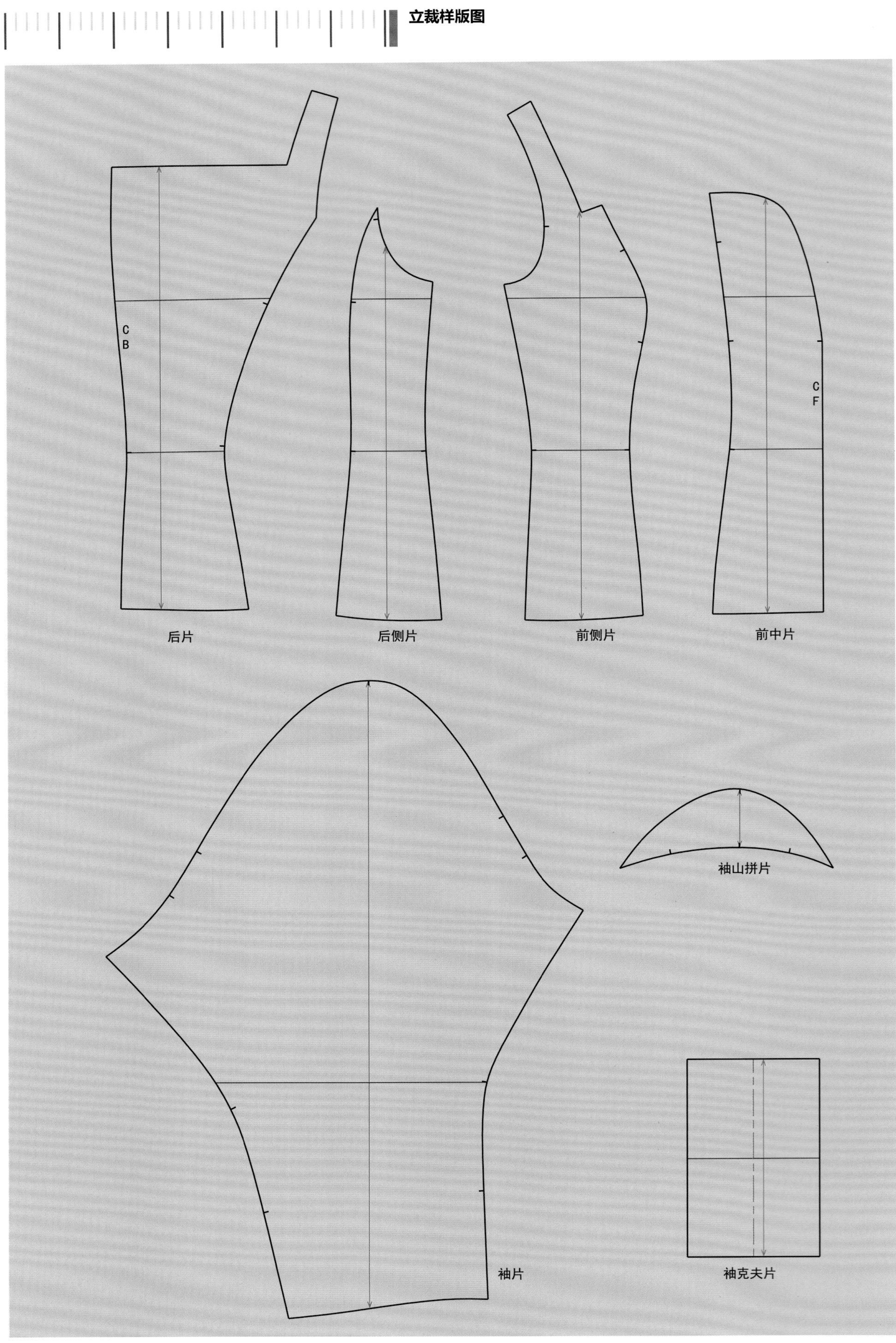
C
B
C
F
后片
后侧片
前侧片
前中片
袖山拼片
袖片
袖克夫片

Draping
The Complete Course

连肩袖三开身短外套

款式描述

衣身为三开身，腋下插铅笔杆连肩袖结构，有前、后袖肘省；合体松量，小X廓型；有剖断线式装领座翻领。

练习重点

- 腋下插铅笔杆连肩袖结构的立裁技巧。

材料准备

- 人台（不限定号型）。
- 宽0.3cm纯棉织带。
- 专业立裁针、剪刀。
- 纯棉坯布。
- 马克笔（或4B铅笔）、三色圆珠笔。
- 推版尺、多功能尺、皮尺。

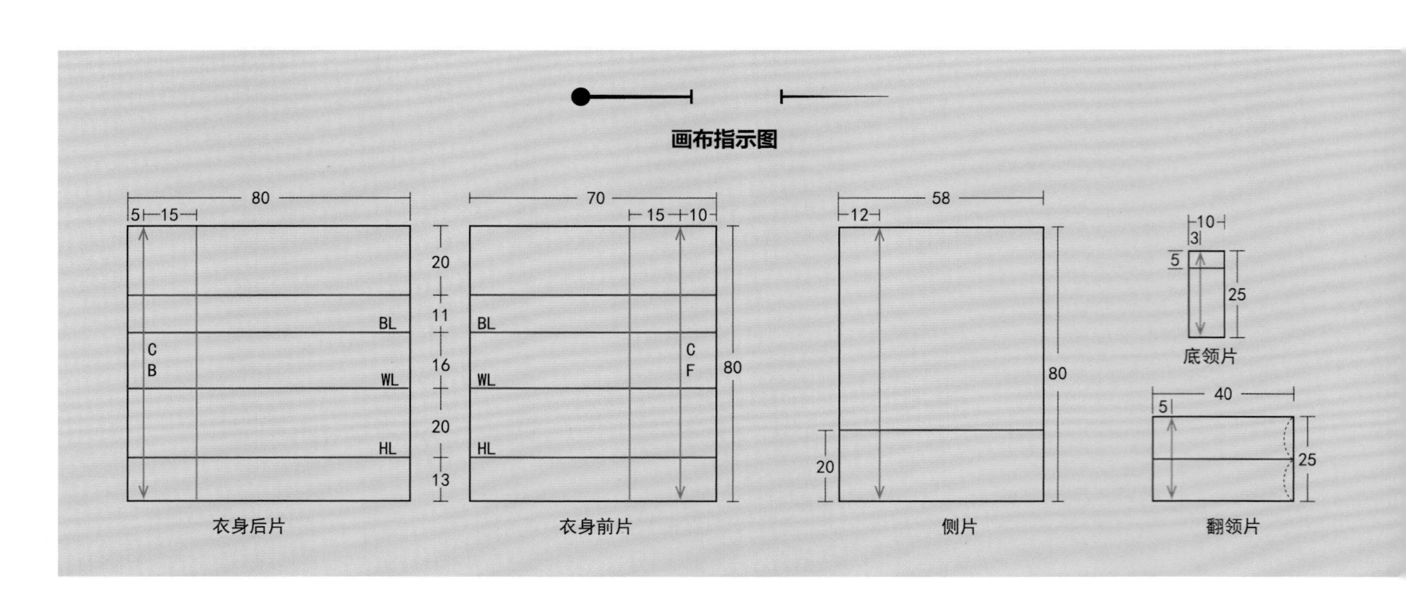

- **人台准备**

此款式需要装配立裁用手臂，需要提前标线的部位：腰省线，前、后分割结构线，底摆线。

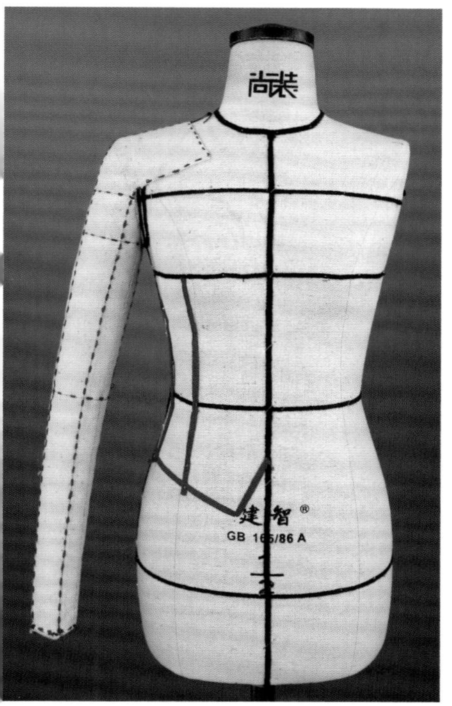

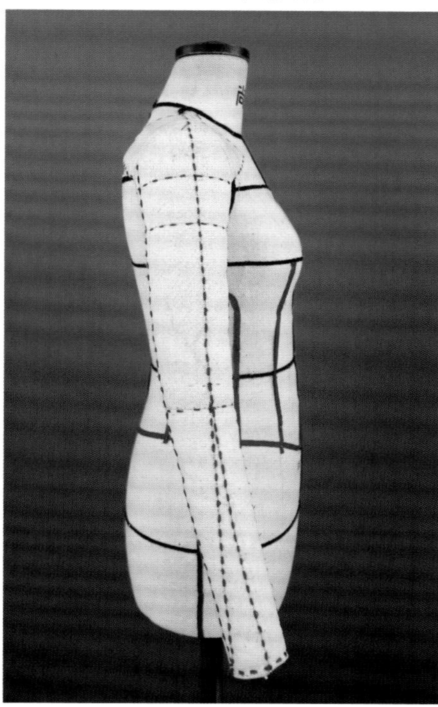

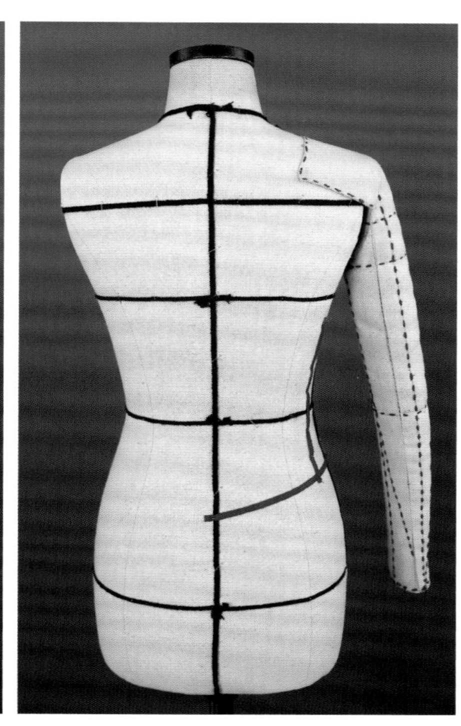

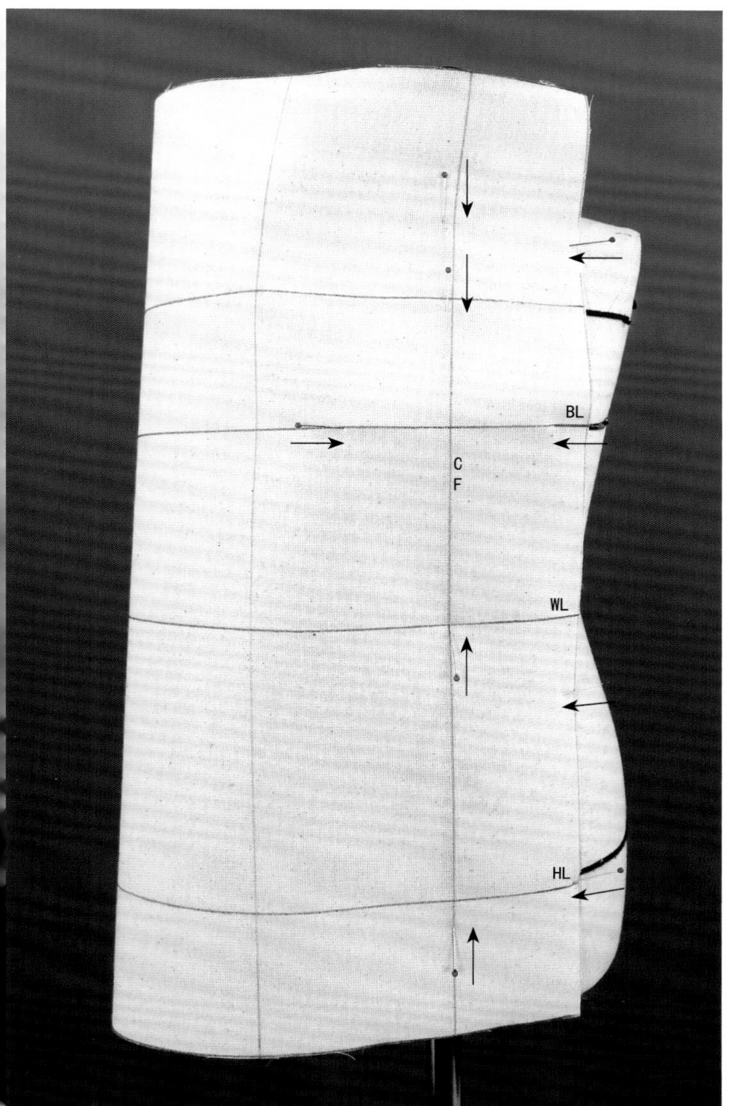

- **款式制作**

1

前片制作：在腰围线与前中线的交点处下针固定前中丝道线，确保各辅助线的水平与垂直状态，并与人台标线相对应。将两侧BP点用大头针固定，准备撇胸操作。

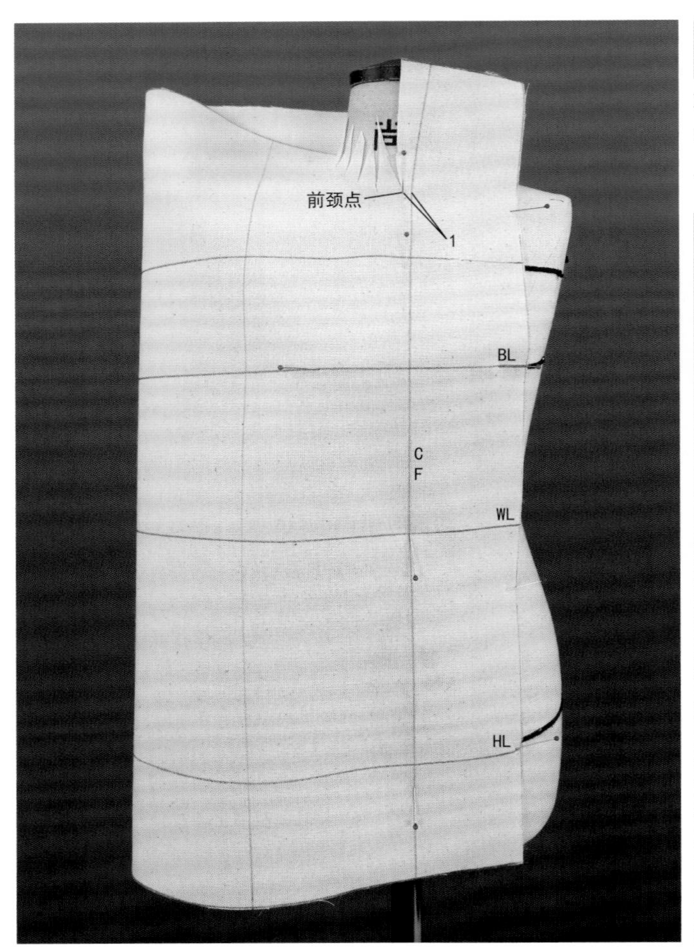

2

取下固定前颈点的大头针，如图所示进行撇胸操作，撇胸量为1cm，并对实际CF线进行描点。自前颈点向肩颈点方向均匀打剪口，清剪余布，抚平胸围线以上坯布，点针固定肩颈点和肩端点。

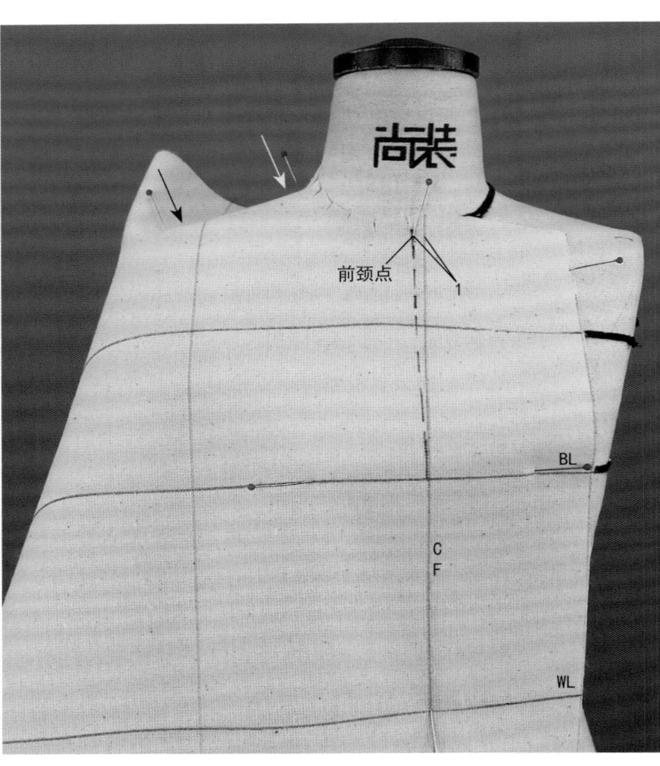

3

使前袖窿自然平伏并顺势向下捋顺前侧面坯布贴合于人台，用大头针沿分割线将布片与人台固定，将腰部余量（剩余胸省和部分腰省）沿省位线假缝固定，根据款式确定下摆量和造型，下摆收省量与腰省近似。

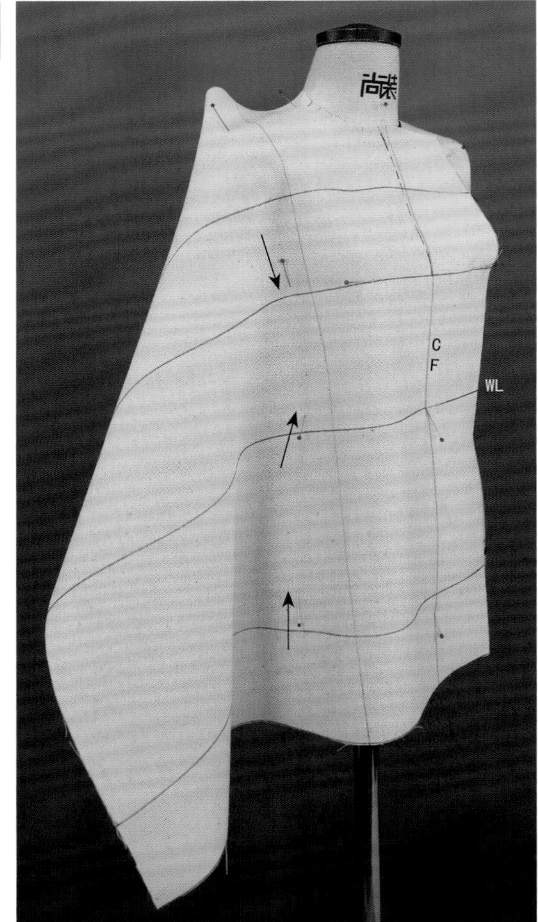

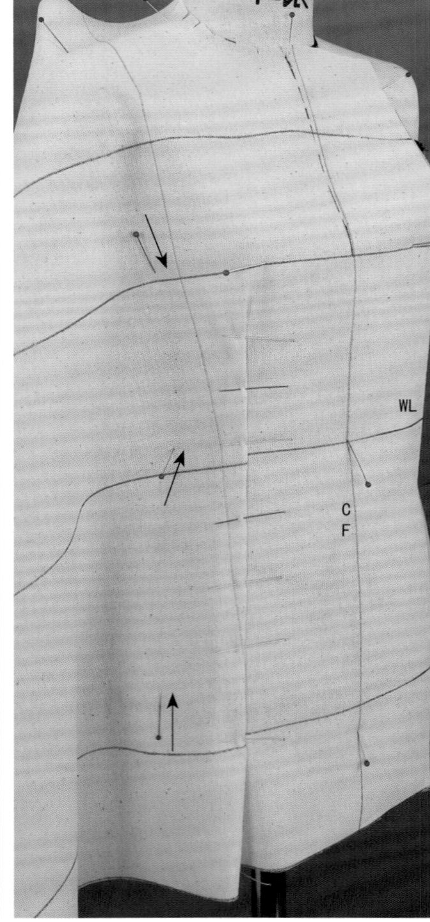

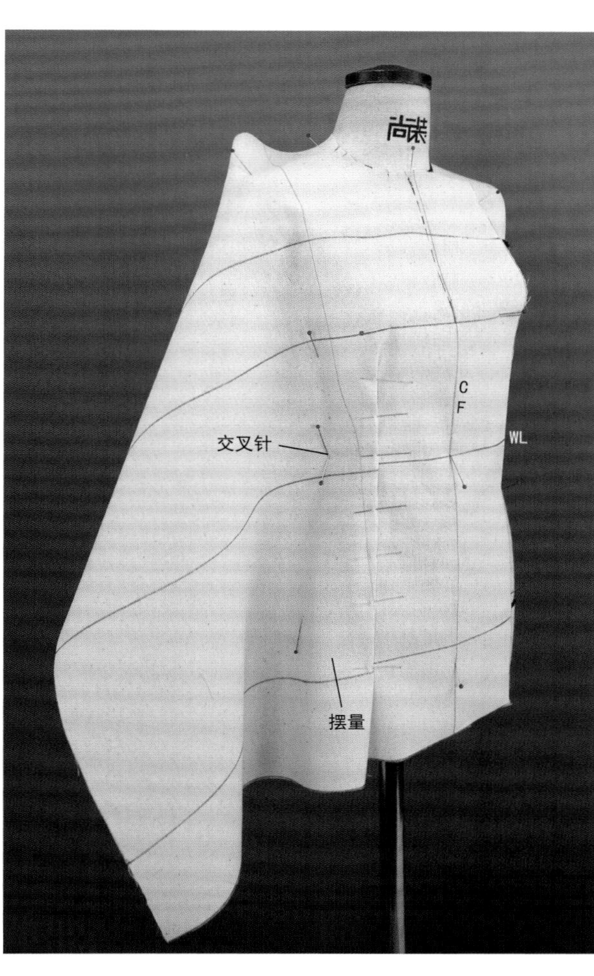

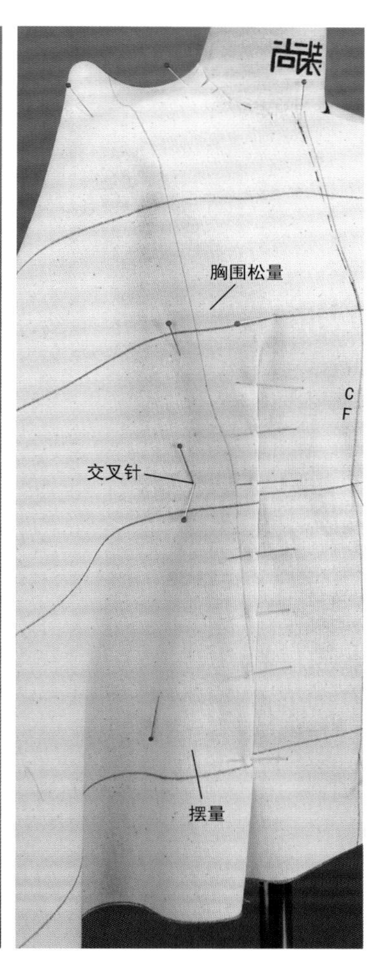

4

用交叉针固定腰围线与分割线的交点，松开固定在胸围处大头针，横向向前中方向推入适当松量，松开固定下摆的针，同方法推入适量的摆量，同时重新在分割线内侧用点针固定。

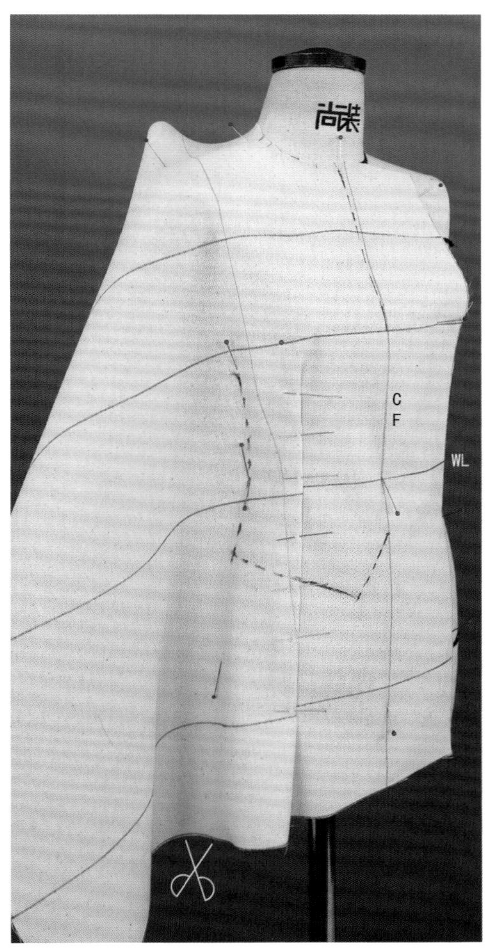

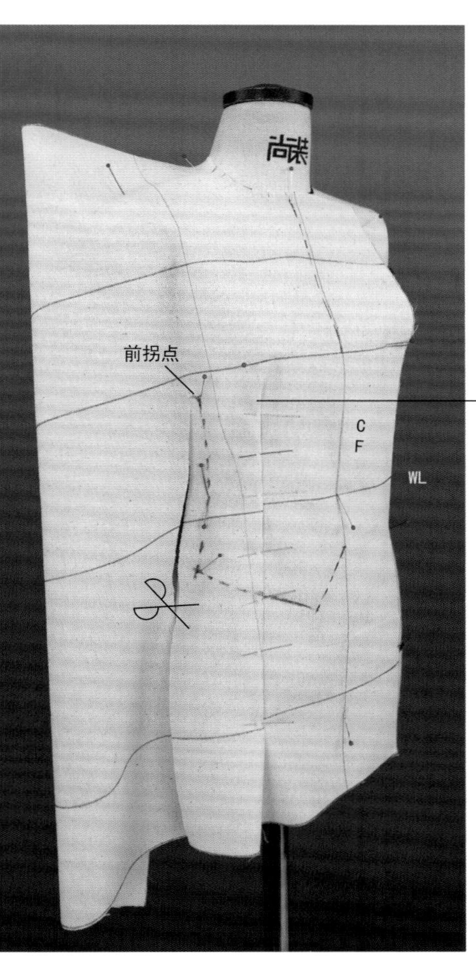

5

确定造型后，对衣身分割线和下摆线进行描点。从布边剪开布片至连肩袖与衣身相连的前拐点，注意预留分割线和下摆线的缝边，修剪掉多余布料。

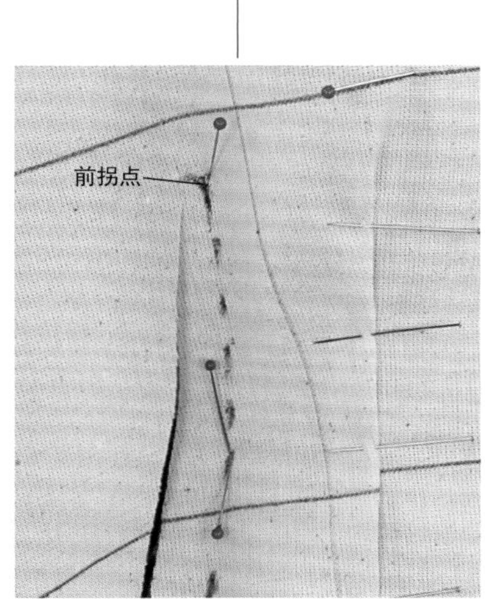

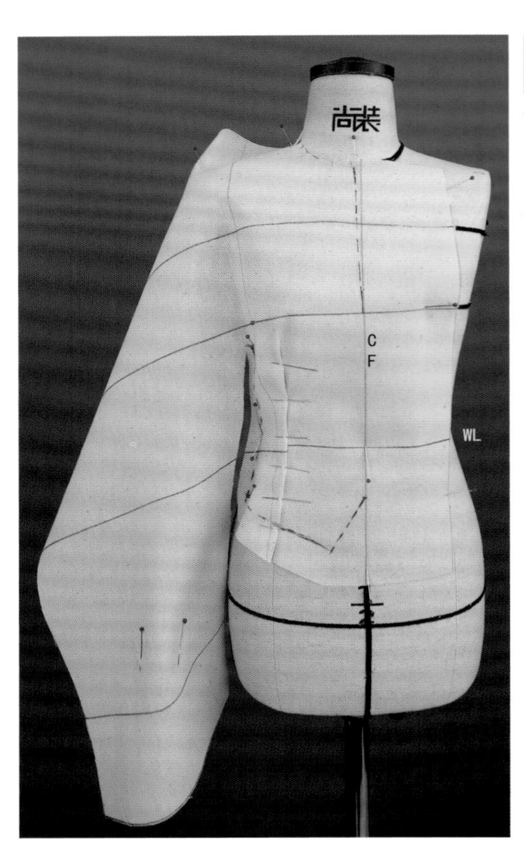

6

调整布片确定连肩袖的绱袖角度，以及袖肥、袖肘、袖口处松量，在袖口处用重叠针固定。

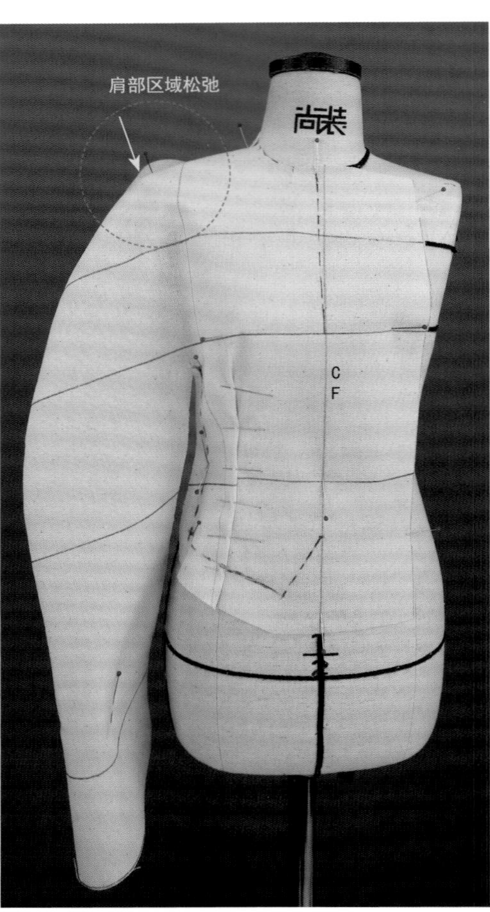

7

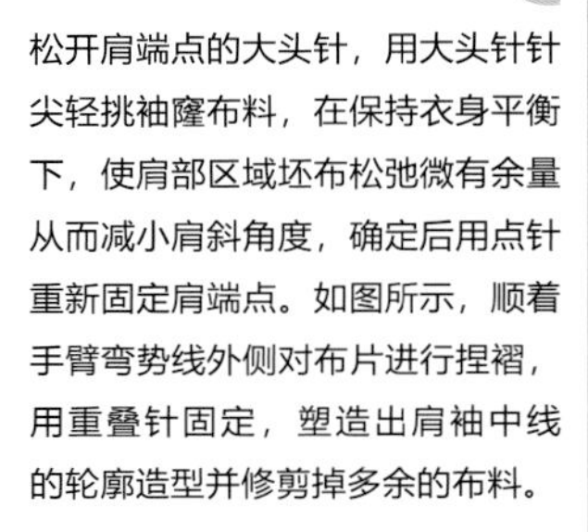

松开肩端点的大头针，用大头针针尖轻挑袖窿布料，在保持衣身平衡下，使肩部区域坯布松弛微有余量从而减小肩斜角度，确定后用点针重新固定肩端点。如图所示，顺着手臂弯势线外侧对布片进行捏褶，用重叠针固定，塑造出肩袖中线的轮廓造型并修剪掉多余的布料。

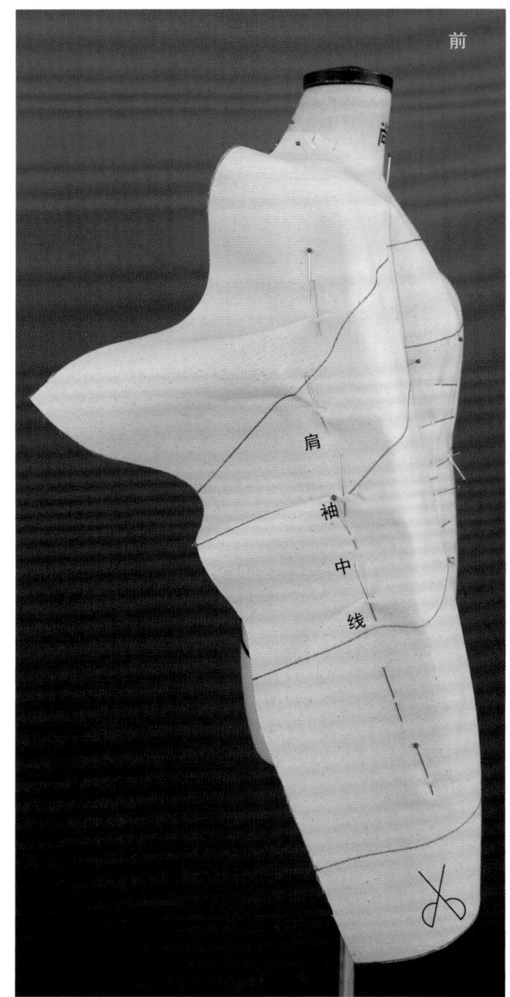

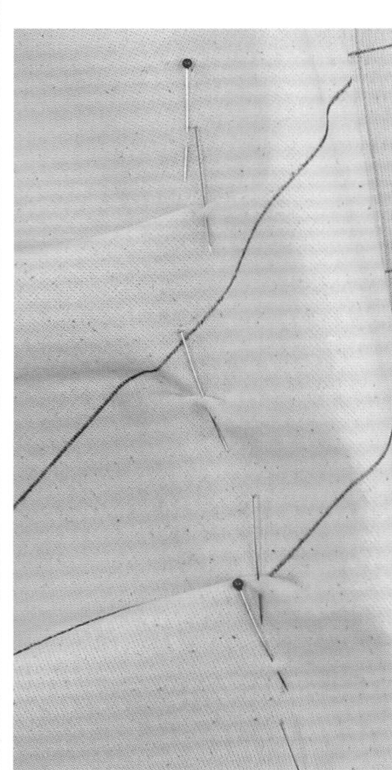

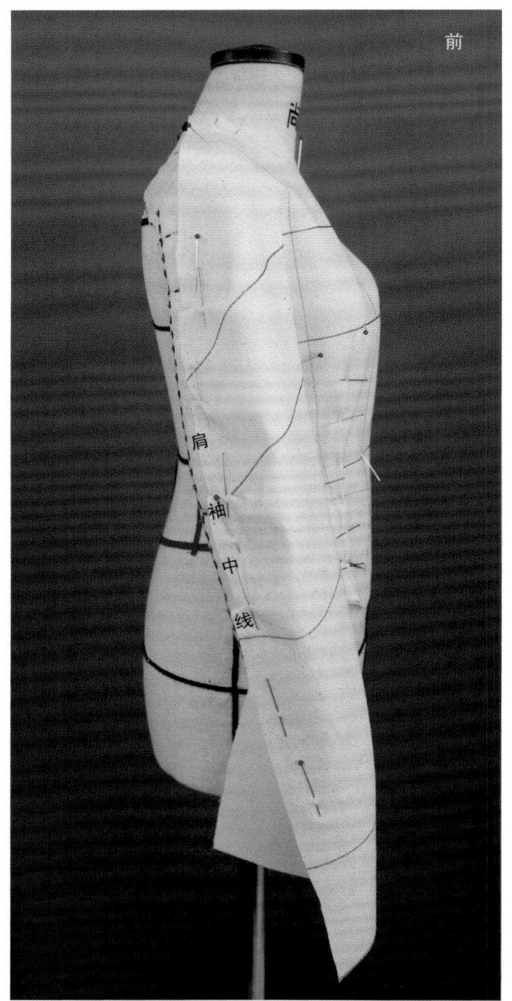

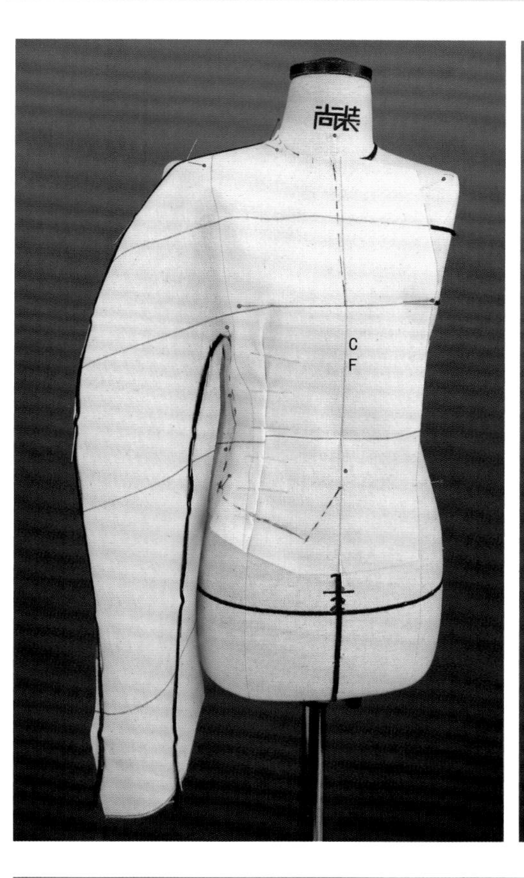

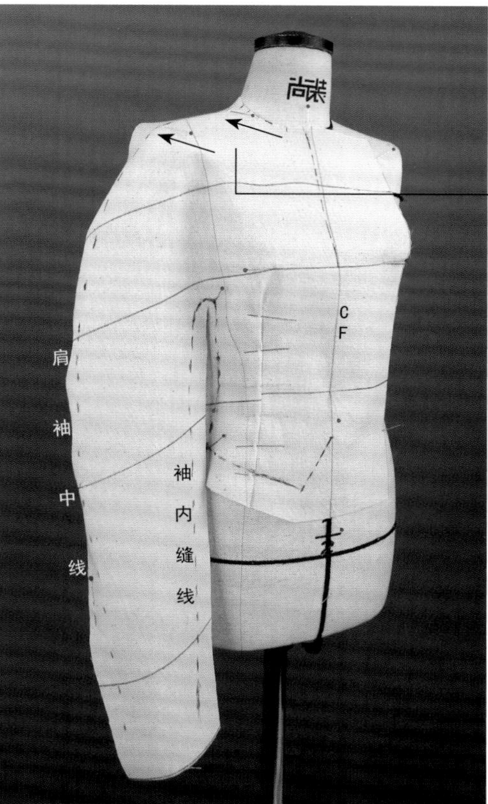

8

用标线标记出肩袖中线和袖内缝线，并对其描点。肩颈点和肩端点的点针改为重叠针固定，针尖指向后背，准备立裁后片。

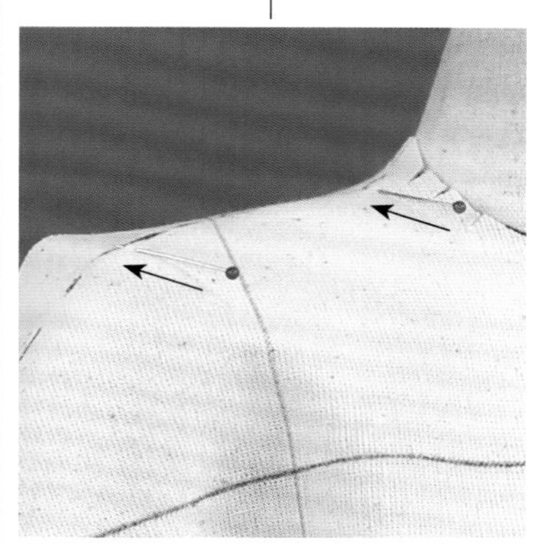

9

后片制作：在腰围线与后中线的交点处下针固定后中丝道线，确保各辅助线与人台标线相对应，沿背宽线横向抚平布片并在肩胛骨区域用大头针固定，保持直纱垂直、横纱水平。

BL
后背宽线
CB
WL
HL

10 手在肩胛骨部位向下捋顺坯布使其贴合人台，布片自然向左偏移（偏移量可根据后腰围松量调控），收进后中腰省，用交叉针固定后腰中点并斜向打剪口至此点。腰围线以下推入适量的摆量，用大头针固定，确定后标记出实际的后中线。

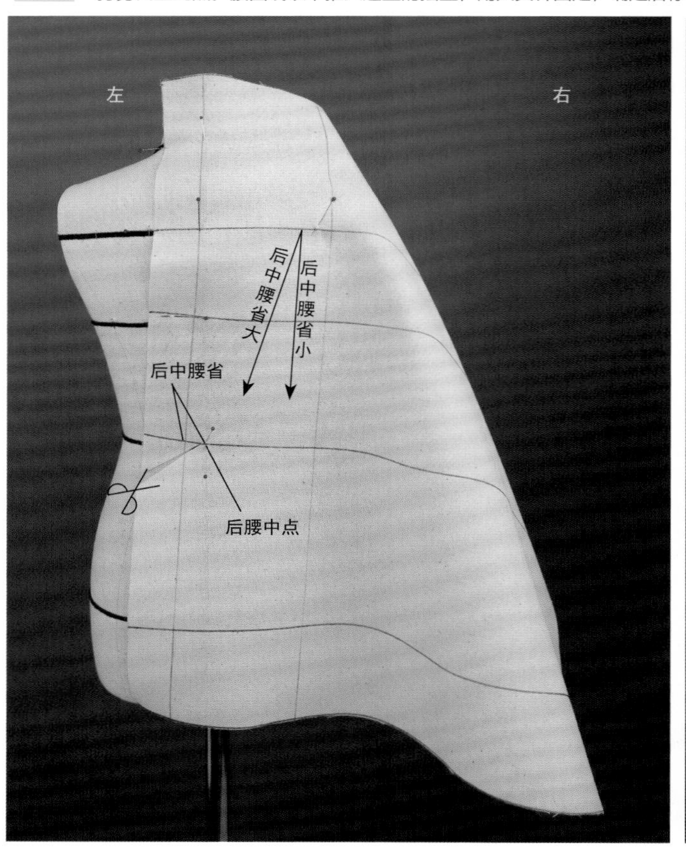

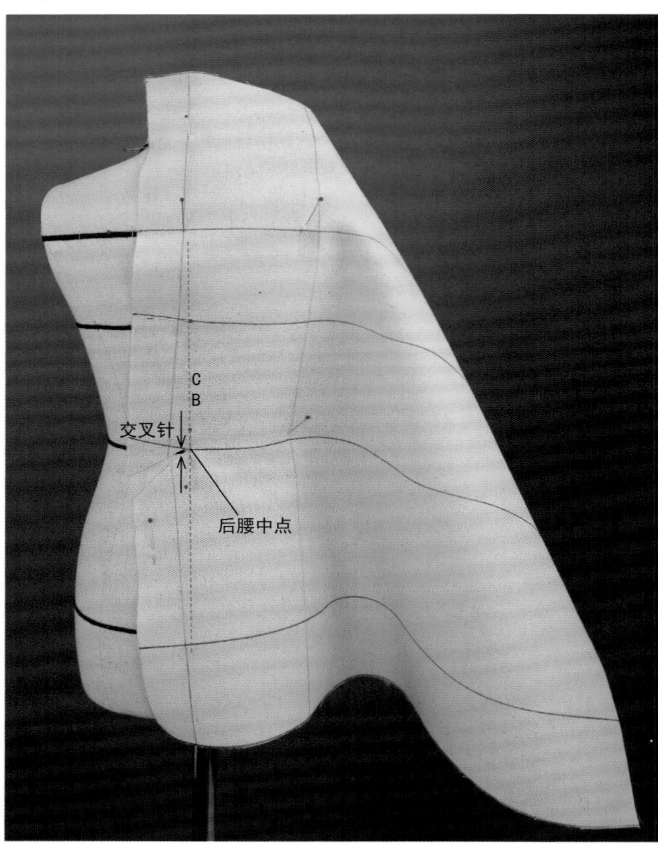

11 调整腰部松量，交叉针固定分割线与腰围线的交点，同前片方法推入适量的胸围松量和下摆摆量，在分割线内侧用点针固定，对分割线和下摆线进行描点，沿布边剪开布片至连肩袖与衣身相连的后拐点，预留缝边并清剪余布。

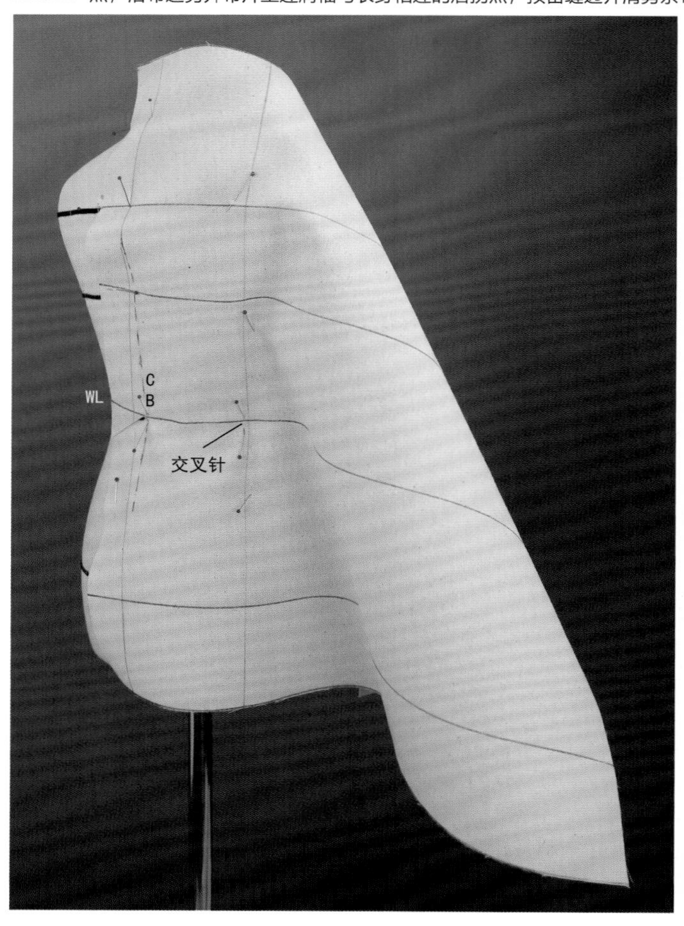

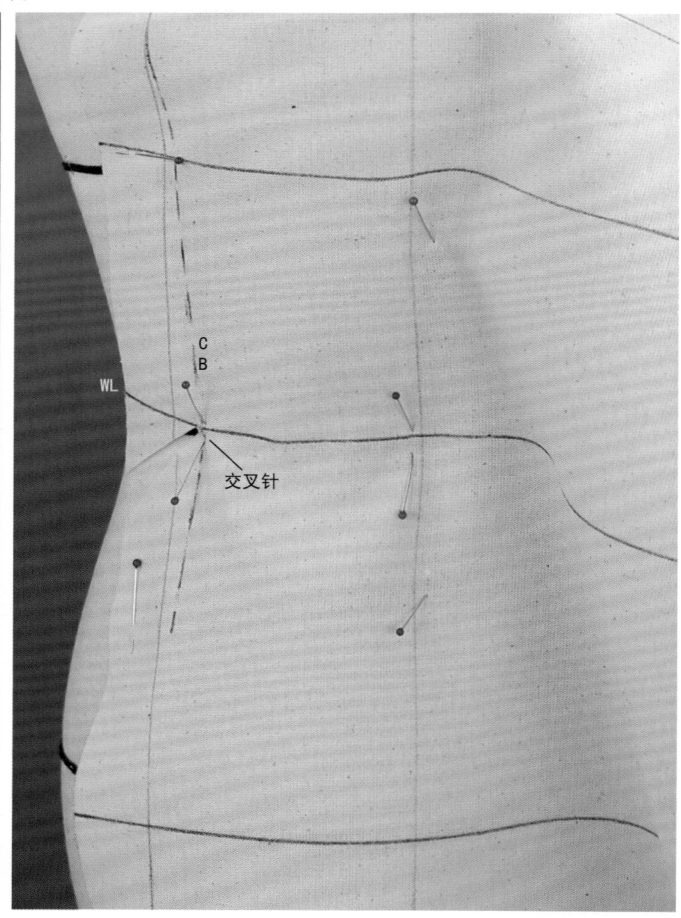

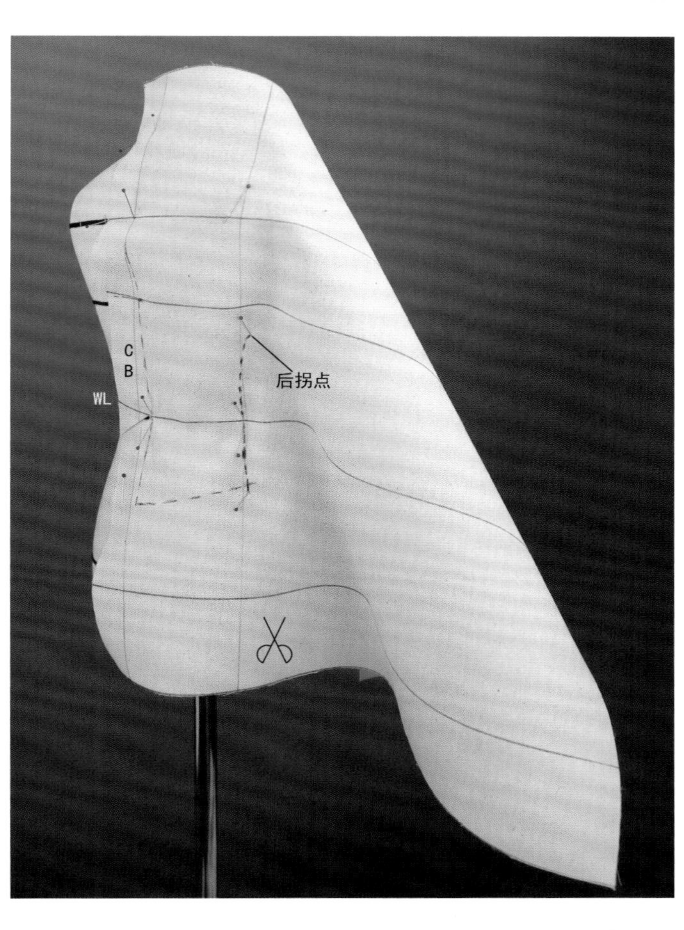

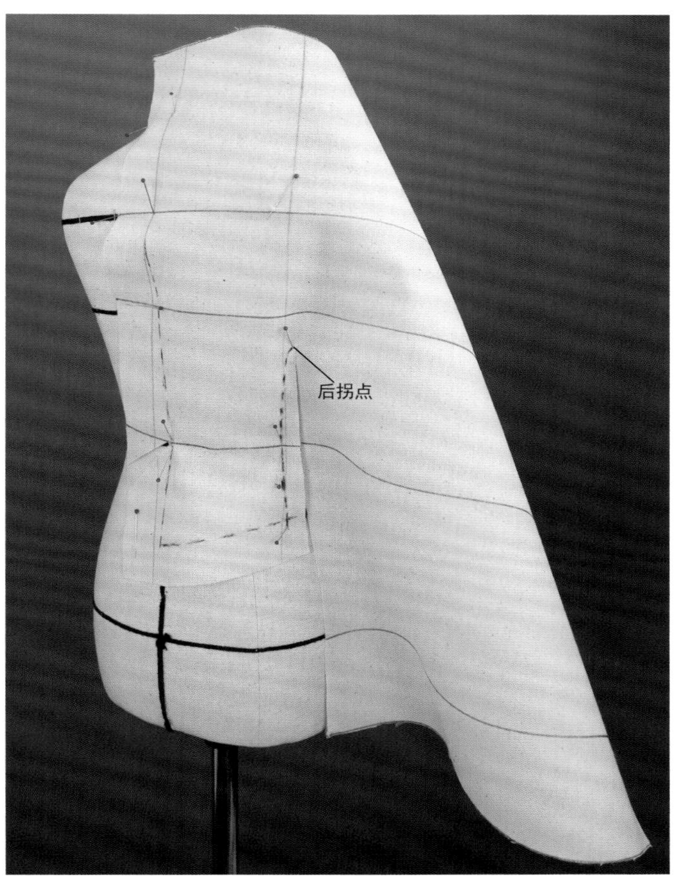

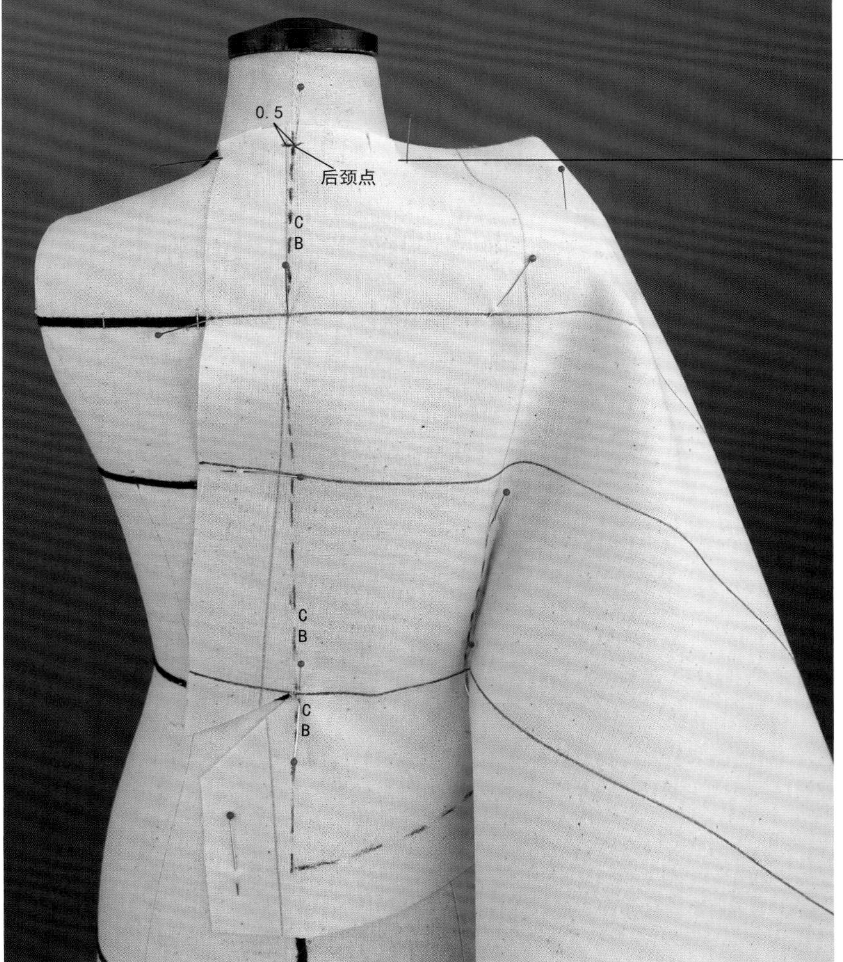

12

沿颈根围修剪出后领口，进行撇背操作，收进0.5cm的撇背量，手在肩胛骨区域顺势向上抚平肩部坯布，用点针固定肩颈点和肩端点。

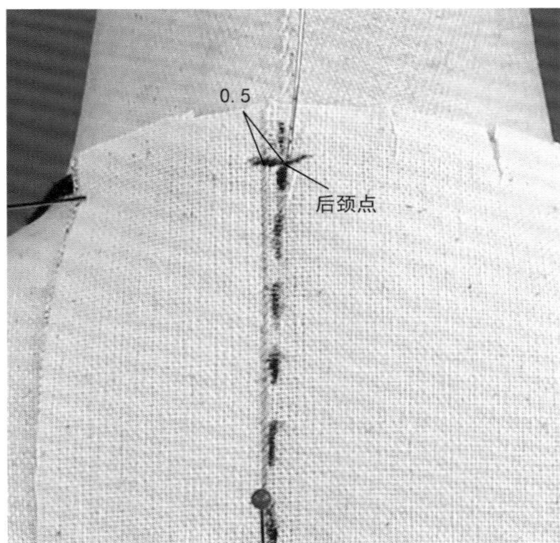

13

调整好后袖的袖肥、袖肘、袖口处松量，用重叠针在袖口处固定。保持前肩袖中线的轮廓造型，将后袖布片向前包裹并沿肩袖中线用重叠针固定上、下布片。

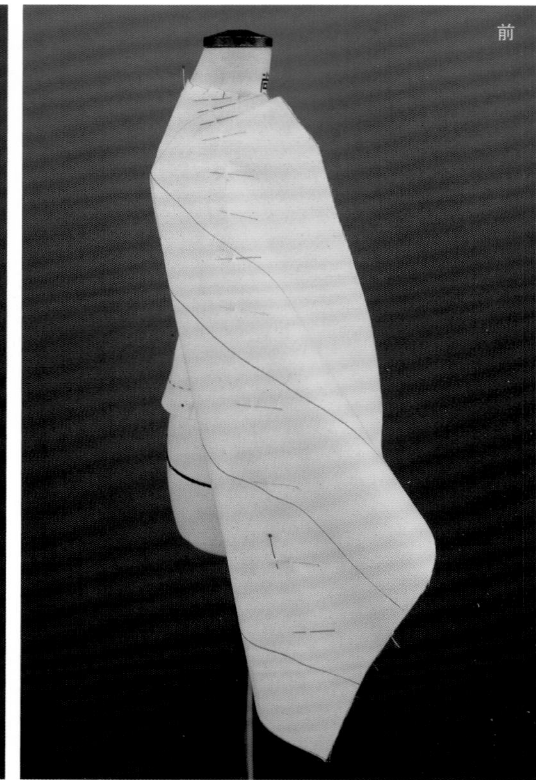

14

用标线标记出后片的肩袖中线和袖内缝线，并对其描点，修剪掉多余的布边。

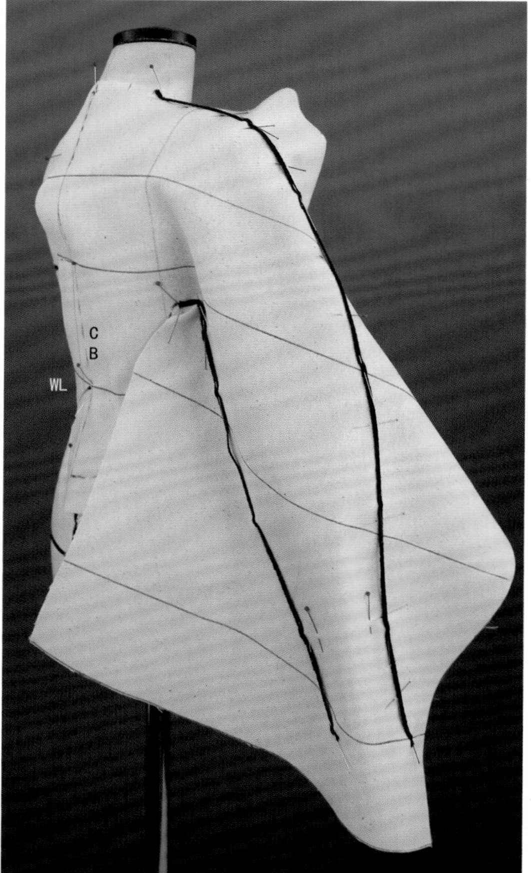

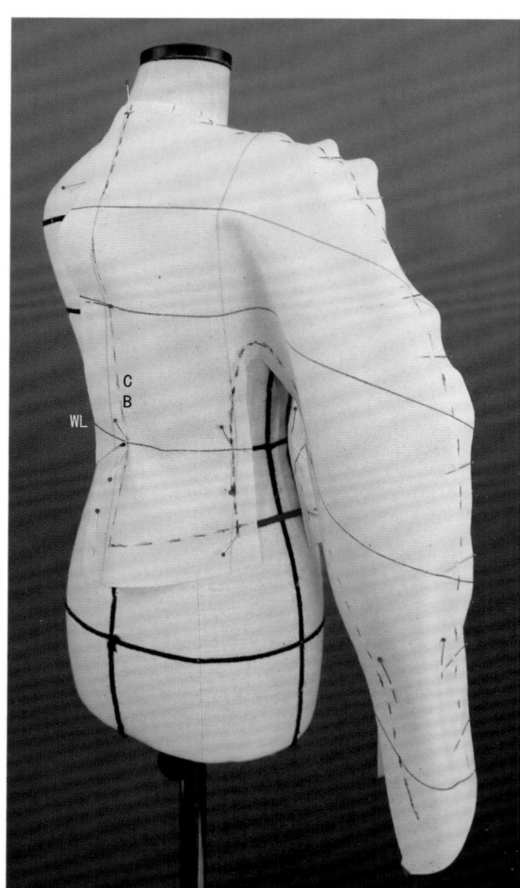

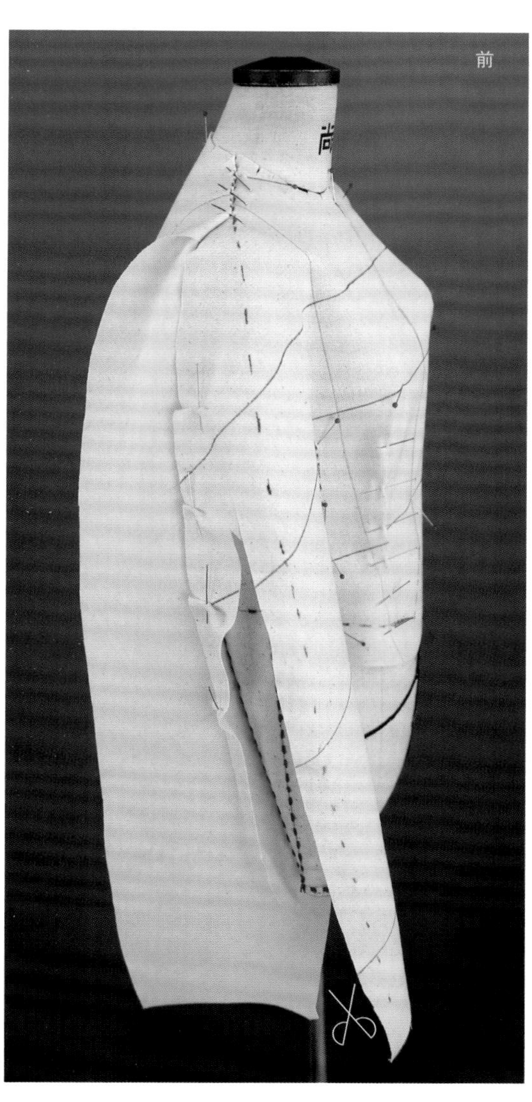

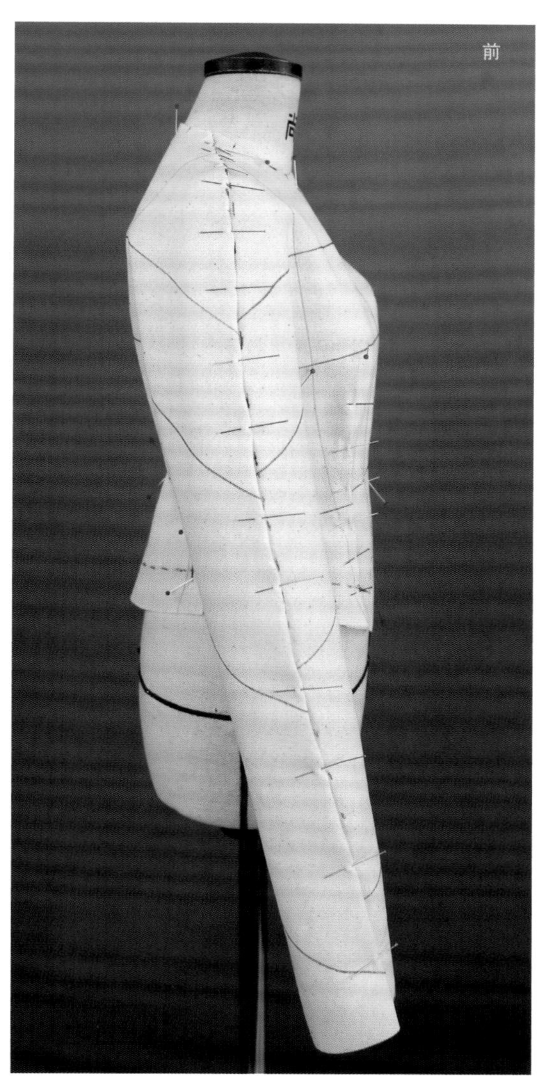

15

如图所示，固定前后衣身，拆开肩袖中线修剪掉前片肩袖中线处多余的布边，并用折叠针假缝固定肩袖中线，注意后袖肩部缩缝量应分布均匀。

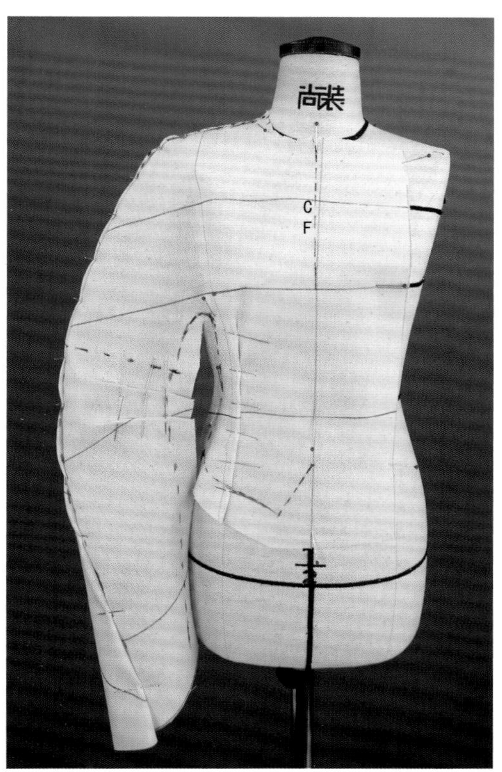

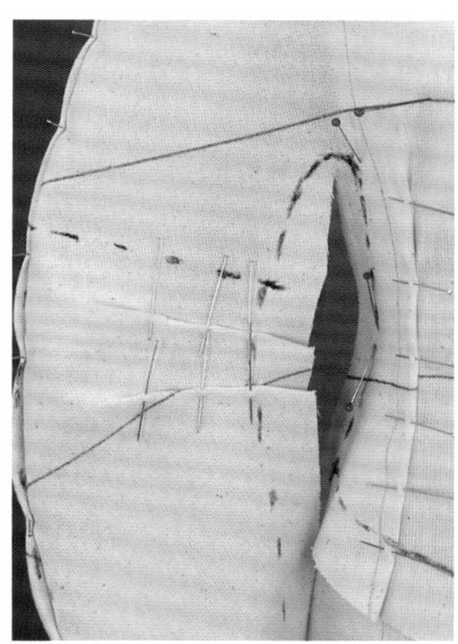

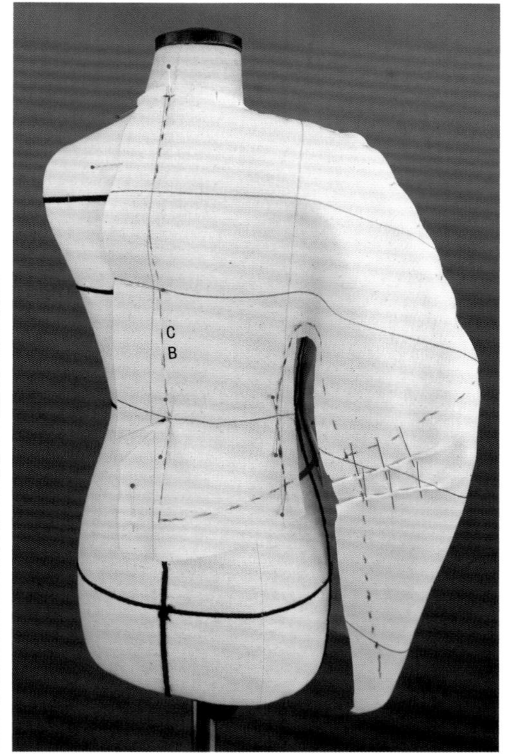

16 根据款式造型，标记出袖肘处装饰性结构分割线，捏出前、后袖肘省，省量大小根据袖形状态而定。

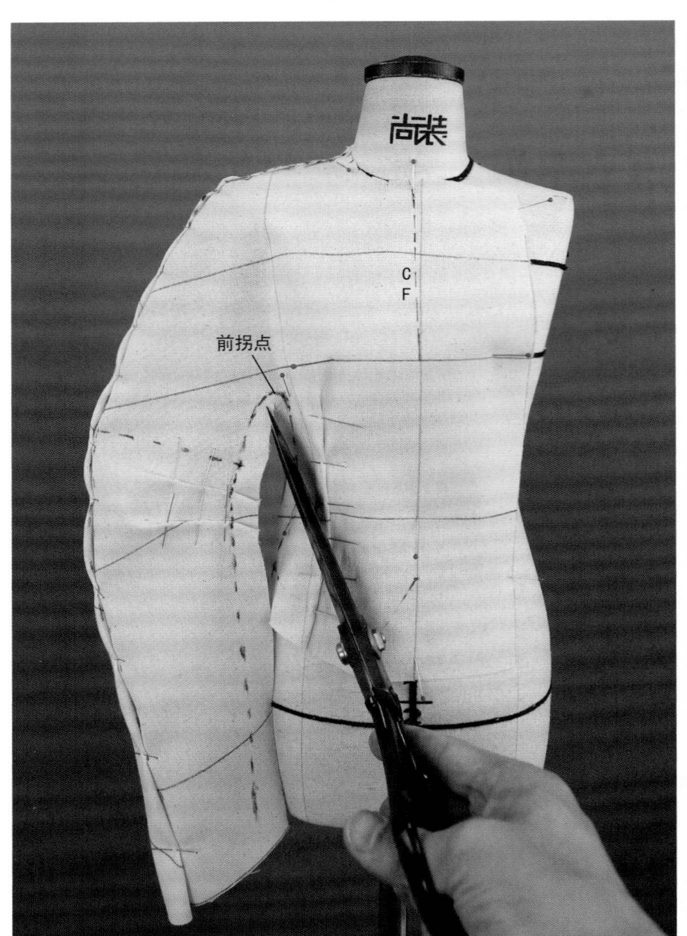

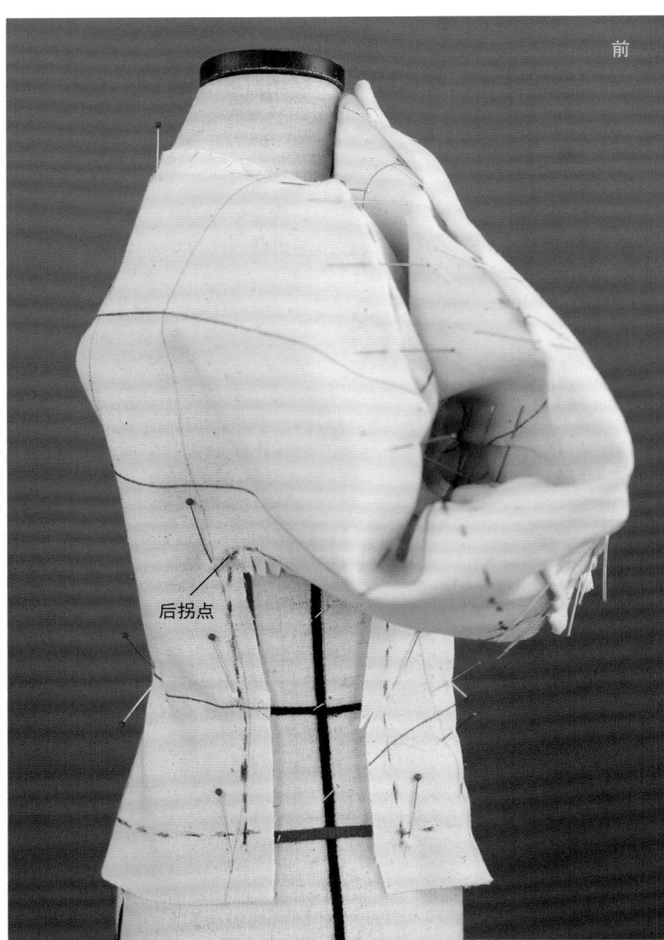

17 在前、后拐点区域均匀地打剪口，并将手臂抬起固定于人台上，准备立裁侧片。

18

侧片制作：将基础布片腰围线与直纱辅助线的交点和侧腰节点相对应，用大头针固定丝道线，确保直纱垂直、横纱水平。

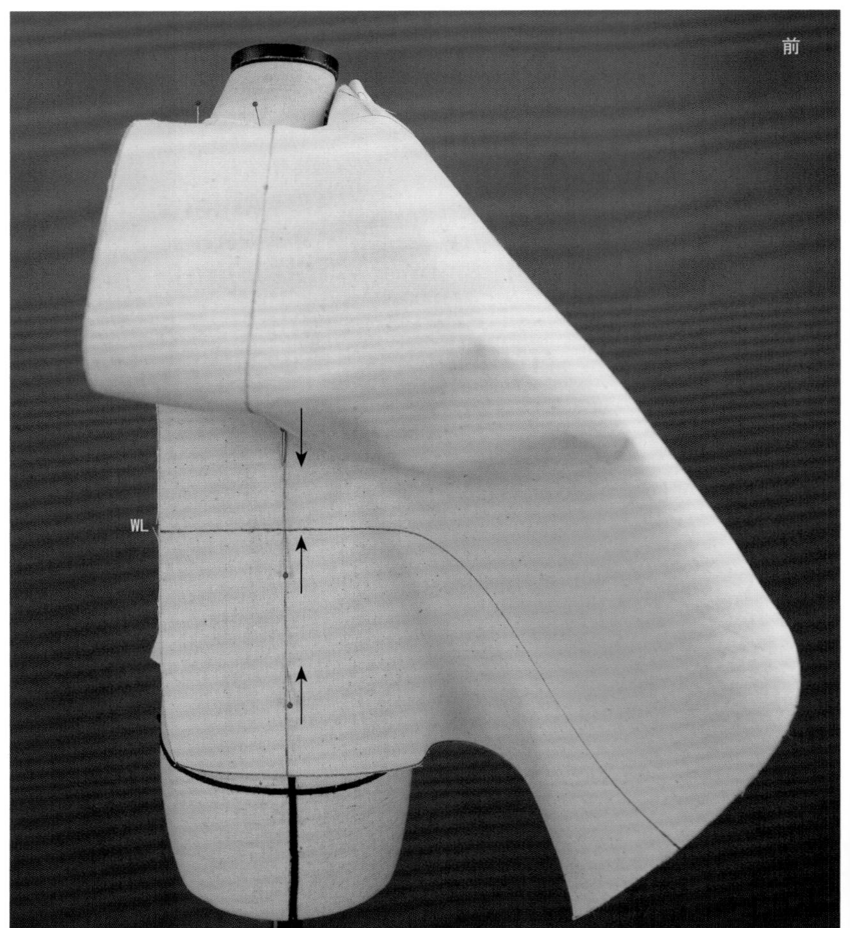

微信扫码观看
侧片操作方法
（步骤 18 ~ 22 ）

19

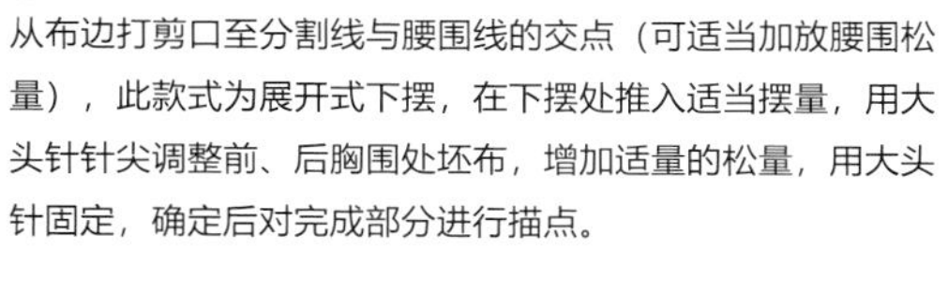

从布边打剪口至分割线与腰围线的交点（可适当加放腰围松量），此款式为展开式下摆，在下摆处推入适当摆量，用大头针针尖调整前、后胸围处坯布，增加适量的松量，用大头针固定，确定后对完成部分进行描点。

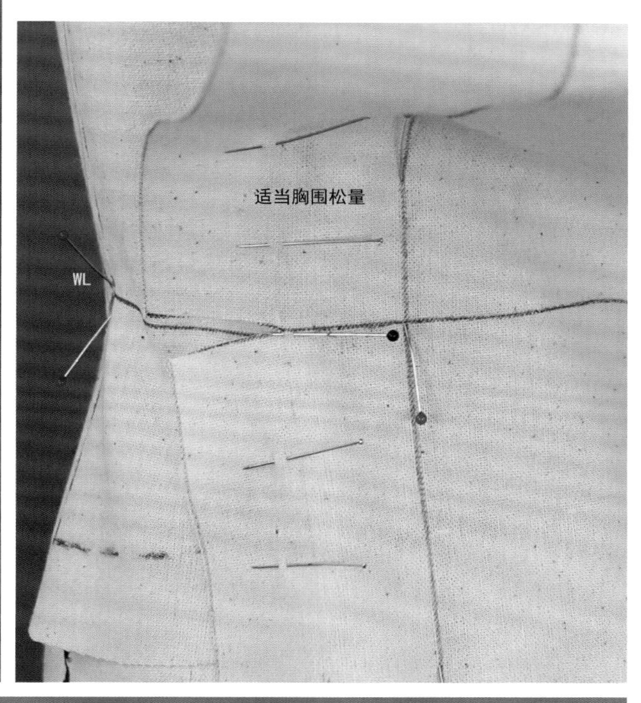

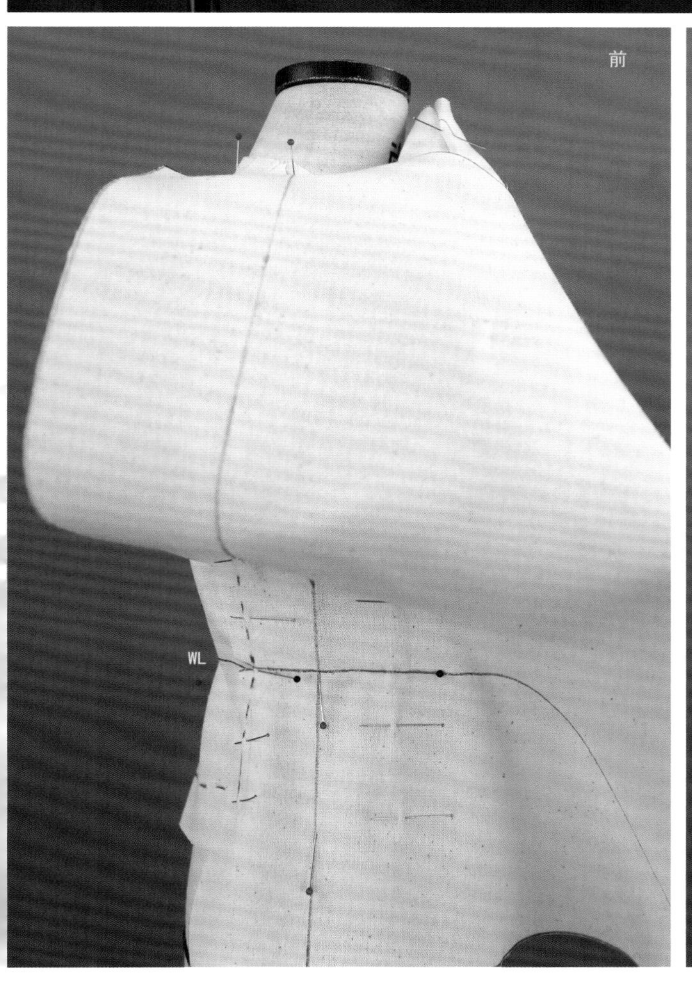

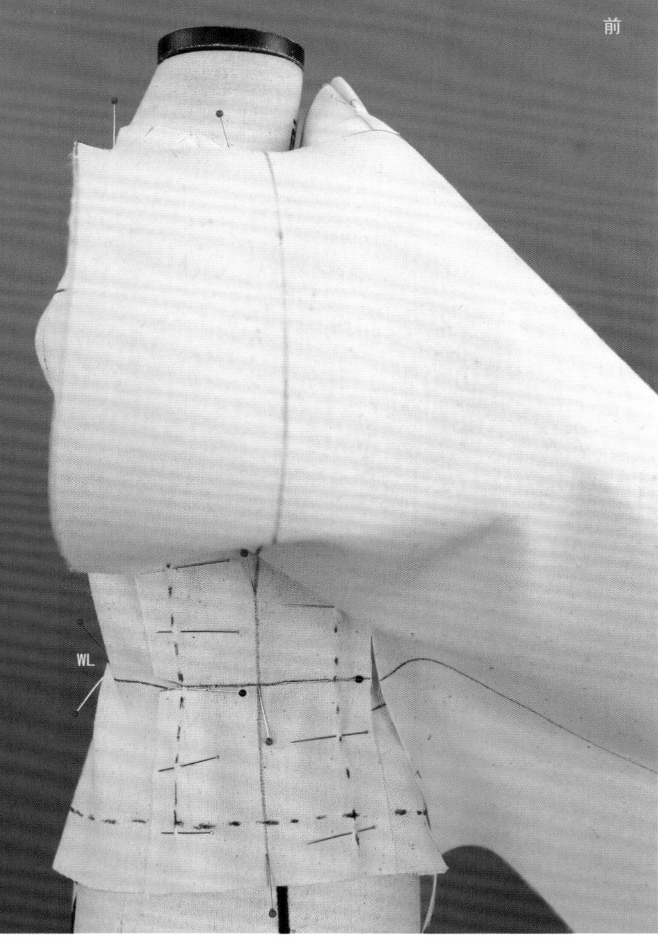

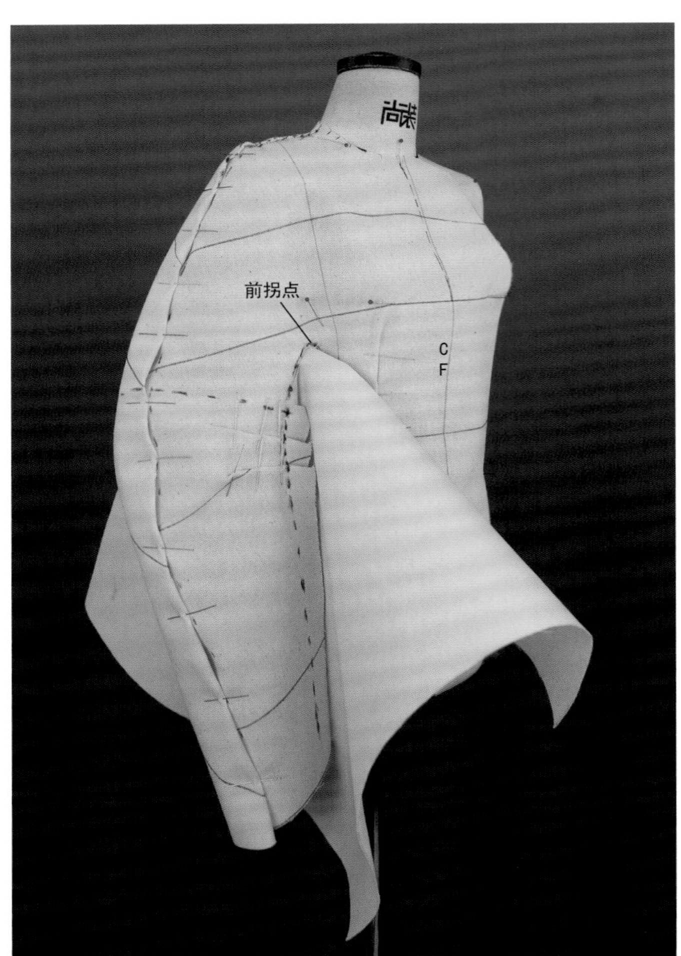

20

将人台手臂自然放下，手掌放入腋下向上顶住布片在前、后拐点处卡住，调整布片位置确定袖子弯势，用大头针假缝固定前、后拐点。

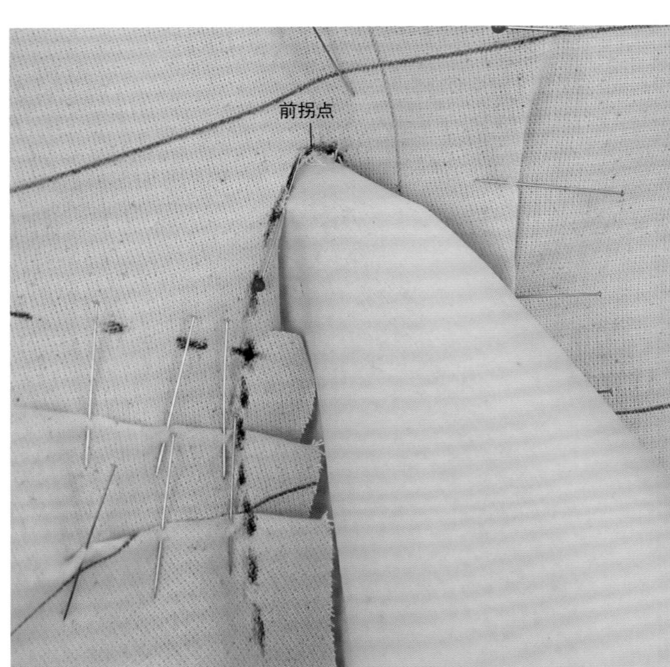

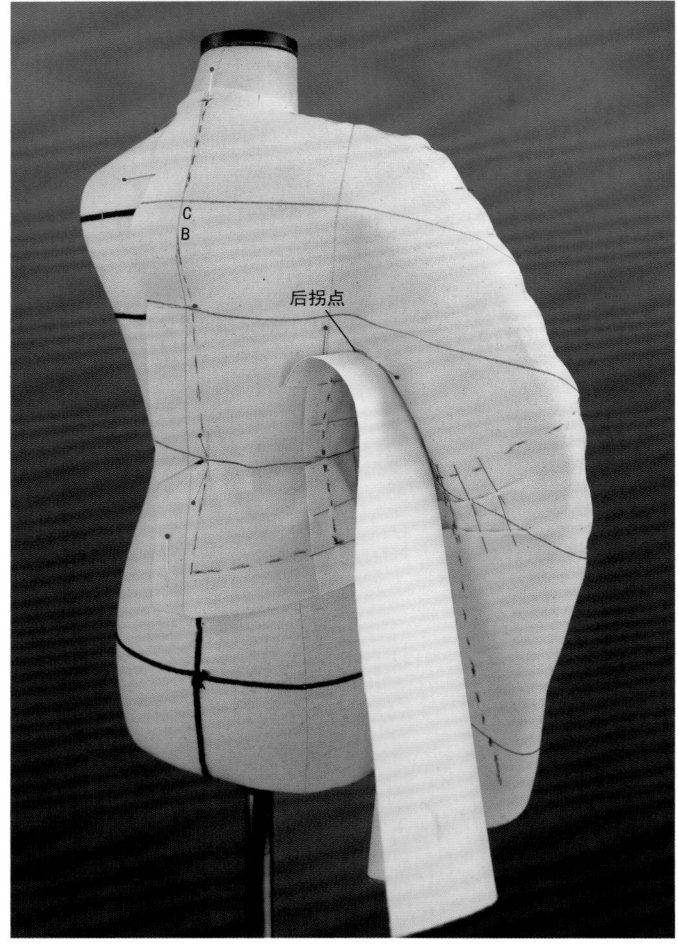

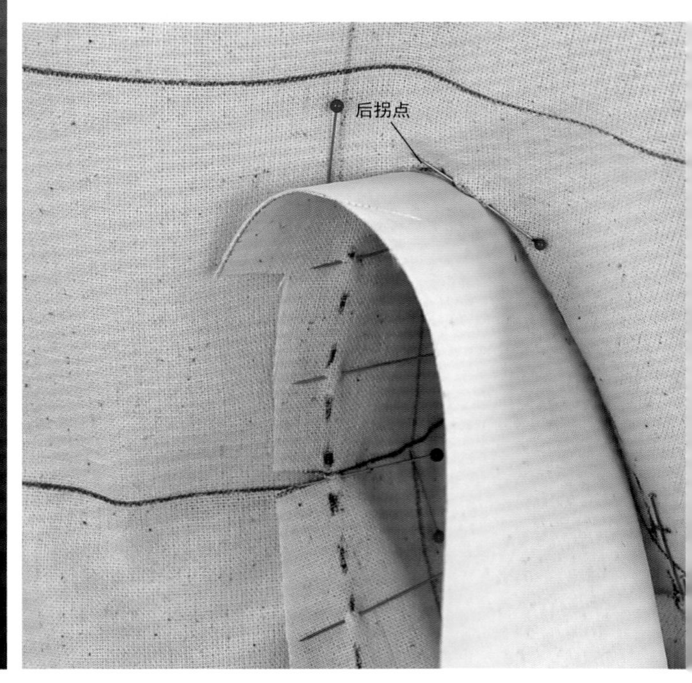

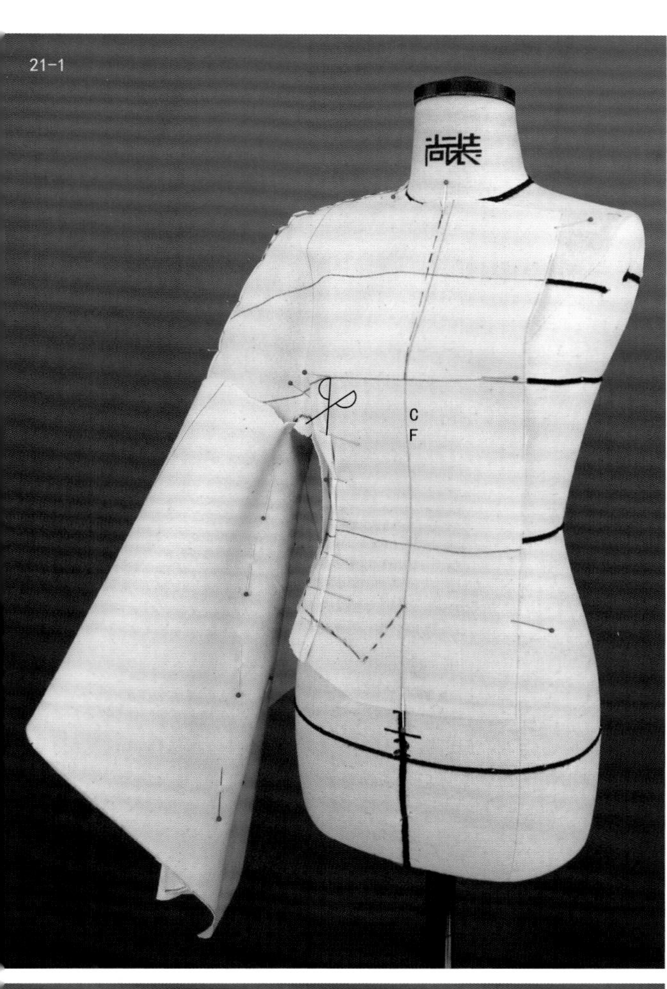

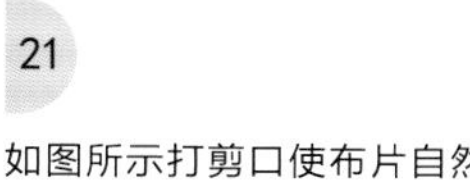

21

如图所示打剪口使布片自然贴合前、后拐点区域，用重叠针固定前、后内袖缝线，描点标记并修剪掉多余布料。

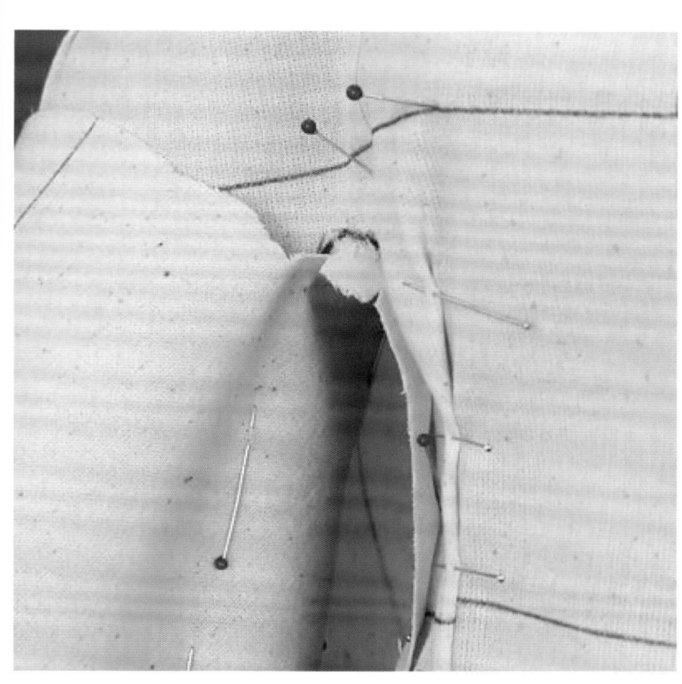

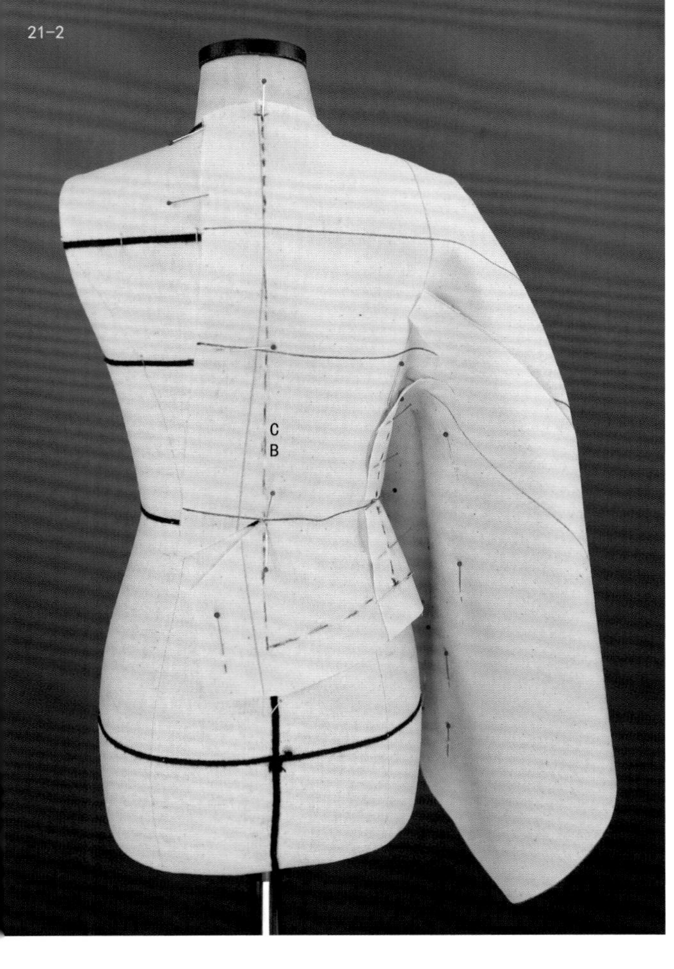

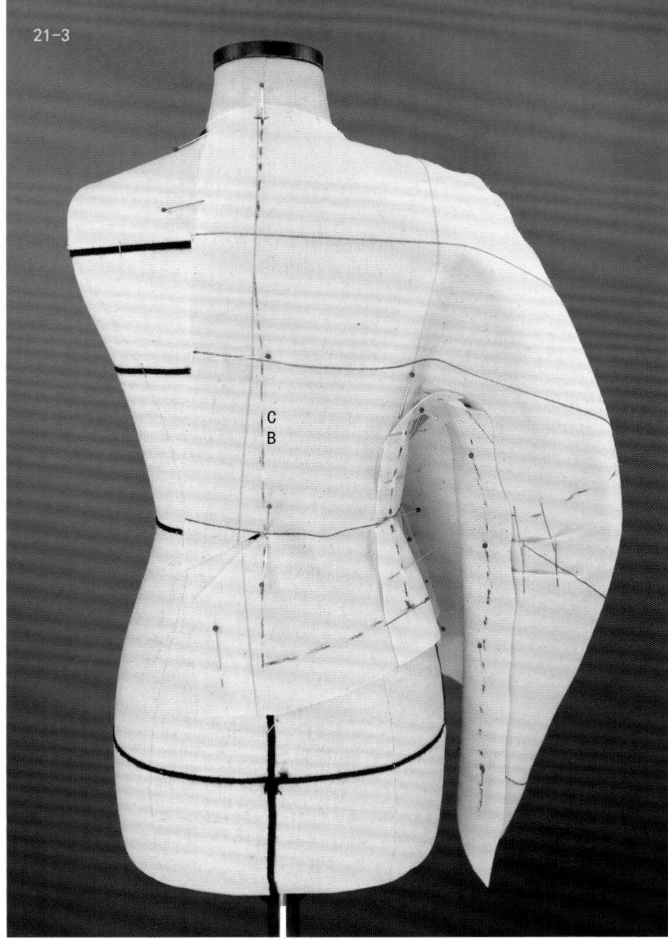

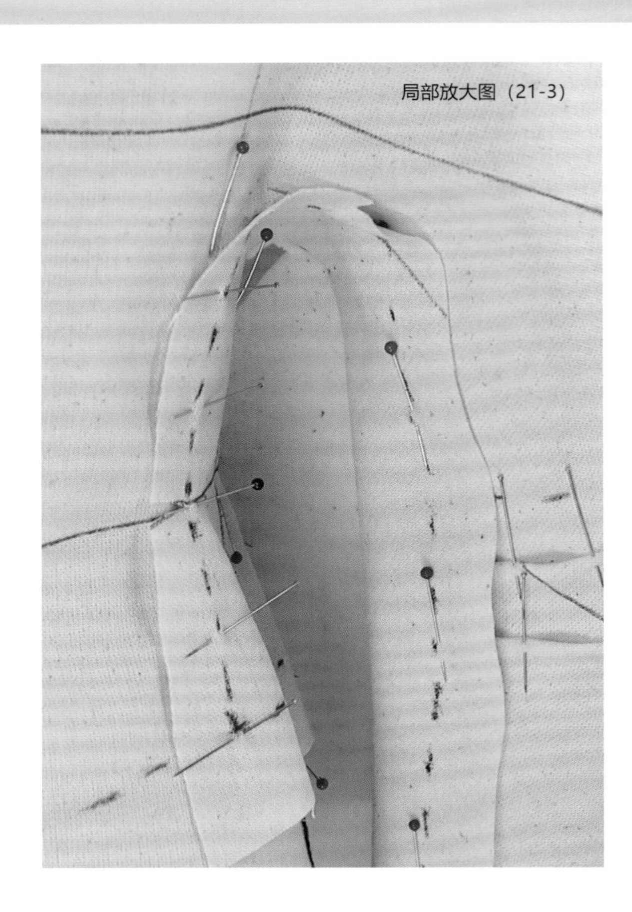

22 确定袖长，描绘出袖口线。

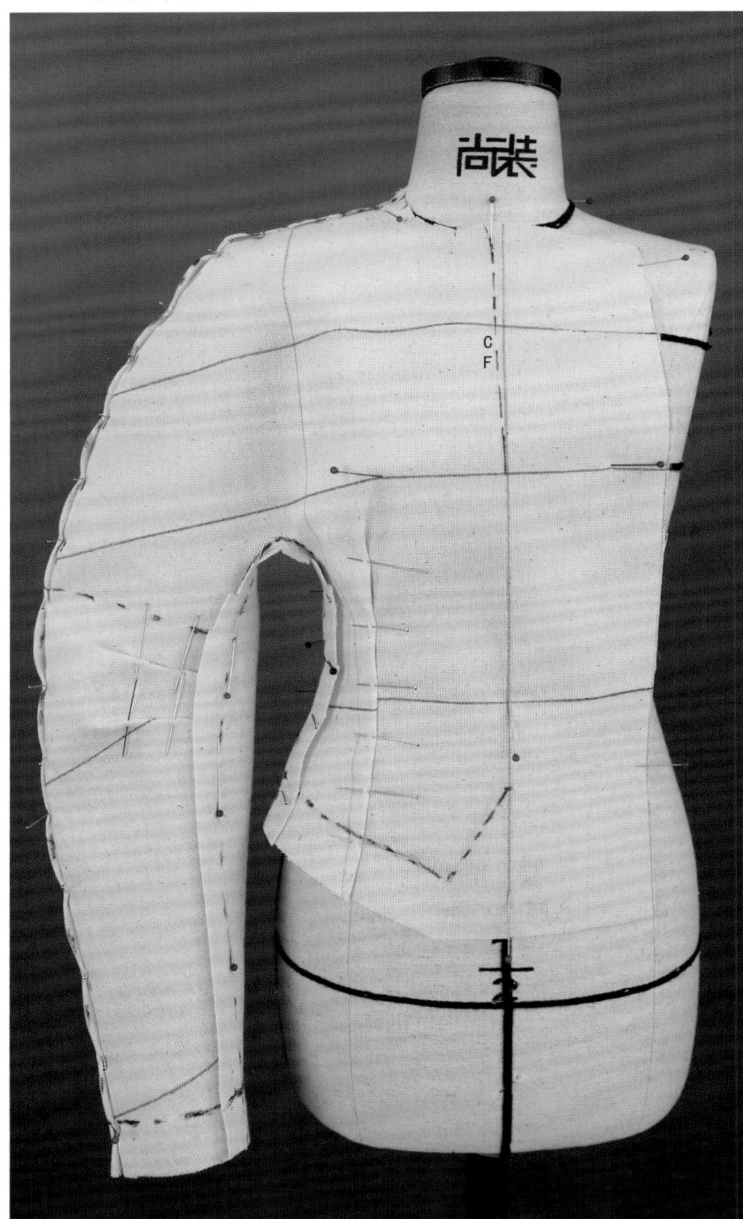

23 如图所示，描绘出领口造型和胸上斜口袋位置线。

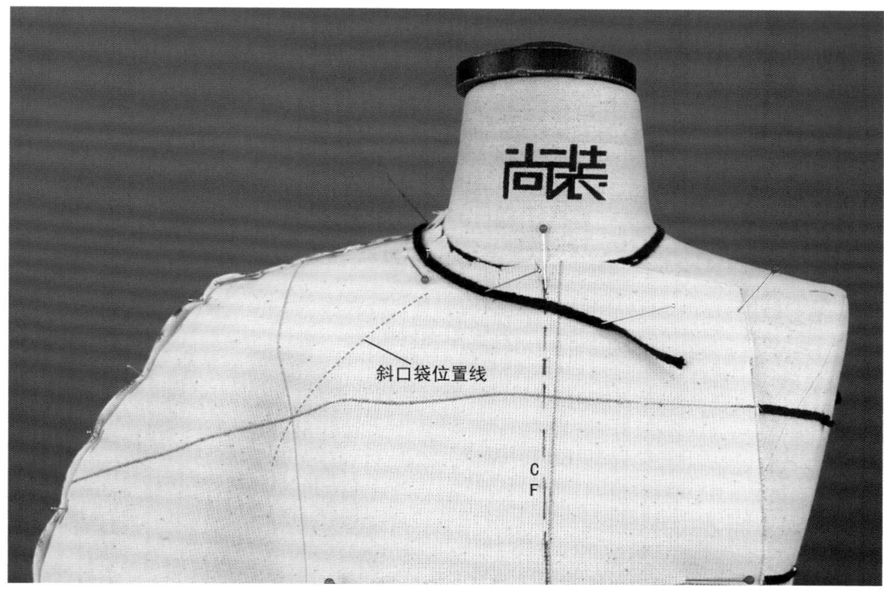

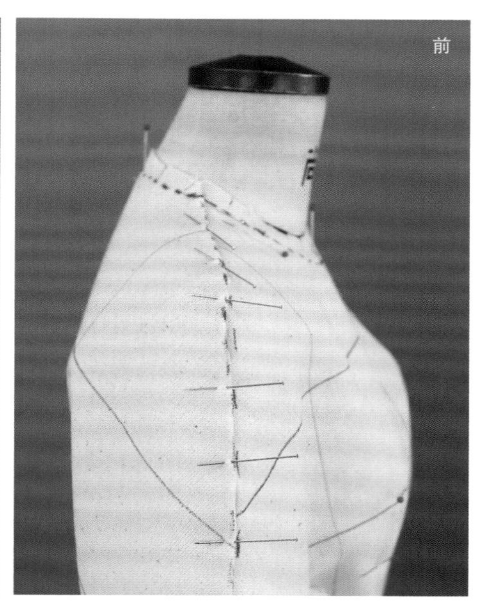

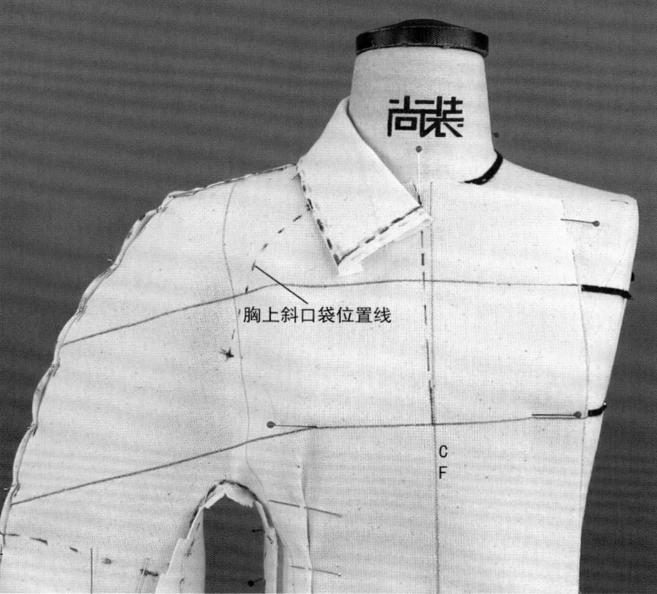

24

领座和翻领制作：请参考本系列丛书《尚装服装讲堂•服装立体裁剪Ⅱ》宽松落肩袖大衣的领子制作部分，注意本款翻领立裁至前中止口处，无串口线。此款为夹克领领型。

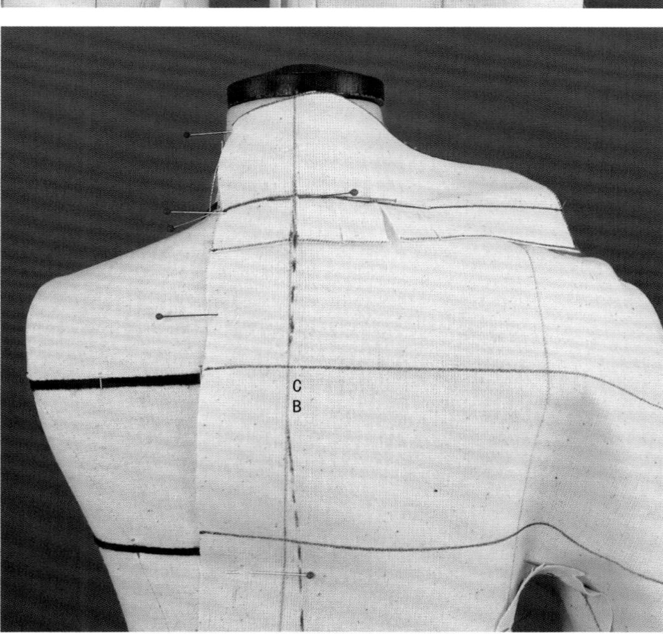

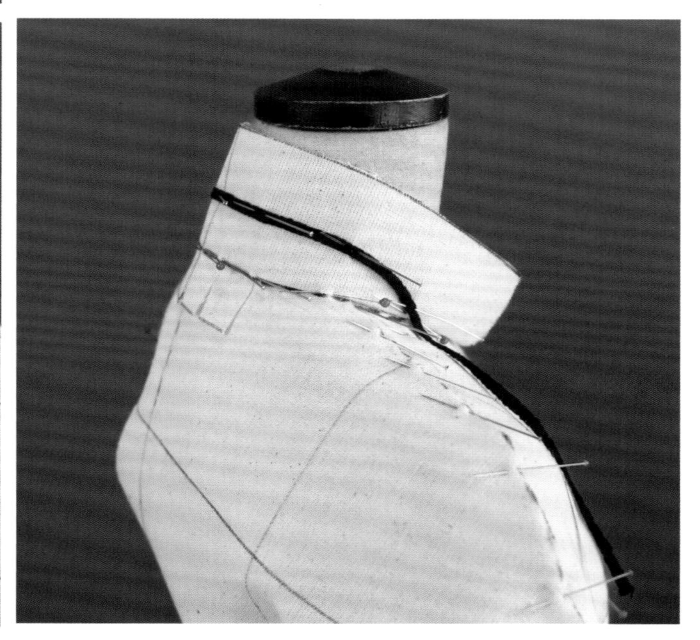

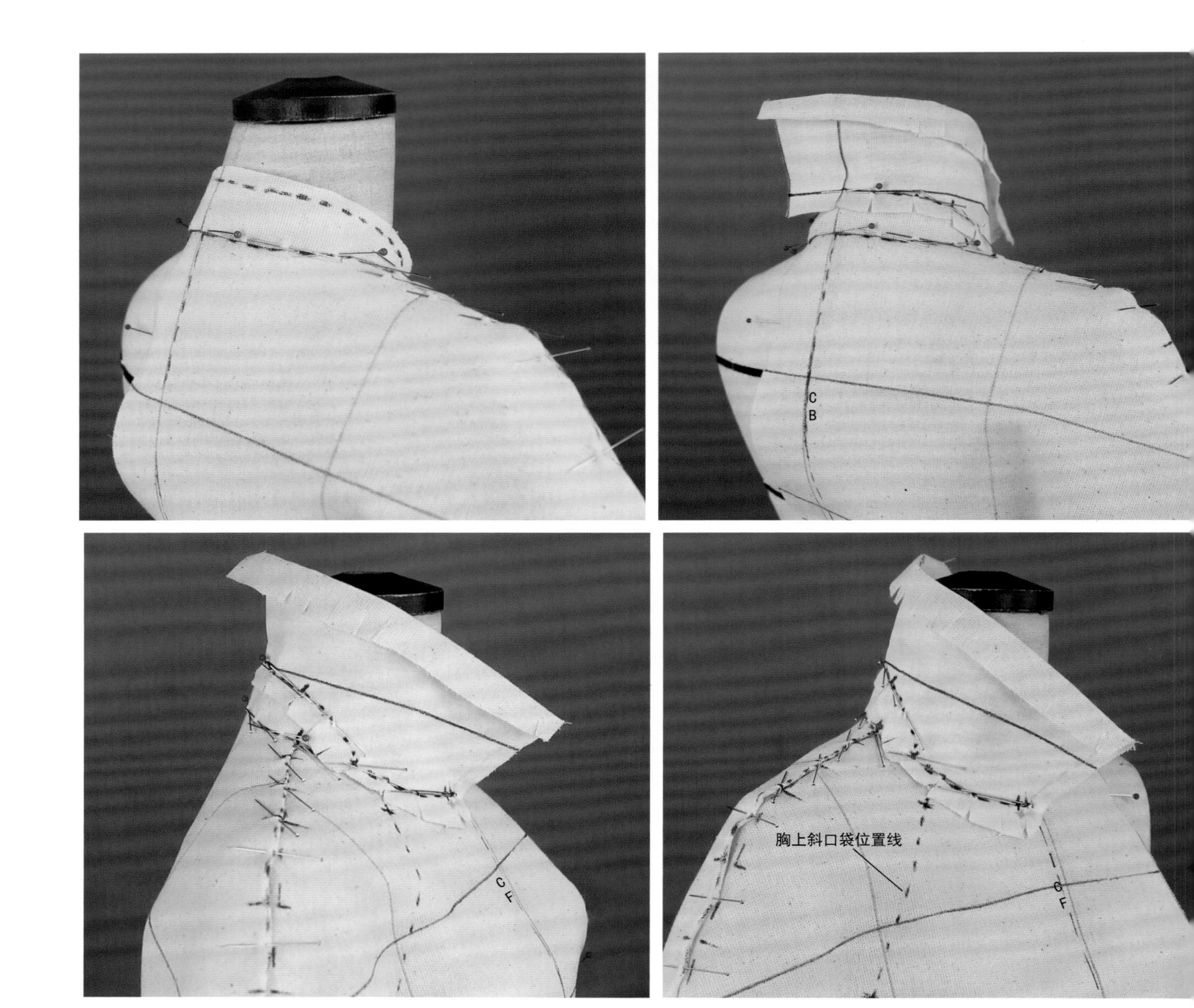
C
B
C
F
胸上斜口袋位置线
C
F

25 半身假缝完成效果。

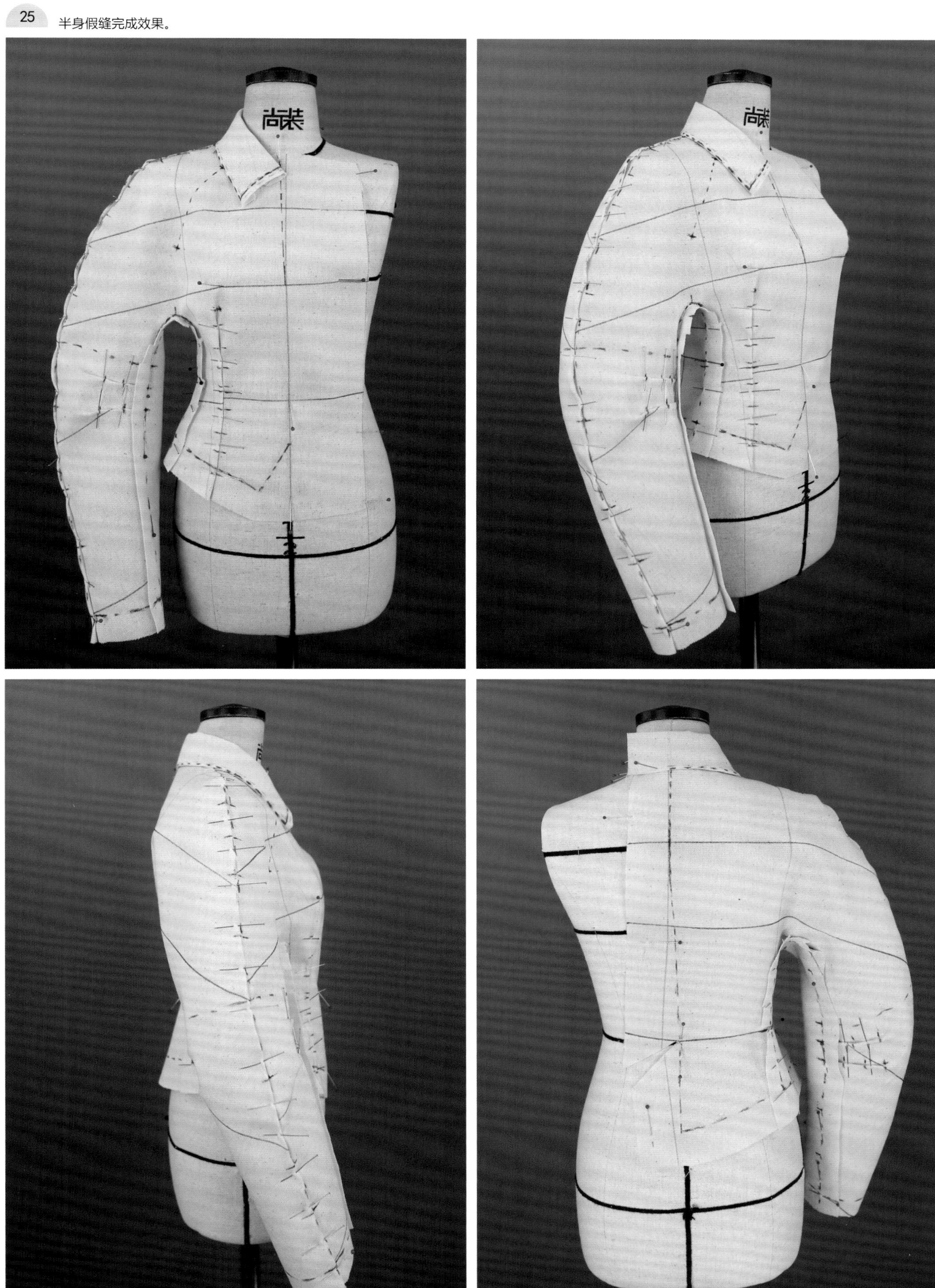

26 造型确认无误后，将裁片取下，熨烫平整、归纳、弧顺线条、整理好样片取得样版。

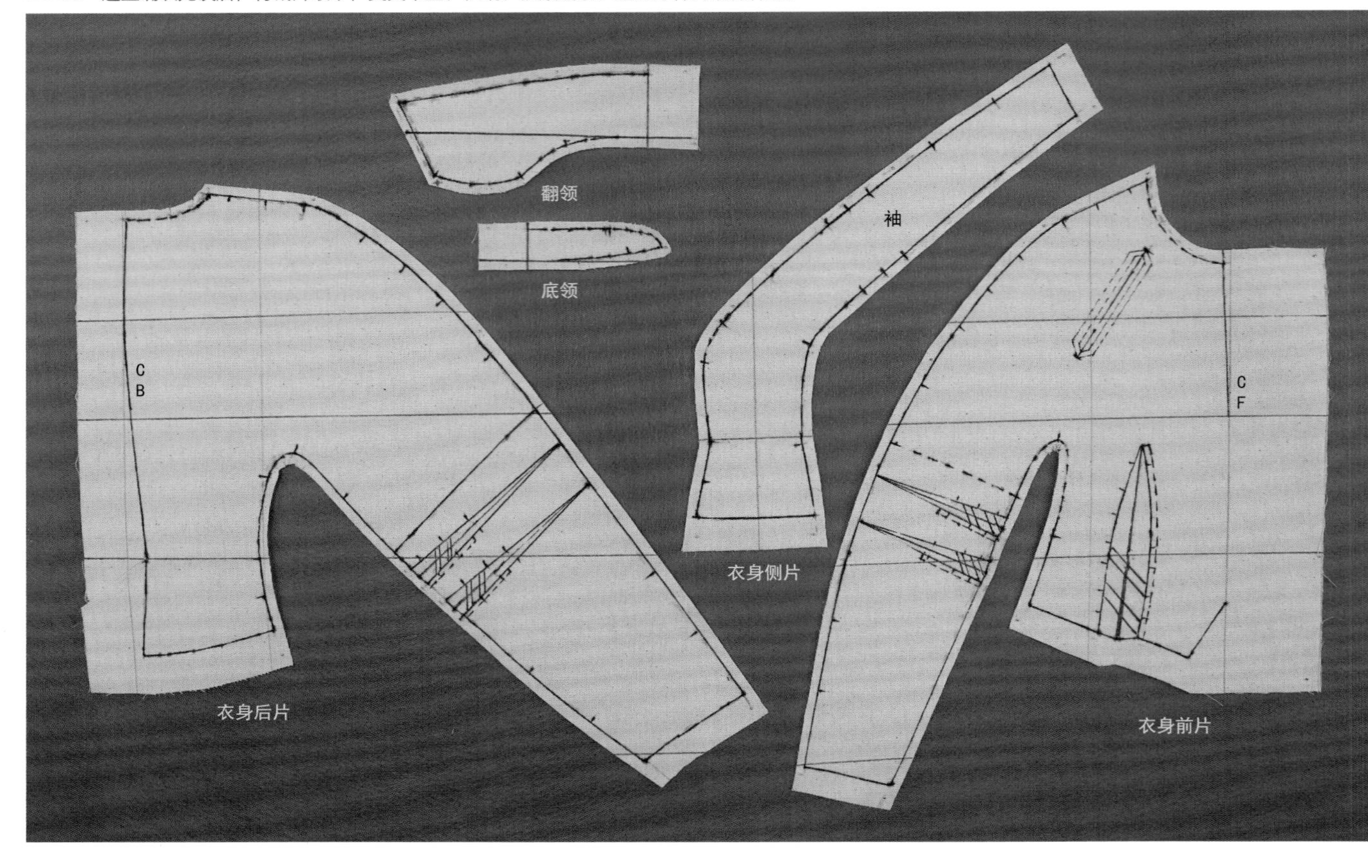

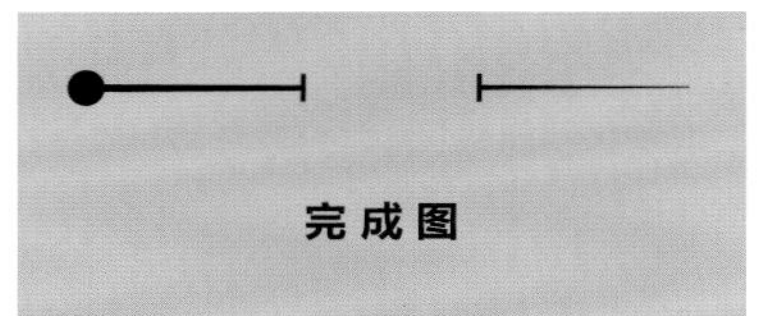

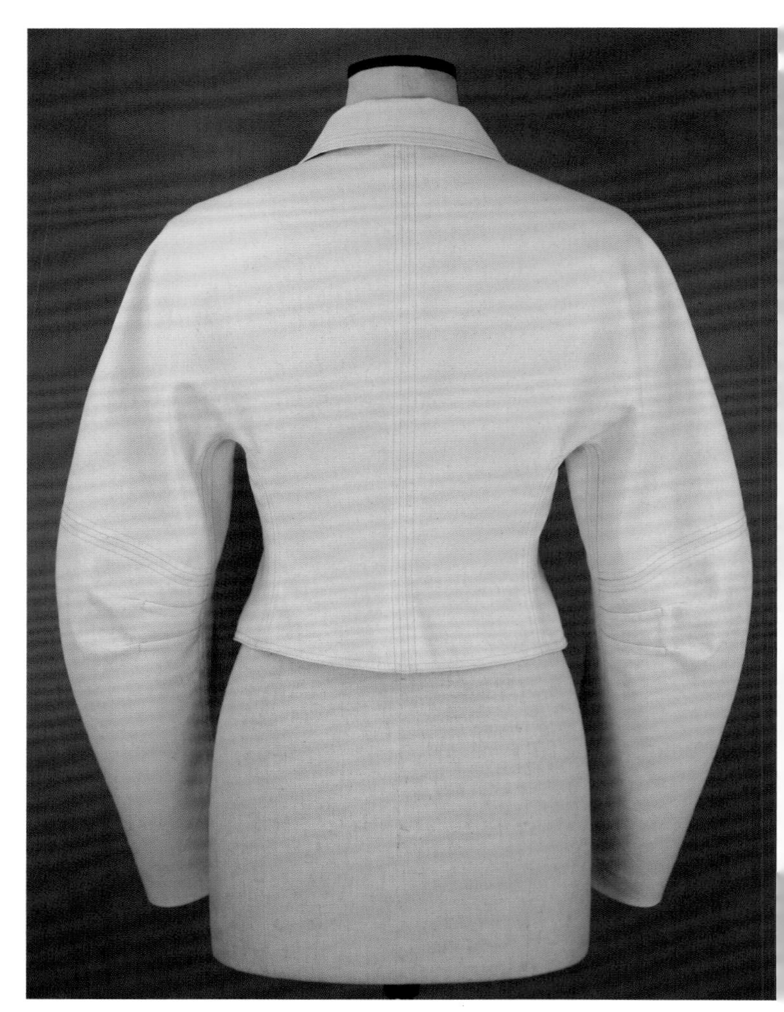

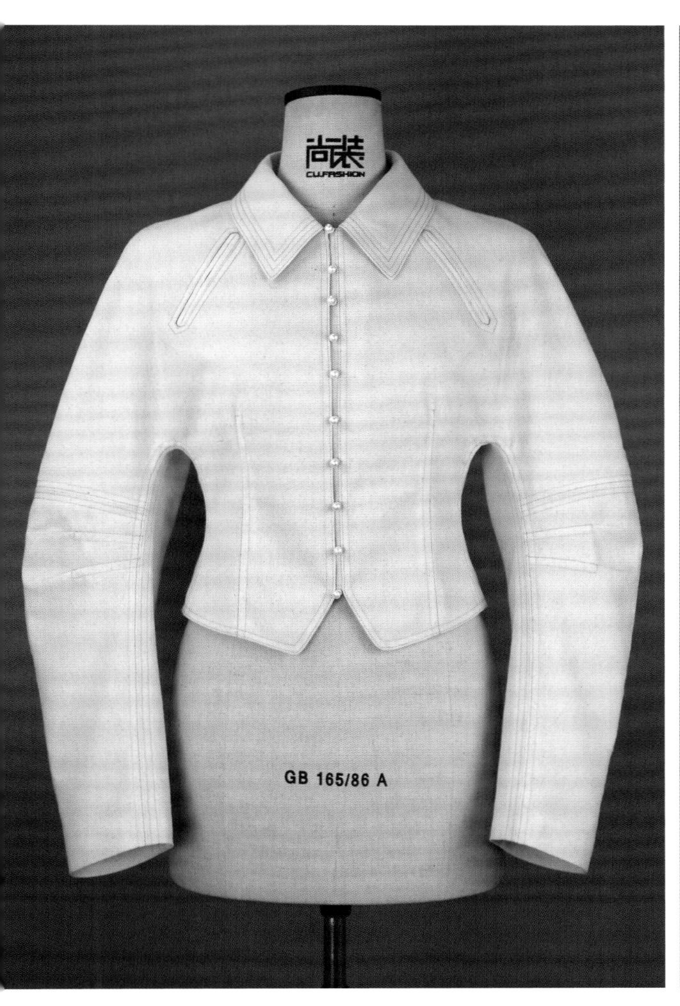

立裁样版图

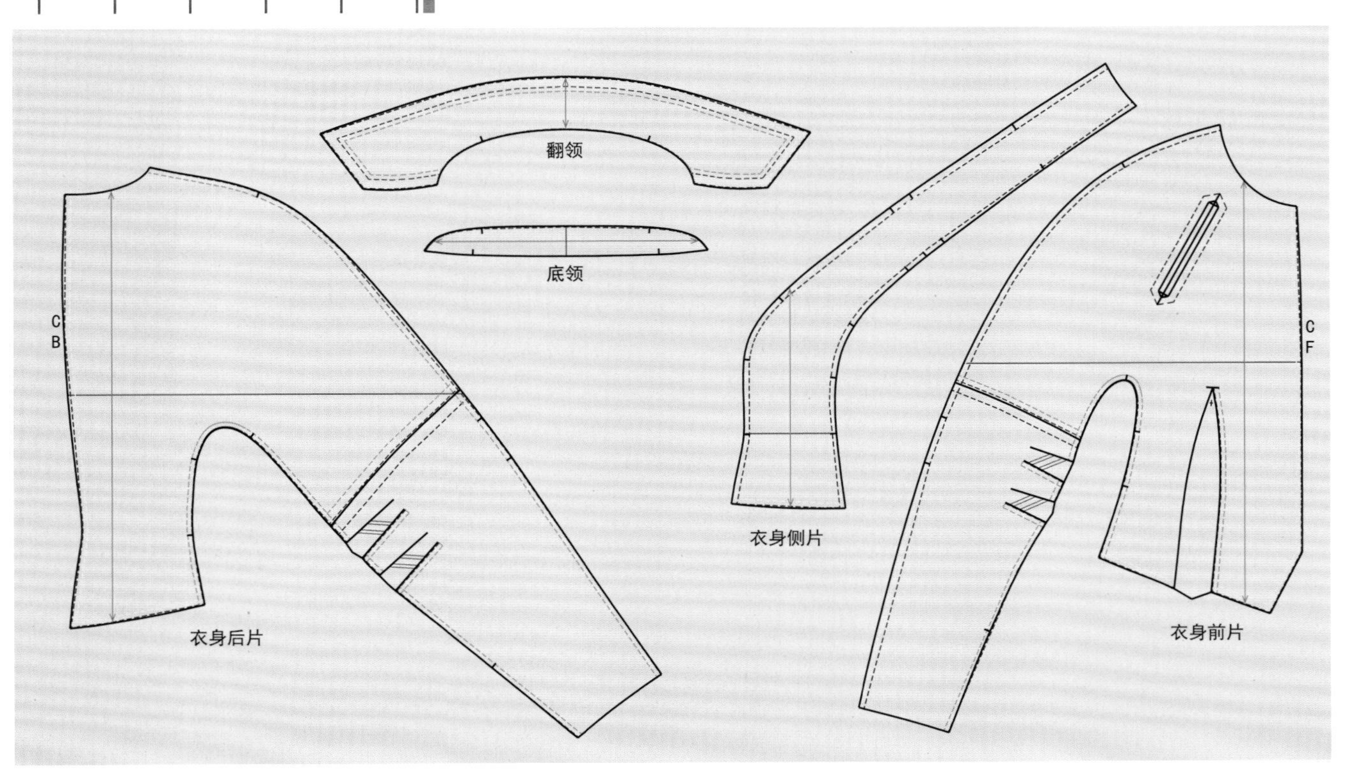

Draping

The Complete Course

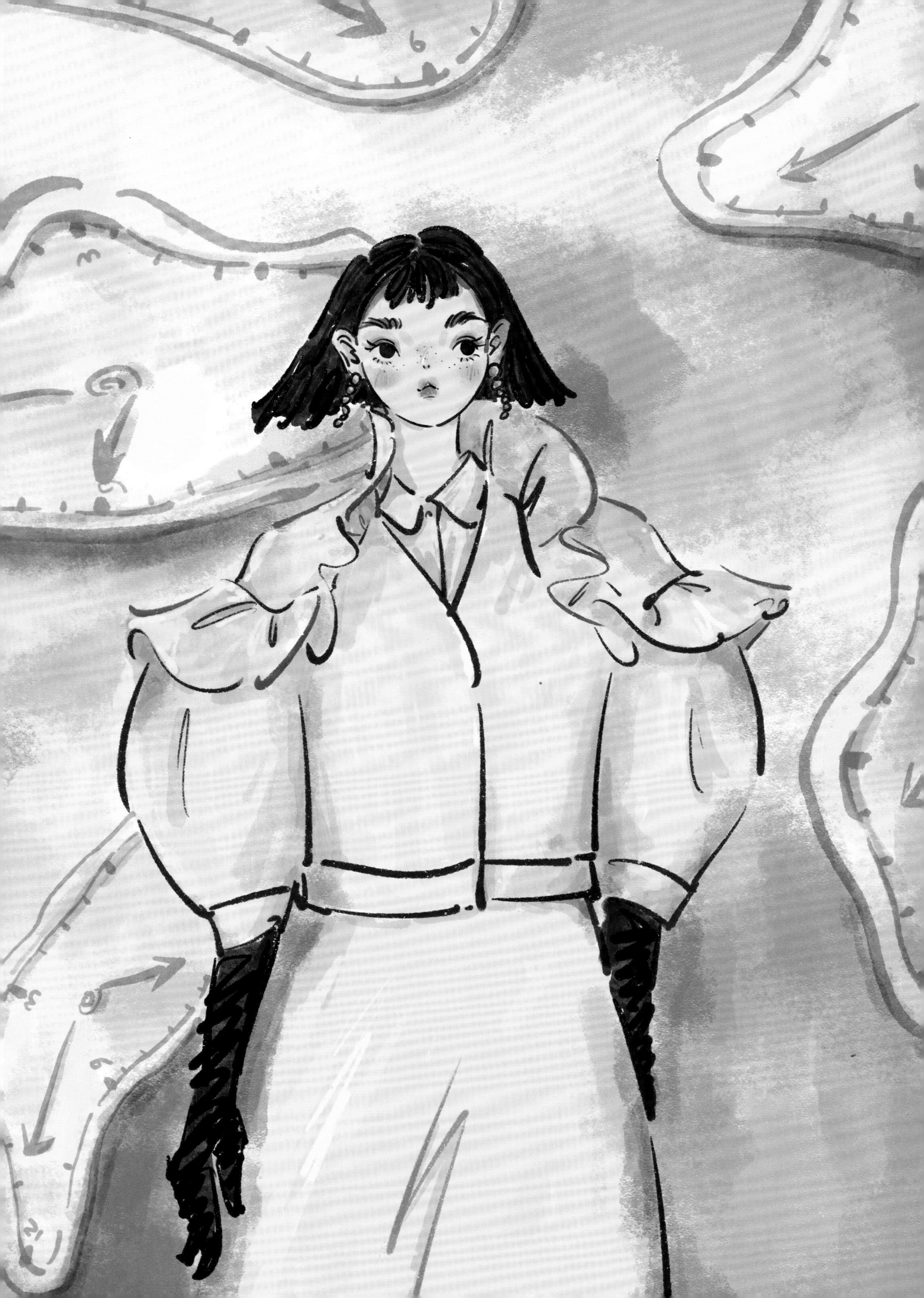

落肩花边短上衣

款式描述

整体廓型为O型，衣身H型，前后为片内省结构，合体松量；V型领口，落肩小灯笼袖，从领口至袖窿有花边装饰。

练习重点

- 落肩小灯笼袖的操作技巧。
- 花边装饰的造型方法。

材料准备

- 人台（不限定号型）。
- 宽0.3cm纯棉织带。
- 专业立裁针、剪刀。
- 纯棉坯布。
- 马克笔（或4B铅笔）、三色圆珠笔。
- 推版尺、多功能尺、皮尺。

画布指示图

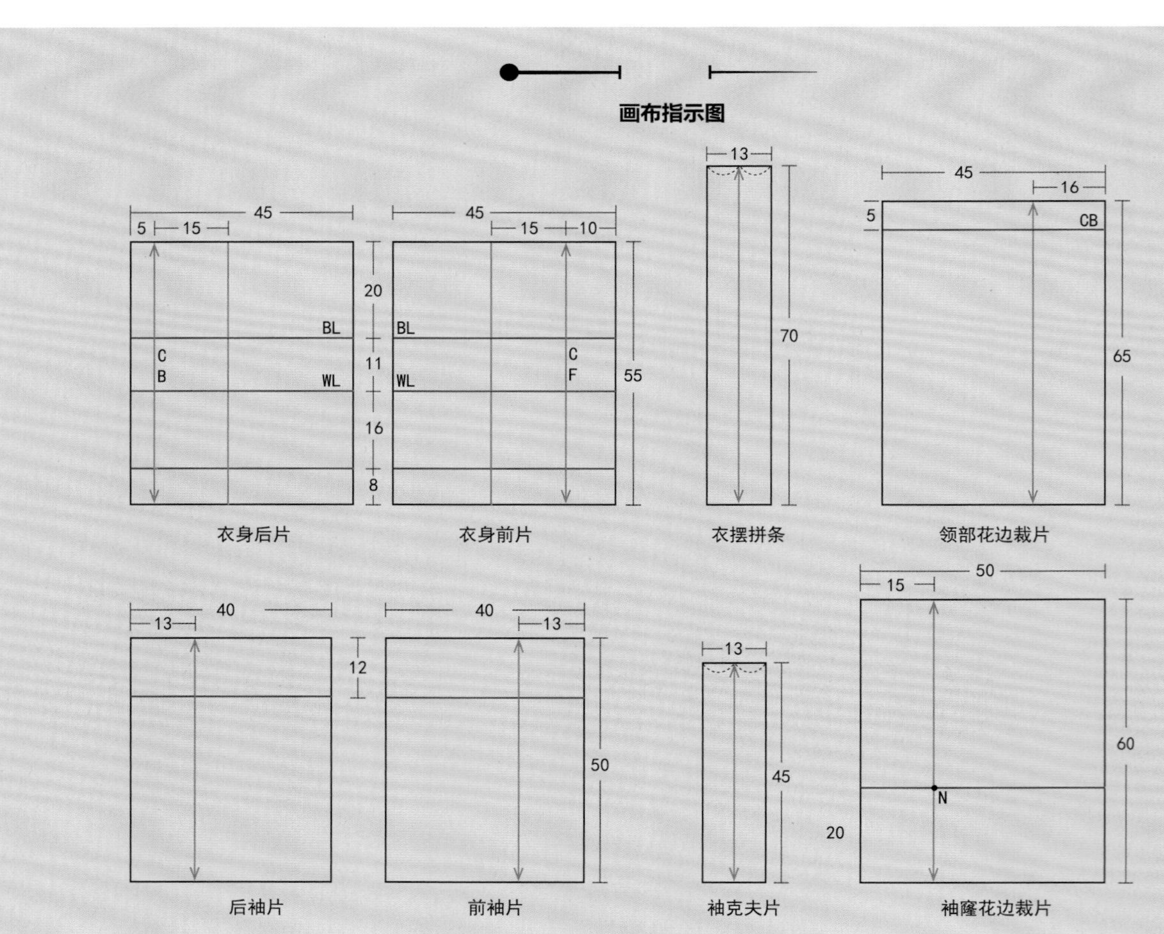

人台准备

此款式需要装配立裁用手臂，需要提前标线的部位：V型领口线，衣身前止口线，衣摆拼条的宽度与位置，前、后片内省的省道线，拼接花边的衣身分断线。

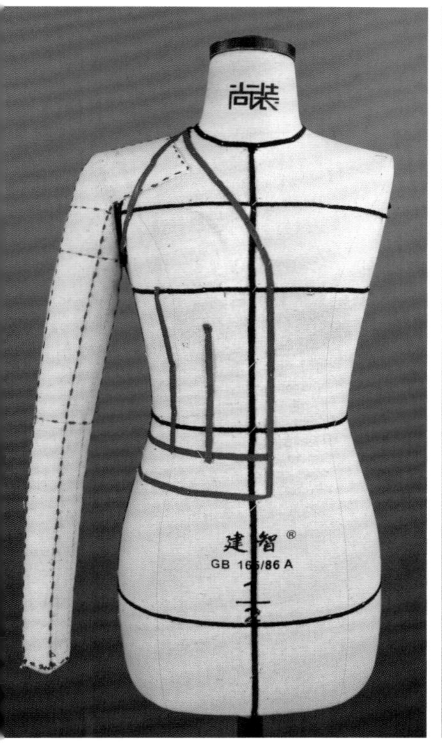

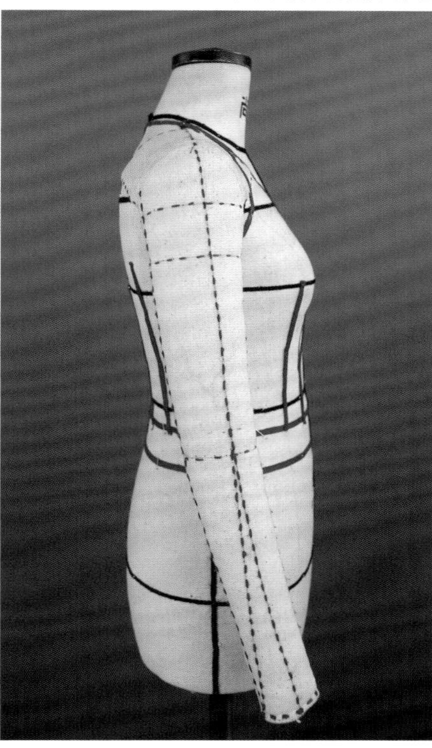
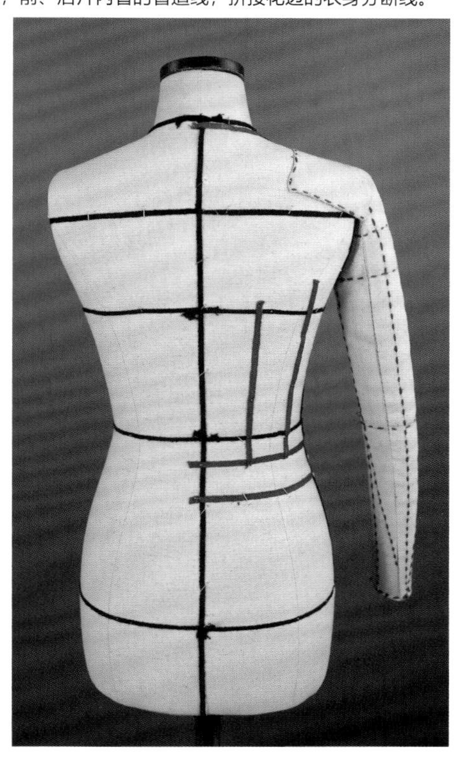

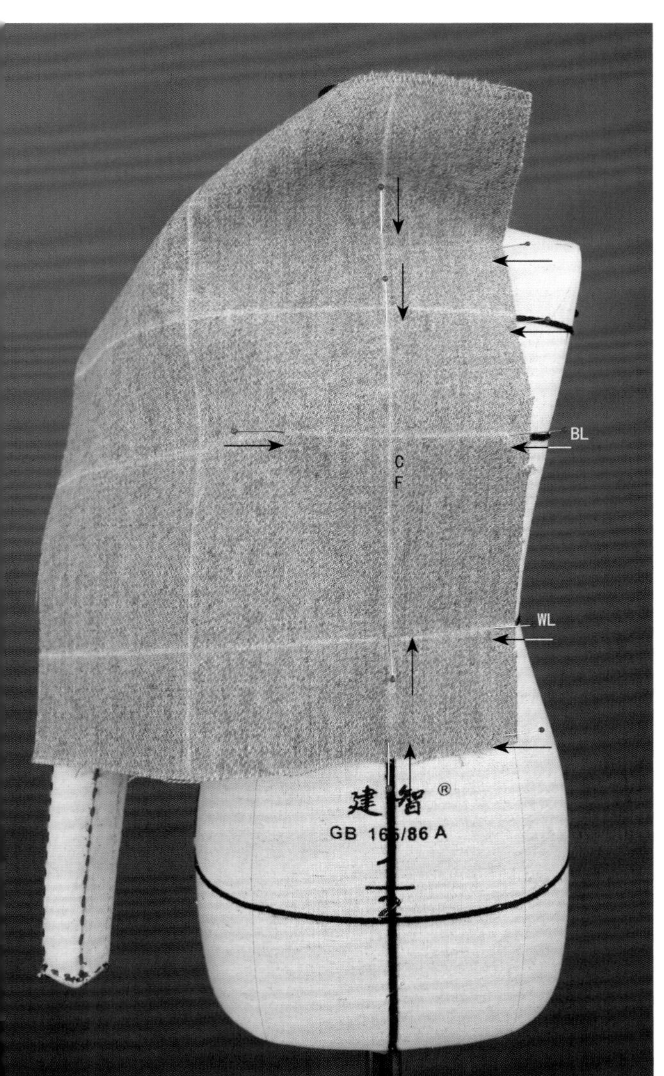

- **款式制作**

1

前片制作：将基础布片的胸围线和前中线对应人台的相应部位并固定，确保各辅助线的水平与垂直状态。如图所示，用点针固定布片。

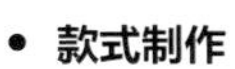

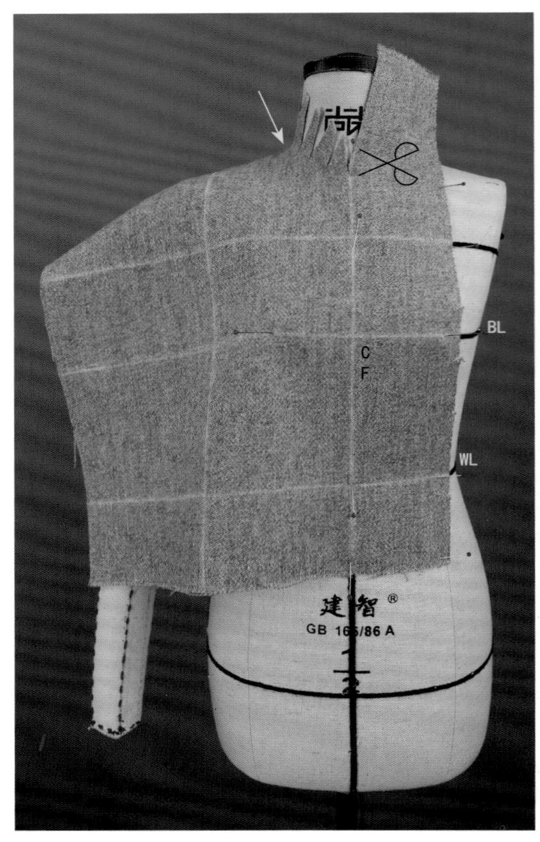

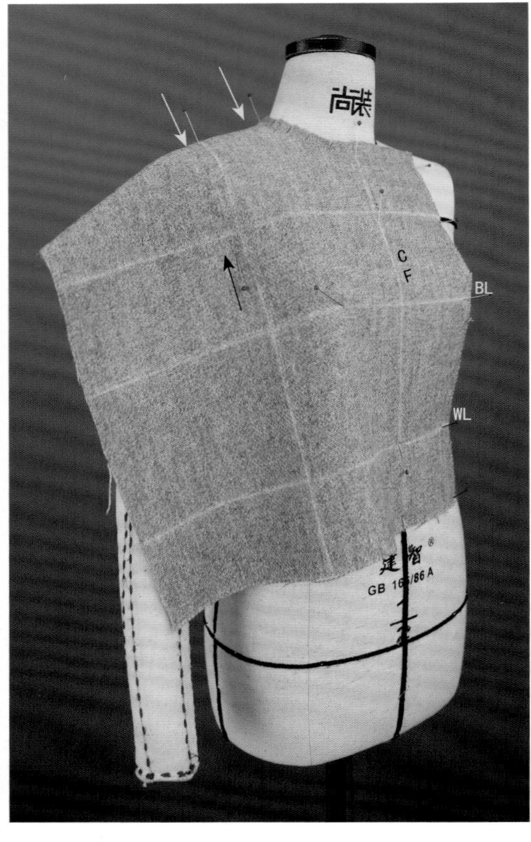

2

自前颈点沿颈根围均匀地打剪口至肩颈点，修剪出前领口并用点针固定肩颈点和肩端点。顺着肩部向下抚平布片使袖窿处坯布贴合人台，用大头针在前胸宽与袖窿交点区域（前袖窿拐点）点针固定。

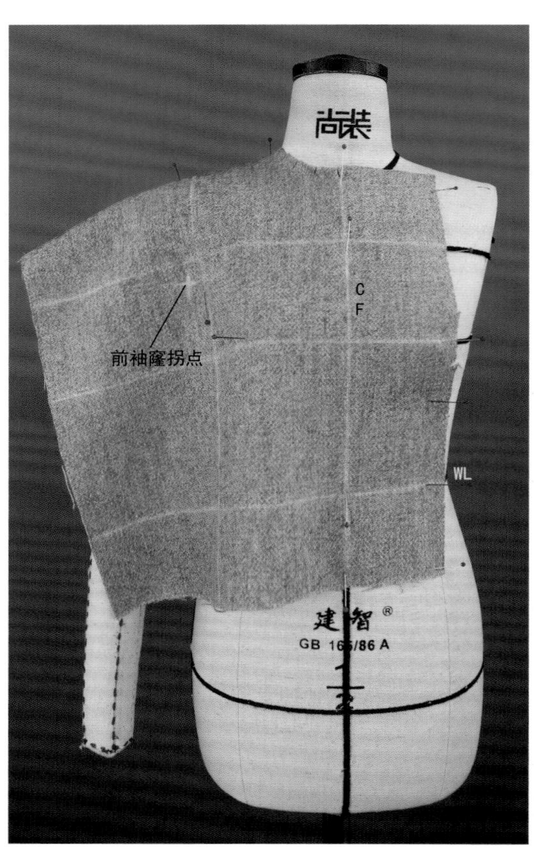

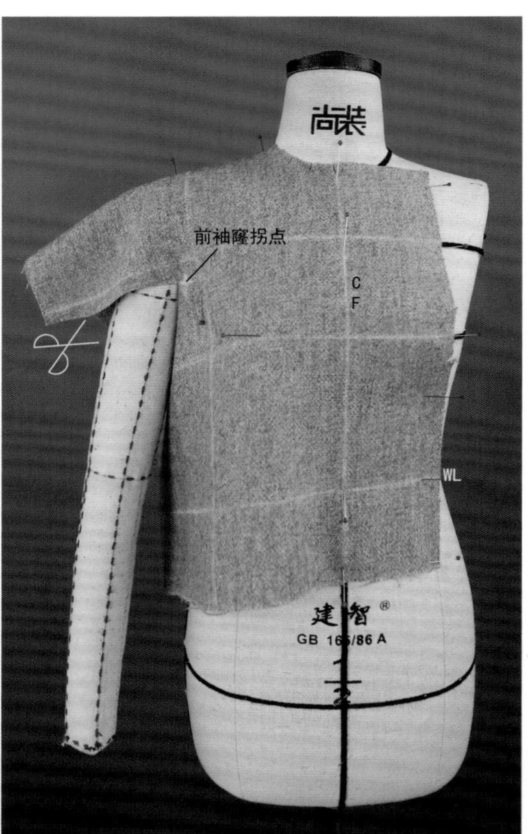

3

如图所示，确定出前袖窿拐点的位置，并沿布边横向打剪口至前拐点，将下半部分布片放至于腋下。

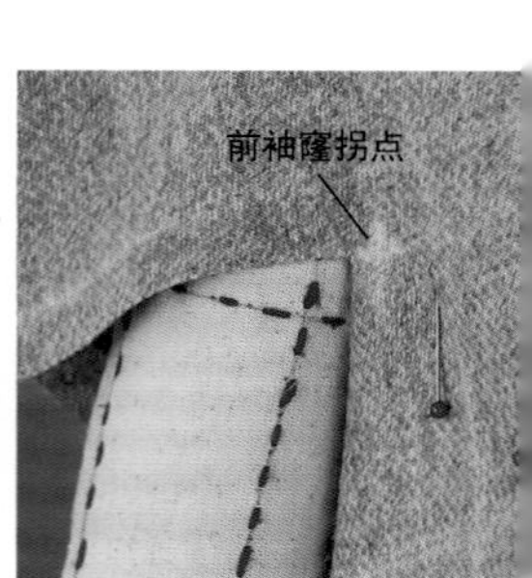

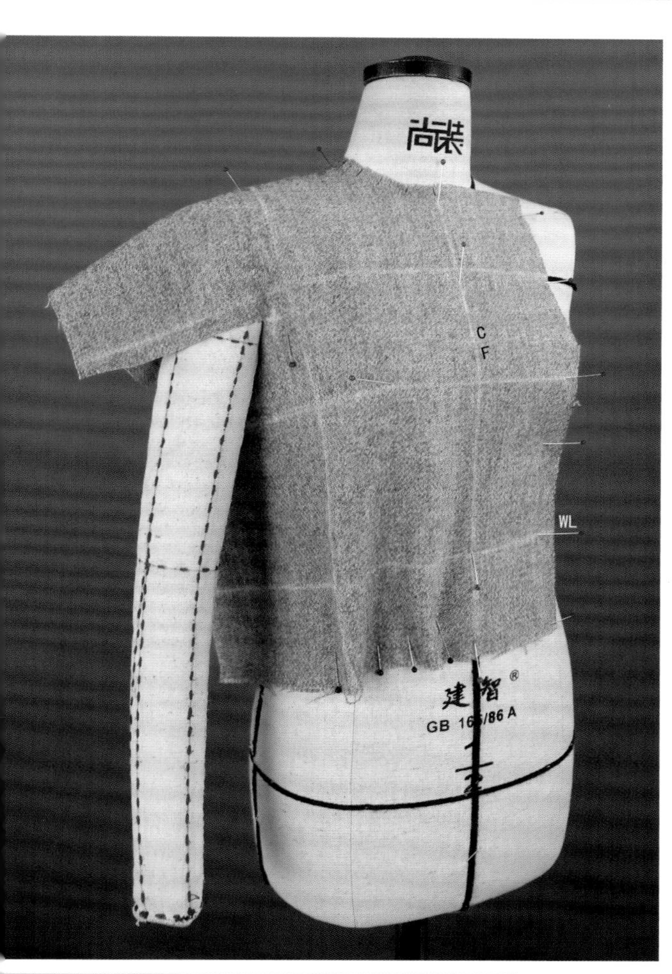

4

将侧面坯布沿丝道线向下捋顺，用点针固定布边。根据H型衣身廓型调整腰围松量，将前腰部位的余量（胸省和部分腰省）分为两份，捏省并用折叠针沿省位标线假缝固定。

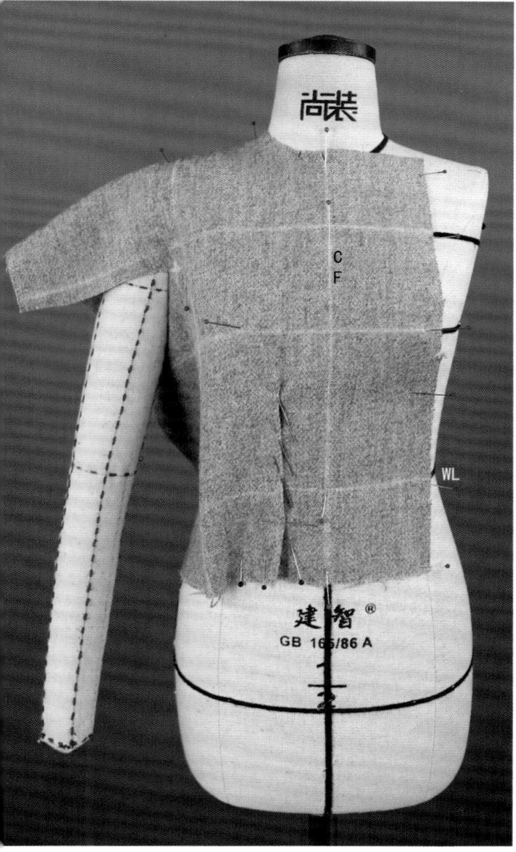

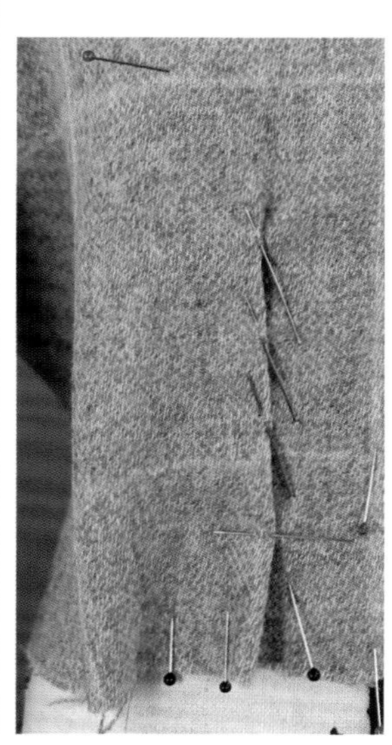

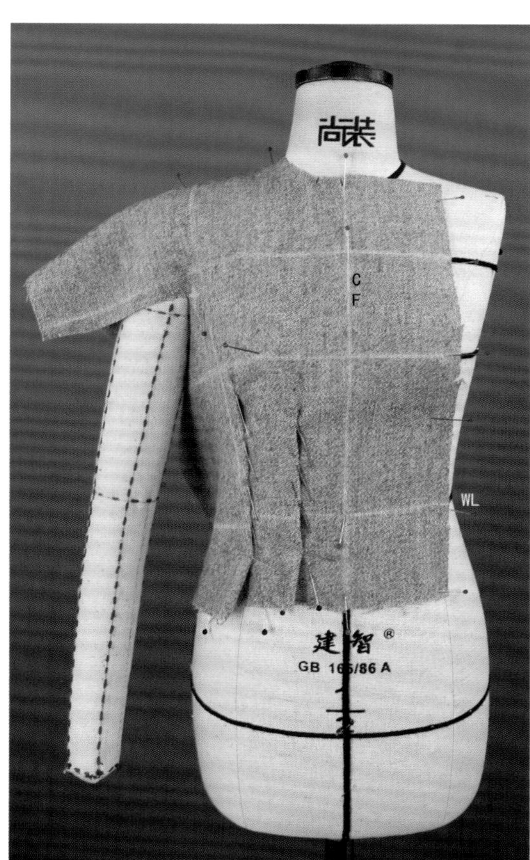

5 松开固定前袖窿拐点的大头针，用大头针针尖调整胸围处坯布，增加适当胸围松量，确定腋点位置并对袖窿底弯线、侧缝线和衣摆拼条分断线进行描点，预留缝边并修剪掉多余布边。

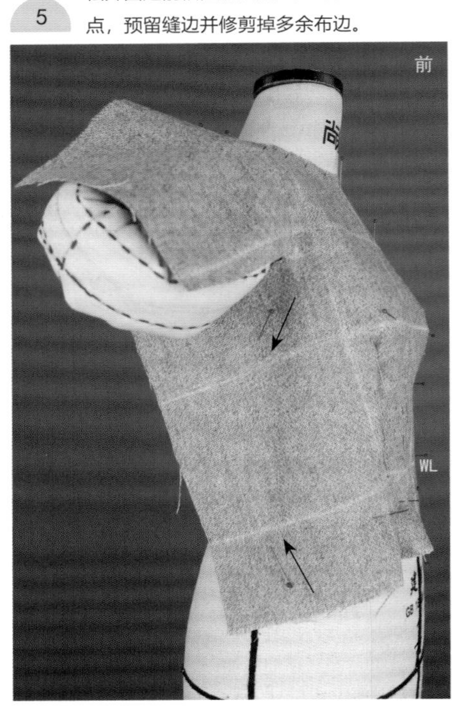

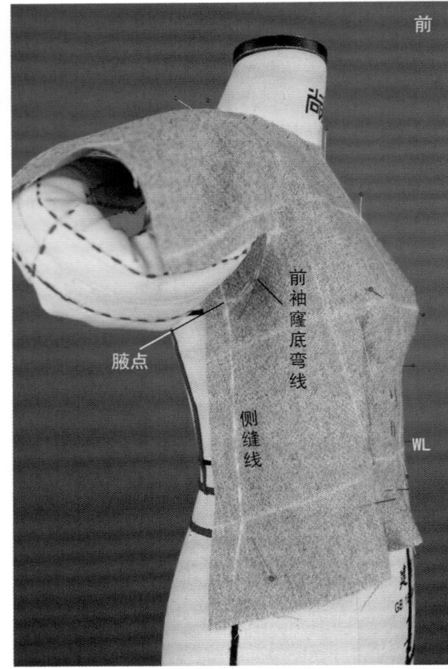

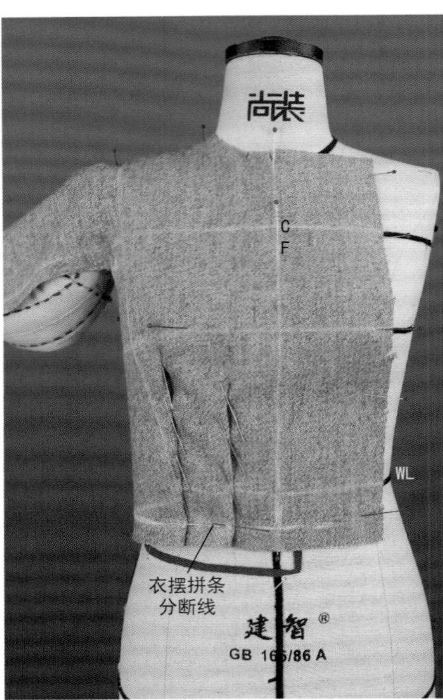

6 调整肩部余布，确定出袖斜角度和松量，用别针将布片与手臂固定，描绘出肩线、袖中线和落肩分断线（落肩分断线：由落肩点与前袖窿拐点相连弧顺），清剪余布。

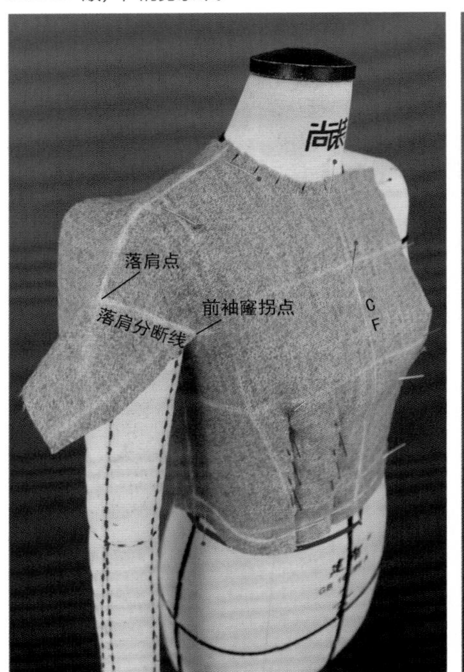

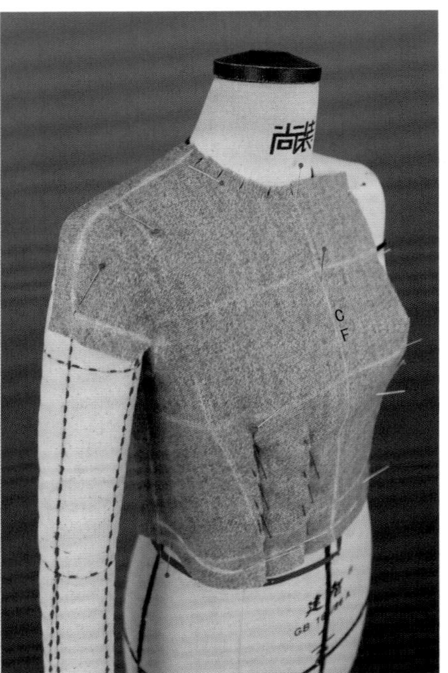

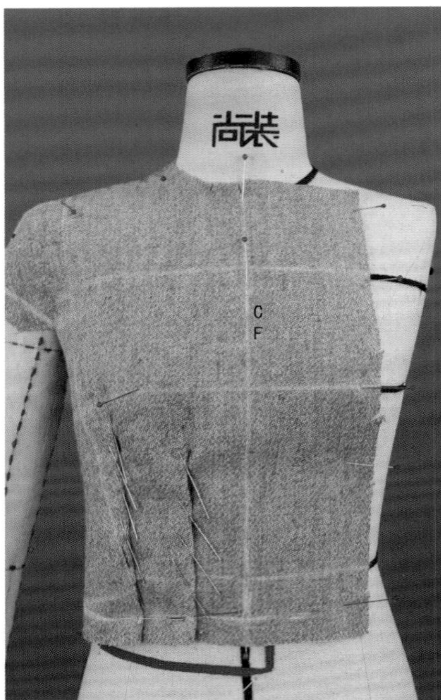

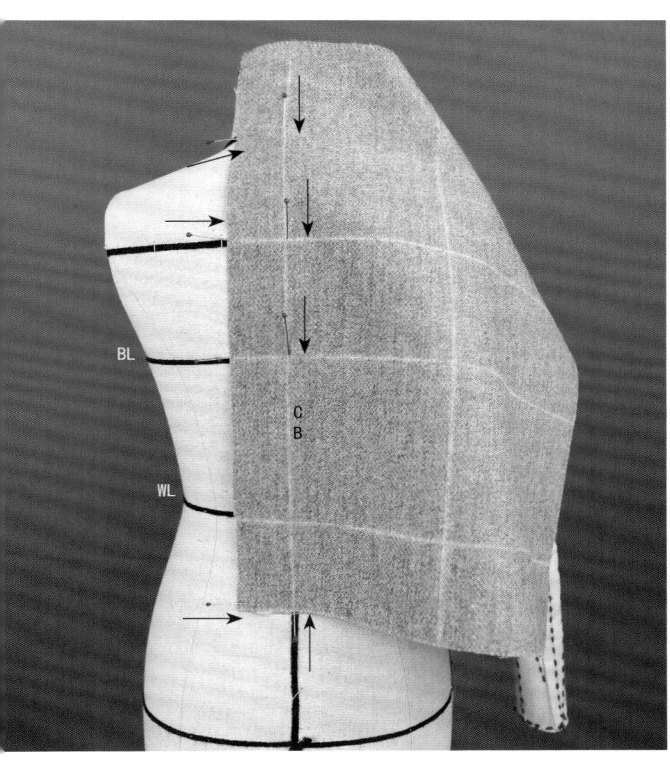

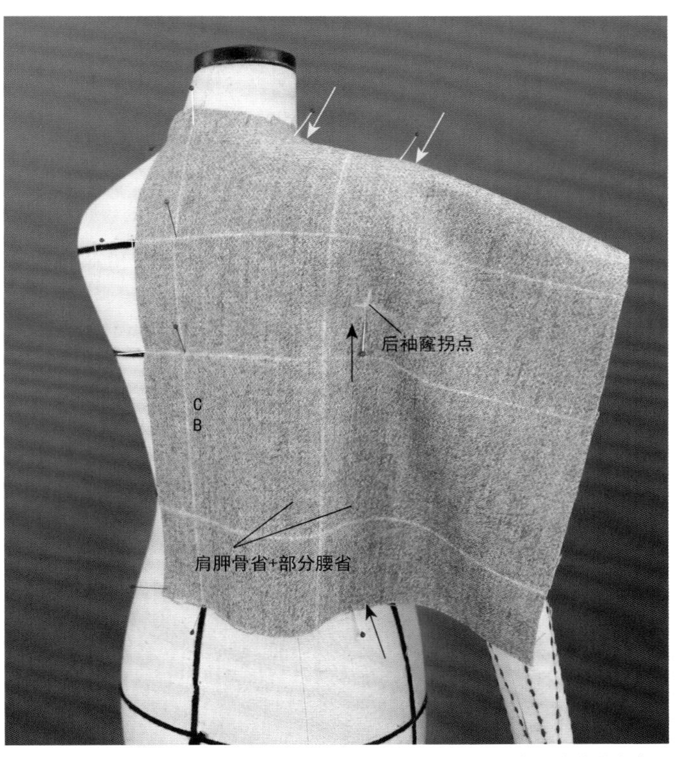

7 后片制作：立裁方法与前片相同，在基础布片胸围线与后中线的交点处下针固定人台的相应部位，确保各辅助线的水平与垂直状态，修剪出后领口。在背宽线和袖窿交点区域确定后袖窿拐点，将肩胛骨省大部分转至后腰部位，剩余部分放袖窿处作为松量，并用大头针固定。

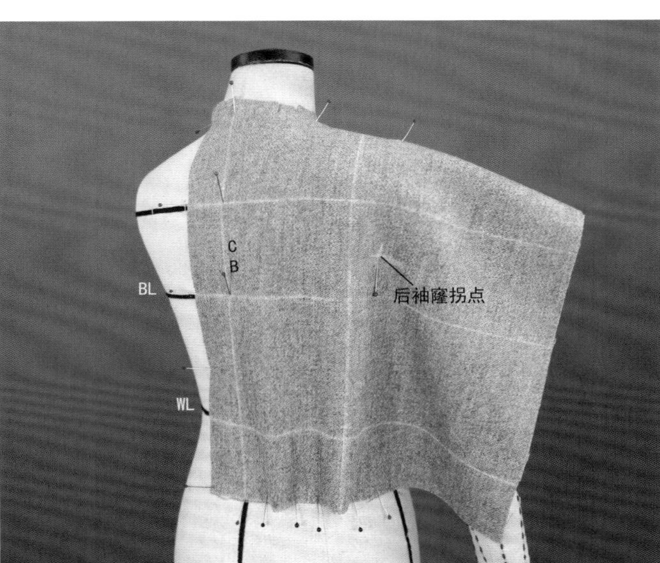

8

参考前片制作片内省的方法对后片进行操作。

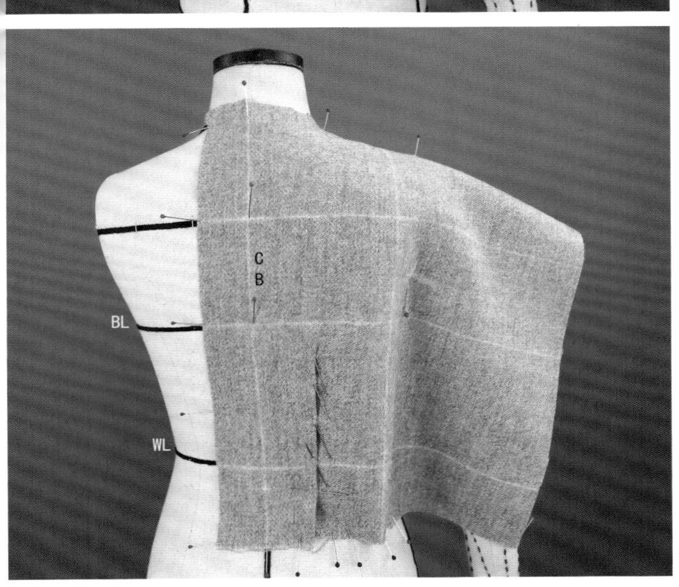

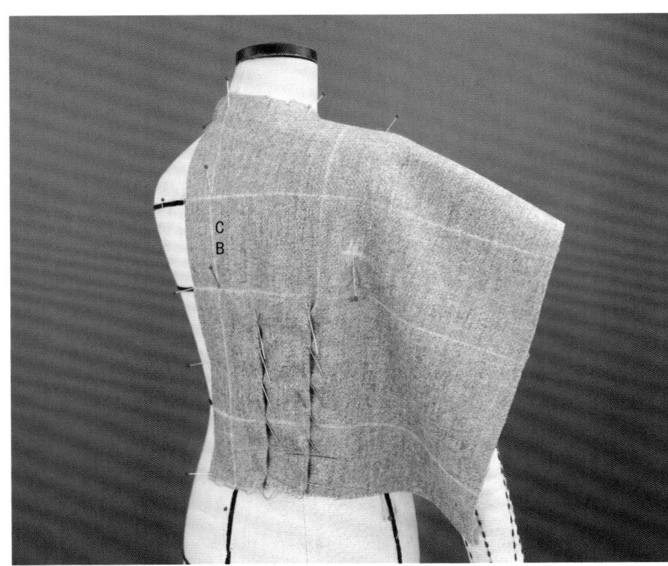

9

横向打剪口至后袖窿拐点，将下部分余布放至腋下，松开固定后袖窿拐点的大头针，参照前片对后片胸围、腰围的松量进行定量调整，塑造出衣身H廓型定衣身效果后假缝固定后衣身侧缝线，描绘出后袖窿底弯线，并对完成部分进行描点，清剪余布。

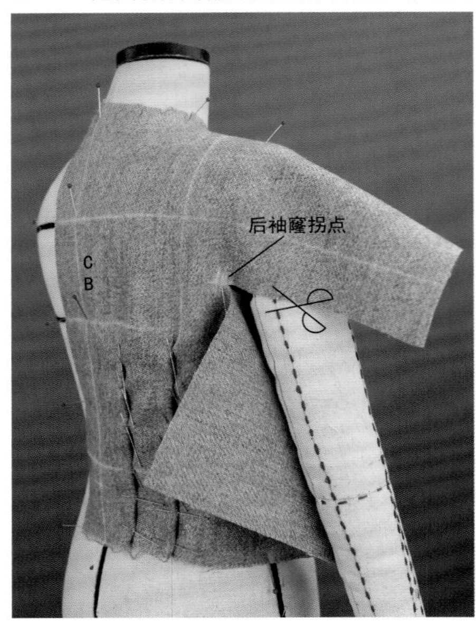

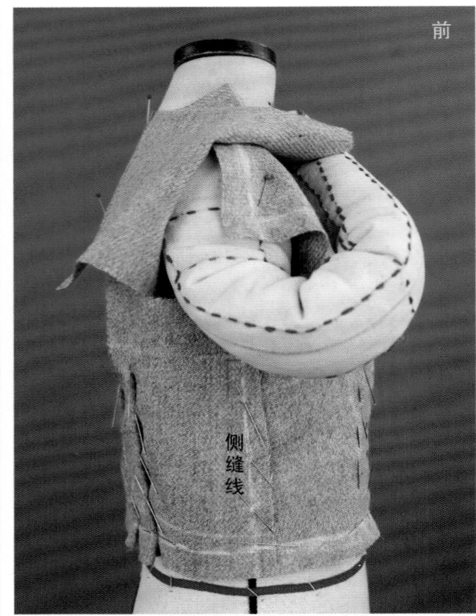

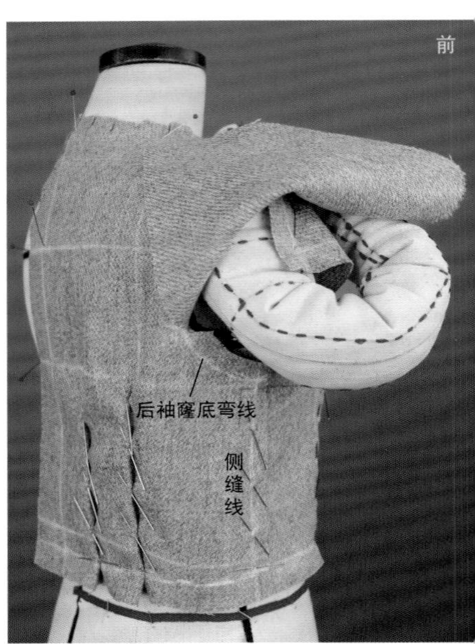

10

如图所示，将肩线处点针移至肩线以下固定布片，调整肩部坯布确定后袖松量（后袖松量应大于前袖松量），以刮折的方式，确定出后肩线、袖中线、留3cm缝边，清剪多余布边，扣净假缝固定肩线及袖中线。对落肩分断线进行描点：由前袖窿拐点过落肩点连接至后袖窿拐点弧顺。

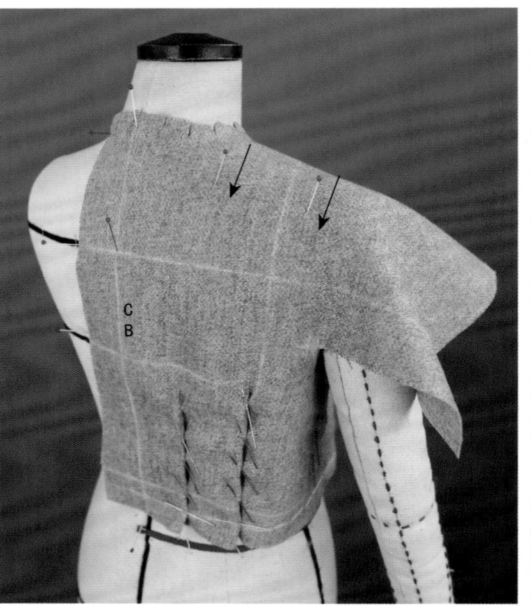

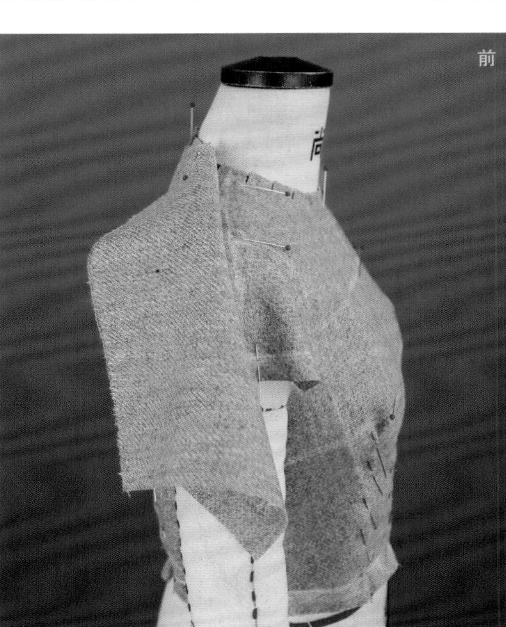

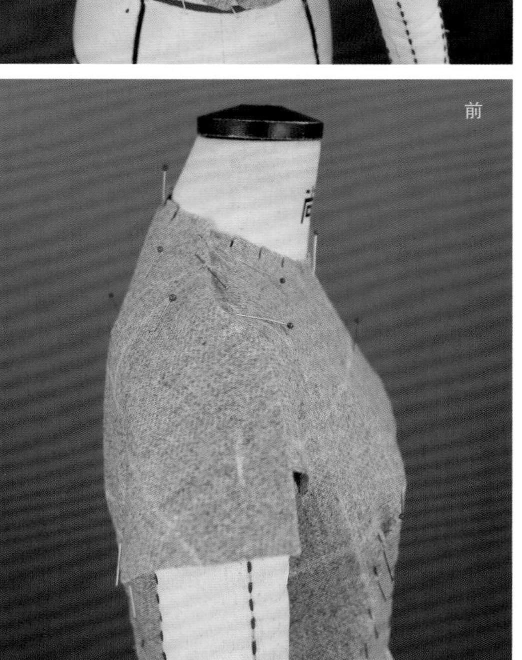

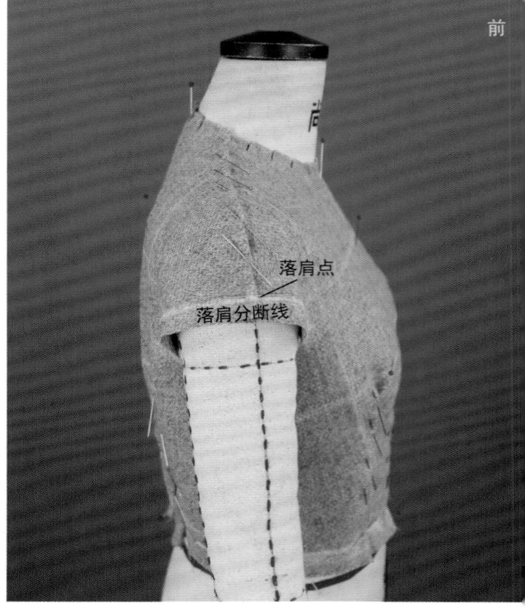

11

如图所示，使用衣摆拼条基础布制作一根宽为4.5cm的直拼条，对其缝边进行熨烫整理，并与衣身进行假缝。描绘出前、后领口线，前中止口线以及前片装配花边的分断线。

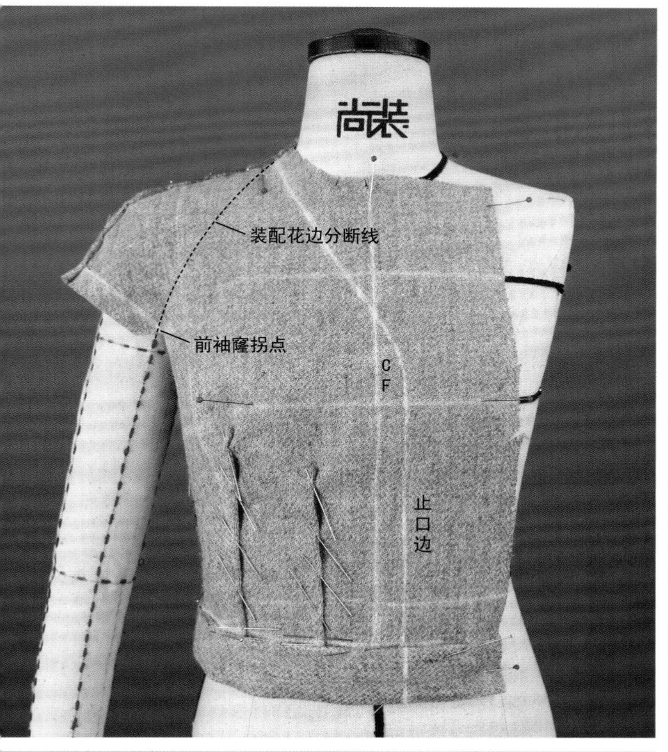

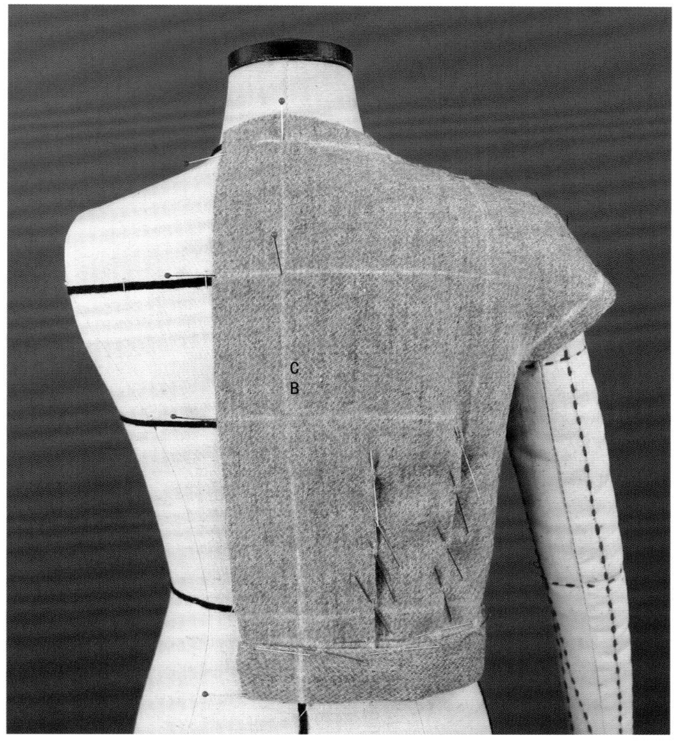

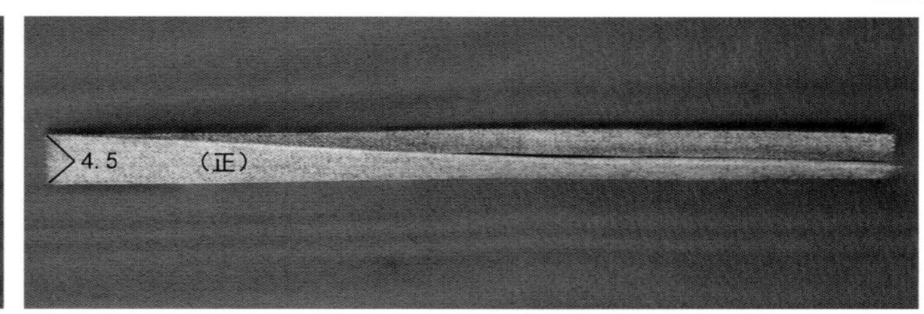

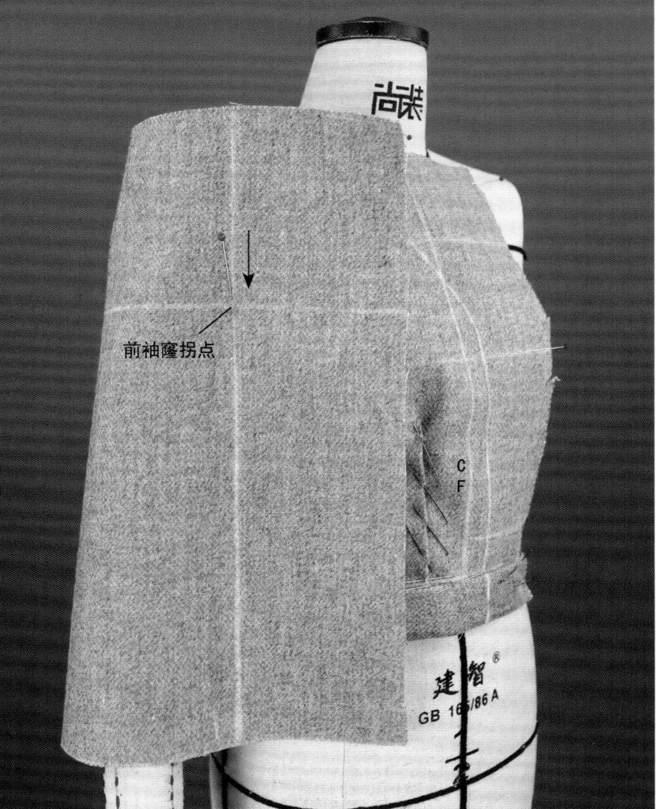

12

袖片制作：将基础布片横纱与直纱辅助线的交点与袖窿前拐点相对应，用重叠针固定，保持横纱水平、直纱垂直的状态。沿横纱辅助线横向剪开布片至前拐点并修剪掉一块半圆形布料，方便将布片放至腋下。

微信扫码观看
前袖片操作方法
（步骤 12 ~16 ）

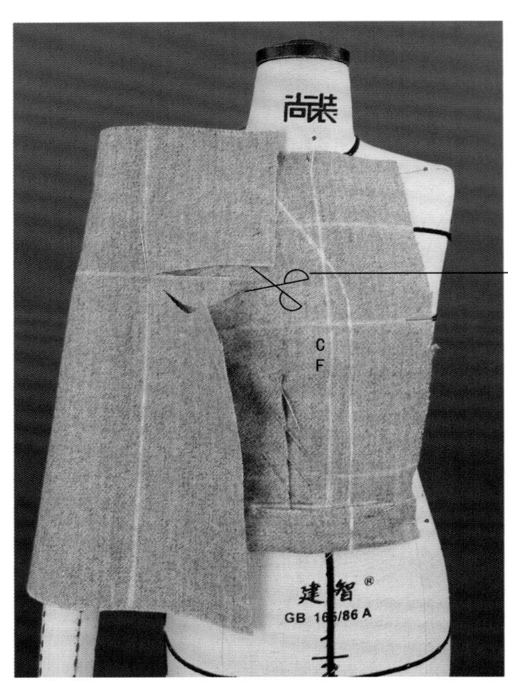

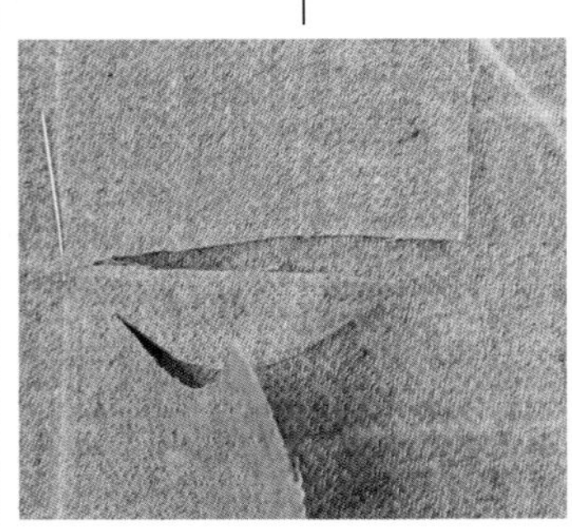

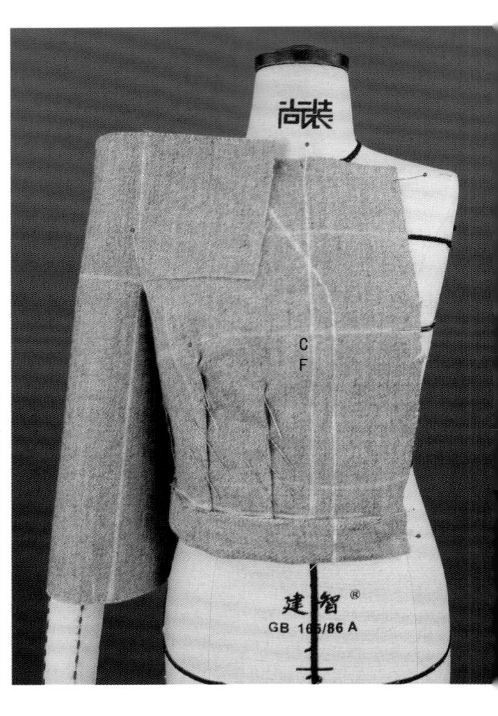

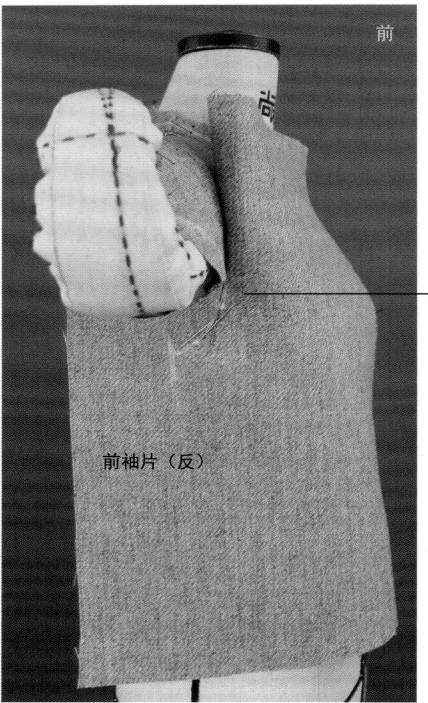

13

如图所示，抬起手臂，将布片翻至反面向上并确保直纱垂直于地面，使坯布贴合衣身袖窿底弯部位，用重叠针沿袖窿底弯线固定上、下层布片，在袖片上描绘出袖山底弯线。

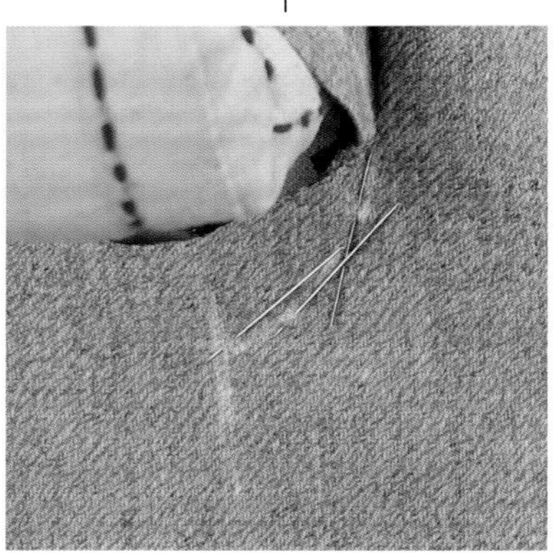

14

将手臂放下，袖片翻回正面，袖内侧坯布自然围裹手臂并用大头针沿手臂内侧缝固定，对前内袖缝线进行描点，预留缝边并清剪余布。

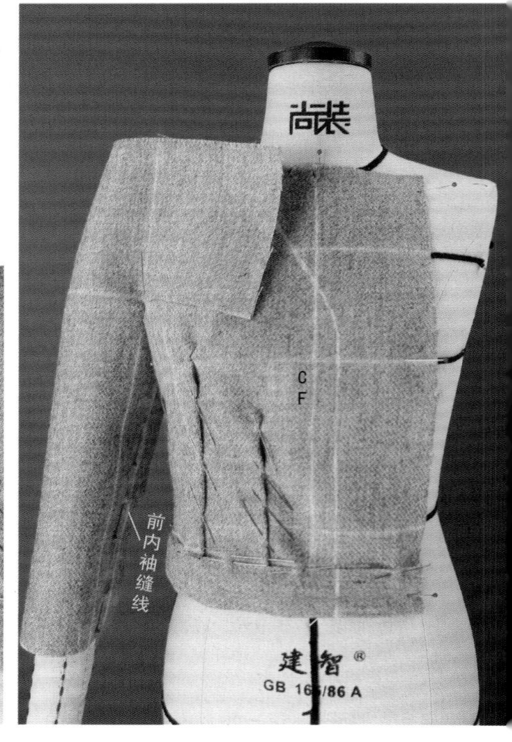

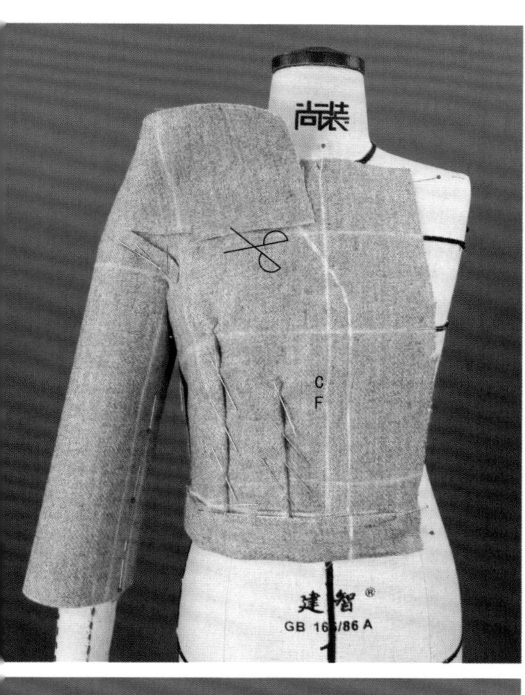

15

从袖窿前拐点沿落肩分断线固定布片至落肩点，一边用大头针固定、一边打剪口，根据袖子廓型逐渐放出袖身展剪量。如图所示，对布片进行捏褶，塑造出袖中缝的外轮廓造型（褶裥消失于袖中转折面处，褶量大小和数量根据造型而定），在袖口的袖中缝部位捏褶调节袖口大小。

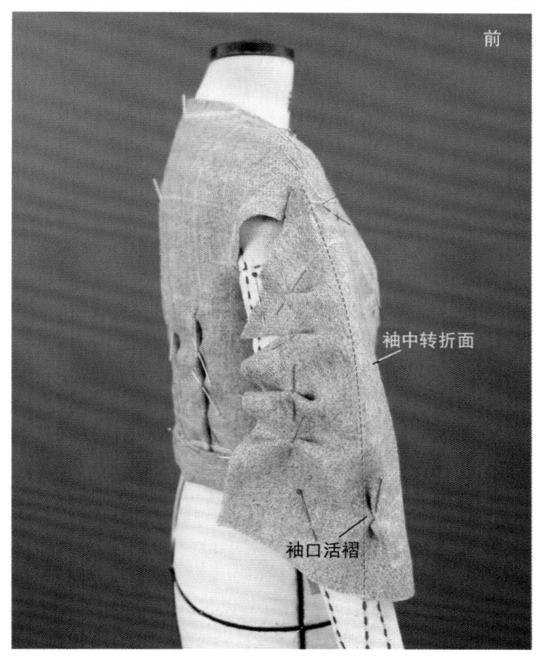

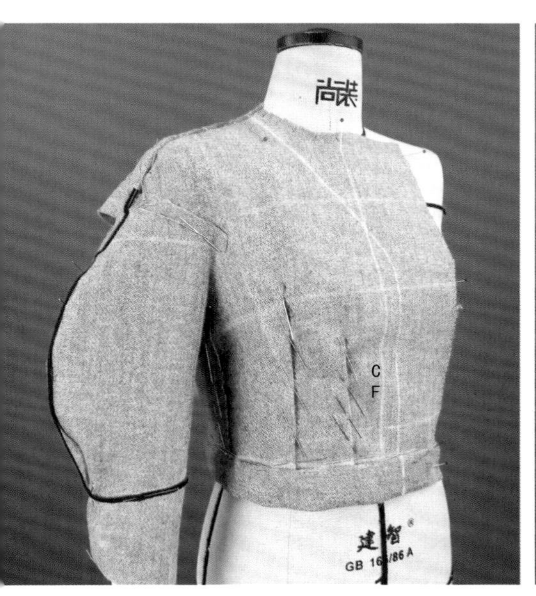

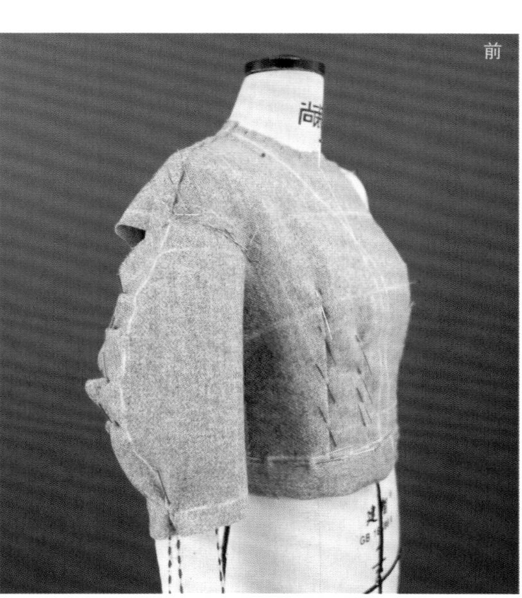

16

用标示线标记出袖中轮廓线和袖口位置，确定后对其进行描点，修剪掉多余布料。

17 如图所示，后袖操作方法同前袖。

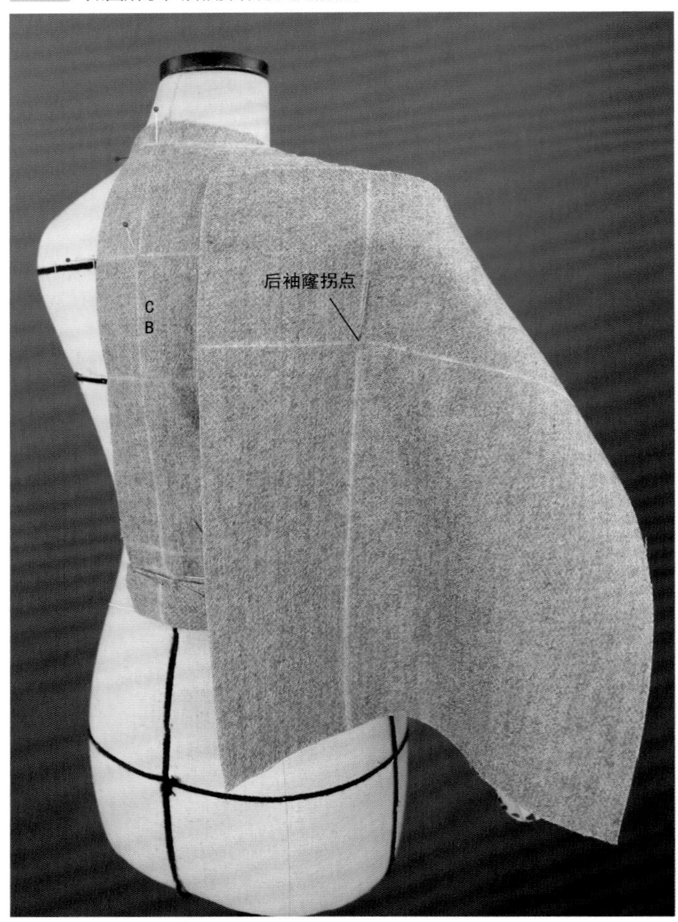

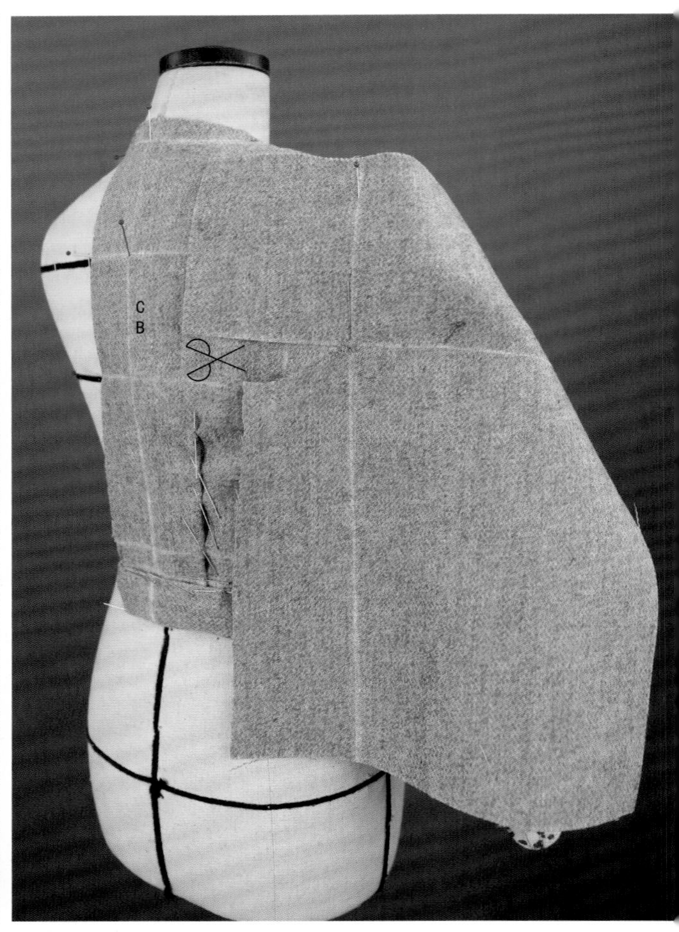

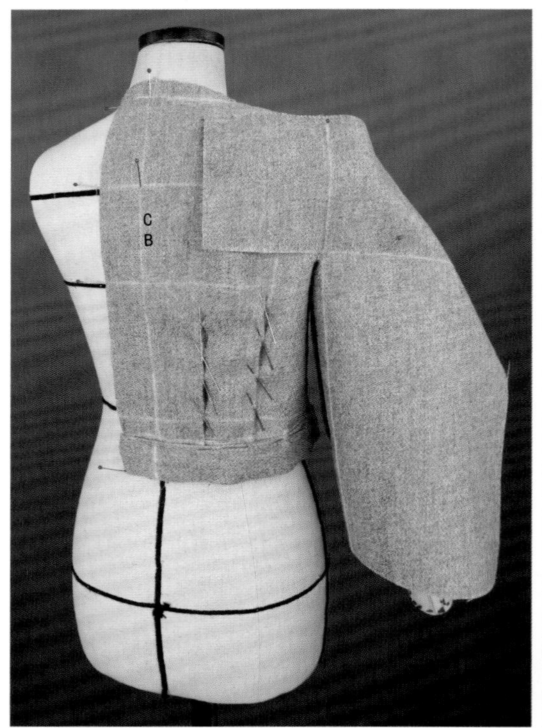

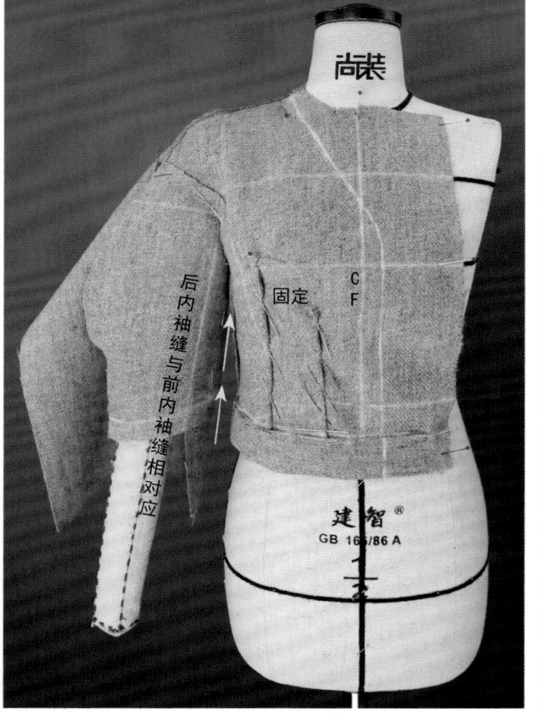

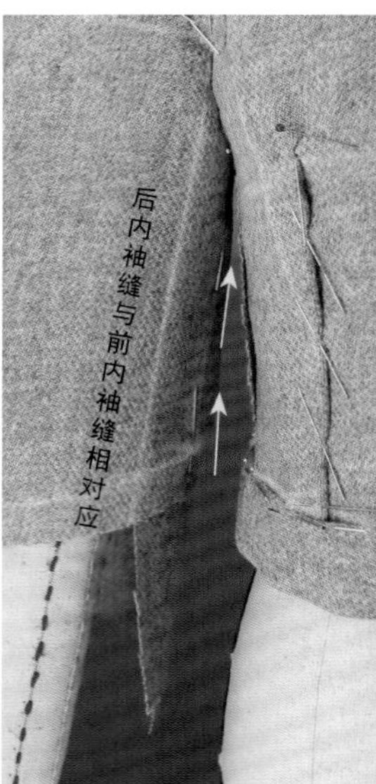

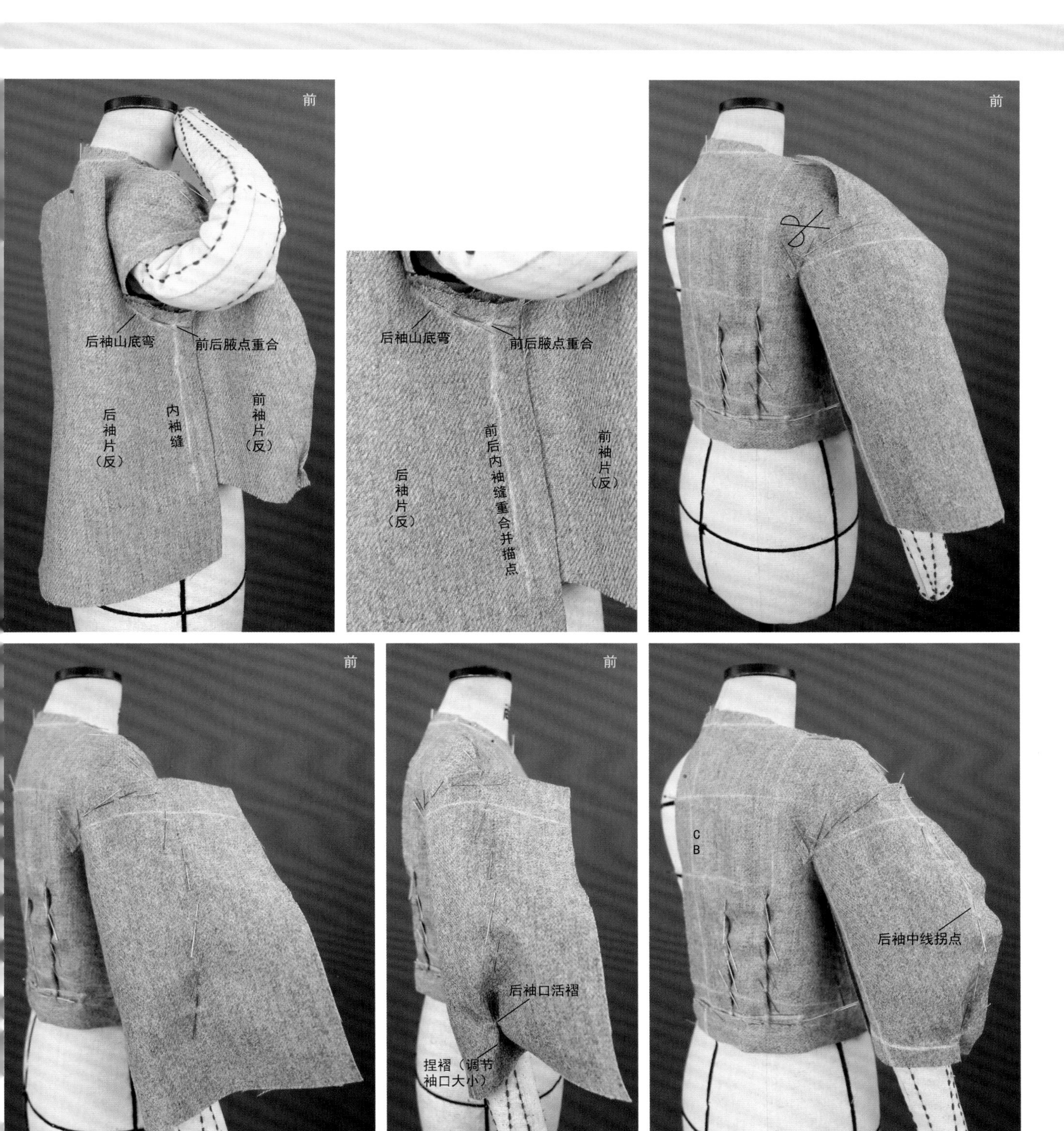
前
后袖山底弯
前后腋点重合
后袖片（反）
内袖缝
前袖片（反）
后袖山底弯
前后腋点重合
后袖片（反）
前后内袖缝重合并描点
前袖片（反）
前
前
前
后袖口活褶
捏褶（调节袖口大小）
C
B
后袖中线拐点

18

确定袖子整体造型效果并对后袖中线描点，松开固定的大头针，修剪掉前、后袖片多余的布边，对后袖中线缝边进行刮折，扣净假缝，固定完整后描绘出袖口线，使前、后袖口线连顺。

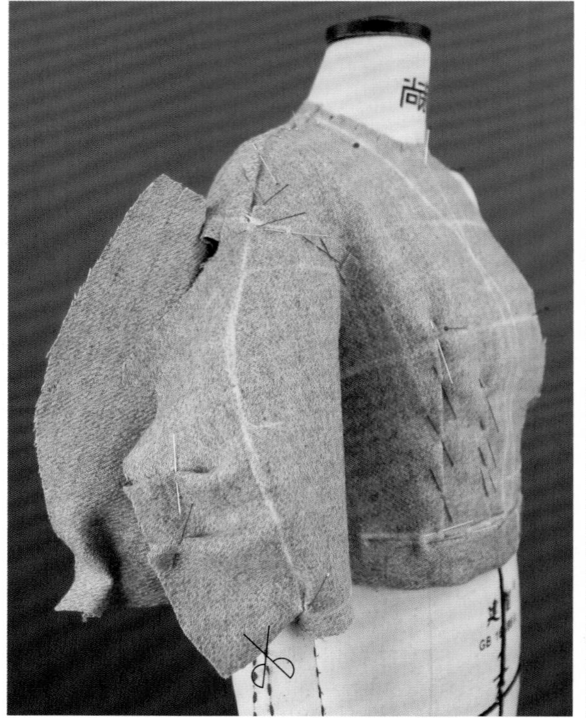

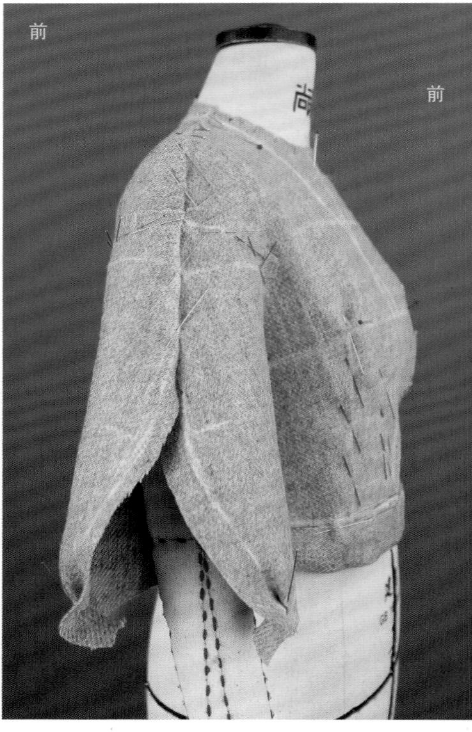

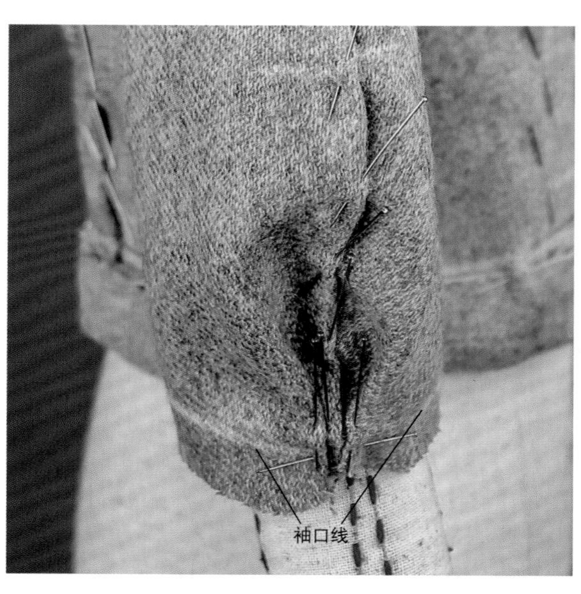

19

如图所示，对袖克夫样片缝边进行扣烫整理，并与袖子假缝固定。

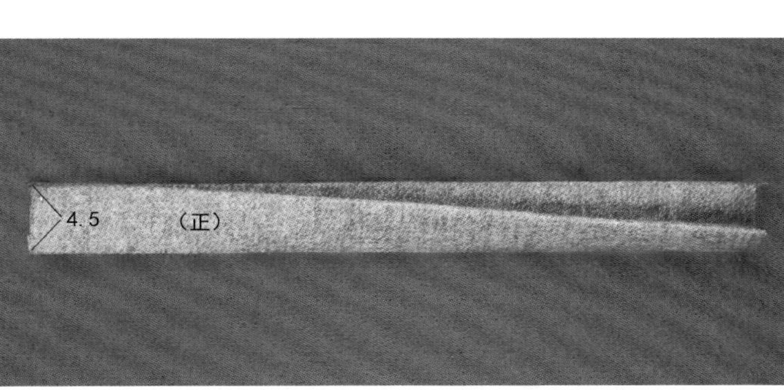

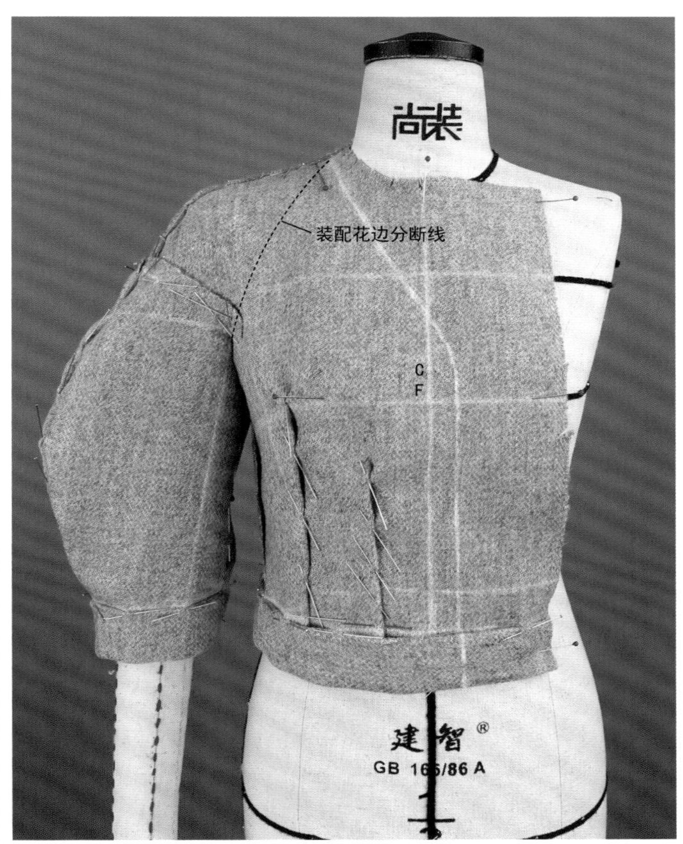

20

花边制作：将领部花边基础布片的M点对准后领点，并用大头针固定布边，保持后中直纱铅垂地面。沿后领口线叠褶制作花边造型，一边别针固定褶裥，一边打剪口进行修剪，顺势轻轻向上提起坯布，使花边外止口线呈向外展开的廓型。

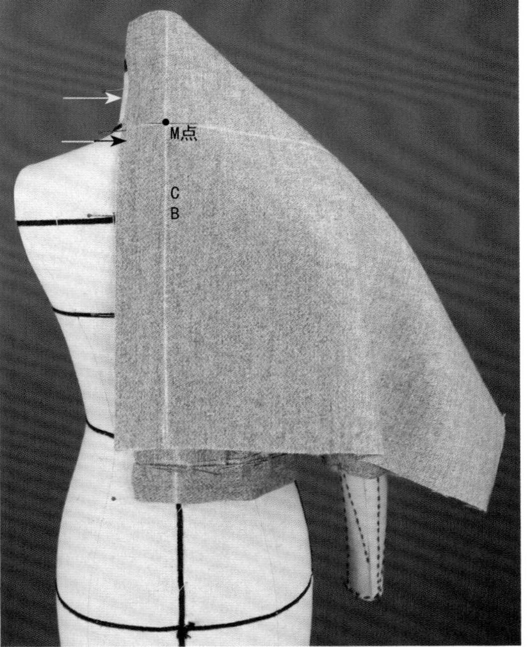

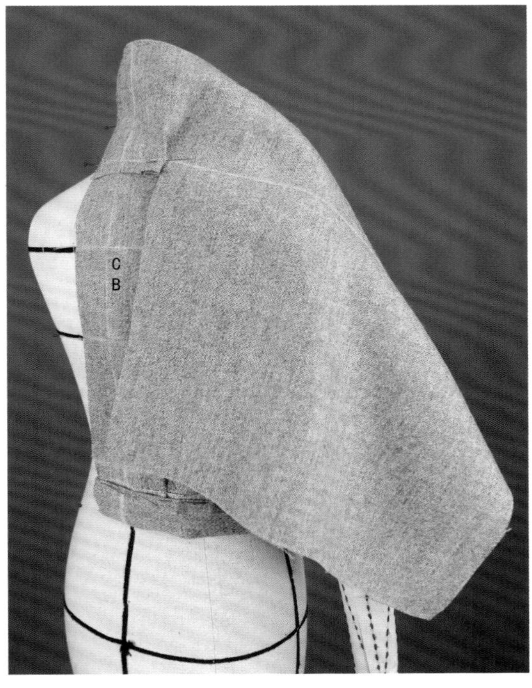

微信扫码观看
领花边操作方法
（步骤 20 ~ 21 ）

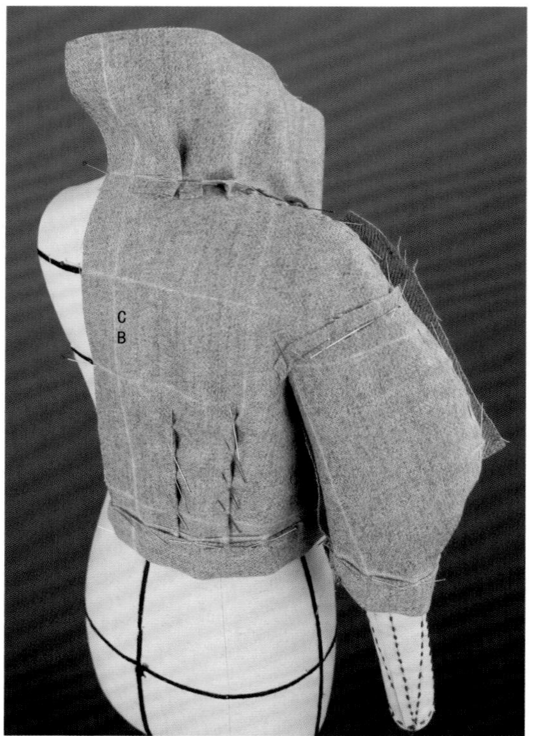

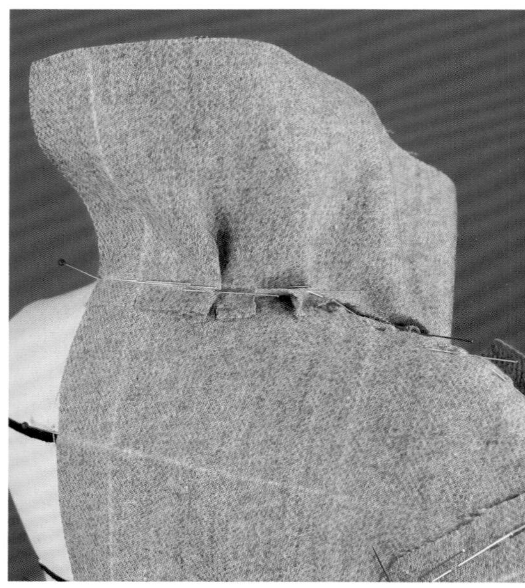

21

继续沿衣身前片分断线叠褶，边打剪口、边调整花边形态，用大头针固定至前袖窿拐点。用标示线标记出花边外止口造型线，确定后描点并清剪余布。

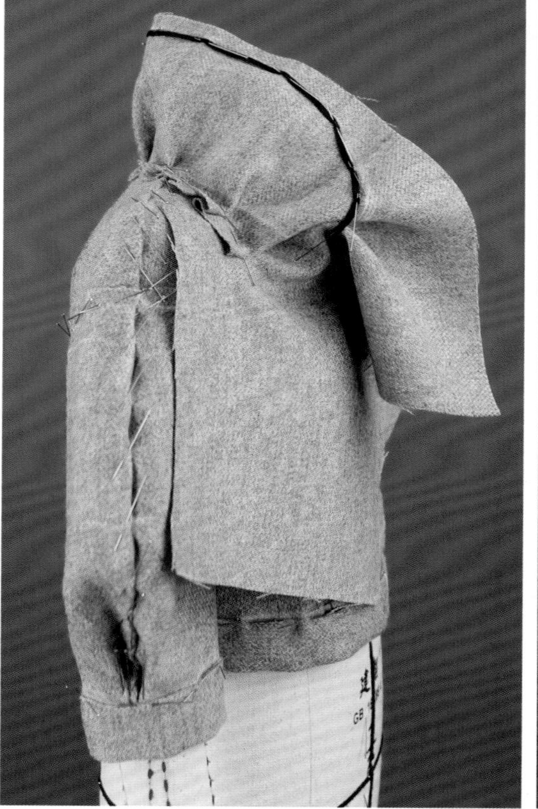

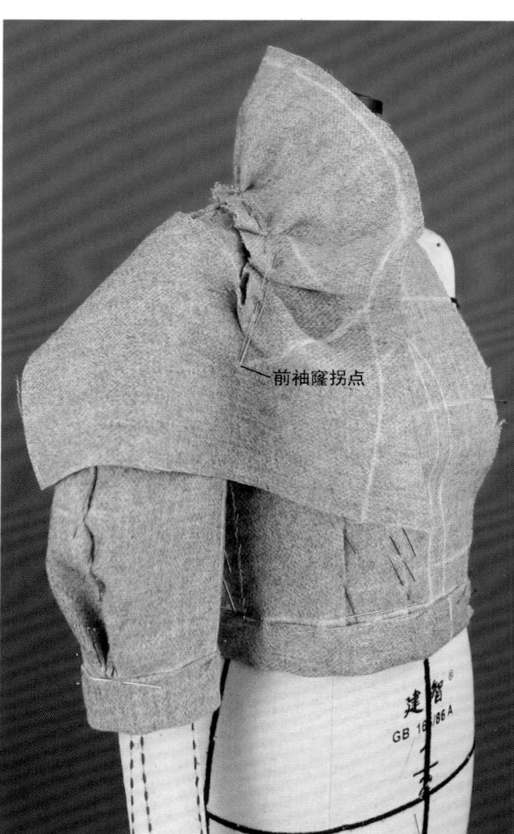

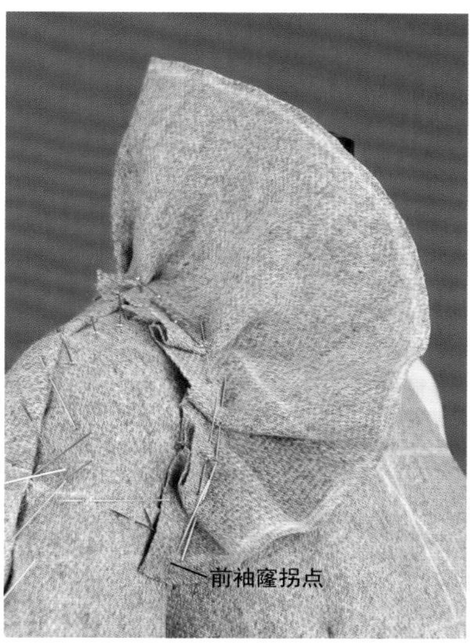

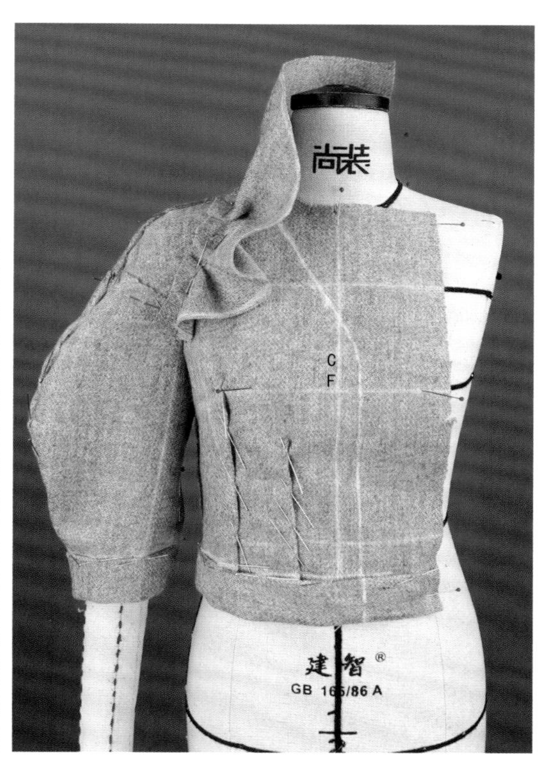

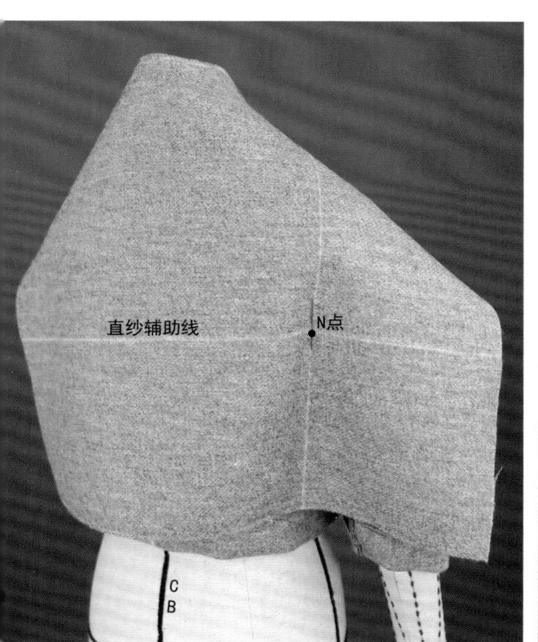

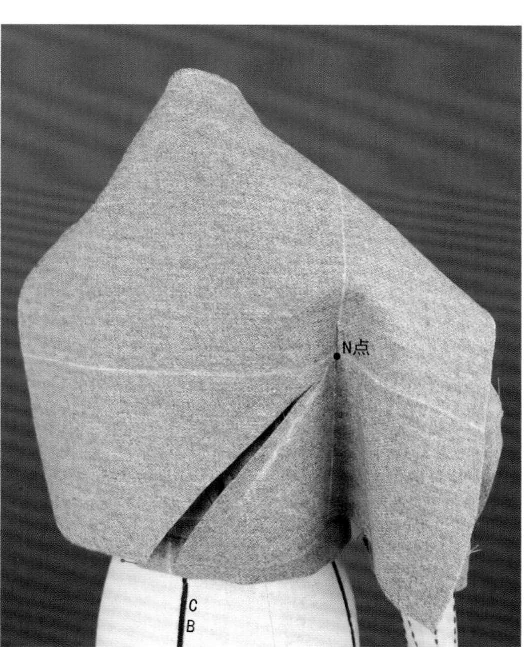

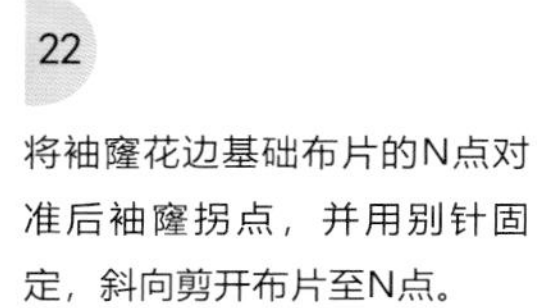

22

将袖窿花边基础布片的N点对准后袖窿拐点，并用别针固定，斜向剪开布片至N点。

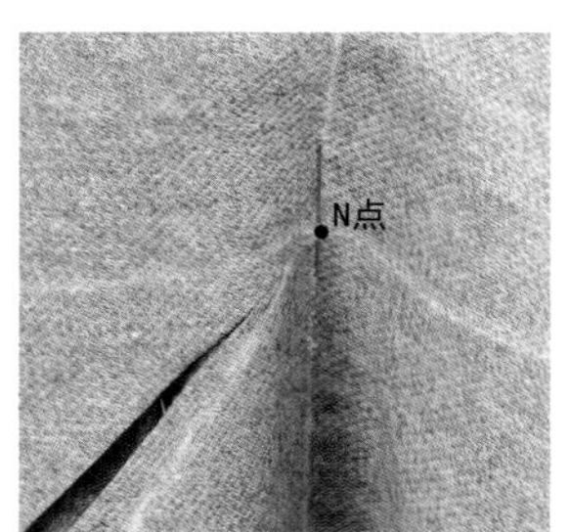

23

如图所示，由后袖窿拐点边向前沿袖山线（即落肩分断线）固定布片，边打剪口，根据花边造型放出展剪量并叠褶，袖窿花边与领部花边有部分重合，用重叠针固定上、下布片。调整好花边整体形态，对花边外止口线进行描点，修剪掉多余布料。

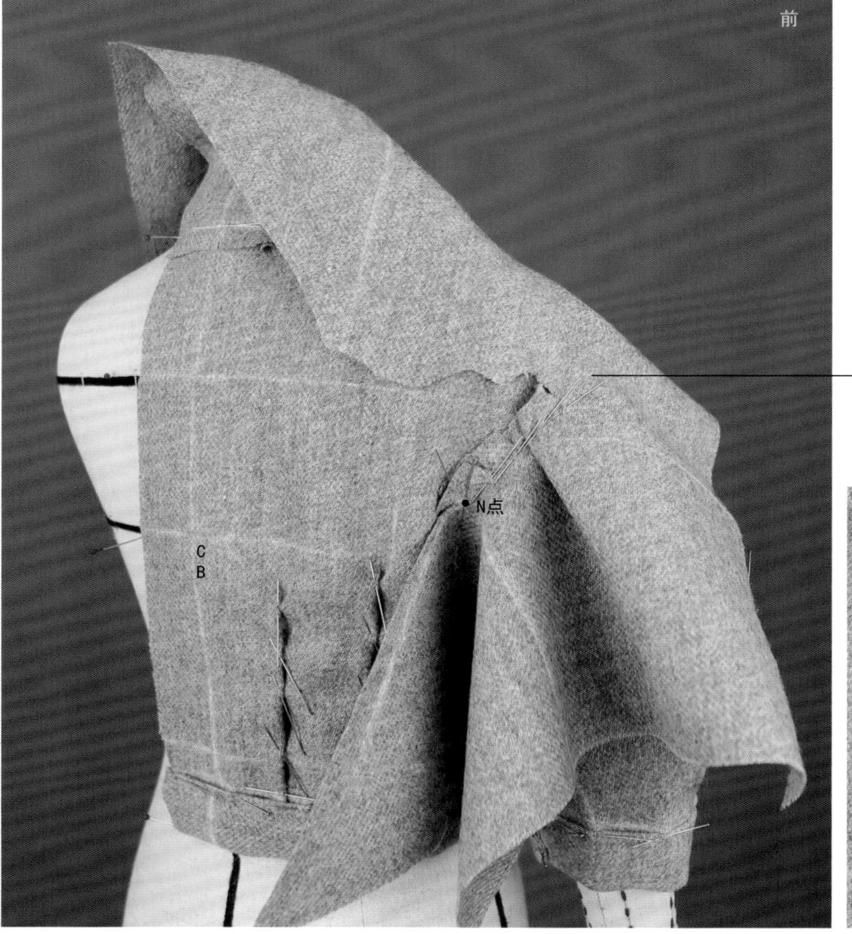

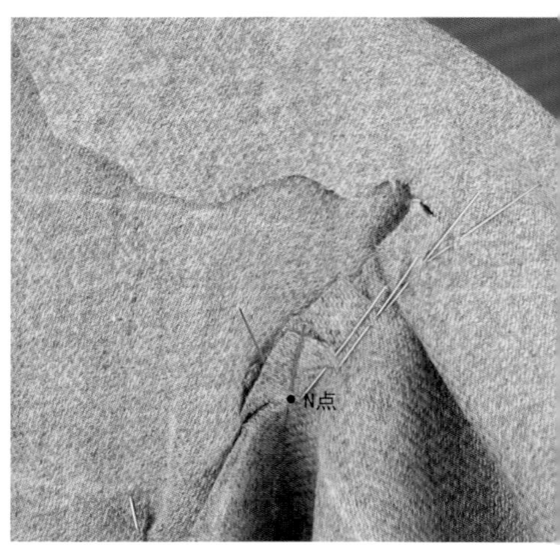

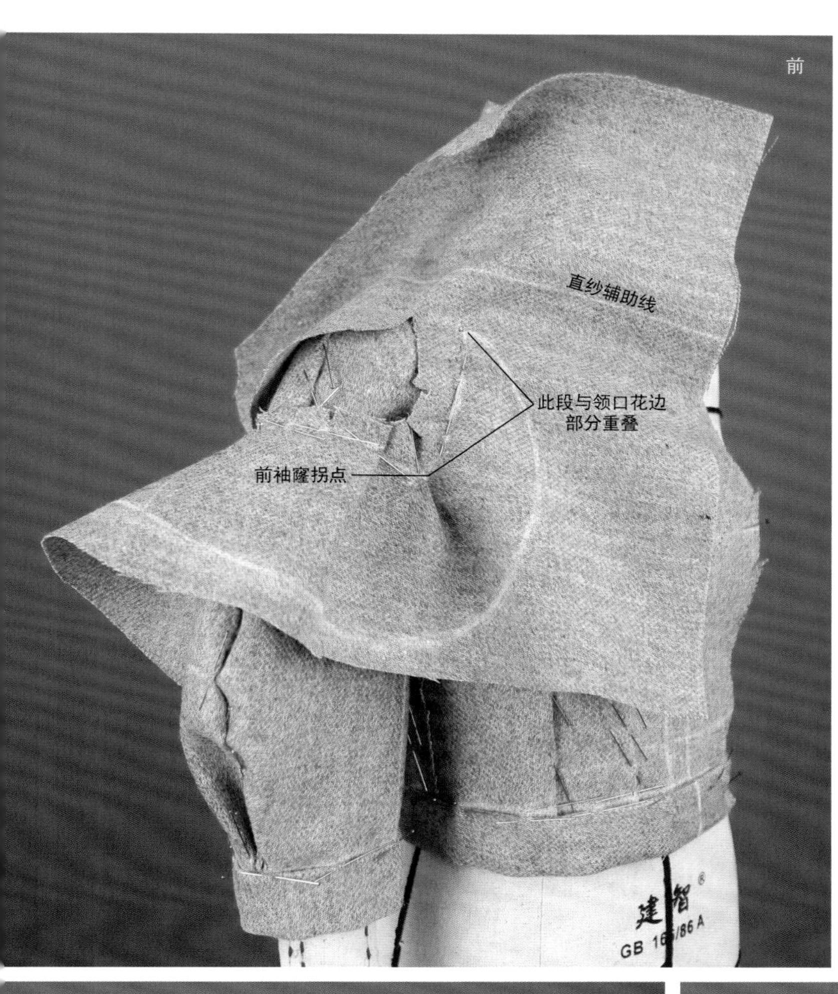
前
直纱辅助线
此段与领口花边
部分重叠
前袖窿拐点
建智
GB 16 /86 A

前

N点
C
B

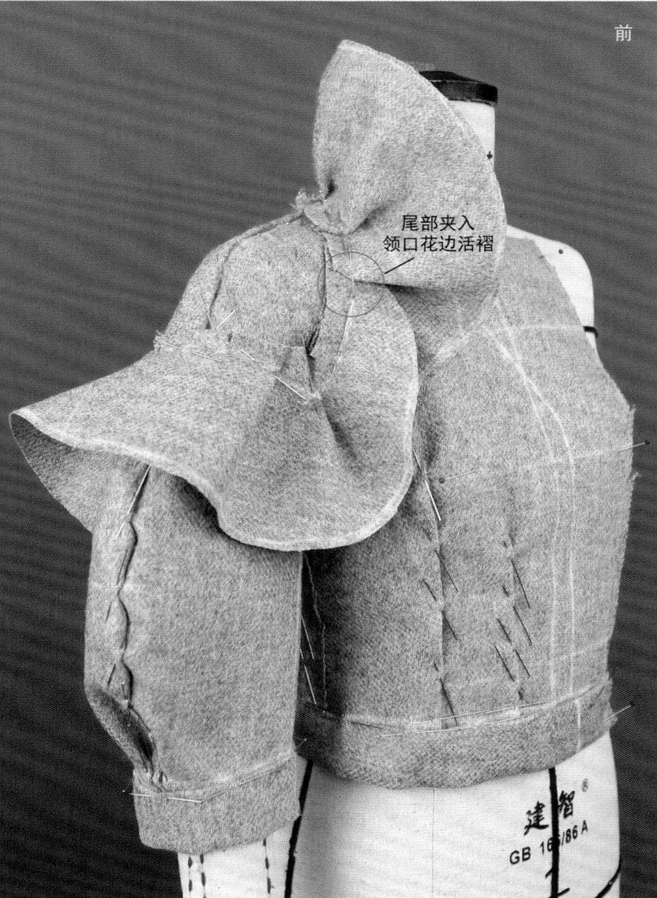
前
尾部夹入
领口花边活褶
建智
GB 16 /86 A

24 半身假缝完成效果

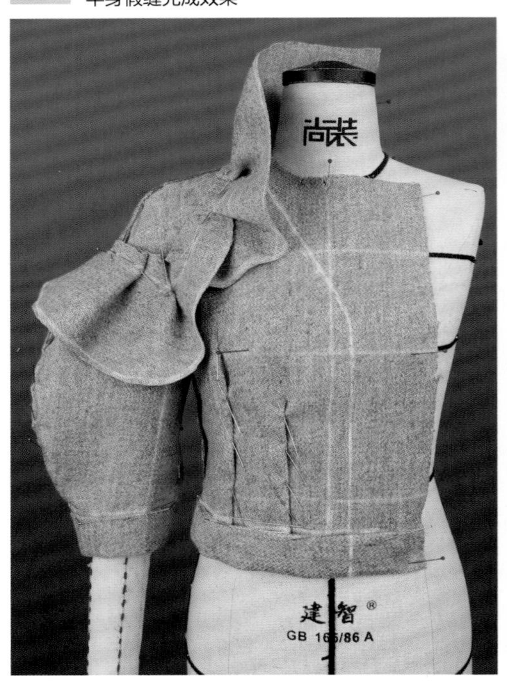

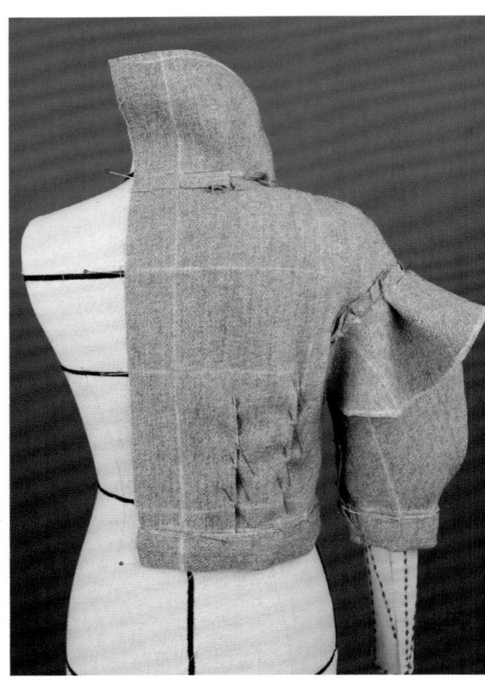

25 造型确认无误后，取下裁片，熨烫平整，归纳弧顺线条。整理好样片，取得样版。

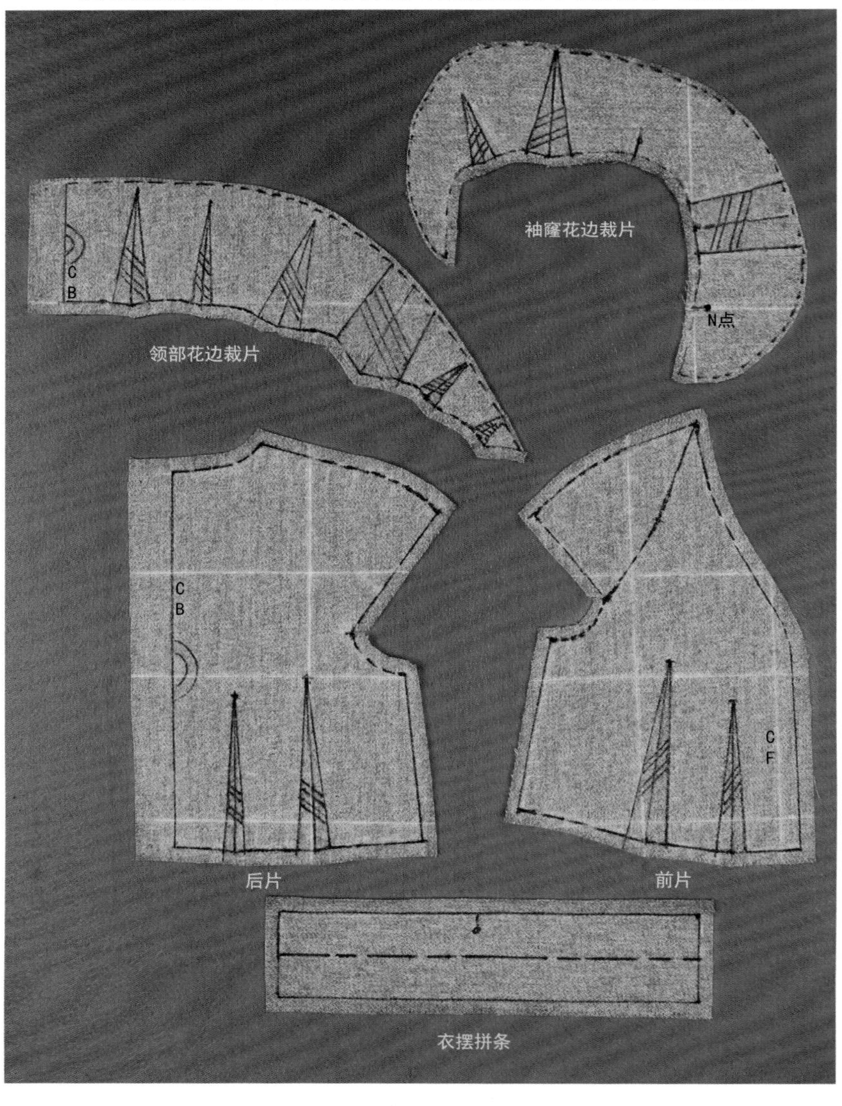

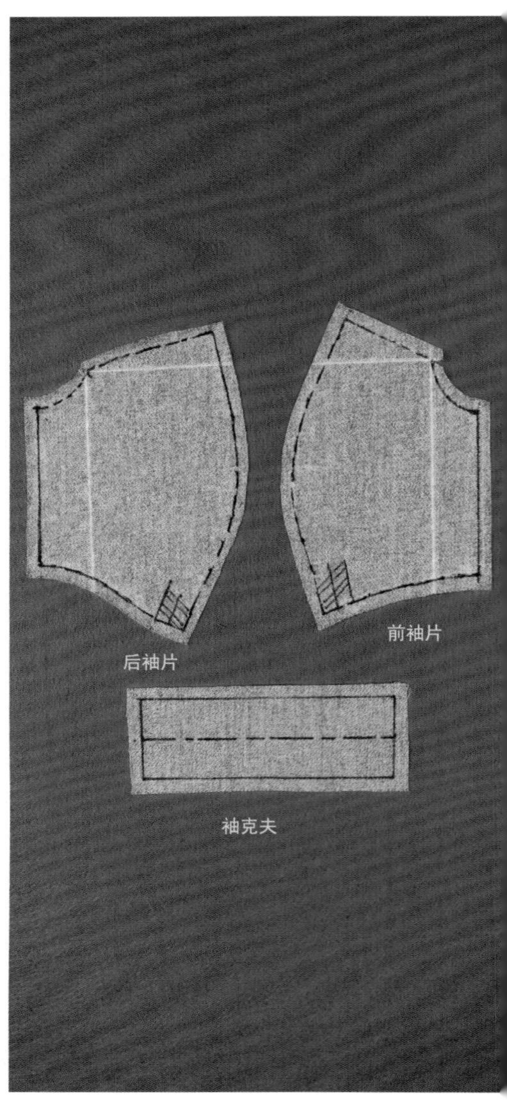

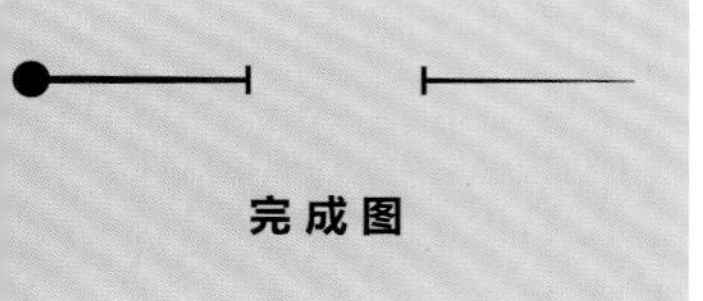

完成图

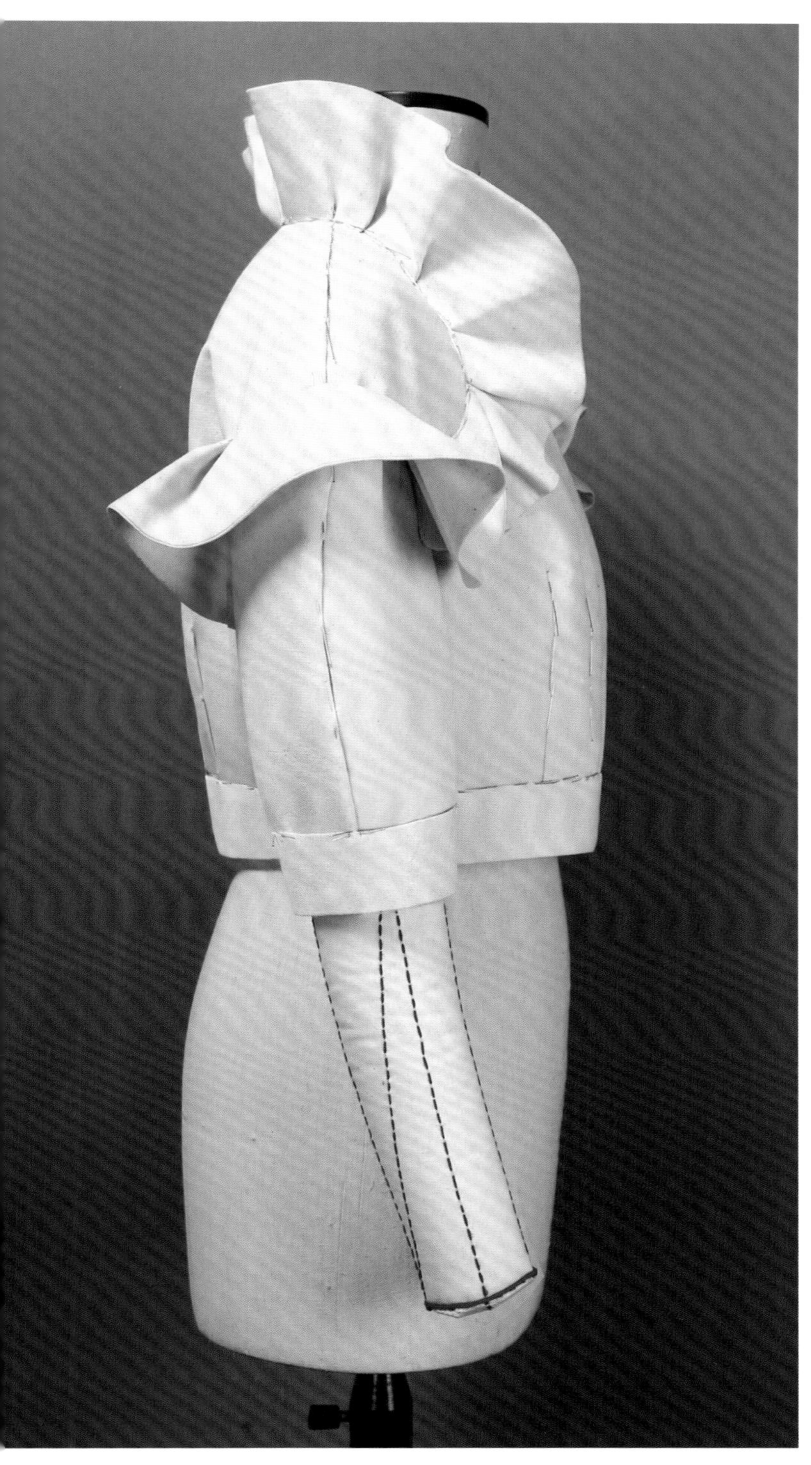

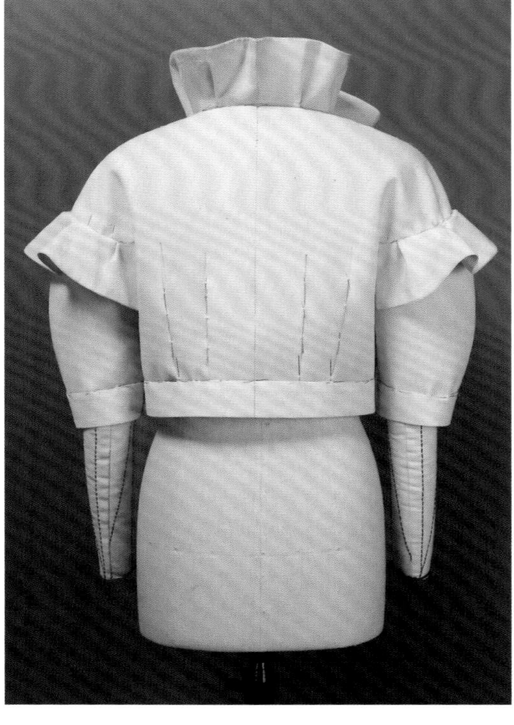

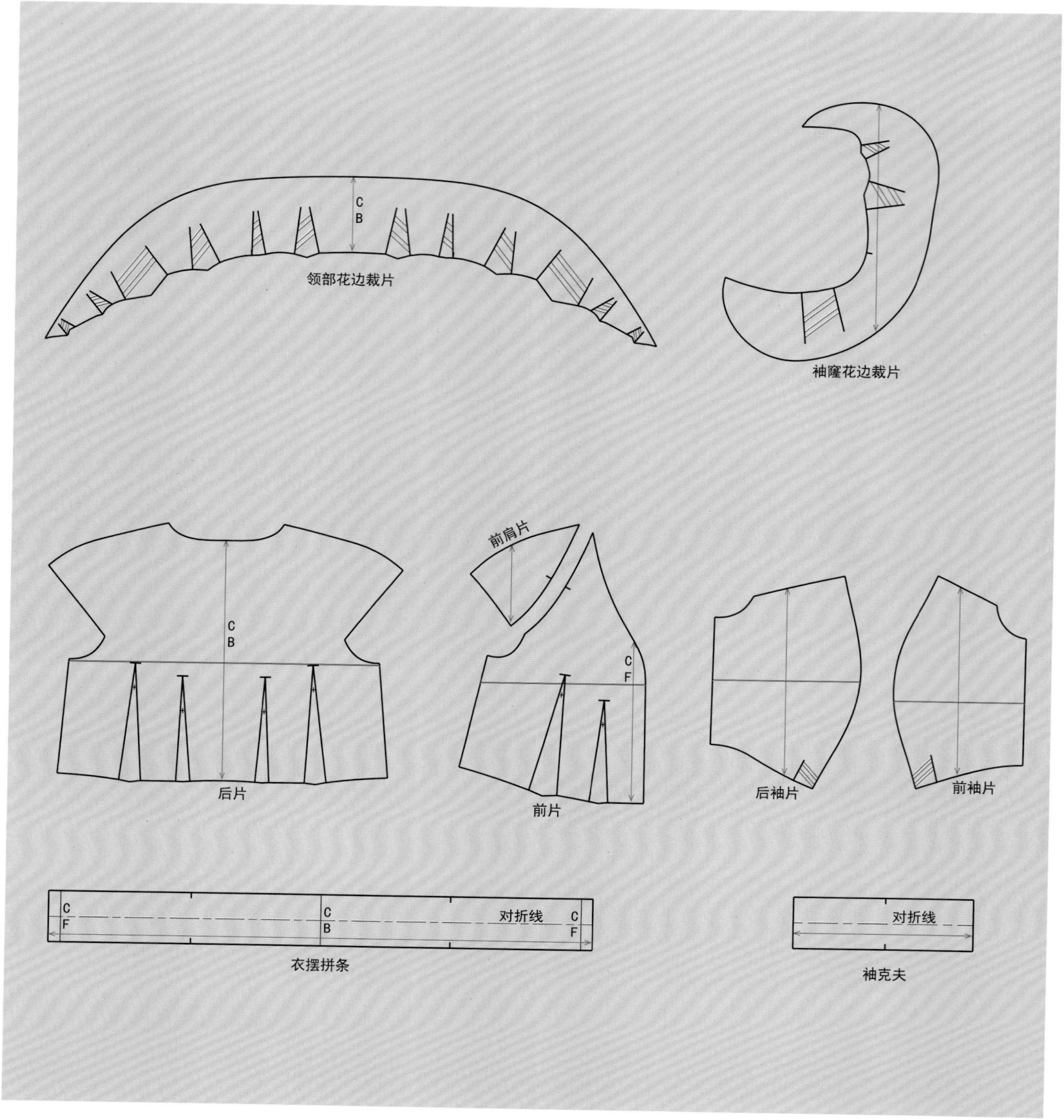

C
B
领部花边裁片
袖窿花边裁片
C
B
后片
前肩片
C
F
前片
后袖片
前袖片
C
F
C
B
对折线
C
F
衣摆拼条
对折线
袖克夫

Draping

The Complete Course

太空帽衬衫

款式描述

大A廓型，宽松松量，插肩灯笼袖，衣身前中有风琴褶装饰；小立领，可脱卸的肩复式片，内部有铁丝作造型支撑的夸张帽子。

练习重点

- 三片式插肩灯笼袖的立裁方法。
- 夸张帽子造型及内部轮廓支撑的制作方法。

材料准备

- 人台（不限定号型）。
- 宽0.3cm纯棉织带。
- 专业立裁针、剪刀。
- 纯棉坯布。
- 铁丝。
- 马克笔（或4B铅笔）、三色圆珠笔。
- 推版尺、多功能尺、皮尺。

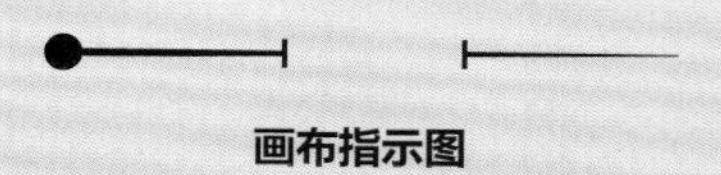

画布指示图

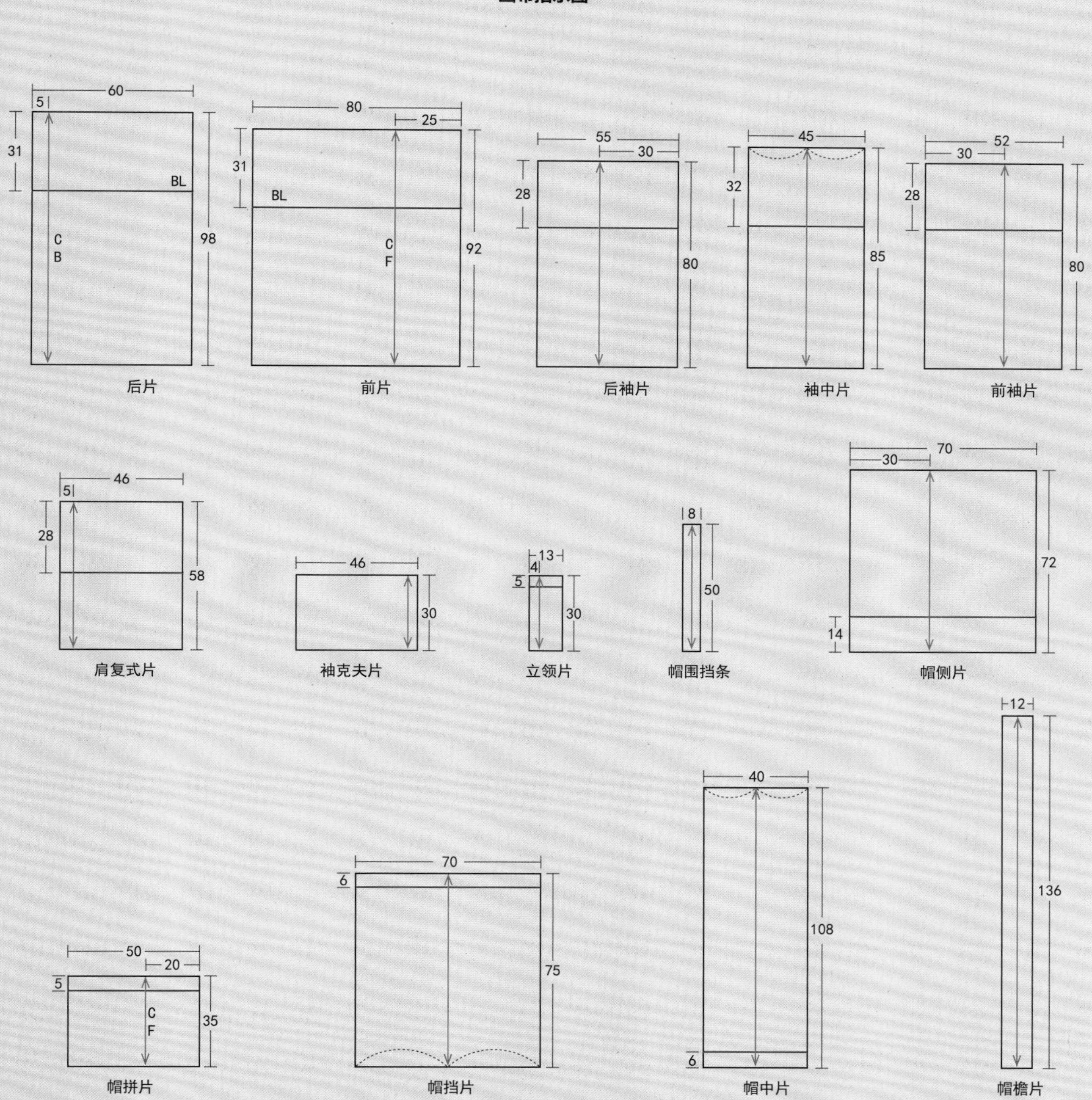

60
5
31
BL
C
B
98
后片
80
25
31
BL
C
F
92
前片
55
30
28
80
后袖片
45
32
85
袖中片
52
30
28
80
前袖片
46
5
28
58
肩复式片
46
30
袖克夫片
13
4
5
30
立领片
8
50
帽围挡条
70
30
72
14
帽侧片
12
136
帽檐片
40
108
6
帽中片
70
6
75
帽挡片
50
20
5
C
F
35
帽拼片

• 人台准备

此款需装配立裁用手臂，除基础标线外需要提前标线部位：前、后插肩袖剖断造型线和袖窿线。

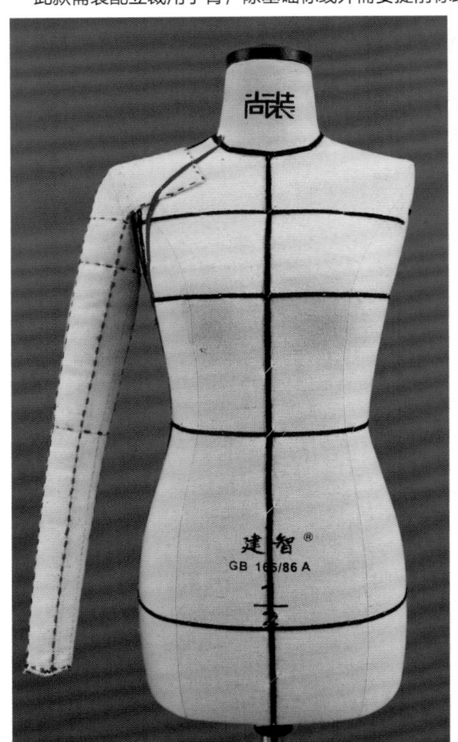

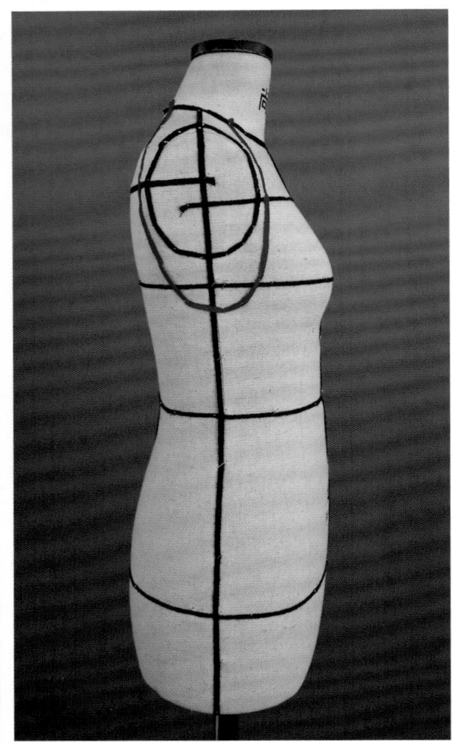

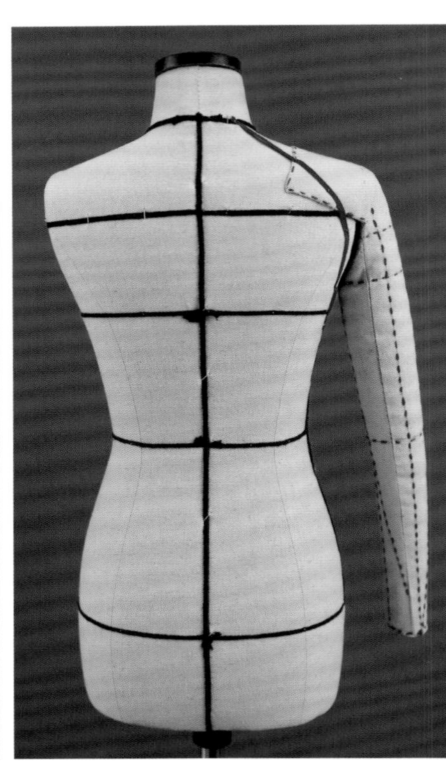

• 款式制作

1

前片制作：将前片基础布片的前中、胸围辅助线与人台标线相对应，用大头针固定前中丝道线和两侧BP点。从前颈点均匀打剪口至肩颈点，修剪出前领口形状，用点针固定肩颈点和肩端点。

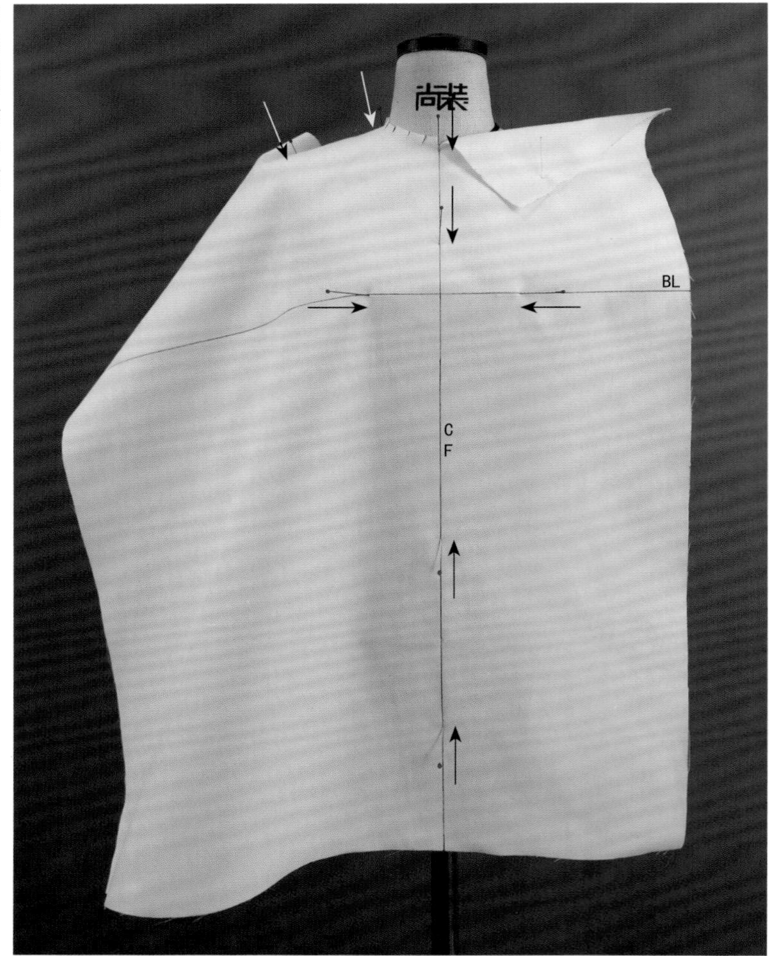

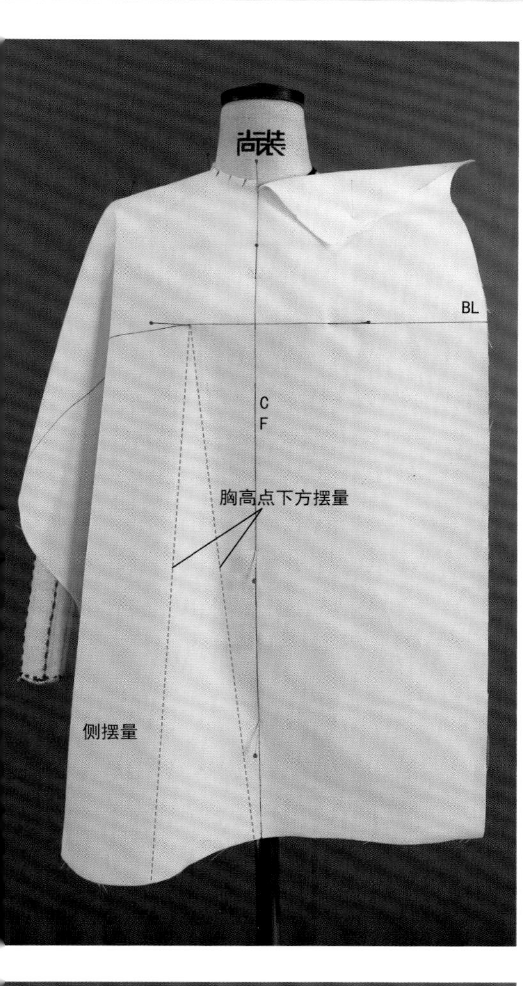

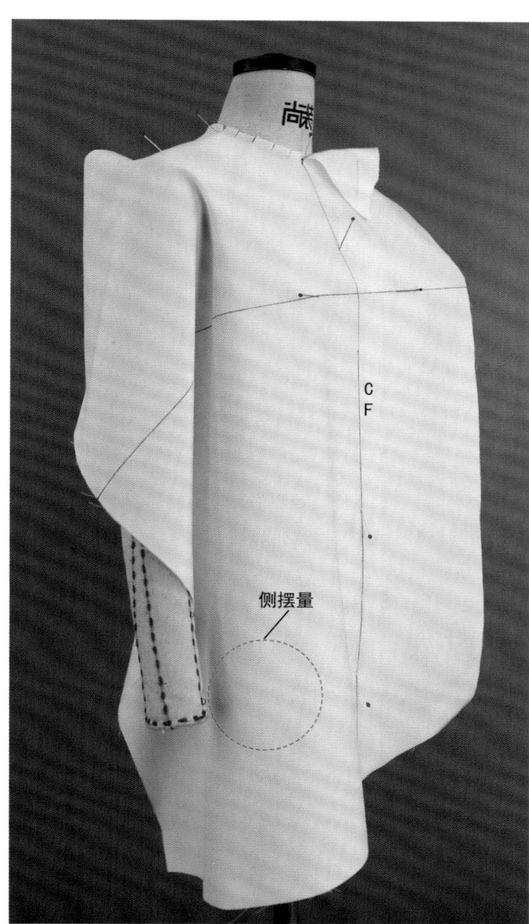

2

将部分胸省量转化至胸高点区域下摆，剩余量转至侧面下摆，调整好衣身松量和廓型，松开固定肩端点的大头针，在保持衣身平衡下，根据衣身量感调整袖肥和肩部的松量状态，确定后用点针重新固定肩端点。

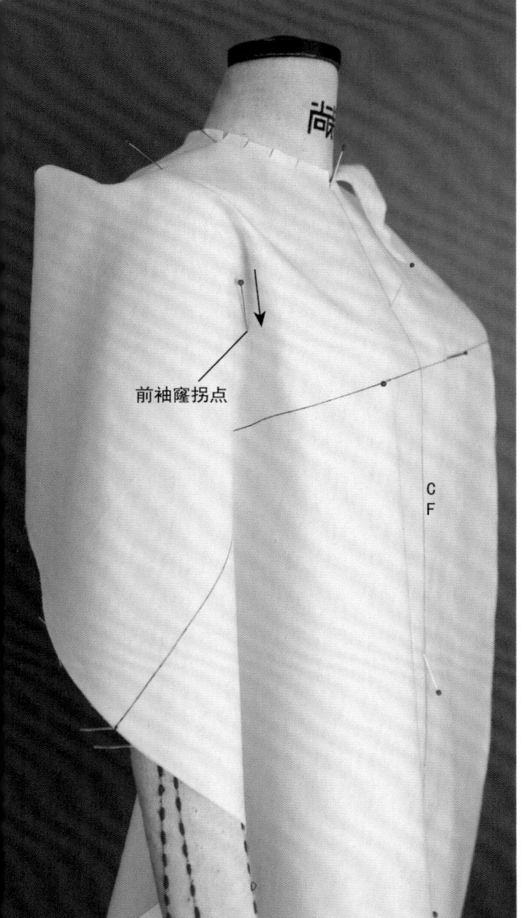

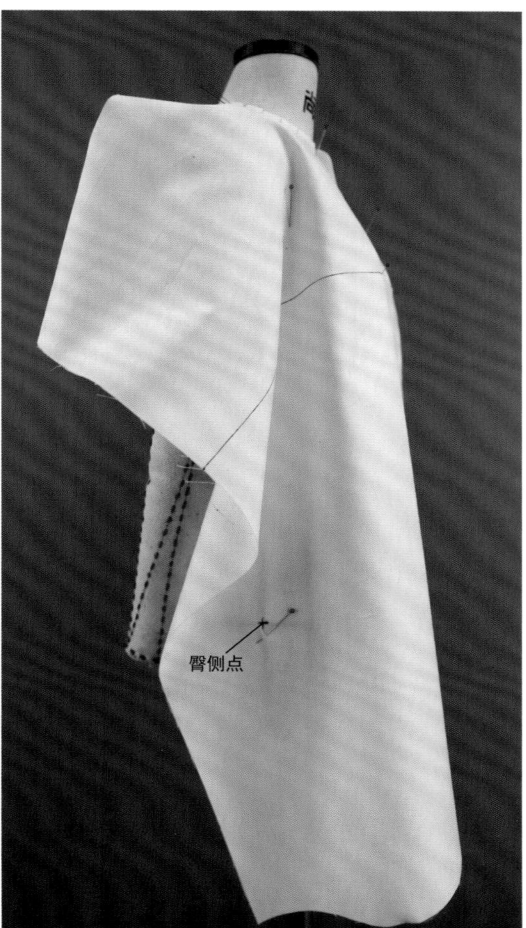

3

在前胸宽线与袖窿交点区域确定出前袖窿拐点并用点针固定，标记臀侧点，用重叠针将坯布与人台表布固定。

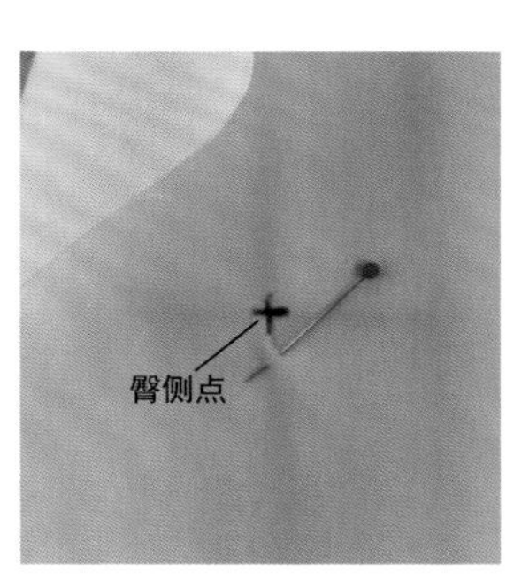

4 从布边横向打剪口至前袖窿拐点，将下半部分布片放至腋下，根据人台标线对前小肩线、前袖窿线、前插肩剖断线以及前侧缝线进行描点，预留缝边并修剪掉多余布料。

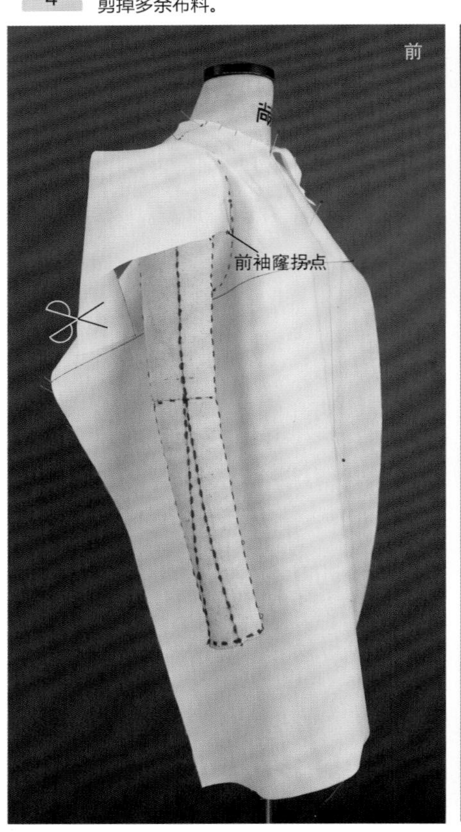

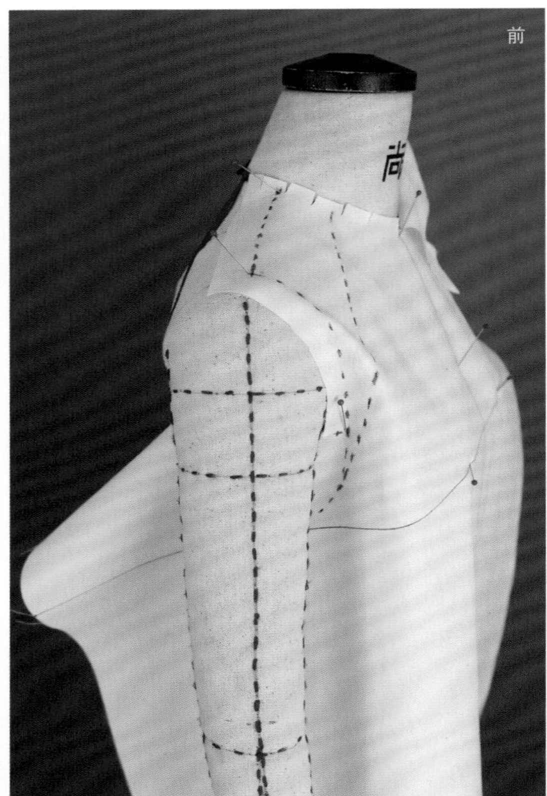

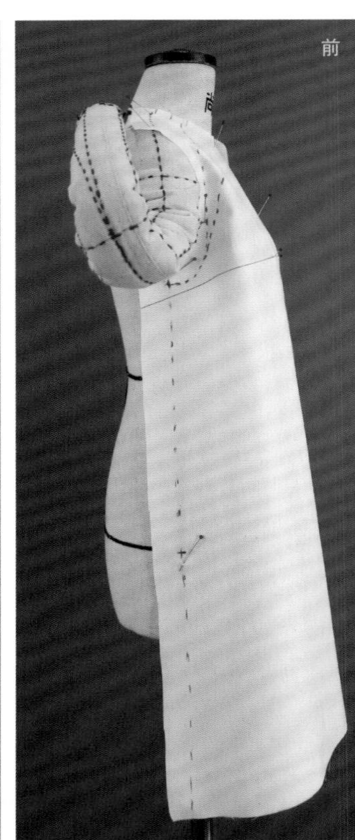

5 做好标记后将裁片取下并铺平，平行于CF线画出风琴褶折叠线，沿折线扣烫平整，用大头针或缝纫机车缝固定褶裥，完成后将裁片重新固定于人台上。

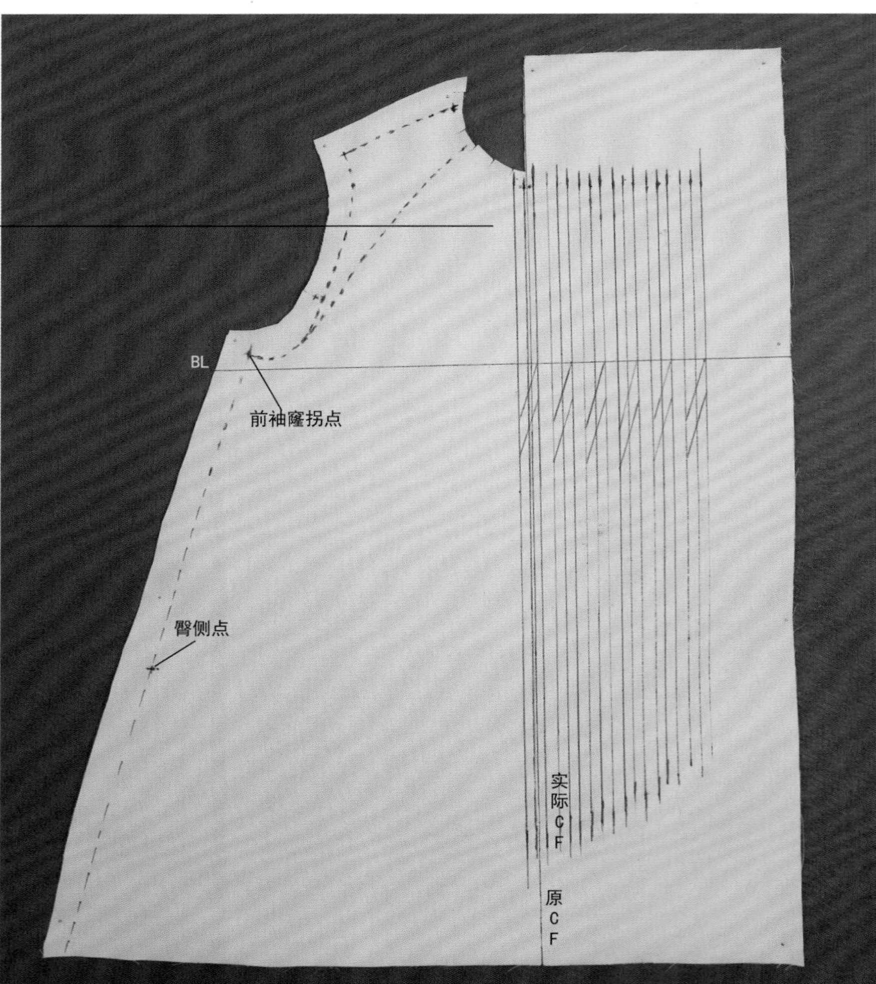

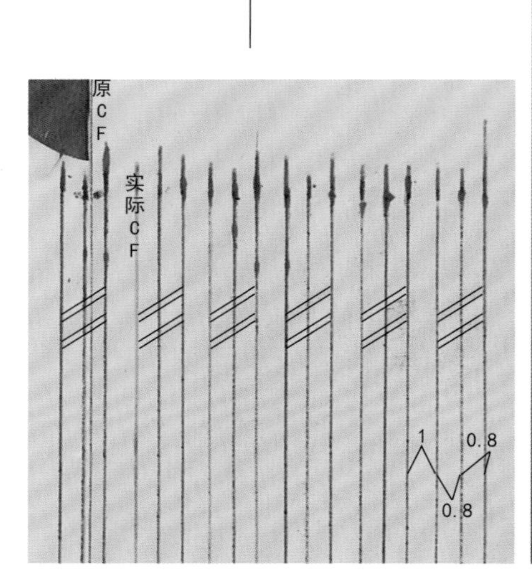

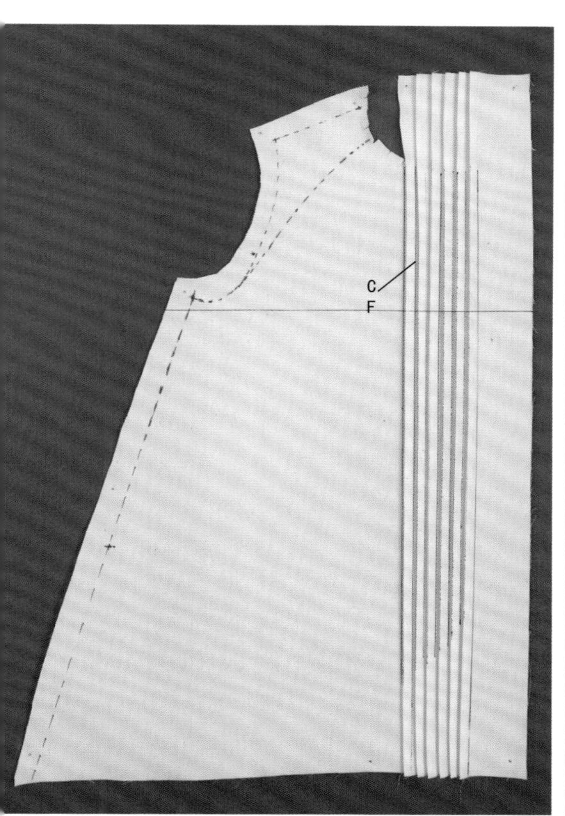

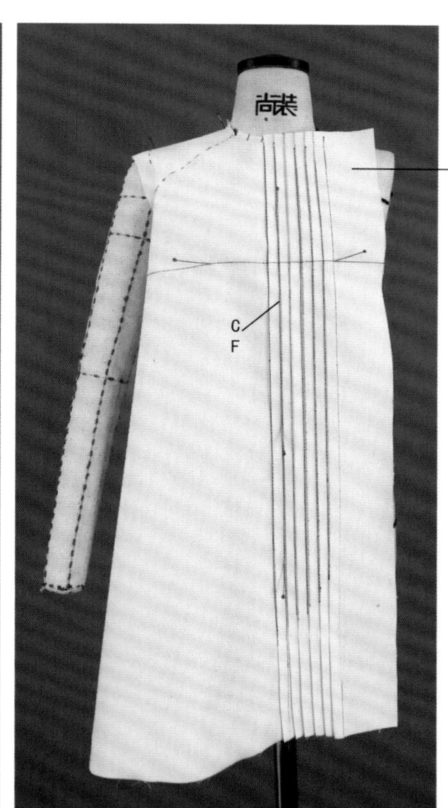

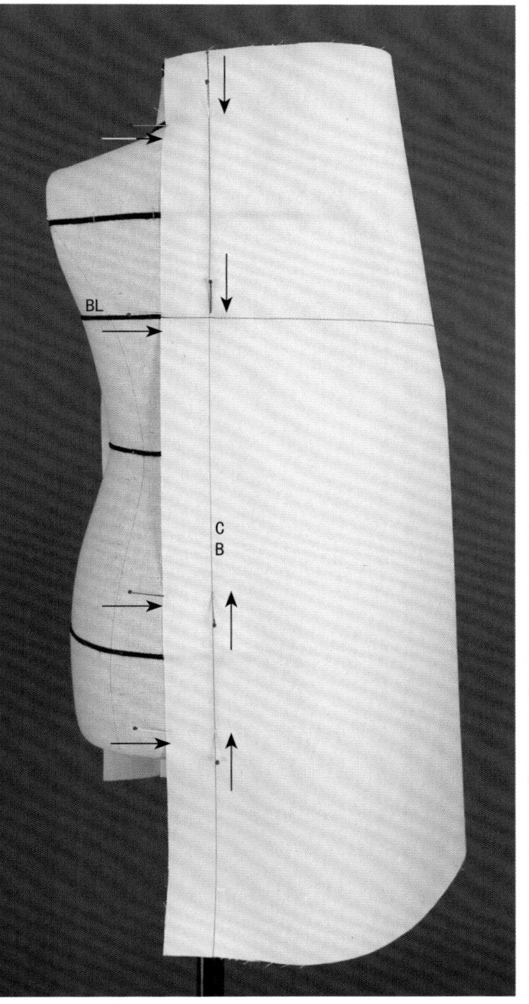

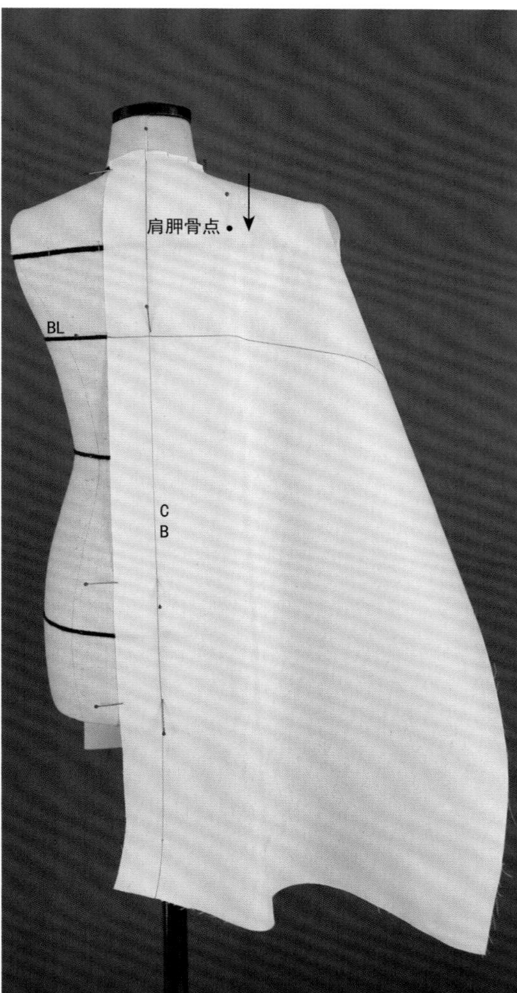

6

后片制作：将后片基础布片如图所示固定在人台上，修剪出后领口，用大头针固定肩颈点，将部分肩胛骨省转化为肩胛骨高点区域下摆的展开量，可用点针暂时固定，剩余肩胛骨省量转化至侧面下摆。调整好衣身后片的松量和廓型，注意后片量感应略大于前片，标记出后袖窿拐点并用别针固定臂侧点，调整后袖松量和肩部状态，确定后用点针固定肩端点。

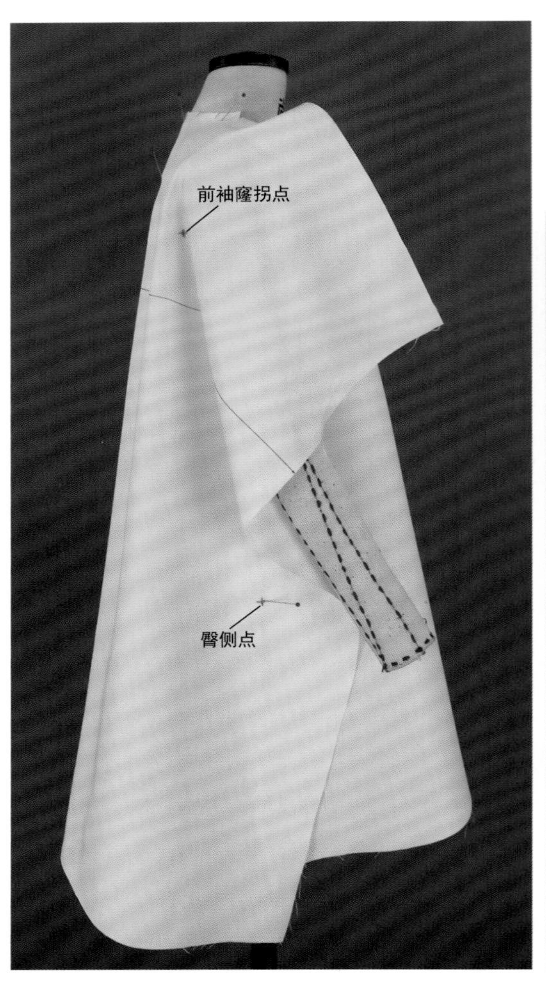

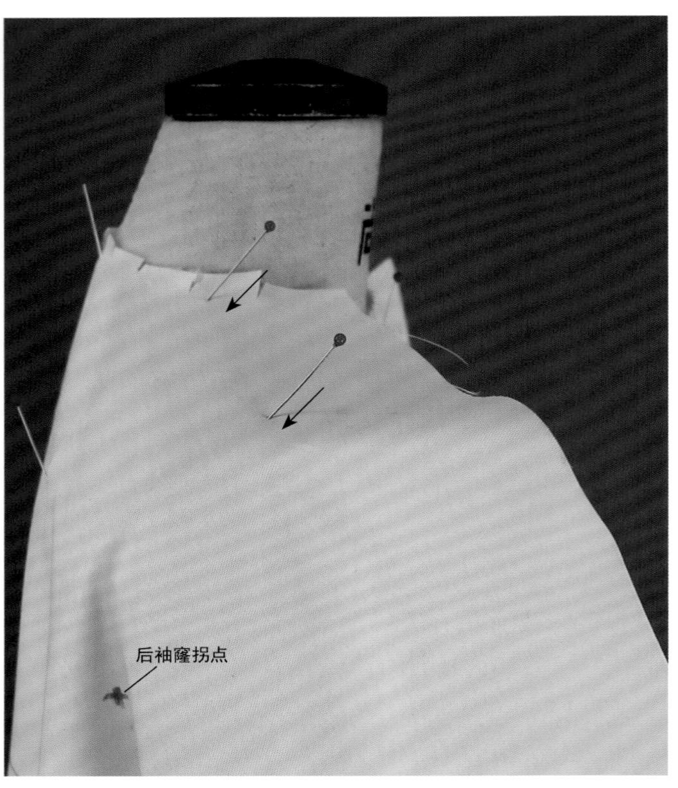

7 如图所示，打剪口至后袖窿拐点，将下半部分坯布放至腋下，参照前片描线在后片上标记出腋点和侧缝线（腋点与臀侧点连直线），对侧缝余布进行清剪，并对其进行刮折扣净，与前片假缝固定。

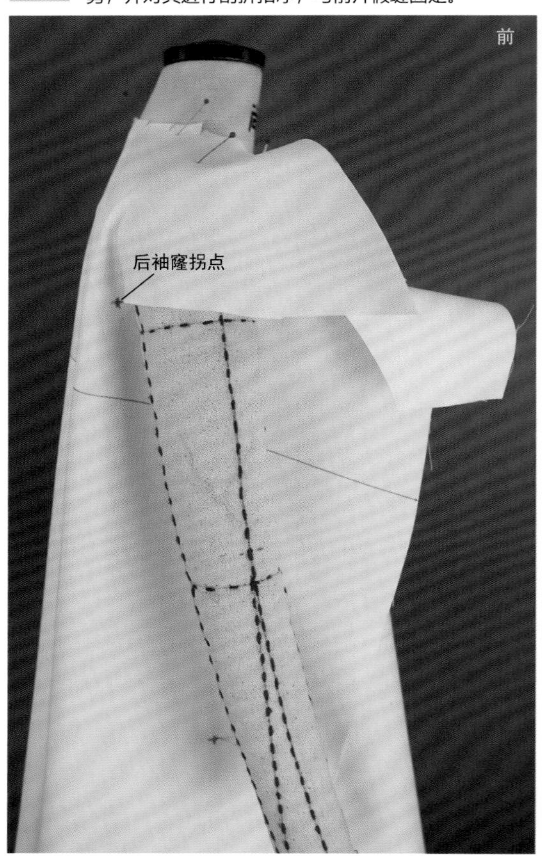

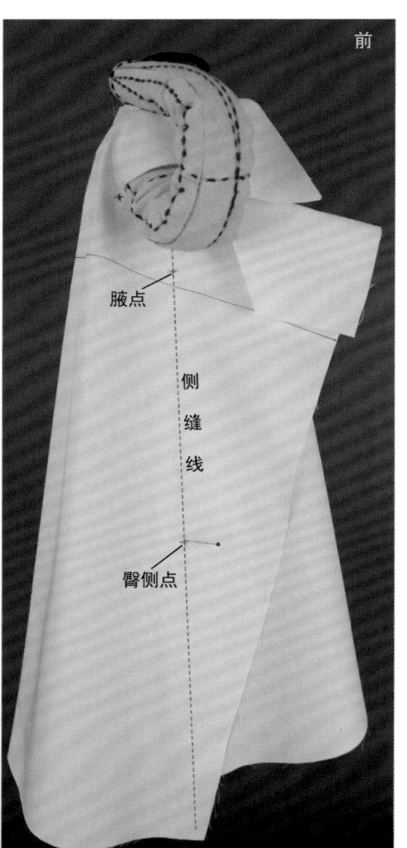

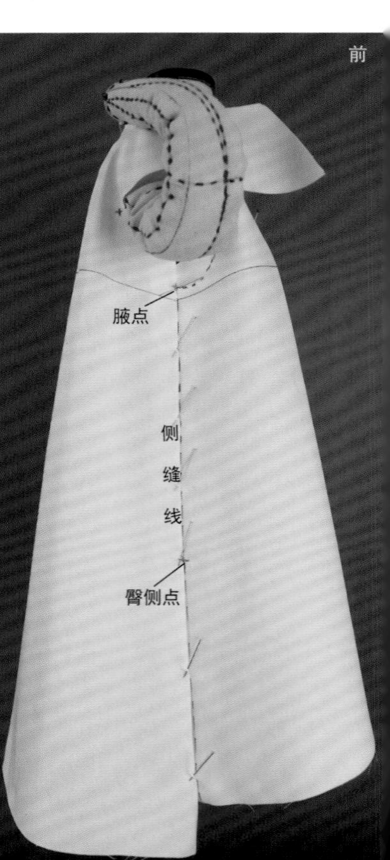

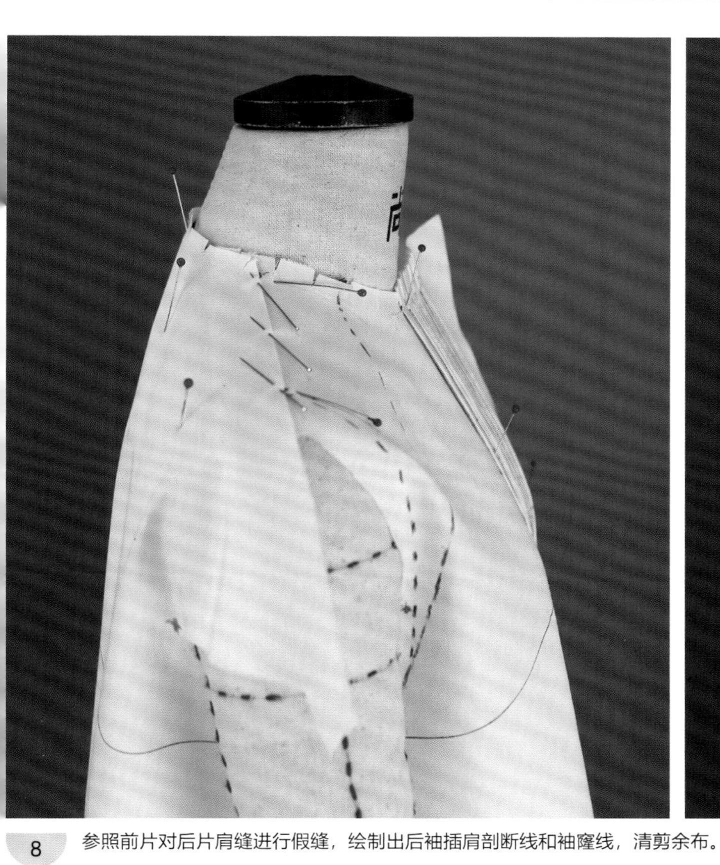

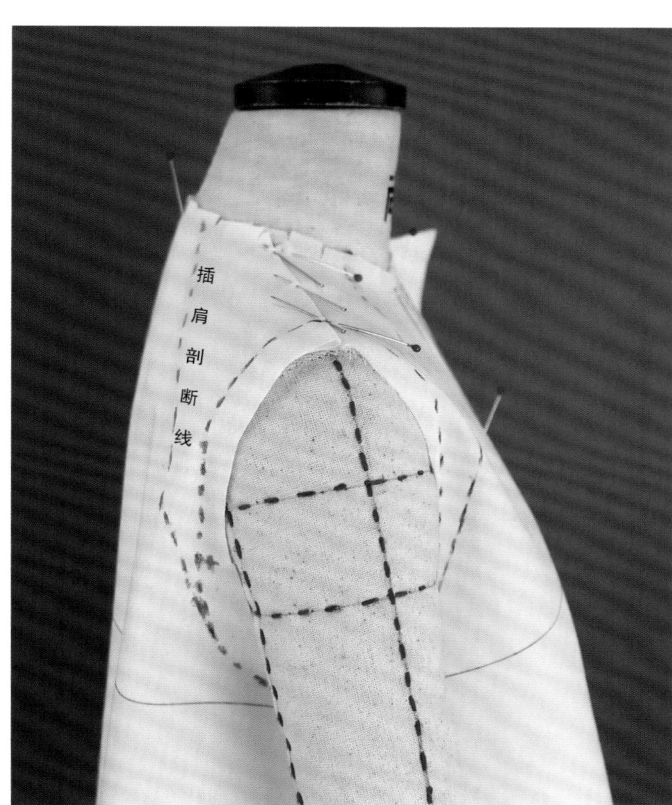

8 参照前片对后片肩缝进行假缝，绘制出后袖插肩剖断线和袖窿线，清剪余布。

9 如图所示，确定衣身底摆造型线，对其进行描点并修剪掉多余布料。

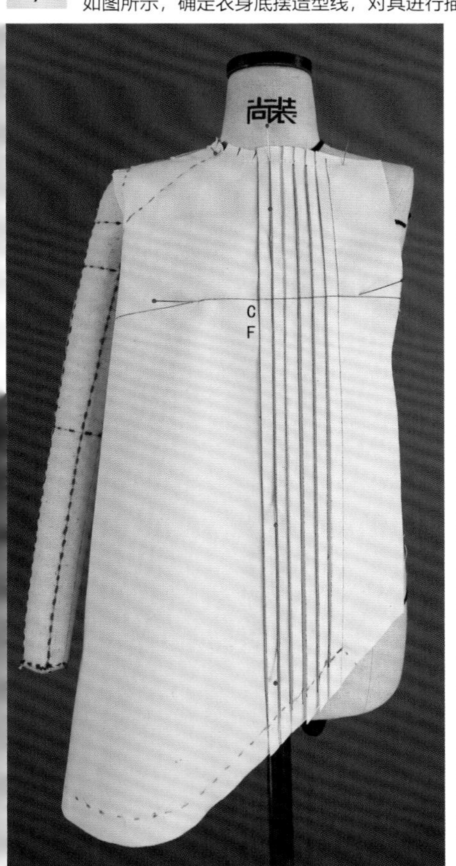

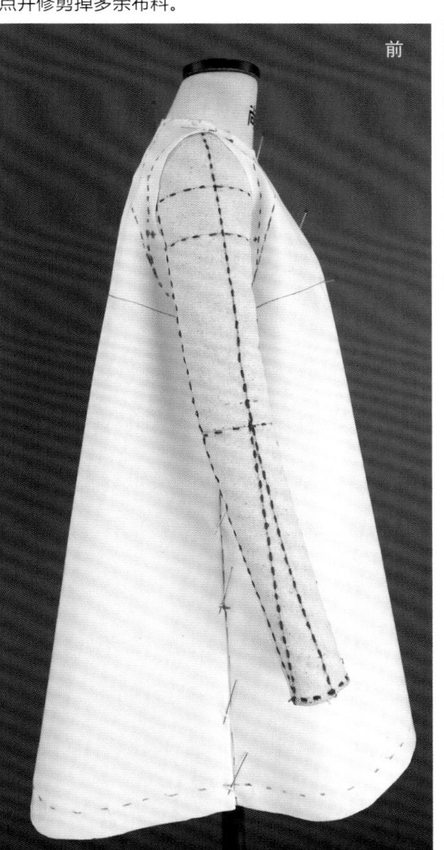

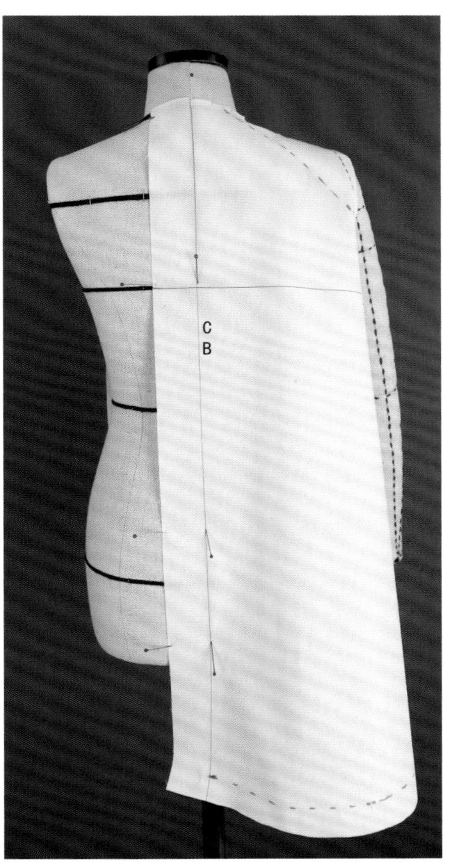

10

袖子制作：在前、后插肩剖断线上以平移方式重新确定出前、后袖窿拐点。

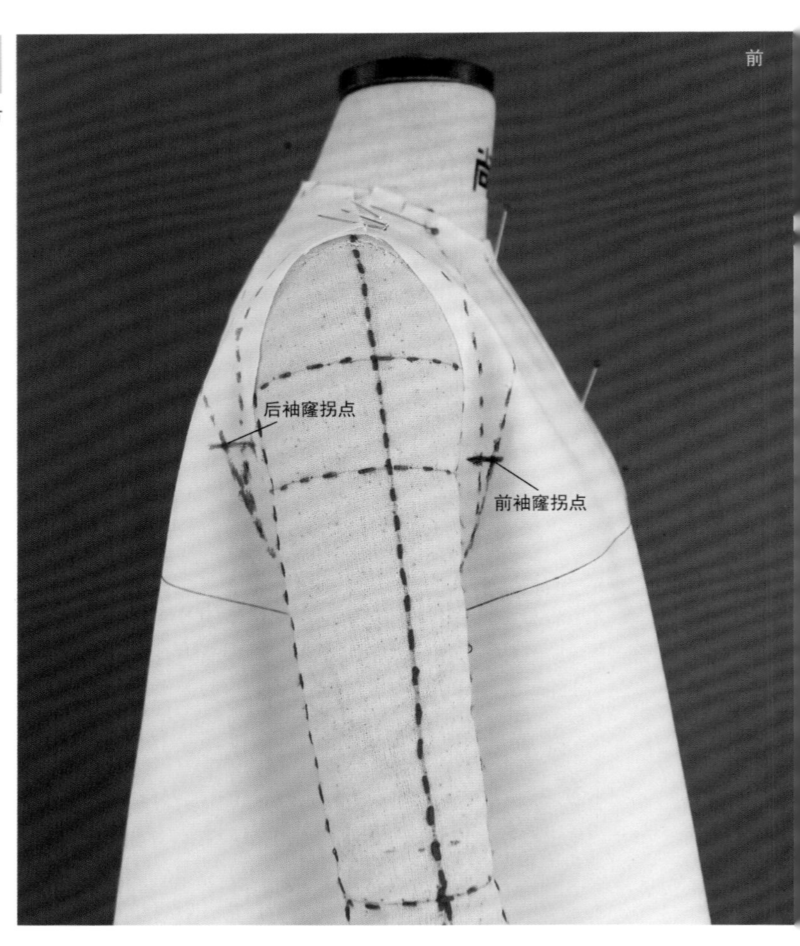

11

将前袖片基础布片辅助线的交点与插肩剖断线上的前窿拐点相对应，用重叠针将两层布片固定，针尖朝上、针尾推到底，保持横纱水平、直纱垂直的状态并用别针固定。

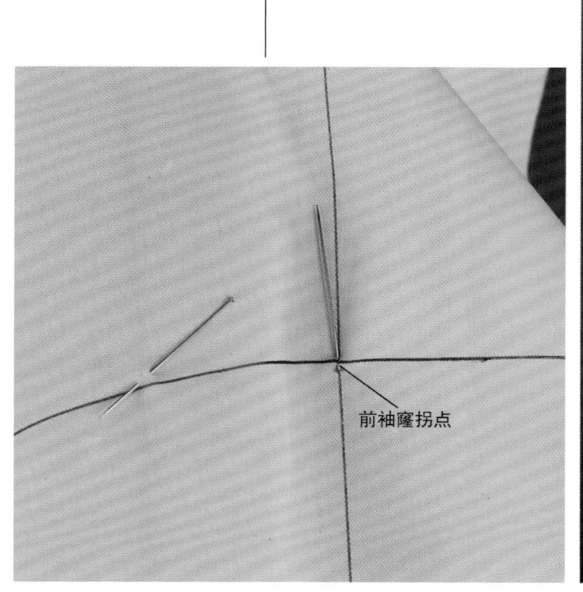

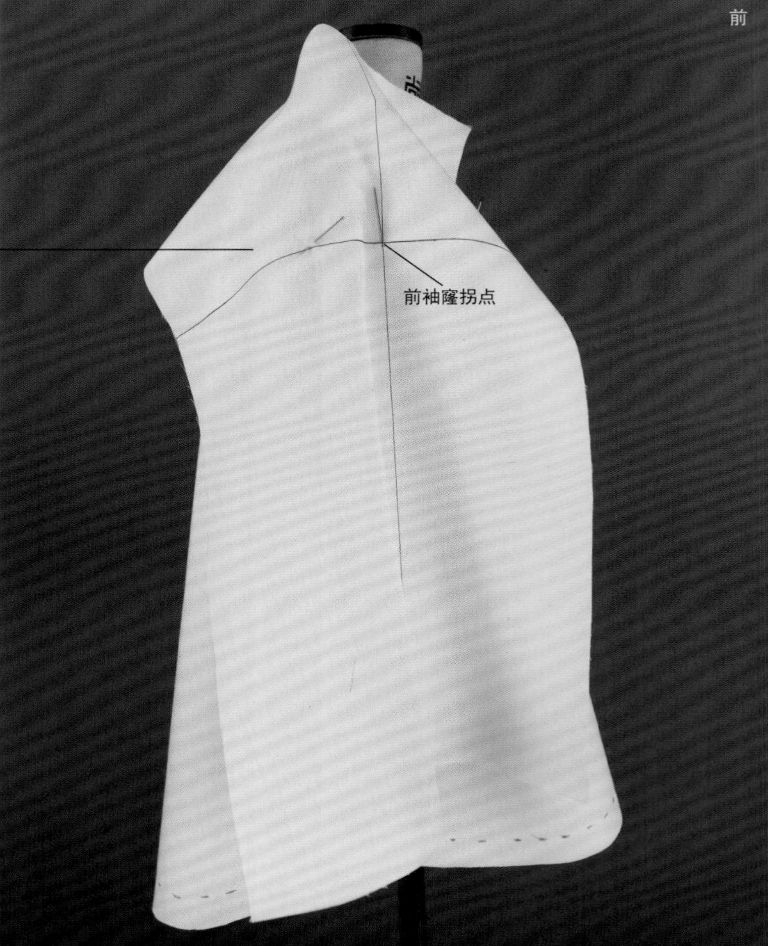

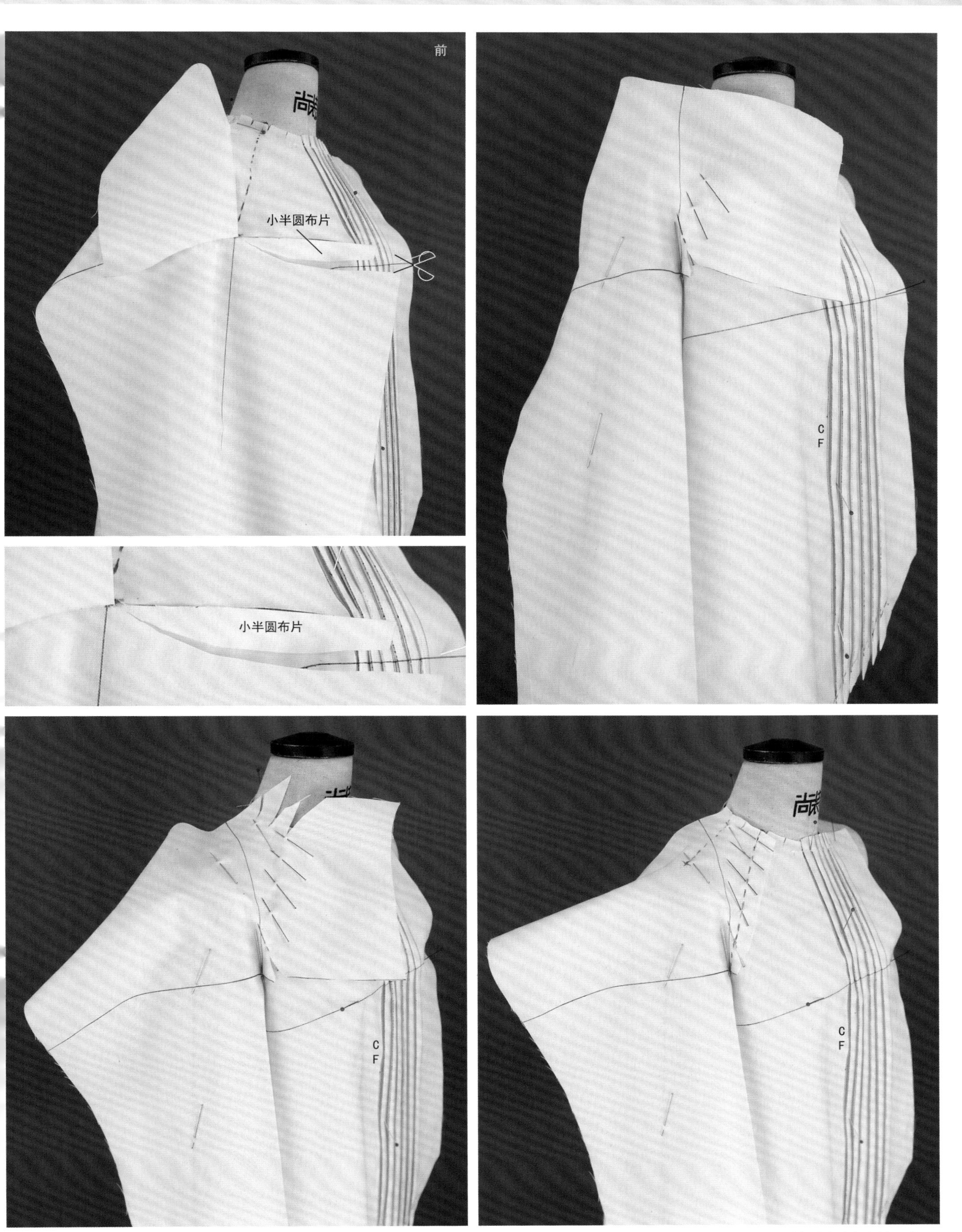

12 以前拐点为顶点横向剪开坯布，并修剪掉一块小半圆的布片，将下半部分布片放至腋下。调整上半部分余布的空间松量状态使其与衣身肩部保持一致，打剪口使布片伏贴，用重叠针沿前插肩剖断线固定，并用别针固定肩颈点和肩端点。对完成部位进行描点，清剪余布。描线部位：前小肩线，前插肩剖断结构线。

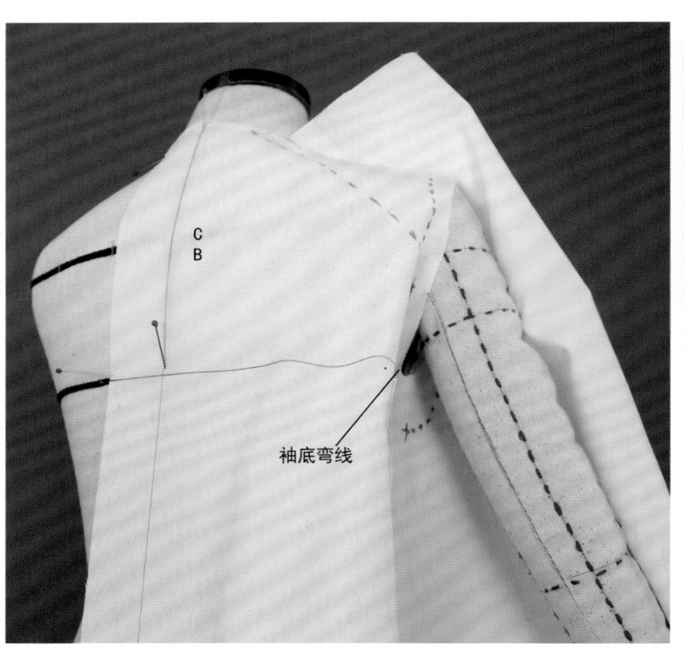

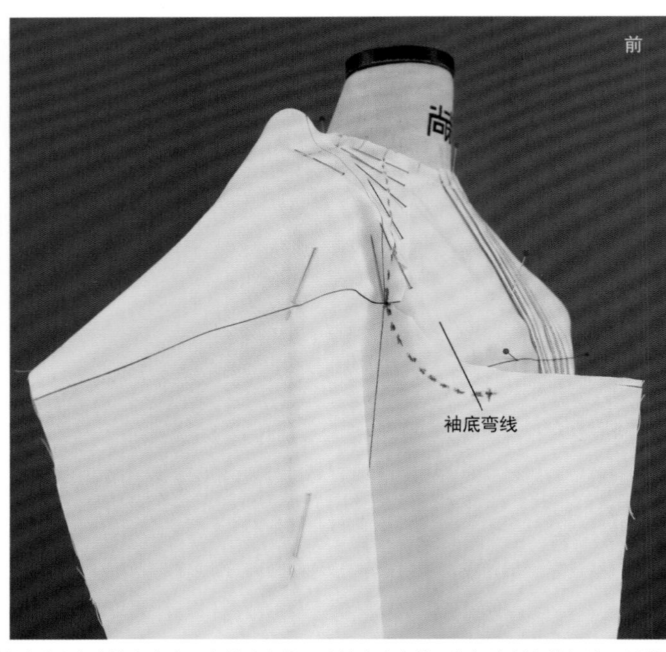

13 调整袖片呈上窄下宽的造型，即展剪加大袖口围度体积量，使腋下区域袖片贴合衣身袖窿底弯，在袖片上拷贝出袖山底弯线，与插肩剖断线相连，并进行整体修顺。

14

将手臂抬起，使前袖片的袖山底弯线与衣身袖窿底弯线相对应，并用大头针固定。

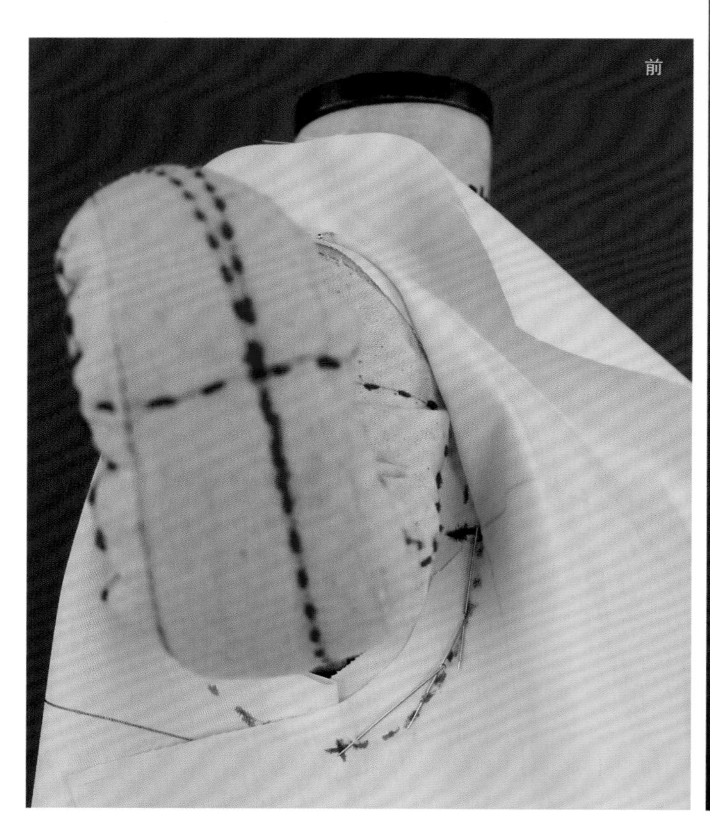

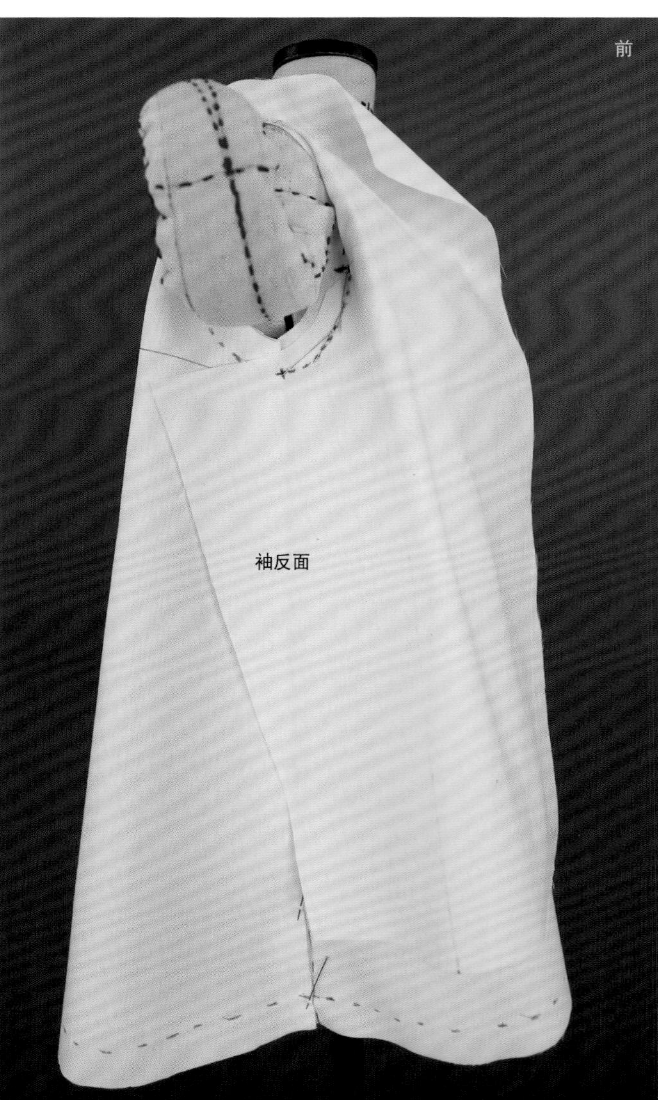

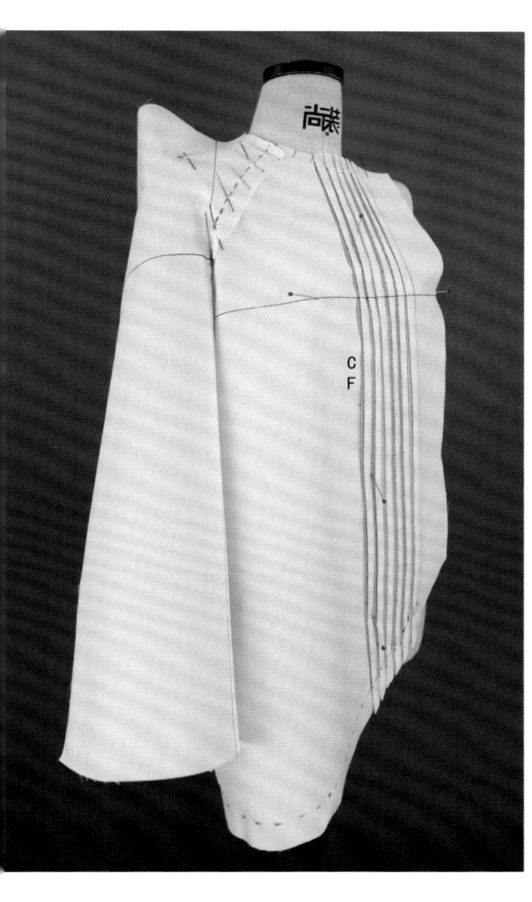

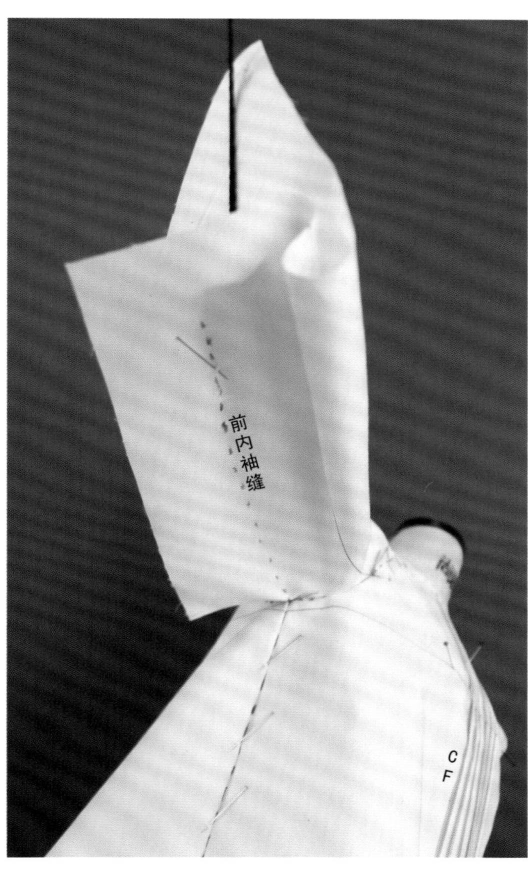

15

如图所示，调整袖片呈喇叭状造型，确定效果后在手臂内侧用别针固定布片，沿手臂内侧前弯势线对前内袖缝进行描点。

16 如图所示，对前袖片进行叠褶并用别针固定使叠褶褶尖消失于前袖中分割线（如 17 所示），塑造袖转折面的外轮廓造型。

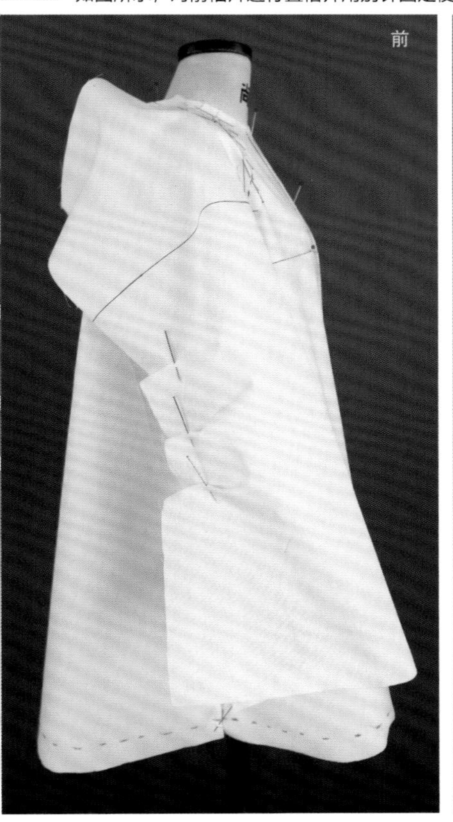

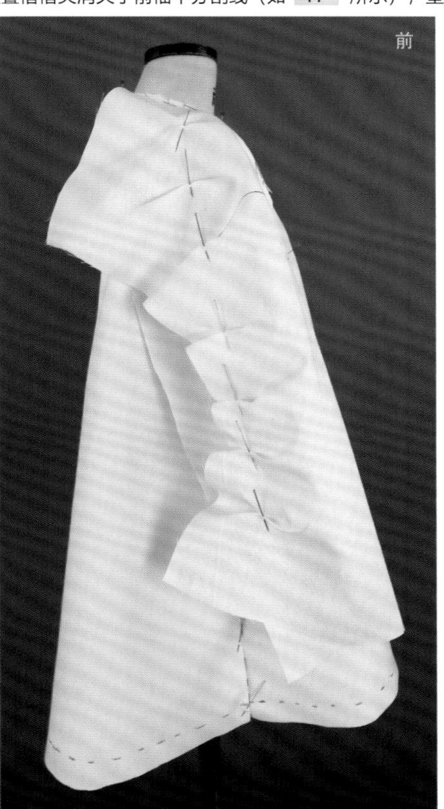

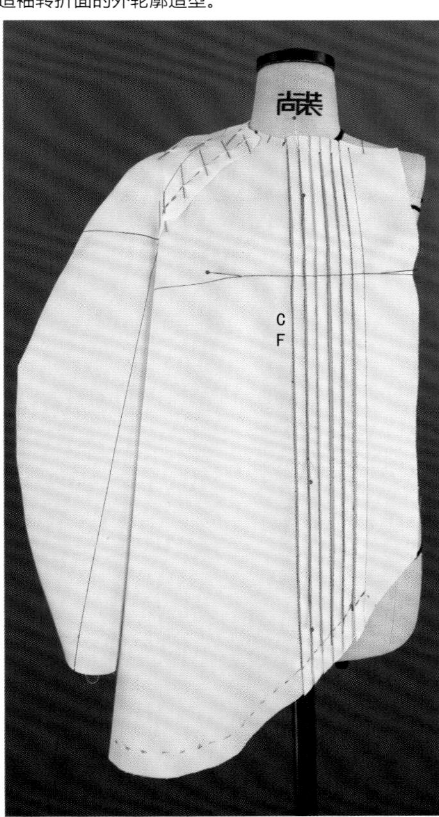

17

此款插肩灯笼袖为前、中、后三片式分割结构，用标示线标记出前袖中分割线，确定后对其进行描点标记。

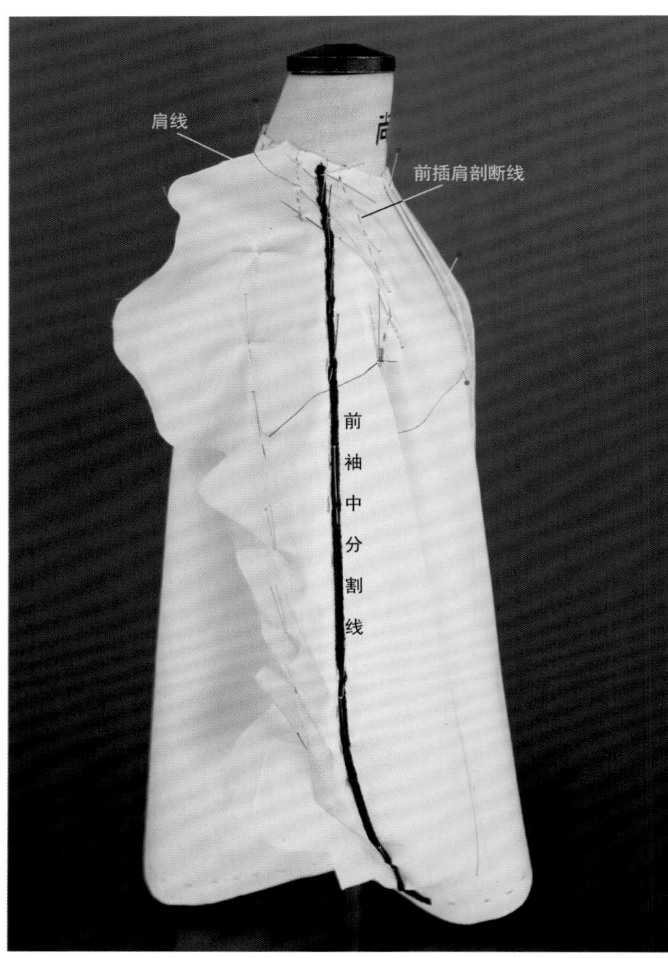

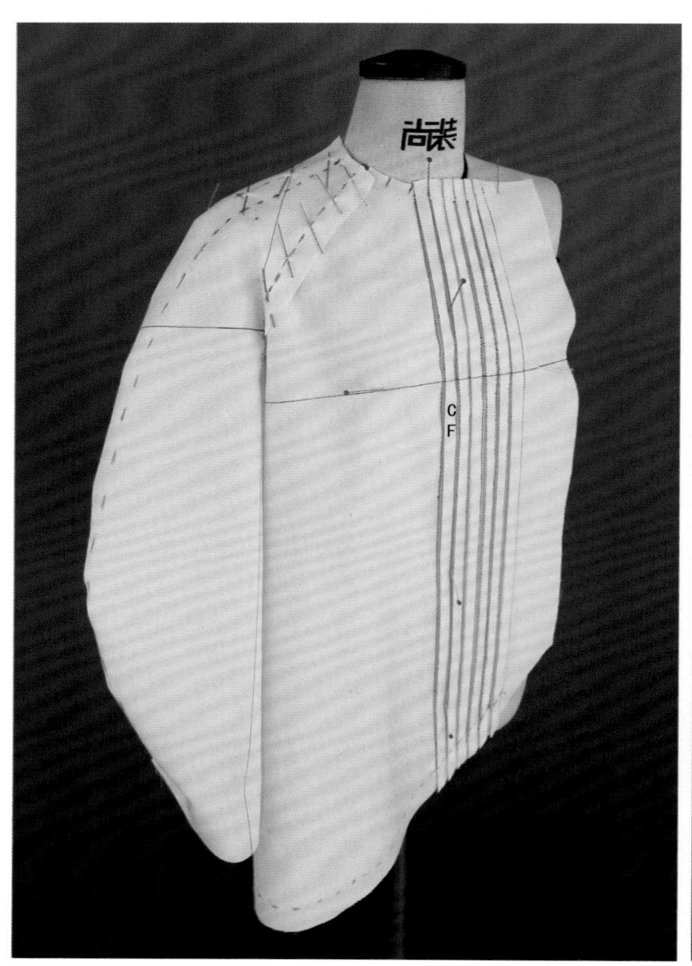

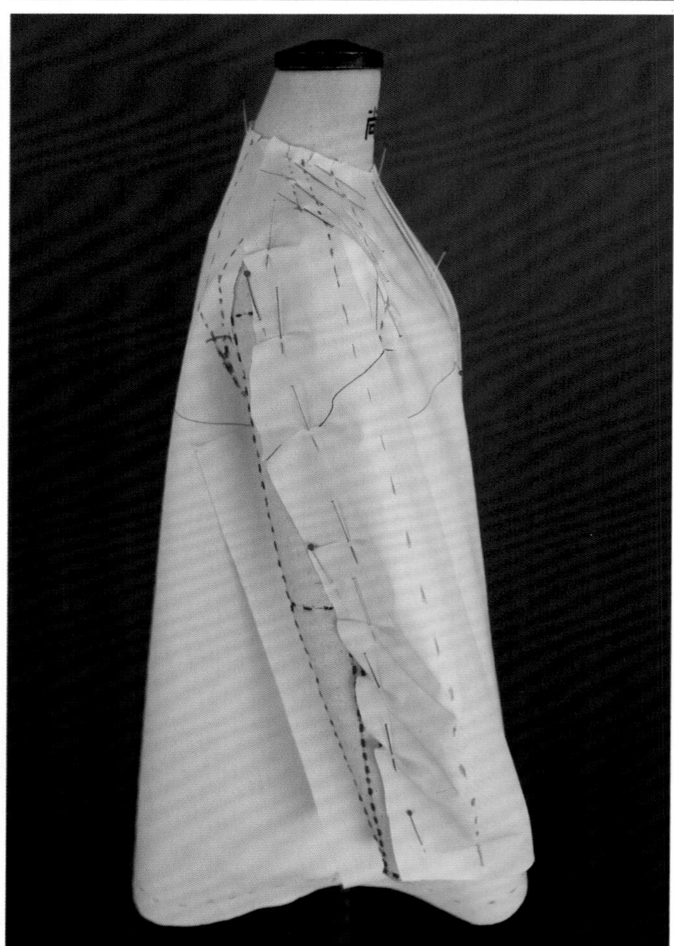

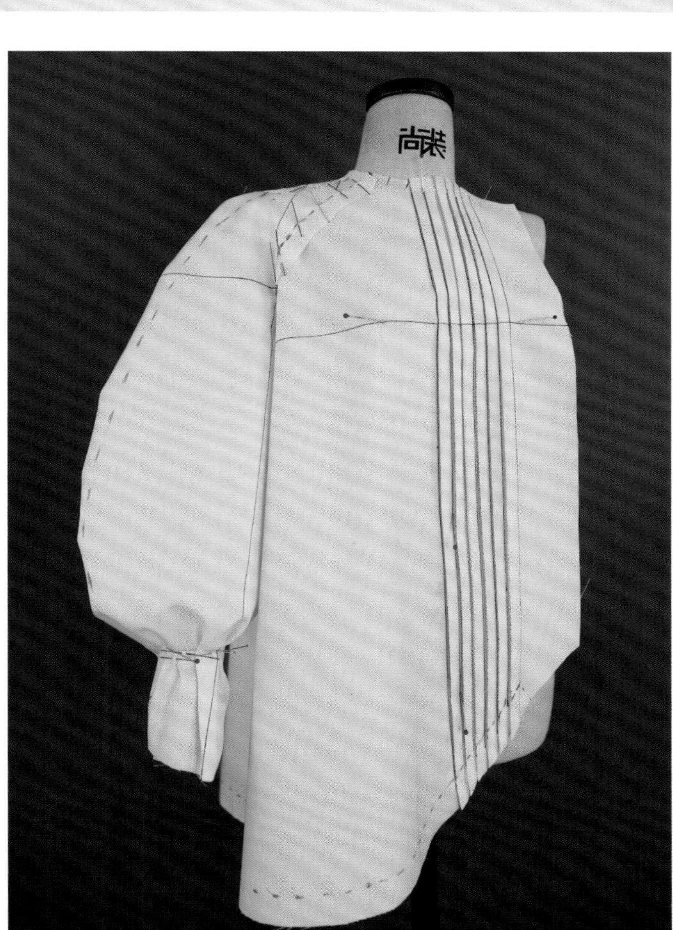

18

在袖口处捏褶塑造灯笼袖造型。

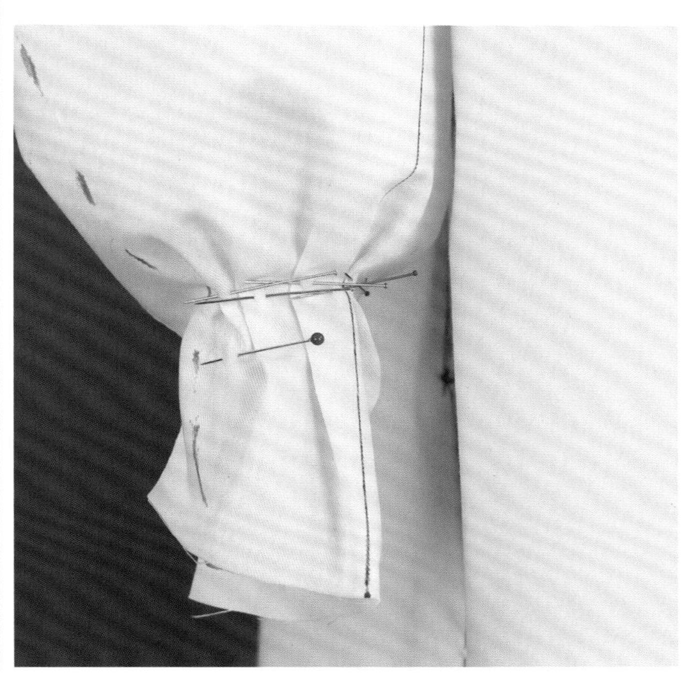

19 参考前袖片的制作方法，对后袖片进行立裁操作。

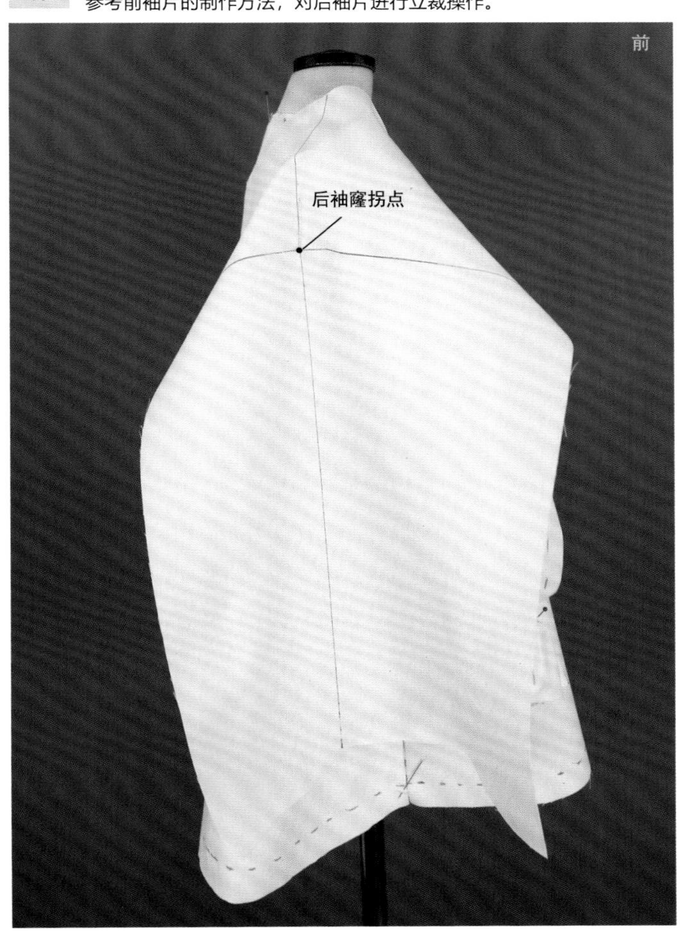

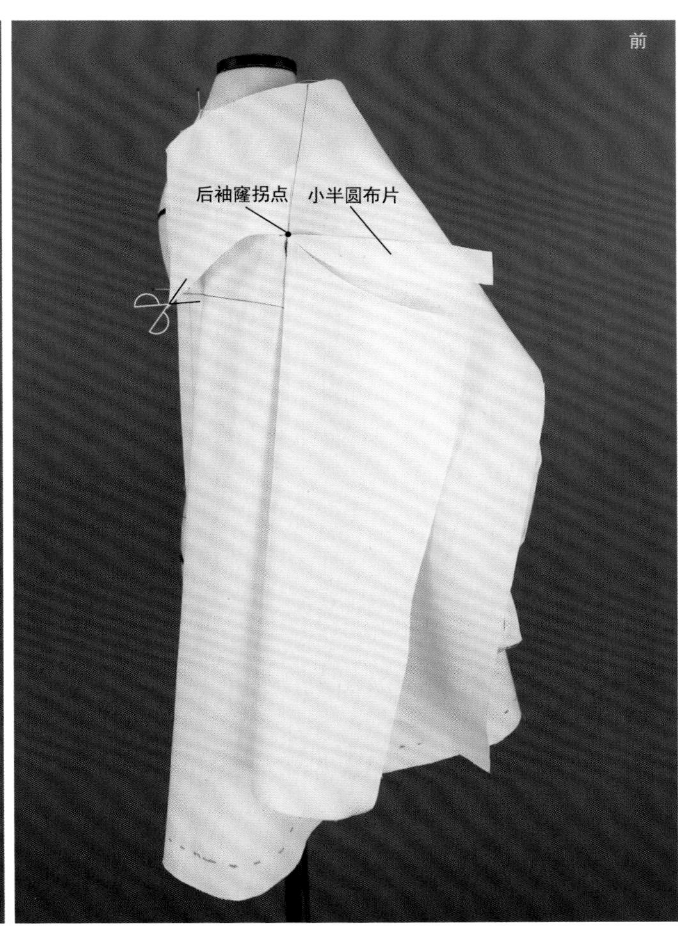

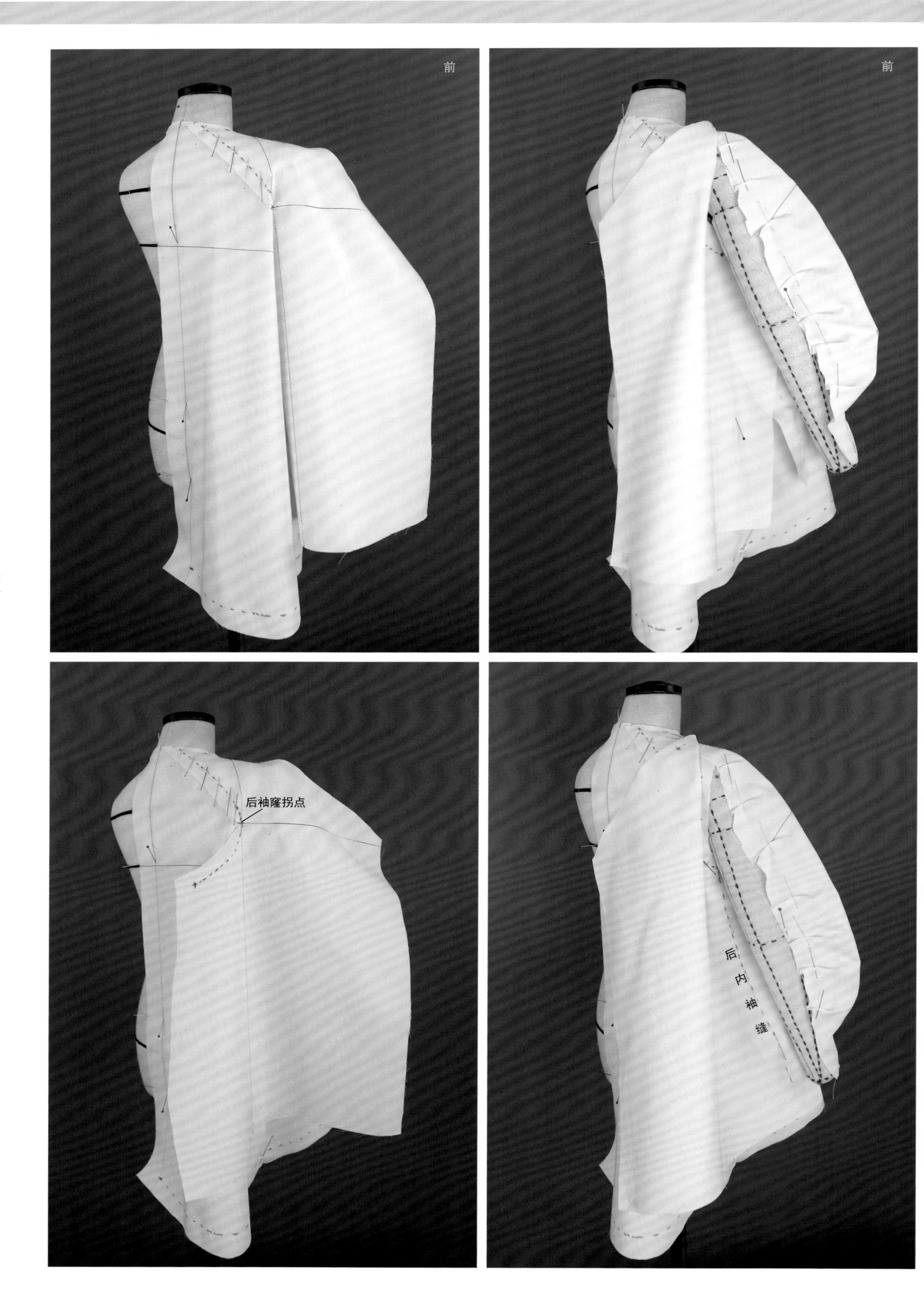
前
前
后袖窿拐点
后内袖缝

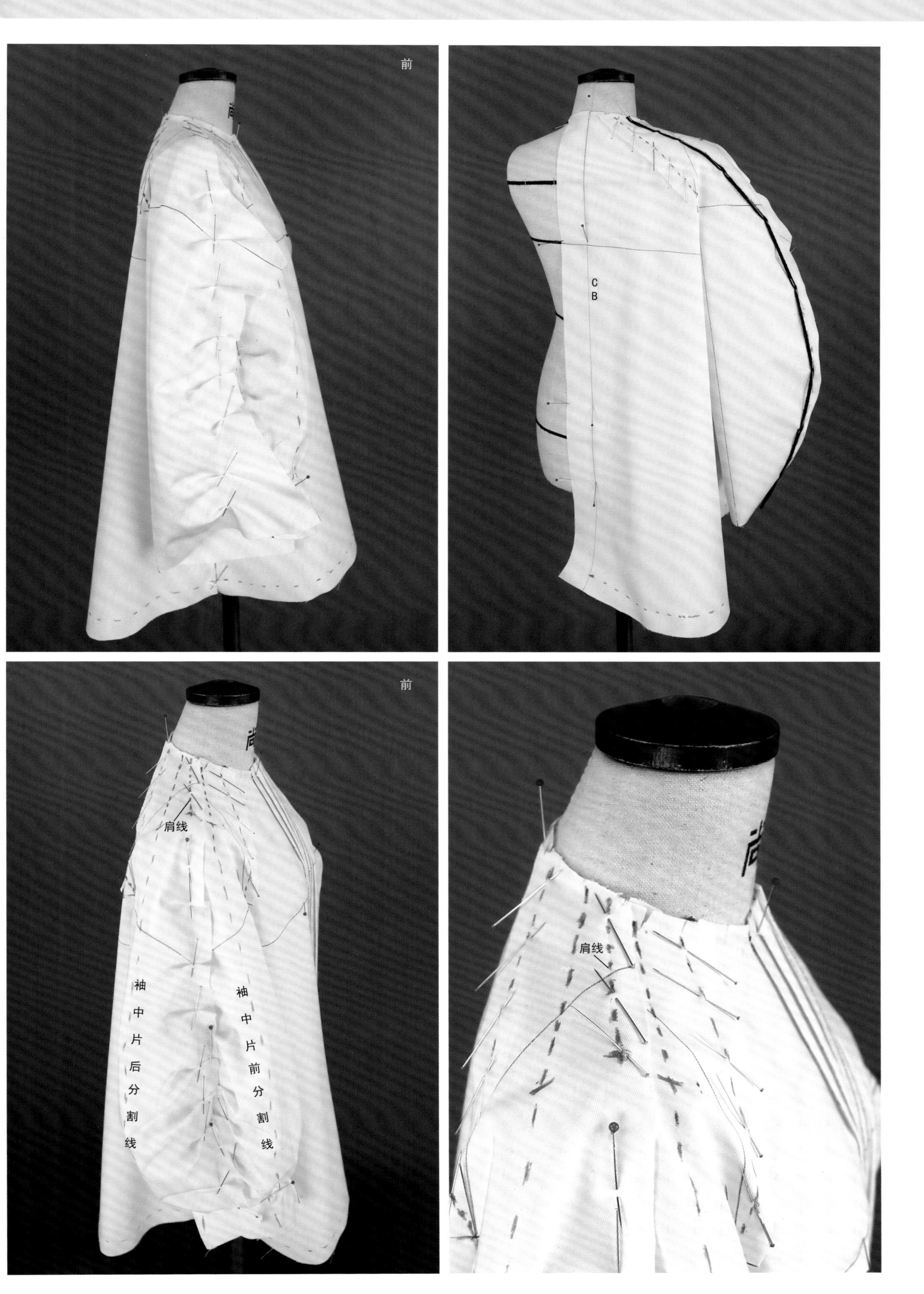
前
C
B
前
肩线
袖中片后分割线
袖中片前分割线
肩线

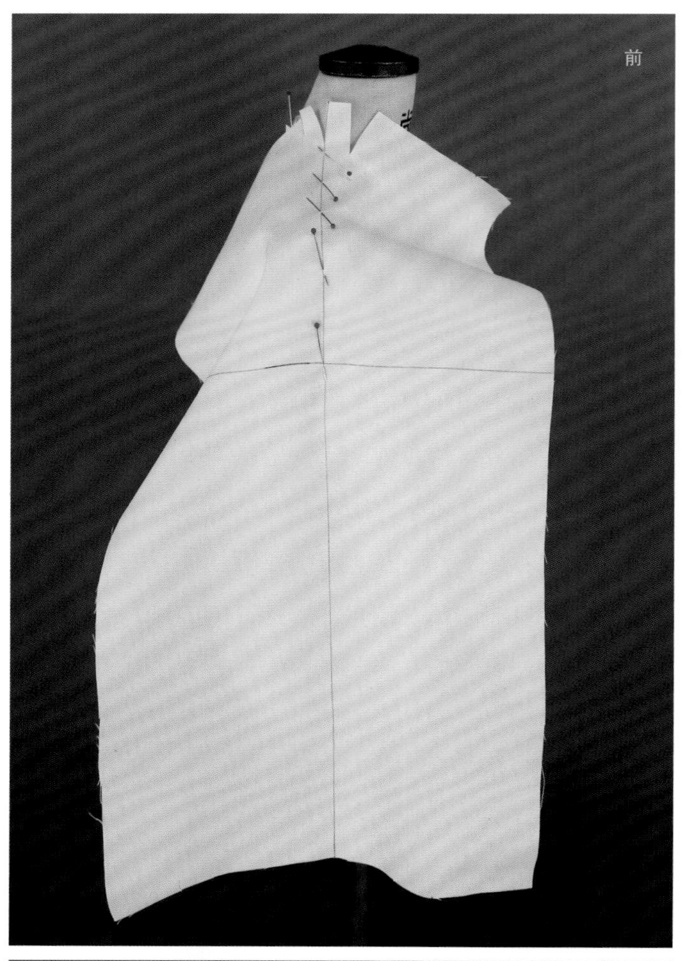

20

将袖中片基础布的直纱辅助线与衣身肩线相对应，横纱辅助线大致与前、后袖片横纱辅助线水平高度对齐，用别针固定直纱辅助线并保持其垂直于地面。沿颈根围打剪口使肩部坯布自然贴合，沿前、后袖中分割线用别针固定袖中片，用大头针固定袖口褶皱，对完成部分进行描点，清剪余布。

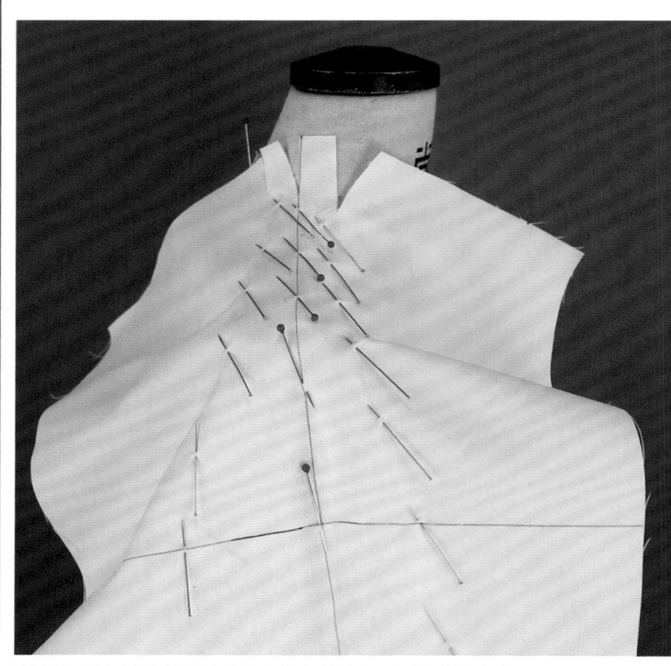

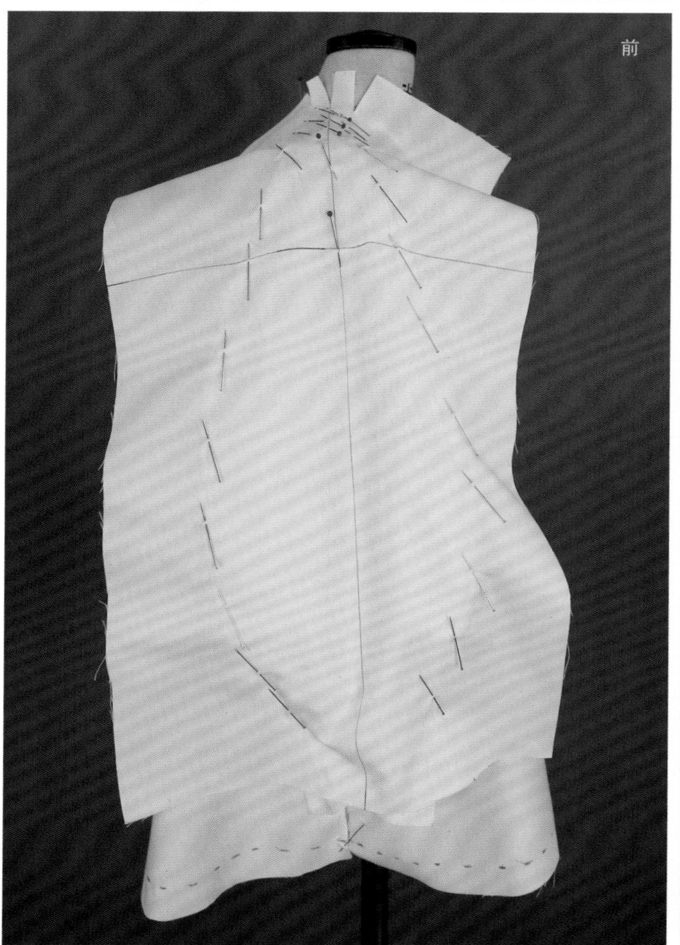

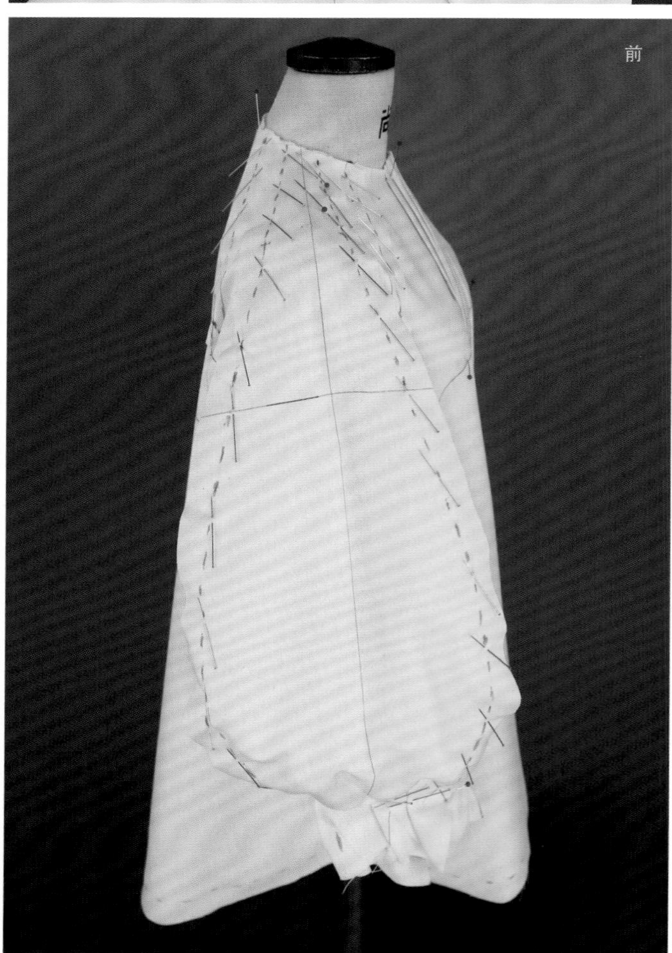

21 观察整体袖型效果，确定后对袖片缝边进行扣净假缝，注意别针方向，方便后续操作。

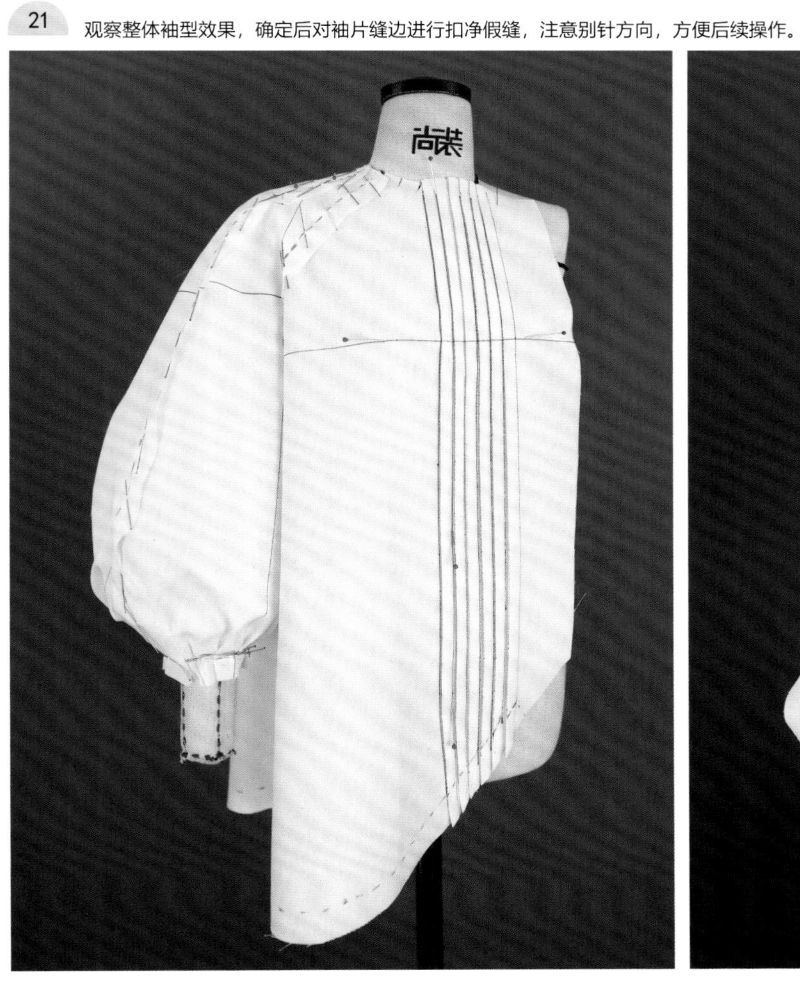

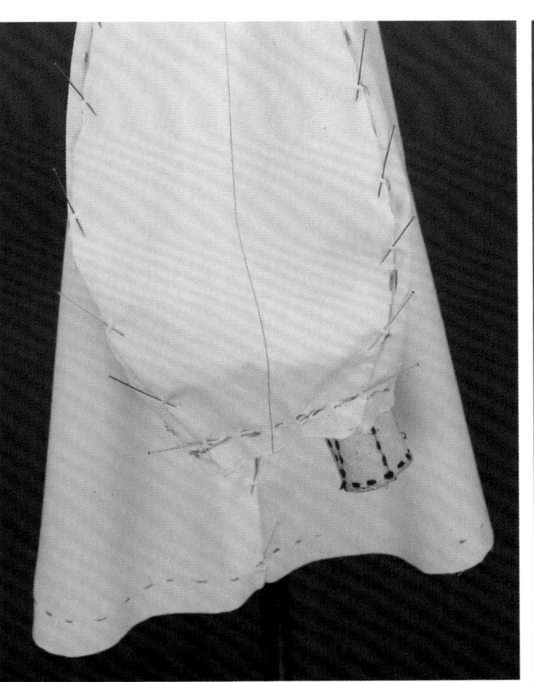

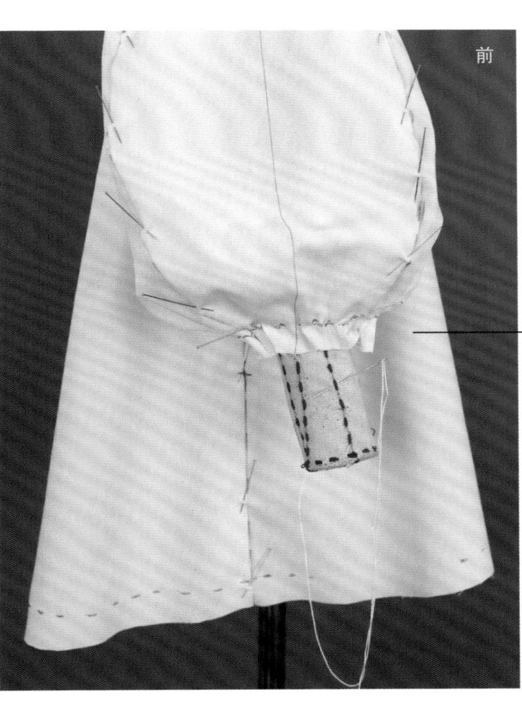

22

将袖口褶皱拆开，根据描点整体修顺袖口线并修剪掉多余布边，用手针对袖口进行抽褶。

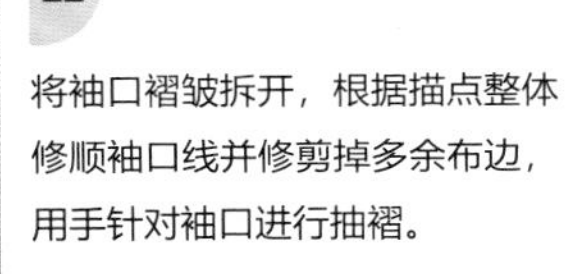

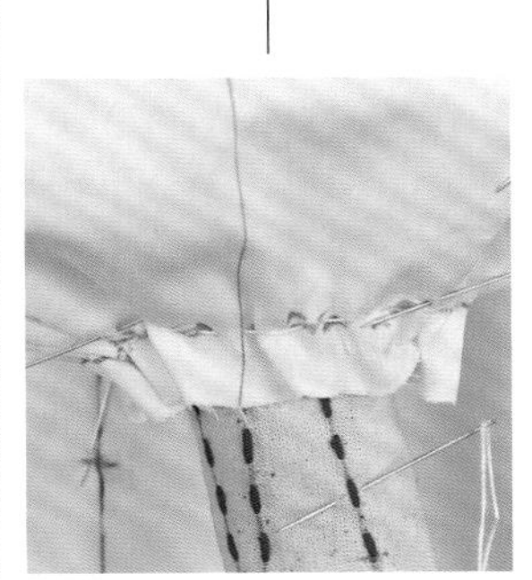

23 如图所示，将袖克夫布片按尺寸扣烫出风琴褶，并与袖口假缝。

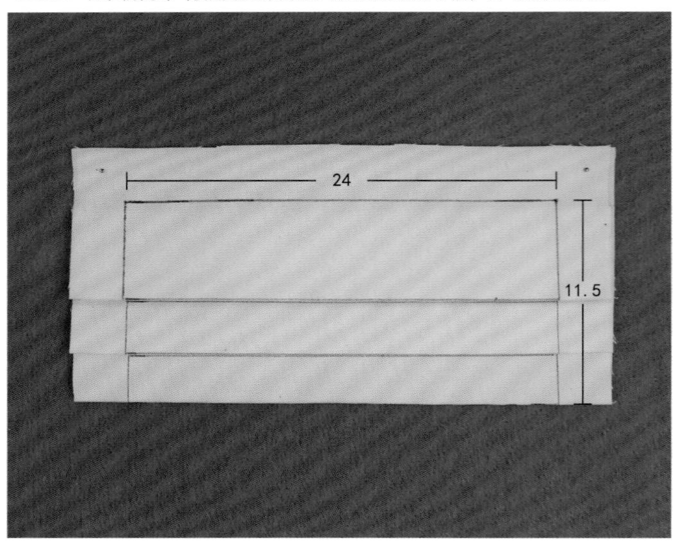

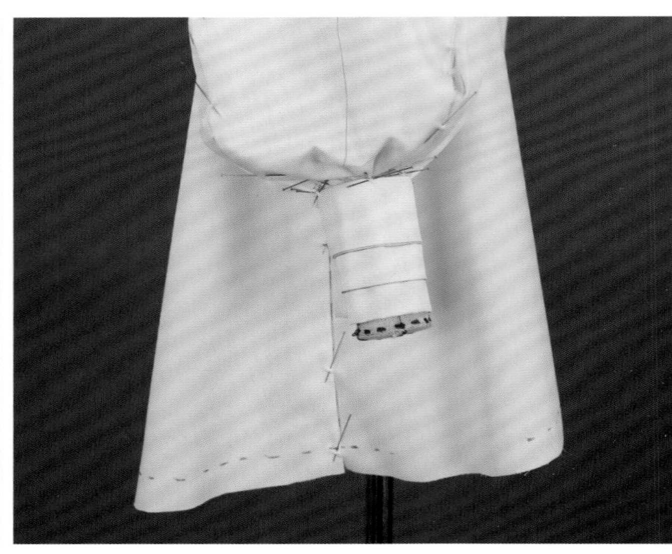

24 领子制作：立领的立裁方法与本系列丛书《尚装服装讲堂•服装立体裁剪 I 》中“基本立领”制作方法相同。

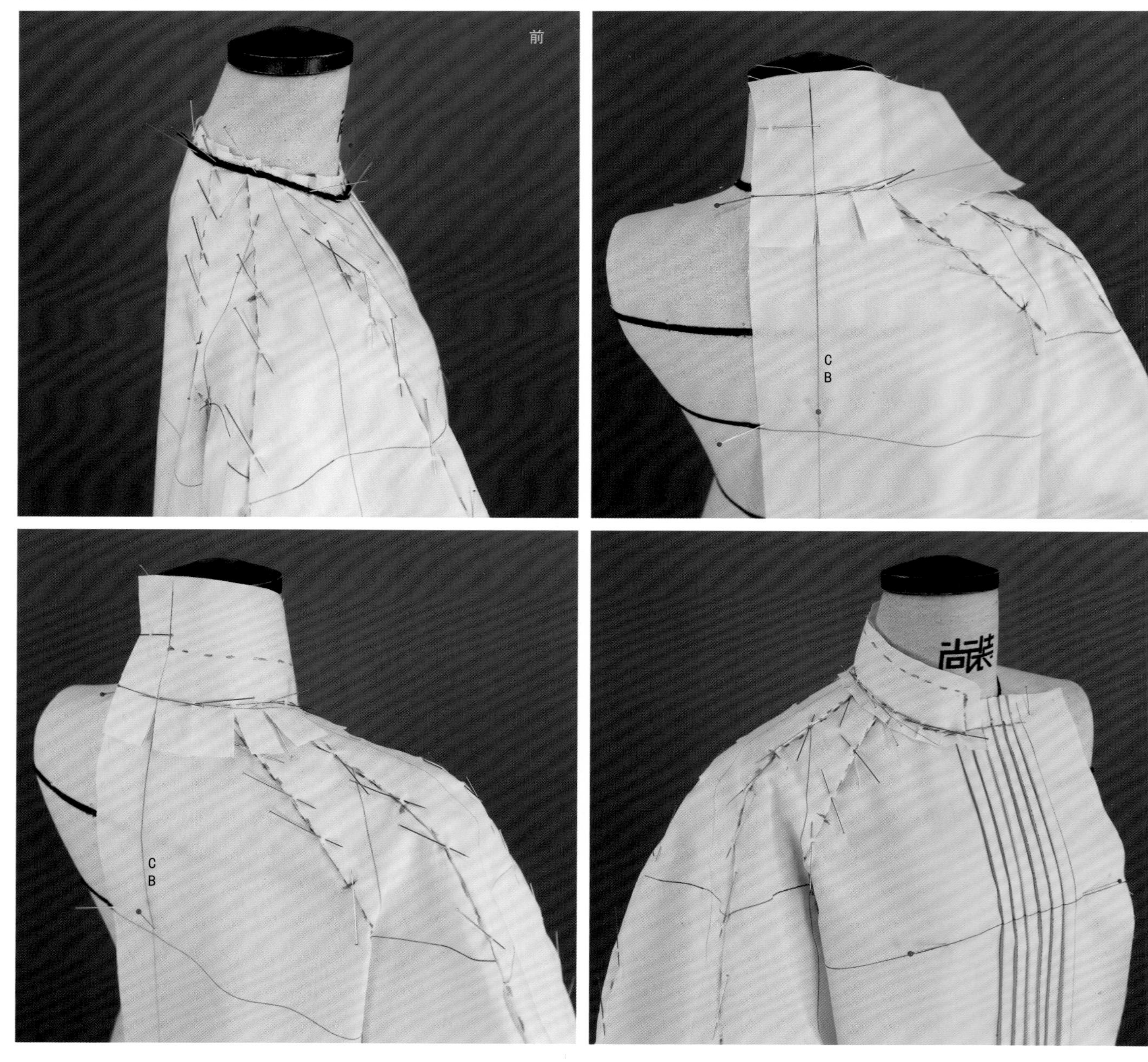

25 后领口点下降0.5cm为N点，将肩复式片基础布片辅助线的交点对准N点，直纱辅助线与人台后中线相对应，用别针固定。沿着领口圈剪开布片，使布片顺势向前围裹，自然覆盖在衣身上，轻轻上提布片，增大肩斜量使肩端处坯布自然下垂（内领口处有起浮量），用重叠针将肩复式片与衣身固定。

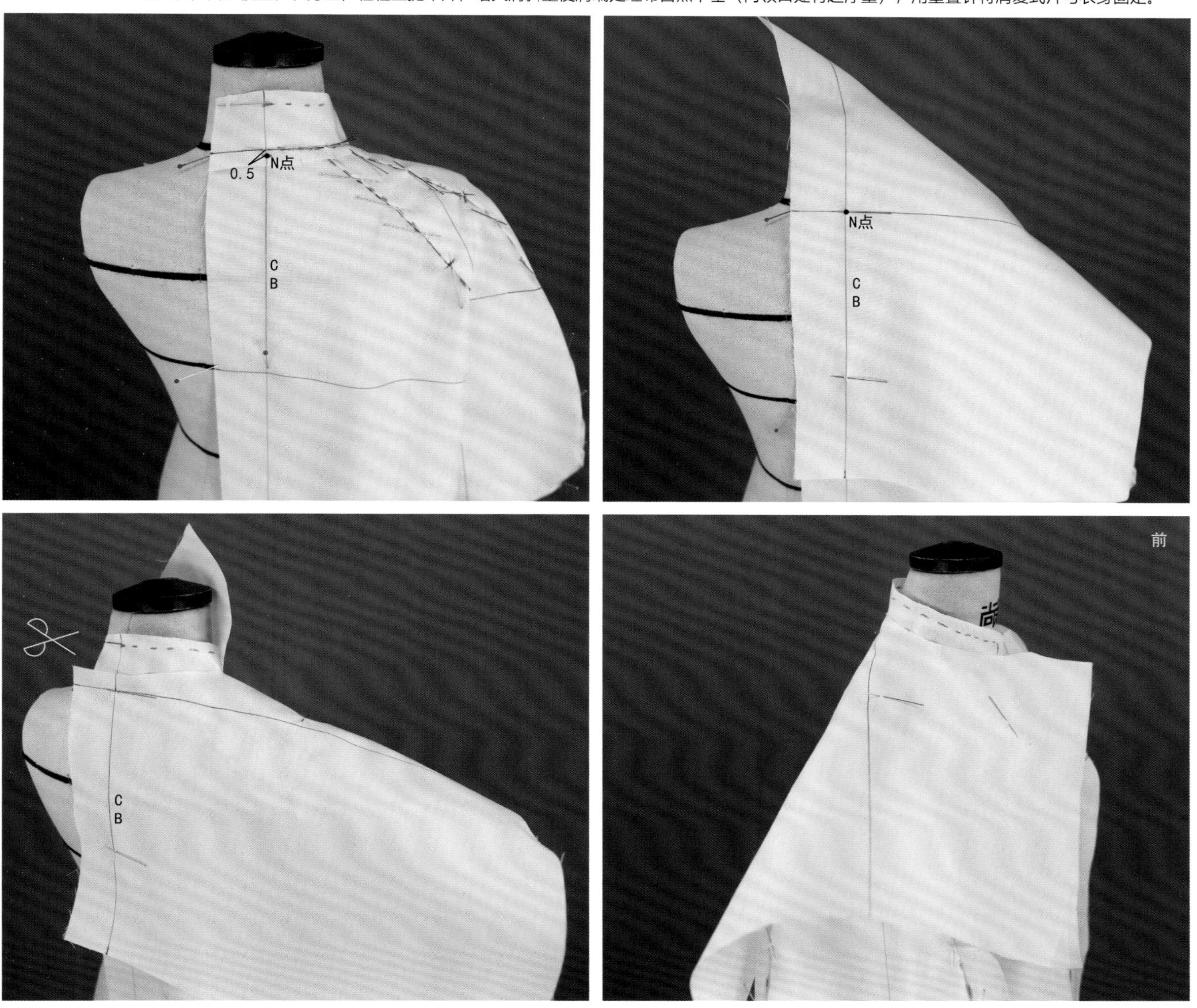

26 如图所示，用标示线标记出肩复式片造型线并对完成部分进行描点。描点部位：肩复式片内领口线、前止口线、肩线和外领口线。

27

将肩复式裁片取下，根据描点修顺所有线条，注意前、后外领口线相交为直角。肩复式片为三层重叠组成，以外领口描线为基准，向内等距平行绘制出上两层领的外领口线，此处只画线示意，预留缝边并修剪掉多余的布料，扣烫粘合衬。

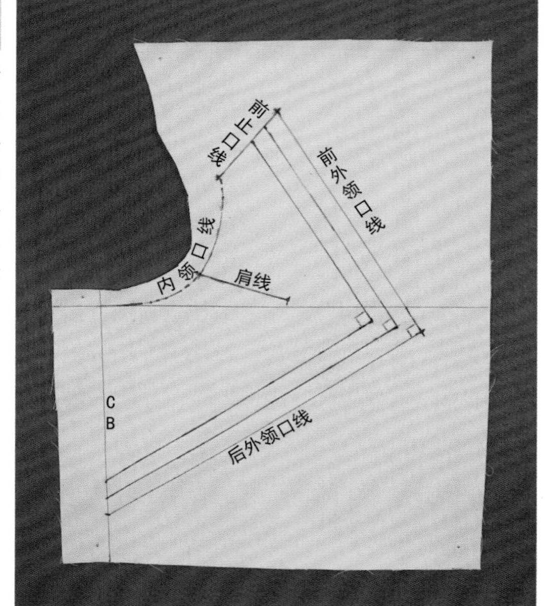

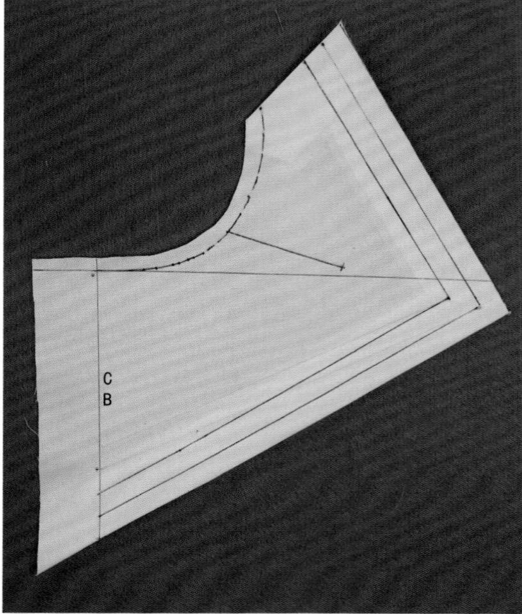

28

如图所示，将肩复式片与衣身进行假缝组装，在肩复式片上绘制出固定帽子的帽领口线。并标示出帽领口线后中B点，小肩线与帽领口线的交点M点，便于后续操作。

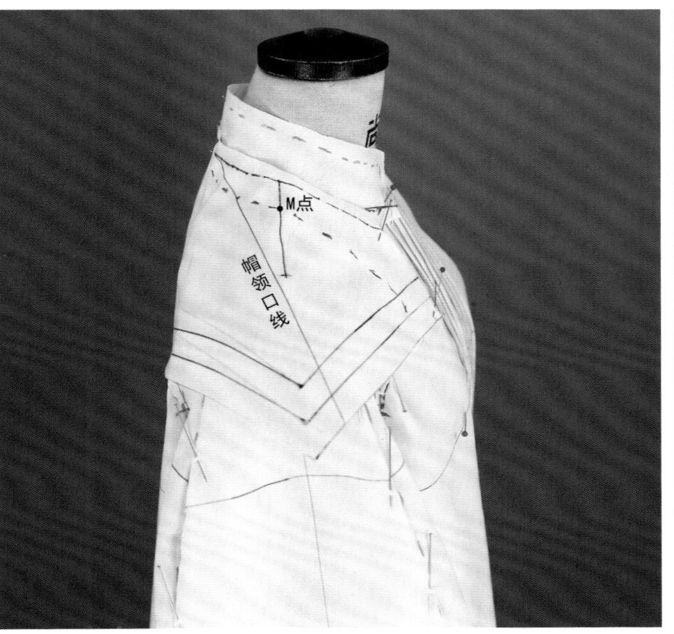

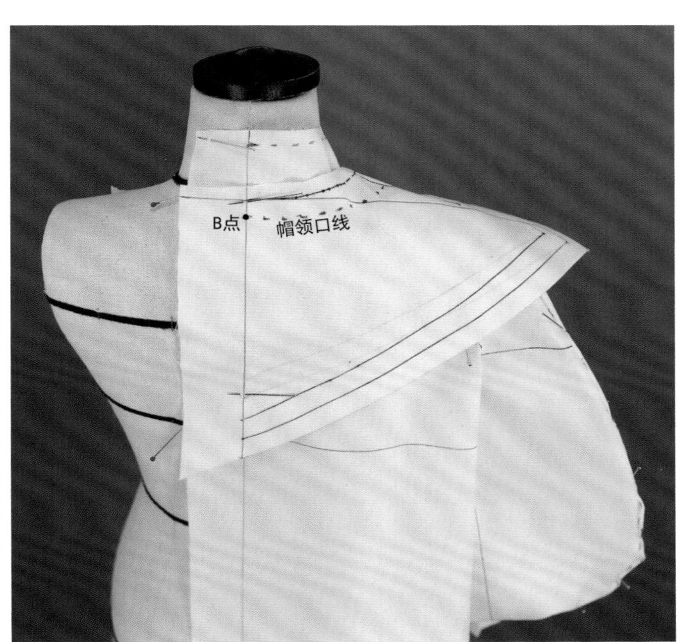

29

帽子制作：如图所示，将铁丝弯曲成帽檐和帽中形状（帽中宽度20cm左右），与衣身进行组装并用大头针固定，塑造出帽子的外轮廓作为后续立裁帽子的造型支撑。

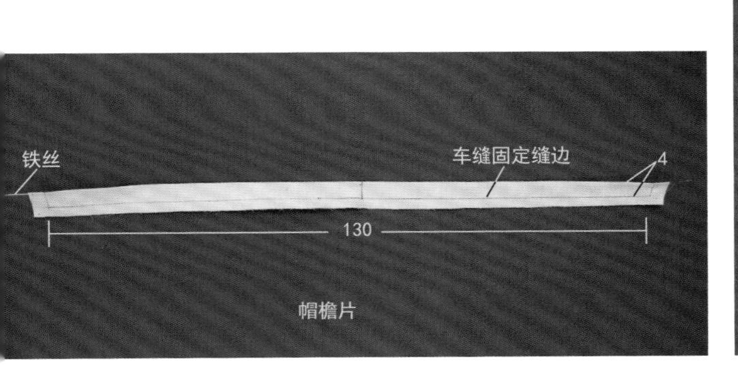

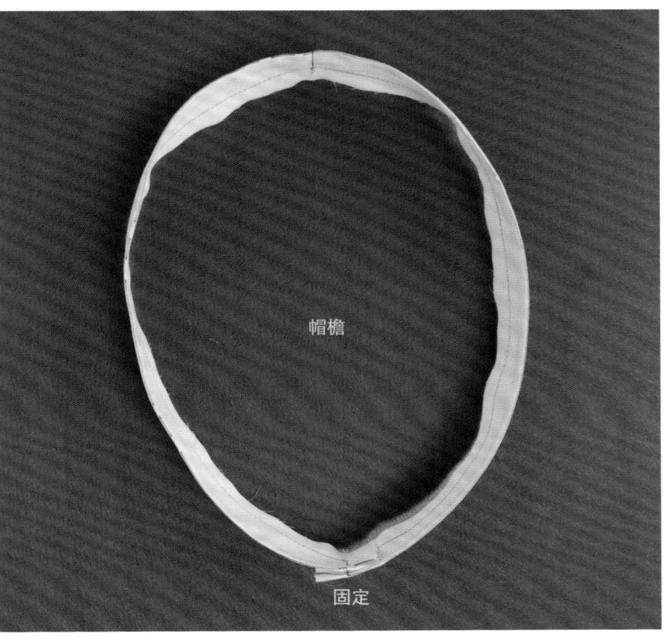

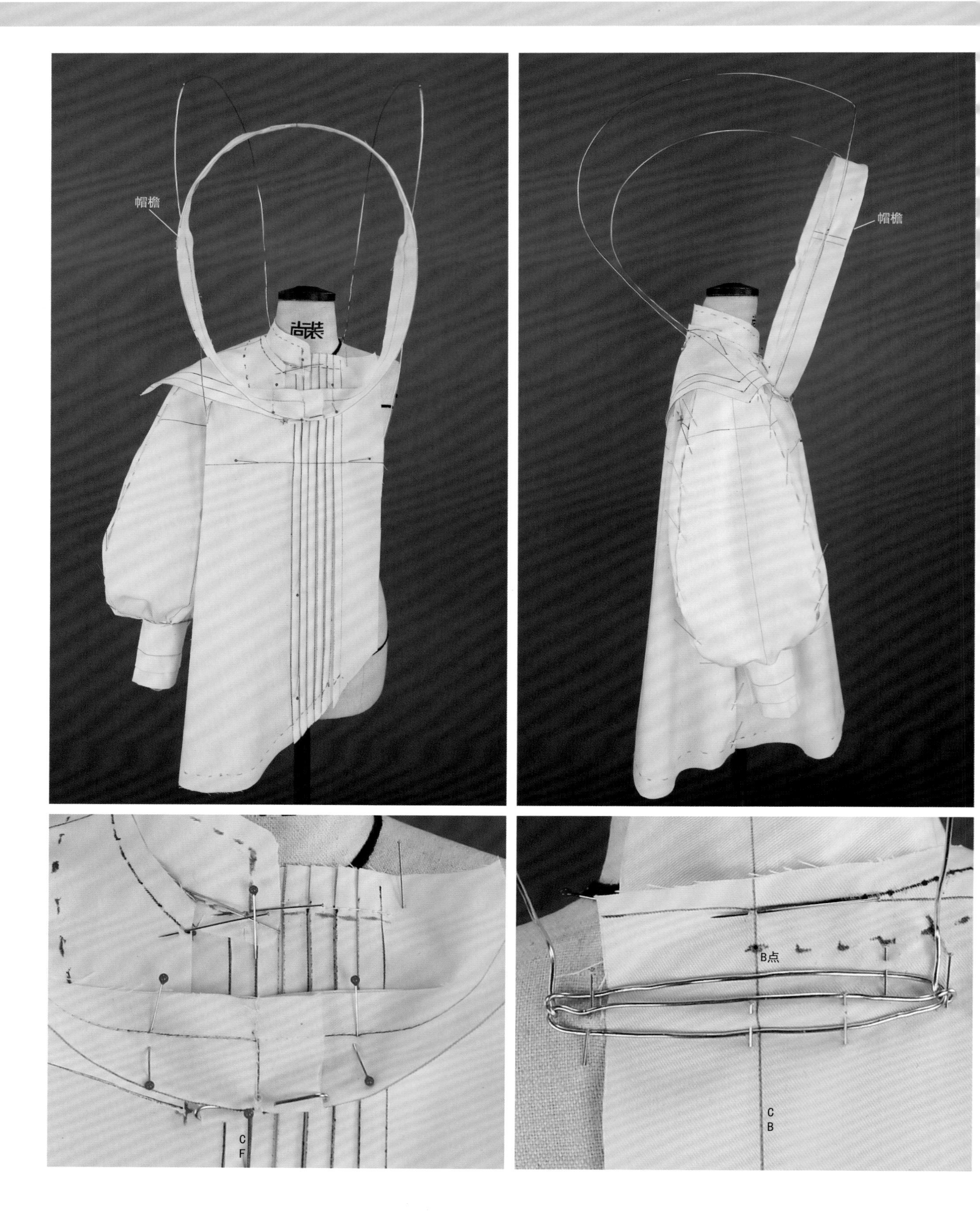
帽檐
尚装
帽檐
C
F
B点
C
B

30 将帽中片基础布片辅助线的交点对准帽领口线后中B点，用别针固定直纱辅助线使其垂直于地面。使布片覆盖在帽中铁丝上，沿帽领口线打剪口使布片伏贴，用别针固定出帽底口线。将帽中两侧多余布边由后向前包裹住铁丝，用重叠针沿铁丝自下而上逐步固定帽中片，注意造型平整无多余量。

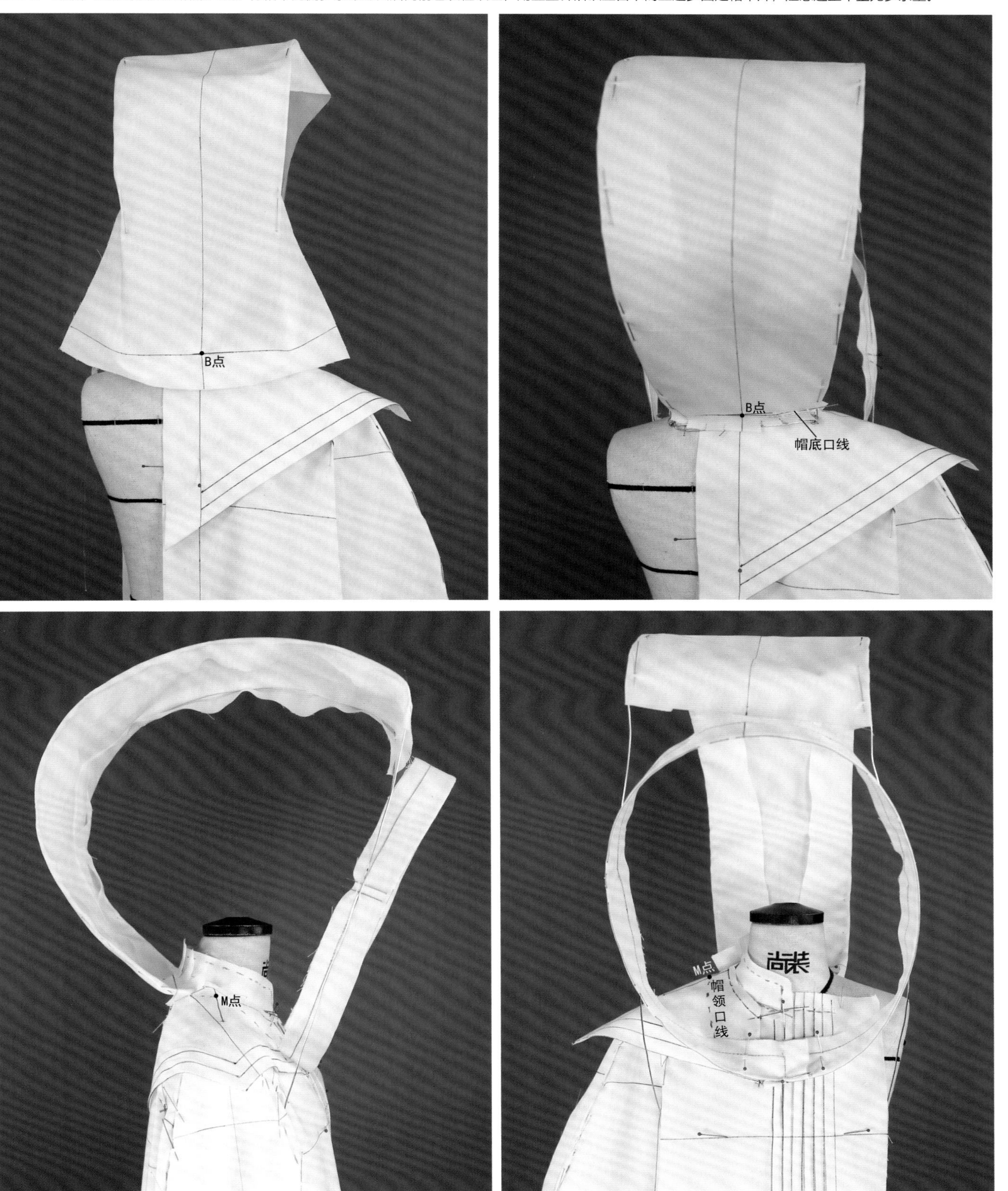

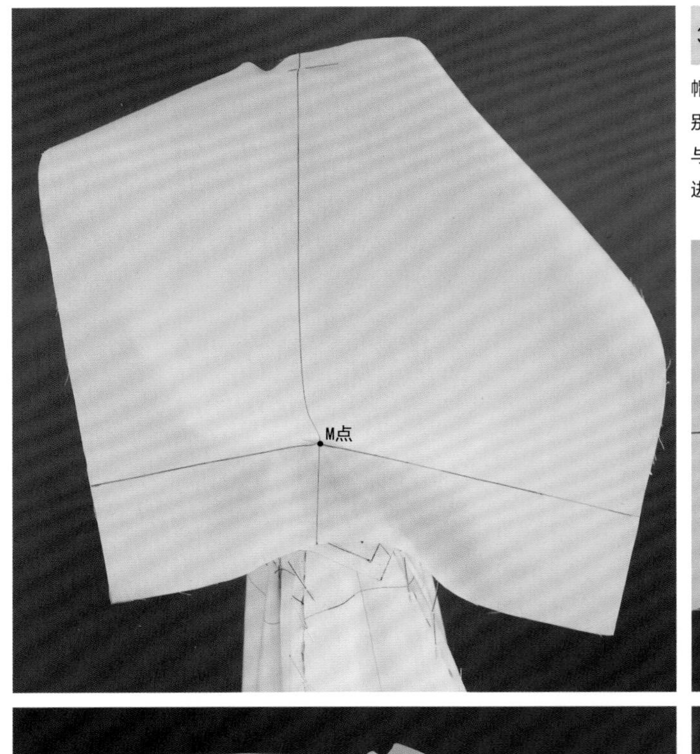

31

帽领口线与肩线的交点为M点，将帽侧片基础布片辅助线的交点对准M点，用别针固定直纱辅助线使其垂直于地面。由M点沿帽领口线打剪口至帽中分割线与帽领口线的交点，边打剪口边固定，清剪余布。沿支撑铁丝将布片与帽中片进行假缝，注意假缝过程中使布片保持松弛状态，塑造出帽侧的横向体积感。

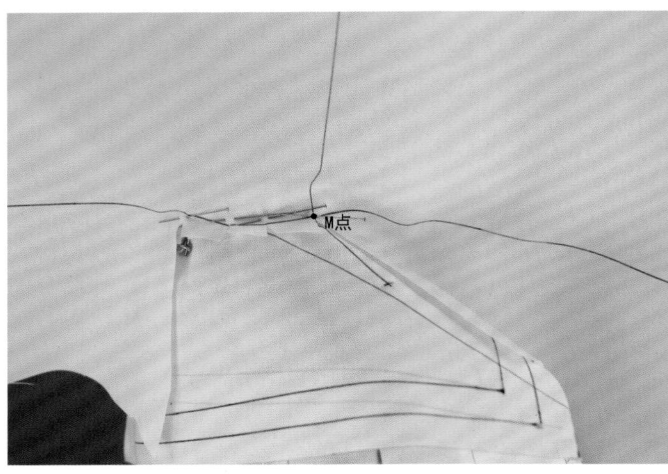

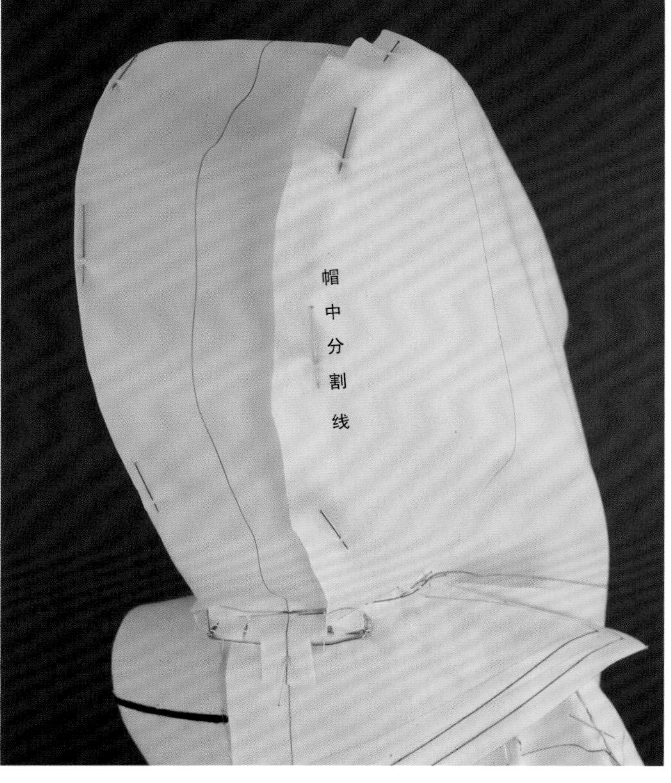

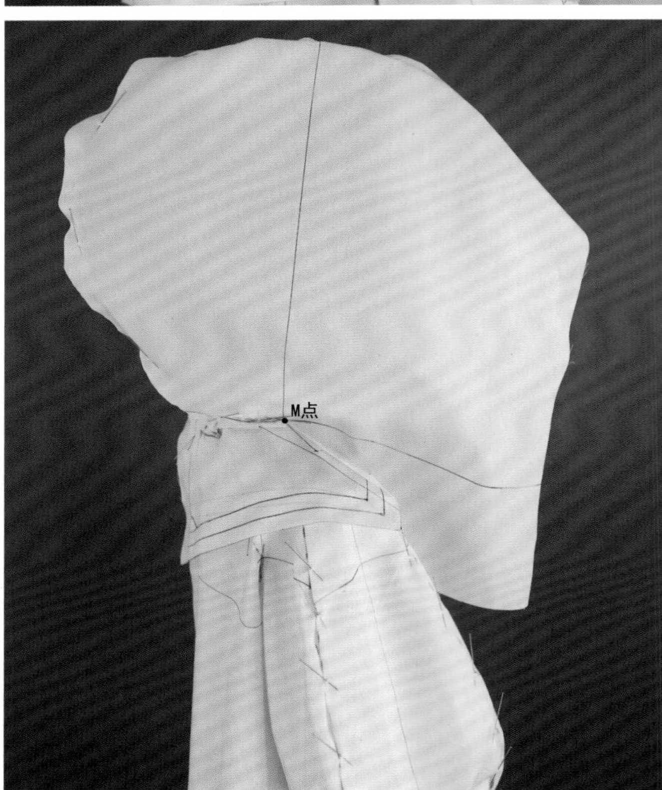

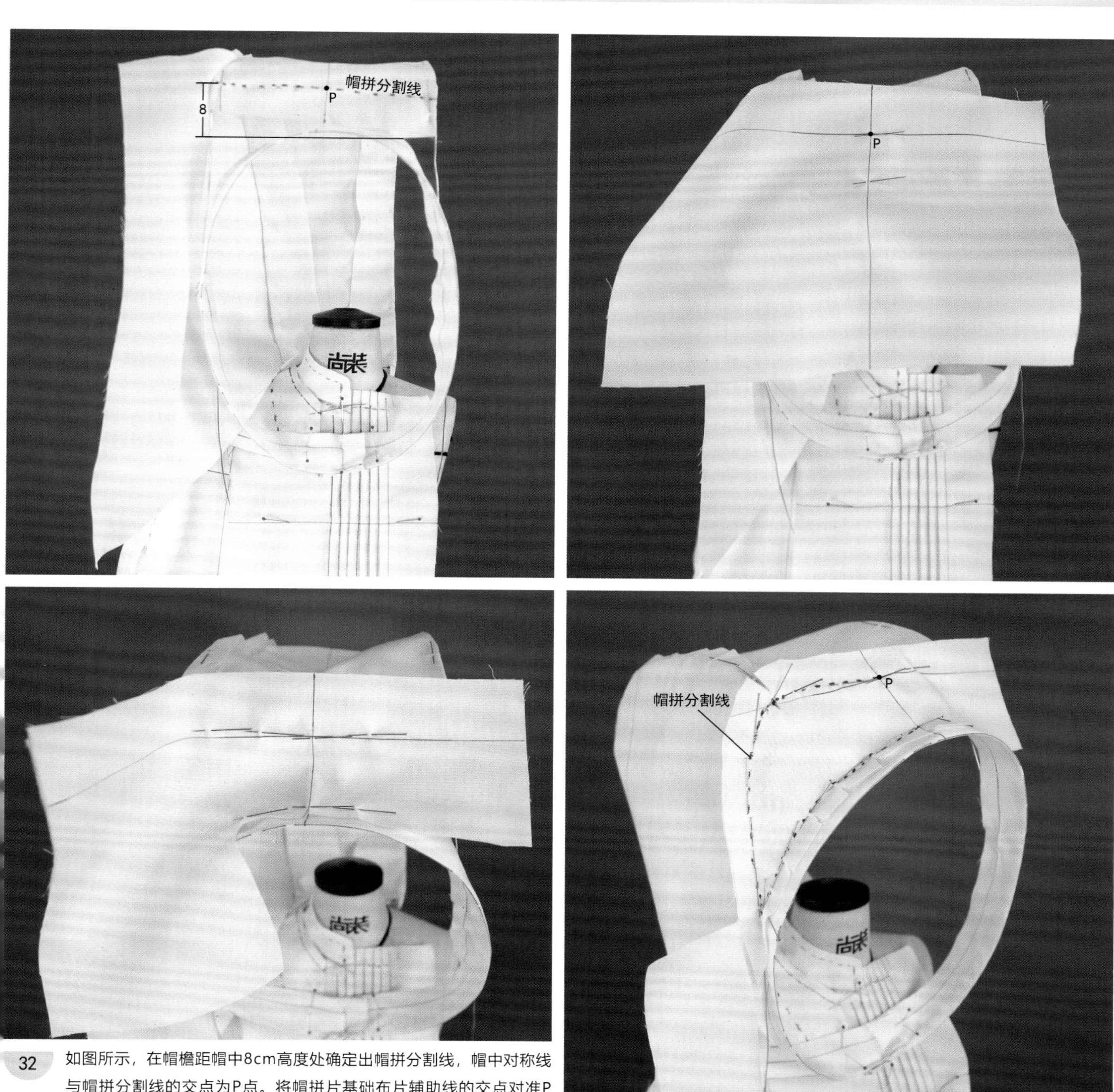

32 如图所示，在帽檐距帽中8cm高度处确定出帽拼分割线，帽中对称线与帽拼分割线的交点为P点。将帽拼片基础布片辅助线的交点对准P点，直纱辅助线与帽檐中线对齐，用大头针沿帽拼分割线和帽檐固定坯布，打剪口使布片平整、拐角转折自然，对帽拼片进行描点，清剪余布。

33 将帽侧片剩余部分与帽檐缝边进行假缝，固定至帽领口线前止点，继续沿帽领口线边打剪口边用别针固定（有余量可固定为活褶），确定出完整的帽底口线。

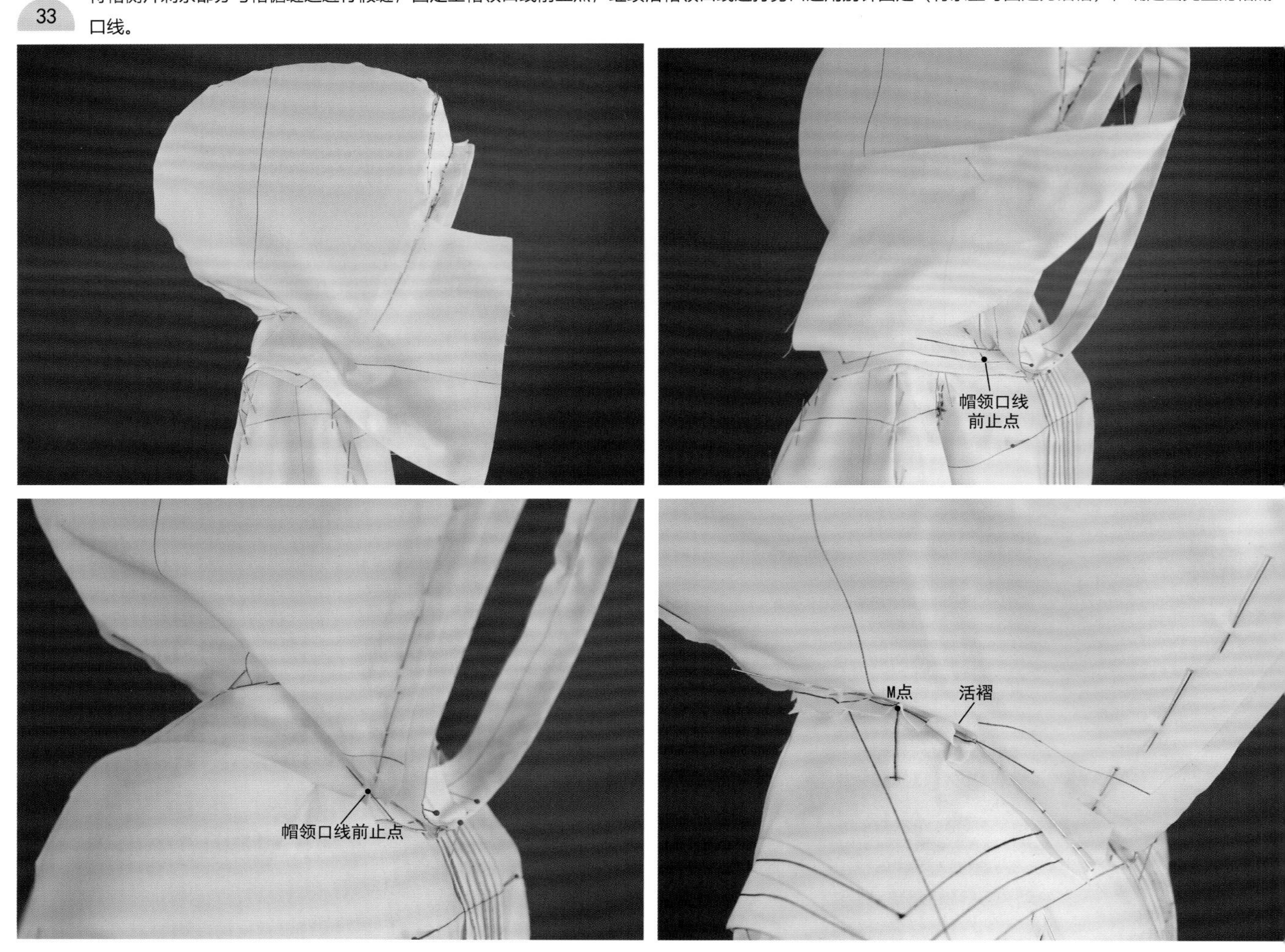

34 在平面上对帽挡片进行捏褶，用别针固定如图所示造型，与帽口进行假缝组装，调整造型达到理想效果后测量尺寸并对一侧褶皱进行描点。取下帽挡裁片，标记出褶倒向，以中线对称拷贝出另一侧褶皱结构线，整理后假缝出荡绺造型，重新与帽口装配。

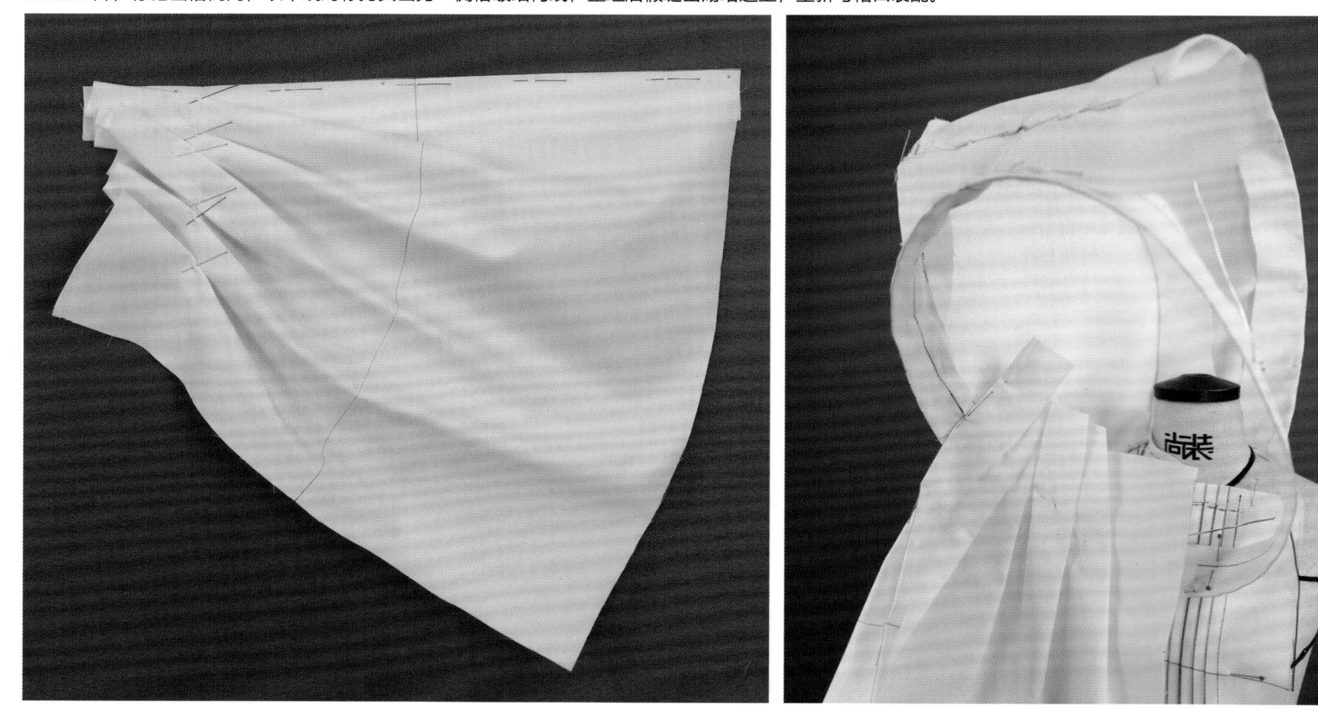

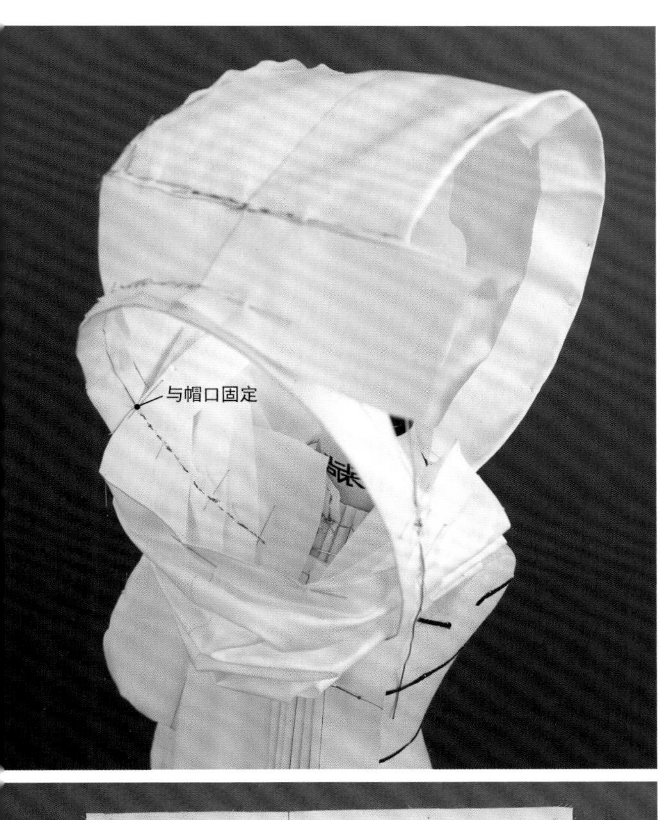

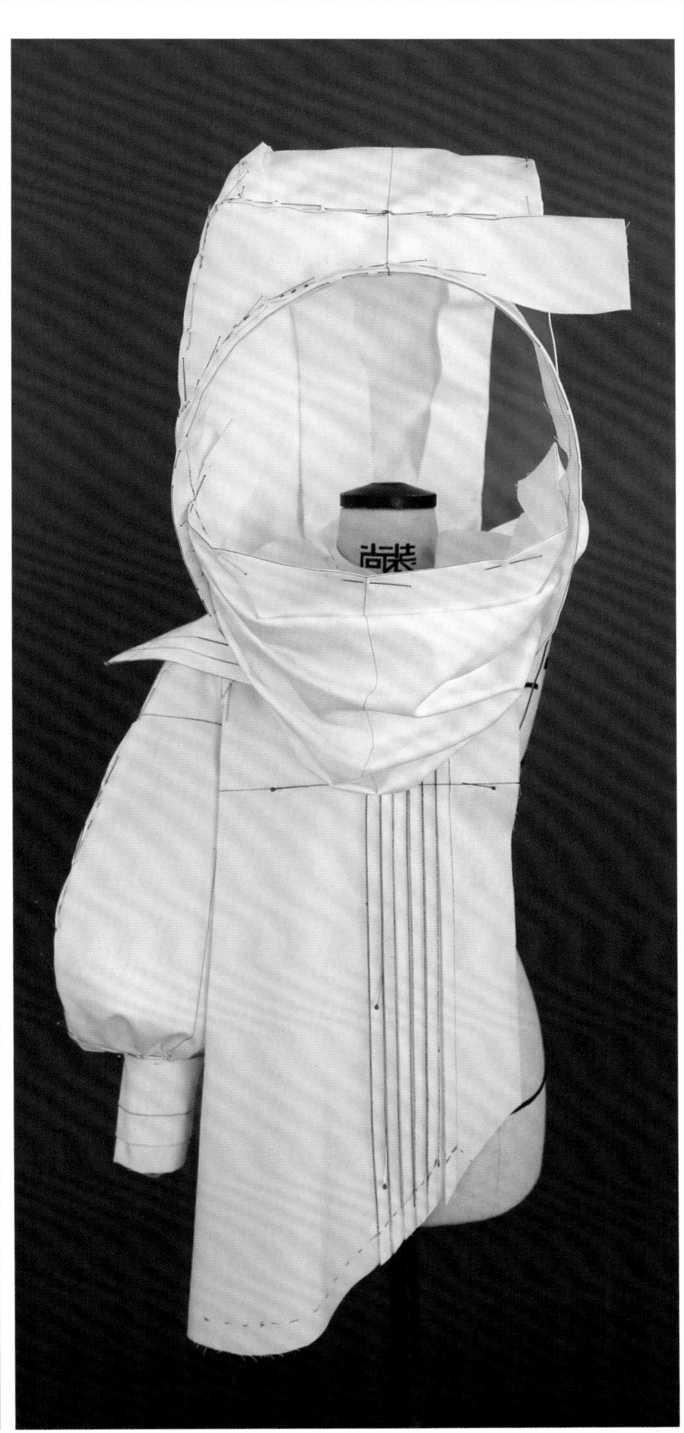

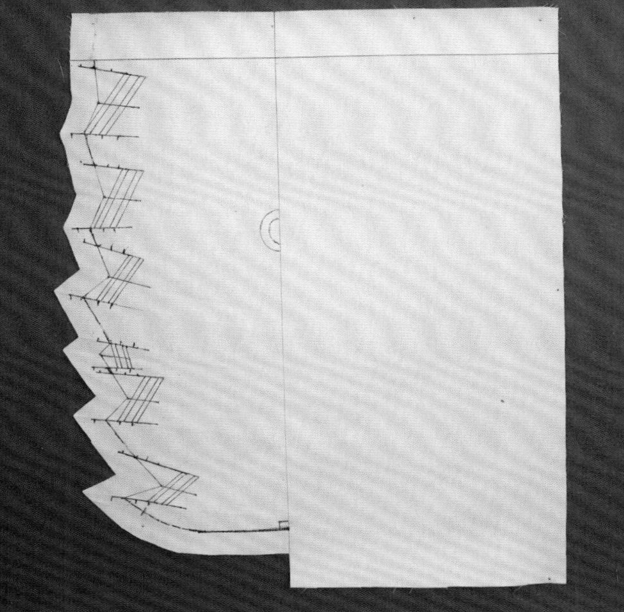

35 扣烫帽围挡片成长条状，并将帽围挡条前、后两端分别与帽檐、后中线固定，中间为活边，无需固定。确定整体效果后，将各裁片依次取下，对帽中片、帽侧片、 帽拼片、 帽檐条、 帽挡条、 袖片分割线和插肩剖断线等部位做好对位标记和描线。

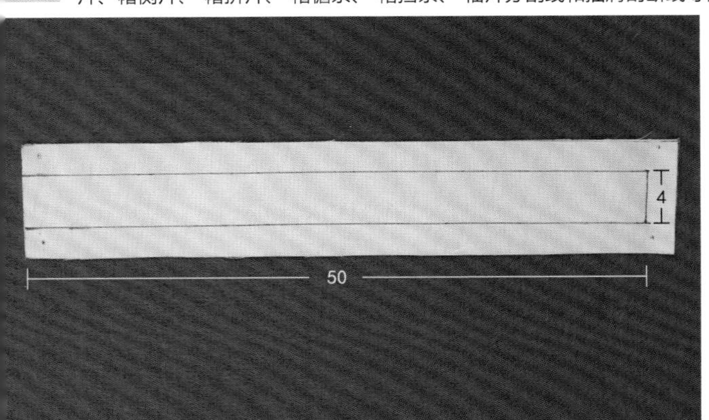

帽围挡条

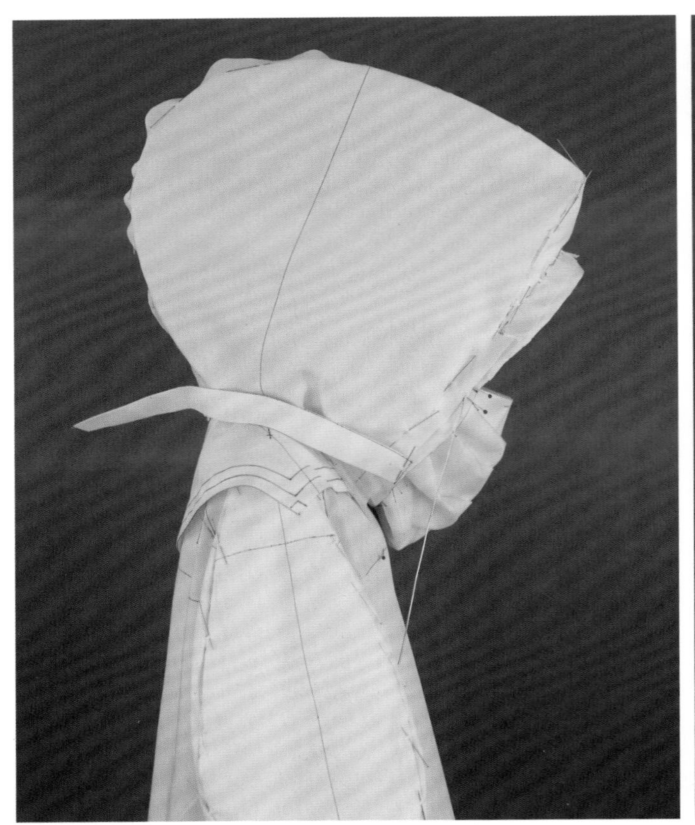

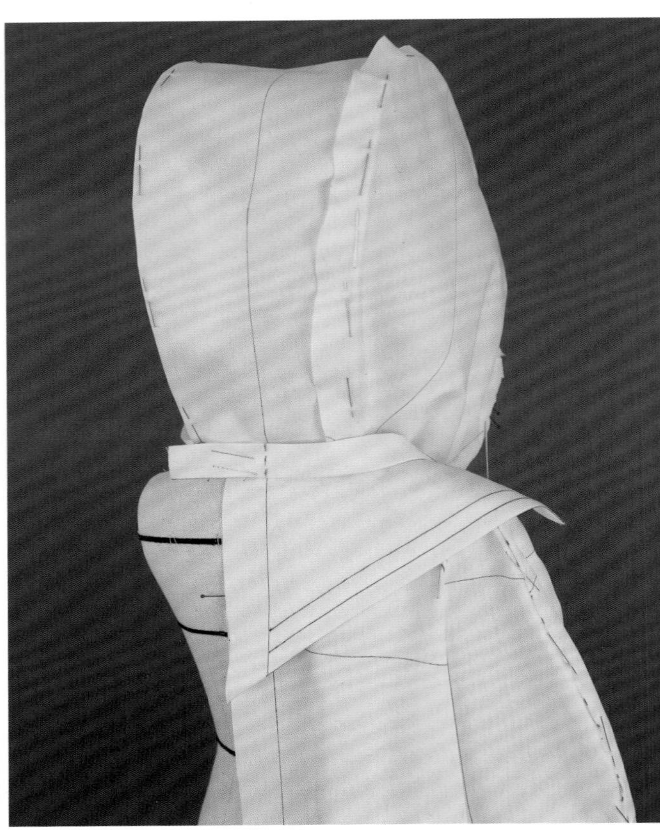

36

熨烫平整取下的样版，归纳弧顺线条，整理好取得样片。

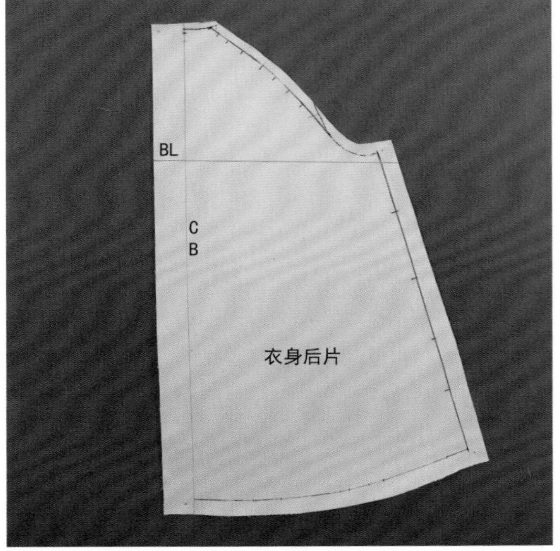

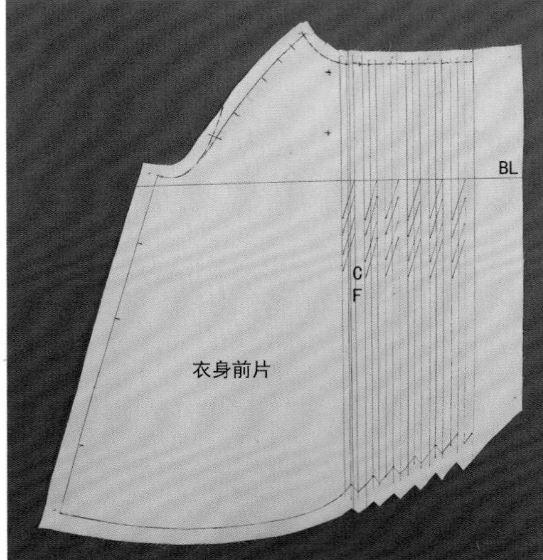

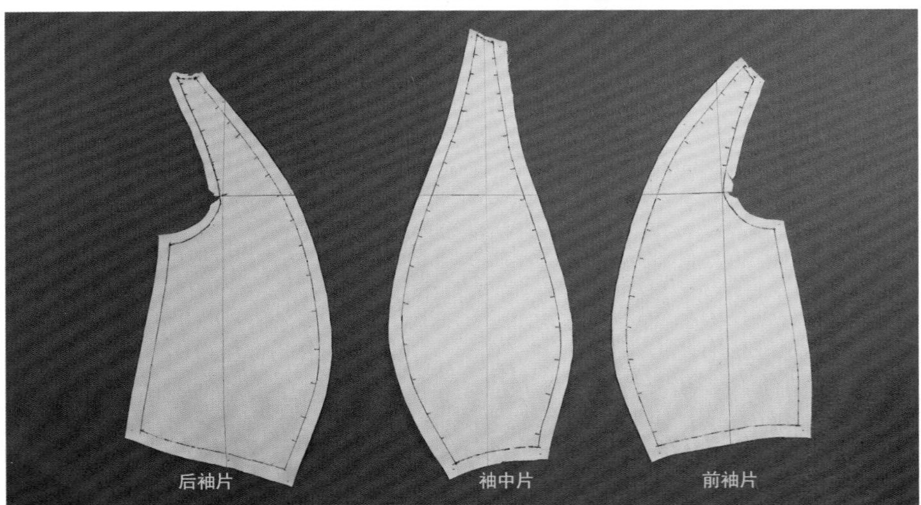

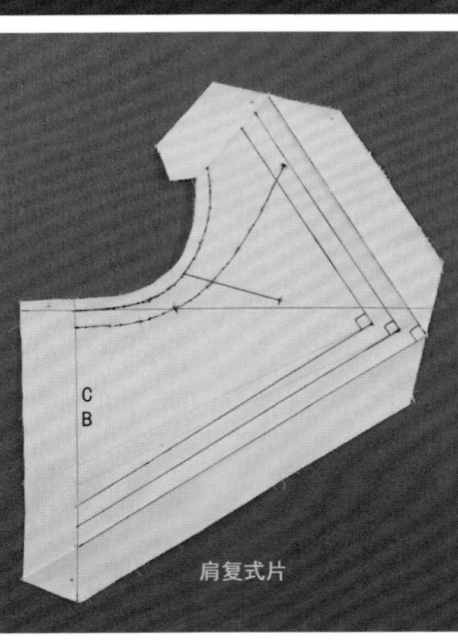

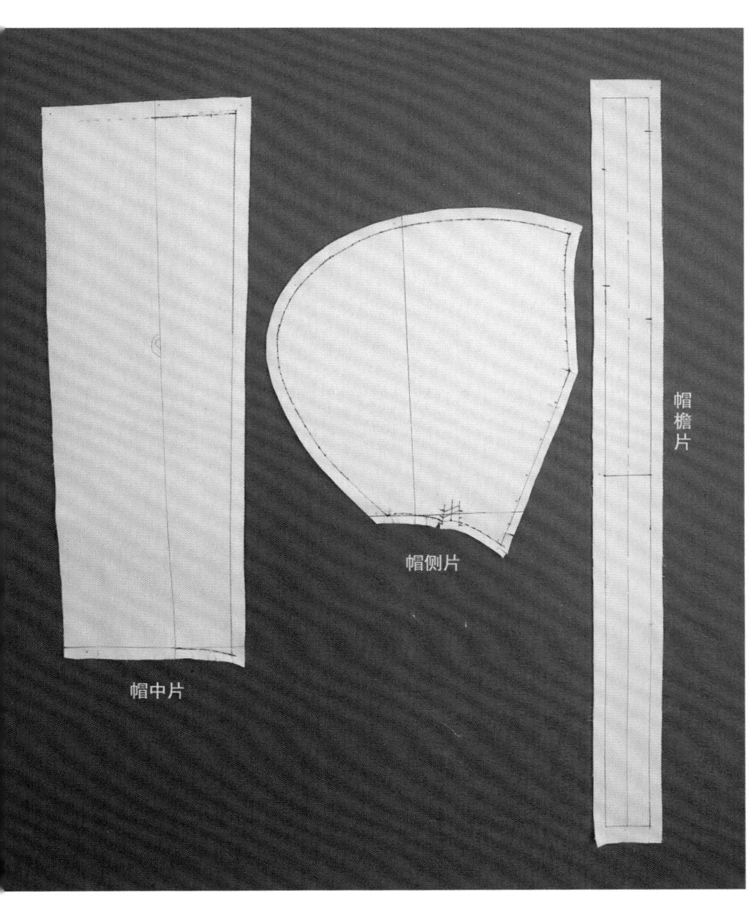
帽中片
帽侧片
帽檐片

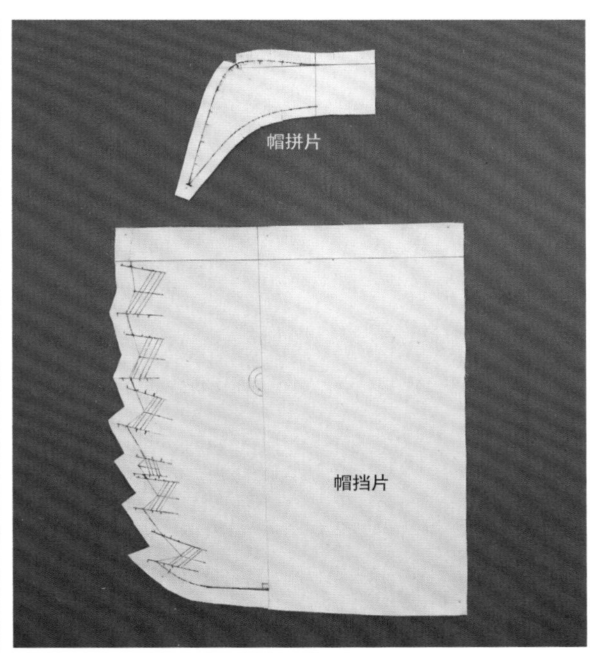
帽拼片
帽挡片

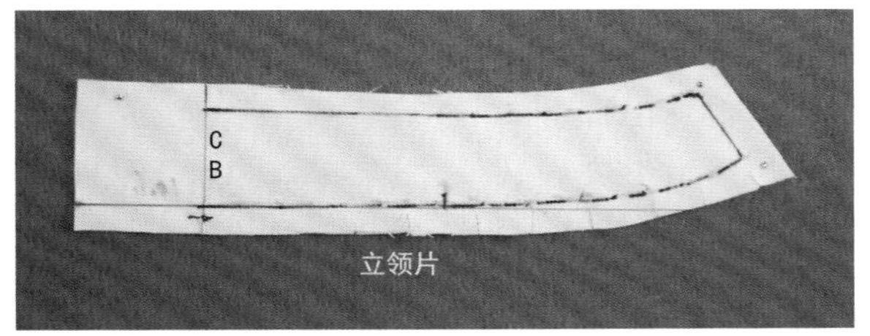
C
B
立领片

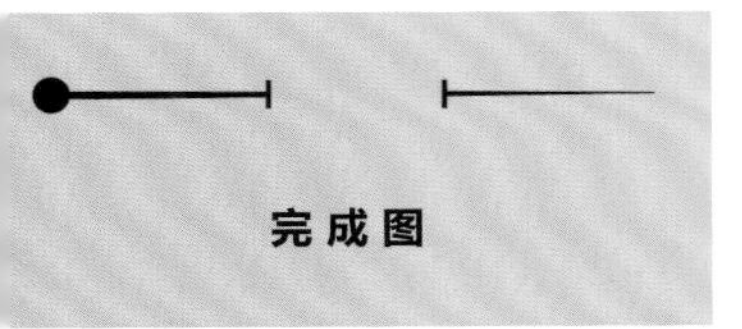

完成图

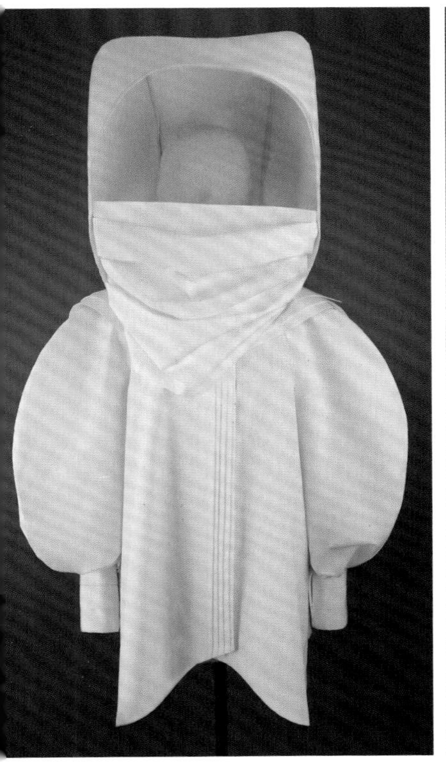

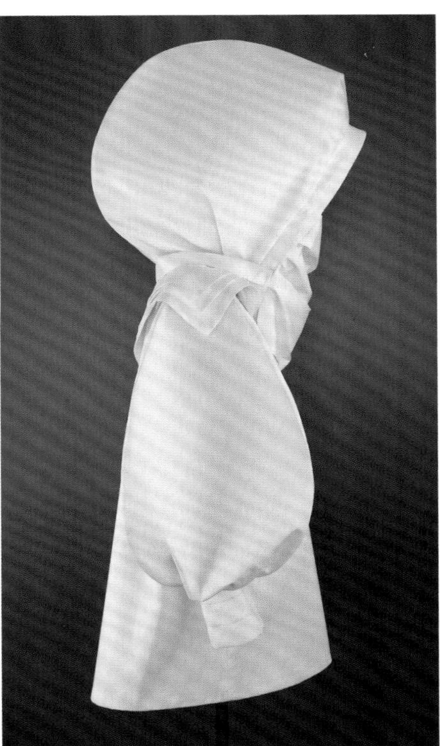

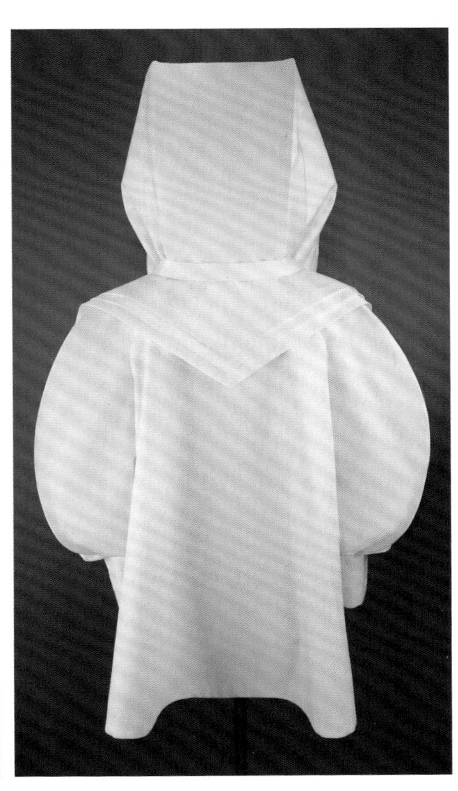

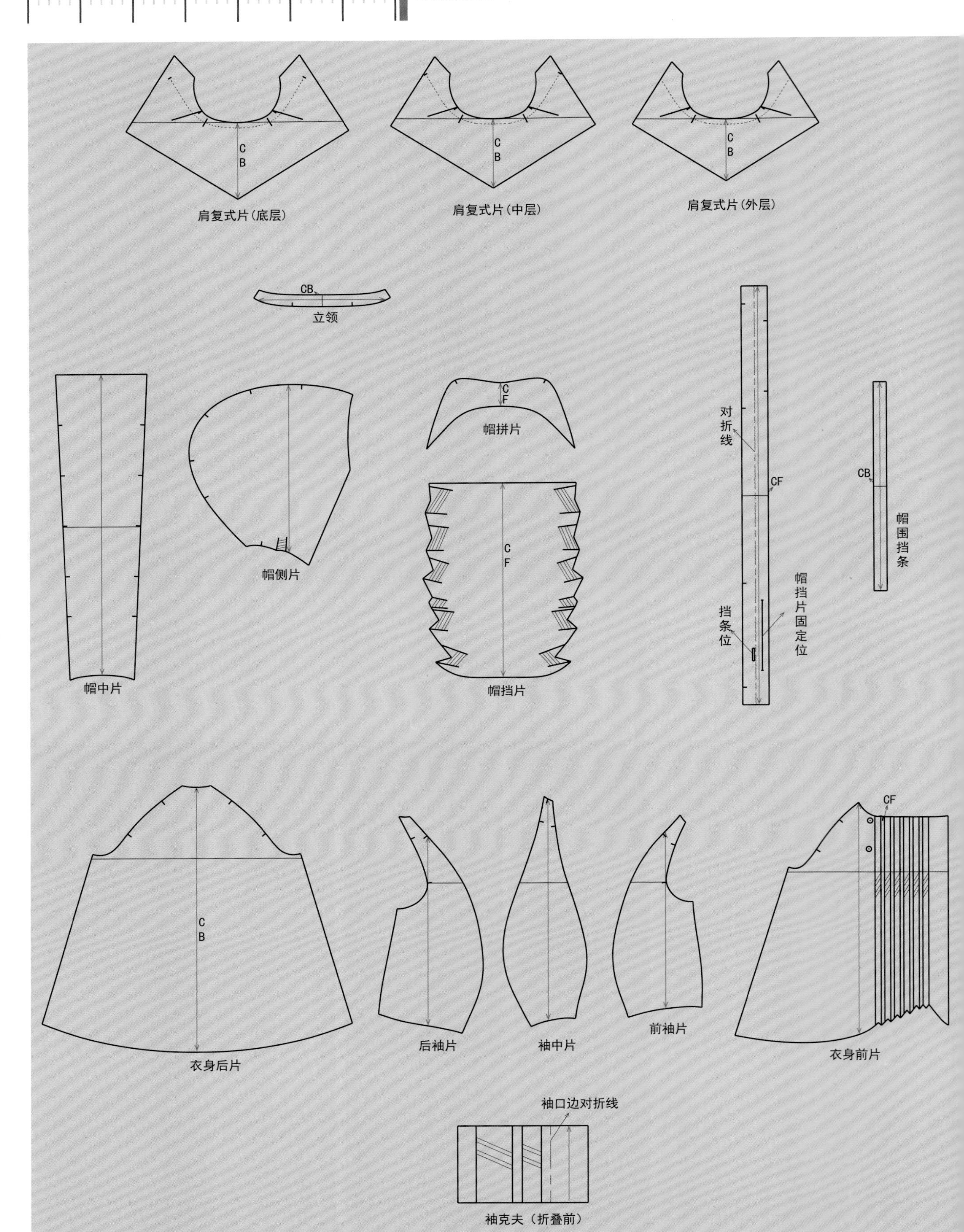

CB
CB
CB
肩复式片(底层)
肩复式片(中层)
肩复式片(外层)
CB
立领
对折线
CF
CB
帽围挡条
CF
帽拼片
帽侧片
CF
帽中片
帽挡片
挡条位
帽挡片固定位
CB
CF
衣身后片
后袖片
袖中片
前袖片
衣身前片
袖口边对折线
袖克夫（折叠前）

致谢

首先要感谢东华大学出版社的谢未编辑，因她的帮助此书才得以出版。

在出版的过程中，前期样衣造型实验得到了姜佳岚、安苇惠、李丹、蒙丽明、闫硕、米力古丽·吾吉、刘莉莉、向诗艺的帮助，她们都是在服装专业领域有着很强造型能力的人才！在这里还应特别感谢石利华，是她为此书的每个立裁款式创作了一幅幅动人的插图，使此书多了份灵秀之气，还要感谢彭利平老师在幕后做了大量指导性工作，也要感谢苏春娟老师付出了大量时间对图片进行编辑、整理工作，最后还应感谢郑艳老师，她认真负责地对此书进行了检查校对。

崔学礼

2024年10月18日